特大型碳酸盐岩气藏高效开发丛书

特大型碳酸盐岩气藏高效开发概论

马新华　谢　军　徐春春　胡　勇　等编著

石油工业出版社

内 容 提 要

本书以实例形式介绍了国内目前唯一的特大型异常高压碳酸盐岩气藏——寒武系磨溪区块龙王庙组气藏的特点、在探索勘探开发一体化模式下实现高效开发的具体做法及取得的主要成效,重点从实践探索历程、技术积淀成果,总结性介绍磨溪区块龙王庙组气藏开发攻关形成的关于特大型碳酸盐岩气藏高效开发普适性技术、管理等开发经验,突出了与现代技术、环保、经济条件和要求相匹配的气田开发先进理念与方法,对国内外其他复杂碳酸盐岩气藏开发具有重要参考价值。

本书可供从事气田开发及相关工作的技术人员、管理人员和科研人员参考阅读。

图书在版编目(CIP)数据

特大型碳酸盐岩气藏高效开发概论 / 马新华等编著. — 北京:石油工业出版社,2021.3

(特大型碳酸盐岩气藏高效开发丛书)

ISBN 978-7-5183-4474-1

Ⅰ.①特… Ⅱ.①马… Ⅲ.①碳酸盐岩油气藏-油田开发-研究 Ⅳ.①TE344

中国版本图书馆 CIP 数据核字(2020)第 267284 号

出版发行:石油工业出版社

(北京安定门外安华里2区1号楼 100011)

网　址:www.petropub.com

编辑部:(010)64523541　图书营销中心:(010)64523633

经　销:全国新华书店

印　刷:北京中石油彩色印刷有限责任公司

2021年3月第1版　2021年3月第1次印刷

787×1092 毫米　开本:1/16　印张:29.5

字数:665 千字

定价:230.00 元

(如出现印装质量问题,我社图书营销中心负责调换)

版权所有,翻印必究

《特大型碳酸盐岩气藏高效开发丛书》
编 委 会

主　　任：马新华
副 主 任：谢　军　徐春春
委　　员：(按姓氏笔画排序)
　　　　　马辉运　向启贵　刘晓天　杨长城　杨　雨
　　　　　杨洪志　李　勇　李熙喆　肖富森　何春蕾
　　　　　汪云福　陈　刚　罗　涛　郑有成　胡　勇
　　　　　段言志　姜子昂　党录瑞　郭贵安　桑　宇
　　　　　彭　先　雍　锐　熊　钢

《特大型碳酸盐岩气藏高效开发概论》
编 写 组

组　　长：谢　军
副 组 长：徐春春　胡　勇　郭贵安
成　　员：杨洪志　党录瑞　冯　曦　冉　崎　谢　冰
　　　　　万玉金　李隆新　魏林芳　杨长城　王　娟
　　　　　张　春　赵梓寒　樊怀才　张玺华　杨　山
　　　　　彭瀚霖　梁　瀚　赖　强　钟　毅　姚　莉
　　　　　周　娟　肖　君　刘夏兰　曹　忠　李　季
　　　　　胡俊坤　王　俊　刘　源　薛元杰　张　鹏
　　　　　范　蓉　何　力　胡金燕　刘　畅　周　东
　　　　　颜廷昭　周承美　张素娟　戴万能　陈　文
　　　　　张　良　何东溯　李玥洋　付　新　栗　鹏

序

全球常规天然气可采储量接近50%分布于碳酸盐岩地层，高产气藏中碳酸盐岩气藏占比较高，因此针对这类气藏的研究历来为天然气开采行业的热点。碳酸盐岩气藏非均质性显著，不同气藏开发效果差异大的问题突出。如何在复杂地质条件下保障碳酸盐岩气藏高效开发，是国内外广泛关注的问题，也是长期探索的方向。

特大型气藏高效开发对我国实现大力发展天然气的战略目标，保障清洁能源供给，促进社会经济发展和生态文明建设，具有重要意义。深层海相碳酸盐岩天然气勘探开发属近年国内天然气工业的攻关重点，"十二五"期间取得历史性突破，在四川盆地中部勘探发现了高石梯—磨溪震旦系灯影组特大型碳酸盐岩气藏，以及磨溪寒武系龙王庙组特大型碳酸盐岩气藏，两者现已探明天然气地质储量9450亿立方米。中国石油精心组织开展大规模科技攻关和现场试验，以磨溪寒武系龙王庙组气藏为代表，创造了特大型碳酸盐岩气藏快速评价、快速建产、整体高产的安全清洁高效开发新纪录，探明后仅用三年即建成年产百亿立方米级大气田，这是近年来我国天然气高效开发的标志性进展之一，对天然气工业发展有较高参考借鉴价值。

磨溪寒武系龙王庙组气藏是迄今国内唯一的特大型超压碳酸盐岩气藏，历经5亿年地质演化，具有低孔隙度、基质低渗透、优质储层主要受小尺度缝洞发育程度控制的特殊性。该气藏中含硫化氢，地面位于人口较稠密、农业化程度高的地区，这种情况下对高产含硫气田开发的安全环保要求更高。由于上述特殊性，磨溪寒武系龙王庙组气藏高效开发面临前所未有的挑战，创新驱动是最终成功的主因。如今回顾该气藏高效开发的技术内幕，能给众多复杂气藏开发疑难问题的解决带来启迪。

本丛书包括《特大型碳酸盐岩气藏高效开发概论》《安岳气田龙王庙组气藏特征与高效开发模式》《安岳气田龙王庙组气藏地面工程集成技术》《安岳气田龙王庙组气藏钻完井技术》和《数字化气田建设》5部专著，系统总结了磨溪龙王庙组特大型碳酸盐岩气藏高效开发的先进技术和成功经验。希望这套丛书的出版能对全国气田开发工作者以及高等院校相关专业的师生有所帮助，促进我国天然气开发水平的提高。

中国工程院院士

前　言

近年来,随着油气勘探开发技术的突破,深层海相碳酸盐岩气藏成为我国重要的天然气资源类型之一。2012年9月,中国石油西南油气田公司在四川安岳4700m深的地层中勘探发现磨溪寒武系龙王庙组气藏,这是迄今我国发现的单体规模最大的碳酸盐岩气藏(2013年探明天然气储量4403.83×10^{8}m^3),也是国内目前唯一的特大型异常高压碳酸盐岩气藏,同时是全球罕见的寒武系特大型碳酸盐岩气藏。

寒武系比世界天然气主产层系石炭系、二叠系、三叠系早2亿~3.5亿年,因超长时间埋藏压实,低孔隙度(平均孔隙度低于5%)、基质低渗透(基质渗透率低于1mD)特征显著;同时因经历更多期次地质演化,孔、洞、缝搭配关系特殊,储集空间特征更复杂。

纵观全球,寒武系广泛属重要烃源层,但因地质情况复杂,油气开发成功案例极少。阿尔及利亚哈西—迈萨乌德(Hassi Messaoud)寒武系特大型致密砂岩油藏从20世纪50年代开始陆续实现规模开发,至今仍存在一些复杂问题。英国石油公司(BP)从2007年起用10年时间在阿曼哈赞(Khazzan)气田开展探索工作,才首次解决寒武系特大型砂岩气藏优选有利区高效开发的难题。俄罗斯从20世纪60年代开始在东西伯利亚地区探索寒武系大型碳酸盐岩气藏评价和开发,至今未获得大突破。

国内特大型优质气藏开发先例仅有塔里木盆地克拉2气田、四川盆地普光气田。磨溪龙王庙组属特大型海相高压气藏,国内外无此种类型气藏开发的经验可供借鉴。

磨溪龙王庙组气藏作为寒武系层系成功开发的代表性气藏,其特殊性主要表现为:(1)储层平均孔隙度4.28%,基质平均渗透率0.97mD,地层裂缝以微米级至米级以下居多,溶洞基本属厘米级以下与大孔隙尺度相近的小洞,缝洞发育程度不均匀,古油藏裂解生气成因产生沥青充填;(2)顶界构造为大型低幅断鼻构造,构造平缓、闭合度小、闭合面积大;(3)气藏外有统一气水界面,内有局部封存水,气水分布多样;(4)建产周期短、开发节奏快;(5)开发规模大。

为了实现磨溪龙王庙组气藏的高效开发,从2013年起,针对磨溪龙王庙组气藏开展了大规模攻关研究,大体分为勘探评价、开发设计与优化实施两方面。其中,开发研究工作又细分为地质、地球物理与气藏工程相结合的气藏特征和开发对策研究,以及井工程、地面工程、安全环保和数字化气田建设方面的研究。气藏实现高效开发,勘探评价攻关的主要难点是:低缓构造背景条件下如何实现低孔隙度、非均质裂缝—孔洞型储层的识别及有利区优选。开发设计与优化实施攻关的主要难点是:(1)低缓构造背景下低孔隙度、非均质裂缝—孔洞型特大型碳酸盐岩边水气藏如何实现水侵规律的准确预测;(2)基质物性差、孔洞—裂缝发育不均,储层非均质性强,低渗透区产能低,如何提高单井产能和储量动用程度;(3)探索寻求特大型边水气藏勘探开发一体化的气藏开发模式,实现气藏安全、平稳、高效开发。

磨溪龙王庙组气藏经过近7年的科技攻关,已取得了良好开发成效,形成了一系列配套特色技术,主要包括:低孔隙度非均质裂缝—孔洞型气藏培育高产技术、大型裂缝—孔洞型超压气藏优化开发设计技术、大型气田优质高效建产技术、高压含硫气田HSE保障升级配套技术以及数字化气田建设配套技术。创新形成的特色配套技术已经在川中高石梯震旦系灯影组气藏、川西北双鱼石二叠系栖霞组、茅口组气藏的开发中得到广泛应用,并取得良好的应用效果,对国内其他盆地的复杂碳酸盐岩气藏开发具有重要推广价值。

本书大体分为三部分,即绪论篇、实践篇以及技术篇。其中,绪论篇以寒武系磨溪龙王庙组气藏与国内外其他碳酸盐岩气藏的开发对比为切入点,简要介绍磨溪龙王庙组气藏的主要特点、开发对策、开发成效;实践篇以实例形式介绍磨溪龙王庙组气藏的发现过程、勘探开发一体化模式下多专业协同攻关开发前期评价工作、顶层开发方案设计以及"科研和勘探生产一体化"模式下数字化气田的建设与应用情况;技术篇则介绍了磨溪龙王庙组气藏开发攻关过程中形成的特大型碳酸盐岩气藏高效开发普适性技术,主要包括:低孔隙度、非均质裂缝—孔洞型气藏地球物理评价技术,低孔隙度、非均质裂缝—孔洞型气藏开发规律预测技术,高产大斜度井和水平井钻完井工程技术,特大型含硫气田地面系统优质高效建设技术,特大型高产含硫气田安全清洁生产技术以及特大型气田数字化建设与应用技术。

本书共十一章。第一章由李熙喆、万玉金、张满郎、孙玉平编写;第二章由冉隆辉、张玺华、杨山编写;第三章由郭振华、刘晓华、张林、杨长城、周源编写;第四章由杨长城、刘晓华编写;第五章由钟毅编写;第六章由梁瀚、张春、赖强编写;第七章由冯曦、王娟、李隆新、赵梓寒、樊怀才编写;第八章由胡锡辉、曹权、徐卫强、李玉飞、朱达江、张林、罗伟、刘飞、曾冀,第九章由颜廷昭、张良、刘畅编写;第十章由李静、刘春艳、向启贵、刘源、薛元杰、张鹏、范蓉、何力、胡金燕、周东编写;第十一章由何东溯、李玥洋、付新、栗鹏编写。

本书在编写过程中得到了西南油气田公司勘探、开发技术人员与管理人员的大力支持,同时,中国石油勘探开发研究院也对本书的编写工作给予了大力支持和帮助,在此表示感谢。

本书涉及内容广泛,加之笔者水平有限,书中难免存在不妥和疏漏之处,敬请同行和读者批评指正。

目 录

第一章 概述 ··· (1)
　参考文献 ··· (12)
第二章 四川盆地深层古老碳酸盐岩天然气藏勘探 ·· (14)
　第一节 历史上的两个重要发现 ··· (15)
　第二节 勘探目标的确立 ·· (17)
　第三节 风险探井的重大突破 ·· (18)
　第四节 特大型气藏的快速探明 ··· (20)
　参考文献 ··· (24)
第三章 气藏高效开发前期评价与主体技术落实及开发有利区的认识 ····························· (25)
　第一节 快速开展开发前期评价 ··· (25)
　第二节 落实气藏开发主体技术 ··· (30)
　第三节 深入认识气藏特征和开发有利区 ··· (37)
　参考文献 ··· (75)
第四章 特大型气田开发方案的精心谋划与科学设计 ·· (76)
　第一节 聚焦关键应对面临的挑战 ·· (76)
　第二节 创新驱动突破制约性瓶颈 ·· (82)
　第三节 科学谋划描绘现代化气田蓝图 ·· (87)
　参考文献 ··· (89)
第五章 积极打造现代化大气田 ·· (90)
　第一节 构建透明气藏 ··· (90)
　第二节 高效气田的培育 ·· (93)
　第三节 打造智慧气田 ··· (97)
　第四节 建设绿色安全环保气田 ··· (100)
　第五节 创新管理与预期目标实现 ·· (103)
　参考文献 ··· (111)
第六章 低孔隙度非均质裂缝—孔洞型气藏地球物理评价 ··· (113)
　第一节 龙王庙组岩石物理特征分析 ··· (113)
　第二节 测井储层评价 ··· (120)
　第三节 龙王庙组储层地震预测 ··· (139)
　第四节 烃类检测方法优选与有利含气储层综合评价 ····································· (157)
　参考文献 ··· (165)

第七章 低孔隙度非均质裂缝—孔洞型气藏开发规律预测 …………………… (167)

第一节 数字岩心分析 …………………………………………………… (167)
第二节 高压渗流实验分析 ……………………………………………… (181)
第三节 逾渗理论分析 …………………………………………………… (188)
第四节 气井试井分析 …………………………………………………… (193)
第五节 气藏水侵影响预测 ……………………………………………… (203)
第六节 气藏开发规律数值模拟预测 …………………………………… (212)
参考文献 …………………………………………………………………… (220)

第八章 高产大斜度井和水平井钻完井工程 ………………………………… (222)

第一节 安全快速钻井技术 ……………………………………………… (222)
第二节 经济高效改造—测试一体化技术 ……………………………… (259)
第三节 高产气井井筒完整性评价与管理 ……………………………… (284)
参考文献 …………………………………………………………………… (297)

第九章 特大型含硫气田地面系统优质高效建设 …………………………… (299)

第一节 地面系统快速建产 ……………………………………………… (299)
第二节 大型净化装置尾气二氧化硫减排 ……………………………… (310)
第三节 地面集输系统腐蚀控制 ………………………………………… (320)
第四节 生产污水全程零排放处理 ……………………………………… (334)
第五节 集输管道完整性管理 …………………………………………… (343)
参考文献 …………………………………………………………………… (356)

第十章 特大型高产含硫气田安全清洁生产 ………………………………… (357)

第一节 气田环境保护 …………………………………………………… (357)
第二节 气田节能降耗和温室气体减排 ………………………………… (375)
第三节 气田快速应急管理体系 ………………………………………… (381)
参考文献 …………………………………………………………………… (394)

第十一章 特大型气田数字化建设与应用 …………………………………… (395)

第一节 数字油气田发展与应用 ………………………………………… (395)
第二节 特大型气田数字化建设需求 …………………………………… (397)
第三节 数字化气田的顶层设计 ………………………………………… (402)
第四节 数字化气田技术体系 …………………………………………… (407)
第五节 数字化气田应用成效 …………………………………………… (452)
参考文献 …………………………………………………………………… (461)

后记 ……………………………………………………………………………… (462)

第一章 概 述

本章介绍了国内外碳酸盐岩气藏的分类标准及其主要差异、国内外大型碳酸盐岩气藏的基本地质特征及分布特点,简述了裂缝性气藏、层状碳酸盐岩气藏和生物礁气藏的开发特征及开发对策。从碳酸盐岩气藏精细描述与地质建模技术、复杂碳酸盐岩气藏钻井与完井工艺技术、含水碳酸盐岩气藏治水技术、碳酸盐岩气藏酸化压裂技术4个方面介绍了碳酸盐岩气藏的主体开发技术。分析了磨溪区块龙王庙组气藏的主要特点,认为该气藏是一个构造—岩性圈闭、特大型、复杂的碳酸盐岩裂缝—孔洞型气藏,具有含气面积大,储量规模大,埋藏深度大,高温、高压,不规则的边水和局部水体,非均质性强以及中等含硫化氢的特点。但同时也具有储渗体渗透性好,天然气气质好,单井产量高,可以获得较好勘探、开发效益的优势。该气藏的开发难点有二:气藏构造幅度低,储层裂缝发育,存在水侵风险;基质物性差,不同部位溶蚀孔洞、裂缝发育不均衡,低渗透部位气井产能较低,如何提高单井产能和储量动用程度是关键。为此,以提高储量动用和规避水侵风险为核心,以安全、平稳、高效开发为准则,提出三点开发技术对策:在高部位集中布井,降低水侵风险;优选颗粒滩主体溶蚀孔洞发育区作为优先建产区;采用水平井和大斜度井提高单井产能,并确定合理产量和调峰产量来提升开发效果。在磨溪区块龙王庙组气藏的勘探开发过程中,创新形成了大型含硫气藏培育高产井、优化开发设计、优质高效建产、HSE保障升级、数字化气田建设等特色配套技术,在少井高产开发、缩短建设周期、提升效益等方面取得了显著成效,在4年时间内以44口生产井高水平建成配套产能 $110 \times 10^8 \mathrm{m}^3 / \mathrm{a}$、集输净化配套能力 $3300 \times 10^4 \mathrm{m}^3 / \mathrm{d}$、日产天然气 $2700 \times 10^4 \mathrm{m}^3$ 的西南油气田公司基础性大气田。磨溪区块龙王庙组气藏开发大幅提升了企业对川渝地区的供气保障能力,引领区域经济绿色增长,取得了巨大的社会经济效益。

一、碳酸盐岩气藏类型划分标准

(一)国内行业标准

我国碳酸盐岩气藏数量众多,特征各异。国家标准化主管机构、石油行业陆续发布了多个标准,但目前还没有发布专门针对碳酸盐岩气藏的分类标准。按 GB/T 26979—2011《天然气藏分类》,气藏类型划分方法有两种:一种为单因素分类法,当单个因素足以反映气藏主要开发特征时,以表征气藏的某一单一特征为依据划分气藏类型,如从圈闭类型、储层性质、气体组分、相态特征、驱动方式、地层压力、储量规模、气井产能和工程条件等方面对天然气藏进行分类,在每一体系中又依据其他特征或等级进一步划分亚类;另一种为多因素组合分类法,用能够反映气藏特征的两个或多个因素组合来划分气藏类型,包括二元组合、三元组合及多元组合。对天然气藏开发影响大、能描述气藏主要特征的因素作为主要因素,其他因素作为次要因素,次要因素在前,主要因素在后,依序排列。多因素组合能够把一个气藏的主要特征比较全面地表述出来,但有时会使气藏分类复杂化、繁琐化。单因素是气藏分类的基础,常用的气藏单因素分类如下：

依据圈闭成因类型，可划分为构造气藏、岩性气藏、地层气藏、裂缝气藏及复合气藏。赵文智和汪泽成等(2012)结合我国海相碳酸盐岩油气藏实例，将构造圈闭细分为挤压背斜、逆断层—背斜、正断层—背斜、断层—裂缝等圈闭类型；将岩性圈闭划分为生物礁圈闭、颗粒滩圈闭、成岩圈闭，并细分为台地边缘礁、台内点礁、鲕滩、生屑滩、砂(砾)屑滩等圈闭类型；将地层圈闭按其与不整合面的关系细分为断块古潜山圈闭、准平原化侵蚀古地貌圈闭、残丘古潜山缝洞体圈闭、似层状缝洞体圈闭、地层楔状体圈闭、地层上超尖灭圈闭；按不同组合，细分构造—岩性、构造—地层、地层—岩性等复合圈闭类型。

储层特征是划分气藏类型的主要依据之一[1]。(1)按岩石类型可划分为石灰岩气藏、白云岩气藏；(2)按碳酸盐岩储层的孔隙度可划分为高孔隙度(>20%)、中孔隙度(10%~20%)、低孔隙度(5%~10%)、特低孔隙度(<5%)；(3)按渗透率可划分为高渗透(>50mD)、中渗透(5~50mD)、低渗透(0.1~5mD)、特低渗透(<0.1mD)；(4)按储渗空间类型可划分为孔隙型、孔洞型、裂缝型以及裂缝—孔隙型、裂缝—孔洞型、孔隙—裂缝型等组合类型；(5)赵文智和沈安江等(2012)划分三种碳酸盐岩储层成因类型，即沉积型(包括台缘、台内礁/滩储层，蒸发潮坪和蒸发台地准同生白云岩储层)、成岩型(埋藏白云岩和热液白云岩储层)和改造型(风化壳、潜山岩溶储层、层间岩溶和顺层岩溶储层)。规模有效储层主要为沉积型礁滩及白云岩储层、后生溶蚀—溶滤型储层与深层埋藏—热液改造型储层。

此外，依据气体组分、相态特征、驱动方式、压力系数、可采储量、千米井深稳定产量、可采储量丰度以及埋藏深度等对气藏进行分类，分类标准见表1-1。

表1-1 碳酸盐岩气藏类型划分[1]

划分依据		气藏类型划分标准
圈闭成因类型		构造气藏、岩性气藏、地层气藏、裂缝气藏、构造—岩性气藏、构造—地层气藏、地层—岩性气藏等复合圈闭气藏
储层特征	储层岩石类型	石灰岩气藏、白云岩气藏
	孔隙度(%)	高孔隙度：大于20，中孔隙度：10~20，低孔隙度：5~10，特低孔隙度：小于5
	渗透率(mD)	高渗透：大于50，中渗透：5~50，低渗透：0.1~5，特低渗透：小于0.1
	储集类型	孔隙型、孔洞型、裂缝型、裂缝—孔隙型、裂缝—孔洞型、孔隙—裂缝型
	储层成因类型	沉积型(礁滩储层，准同生白云岩)、成岩型(埋藏白云岩，热液白云岩)、改造型(风化壳、潜山岩溶、层间岩溶、顺层岩溶)
气体组分	H_2S体积分数(%)	微含硫：小于0.001，低含硫：0.001~0.3，中含硫：0.3~2.0，高含硫：2.0~10.0，特高含硫：10~50，硫化氢气藏：大于等于50
	CO_2体积分数(%)	微含CO_2：小于0.01，低含CO_2：0.01~2，中含CO_2：2~10，高含CO_2：10~50，特高含CO_2：50~70，CO_2气藏：大于等于70
相态特征		干气藏、湿气藏、凝析气藏、水溶性气藏、水合物气藏
驱动方式		气驱气藏、弹性水驱气藏、刚性水驱气藏、底水气藏、边水气藏
压力系数		低压气藏：小于0.9，常压气藏：0.9~1.3，高压气藏：1.3~1.8，超高压气藏：大于等于1.8

续表

划分依据	气藏类型划分标准
可采储量($10^8 m^3$)	特大型:大于等于2500,大型:250~2500,中型:25~250,小型:2.5~25,极小型:小于2.5
千米井深稳定产量 [$10^4 m^3/(km \cdot d)$]	高产:大于等于10,中产:3~10,低产:0.3~3,特低产:小于0.3
可采储量丰度($10^8 m^3/km^2$)	高丰度:大于等于8,中丰度:2.5~8,低丰度:0.8~2.5,特低丰度:小于0.8
埋藏深度(m)	浅层:小于500,中浅层:500~2000,中深层:2000~3500,深层:3500~4500,超深层:大于4500

(二)国际通行做法

气藏类型划分的国内行业标准大多借鉴了国际通行做法但同时又考虑了中国碳酸盐岩气藏的实际情况。与国内行业标准相比,国外气藏类型划分差异主要表现在以下几个方面:

(1)国际上气田储量规模划分采用英制单位,大型气田指天然气可采储量超过$3 \times 10^{12} ft^3$($850 \times 10^8 m^3$)的气田,超过$30 \times 10^{12} ft^3$($8500 \times 10^8 m^3$)的气田为特大型气田,超过$300 \times 10^{12} ft^3$($85000 \times 10^8 m^3$)的气田为巨型气田[4]。

(2)除了考虑圈闭类型外,国外同行还注重研究油气藏形成的构造背景,如板块聚合、分离、所处大地构造位置、区域应力及盆地成因类型,以Bally、Snelson和Klemme在1980年提出的基于盆地类型的划分方法最为著名[5]。但这种划分方法过于繁琐,针对性不强,因而没有被国内同行采用。

(3)国外依据储层岩性划分为钙质砂岩气藏、生物礁气藏、泥质白云岩气藏、裂缝型白垩/白垩灰岩气藏和裂缝/岩溶型碳酸盐岩气藏,而在国内将钙质砂岩归入碎屑岩类,裂缝型白垩/白垩灰岩储层在国内很少见。

(4)在储层孔隙类型方面,Langnes在1972年将碳酸盐岩气藏分为两类:一类是基质微孔不发育的碳酸盐岩储层,占统计油气田总数的80%;另一类是微孔发育的碳酸盐岩储层,仅占统计油气田总数的20%。①基质微孔不发育的碳酸盐岩储层,基于流体流动通道还可以细分为4种亚类:裂缝型、溶蚀孔隙型、晶间/粒间孔隙型以及综合型。②基质微孔发育的碳酸盐岩储层,可以进一步细分为5个亚类[6]:a.基质孔隙度小于10%的裂缝白垩灰岩,如美国的奥斯丁白垩灰岩;b.溶蚀孔洞发育白垩微孔隙次发育的白垩灰岩,如远东地区的Miocene碳酸盐岩;c.裂缝欠发育的碳酸盐岩,如丹麦的Dan油气田;d.发育裂缝—溶蚀孔—基质微孔等多种孔隙类型的白垩灰岩,如中东的白垩系白垩灰岩、美国阿拉斯加州石炭系碳酸盐岩;e.具有大量白垩微孔隙的裂缝性白垩岩或白垩质灰岩储层,如欧洲的北海白垩储层。中国不发育白垩微孔储层,国内行业标准将储渗空间划分为孔隙型、孔洞型、裂缝型及裂缝—孔洞型等组合类型,似乎更符合我国的实际情况且更加简易可行。

二、特大型碳酸盐岩气藏基本特征

(一)碳酸盐岩气藏地质特征

1. 国外碳酸盐岩气藏地质特征

截至2005年底,全球范围内共发现大型碳酸盐岩气田95个,可采储量$590.63 \times 10^8 t$油当量,占总天然气可采储量的 45.26%。在已经发现的 95 个碳酸盐岩大气田中,有两个巨型气田,9 个特大型气田,84 个大型气田,巨型气田和特大型气田的可采储量分别占碳酸盐岩大气田可采储量的 55% 和 22.89%。世界十大气田中 5 个为碳酸盐岩气田,包括排名前两位的诺斯气田和南帕尔斯气田,可采储量分别为 $28.32×10^{12}m^3$ 和 $13.03×10^{12}m^3$。全球 28 个沉积盆地发现碳酸盐岩大气田,其中发现大气田最多的盆地为中东地区的扎格罗斯盆地(25 个)、波斯湾盆地(16 个)和中亚的卡拉库姆盆地(11 个),其中前两个盆地的碳酸盐岩大气田数量占总数量的 43.25%,碳酸盐岩大气田可采储量占天然气可采储量的 76.4%。世界最大的诺斯气田和南帕尔斯气田皆位于中东的波斯湾盆地。

国外碳酸盐岩大气田层系分布广泛,主要分布于二叠系—新近系,分布于白垩系、侏罗系、新近系和三叠系的大气田分别为 19 个、19 个、17 个和 16 个[11]。尽管碳酸盐岩大气田主要分布在白垩系和侏罗系,但天然气储量却主要集中在三叠系和二叠系,这两个层系的天然气储量占碳酸盐岩大气田总储量的 70.13%。

在国外已发现的碳酸盐岩大气田中[11],构造气田数量占 83.1%,储量占 87.7%;地层—构造复合圈闭型气田个数占 10.99%,储量占 7.24%;生物礁气田数量占 3.1%,储量占量的 4.22%。

国外碳酸盐岩大气田的储层埋深为 549~6057m[11],但集中分布在 2000~3500m,中深层大气田个数占碳酸盐岩大气田数量的 42.1%。

2. 国内碳酸盐岩气藏地质特征

我国的大型碳酸盐岩气藏主要发育在海相碳酸盐岩中,海相碳酸盐岩分布范围较广,总面积超过 $450×10^4km^2$,其中,陆上海相盆地 28 个,面积约 $330×10^4km^2$,海域海相盆地 22 个,面积约 $125×10^4km^2$。截至 2012 年,国家新一轮油气资源评价表明,我国陆上海相碳酸盐岩油气资源丰富,预测石油地质资源量为 $340×10^8t$,天然气地质资源量为 $24.3×10^{12}m^3$,探明石油地质储量 $24.35×10^8t$,天然气地质储量 $1.7×10^{12}m^3$。我国碳酸盐岩气藏探明储量主要分布在四川盆地、鄂尔多斯盆地和塔里木盆地,其储量分别占碳酸盐岩总天然气储量的 58.57%、23.38% 和 12.99%。

与国外相比,我国碳酸盐岩储层时代古老,多发育于古生界和中生界中下部,位于叠合沉积盆地的深层,如塔里木盆地寒武系—奥陶系、鄂尔多斯盆地下奥陶统、四川盆地寒武系、震旦系、古生界和三叠系(表 1-2)。它们经历了多旋回构造运动的叠加和改造,具有沉积类型多样、年代古老、时间跨度大、埋藏深度大、埋藏—成岩历史漫长、储层成因机理复杂的特点。已探明的天然气储量主要分布在奥陶系、寒武系、震旦系、三叠系、石炭系、二叠系等层位。在我国的碳酸盐岩气藏天然气探明储量中,以中深层和超深层占优势,分别为总储量的 42.63% 和 36.86%,深层和中浅层分别占 14.14% 和 6.34%,浅层极少分布。从各个盆地的天然气探明储量情况来看,四川盆地从超深层至中浅层均有分布,鄂尔多斯盆地以中深层为主,塔里木盆地以超深层、深层为主。

从表 1-2 归纳出我国已发现的 16 个大型碳酸盐岩气田的基本特征:(1)我国的大型碳酸盐岩气田发育在三个大型克拉通盆地海相碳酸盐岩沉积地层中,16 个大型碳酸盐岩气田中,鄂尔多斯盆地仅发现 1 个气田(靖边气田),塔里木盆地发现 3 个气田(塔中Ⅰ号气田、和田河气田、塔河气田),其余 12 个大型气田均发育于四川盆地。(2)16 个气田中,仅 3 个气田的可

表 1-2 我国大型碳酸盐岩气田基本特征

气田名称	盆地名称	产气层位	气藏埋深(m)	探明储量($10^8 m^3$)	可采储量($10^8 m^3$)	气藏类型	孔隙类型	储层岩性	储层沉积相	孔隙度(%)	渗透率(mD)	H_2S含量(g/m^3)	压力系数
磨溪龙王庙气田	四川	ϵ	4189~4350	4404	3259	岩性—构造	裂缝—孔洞型	细、粉晶砂屑云岩	台内缓坡颗粒滩	$\frac{3.35~5.83}{4.3}$	$\frac{0.008~4.65}{0.75}$	5.70~11.1	1.63
靖边气田	鄂尔多斯	O_1m, P_1	3150~3765	4172	3417	岩性—地层	孔洞型	泥粉晶云岩	局限台地潮坪	$\frac{4.5~7.4}{5.76}$	$\frac{0.6~5.5}{3.6}$	0.7	0.945
普光气田	四川	T_1, P_2ch	3586~6006	4122	2511	构造—岩性	孔隙型	鲕粒云岩、生屑云岩	台缘鲕滩、礁滩	$\frac{2.9~10.3}{6.46}$	$\frac{0.004~200}{70.8}$	215	0.94~1.84
塔中Ⅰ号气田	塔里木	O	4867~6370	3535	2164	构造—岩性	裂缝—孔洞型	泥晶云岩、岩溶角砾岩	台缘礁滩	$\frac{0.1~5}{2.96}$	$\frac{0.11~4.5}{1.79}$		1.22~1.27
元坝气田	四川	T_1, P_2ch	6300~7200	2303	1305	构造—地层	孔隙型	生屑云岩、鲕粒灰岩	台缘鲕滩、礁滩	$\frac{2~29}{7.52}$	$\frac{0.0018~2385}{}$	92	1.13
高石梯气田	四川	Z_2	5037~5304	2171	1448	岩性—构造	孔洞型	藻凝块云岩、藻屑云岩	台缘丘滩	3.6	$\frac{0.01~21.5}{2.63}$	14	1.03~1.11
大天池气田	四川	T, P, C	2489~4900	1068	728	岩性—构造	孔隙型	细粉晶泥灰岩、云岩	潟湖、潮坪	$\frac{5.2~6.5}{5.62}$	$\frac{0.7~23.1}{11.7}$	4	0.97~1.33
罗家寨气田	四川	T_1f, P_2ch, C	3018~4302	836	627	构造—岩性	孔隙型	礁灰岩、鲕粒灰岩	台缘、台内礁滩	$\frac{5.1~7}{6.12}$	$\frac{3.6~25.5}{12.73}$	157.96	1.13
龙岗气田	四川	P_2, T_1	4500~6500	720	460	构造—岩性	孔隙型	礁灰岩、砂屑鲕粒云岩	台地边缘	$\frac{4~12}{}$	$\frac{0.0001~10}{}$	4~100	0.98~1.42
磨溪雷口坡气田	四川	T_1, T_2	2650~3251	702	297	岩性—构造	孔洞型	砂屑云岩	台内滩	$\frac{7.1~7.5}{7.3}$	$\frac{0.34~3.1}{1.72}$	25.7	2.14~2.26
和田河气田	塔里木	C, O	1546~2272	617	373	地层—构造	孔洞型	生屑砂屑灰岩、云岩	台地边缘	$\frac{2.08~4.85}{3.2}$	$\frac{2.9~25.5}{14.2}$		0.9~1.17
卧龙河气田	四川	T_1, P_1, P_2, C_2	1000~5493	410	153	构造	孔隙型	泥粉晶云岩	潮坪	3~15	$\frac{0.01~3.8}{}$	57.4	1.22~1.69
威远气田	四川	Z, P_1	1500~3000	409	280	构造	孔洞型	藻云岩	潮坪	3.15	0.1	12.6	1.02
铁山坡气田	四川	T_1f	3700	374	253	构造	孔洞型	鲕粒云岩	台地边缘鲕滩	$\frac{6.4~7.9}{7.15}$	8.3	205.3	1.33
渡口河气田	四川	T_1f, J_2	4300	374		构造	孔洞型	鲕粒云岩	台地边缘鲕滩	8.6	85.7	172.18	1.08

采储量超过 $2500\times10^8 m^3$,达到特大型气田的规模,包括鄂尔多斯盆地靖边气田、四川盆地磨溪区块龙王庙气田和普光气田。(3)主力气层为奥陶系(靖边气田马家沟组、塔中气田鹰山组、良里塔格组)、寒武系(安岳龙王庙组)、三叠系(飞仙关组、雷口坡组)、二叠系(长兴组)、震旦系(灯影组)及石炭系(川东黄龙组)。(4)圈闭类型包括构造圈闭(威远、铁山坡、渡口河、和田河)、岩性—构造圈闭(磨溪龙王庙、大天池、磨溪雷口坡)、构造—岩性圈闭(普光、元坝、安岳高石梯、罗家寨、龙岗),以构造与岩性的复合圈闭为主,其次为地层圈闭(风化壳、古潜山)和岩性—地层复合圈闭(靖边、塔中Ⅰ号、塔河)。(5)储层沉积相为台地边缘礁滩、台内缓坡颗粒滩以及蒸发潮坪,储层岩性为生物礁云岩、鲕粒云岩、砂屑云岩、生屑云岩、岩溶角砾岩、泥粉晶云岩、膏质云岩等,三叠纪以后以石灰岩为主,为生物礁灰岩、鲕粒灰岩、砂屑灰岩,发育溶蚀孔隙型、溶蚀孔洞型、裂缝—孔洞型储层。(6)我国大型碳酸盐岩气藏含硫较为普遍,H_2S含量 $0.7\sim205 g/m^3$,中、高含硫气藏较多。

(二)碳酸盐岩气藏开发特征

碳酸盐岩气藏由于储层类型多样,其开发特征差异明显。综合考虑气藏的地质因素和开发特征,将其划分为裂缝性气藏、层状碳酸盐岩气藏和生物礁气藏三个大类[12]。

裂缝性气藏的基质岩块基本不具备储渗能力(孔隙度小于2%,渗透率小于0.01mD),主要储集空间为裂缝和裂缝沟通的少量较为孤立的溶蚀孔洞,其渗流通道主要为裂缝,裂缝既是主要渗流通道,又是主要储集空间。受岩性、褶曲和断层控制,在一个气田内存在多个互不连通、圈闭良好的裂缝系统,每个系统的压力系数、储量规模和气水界面各不相同。裂缝性气藏在四川南部、西南部的二叠系和三叠系碳酸盐岩地层中发育最多,以纳溪气田最为典型。该类气藏的开发特征表现为:(1)单裂缝系统控制范围小;(2)单裂缝系统控制储量小;(3)气井初始产量大但稳产性极差;(4)气井普遍产水且水侵规律复杂。

层状碳酸盐岩气藏,指气藏范围和气水分布皆受圈闭控制,储产层平面上具有连续性,纵向上呈层状展布形态,整个含气范围内具有统一的水动力系统的天然气藏。典型气藏包括川东石炭系气藏、川中地区磨溪雷一¹气藏、川西北雷三气藏、陕北靖边马家沟气藏等。层状碳酸盐岩气藏的孔洞较发育,具有较好的储渗性能,在剖面上孔洞型储层可以追踪对比,成层分布,平面上连片分布。其储集空间主要为孔隙和少量溶洞,同时地层内不同程度地发育裂缝,裂缝与孔隙搭配良好,为裂缝—孔隙型储层。储集靠孔隙,渗流靠裂缝,孔隙为裂缝提供补充,具有双重介质特征。由于储层内孔隙与裂缝发育程度的不同,以及二者搭配关系上的差异,少数气藏和气藏的局部区域表现出视均质特征,大部分气藏表现出较强的非均质性。该类气藏的开发特征表现为:(1)气藏连通性好,基本可以实现均衡开发;(2)气藏储量大,以中—大型气田为主,动静态储量吻合较好;(3)气井和气藏生产稳定性较好;(4)多为边水气藏,具有统一的气水界面,气井产水以裂缝水窜为主。

生物礁气藏属于岩性气藏,储层具有强烈的非均质性,一方面表现在礁体内部不同礁体部位其储层发育程度有很大的差异,另一方面礁体与礁体之间一般有致密层隔开,呈现"一礁一藏"的集群式分布特征,使得生物礁气藏的开发特征异常复杂。典型气藏包括塔中Ⅰ号气田东部试验区,其礁滩体储层可划分为6个压力系统,各井组之间连通距离为400~1800m,连通井组平均井距911.67m。龙岗长兴生物礁气藏被划分为9个压力系统,各系统之间气水关系、气井产能、天然气组分差异明显。该类气藏的开发特征表现为：(1)礁体之间互不连通,差异大,难以实现均衡开采;(2)气藏储量差异相对较大,以中小型气田为主;(3)气井产能差异大,以中高产井为主;(4)气水关系复杂,产水特征差异大。

从压力系统特征、储量特征、产能特征和产水特征等多个方面对不同类型碳酸盐岩气藏的开发特征进行对比分析,可以看出每种类型气藏的开发特征存在较大的差异。为了提高气藏的采收率和开发效益,必须结合气藏的地质特征和开发特征,提出适应不同类型气藏的合理开发方式和开发对策(表1-3)。

表1-3 不同类型碳酸盐岩气藏的开发方式和开发对策[12]

气藏类型		裂缝性气藏	层状碳酸盐岩气藏	生物礁气藏
开发方式		坚持"滚动勘探开发",依靠气井和裂缝系统实现产能接替	均质或视均质:整体建产、整体开发;强非均质:优选产能接替区滚动建产	择优建产,滚动开发
开发对策	井型	以直井为主	直井、水平井或大斜度井	直井、水平井或大斜度井
	合理采气速度	无水:依据气藏的储量和稳产年限确定;有水:一般小于3%	大型中高渗透气藏:3%~4%;物性与连通性好的中小型气藏:4%~5%;低渗透低丰度及水驱气藏:小于3%	大型中高渗透气藏:3%~4%;物性与连通性好的中小型气藏:4%~5%;低渗透低丰度及水驱气藏:小于3%
	合理配产	考虑具有一定稳产期的合理配产方式	无阻流量比值法	无阻流量比值法
	治水	立足于排水,建立"三稳定"工作制度	水体不活跃:当成无水气藏开发;水体活跃:整体防治、主动治水	不存在高导流通道:控制高部位气井生产压差,主动防水;存在高导流通道:主动治水

三、碳酸盐岩气藏主体开发技术

(一)碳酸盐岩气藏精细描述与地质建模技术

气藏精细描述是针对已开发气藏的不同开发阶段,充分利用地震、地质、岩心、测井、生产动态和测试资料,对气藏构造、储层、流体等开发地质特征做出认识和评价,建立精细的三维地质模型,通过数值模拟、生产历史拟合,即用动态资料来验证和修正地质模型,最终形成较为精准的三维可视化地质模型,为气田开发调整和综合治理提供可靠的地质依据。碳酸盐岩气藏精细描述技术的核心是储层识别与预测技术和地质建模技术。

碳酸盐岩储集空间复杂,描述储层孔、洞、缝分布特征及对储层综合评价难度大。除采用常规测井技术识别外,成像测井技术可直观显示气井裂缝和溶洞等地质特征,定量计算裂缝的各种参数,与常规测井相结合,有效解决了气井储层识别的难题。

目前应用于碳酸盐岩储层预测的地球物理方法主要有:AVO分析、波形分类技术、地球物理反演技术、多波多分量地震技术、频率差异分析技术、三维相干体技术、方位角分析技术和地震属性技术。充分利用岩心、测井资料,地震、地质与动态分析相结合,综合预测有效储层的分布。师永民和陈广坡等[13]综合应用地震属性参数分析、古地貌恢复、应变量分析裂缝预测,井约束条件下的全三维波阻抗反演以及多参数融合储层评价等多种技术,在塔里木盆地碳酸盐岩储层预测中取得了较好的效果。

气藏地质模型是气藏描述的最终成果,是气藏的整体形态、结构特征、物性参数和流体分布等本质特征的数据化体现,在气田开发中是气藏模拟、气藏工程和采气工艺的基础。我国碳酸盐岩储层的沉积时代久远,历经多次构造运动,并遭受强烈的风化、剥蚀和淋滤作用,导致地层非均质性极强,有效储层分布异常复杂。碳酸盐岩缝洞型储层建模研究发展时间并不长,在研究初期借鉴碎屑岩储层建模的方法,效果并不理想。针对碳酸盐岩溶洞型储集体建模,研究者们先后提出了纵向层系岩溶相控建模方法[14,15]、均方根振幅属性约束建模方法[16,17]等方法。侯加根[18]提出以溶洞型储集体成因特征为前提实现地质约束,考虑建模软硬数据的相对性,进行多类多尺度数据整合,形成了较完善的溶洞型储集体形态模拟方法。多点地质统计学方法、溶洞型储集体充填程度及充填物类型属性表征有助于建立更准确的地质模型。胡向阳[19]以塔河碳酸盐岩缝洞型油藏为原型,提出了多元约束碳酸盐岩缝洞型油藏三维地质建模方法,即在古岩溶发育模式控制下,采用两步法建模:第一步,建立4个单一类型储集体模型。首先利用地震识别的大型溶洞和大尺度裂缝,通过确定性建模方法,建立离散大型溶洞模型和离散大尺度裂缝模型。然后在岩溶相控约束下,基于溶洞发育概率体和井间裂缝发育概率体,采用随机建模多属性协同模拟方法,建立溶蚀孔洞模型和小尺度离散裂缝模型。第二步,采用同位条件赋值算法,将4个单一类型模型融合成多尺度离散缝洞储集体三维地质模型。

(二) 复杂碳酸盐岩气藏钻井与完井工艺技术

碳酸盐岩气藏的地质条件复杂,给钻井和完井带来了较大的挑战[20]:(1)产层埋藏深,温度高,对钻井工艺和工具要求高;(2)地层岩石可钻性差,机械钻速低;(3)地层压力难以准确预报,地质设计与实钻差异很大;(4)纵向上存在多产层、多压力系统,井控风险大;(5)碳酸盐岩气藏普遍含硫,安全钻完井难度大。

进入21世纪以来,以欠平衡/气体钻井提速、水平井提高单井产量、PDC钻头的集成应用为代表,不断推出配套新技术。2006年在LG1井应用气体钻井和常规成熟技术集成配套,在非储层上部井段采用空气钻井提速,在须家河组储层段采用氮气钻井提速,在深部碳酸盐岩储层采用PDC+螺杆钻具配合抗高温"三强"(强包被、强抑制、强封堵)钻井液提速,仅用145天安全、优质、快速地钻达井深6530m,创造了四川超深井钻井最快纪录。在罗家寨气田和铁山坡气田,形成了适用于高压、高含硫、高危地区气井的安全管柱、射孔、酸化、测试配套技术。

在新疆油田塔里木地区,取得了一系列碳酸盐岩钻完井技术成果,包括直井井口位置平移技术、井身结构优化技术、深井超深井钻井提速技术、钻井液技术、精细控压钻井技术、超高温水平井技术、碳酸盐岩安全钻井井控技术、缝洞型储层安全试油完井技术等综合配套技术。

在长庆油田奥陶系碳酸盐岩气藏勘探开发过程中,通过技术引进与自主研发,形成了以优化井身结构和喷射钻井为主要内容的优选钻井参数、欠平衡钻井、钻井液、完井液、固井、井控等一系列钻完井技术,钻井速度不断加快,各项经济技术指标大幅提高。

碳酸盐岩气藏由于其特殊的成藏环境,天然气中往往含有较高的硫化氢和二氧化碳等组分,尤其硫化氢具有剧毒、高腐蚀的特点,给气田开发带来极大的安全威胁。含硫气藏的开发难度大,安全环保要求高,钻井和采气等方面需采取一些特殊的工艺技术。普光气田为典型的高含硫化氢碳酸盐岩气藏,钻井中采用配套井控技术,确定合理钻井液安全密度,优选井口封井器组合,配置高压抗硫内防喷工具,实现了含硫气层安全钻进。应用防窜防漏耐腐蚀胶乳水泥浆体系、正注反挤等固井技术提高固井质量。针对气田硫化氢分压高、生产井段长及储层非均质性强的特点,模拟普光气田的工况条件,进行不同材质腐蚀评价实验,优化设计配套了生产完井一体化管柱,进行双向双效、多级压力延时起爆技术攻关,开展抗硫耐温酸液体系、多级注入+闭合酸压及暂堵工艺研究,提高了气藏的动用程度和单井产能。

(三)含水碳酸盐岩气藏治水技术

碳酸盐岩储层岩石脆性大,非均质性强,孔、洞、缝共同组成储层的储渗系统[21]。在地层水能量较高的碳酸盐岩气藏开发过程中,边底水极易沿缝洞发育带推进,造成气井早期产水,大幅降低气藏采收率。另外,对于高含硫气藏来说,产水会增加井筒和地面集输管线腐蚀的风险,增加气田水对地面环境的影响。治水的关键是提前评估水侵风险和治水措施效果。气田开发中采用早期防水、中期控水、晚期适当排水的策略。水驱碳酸盐岩气藏开发需开展早期防水,深化气藏地质认识,明确水体分布规律、水体规模大小,动态分析预测裂缝分布、井网部署、气井配产、气藏采气速度对水侵的影响,采取合理开发措施,减低气藏开发风险。在开发晚期采用排水采气技术。四川油田在长期油气开采过程中,逐渐形成了优选管柱、泡排、气举、机抽、电潜泵、水力射流泵等有效排水采气工艺技术,并在应用中由单一工艺发展为气举+泡排、机抽+喷射等组合工艺,由单井排水发展为有针对性的气藏整体治理排水采气工艺等。排水采气工艺在提高气井产量、延长气井生产周期、降低气藏递减率、提高气藏采收率等方面应用效果显著。在水侵通道认识较清楚的情况下,还可采用封堵水侵通道的方法,如俄罗斯奥伦堡气藏为裂缝—孔隙型碳酸盐岩气藏,与我国威远气田极为相似,开发时采用在地层水活跃的裂缝发育带注入高分子聚合物黏稠液建立阻水屏障,变水驱为气驱,开发效果良好。

(四)碳酸盐岩气藏酸化压裂技术

碳酸盐岩储层酸压改造的技术难点包括酸液的深穿透能力有限、酸液滤失严重、残酸返排困难等。针对这些难点,国内外形成和发展了一系列基本能满足不同储层条件和不同施工要求的酸压技术。以酸蚀裂缝规模为划分标准,酸压技术可分为普通酸压和深度酸压两大类。普通酸压可实现近井地带的污染解堵或形成小规模的酸蚀裂缝,主要改善近井带地层的导流能力。深度酸压包括前置酸压工艺、多级交替注入酸压工艺。前置液酸压工艺是指用高黏非反应性前置液压开地层,形成动态裂缝,然后注入酸液溶蚀裂缝的工艺技术。多级交替注入酸压工艺是指将数段前置液和酸液交替注入地层进行酸压施工。由于普通盐酸酸液在酸压过程中滤失严重,难以形成深穿透酸蚀裂缝,因此为满足地层特性和施工需要,以普通盐酸为反应酸,发展了具有不同特性的酸液体系,包括稠化酸、胶凝酸、乳化酸、活性酸和变黏酸。国内最近还发展了混氮酸压技术。另外,为提高深层酸蚀裂缝的导流能力,又发展了闭合酸化裂缝技术和平衡酸压技术。我国深层碳酸盐岩储层与国外相比差异较大,主要表现在埋藏深、储层非均质性严重和基质含油性差。靠单一的酸压工艺或酸液体系难以获得理想的效果,所以我国逐步把多种单一酸压技术集成为复合酸压技术,在现场应用中取得了很好的效果。

四、磨溪区块龙王庙组气藏的主要特点及开发对策

(一)磨溪区块龙王庙组气藏的主要特点

磨溪区块龙王庙组气藏构造位置处于四川盆地乐山—龙女寺古隆起区,为岩性—构造圈闭气藏。气藏总体具有统一气水界面(海拔-4385m),其主体构造闭合高度145m,闭合面积510.9km²,具有构造平缓、多高点特征。

下寒武统龙王庙组为局限台地台内缓坡浅滩相碳酸盐岩储层。颗粒类型以砂屑为主,发育少量砾屑、生屑、鲕粒及豆粒。砂屑滩单滩体厚度5~20m,滩体叠置累计厚度50~70m,储层单层厚度一般小于10m,储层叠置累计厚度20~60m。储层岩性以中细晶云岩和砂屑白云岩为主,发育粒间溶孔(洞)、晶间溶孔和裂缝。磨溪区块龙王庙组总体为裂缝—孔洞型储层,缝洞密集发育段主要位于龙王庙组中下部,主要表现为细微裂缝和毫米级的溶蚀孔洞,平面上不同区块,垂向上不同层段缝洞发育程度不均。孔洞型储层总体连续性好,呈"两期两带十区"分布。龙王庙组储层孔隙度一般为2%~8%,渗透率普遍介于5~80mD,最高达535.31mD,属于低孔隙度、中—高渗透率气藏。

龙王庙组气藏的甲烷含量为95.10%~97.98%,C_{3+}含量低,H_2S含量为0.38%~0.83%,CO_2含量为1.67%~3.10%,属于中含H_2S、中—低含CO_2的干气气藏。

龙王庙组气层中部温度为137.8~144.8℃,地温梯度为2.3℃/100m,气层中部压力为75.72~76.56MPa,压力系数为1.60~1.65,属高温、高压气藏。

磨溪区块龙王庙组气藏埋深超过4500m,属于超深层气藏。其探明储量为$4404\times10^8m^3$,可采储量为$3259\times10^8m^3$,属于特大型气藏。储量丰度为$5.61\times10^8m^3/km^2$,属于中等丰度气藏。

龙王庙组气藏气井产能高,平均单井无阻流量为$520\times10^4m^3/d$,井均日产量超过$70\times10^4m^3$。井间连通性好,气井稳产能力强,平均井控储量为$70\times10^8m^3$。44口开发井动用地质储量为$3133\times10^8m^3$,开发规模为$90\times10^8m^3/a$,4年完成建产,达到了方案设计目标。

将龙王庙组气藏与70个国外大型碳酸盐岩气藏进行了对标分析,对标参数包括气田基本地质特征、温压和流体特征、气藏开发指标等三类39项。通过分析不同参数"累积概率",可以发现龙王庙组气藏的特殊性(累积概率大于80%或小于20%)。分析认为,磨溪区块龙王庙组气藏的特殊性表现在:(1)发育面积大(超过85%的气藏),储量规模大(超过86%的气藏);(2)埋藏深(超过88%的气藏),压力高(超过94%的气藏),压力系数大(超过94%的气藏),温度高(超过82%的气藏);(3)裂缝发育(超过94%的气藏),孔隙度低(低于82%的气藏);(4)单井产量高(高于90.2%的气藏);(5)建产周期短/开发节奏快(快于81%的气藏),采气速度低(低于88%的气藏),单井控制面积大/井网稀疏(超过93.3%的气藏),开发规模大(超过84%的气藏)。

根据研究成果及我国的相关标准,磨溪区块龙王庙组气藏是一个岩性—构造圈闭,特大型、复杂的碳酸盐岩裂缝—孔洞型气藏,该气藏具有含气面积大,储量规模大,埋藏深度大,高温、高压,不规则的边水和局部水体,非均质性强以及中等含硫化氢的特点。但同时也具有储渗体渗透性好,天然气气质好,单井产量高,可以获得较好勘探与开发效益的优势。

(二)磨溪区块龙王庙组气藏的开发难点

磨溪区块龙王庙组气藏属低孔、中—高渗透裂缝—孔洞型边水气藏,高效开发面临两个重要问题:(1)气藏构造幅度低,储层裂缝发育,存在水侵风险;(2)基质物性差,不同部位溶蚀孔洞、裂缝发育不均衡,储层非均质性强,低渗透部位气井产能较低,如何提高单井产能和储量动用程度是关键。

(三)磨溪区块龙王庙组气藏的开发对策

在总结国外大型碳酸盐岩气藏开发经验和启示的基础上,针对龙王庙气藏特点和难点,以提高储量动用和规避水侵风险为核心,以龙王庙组安全、平稳和高效开发为准则,制订了如下开发技术政策:(1)在高部位集中布井,降低水侵风险;(2)确定产能主控因素,优选颗粒滩主体溶蚀孔洞和溶蚀孔隙发育区作为优先建产区;(3)采用水平井和大斜度井提高单井产能,并确定合理产量和调峰产量来提升开发效果。

五、磨溪区块龙王庙组气藏开发成效

(一)配套特色技术创新

龙王庙组气藏高效开发的影响因素复杂,主要包括中含硫化氢、缝洞储层低孔隙度及强非均质性、气水赋存形式多样、超压与应力敏感关系密切等。针对上述难点,创新形成5项配套特色技术,在磨溪区块龙王庙组气藏高效开发中发挥了关键性作用。

(1)低孔隙度非均质裂缝—孔洞型气藏培育高产技术:①以全直径岩心高分辨率CT扫描为基础,针对孔洞缝三重介质特征的数值重构与流动模拟评价技术;②小尺度裂缝与厘米级溶蚀孔洞发育的优质储层地震预测技术;③有利于非均质储层高效均匀酸化的大斜度井及水平井镍基合金割缝衬管完井技术;④非机械方式暂堵转向酸化工艺技术等。

(2)大型裂缝—孔洞型超压气藏优化开发设计技术:①仿真龙王庙组气藏在126MPa覆压、76MPa流体压力和143℃地层条件下的应力敏感渗流实验测定技术;②降低高产含硫气井井下测试安全环保风险,并保障测试质量的大产量含硫气井短时非稳态测试评价稳态产能技术;③预判复杂气水关系对开发影响的裂缝—孔洞型气藏水侵影响监测及预测技术;④三重介质储层与复杂轨迹井筒气水两相非稳态流动计算流体力学可视化数值仿真技术等。

(3)大型气田优质高效建产技术:①大斜度井及水平井"完井—酸化—投产"一体化完井工艺技术;②高温高压酸性气井井筒完整性评价与管理技术;③CPS+还原吸收酸性气田处理工艺及配套技术等。

(4)高压含硫气田HSE保障升级配套技术:①缓蚀剂应用工艺优化、腐蚀数据库建立及腐蚀预测技术;②地层水零排放处理技术;③高温高产气井场站噪声定位识别与治理技术。

(5)数字化气田建设配套技术:①数字化气藏技术;②数字化井筒技术;③数字化地面技术。形成"一个气田、一个监控中心"模式,有效降低了人工成本、建设投资和设施维护工作量,提升了管理效率。

创新形成的特色配套技术已经在川中高石梯震旦系灯影组气藏、川西北双鱼石二叠系栖霞组、茅口组气藏的开发中得到广泛应用,并取得良好的应用效果,对国内其他盆地的复杂碳酸盐岩气藏开发具有重要推广价值。

(二)开发效果与指标对比

自从2012年9月磨溪8井龙王庙组获重大发现后,3个月完成试采方案,6个月完成开发概念设计,12个月完成开发方案的编制并获中国石油天然气股份有限公司批复。磨溪8井3个月建成投产,10个月建成投产$10×10^8m^3$/a产能试采工程,15个月建成投产$40×10^8m^3$/a产能建设工程,到2015年底,仅用34个月就完成$110×10^8m^3$/a的地面配套能力建设,刷新了国内特大型整装气田快速建产的纪录。

磨溪区块龙王庙组气藏方案实施效果好,主要开发指标符合率高,平均单井无阻流量为$520×10^4m^3$/d,其中Ⅰ类+Ⅱ类井(无阻流量>$200×10^4m^3$/d)比例达到86%,略高于开发方案中Ⅰ类+Ⅱ类井比例(82%)。截至2016年12月31日,已投产井44口(其中探井14口、开发井30口),日产气$2700×10^4m^3$,累计产气$176.86×10^8m^3$,对比开发方案相同时间节点(2016年12月31日预计产出$185.54×10^8m^3$),低约$8.68×10^8m^3$。单井平均配产$64×10^4m^3$/d,与方案平均配产($64.8×10^4m^3$/d)一致。实现销售收入(含税)242亿元,净利润115亿元。气藏盈利能力好,开发效益高,项目内部收益率48.02%。磨溪区块龙王庙组气藏开发大幅提升了企业对川渝地区的供气保障能力,促进了地方经济发展,推进了地方节能减排工作的完成,每年为资源地创利5亿元以上,创税3亿元以上,带动相关产业增加GDP500亿元以上,综合减排$650×10^4$t以上。未来,龙王庙组气藏开发将带动相关产业对地区GDP的贡献达到1.45万亿元,综合减排$5.14×10^8$t,引领区域经济绿色增长,创造巨大的社会经济效益。

参 考 文 献

[1] GB/T 26979—2011 天然气藏分类[S].

[2] 赵文智,汪泽成,胡素云,等.中国陆上三大克拉通盆地海相碳酸盐岩油气藏大型化成藏条件与特征[J].石油学报,2012,33(z2):1-10.

[3] 赵文智,沈安江,胡素云,等.中国碳酸盐岩储集层大型化发育的地质条件与分布特征[J].石油勘探与开发,2012,39(1):1-12.

[4] Halbouty M T.Giant Oil and Gas Fields of Decade 1990—1999,AAPG Memoir 78[M].Tulsa:2003:1-13.

[5] Halbouty M T. Giant Oil and Gas Fields of the Decade 1968—1978, AAPG Memoir 30[M]. Tulsa: AAPG,1980:1-596.

[6] Halbouty M T. Giant Oil and Gas Fields of the Decade 1978—1988, AAPG Memoir 54[M]. Tulsa: AAPG,1992:1-526.

[7] Halbouty M T. Giant Oil and Gas Fields of the Decade 1990—1999, AAPG Memoir 78[M]. Tulsa: AAPG,2003:1-340.

[8] 贾爱林,闫海军,李建芳.中国海相碳酸盐岩气藏开发理论与技术[M].北京:石油工业出版社,2017.

[9] 李国玉,金之钧. 世界含油气盆地图集(上下册)[M].北京:石油工业出版社,2005.

[10] 白国平,郑磊.世界大气田分布特征[J].天然气地球科学:2007,18(2):161-167.

[11] 贾爱林,闫海军,郭建林,等.全球不同类型大型气藏的开发特征及经验[J].天然气工业,2014,34(10):33-46.

[12] 廖仕孟,胡勇.碳酸盐岩气田开发[M].北京:石油工业出版社,2016.

[13] 师永民,陈广坡,潘建国,等.储层综合预测技术在塔里木盆地碳酸盐岩中的应用[J].天然气工业,2004

(12):51-53,181-187.
- [14] 杨辉廷,颜其彬,李敏.油藏描述中的储层建模技术[J].天然气勘探与开发,2004(3):45-49,4-5.
- [15] 张淑品,陈福利,金勇.塔河油田奥陶系缝洞型碳酸盐岩储集层三维地质建模[J].石油勘探与开发,2007(02):175-180.
- [16] 王根久,王桂宏,余国义,等.塔河碳酸盐岩油藏地质模型[J].石油勘探与开发,2002(1):109-111.
- [17] 赵敏,康志宏,刘洁.缝洞型碳酸盐岩储集层建模与应用[J].新疆石油地质,2008(3):318-320.
- [18] 侯加根,马晓强,胡向阳,等.碳酸盐岩溶洞型储集体地质建模的几个关键问题[J].高校地质学报,2013,19(1):64-69.
- [19] 胡向阳,李阳,权莲顺,等.碳酸盐岩缝洞型油藏三维地质建模方法——以塔河油田四区奥陶系油藏为例[J].石油与天然气地质,2013,34(3):383-387.
- [20] 伍贤柱,万夫磊,陈作,等.四川盆地深层碳酸盐岩钻完井技术实践与展望[J].天然气工业,2020,40(2):97-105.
- [21] 胡勇,彭先,李骞,等.四川盆地深层海相碳酸盐岩气藏开发技术进展与发展方向[J].天然气工业,2019,39(9):48-57.
- [22] 王洋,袁清芸,李立.塔河油田碳酸盐岩储层自生酸深穿透酸压技术[J].石油钻探技术,2016,44(5):90-93.
- [23] 王成俊,蒲春生,张荣军,等.碳酸盐岩储层酸压工艺技术的概况和发展方向[A]//中国力学学会,中国石油学会,中国水利学会,中国地质学会.第九届全国渗流力学学术讨论会论文集(二)[C].中国力学学会,中国石油学会、中国水利学会、中国地质学会:中国力学学会,2007:3.
- [24] 陈志海,戴勇.深层碳酸盐岩储层酸压工艺技术现状与展望[J].石油钻探技术,2005(1):58-62.

第二章 四川盆地深层古老碳酸盐岩天然气藏勘探

寻找优质整装大气田是中国石油人的不懈追求。四川盆地面积约 $18×10^4km^2$，含油气层系多，油气资源丰富，以天然气资源为主，是一个典型的富气盆地。震旦系—寒武系特大气田的发现正是这种不懈追求的结果。

震旦系—寒武系是四川盆地时代最古老、分布广泛的碳酸盐岩层系，厚度达 2000～3000m，面积超过 $20×10^4km^2$，具良好的油气地质条件。油气勘探始于 20 世纪 40 年代，迄今已有 70 余年勘探历史，勘探历程曲折漫长。中国石油 2009 年部署的风险探井高石 1 井和磨溪 8 井双双获得超百万立方米的高产工业气流，半个世纪持续探索，47 年来久攻不克的乐山—龙女寺古隆起天然气勘探取得重大突破。发现了我国地层最古老、热演化程度最高、单体储量规模最大的特大型气田——安岳气田，累计探明地质储量 $8102×10^8m^3$，总体储量规模超 $15000×10^8m^3$，开发仅用 3 年时间，龙王庙组气藏已建成 $110×10^8m^3/a$ 天然气年生产能力，相当于建成一个年产千万吨级的大油田，实现了几代石油人的梦想。

安岳气田是 21 世纪全球深层古老碳酸盐岩勘探和开发的重大成果，也是四川盆地天然气领域持续不断、长期探索的结果。图 2-1 所示为四川盆地及邻区地质略图。

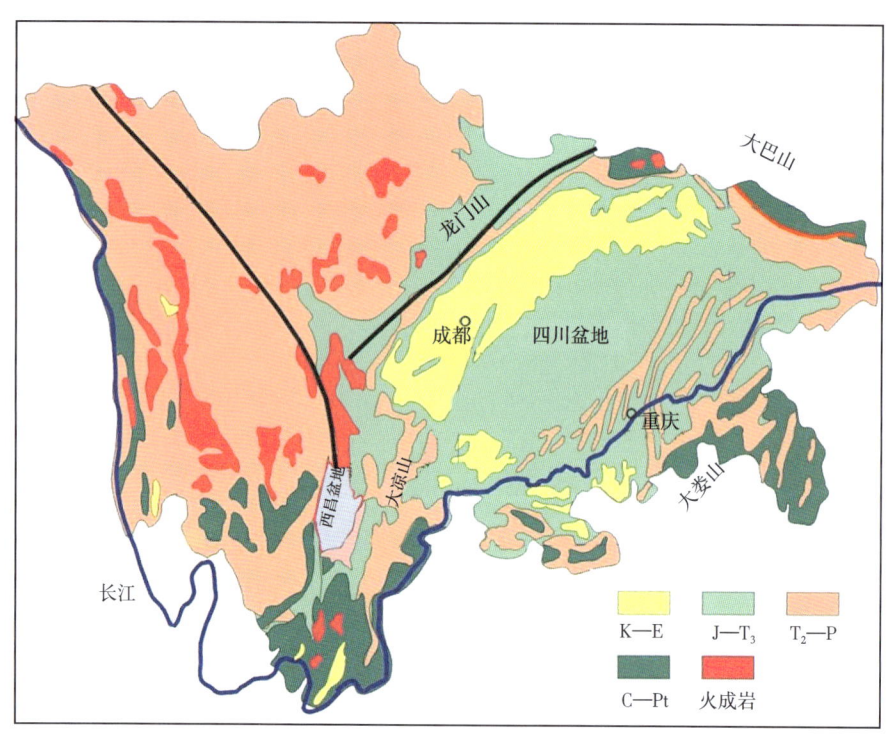

图 2-1 四川盆地及邻区地质略图

第一节　历史上的两个重要发现

一、威远震旦系灯影组、寒武系龙王庙组气藏的发现(1940—1964年)

(一) 三上威远

20世纪40年代,老一代石油工作者通过地质测量发现威远背斜是四川盆地内面积最大的穹隆背斜构造,且埋藏较浅。同时,在曹家坝"臭水河"发现含硫化氢的气苗,因此把威远背斜作为重点勘探对象。然而,由于缺乏地震资料,导致地伏构造形态不清,当时的钻探技术难以保障钻达震旦系,1940年"一上威远"钻探威1井,该井阳新统即完钻,未发现工业气流。1956年1月"二上威远",为了解盆地地层剖面和含油气情况,在威1井同井场钻探威基井,至寒武系完钻,仍未获工业气流。1963年"三上威远",基于钻机能力的提高及良好的井身质量,实施威基井加深钻探。1964年9月钻至井深2848.5m,在震旦系上统灯影组顶部见气侵、井漏,中途测试获日产气$7.98×10^4 m^3$,震旦系首次获得突破。紧随其后于次年初完钻的威2井震旦系喜获高产气流,酸化测试$70×10^4 m^3/d$,迅速推进了威远气田震旦系的勘探步伐。随后威12井寒武系中测$13×10^4 m^3/d$,让地质勘探工作者们更加意识到寒武系为潜在的勘探领域。

"三上威远"意义深远,勘探者们紧密部署,在威远构造上连续部署12口井均获气,含气面积达$216 km^2$,成功申报储量$400×10^4 m^3$,探明了我国第一个整装海相大气田。威远气田以震旦系灯影组为主要储层,气藏类型为构造底水气藏,具统一气水界面,充满度低,仅为圈闭幅度的25%。

这一阶段的地质认识是"构造控藏"。

(二) 威远之外找威远

威远气田发现之后,基于对威远气田构造控藏的认识,对盆地周边的大两会、宁强、曾家河以及长宁等面积较大、埋藏较浅的地面背斜构造开展钻探工作,钻井5口(会1井、曾1井、强1井、宁1井、宁2井),震旦系均产水。这一阶段形成的主要地质认识是:威远构造外围盆地周边地区局部构造保存条件差,下古生界—震旦系勘探领域要从盆地边缘回归至盆地内部。

二、加里东古隆起发现(1965—1993年)

(一) 乐山—龙女寺古隆起的发现

1965年对威远构造进行地震普查,发现二叠系与奥陶系的反射同相轴从威远南部至北部逐渐靠近,直至奥陶系顶界反射界面消失,这个现象首次揭示了加里东古隆起存在的可能性。而后,1969年对近南北走向威远—仁寿地震剖面进行解释,发现了威远至仁寿之间下古生界存在古隆起的证据。1971年在川西南部乐山、雅安、新津等地区针对加里东古隆起部署地震专题调查,调查发现在乐山附近,二叠系与下寒武统直接接触,自洪雅向斜中心向西二叠系下伏地层逐步减薄,二叠系由东向西依次超覆在奥陶系、寒武系、灯影组三段和灯影组二段之上,由此认为天全、雅安位于古隆起西斜坡。

1977年在川中龙女寺构造完钻的女基井和1976年在川西龙泉山构造完钻的油1井证实二叠系分别与奥陶系底和寒武系底接触,均表明了加里东古隆起的存在,且女基井分别在震旦系灯影组和奥陶系南津关组获日产$1.85×10^4 m^3$和$2.0×10^4 m^3$天然气。1980—1982年,通过对川中地震新资料及川西地震老资料联合解释,查明了加里东古隆起轴向为北东—南西向。古隆起西南端起于乐山,经龙女寺、蓬安、营山一带,向东倾没,轴部有雅安、乐山和南充三个高点,二叠系之下分别残留震旦系、下寒武统和中上寒武统。最终将这个位于盆地中部的大型加里东期古构造正式命名为"乐山—龙女寺古隆起",初期认为古隆起面积为$2.3×10^4 km^2$,轴线长375km,宽度为65~87km。

20世纪80年代后期,大量地震勘探工作在盆地内全面展开,部署了横贯盆地中西部的6条区域地震大剖面,该系列剖面为进一步认识古隆起特征创造了有利的条件。老一辈地质家通过大剖面,第一次隐约看到古隆起的"庐山真面目":古隆起以鼻状横亘于盆地的中西部,西高东低,主高点在雅安、乐山一带,轴线东端次高点在遂宁—龙女寺一带,面积达$6.25×10^4 m^3$(图2-2)。

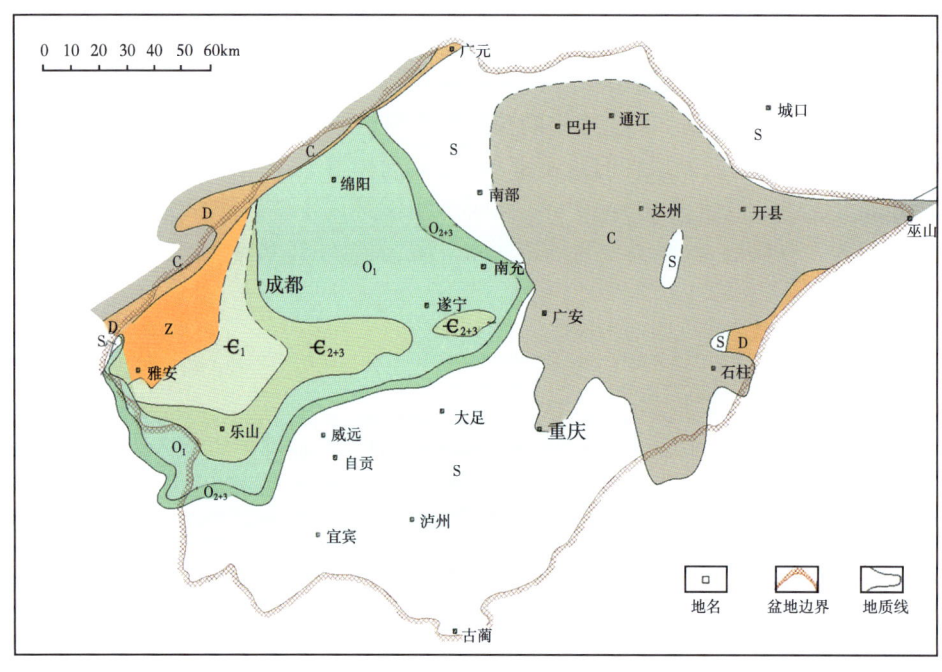

图2-2 四川盆地二叠纪前古地质图(1990年)

(二)资阳古圈闭勘探带来的启示

对资阳古圈闭的探索是认识乐山—龙女寺古隆起过程中一次重要事件。20世纪90年代初期,在寻找中大型气田的背景下,四川石油管理局与地质矿产部合作研究认为资阳地区是乐山—龙女寺古隆起背景上一个古构造圈闭,是勘探震旦系及下古生界天然气藏的重要目标。1993—1996年在资阳圈闭范围钻井7口,获工业气井3口,单井日产气$5×10^4$~$11×10^4 m^3$,干井1口、水井3口,气水关系复杂。获控制储量$102×10^8 m^3$、预测储量$338×10^8 m^3$(图2-3)。

资阳地区的勘探实践证实了古圈闭气藏的存在，但是这类气藏在后期的构造演化过程中随古圈闭的消亡而解体，具有很强的隐蔽性和复杂性。总之，早期有发现但未获重大突破，且对目的层的认识也不完善。

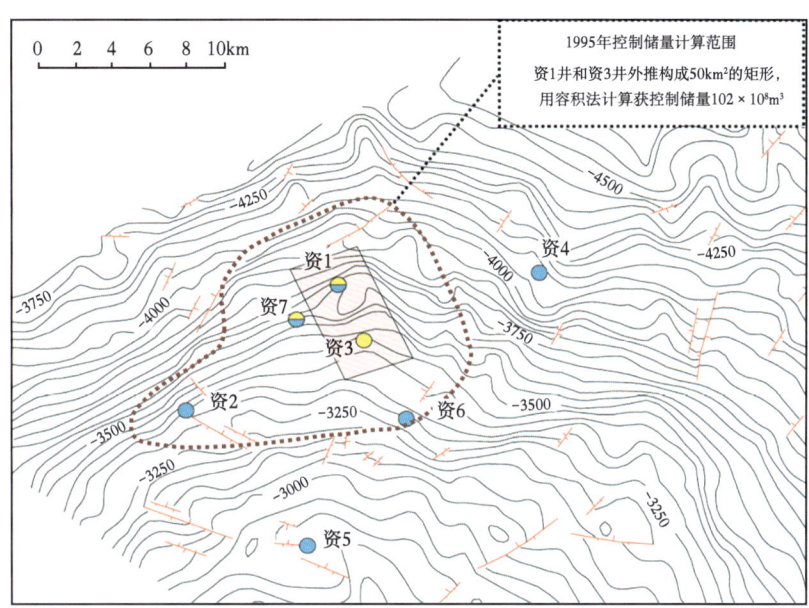

图 2-3　资阳地区震旦系顶界构造图

第二节　勘探目标的确立

一、实施区探井和科学探井，选择突破口（1994—1999 年）

"八五""九五"期间对四川盆地震旦系—下古生界持续的攻关研究认为，古隆起上震旦系及下古生界具备形成大中型气田的条件。1994 年通过地震技术在遂宁—安岳地区发现并查明乐山—龙女寺古隆起背景上发育一个特大型构造带，即安平店—高石梯构造带，构造面积大于 800km²，闭合度大于 200m。安平店—高石梯构造带成为部署区域探井重要依据。

1994—1998 年钻探区探 1 井、安平 1 井和盘 1 井。安平 1 井灯影组储层发育，中测产气 7000m³，未完井试油。盘 1 井位于潜伏构造，灯影组储层发育，测试产水，寒武系储层发育，未试油。1999 年在高石梯构造部署科学探索井高科 1 井，以震旦系为主要目的层，完钻层位为灯影组灯二段，井深 5480m。中测灯四段 4989.1~5033.27m 产气 7000m³，未进行完井测试。高科 1 井是古隆起东段前期勘探最重要的探井，高科 1 井的钻探揭示古隆起东段具有以下有利成藏条件：

（1）发育两套优质烃源岩：灯影组灯三段黑色泥岩，厚度 11.86m，TOC 平均为 0.92%，最高可达 2.14%；下寒武统筇竹寺组黑色泥岩，厚度 30.41m，TOC 平均值可达 3.0%。

（2）灯影组发育灯四段和灯二段两套岩溶储集层。岩心统计溶洞岩心累计厚 25.7m。

(3)钻遇灯影组多个含气层系。测井解释灯影组灯四段3个气层累计厚度14.2m;灯二段解释气层1层6m、水层1层5.6m。寒武系龙王庙组钻遇鲕粒云岩。

(4)灯影组存在2套含气组合:第一套含气组合为以筇竹寺组泥页岩为盖层的灯四段含气层;第二套含气组合为以灯三段泥页岩封盖的灯二段含气层。

二、重上威远,明确寒武系龙王庙组为下古生界的重要目的层(2000—2005年)

2004年,威远气田在挖潜论证中,认为老气田上寒武系有潜力、积极组织老井上试工作,并在10口老井的寒武系洗象池组获工业气流,并在构造顶部部署寒武系专层探井威寒1井,该井钻探至寒武系龙王庙组发现鲕状白云岩储层,完井测试获气 $12.3 \times 10^4 m^3$、产水 $192 m^3$,展现出寒武系龙王庙组具有良好储集性的新苗头。根据这一勘探发现,2005年部署龙王庙组专层探井5口。其中威2井老井上试产水,威寒101井和威寒104井完井测试产水。通过这一阶段的勘探认识到龙王庙组发育一套孔隙型颗粒云岩储层,值得重视。

2004年底,中国石油天然气集团公司(简称中国石油)为进一步突出资源战略,加强勘探工作,做出了每年拿出10亿元专项投资进行油气风险勘探的重大战略决策。2006年,根据前期勘探及地质认识,四川盆地震旦系—下古生界列入中国石油重点风险勘探领域。

针对震旦系—下古生界风险勘探领域,提出了古隆起勘探的突破口问题、震旦系规模优质储层分布规律问题、寒武系是否可以作为目的层的问题、制约突破的关键技术问题。针对四大关键问题,重点抓三项工作:一是地质综合研究,以震旦系—寒武系为主要目的层,持续设立年度生产性研究项目,加强综合地质研究和目标评价;二是开展物探技术攻关,针对储层非均质性,加强地震处理和解释攻关,多轮构造成图,预测有利储层展布;三是抓好风险勘探决策,加强风险目标评价与优选,通过专家研讨、深化研究,科学部署确定风险探井。

在系统研究及多轮地震处理解释攻关的基础上,提出了古隆起东段的高石梯—磨溪地区成藏条件最有利;高石梯—磨溪地区位于古隆起的轴部,古今构造继承性发育;该区构造圈闭完整、幅度小、面积大;该区紧邻寒武系强生烃区,烃源条件好,生烃强度大,具备形成大中型气田的烃源条件;根据威远、安平1井、高科1井、盘1井和女基井等实钻资料以及地震攻关资料预测,高石梯—磨溪地区震旦系灯影组发育优质储层;根据威远取心资料、区域储层对比资料、区域膏盆展布趋势以及地震储层预测等综合分析,提出在高石梯—磨溪地区龙王庙组发育浅滩相孔隙型储层,首次明确龙王庙组为重要的勘探目的层,锁定了勘探目标。

第三节 风险探井的重大突破

一、第一轮风险探井的苗头(2006—2009年)

2006年以来,中国石油组织多家单位针对高石梯—磨溪构造进行了8次研讨,以灯影组和龙王庙组为目的层部署两轮风险探井6口。

第一轮风险探井(2006—2009年),在古隆起不同部位部署了3口风险探井。其中磨溪1井因在二叠系长兴组中途测试获日产 $32 \times 10^4 m^3$ 高产气流,提前完钻;宝龙1井龙王庙组储层欠发育,未试气,洗象池组获日产 $1.35 \times 10^4 m^3$ 低产气流;汉深1井灯影组储层发育,由于保存条件差,测试产水。第一轮风险勘探再次证实震旦系—寒武系储层广泛分布,但横向变化大,隆起高部位成藏条件复杂。认识到寻找有利储层发育区和保存条件较好的继承性构造是该领域获得突破的关键[1]。

二、第二轮风险探井的重大突破(2009—2011年)

在前一轮风险勘探认识的基础上,中国石油组织了第二轮风险井研究论证工作(2009—2012年),开展了新一轮震旦系—寒武系的地层对比工作、构造演化、沉积储层等基础地质研究工作。经过研究认为高石梯—磨溪地区成藏条件有利,尽管处于川中古隆起现今构造低部位,但具有如下特征。(1)始终处于古隆起轴部,且古隆起在其后的印支、燕山和喜山期演化中具有良好的继承性发育;(2)高石梯—磨溪构造圈闭持续发育,形态完整、面积大;(3)烃源条件好,具备大型气田的基本条件;(4)震旦系缝洞型储层分布连续,储层具非均质性,但不乏优质储层存在,尤其是台缘带。寒武系龙王庙组储层孔隙型特征明显,孔渗条件好,从而锁定了高石梯构造、磨溪构造、螺观山构造三个勘探目标,提出3口风险探井(高石1井、螺观1井、磨溪8井),优选上钻古隆起不同部位的高石1井和螺观1井,磨溪8井再次探索震旦系—寒武系在古隆起上的含气情况。

特别针对高石梯—磨溪构造主要目的层储层非均质性强的特点,组织多家单位对磨溪构造三维(面积为215km²)及高石梯构造二维地震资料(测线长度1100km)开展平行处理解释攻关,预测该区震旦系灯影组、寒武系龙王庙组储层发育,烃类检测含气性好(图2-4)。

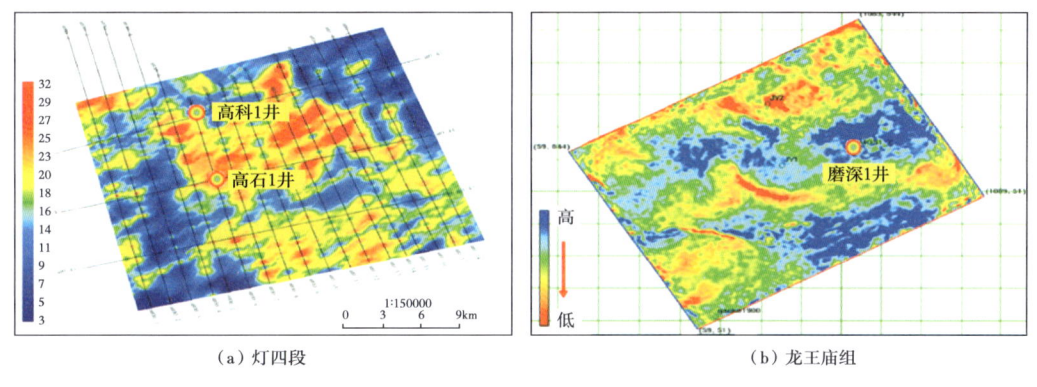

(a)灯四段　　　　　　　　　　　(b)龙王庙组

图2-4　高石梯—磨溪地区储层预测图

螺观1井钻探主要目的层为寒武系龙王庙组,但储层不发育而未获工业发现,仅在下二叠统茅口组测试获日产气$45\times10^4\mathrm{m}^3$的高产工业气流。

高石1井位于高石梯构造高点(图2-5),设计井深5370m,2010年8月20日开钻,2011年6月17日钻至5841m完钻,完钻层位震旦系陡山沱组。综合测井解释灯影组4956~5390m井段气层13层150.4m,差气层12层41.9m。寒武系龙王庙组发现气层(未试油)。2011年7月,对震旦系灯影组灯二段5300~5390m射孔酸化联作测试,获日产天然气$102.14\times10^4\mathrm{m}^3$。高石1井灯四段取心溶蚀孔洞发育,溶洞段厚13.95m。高石1井获高产工业气流,使历经半个世纪持续探索、47年来久攻不克的川中古隆起天然气勘探取得重大发现。

磨溪8井位于古隆起磨溪—安平店潜伏构造震旦系顶构造高部位。于2011年9月8日

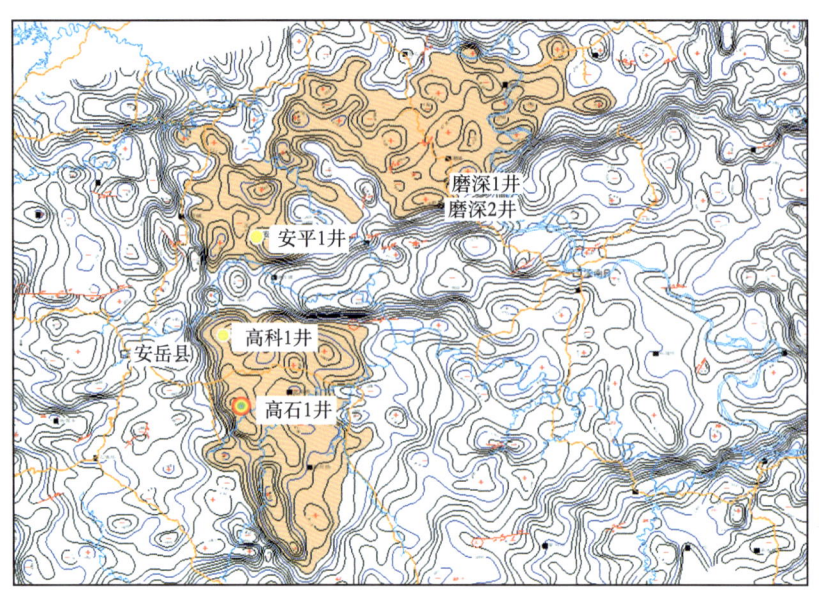

图2-5　高石梯—磨溪地区寒武系底界地震反射构造图(2009年12月)

开钻,2012年4月14日完钻,2012年5月14日完井。完钻井深5920m,完钻层位震旦系灯影组灯一段。在钻井过程中寒武系龙王庙组见2次气测异常显示,同时录井、测井资料揭示龙王庙组白云岩溶孔储层发育。

为了搞清磨溪8井龙王庙组储层流体、压力、产能,对龙王庙组储层分两层进行试油。2012年9月9日,第一层试油为龙王庙组下段(4697.5~4713m),射孔酸化,射厚15.5m,测试产气107.18×10^4m³/d。2012年9月28日,第二层试油为龙王庙组上段,射厚29m,测试产气83.50×10^4m³/d,两层试油合计测试产气190.68×10^4m³/d。磨溪8井龙王庙组获得高产工业气流,成为安岳气田龙王庙组气藏的发现井,是古隆起天然气勘探历经近半个世纪所取得的最重大历史性突破。

第四节　特大型气藏的快速探明

一、科学决策,规划高效探明(2011—2013年)

高石1井和磨溪8井取得突破后,中国石油天然气集团公司先后5次集中研究和部署高石梯—磨溪地区勘探工作,有效地促进了整体研究和地质认识的深化,根据研究成果和认识,及时把握、科学决策,制订具体部署方案,实现了该区勘探工作的科学快速有序推进。

2011年8月,中国石油天然气集团公司组织西南油气田公司等多家单位集中力量快速开展了新一轮老井复查、地震老资料重新处理解释和油气成藏研究工作,并取得了重要地质认识。基于"大型古隆起东部地区具备寻找规模储量、具备集中力量加快工作节奏"的宏观判断,确定了"立足寻找大气田,立足构造气藏,立足尽快总体控制"的勘探思路,同时决定设立

第二章 四川盆地深层古老碳酸盐岩天然气藏勘探

重大生产研究项目,并及时结合项目研究阶段成果以地质认识为依据,实行"整体部署、分步实施、适时调整、择优探明"的勘探原则[2]。

2011—2012年,基于川中古隆起东部具备多层系、多类型的良好含油气地质条件的宏观判断,制订了第一轮勘探部署方案:整体部署三维地震790km², 探井7口(磨溪8井、磨溪9井、磨溪10井、磨溪11井、高石2井、高石3井、高石6井),同时决定设立"四川盆地海相碳酸盐岩大型古隆起高效气田成藏理论与勘探技术"重大科研项目。钻探结果进一步扩大了勘探成果,地质认识取得重要突破,发现了"克拉通内裂陷"。与此同时,针对龙王庙组具备厚层滩相优质白云岩储层的地质认识,迅速组织开展对寒武系龙王庙组的系统研究,做出了加快探明磨溪区块龙王庙组气藏的决策,部署龙王庙组专层探井5口(磨溪201—磨溪205井),并决定开展磨溪8井开发试采工作。

2013年4月,第一轮7口井全部成功,第二轮探井完钻11口,获气井9口。其中,龙王庙组获气井7口,专层探井除磨溪203井正在钻探,其余4口井均获高产,这批专层井的及时实施,大大推进了磨溪区块龙王庙组大气田的探明和开发试采进程。同时,根据甩开探井的钻探成果,对古隆起东部地区的成藏条件、资源潜力、有利富集区等规律性认识逐步深化:针对寒武系龙王庙组气藏,明确了"古隆起控相、控储、控藏"及构造—岩性气藏类型的总体认识;针对震旦系灯影组,明确了"丘滩相和风化岩溶作用共同控储、古隆起控藏、优越的源储配置和缝洞体控富集高产"、灯二段为构造气藏、灯四段为大型岩性地层复合气藏的总体认识(图2-6)。基于此,确立了2013年"整体控制区域含气规模,加快探明磨溪区块龙王庙组气藏"的总体目标,并在磨溪以东龙女寺地区部署三维地震1100km², 在磨溪—高石梯及其外围整体部署探井16口。

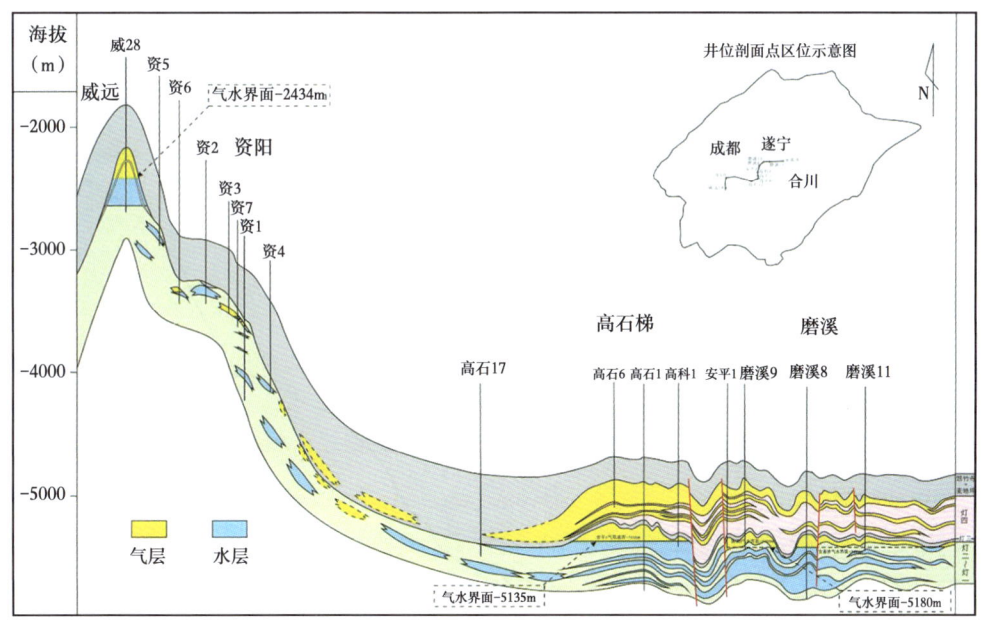

图2-6 威远—资阳—高石梯—磨溪—龙女寺地区震旦系气藏剖面图(2014)

— 21 —

截至 2013 年 12 月底,龙女寺 1100km² 三维地震已完成采集,磨溪 101 井、磨溪 23 井、磨溪 27 井、磨溪 29 井、磨溪 009-X1 井、磨溪 008-X2 井等新部署探井和开发井相继完钻并解释有气层或测试获高产,同时随着 5 口专层探井全部完成测试,磨溪 8 井等 8 口探井陆续投入试采。2013 年 12 月 4 日,磨溪区块龙王庙组探明天然气地质储量 4403.83×10⁸m³,顺利通过了全国矿产资源委员会审定,成为迄今我国发现的单体规模最大的特大型海相碳酸盐岩整装气藏。

多轮次的整体部署,科学决策,持续的科技创新,大大加快了高石梯—磨溪地区震旦系—寒武系的勘探节奏和认识深化,直接促成了磨溪区块龙王庙组气藏的发现和快速高效探明[3]。

二、成果引领探勘方向(2013—2016 年)

经过 6 年的快速高效勘探,高石梯—磨溪地区龙王庙组和灯影组气藏共提交三级储量超 15000×10⁸m³,龙王庙组已建成产能 110×10⁸m³/a。对推进我国天然气工业的快速发展,保障国家能源安全具有十分重要的意义。从"十二五"初期零星的钻探资料,到世界级大气田的诞生,在认识—实践—再认识—再实践的过程中,总结了古老碳酸盐岩天然气地质理论的创新认识。

首先,提出并发现了四川盆地晚震旦—早寒武世发育近南北向大型裂陷(图 2-7),该裂陷成为优良的生烃中心,盆地模拟资源量达 50000×10⁸m³;研究认为上扬子克拉通时期处于拉张环境,在拉张背景下亦可在较稳定的克拉通内形成大型台内裂陷。在裂陷内充填厚度很大的

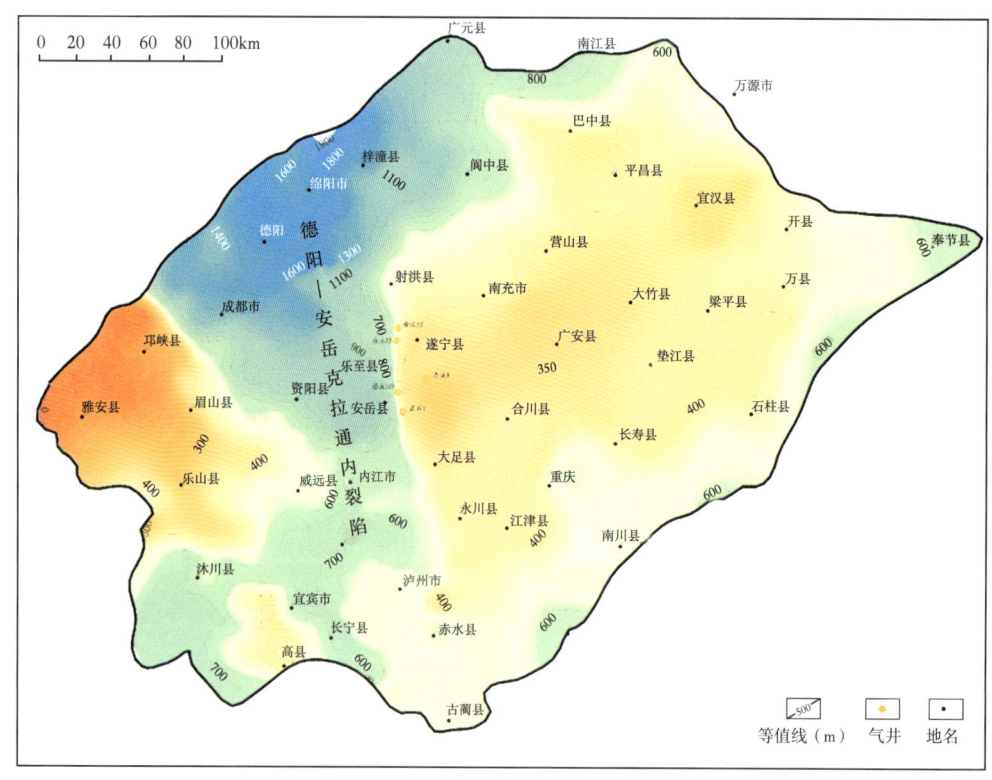

图 2-7 德阳—安岳裂陷展布图(2016)

优质烃源岩,并与侧向震旦系灯影组构成良好的生储组合[4]。

其次,建立了古老碳酸盐岩沉积新模式并揭示成储机理,新发现了两套规模储层,有利叠合面积达 8000km²;认为下古生界碳酸盐岩可形成优质碳酸盐岩储层[5]。

最后,提出了以裂陷为核心的古老碳酸盐岩"四古"成藏理论认识,指导了古隆起现今低部位安岳特大气田的发现。研究团队提出古裂陷、古丘滩体、古圈闭、古隆起时空有效配置,控制安岳特大原生型油裂解气田的形成与富集。古裂陷控制生烃中心;古丘滩体控制规模优质储层展布、古圈闭形成和油气富集。古圈闭控制油气成藏与保存。利用成藏示踪分析技术,结合构造演化史,重塑了安岳特大型气田的成藏演化史,即早期(二叠纪—三叠纪)形成灯影组和龙王庙组大型古油藏,晚期(侏罗纪—白垩纪)以古油藏原油裂解气为主,形成原生型原油裂解气特大型气藏[6]。

总之,克拉通内受古裂陷及其控制的早期古隆起、古丘滩体储层、岩性—地层古圈闭"四古"要素的时空有效配置,在古隆起的低部位岩性—地层圈闭控制规模成藏。安岳地区"四古"要素配置条件好,有利于大气田的形成。"四古"成藏理论对古老碳酸盐岩天然气勘探具有重要指导意义,推广应用前景广阔。

三、技术创新,支撑快速高效勘探

针对四川盆地震旦系—寒武系古老深层碳酸盐岩地质特征,通过多轮技术攻关形成 4 项特色适用配套技术,加快推进该领域的勘探进程。

一是形成了针对深层的地震采集、处理、解释技术系列。针对寒武系龙王庙组和震旦系灯影组埋藏深、构造幅度低、碳酸盐岩滩体和岩溶储层发育等地质特点,应用"两宽一小"高精度三维数字地震采集、叠前深度偏移处理、碳酸盐岩岩溶缝洞储层地震描述、烃类检测等技术,取得了精细构造解释、古构造演化、储层和裂缝预测及烃类检测等多项高质量成果,其中构造解释与实钻误差 2~25m,地震储层预测误差 0.4~10.2m,烃类检测符合率达 94%。并完成了多轮次大比例尺构造、储层预测及含油气检测等关键性图件,为具体井位目标的选择和探明储量计算提供了有力支撑。

二是测井形成 7 项关键评价技术。针对复杂碳酸盐岩储层评价和流体识别,形成了孔隙结构评价、溶洞识别与评价、流体性质识别、孔洞有效性评价、非均质储层参数定量评价、裂缝识别与有效性评价、复杂碳酸盐岩储层产能预测等 7 项测井评价技术,大幅提高了解释时效和符合率,测井解释综合符合率达 90%以上,试油选层成功率:龙王庙组 80%、灯四段 88%,灯二段 83%,有力支撑了龙王庙组储层评价、单井的试油选层、完井工程方案设计和探明储量计算。

三是形成了"优、快"钻井技术模式,实现了高石梯—磨溪地区钻井的提速、提效。通过优化井身结构,使用高效 PDC 钻头、长寿命螺杆和优质钻井液,2013 年震旦系完钻的 11 口深井,平均钻井周期从 2012 年 189 天缩短到 149 天,全面实现一年两开两完;龙王庙完钻的 13 口专层直井,平均钻井周期仅 97.32 天(不含取心),全面实现一年三开两完。

四是形成两套储层改造专有技术系列。针对龙王庙组储层厚度大、纵向非均质性强、温度高、压力高、埋藏深等特点,形成深穿透酸压、分层酸压、转向酸压复合改造技术,现场应用 19 井 22 井次,储层改造有效率达 80%,层试油平均周期由 30 天大幅缩短为 12 天;针对灯影组储层低孔隙度、低渗透率、跨度大、非均质性强、温度高、埋藏深等特点,形成深穿透、高压、转向酸压改造技术,现场应用13井27井次,储层改造有效率85%,单层试油周期由45天缩短至21天。

科技攻关的理论创新和技术创新对安岳特大型气田的战略发现及磨溪区块龙王庙组气藏快速高效勘探发挥了极为重要的推动作用,高石梯—磨溪地区实施的"科研和勘探生产一体化"模式,正是坚持科技攻关与勘探生产紧密结合、实现科技快速向生产力转化的成功实践。

安岳特大型气田的战略发现为中国石油在四川盆地建设 $300×10^8 m^3/a$ 天然气工业基地提供了资源保障;科学理论技术创新对推动我国塔里木、鄂尔多斯等盆地古老碳酸盐岩勘探具有重要指导作用;对改善国家能源结构、保障国家能源安全意义重大。

参 考 文 献

[1] 杜金虎,胡素云,张义杰,等.从典型实例感悟油气勘探.石油学报,2013,34(5):809-819.

[2] 宋文海.乐山—龙女寺古隆起大中型气田成藏条件研究[J].天然气工业,1996,16:13-26.

[3] 汪泽成,姜华,王铜山,等.四川盆地桐湾期古地貌特征及其成藏意义[J].石油勘探与开发,2014,41(3):305-312.

[4] 魏国齐,沈平,杨威,等.四川盆地震旦系大气田形成条件及勘探远景区[J].石油勘探与开发,2013,40(2):129-138.

[5] 赵政璋,杜金虎,邹才能,等.大油气田地质勘探理论及意义[J].石油勘探与开发,2011,38(5):513-522.

[6] 邹才能,杜金虎,徐春春,等.四川盆地震旦系——寒武系特大型气田形成分布、资源潜力及勘探发现[J].石油勘探与开发,2014,41(3):278-293.

第三章 气藏高效开发前期评价与主体技术落实及开发有利区的认识

在川渝地区天然气需求高速增长之际,磨溪区块龙王庙气藏从发现到探明仅用了一年多时间。作为我国迄今单体最大规模整装碳酸盐岩气藏,具有储层非均质性强、应力敏感性强和气水关系复杂多样等特征,高效建产面临诸多挑战,需要全面高速推进气藏开发的前期评价工作,不断创新开发理念、加强多专业协同攻关、强化气藏精细描述和开发技术集成。

第一节 快速开展开发前期评价

传统的气藏开发模式,气藏勘探开发程序具有时间上的先后次序与继承性,依次为预探、详探、试采及产能建设、开发、开发调整、开采结束这样一个过程,造成从储量到产量时间周期明显较长。从国内外大型气田开发历史来看,在勘探发现后进行开发前期评价、完成产能建设往往需要5年以上的时间,若按照传统做法稳步推进磨溪区块龙王庙组气藏开发的相关工作,虽然能在一定程度上缓减疑难问题的制约和规避风险,但无法满足快速建产需求。

磨溪区块龙王庙组气藏勘探开发打破先勘探后开发这种传统模式,推行勘探开发一体化。一体化部署,预探评价与开发评价相结合;一体化研究,储量探明与开发设计研究相结合;一体化实施,勘探钻井与产能建设实施相结合。"三结合"的实践,对储量与产能关系认识的统一、地质评价和工程建设之间的整合、生产组织及投资部署等多个方面进行了优化,成为提高油气勘探开发效率、追求投资回报最大化的有效手段,创造了大型整装气藏勘探开发新纪录(图3-1)。

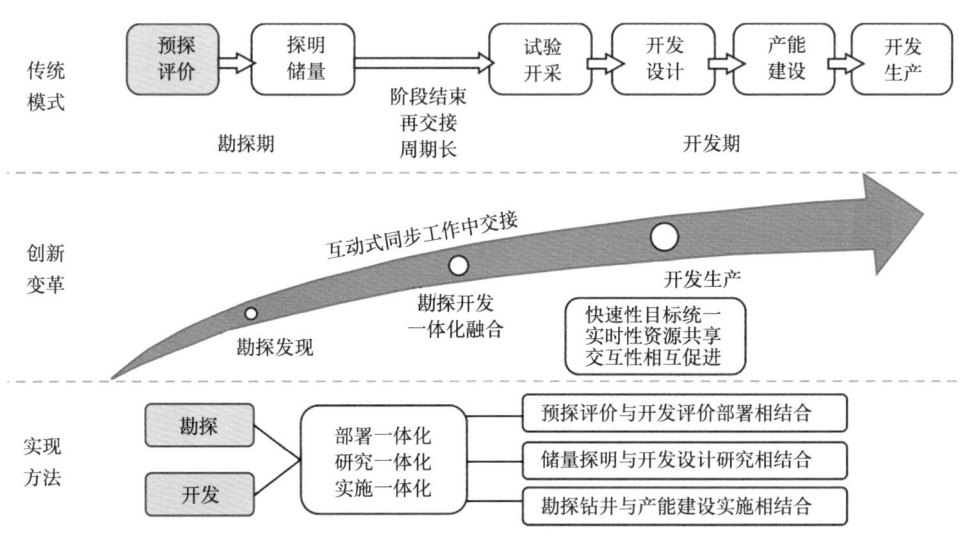

图3-1 磨溪区块龙王庙组气藏勘探开发一体化内涵图

一、预探评价与开发评价统一部署

一体化部署,气藏地质、地球物理、储量研究、气藏工程的研究人员加强配合和沟通,研究成果全面共享,各环节紧密衔接,加快了对气藏的认识评价步伐。统筹考虑井网部署、井身结构、完井工艺等,为开发创造条件。一体化录取勘探、开发所需的三维地震、测井解释、分析化验等资料,取全取准地层压力、流体性质、产量等数据,为气藏描述、储量计算和开发前期评价奠定了坚实的基础。获取了大量开发评价资料,深化了对气藏的认识,为气藏快速探明、试采和开发方案高效编制提供了有力支撑。

关注勘探开发一体化过程中认识周期与工作节奏、精细研究和全局联动、提速增效同潜在风险之间的矛盾,在磨溪区块龙王庙组气藏开发实践中探索与之相适应的管理创新模式,通过组织管理方式的优化调整,确保质量效益、尽可能削减风险。重点集中于以下几方面:

(1)在资料录取、研究评价、部署安排的一些关键环节突破传统管理模式局限,实现勘探与开发、地质与工程的无缝衔接,强化开发前期评价提速的支撑条件,夯实勘探开发一体化质量保障基础。

对于复杂气藏而言,掌握地质特征和开发规律需要较长的认识周期,尤其是对深层海相碳酸盐岩储层非均质性的定量描述一直是前沿性技术难题,单纯强调通过勘探开发一体化方式加快开发进程,可能会面临较高的风险。大型含硫气田建设投资大、不确定因素多、决策失误后负面影响严重,使风险更加突出。重点关注勘探开发一体化过程中认识周期与工作节奏、精细研究和全局联动、提速增效同潜在风险之间的矛盾,在磨溪区块龙王庙组气藏开发实践中探索与之相适应的管理创新模式,通过优化调整组织管理方式,确保了质量效益,并最大限度地降低了风险。

在磨溪区块龙王庙组气藏开发评价的过程中,充分调动油气公司和川庆钻探工程有限公司等多个二级单位的科研力量,形成了地质与气藏工程、钻采工程、地面工程、HSE 设计、数字化气田建设和经济评价 6 个项目组。每个项目组内均形成了标准化的工作流程,通过各环节间的关键点关联,有序推进气藏的资料录取、研究评价、部署安排,高质量、高效率地完成气藏早期开发评价工作。例如,地质与气藏工程项目组,在磨溪区块龙王庙组特大型气藏跟踪研究与开发设计过程中,注重地质与工程、静态与动态、物模与数模有机结合,形成了气藏构造—地层—沉积相—储层—气水等开发地质研究流程、气藏产能—生产动态—渗流—连通性等开发动态研究流程、气藏二维模型—三维模型—储量计算与评价—选区等有利目标优选研究流程和设计思路—原则—技术政策—具体设计—回注—实施安排等方案设计研究流程。

(2)构建总体部署、分步实施、逐步细化、动态调整的气田开发质量控制体系,提升预探评价与开发评价质量保障基础。

含硫气田的开发本身就存在气藏开发早期动态资料较少,气藏特征认识不清、开发规律性不明,难以在短时间内做出准确的开发决策,甚至开发决策在一定程度上不可避免地存在失误风险,有时会造成较大的经济损失。而循序渐进地评价、建设、再评价,又会造成开发节奏较慢或者重复建设带来成本的浪费。如何突破早期准确认识大型气藏特征和开发规律的难题、开发决策的制约性障碍,创新管理模式是关键。在探井试油阶段进行产能试井,建立二项式产能方程,掌握单井产能,为开发规模和合理配产奠定基础;在开发初期选择最优的区域,利用区域内已有的地面集输净化系统、新建干法脱硫装置等,开展一定规模的轮换试采,取得关键的动态资料,落实气藏基本动态特征。关键气藏认识的落实,有效支撑探明储量提交,同期即可开展开发方案编制,总体一次性设计开发规模,分批次部署建产井、新建净化装置和地面集输管线,分期建成投产;在建设过程中,根据已钻试资料和气藏新认识,随时优化调整部署方案,保障地下目标最优、地上设置最合理。

(3)开发评价积极早期介入,助推勘探认识深入,打下开发指标扎实基础。

磨溪区块龙王庙组气藏面积大、埋藏深、气藏复杂,如果简单地采用传统模式"发现—提交预测储量—提交控制储量—提交探明储量—开发前期评价—方案设计与实施",将勘探开发的周期将很长,投资收益较低。在重大发现的油藏探井开始,开发早期介入勘探评价工作,及时跟踪勘探动态,就以储量能否转化为产能为目标,在方案部署、地质研究、信息共享、多学科共同参与、效益评价等方面相互结合、共同参与,进行开发可行性、开发指标及技术评价,大大缩短建设周期,提高了经济效益。

抓住机遇,快速积极推进开发评价工作,严格把控编制重要节点和研究质量。磨溪8井在2012年9月寒武系龙王庙组获测试日产气 $107\times10^4m^3$ 高产之后,磨溪11井和磨溪9井又相继测试获得高产工业气流,展示了磨溪区块龙王庙组良好的勘探开发潜力。在同年12月4日,按照勘探开发一体化理念,对磨溪区块龙王庙组的整体勘探开发工作进行了部署上报了"安岳气田磨溪—高石梯区块龙王庙组气藏开发建设框架方案",12月14日进行"安岳气田磨溪区块龙王庙组气藏开发概念设计及开发方案编制"工作部署。2013年进行了4次技术交流会和4次"磨溪区块龙王庙组气藏开发方案阶段成果审查会",2013年9月23日,中国石油天然气股份有限公司组织专家对"初步开发方案"编制进展情况进行了阶段检查。

在短时间内完成了"安岳气田磨溪区块龙王庙组气藏试采方案"(油勘〔2012〕209号文已批复)、"安岳气田磨溪区块龙王庙组气藏开发概念设计"(油勘〔2013〕50号文已批复)及动态监测方案的编制,确保了磨溪8井、磨溪11井和磨溪9井按期投入试采并录取第一手生产动态资料,完成了磨溪8井和磨溪11井专项试井。磨溪8井、磨溪9井和磨溪11井采用轮换试采方式,分别于2012年末和2013年初先后投入试采,录取动态资料,认识气藏特征和开发规律。2013年10月 $300\times10^4m^3/d$ 试采净化装置顺利开产,磨溪10井、磨溪12井、磨溪204井和磨溪13井等4口井也于10月底和11月相继投入试采,已投入试采的7口井录取了大量试采动态资料,通过不同生产制度下的试生产,证实气藏能量充足,生产井产量、压力稳定。

开展系统取心井系统设计,先后在磨溪12井和磨溪201井等12口井取心长663.37m,磨溪19井部分井段为密闭取心,产气层段有完整取心剖面和分析化验资料为探明储量和开发生产提供扎实基础资料。同时开展开发井型和与布井方式的优化设计,在磨溪20井龙王庙组测井解释储层厚度23.5m,进行侧钻磨溪009-X1斜井,揭示储层段250m,测试产气 $263.47\times10^4m^3/d$。同时部署磨溪008-H1井、磨溪008-X2井、磨溪008-H3井等进行大斜度井和水平井试验工作。

二、储量探明与开发设计协同研究

必须依靠自主创新突破技术瓶颈,才能攻克上述世界性技术难题。围绕磨溪区块龙王庙组气藏开发评价和建产,西南油气田组织实施了20余项科技攻关、现场试验和应用跟踪分析项目，200余人参加，投入研发经费2000多万元，有效保障了预期目标实现。从项目立项开始，就突出了顶层设计，明确制订了项目研究的关键问题、具体研究内容、承担单位和组织方式，由西南油气田公司组织协调，多单位联合攻关，面向生产、服务生产，突出科研生产一体化，紧密围绕磨溪区块龙王庙组气藏快速建产开发的急迫需求及其面临的挑战，针对气田开发传统技术在应对古老地层、缝洞储层、高产水平井及大斜度井、地面高温和噪声、大型净化厂节能减排、大型含硫气田开发风险控制等方面仍存在一定不适应的情况，聚焦气藏特征认识、开发对策优化、工程技术和HSE保障的配套与升级方面的核心技术问题，开展大规模攻关研究，通过技术创新突破制约高效开发的瓶颈。

在开发评价、开发设计方面，攻关研究的重点方向包括大型碳酸盐岩气藏小尺度缝洞发育区精细描述及布井有利区优选、高产含硫气井测试受限条件下高质量动态评价、大型非均质气藏大规模开发条件下均衡开采和长期稳产保障、大型超压裂缝—孔洞型碳酸盐岩气藏水侵危害预防等。

气藏研究攻关项目管理也采用模块化、标准化提高效率。标准化和流程化管理可以很好地解决勘探开发节奏加快带来的问题，在保障研究成果高质量的前提下，适应研究周期变短、频次增多的需求。例如，关于气藏储层描述方面进行勘探开发一体化研究，组建攻关团队，形成三大技术模块，为探明储量申报和开发方案设计提供技术支撑。(1)采取宏观与微观研究相结合、定性分析与定量描述相结合，开展缝洞描述和储层微观孔隙结构精细刻画，通过测井分析、地震正演、标定、由点即线、由线到面，井震结合形成了复杂碳酸盐岩裂缝—孔(洞)储层描述技术模块，解决了磨溪区块龙王庙组气藏复杂碳酸盐岩孔洞型储层展布特征，为有利开发区和开发目标优选奠定基础。(2)利用VSP资料、合成记录对龙王庙组顶底层位进行精细标定，采用三维可视化解释技术、低幅度构造精细速度建模技术和AFE断层识别方法，开展龙王庙组顶界构造地震精细解释，落实了龙王庙组圈闭规模、构造特征和细节变化；结合低缓构造气水过渡区大的特征，测井、测试与试采资料相互印证，通过储层顶底板和高渗体刻画，确定过渡区内外边界和高渗水体分布，形成了深层碳酸盐岩低缓复杂气水分布描述技术模块，明确了磨溪区块龙王庙组气藏气水分布。(3)静动态结合，开展沉积相、优质储层分布和气水分布与产能等特征研究，明确影响开发效果的相关条件，与生产动态特征相互印证，形成了深层复杂碳酸盐岩井震联合的开发有利区优选技术，优选出最有利开发区和下一步接替开发的次有利区，为龙王庙组气藏开发方案编制和产能建设奠定基础。

三、勘探钻井与产能建设配套实施

在传统勘探开发模式中，勘探钻井最终目的是提交探明储量，产能建设钻井目的把地下储量转化为地面油气产量。勘探开发一体化实施则要求勘探目标向后延，产能建设作用向前延。一方面，在勘探发现井之后，评价井钻井及资料录取要兼顾开发需求，充分利用已完成的探井转为开发井及时组织试采，适当调整评价井井位，加快产能评价；另一方面，将开发工作向前延伸，及早介入，开发专业要提前介入勘探评价，了解油田情况，尽早评价和规划工程设施，为后期滚动开发奠定基础，同时，还要注重区域一盘棋，勘探、开发、钻井、工程、环保、经济等各专业密切配合，形成一个有机的系统的整体。

通过实施勘探钻井与产能建设一体化，勘探开发共同寻找商业储量，将详探和开发阶段穿插在一起,详探井可用作开发井,开发井也可承担详探任务,既要探明储量又要进行开发建设,龙王庙组气藏生产井中有 11 口为探井,这些探井不仅发挥了勘探提交储量的任务,而且进一步扮演"产能"建设重担。同时开发早期介入评价磨溪009-X1井和磨溪008-X2等开发井也为提交天然气探明地质储量提供支撑。

四、勘探开发一体化实施效果

通过大力实施勘探开发一体化,加快储量向产量的转化,打造了气藏开发新样板,并实现速度和效益双赢的局面,展示了中国石油的实力和水平。

(1)加快了储量向产量的转化。

磨溪8井龙王庙组获重大发现后,3个月完成试采方案、6个月完成开发概念设计、12个月完成开发方案的编制并获批复,磨溪8井3个月建成投产,10个月建成投产 $10\times10^8 m^3/a$ 产能试采工程,15个月建成投产 $40\times10^8 m^3/a$ 产能建设工程,24个月全面建成 $110\times10^8 m^3/a$ 开发工程。

从2012年磨溪8井发现到2015年底,仅用了34个月建成 $110\times10^8 m^3/a$ 大气田,磨溪区块龙王庙组气藏的高效开发展示了中国石油的实力与水平(图3-2)。

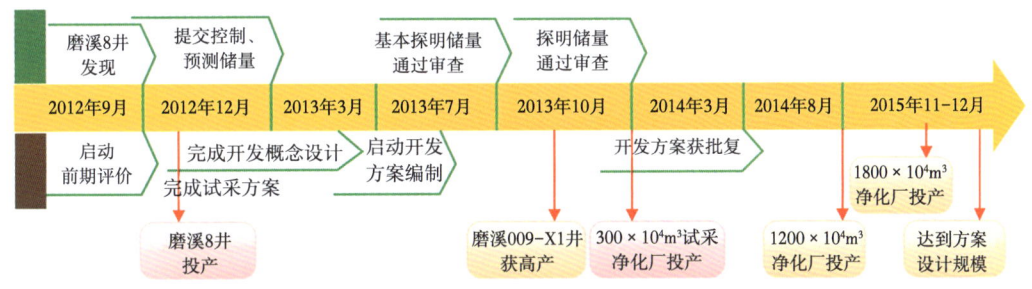

图 3-2 磨溪区块龙王庙组气藏勘探开发进程图

(2)打造了同类气藏开发新样板。

2012年磨溪8井获得重大突破以来,磨溪区块龙王庙组气藏边摸索边创新,探索出一套大型气藏高效开发新模式,创造了中国石油大型整装气藏从发现到全面投产的最快速度。磨溪区块龙王庙组气藏通过采用新理念、新技术、新设计等方式,大幅减少布井、用工和用地数,蹚出一条高效开发新道路。

少井高效,是磨溪区块龙王庙组气藏开发的新特点。产能 $110\times10^8 m^3/a$ 的气藏,用30口开发井便"搞定",归功于高产井培育技术的成功应用。针对磨溪区块龙王庙组气藏高产地质特征,西南油气田优选"两带十区"为开发最有利区,优先部署30个高产井位目标。针对井位目标的地理地貌、储层厚度及空间展布,实施水平井或大斜度井,采用新型酸液体系,实施增产作业。目前,磨溪区块龙王庙组气藏开发井平均测试日产天然气超过 $150\times10^4 m^3$,远远超过西南油气田110多个已开发气田的平均水平。

少人高效,亦是磨溪区块龙王庙组气藏开发模式的一个显著特征。在开发建设中,西南油气田同步建设"气藏、井筒、地面"三位一体的数字化气田,形成"一个气田、一个监控中心"模式,有效优化生产运行组织方式,提高管理效率,减少用工数量。与传统管理模式相比,管理和操作人员减少85%,24口井实现无人值守。

磨溪区块龙王庙组气藏产量大，建设用地却较少。据西南油气田川中油气矿矿长余忠仁介绍，年处理含硫气 $100×10^8m^3/a$ 的磨溪净化二厂全面实施工厂化预制、模块化成橇、橇装化安装等先进设计和施工技术理念，与传统建产模式相比，节约用地20%，大大缩短了工期，保证了质量，降低了安全风险。

迄今，磨溪区块龙王庙组气藏已投产气井44口，日产气超过 $2800×10^4m^3$，占西南油气田日产气的一半。

(3)实现了开发速度与效益双赢。

四川盆地储层埋藏深、岩石异常坚硬、钻速低。在大庆油田和长庆油田等区域，钻井队年进尺一般都在 $4×10^4 \sim 5×10^4m$，有的甚至超过 $15×10^4m$，但在四川地区，上万米却是凤毛麟角。50多年来，四川地区单队年进尺最高纪录只有 $2.5×10^4m$。天然气勘探风险高、投资大，提速是实现气藏又快又好开发的必须要解决的一道难题。西南油气田公司和川庆钻探公司继承并发扬"磨溪速度"，探索出新的"优、快"钻井技术模式。通过优化井身结构，使用高效 PDC 钻头、长寿命螺杆和优质钻井液，大幅提高钻井速度，磨溪区块新井平均钻井周期109天，最短仅70天，大幅度降低了投资成本，提升了气藏开发效益。

第二节 落实气藏开发主体技术

经三年攻关，在磨溪区块龙王庙组气藏的勘探开发过程中，创新形成了大型含硫气藏的培育高产井、优化开发设计、优质高效建产及 HSE 保障升级等特色技术，在少井高产开发、缩短建设周期、提升效益等方面都取得了显著的成效，实现了大型碳酸盐岩气藏开发的整体跨越。

一、打造协同创新攻关团队

在磨溪8井寒武系龙王庙组获日产百万立方米高产气流之后，中国石油管理层及勘探与生产分公司、西南油气田公司抓住发展和转变机遇，牢牢把握了勘探开发主动权。立足寻找大油气田、立足构造气藏、立足总体控制，加快整体部署、分步实施，及时做出了加快安岳气田高石梯—磨溪区块震旦系和龙王庙组整体勘探开发部署，设立重大科研专项，部署快投快建，协调组织力量，实现整体推进。

(一)加大科技投入，整合研究力量

2011年7月，高石梯构造的高石1井在寒武系龙王庙组发现气层、震旦系灯影组获日产百万立方米高产气流，取得了重大勘探突破。中国石油基于对川中地区古隆起成藏条件的宏观把握，认为该区具有资源丰富、单井产量高，是西南油气田公司，也是中国石油"十二五"期间重要规模上产区。该区由于前期工作少、认识程度低，并且埋藏深、投入大的特点，须加大科技投入，整合中国石油集团内部科技力量，提升创新能力，为气田的"高质量、高效率、高效益"建设展示中国石油实力和水平的现代化大气田保驾护航。

在勘探上，确定了川中大型古隆起"整体研究、整体部署、整体勘探、分批实施、择优探明"的工作部署原则，在2011年设立了重大勘探生产研究专项《四川盆地乐山—龙女寺古隆起震旦系含油气评价及勘探配套技术研究》。着力解决制约勘探的油气成藏主控因素、分布与富集规律、有利区评价与井位优选等关键地质问题,指导勘探部署;组织攻关地震储集层与流体预测、复杂岩性测井解释、安全快速钻完井、储层改造等工程技术瓶颈,为高效勘探提供技术支撑。

在开发上,"磨溪区块龙王庙组气藏开发方案"定为中国石油2013年天然气"一号工程"。2013年2月,中国石油提出中国石油勘探开发研究院与西南油气田公司平行编制磨溪区块龙王庙组气藏开发方案,要求方案编制项目组统筹协调,充分发挥研究院的总体技术优势,科学合理论证开发方案的各项指标。成立了由中国石油勘探开发研究院气田开发研究所牵头,石油天然气地质研究所、油气地球物理研究所、中国科学院渗流流体力学研究所、压裂酸化技术中心,以及采油采气装备研究所、采油采气工程研究所等单位40余人组成的开发方案编制项目组,针对储集类型、可动用储量和稳产能力等方面问题,开展了厘米级岩心精细描述、多尺度、多手段裂缝—孔洞型气藏地质建模和多因素合理配产等12项重点研究,进行龙王庙组气藏方案编制研究工作。在开发方案完成之后,为了更好地跟踪评价龙王庙组气藏开发情况,中国石油设立专项课题"磨溪龙王庙组气藏动态建模与高效开发技术政策研究",针对龙王庙组气藏的储层非均质性、气井出水风险及单井合理产量等方面开展研究。

同时,在2014年西南油气田公司设立"安岳气田磨溪区块龙王庙组气藏高效开发关键技术研究"油田公司重大科技攻关项目,围绕磨溪区块龙王庙组气藏开发评价和建产,西南油气田组织实施了20余项科技攻关、现场试验和应用跟踪分析项目,200余人参加课题攻关研究。对针对磨溪区块龙王庙组气藏特大型、低缓构造、孔洞缝发育、储层非均质性强、气水关系复杂的特点,开展储层缝洞测井评价、地震预测技术和地质建模技术,落实不同储渗类型组合的发育有利区及缝洞储层评价指标。在"十三五"期间,西南油气田公司部署以国家科技重大专项"四川盆地大型碳酸盐岩气田开发示范工程"及天然气上产$300×10^8m^3$上产专项课题为重点项目。围绕建设年产$300×10^8m^3$战略大气区的目标,针对深层、超深层碳酸盐岩气藏复杂地质特点,重点开展特大型气藏长期稳产技术、强非均质古岩溶气藏开发井位目标优选、老气田提高采收率等攻关研究,解决制约重点区块效益上产和老区效益稳产的瓶颈技术。

(二) 多专业协同攻关,提升科研创新能力

磨溪区块龙王庙组气藏是我国迄今发现年代最古老的特大型的气藏,该气藏的勘探开发目标是:实现气田的开发少井高效,缩短建设周期,提升整体效益,强化科研院所建设,提升科研院所在生产经营决策中的参与度和支撑作用,建立科学、合理、高效的决策参谋制度体系和运行机制;形成与主营业务发展相匹配的技术支撑体系,持续推动天然气勘探、开发和工程等领域主体技术和特色技术进步,加速创新驱动发展。

1. 管理体制创新

油气田公司专家团队走进国内油气勘探开发的著名科研单位、高等院校,既寻计问策,也广发"英雄帖",盛邀其组队加盟,还与美国和加拿大等国的同行建立了联络机制,形成了开放合作的创新平台,建立以自主研发为主,智力借脑为辅、产学研结合的技术创新体系。与80多家工程建设企业优势互补,创造了中国石油少井高产、数字化气田的新样板,刷新了国内含硫气的硫黄回收率和建设速度等纪录。

调整加强了"四院一所"在地质研究、井位部署、井工程和地面工程设计等方面的技术力量与人才培养、软硬件建设与激励政策,充分发挥其决策参谋、集成研发和技术支持的作用。

进一步明确了两级科研院所的职能定位、职责分工、业务范围与协同关系,推动科技资源高效配置。管理部门根据支撑单位(院、所)职能定位的变化,主动修订、重塑开发井井位、气井完整性管理、地面集输和天然气净化的管理制度和流程,有效促进了支撑单位由项目管理向职能管理的转变。

创新科研信息化共享平台是"十二五"期间西南油气田勘探开发研究院管理创新之一。西南油气田勘探开发研究院通过信息化与勘探开发主营业务的深度融合,升级 A1 和 A2 科研信息平台软件,集成分公司物探、地质、钻井和井筒四大类 9 个子系统,实现了 A1、A2、录井、数字化岩心、物探工程等系统的信息共享。为下一步信息化共享开发模式提供了前瞻性的成功探索。

为推进勘探开发一体化研究,加强从事勘探与开发人员的交流,对从事勘探的人员普及气藏动态知识。开展以"高磨地区寒武系龙王庙气藏剖析"为主题的开发知识的培训,从"气藏勘探历程""气藏开发进程"和"开发相关知识"三个部分展开,重点介绍了从试采、概念设计、编制开发方案一直到稳定开发每个阶段所涉及的技术方法,详细解读了压汞曲线、试井资料等动态资料的运用技巧,对西南油气田勘探开发研究院三级储量计算工作具有极大的启发性,有助员工以"藏"的概念重新审视储层演化和油气成藏过程,有助于加深对气藏的地质认识,从而在今后的地质研究工作中,细化气藏描述,为后期开发方案的编制提供更坚实的地质认识基础。

2. 多专业组合,培育高产井

综合设立"四川盆地高石梯—磨溪地区下古生界—震旦系地震勘探技术研究及应用"项目,加强龙王庙组气藏低孔隙度非均质裂缝—孔洞型气藏地球物理特征、优选有利区及高产井地震综合响应研究,形成地震特色技术是打开安岳龙王庙段气藏高产的钥匙,支撑和推动四川盆地磨溪龙王庙组发现目前国内最大的单体整装天然气藏——安岳龙王庙段气藏,建议并完钻的探井与开发井获得百万立方米高产的气井就有 28 口。

针对磨溪区块龙王庙组气藏勘探开发科研瓶颈,在油田内,打破院、所、室界限,多次组织多学科、多所室攻坚克难,建立横纵联合攻关新模式。勘探开发研究院摸索出一套井位论证的全新工作模式——3423 模式,即 3 结合,地质与工程、技术与经济、投资与效益的结合;4 利用,充分利用开发方案设计、开发地质研究、地震处理解释、动态跟踪研究的新成果;2 级审查,在井位论证项目组内部讨论统一的基础上,研究所室初审,院组织专家复审;3 联系,强化勘探开发研究院、开发部、矿区的联系。论证开发井有效率达 100%。向外,加大与集团公司、大专院校合作,形成油气田公司与集团公司、大专院校协作攻关新模式。西南油气田勘探开发研究院与中国石油勘探开发研究院、东方地球物理勘探有限责任公司等单位签订战略协作关系,明确合作宗旨、研究的内容和合作方式,有针对性地开展技术合作,提升了科技创新和成果转化能力。

以重点工作的团队建设为突破口,打通专业和单位界限,逐步建立多学科、多单位联合的科研攻关团队。以油气田生产动态研究所、地球物理研究所以及天然气开发研究所联合攻关、精诚合作,成立龙王庙开发井井位论证组。充分利用开发方案设计、开发地质研究、地震处理解释、动态跟踪研究的新成果,地质与工程、技术与经济、投资与效益的结合,强化勘探开发研究院、开发部、矿区的联系,摸索出一套井位论证的全新工作模式。正式提出建议井位 42 口,已采纳 38 口,已投产井日产气量均达到 $110\times10^4 m^3/d$,超过开发方案设计的要求。

建立龙王庙组气藏开发青年突击队,该队坚持"精于细节、追求卓越"的开发理念,坚持"技术引领、管理提升"的工作举措,勇担重任,奋发有为,积极打好开发主动仗,助推特大型复杂气藏快速储产转化、高效开发,为高水平建设磨溪区块龙王庙组特大型气田提供技术保障。

基础资料管理模块化,提高研究工作效率。龙王庙组气藏开发青年突击队创新提出并实施"五表一图"基础资料管理法。通过将基础井位构造图、井位基础数据、试油试采数据、试井测压数据、测井解释数据和综合分析数据表模块化管理,实现"五表一图"规范化管理,使收集的资料真实、准确、可靠,大大减少项目组的工作量,极大提高了科研工作的效率。龙王庙组气藏开发青年突击队在勘探开发一体化研究的形势下,通过标准化、流程化管理,逐步形成气藏开发地质、开发动态和开发技术政策研究三大技术模块。项目管理流程标准化,实现了"一提高""两适应""两深化"的目标,即:在保障研究成果高质量的前提下,提高了研究效率,大幅缩短研究周期;适应了勘探开发一体化条件下研究周期变短、频次增多的技术需求,适应了油气田公司加快储产转化、高效开发建产的技术需求;深化了人才梯队建设实施办法,深化了项目组间合作沟通、更紧密的管理机制,在两年时间内培养出高级工程师 1 名、项目负责人 3 人。

技术成果应用有形化,解决制约气藏开发的关键问题。针对磨溪区块龙王庙组气藏因储层非均质性、气水关系展现出的一系列复杂情况,龙王庙组气藏开发青年突击队采取宏观与微观研究相结合、定性分析与定量描述相结合的办法,由点及线、由线到面,井震结合,形成缝洞描述和储层微观孔隙结构精细刻画技术,优选出"两带十区"孔洞型储层发育区;通过低缓构造精细描述、储层顶底板和高渗体刻画,确定过渡区内外边界和高渗水体分布,明确了磨溪区块龙王庙组气藏气水分布。

3. 优化井深结构,快速钻完井

在四川盆地钻一口 5000 多米的探井,需投资近亿元,西南油气田和川庆钻探工程有限公司坚持"提速无极限、提效有空间和提速无止境"的理念,拉开了快速高效勘探的序幕。形成"优、快"钻井技术模式,实现了高石梯—磨溪地区钻井提速、提效[4]。通过优化井身结构,使用高效 PDC 钻头、长寿命螺杆和优质钻井液,全面实现一年"两开两完";龙王庙组专层直井,实现一年"三开两完"。

4. 打破传统定势,一体化建厂

龙王庙地面建设以标准化设计、工厂化预制、模块化施工、机械化作业、信息化管理的"五化"建设模式,从组织管理到设计、建设,创造性地使用了新方法,打破了传统思维定势。全面践行"模块化建厂、橇装化建站、信息化管理"理念[5],实现了设计标准化、采购规模化、施工模块化。组建"公司级"专职项目管理团队,实现对施工现场"零距离"管控;成立"一站式调控中心"项目部与设计、施工、监理、物资、检测等单位集中办公,提高了工作效率,及时高效地解决了工程建设的各类问题;同时组建相关技术专家团队,为工程建设和投运提供了强有力的技术支撑。

项目团队整体前移,首次在施工现场建设管理营地,实现与施工现场的"零距离"。营地有办公、会议、食宿等功能,项目部及项目建设相关方,包括监理单位、设计单位、物资供应单位、专家组、协调支撑组等集中在营地办公,便于沟通交流,及时解决施工现场的各种问题,切实提高了工作效率。

二、形成气藏开发主体技术

磨溪区块龙王庙组气藏在创新实践,大胆探索"高产井培育"新技术[6]、"互联网+采输气"工艺,积极实践勘探与开发"一体化"、工程设计"模块化"、设备建造"工厂化"、优选厂商"市场化",实现了找气、采气齐头并进,加快了天然气储量转化为商品气的进度,创造了中国石油大型整装气藏从发现到全面投产的最快速度。

(一)聚焦核心技术问题突破瓶颈

目前世界上已开发的寒武系大型气藏极少,对这类低孔隙度裂缝—孔洞型非均质有水复杂气藏开发规律的认识尚较肤浅,没有可供直接借鉴的经验,而磨溪区块龙王庙组气藏又是目前国内发现的唯一大型整装碳酸盐岩超压气藏,开发工作探索性强。四川盆地中部人口稠密、环境敏感性强,随着国家城镇化进程的加快,气田作业区与人口居住区紧邻的现象增多,含硫气藏安全清洁开发的难度增大。因此,磨溪区块龙王庙组气藏在技术发展、成本控制、管理创新等方面都面临着更大的挑战。

要完成磨溪区块龙王庙组气藏快速建产的任务,同时也要应对古老地层、缝洞储层、高产水平井及大斜度井、地面高温和噪声、大型净化厂节能减排、大型含硫气田开发风险控制等方面还存在着制约高效开发该气藏的技术难题。为此,在开发评价、开发设计方面,攻关研究突破了大型碳酸盐岩气藏小尺度缝洞发育区精细描述及布井有利区优选、高产含硫气井测试受限条件下高质量动态评价、大型非均质气藏大规模开发条件下均衡开采和长期稳产保障、大型压裂缝—孔洞型碳酸盐岩气藏水侵危害预防等技术瓶颈。

在开发建产工程技术及 HSE 保障方面,攻关研究完成了非均质裂缝—孔洞型储层水平井和大斜度井提高机械钻速、长优质段固井、相对低渗透储层段充分改造、高产含硫气井快速高效投产、高质量井下动态监测、适应高标准安全环保要求的大型含硫气藏集输与净化及 HSE 保障技术升级等难点课题。

(二)立足实践,大胆创新新模式

创新生产组织管理。西南油气田公司成立了龙王庙工程项目建设领导小组,整合大项目部制,成立龙王庙工程项目部,保障了龙王庙工程建设的高效、有序、安全推进。在资料录取、研究评价、部署安排的一些关键环节,突破传统管理模式局限,构建总体部署、分步实施、逐步细化、动态调整的气田开发质量控制体系,突破在气藏开发早期准确认识大型气藏特征和开发规律存在困难、开发决策在一定程度上不可避免地存在失误风险的障碍,有针对性地持续强化薄弱环节,实现勘探与开发、地质与工程的无缝衔接,强化开发前期评价提速的支撑条件,提升开发评价和开发设计的质量保障基础,夯实勘探开发一体化质量保障基础。

创新气藏开发设计理念。瞄准"建设展示中国石油实力和水平的现代化大气田"目标,遵循"整体部署、分步实施、立足长远、安全高效"理念,组合应用高温高压缝洞碳酸盐岩气藏室内实验技术、高精度气藏地质——数值模拟模型技术、开发指标多因素耦合预测技术,编制完成具有国际水准的开发方案,产能 $110\times10^8m^3/a$、年生产 $90\times10^8m^3/a$,采气速度 2.87%,先期投产 41 口井,平均单井日产量 $80\times10^4m^3$,单井累计产量 $40\times10^8m^3/a$,稳产 15.5 年,30 年累计采气 $2163\times10^8m^3/a$,采出程度 69%。

创新勘探开发一体化理念。一体化部署,预探评价与开发评价相结合;一体化研究,储量探明与开发设计研究相结合;一体化实施,勘探钻井与产能建设实施相结合。"三结合"实践,创造了大型整装气藏勘探开发新纪录。磨溪 8 井龙王庙组获重大发现后,3 个月完成试采方案、6 个月完成开发概念设计、12 个月完成开发方案的编制并获批复,磨溪 8 井 3 个月建成投产,10个月建成投产 $10×10^8m^3/a$ 试采工程,15个月建成投产 $40×10^8m^3/a$ 产能建设工程,24个月全面建成 $110×10^8m^3/a$ 开发工程。

创新高产气井培育技术。紧紧围绕以提高单井产量为核心的理念创新、技术创新和管理创新,从井位部署、试油完井、储层改造、动态监测、生产管理等方面入手,进行高产气井培育。一是通过系统的岩心描述、储层类型划分、井震标定等研究工作,在高产井模式、储渗体刻画、气水分布、高渗透区块评价等方面取得突破,为气藏整体部署夯实了基础。二是勘察优化井位地面条件,优化设计井型、靶前距、靶体长度等参数,减少钻前工程量和钻井进尺。三是攻关储层改造技术,不断优化钻试现场施工参数,单井测试日产气量大幅度提升。

创新应用数字化技术。同步建设"气藏、井筒、地面"三位一体的数字化气田,形成"一个气田、一个监控中心"模式,有效降低了人工成本(仅占传统的15%)、建设投资和设施维护工作量,提升了管理效率。

创新地面工程建设。采用国际先进的三维模块设计技术和理念,实现工厂化预制、模块化成橇、橇装化安装,缩短了工期,保证了质量,降低了安全风险。推行标准化设计、一体化集成、工厂化预制、模块化安装的气田产能建设新模式,有效提升地面工程建设质量,缩短气田建设周期,同时也能适应复杂气藏开发优化的动态调整要求。

(三)创新形成特色技术

针对磨溪区块龙王庙组气藏的复杂气藏特征,掌握地质特征和开发规律需要较长的认识周期。尤其是对深层海相碳酸盐岩储层非均质性的定量描述一直是前沿性技术难题,单纯强调通过勘探开发一体化方式加快开发进程,可能会面临较高的风险。大型含硫气田建设投资大、不确定因素多、决策失误负面影响严重,使风险更加突出。

经三年攻关,在磨溪区块龙王庙组气藏的勘探开发过程中,创新形成了大型含硫气藏的培育高产井、优化开发设计、优质高效建产及HSE保障升级等特色技术[1],在确保开发设计指标符合实际、强化HSE保障、削减风险方面以及科学的少井高产开发、缩短建设周期、提升效益等方面都取得了显著的成效,实现了大型碳酸盐岩气藏开发的新跨越。技术成果创新特色主要表现在储层低孔隙度背景下,小尺度裂缝及毫米-厘米级溶蚀孔洞发育的大型非均质超压气藏布井有利区优选、早期认识开发规律提高开发设计科学性、大斜度井和水平井工艺技术配套、适应国家安全环保标准升级趋势的HSE强化保障等方面。这些创新技术已面向应用集成配套,在磨溪区块龙王庙组气藏高效开发中发挥了关键性作用。

(1)在低孔隙度非均质裂缝—孔洞型气藏培育高产井方面,创新了以下技术:①以全直径岩心高分辨率CT扫描为基础,针对孔洞缝三重介质特征的数值重构与流动模拟评价技术;②小尺度裂缝及厘米级溶蚀孔洞发育的优质储层地震预测技术;③有利于非均质储层高效均匀酸化的大斜度井及水平井镍基合金割缝衬管完井技术;④非机械方式暂堵转向酸化工艺技术等。

(2)在支撑大型裂缝—孔洞型超压气藏优化开发设计方面,创新了以下技术:①仿真龙王庙组气藏在126MPa覆压、76MPa流体压力和143℃地层度条件下的应力敏感渗流实验测定技术;②降低高产含硫气井井下测试安全环保风险,并保障测试质量的大产量含硫气井短时非稳态测试评价稳态产能技术;③预判复杂气水关系对开发影响的裂缝—孔洞型气藏水侵影响监测及预测技术;④三重介质储层与复杂轨迹井筒气水两相非稳态流动计算流体力学可视化数值仿真技术等。

（3）在大型气田优质高效建产方面，完善了以下技术：①大斜度井及水平井"完井—酸化—投产"一体化完井工艺技术；②高温高压酸性气井井筒完整性评价与管理技术；③CPS+还原吸收酸性气体处理工艺及配套技术等。

（4）在高压含硫气田HSE保障升级方面，配套了以下技术：①缓蚀剂应用工艺优化、腐蚀数据库建立及腐蚀预测技术；②地层水零排放处理技术；③高温高产气井场站噪声定位识别与治理技术。

（5）在数字化气田建设方面，配套了以下技术：①数字化气藏技术；②数字化井筒技术；③数字化地面技术等。

三、创新驱动促进生产，形成数字化大气田

一个中小型气藏从勘探到建成最快都需要5年以上的时间，而磨溪区块龙王庙组气藏勘探发现后，仅用3年就完成了气藏评价、开发方案设计和超过$110×10^8 m^3/a$产能建设的整个流程，快速实现了优质储量向规模产量的转化；截至2016年12月31日，已累计产气$176.86×10^8 m^3$，创造了大型含硫气藏开发的新纪录；实施的开发井全部获高产，井均测试天然气产量为$106×10^4 m^3/d$，在低孔隙度碳酸盐岩气藏开发中实属罕见。气藏生产规模达到开发方案预期效果，方案符合率居国内一流水平。气田工程设计和建设按最严格的安全环保标准，生产系统长期安全平稳运行有了可靠保障。已建成数字化气藏、数字化井筒、数字化地面信息系统，初步奠定了勘探开发与建设运营全业务链、全生命周期数字化管理的基础，气田开发管理及操作人员仅为传统管理模式的15%，高效特征显著。磨溪区块龙王庙组气藏高效开发成功模式是中国复杂气藏开发水平跨越式提升的又一个里程碑。

主要技术创新成果在龙王庙建设中取得巨大成效，主要体现在：（1）深层低孔碳酸盐岩富集区预测技术，小尺度裂缝及厘米级溶蚀孔洞发育区预测符合率超过88%。（2）裂缝—孔洞型强非均质高压有水气藏动态预测技术，生产效果预测符合率超过90%。（3）深层非均质储层改造技术，自主研制可降解暂堵球、纤维转向剂、转向酸、耐温180℃的胶凝酸和压裂液，形成3种适应不同储层特点、井型的分层转向技术，作业成功率100%，产量提高1.5~8.6倍。（4）高产含硫气田快速建产核心技术，在国内首次实现大型含硫气田地面工程标准化、模块化、橇装化、工厂化建设。

磨溪区块龙王庙组气藏在建设之初就确立了打造智慧油气田的目标。以高水平设计、建成、投运了"云、网、端"基础设施，并同步建成了"数字化气藏、数字化井筒、数字化地面"系统，实现了勘探开发与建设营运全产业链条、全过程与全生命周期的数字化和智能化管理，形成智慧油气田。依托数字化和智能化建设和应用，气田开采模式发生巨大变革。主要表现在：（1）建立起了"中心井站+单井无人值守"和"一个气田、一个控制中心"的生产管理新模式，较传统模式节约用工85%（该气田产量规模占公司总量的50%）；（2）实现对钻井工程、地面工程的全过程管理和实时优化决策，提高了气田建设水平，例如在实时环境、协同平台上，整合地质研究成果，结合钻井辅助设计技术对井轨迹进行设计优化和跟踪调整，提高气井获气成功率和测试产量；（3）建立物理和数学模型，利用计算机模拟技术对气田开发系统地实施"地质工程+井工程+地面工程"的实时分析、动态预测和优化调整，提高气田开发效果；（4）利用物联网、计

算机模拟和 GIS 技术相结合,实现应急预案优化、应急力量合理配置和应急处置的快速、高效;(5)利用三维建模与数字仿真技术实现在线、可视化和远程培训,提高员工技能素质。

第三节　深入认识气藏特征和开发有利区

近 20 年来,勘探开发一体化模式逐渐兴起并被广泛应用。然而,对于复杂气藏而言,掌握地质特征和开发规律需要较长的认识周期,尤其是对深层海相碳酸盐岩储层非均质性的定量描述一直是前沿性技术难题。西南油气田重点关注勘探开发一体化过程中认识周期与工作节奏、精细研究和全局联动、提速增效同潜在风险之间的矛盾,强调气藏精细评价工作早期介入的工作思路,强化开发前期评价提速的支撑条件,在资料录取、研究评价、部署安排的一些关键环节,突破传统管理模式局限,深入认识气藏特征并优选开发有利区,为安岳气田龙王庙组气藏的高效开发奠定了坚实的基础。

一、全三维可视化地震精细解释,描述构造与断层发育特征

(一)地震资料处理

磨溪区块龙王庙组地震三维连片资料品质分析表明,单炮资料品质普遍较好,但是由于工区范围较大,受地表地形条件的影响,主要存在三个方面问题,需要在连片处理过程中加以重视。(1)地表起伏剧烈,存在一定的静校正问题;(2)目的层下古生界信噪比相对较低,噪声干扰主要表现为多次波、面波、工业干扰、废道、异常振幅等;(3)连片三维原始资料能量、子波有一定差异,目的层下古生界埋深大,原始资料主频相对较低(15Hz)、频带相对较窄(8~40Hz)。为满足开发需要,地震资料处理需满足以下要求:完成大面积不同采集参数三维高分辨、高保真连片处理;保证下古生界目的层地震反射的精确成像和保真处理。

针对高石梯—磨溪地区下古生界地震资料处理,在处理过程中需着重解决好以下三方面的技术问题:(1)多块资料之间的时间一致性和地震反射波组特征的一致性问题;(2)在相对保幅基础上提高目的层寒武系信噪比和纵向分辨率的问题;(3)深层目的层的精细成像问题。采取的主要思路和对策为:

(1)采用精确的静校正技术结合表层结构调查资料反演表层结构模型,消除由地表横向变化因素引起的静校正问题,精细刻画地腹构造形态,确保构造形态的真实性,提高资料成像效果。

(2)保幅处理:采用井控模型进行球面扩散补偿,恢复波前扩散导致的能量损失,补偿浅层、中层、深层能量差异。在优势频带内,采用大时窗求取振幅补偿因子,进行地表一致性振幅补偿,消除激发接收条件差异所造成的能量空间变化,解决能量横向上的不一致。充分合理利用质控手段,确保振幅的相对关系不变。

(3)保真处理:在人工剔除不正常道(炮)数据基础上,采用逐步、多域、多方法综合叠前去噪,利用振幅或频率差异压制异常干扰;根据干扰波速度、频率差异,进行相干噪声压制,去除相干干扰,最大限度地压制相干噪声,减少有效信号能量的损失。叠前对低频面波、异常能量进行衰减,叠后对随机噪声进行衰减,尽量提高资料信噪比。

(4)采用井控子波整形和井控提高分辨率分开实施的思路进行处理,首先采用井控子波

整形、地表一致性反褶积方法消除地表条件差异的影响,改善子波的一致性,在子波横向较为稳定的基础上,采用反 Q 滤波、井控多道预测反褶积技术提高纵向分辨率。

(5)在地表一致性剩余静校正中,根据频谱分析确定的优势频带,采用大时窗剩余静校正处理,准确求取剩余静校正值,提高叠加剖面的成像质量。

(6)采用常速扫描和精细速度拾取进行叠加速度和叠前偏移速度的求取,避免横向速度场的畸变,纵向上在下古生界目的层加密控制点,沿层拾取速度,提高叠加速度和叠前偏移速度精度,改善叠加和偏移成像效果,提高偏移剖面横向分辨率。

(7)叠前时间偏移主要采用克希霍夫方法偏移,为了确保偏移结果的精确,对偏移前的数据首先进行振幅和能量的归一化处理,对共偏移距的数据进行规则化插值,减少共偏移距数据的空道现象,从而有效解决能量不均和数据空洞产生的偏移噪声;采用各向异性叠前时间偏移技术提高偏移成像细节,改善大偏移距数据质量,让更多信息参与叠加,确保寒武系资料的成像精度,正确反映储层细节变化。

(二)构造精细解释

钻井的地震—地质层位标定结果表明,高石梯—磨溪地区龙王庙组底界反射主要表现为一个稳定的波谷反射。从地层岩性及速度结构的角度来分析,龙王庙组底部岩性为泥晶云岩,下伏地层沧浪铺组顶部岩性为粉砂岩,这一岩性差异导致龙王庙组底界上、下地层速度差异大,存在着一个从高速到低速的强负反射界面,地震反射在全区表现为相对连续稳定的强波谷反射特征,可以作为全区对比追踪的重要标志反射层。龙王庙组岩性为白云岩,其上覆地层中寒武统高台组底部为粉砂岩,但由于磨溪地区龙王庙组中上部储层发育,造成龙王庙组顶界上、下地层的速度差异不大,因而导致该界面地震反射系数小,其标定位置在弱波峰或波谷上变化。利用全三维可视化地震解释技术(图 3-3),采用点—线—面—体相结合的全三维解释方式,开展高石梯—磨溪地区精细解释,并利用变速成图技术完成时深转换。后续 24 口验证

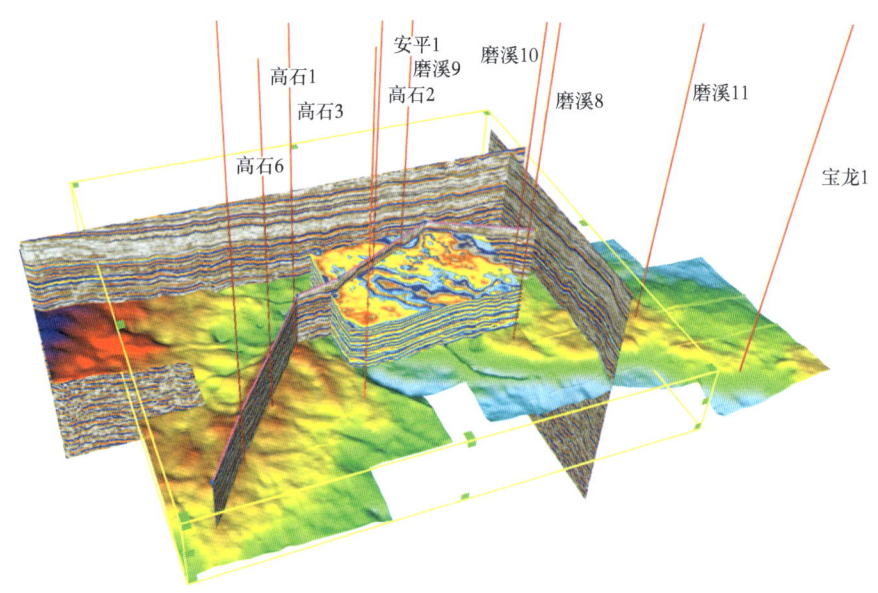

图 3-3 三维可视化解释

井的龙王庙组顶界绝对误差范围为 4.8~14.4m,相对误差范围为 0.06%~0.33%,远小于三维地震资料构造解释的行业标准,说明地震解释结果可靠、时深转换精度高。断层解释主要采用剖面解释和属性分析两种方式进行。剖面解释首先根据偏移剖面上断面波、同相轴错断、产状和能量变化等断点标志解释断层,从图 3-4 可看出,在拉张作用下,研究区下古生界—震旦系主要发育不同规模的正断层。结合属性分析(如沿层振幅、相干属性和曲率属性等),根据属性突变分布特征,进行精细地断层解释和断层平面组合。图 3-5 为相干分析切片与剖面断层叠合图,图中红色线条为解释断层,切片上黑色表示高相干异常,部分高相干异常带呈线性分布,而解释断层均处于线性高相干异常带上,说明两者对应好,相干分析有助于断层解释。

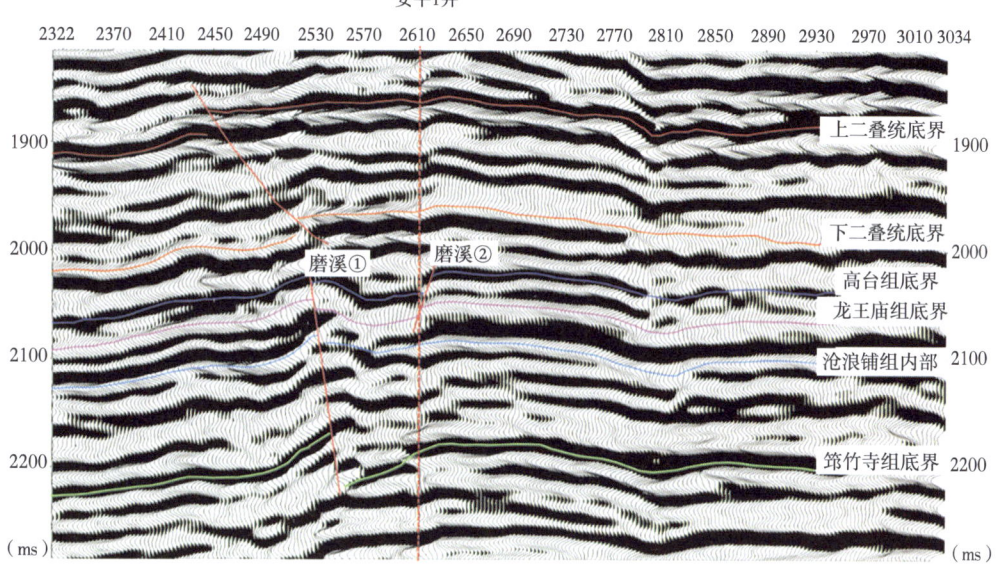

图 3-4 Inline1419 叠前时间偏移剖面图

(三) 构造特征描述

高石梯—磨溪地区范围内龙王庙组主要表现为南北 2 个构造圈闭形态,南部是高石梯潜伏构造圈闭;北部是磨溪潜伏构造圈闭。磨溪潜伏构造被工区内最大的磨溪①-2 号断层切割,形成 2 个断高圈闭:北部的磨溪主高点圈闭和南部的磨溪南断高圈闭(图 3-6)。构造总体具有以下特征:构造比较平缓,褶皱强度弱;发育多高点;闭合度小,圈闭面积大。

磨溪主高点圈闭是工区内规模最大的潜伏构造,构造主轴轴向北东东向,从二叠系—灯影组底均发育。龙王庙组顶构造呈北东东向延伸,长度 48km,构造宽度 15.3~71.2km,圈闭面积 520.58km^2,闭合高度 161m,主高点圈闭最高点位于圈闭西端磨溪 201 井附近的 Line1022,Trace2601,高点海拔-4189m,最低圈闭线海拔-4350m。由于构造总体处于平缓带上,因此显示出多构造高点的特征(表 3-1)。构造圈闭除主高点外,还有 1 个西高点、1 个北高点、10 个东高点,共计 13 个高点。

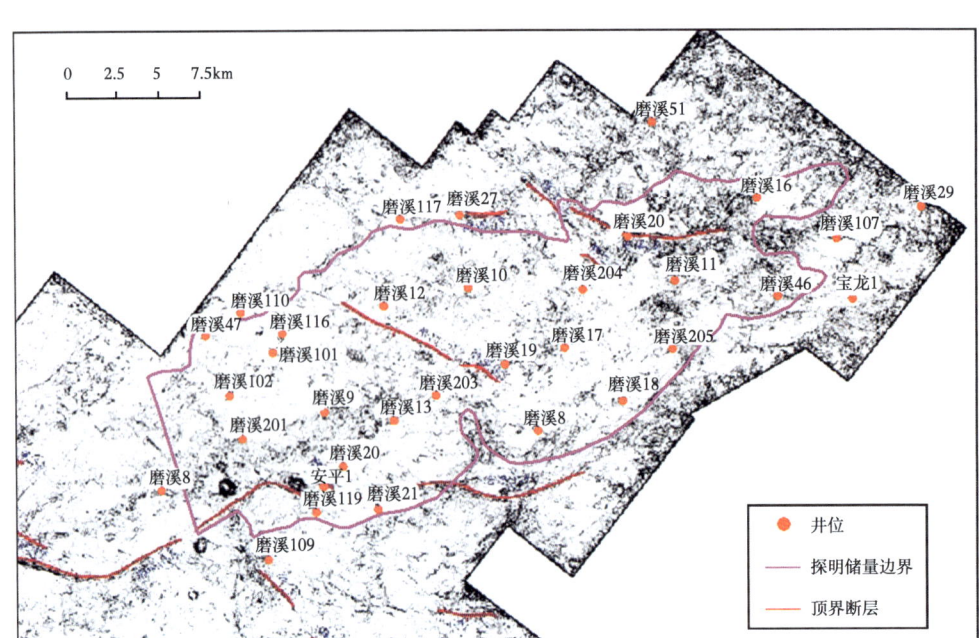

图 3-5 相干分析切片与断层解释叠合图

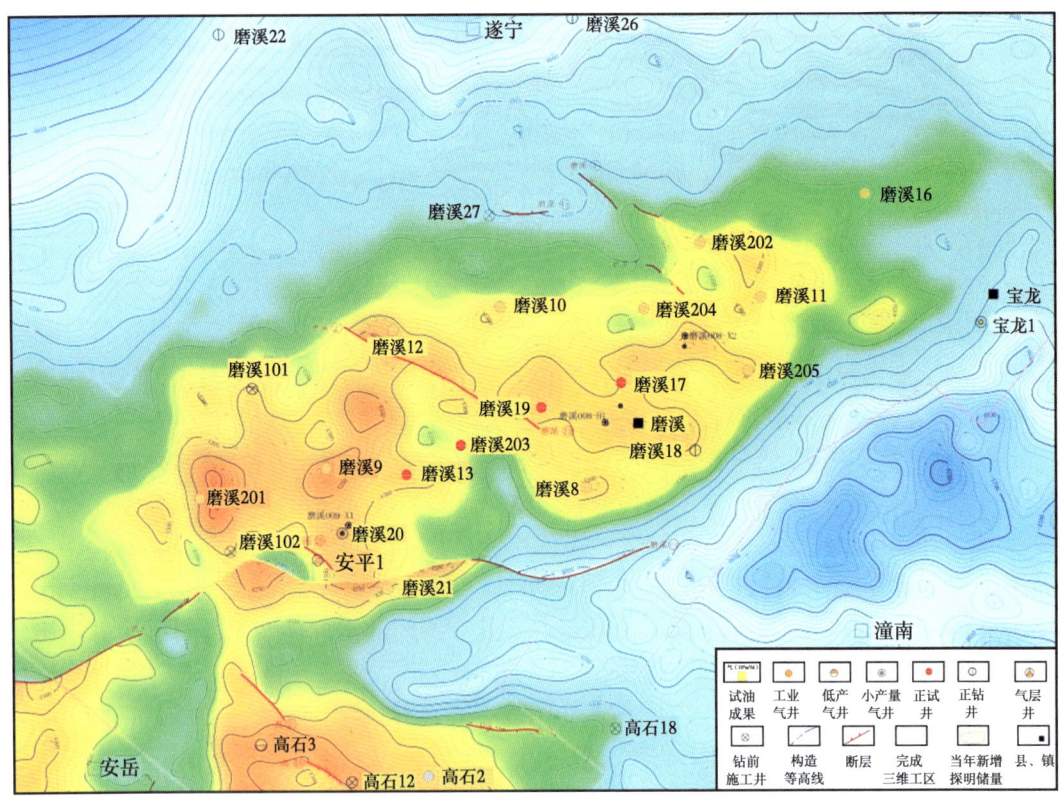

图 3-6 磨溪构造龙王庙组顶界地震反射构造图

第三章 气藏高效开发前期评价与主体技术落实及开发有利区的认识

表 3-1 磨溪构造龙王庙组顶界圈闭构造要素表

圈闭名称		圈闭要素						落实程度	过高点地震测线	
		圈闭类型	走向方位	构造长度(km)	构造宽度(km)	面积(km²)	闭合高度(m)	高点海拔(m)		地震测线号	高点位置CDP
共圈		背斜	NEE	48	15.3~71.2	520.58	161	-4189	可靠	L1022	T2601
磨溪主高点		背斜	NS	4.9	2.3~4.3	16.2	161	-4189	可靠	L1022	T2601
磨溪西潜伏高点		背斜	NNW	3.1	1.1~2.3	5.7	29	-4281	可靠	L948	T2405
磨溪北潜伏高点		背斜	NW	2.2	1.3	2.66	11	-4299	可靠	L849	T2778
磨溪东潜伏高点1	共圈	背斜	NNE	7.5	1.0~3.2	16.2	50	-4210	可靠	L1292	T2835
磨溪东潜伏高点2		背斜	NE	2.25	1.5	2.99	13	-4257	可靠	L1419	T2697
磨溪东潜伏高点3		断高	WE	1.38	0.89	1.17	12	-4258	可靠	L1536	T2636
磨溪东潜伏高点4	共圈	断高	NE	8.37	1.74	12.29	67	-4245	可靠	L1151	T3229
磨溪东潜伏高点5		背斜	NEE	1.93	1.0	1.81	14	-4296	可靠	L1392	T3504
磨溪东潜伏高点6	共圈	断高	WE	2.65	1.13	3.04	20	-4290	可靠	L1495	T3245
磨溪东潜伏高点7	共圈	背斜	NW	1.2	1.2	2.9	12	-4298	可靠	L1748	T3284
磨溪东潜伏高点8	共圈	背斜	NEE	3.38	1.91	5.3	21	-4289	可靠	L1963	T3308
磨溪东潜伏高点9	共圈	背斜	WE	15.7	1.19~3.62	53.8	32	-4268	可靠	L1933	T3817
磨溪东潜伏高点10	共圈	背斜	WE	4.65	0.78~2.9	8.15	22	-4288	可靠	L1901	T4146
磨溪南潜伏断高		断高	WE	15.8	1.0~3.1	26.66	103	-4217	可靠	L1276	T2494

磨溪南断高构造紧靠磨溪主体构造圈闭的南面,北面由磨溪①-2号断层切割形成断高,高点位于六和乡南。圈闭近东西向(80°~90°),长度近15.8km,宽度1~3.1km,呈现西宽东窄逐渐收缩的形态。过磨溪南断高测线Inline1276,Trace2494。高点海拔-4217m,最低圈闭线海拔-4320m,闭合度103m,圈闭面积26.60km²。

区内下古生界—震旦系主要发育规模不等的正断层,走向主要为北东向(如磨溪①-1、磨溪①-2等断层)和北西向(如磨溪②、磨溪④等断层)(图3-5)。总体上看,磨溪构造主要以北西向的断裂为主。区内断层大部分向上消失于寒武系高台组、二叠系长兴组、三叠系飞仙关组,向下消失于灯二段(图3-7)。断层普遍较陡,倾角一般在60°~80°。

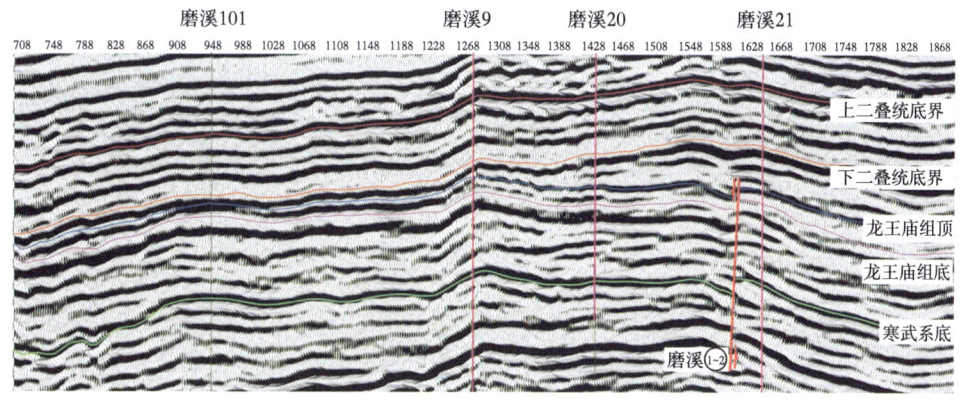

图 3-7 过磨溪9井和磨溪21井叠前时间偏移剖面断层特征分布图

二、多数据综合应用,认识储层储集类型与储层特征

龙王庙组经历多期构造运动、超埋深压实和改造,储层低孔、小尺度缝洞发育、形态多样化,描述难度大。目前对溶蚀孔洞的描述方法多为地质统计学方法,在气藏描述行业标准中将其纳入储集空间特征描述中。包括野外露头、岩心观察和成像测井解释等不同尺度、不同资料状况的溶蚀孔洞描述。以岩心观察为例,主要统计孔洞大小、形状及相互连通关系,充填物性质、数量及结晶程度,孔洞的发育和分布,孔洞在岩石纵横截面的百分比或在岩石薄片中的面孔率。

采用常规描述方法存在一定的局限性,如:岩心观察仅能描述外表面和断面上的少量信息,对岩心内部的孔、洞、缝的结构描述存在缺陷;薄片镜下观察受到样品数量、观察视域和人为因素的影响,得到的信息具有局限性;成像测井缝洞识别及定量计算可解决非取心井段的资料问题,但也难以深入认识孔、洞、缝的微观结构。CT扫描和三维数字岩心重构技术在发达国家已经于21世纪初开展研究,我国处于起步阶段,该技术可以从微观层面上剖析储层内部缝洞空间结构,还原岩心三维空间结构,解读储层中的储集空间特征。核磁共振T_2谱曲线可较为全面、准确地表征碳酸盐岩储层不同类型的孔隙结构,研究T_2谱曲线分形特征实现不同孔隙结构的定量区分是碳酸盐岩储层表征的有效方法。

研究中综合应用上述多种方法开展龙王庙组储层小尺度缝洞描述及孔隙结构精细研究,实现了宏观与微观研究相结合、定性分析与定量描述相结合、常规分析与特殊分析相结合,形成了储层小尺度缝洞描述和储层微观孔隙结构精细刻画技术系列(图3-8),深化了磨溪区块

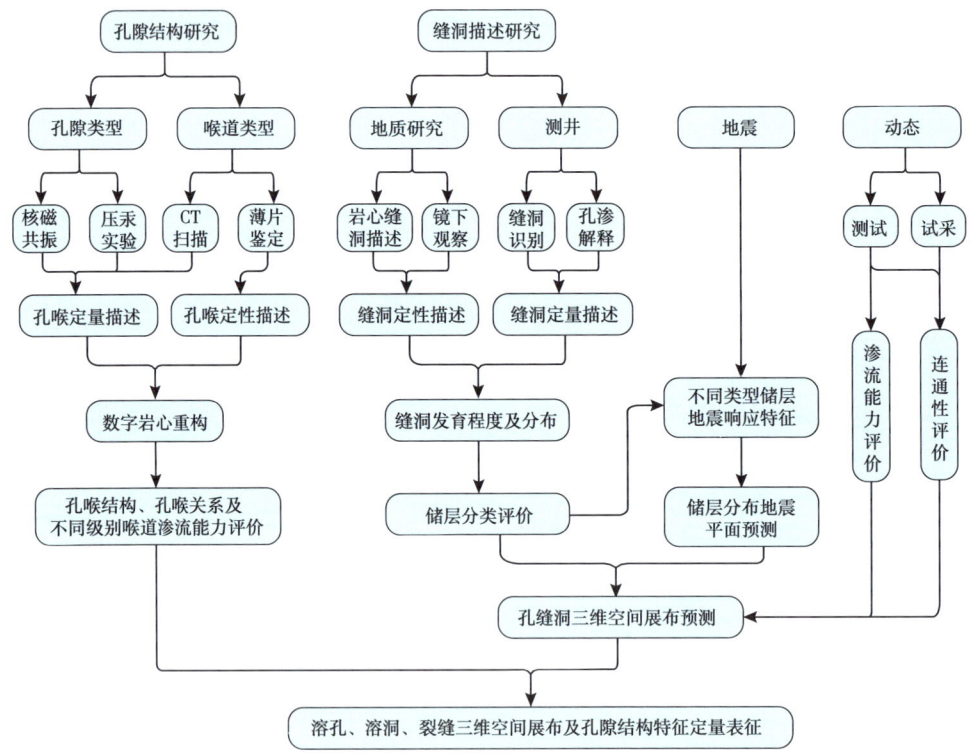

图3-8 缝洞描述和储层孔隙结构精细刻画分析技术流程图

龙王庙组气藏储层微观孔隙、裂缝及溶洞发育特征的认识,支撑了磨溪区块龙王庙组气藏高效开发。

(一)岩石学特征

龙王庙组储层是白云岩储层,矿物成分全部为白云石,常见晶形为菱面体。硬度为 3.5~4,相对密度为 2.87。距今时代较老,已经接近理想的白云石晶体结构和化学式,为 $CaMg(CO_3)_2$。

碎屑颗粒以内碎屑(砂屑)为主,另外还包括砾屑、鲕粒、豆粒及生物碎屑等。(1)砂屑:属于内碎屑。主要是盆地中沉积不久的、半固结或固结的泥粉晶白云岩,受波浪、潮汐水流等的作用,破碎、搬运、磨蚀、再沉积而形成的。砂屑颗粒粒径多为 0.5~1mm,磨圆和分选都较好(图 3-9)。(2)砾屑:砾石级的内碎屑即砾屑。砾屑多为扁平状,其扁平面多与层面平行,但也有与层面斜交甚至垂直的,也有呈叠瓦状排列或漩涡状排列的。磨圆度好—中等,分选好—中等(图 3-10)。(3)鲕粒:具有核心和同心层结构的球状颗粒,粒径一般为 0.5~2mm(图 3-11)。磨溪地区龙王庙组的鲕粒多为表皮鲕,后期经历强烈的白云石化作用。(4)豆粒:是直径大于 2mm 的包粒,其同心层发育不规则。(5)生物碎屑:生物骨骼及其碎屑,类型主要包括三叶虫、介形虫和有孔虫等各种钙质生物化石。生物碎屑是碳酸盐岩重要的组成部分,具有重要的相标志指示意义。

图 3-9 龙王庙组储层矿物成分(一)

磨溪 12 井,4652.16m,砂屑白云岩

岩石类型以砂屑白云岩和细晶白云岩为主,另外包括中粗晶白云岩、含砂屑粉晶白云岩和泥粉晶含砂屑白云岩。

(1)砂屑白云岩:龙王庙组储层最主要的岩石类型,砂屑含量为 50%~75%。砂屑颗粒分选好,磨圆程度高,母岩多为泥粉晶云岩。砂屑颗粒间多为泥粉晶白云石充填,部分为亮晶白云石胶结。在岩心观察中多发育中小溶洞及针孔。

(2)细晶白云岩:主要结构组分是晶粒,晶粒白云石呈嵌晶状发育,晶粒粒径一般处于 0.1~0.25mm。在磨溪地区细晶白云岩发育中小溶孔,为储层的主要岩石类型[图 3-12(a)]。

图 3-10 龙王庙组储层矿物成分(二)

磨溪 21 井,4616.22m,砾屑白云岩

图 3-11 龙王庙组储层矿物成分(三)

磨溪 21 井,4660.25m,鲕粒白云岩

(a)磨溪13,4607.68m,细晶白云岩　　　　(b)磨溪204,4667.27m,中粗晶白云岩

图 3-12 四川盆地磨溪地区龙王庙组岩石类型

(3)中粗晶白云岩:主要结构组分是晶粒,晶粒白云石呈嵌晶状发育,晶粒粒径一般处于 0.25~1mm。在磨溪地区细晶白云岩发育大中溶孔,为储层的主要岩石类型[图3-12(b)]。

(4)含砂屑粉晶白云岩:砂屑含量为25%~50%。砂屑颗粒分选好,磨圆程度高。砂屑颗粒间多为粉晶白云石充填,在岩心观察中多发育溶蚀针孔。

(5)泥粉晶含砂屑白云岩:砂屑含量为25%~50%。砂屑颗粒分选好,磨圆程度高。砂屑颗粒间多为泥粉晶白云石充填,在岩心观察中多发育溶蚀针孔。

(二)储集空间与储集类型

磨溪地区龙王庙组储集空间主要包括5类:

(1)溶洞:以洞径2~5mm的小洞为主,是龙王庙组储层的主要储集空间。龙王庙组溶洞直径明显大于岩石结构组分,包括两类:一类为基质溶孔(通常为粒间孔)的继续溶蚀扩大而成,受地表暴露控制作用明显,溶洞受岩相影响,多发育在砂屑云岩中;另一类为沿裂缝局部溶蚀扩大而成,多与抬升期构造缝有关,溶洞呈串珠状分布,不受原岩岩相影响。所有取心井岩心均有溶洞储层段发育,只是在磨溪16井、磨溪17井、磨溪19井、磨溪21井等溶洞发育密度较小(图3-13)。根据洞径10mm、5mm和2mm划分大洞、中洞和小洞,分别占总洞数的

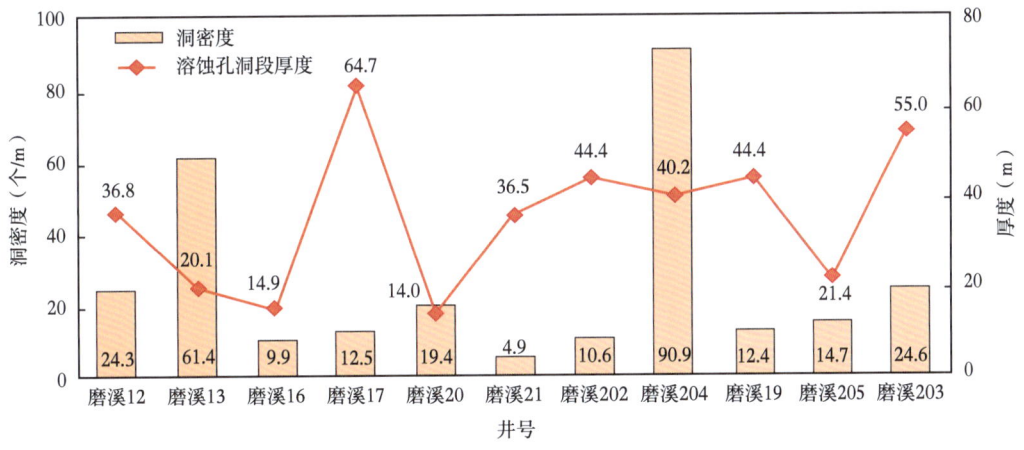

图3-13 单井取心段洞密度分布柱状图

3.47%、9.96%和86.57%(图3-14),以孔隙扩溶型小溶洞为主。磨溪区块单井取心溶洞发育段平均洞密度为23~215个/m,磨溪204井取心见40.22m溶洞发育段,发育7400个溶洞,洞密度达184个/m。

(2)粒间溶孔:由于酸性流体或大气淡水淋滤的影响,颗粒间胶结物或基质部分被多期溶蚀叠合改造形成粒间溶孔。龙王庙组储层粒间溶孔大量发育,主要发育于砂屑云岩和残余砂屑云岩中,镜下见到白云石胶

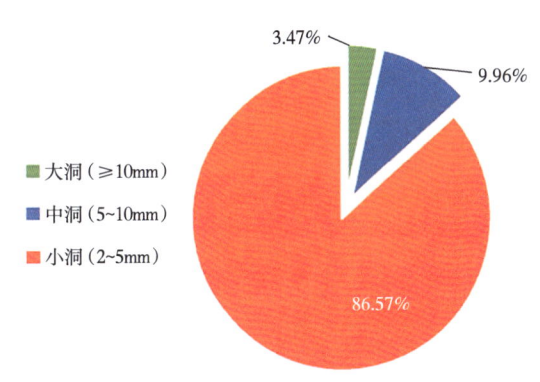

图3-14 岩心描述不同大小溶洞占比

结物溶蚀明显,甚至部分砂屑颗粒遭受溶蚀,孔隙内常被晚期白云石和沥青半充填。剩余孔隙孔径一般为0.1~1mm,面孔率一般为2%~10%。这类孔隙是安岳气田龙王庙组储层主要的储集空间,其形成与沉积作用密切相关,是高能环境下淘洗干净的粒间孔隙经历成岩期溶蚀改造叠合形成,主要发育在滩主体微相中。

(3)晶间溶孔:主要发育于重结晶强烈、原岩组构遭到严重破坏的细晶及中-粗晶云岩中。孔隙呈规则的三角状或多边形状,为晶间孔隙部分发生溶蚀形成。晶间溶孔也是龙王庙组储层较为重要的储集空间类型之一。晶粒云岩的原岩多为砂屑云岩等颗粒岩类,由颗粒强烈重结晶形成晶粒云岩,其孔隙受到重结晶的再分配和后期溶蚀的叠合影响,但孔隙分布仍受到颗粒组构影响。龙王庙组储层晶间溶孔内常见沥青充填,剩余孔径为0.2~0.8mm,面孔率一般为2%~15%。

(4)晶间孔:与晶间溶孔类似,晶间孔发育于重结晶强烈的晶粒云岩中,孔隙多呈规则的三角状或多边形状。与晶间溶孔的区别在于,溶蚀作用弱,白云石晶粒规则,棱角清楚。晶间孔常受到一定程度的溶蚀,与晶间溶孔伴生。龙王庙组储层晶间孔多出现在早成岩期形成的花斑状白云岩中,部分发育溶洞内充填的晶粒白云岩中。晶间孔内常见沥青充填,剩余孔径为0.1~0.3mm,面孔率一般为2%~10%。

(5)裂缝:张开度大且延伸长的构造缝较发育(图3-15)。裂缝对储层储集空间的贡献较小,对储层的贡献主要体现在有效沟通孔洞储集空间,起到优化改善储层渗透性的作用。有效改善储层渗流能力。

图3-15 磨溪地区龙王庙组储集空间之裂缝

磨溪13井,4608.8~4610.01m,灰白色亮晶砂屑白云岩,见垂直缝1条,长1.21m

基于岩心、薄片、核磁共振、CT扫描成像及物性分析等成果,依据孔、洞发育程度,将储集类型划分为溶蚀孔洞型、溶蚀孔隙型和基质孔隙型三种[7](图3-16)。

溶蚀孔洞型:岩石类型主要为残余砂屑云岩和中—细晶云岩;溶蚀孔洞发育,CT扫描显示以大孔和小洞为特征,小洞(洞径2~5mm)占总洞数的86.6%;核磁共振谱呈现多峰形态;压汞曲线分析表明该类储层中值半径一般超过1μm。

溶蚀孔隙型:岩石类型为砂屑云岩和细—粉晶云岩;粒间溶蚀和晶间孔发育,岩心上针状溶孔清晰可见,偶见溶洞;CT扫描显示以孔隙为主,核磁共振呈现多峰形态,孔径较溶蚀溶蚀孔洞型储层要小,储层中值半径主要分布于0.05~1μm,孔喉分选中等。

基质孔隙型:岩石类型为泥—粉晶云岩、泥晶含砂屑白云岩;岩心观察未见孔洞,测井解释为有效储层;CT扫描显示以裂缝为特征;孔喉分选较好,中值半径一般小于0.1μm。

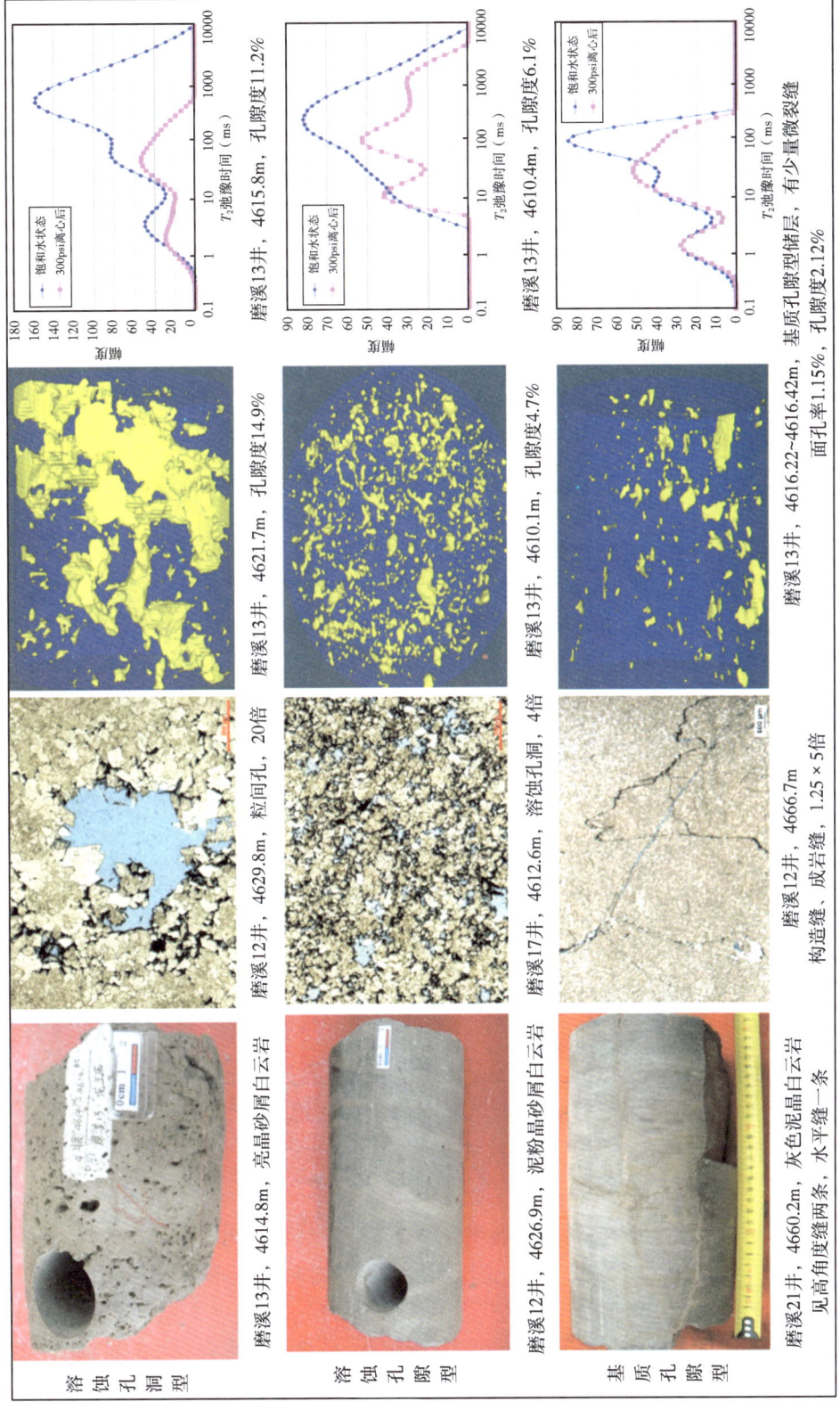

图3-16 三种类型储层岩心、薄片、CT及核磁共振谱特征

溶蚀孔洞和溶蚀孔隙型储层孔隙度总体大于4%,是该区产层的主要储集类型。岩心描述溶蚀孔洞发育段心长190.5m,占取心总长度的40.7%,孔隙度介于6~14%;溶蚀孔隙发育段心长112.6m,占取心长度的24.0%,孔隙度介于4%~8%。

(三)裂缝发育特征

龙王庙组经历三次较大的构造运动(分别发生于奥陶纪末的加里东运动塔科尼幕、印支运动二幕、喜马拉雅运动第二幕和第三幕)。受多期构造运动影响,磨溪区块龙王庙组构造裂缝十分发育,主要发育高角度构造缝、低角度斜交缝、水平缝三种天然裂缝(表3-2),其中,高角度构造缝又可分为充填高角度构造缝和未充填高角度构造缝两类;充填高角度构造缝一般充填泥晶白云岩、炭质泥岩或煤屑,部分半充填,并伴有沿裂缝扩溶现象,应形成于油气大规模充注之前或与油气充注相伴生;未充填高角度构造缝规模大、延伸长,常切穿其他类型裂缝,岩心观察到的垂直缝最长可达1~2m,且一般无充填或充填较弱。

裂缝按照倾角大小可分为4类:水平缝(0°~15°)、低角度斜交缝(15°~45°)、高角度斜交缝(45°~75°)和垂直缝(75°~90°)(据王允诚等,1992)。磨溪区块龙王庙组天然裂缝以高角度斜交缝和水平缝为主。岩心描述时,根据裂缝倾角大小,将裂缝分为垂直缝(包括高角度斜交缝)、水平缝和低角度斜交缝三大类进行统计,结果表明:垂直缝在各井均十分发育,水平缝在磨溪西南部的磨溪12、磨溪13、磨溪20、磨溪21及中部的磨溪17井区相对发育,低角度斜交缝相对不发育(图3-17)。基于成像测井解释识别出的裂缝倾角主要集中在0°~15°和70°~90°范围内(图3-18),即构造裂缝以垂直缝和水平缝为主,含有少量的低角度斜交缝,与岩心观察结果基本一致。

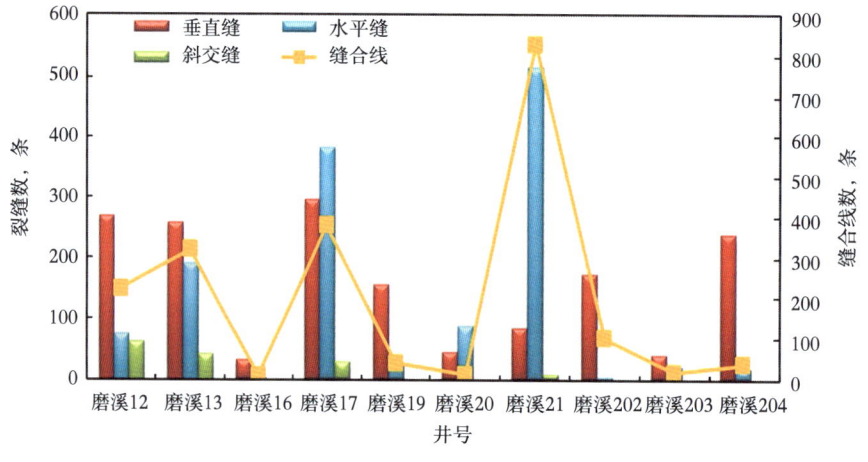

图3-17 磨溪区块龙王庙组岩心描述裂缝发育情况柱状图

裂缝的充填情况直接关系其有效性,磨溪区块龙王庙组裂缝中充填物主要为白云石、黄铁矿、沥青和泥质。从充填程度看,高角度构造缝充填程度相对较弱,一般未充填或半充填,可极大改善储层的渗流能力,试气结果证实,气井无阻流量与射孔层段高角度构造缝线密度具明显正相关性(图3-19);低角度构造缝和水平缝以及成岩缝、缝合线充填程度相对较强,岩心观察见大量的黄铁矿、白云石和沥青充填。

第三章 气藏高效开发前期评价与主体技术落实及开发有利区的认识

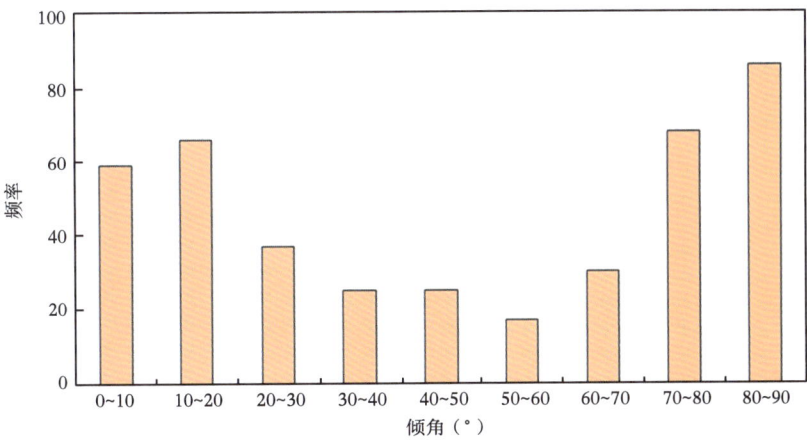

图3-18 磨溪区块龙王庙组构造裂缝倾角直方图(资料来源于成像测井)

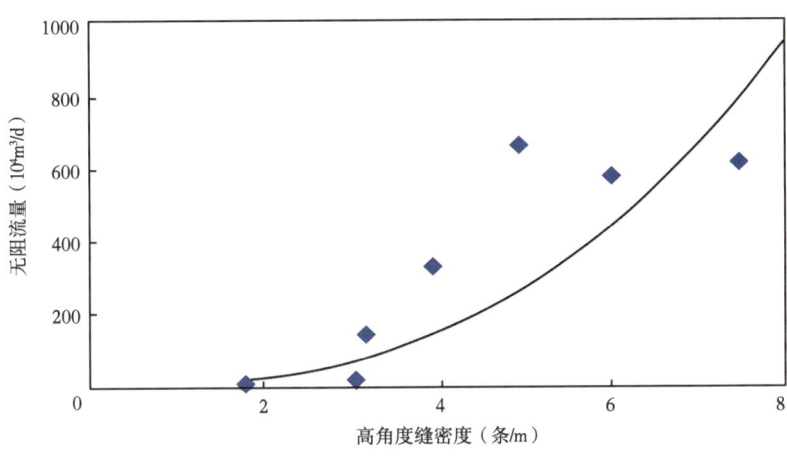

图3-19 无阻流量与岩心观察高角度裂缝密度关系图

表3-2 岩心观察天然裂缝类型、发育特征

未充填高角度构造缝	充填高角度构造缝	水平缝	低角度斜交缝
磨溪17井	磨溪12井	磨溪12井	磨溪17井
4635.87~4636.09m	4641.37~4641.49m	4672.84~4672.96m	4643.37~4643.46m
无充填,延伸长	充填、半充填,溶蚀扩大	碳质泥岩及煤屑部分充填	沥青充填

— 49 —

龙王庙组高角度构造缝普遍发育,岩心描述统计高角度缝密度为 0.17~1.24 条/m,平均 0.69 条/m;成像测井解释裂缝密度为 0.01~0.9 条/m,平均 0.26 条/m。总体来看,岩心识别的高角度裂缝线密度远大于成像测井,两种方法识别的裂缝发育程度相对强弱不完全吻合,主要原因可能是:(1)岩心分辨率高,识别出开度<1mm 的微小宏观裂缝,成像测井分辨率相对较低,微小的宏观裂缝不能识别,两种方法识别的裂缝规模有大小之别,由能量守恒观点可知,不同规模的裂缝发育规模往往不具有一致性。(2)高角度缝发育规模一般较大,成像测井解释的一条裂缝在许多块岩心上均能看到。

高角度构造缝的形成、分布与储层岩石类型、溶洞溶孔发育情况密切相关。据岩心描述结果,高角度构造缝主要发育基质孔隙型储层和非储层段中(图 3-20),在溶蚀孔洞发育部位,发育程度较弱,主要原因可能包括两个方面:(1)溶蚀孔洞发育的地方,能够有效缓解构造应力

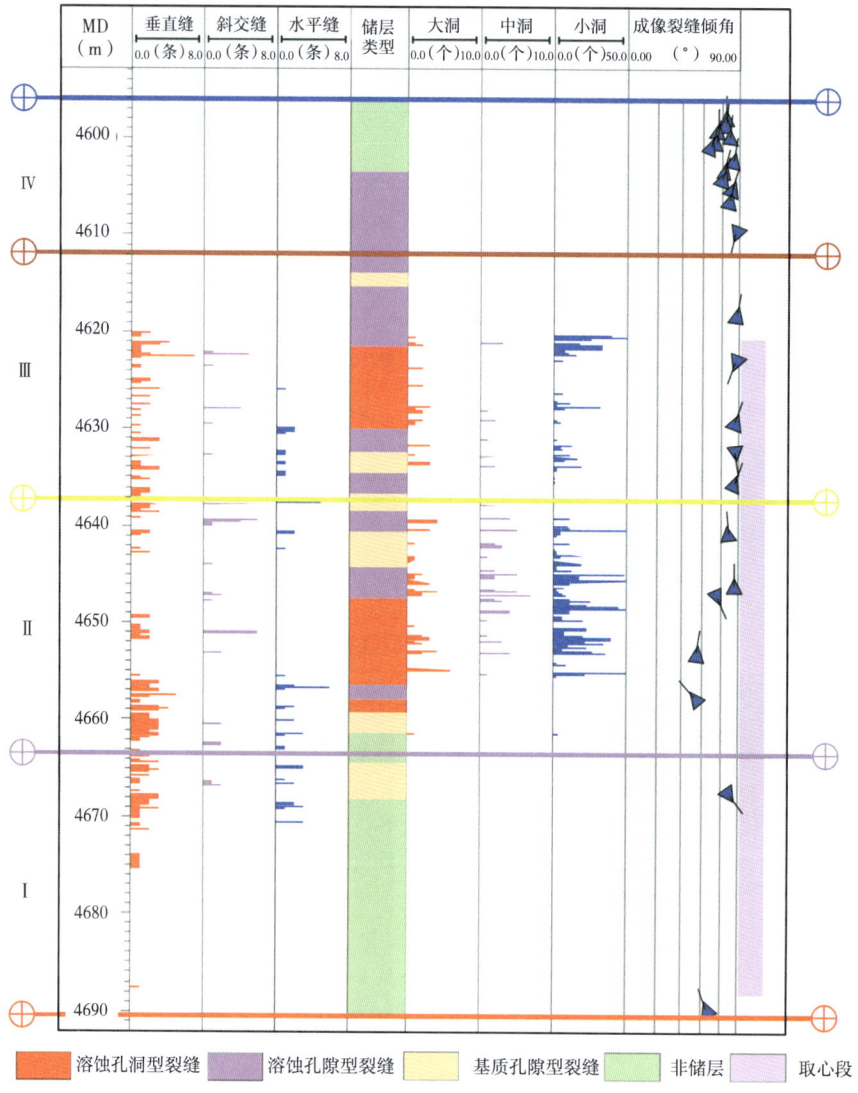

图 3-20 磨溪 12 井岩心描述与成像测井解释裂缝纵向分布

变化，裂缝相对不容易形成；(2)充填的高角度缝形成于油气充注之前或与之相伴生，伴有沿裂缝扩溶现象，目前以溶蚀孔、洞的形式出现而非裂缝。

龙王庙组自沉积后经历多次构造运动。磨溪区块主体一直处于构造转换运动的枢纽部位，构造运动强烈，易形成裂缝。龙王庙组构造裂缝整体比较发育可能与此密切相关。不同时期形成的高角度构造缝，其发育特征和分布区域也有差异(图3-21)。充填高角度缝走向主要为NE—SW向，集中分布于磨溪区块西部的构造背斜轴线部位，根据裂缝相互切割关系、裂缝充填程度与充填物成分差异、裂缝边缘溶蚀程度、烃源岩演化与埋藏史的匹配关系进行分析，应形成于油气大规模充注之前或与之相伴生；未充填高角度缝在全区均有分布，但主要集中分布于磨溪区块东部的磨溪202和磨溪204井区附近，走向NW—SE向，与断层(F3、F4、F5)基本一致，且距断层越近裂缝发育程度越高，该类裂缝规模大、延伸长、充填弱，推测应形成于气藏形成之后，即喜马拉雅运动期。

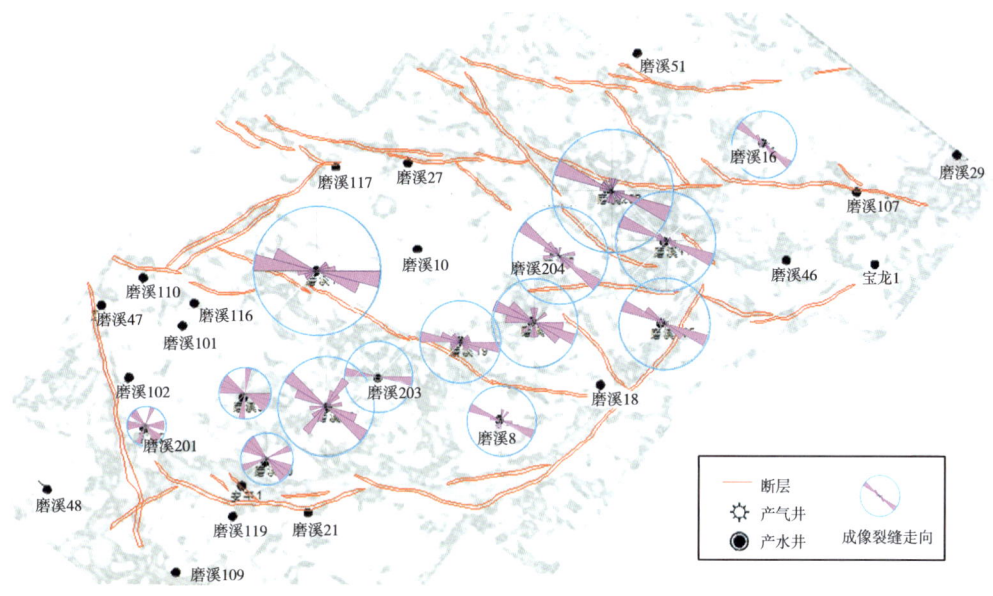

图3-21 断层与高角度构造缝(成像解释)平面分布图(底图为裂缝预测发育程度图)

(四) 物性特征

通过对安岳气田磨溪区块物性资料分析与统计，磨溪区块龙王庙组储层孔隙度相对较低，基质渗透率差，小柱塞样物性分析，储层孔隙度为2.00~18.48%，平均4.27%(图3-22)；基质渗透率主要分布于0.001~1mD(71.6%)，大于0.1mD的占34.5%，平均1.59mD(图3-23)。岩心储层段全直径样品分析孔隙度为2.01%~10.92%，单井岩心储层段平均孔隙度为2.48%~6.05%，总平均孔隙度为4.81%。统计结果表明，储层段岩心全直径孔隙(平均孔隙度为4.81%)明显大于小样孔隙度(平均孔隙度为4.28%)，通过对磨溪12井储层全直径物性与小柱样物性数据的比较，发现全直径物性一般大于小柱样物性1%~2%(图3-24)。由于储层溶蚀孔洞发育，岩心全直径样品的代表性更好，孔隙度更接近储层真实孔隙度，因此，用全直径物性分析结果更能反映龙王庙组储层物性特征。储层段全直径样品统计分析表明，其中2.0%~4.0%的样品占总样品的 37.8%,4.0%~6.0% 的样品占总样品的 41.73%,大于 6.0% 的样品占总样品的 20.47%,孔隙度主要分布在 4.0%~6.0%(占样品总数的 41.73%),说明 4.0%~6.0% 是储层段的主要孔隙度范围(图 3-22)。岩心储层段全直径样品分析渗透率为 0.0101~78.5mD,单井平均渗透率为 0.534~17.73mD,总平均渗透率 3.91mD,将大于 100mD 的数据除外后,平均渗透率为 1.39mD(图 3-23)。由于储层非均质性较强,使得储层的宏观渗透率明显高于基质渗透率。

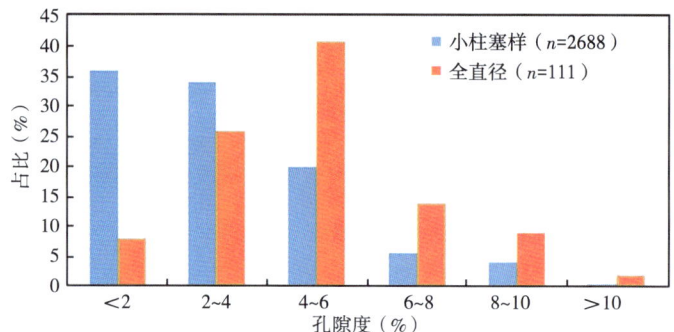

图 3-22 龙王庙组岩心孔隙度分布频率直方图

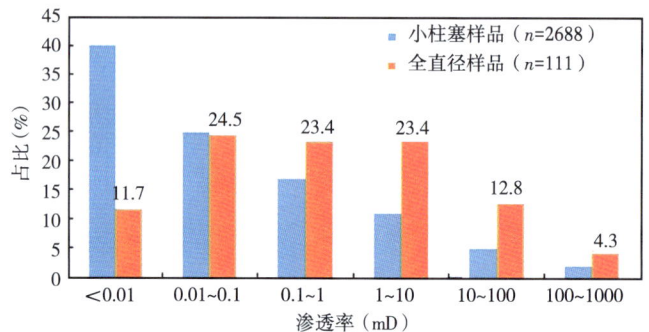

图 3-23 龙王庙组岩心渗透率分布频率直方图
n—样品数

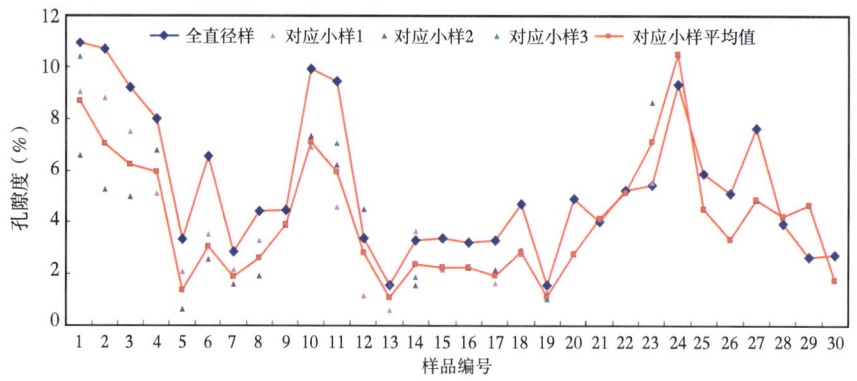

图 3-24 磨溪 12 井全直径物性与小柱塞样物性比较

不稳定试井分析表明,受裂缝发育的影响,主体部位不稳定试井解释储层 Kh 值:183~19000mD·m,渗透率:3.24~925mD,较岩心分析渗透率高 1~2 数量级,储层整体表现为低孔隙度、中—高渗透率特征[7](表3-3)。

表3-3 龙王庙组各井不稳定试井解释成果表

井号	层位	有效厚度（m）	模型	S	Kh（mD·m）	K（mD）	R（m）	备注
磨溪8井	龙王庙组下	11.8	径向复合	15.6	10916	925		酸化后
	龙王庙组上	29.1/55.2	部分射开+径向复合	-5.95	$Kh_1=890$ $Kh_2=6742$	$K_1=15.3$ $K_2=115.9$	$R_1=161$	酸化后
	龙王庙组	55.2	径向复合	21.5 $D=0.51$	$Kh_1=19000$ $Kh_2=4185$	$K_1=344.2$ $K_2=75.8$	$R_1=1890$	试采压恢
磨溪10	龙王庙组	41.62	径向复合	-3.89	$Kh_1=249$ $Kh_2=1116$	$K_1=6.46$ $K_2=28.96$	$R_1=55.2$	酸化后
磨溪11	龙王庙组下	5.8	径向复合	-1.18	$Kh_1=488$ $Kh_2=1333$	$K_1=84.1$ $K_2=230$	$R_1=207$	酸化后
	龙王庙组上	35.3	均质	-0.37	815	23		酸化后
	龙王庙组	56.77	径向复合	-2.83	$Kh_1=1090$ $Kh_2=183.50$	$K_1=19.3$ $K_2=3.24$	$R_1=155$	试采压恢
磨溪16	龙王庙组	50.7	径向复合	-0.4	1.54	0.03		井储时间长径向流段不明显

龙王庙组孔隙度—渗透率关系分析表明,小柱样和全直径样储层孔隙度—渗透率相关性均比较好,但是还存在差异。从岩心储层段柱塞样的孔隙度—渗透率关系分析(图3-25),孔隙度为2%~6%的储层有部分裂缝影响外,储层渗透率随孔隙度增加明显,储层孔隙度—渗透率具有明显的正相关关系。岩心储层段全直径孔隙度—渗透率也表现出正相关的趋势,但相

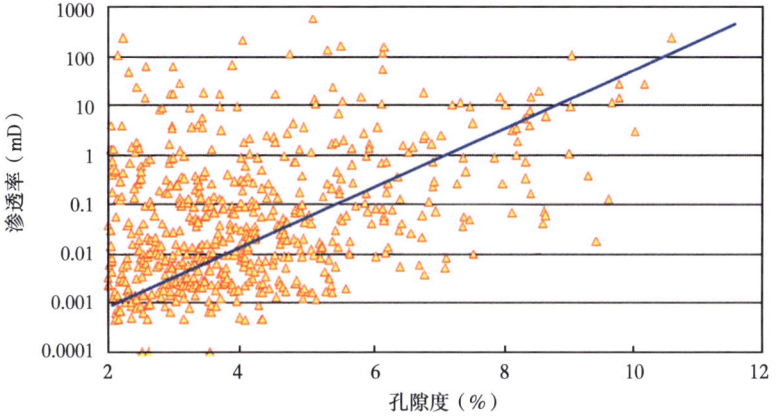

图3-25 孔隙度与渗透率关系图(小柱塞样品)

关关系明显较差(图3-26),分析认为,这主要是由于龙王庙组储层中溶蚀孔洞发育,全直径样品中含有较多溶洞的影响,孔隙度增加相对较大,渗透率增加相对较小,使得储层的均质性变差,并造成了孔隙度和渗透率相关性变差。

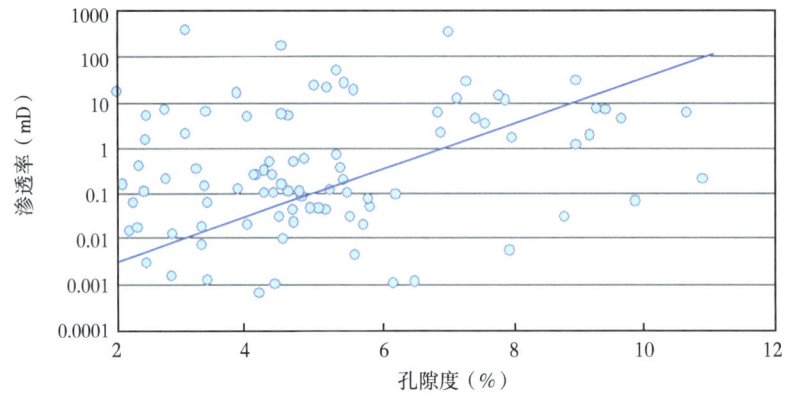

图3-26 孔隙度与渗透率关系图(全直径样品)

三、地质统计与地震反演联合,明确优质储层展布特征

碳酸盐岩古岩溶储层预测的难点在于:受多期岩溶作用造成储层各向异性特征显著,由于溶洞被少量充填、大部分充填或完全充填,且溶洞大小不一,分布不均,使溶洞储层的地球物理特性变得更为复杂,导致单因素的地质或地球物理分析方法对于溶洞储层的预测成功率较低,碳酸盐岩古岩溶储层描述与预测的方法因岩溶机理不同呈现多样化。以塔里木盆地奥陶系岩溶型储层为例,碳酸盐岩古岩溶储层预测思路,通常为:

(1)通过野外露头的实际测量、井下岩心详细观察与描述,结合测井储层识别、岩溶地貌的地震恢复等技术开展综合研究,确定古岩溶作用的分区、分带特征,明确主要储层类型及其分布规律、充填特征,建立研究区古岩溶储层地质概念模型。

(2)从实验室正演物理模拟试验入手,确定不同类型古岩溶储层(洞穴型、孔洞型、裂缝—孔洞型、裂缝型)地震反射特征,优选出能够反映储层的地震敏感性参数,为古岩溶储层预测提供依据。

(3)以地质概念模型为指导,以地震属性分析为主要手段,在合理截取地震时窗的基础上,开展地震多属性综合分析,据此对古岩溶储层的空间分布进行预测,建立古岩溶储层分布模型。

研究中,以地质研究成果为指导,将地质统计学与地震反演技术结合起来,并综合运用多个数据源(地震、地质、测井)的信息,开展储层的地质、地球物理特征研究,建立储层地震响应特征识别模式;利用有井约束波阻抗反演技术、孔隙度反演技术、储层定量预测技术等特殊处理方法对储层展布特征进行精细描述与预测(图3-27)。该方法将高分辨率的测井信息以及低分辨率的三维地震信息整合起来,既保留了确定性反演横向分辨率的优势,又保留了更多的地质细节[2],为认识龙王庙组储层分布特征提供了依据。

第三章 气藏高效开发前期评价与主体技术落实及开发有利区的认识

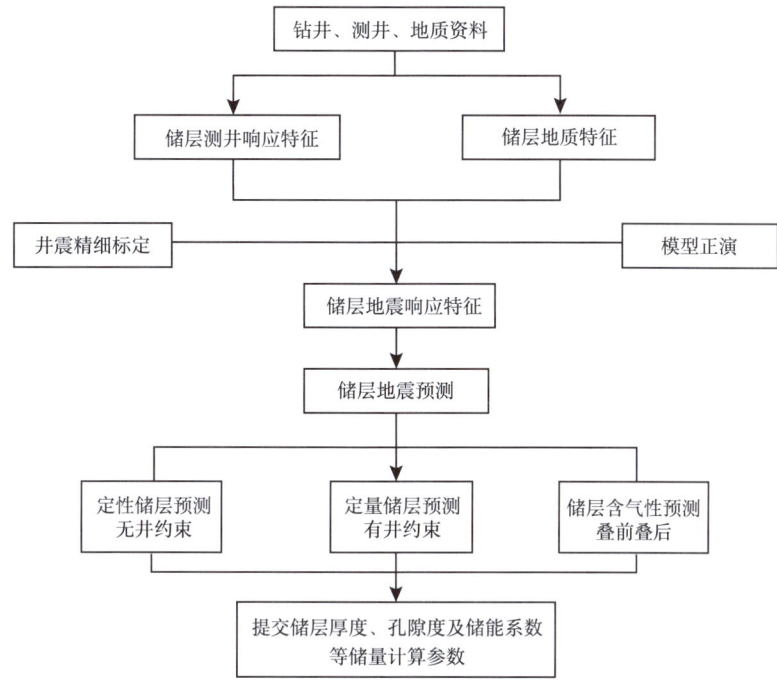

图3-27 地震预测研究思路

(一)储层分级评价

磨溪区块龙王庙组的岩心、薄片及CT扫描等资料表明,储层主要发育溶蚀溶蚀孔洞型、溶蚀孔隙型、基质孔隙型三种储集空间组合类型,其各自的物性特征差异大,岩心特征、测井曲线特征、地震"亮点"响应特征都比较明显容易综合识别,且产能也有较大的差异,具体如下:

1. 物性特征

通过对三种类型的储层物性定量对比研究表明,溶蚀溶蚀孔洞型储层物性明显优于溶蚀孔隙型和基质孔隙型(图3-28和图3-29)。溶蚀孔洞型储层576个样品平均孔隙度为

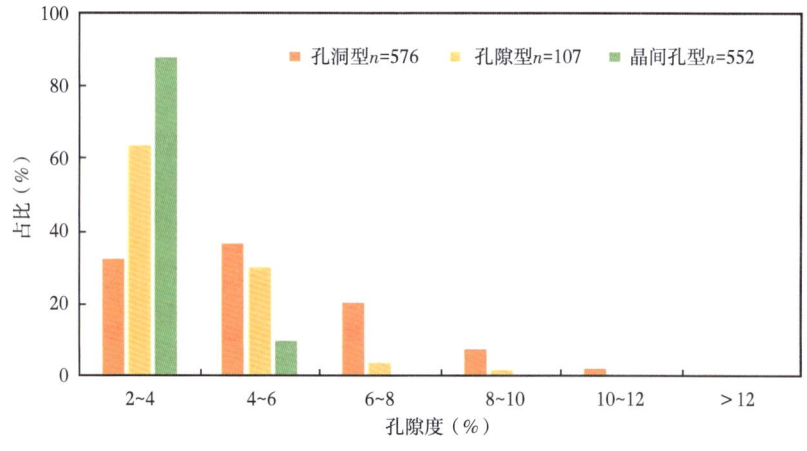

图3-28 不同类型储层岩心孔隙度分布直方图

5.21%,溶蚀孔隙型 107 个样品的平均孔隙度 3.81%,基质孔隙为 3.10%,以溶蚀孔洞型的孔隙度最高;三种类型渗透率的规律也一样,溶蚀孔洞型岩心样品的平均渗透率为 0.95mD,溶蚀孔隙型平均为 0.49mD,基质孔隙型为 0.25mD。因此,以溶蚀孔洞型储层物性最好,其次是孔隙型,基质孔隙比较致密。

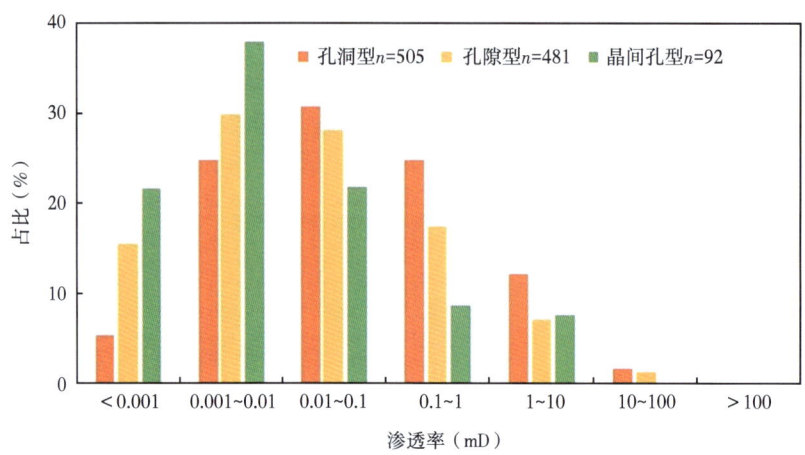

图 3-29 不同类型储层岩心渗透率分布直方图

2. 测井响应特征

采取岩心标定成像测井、成像测井标定常规测井的方式,掌握了不同类型储层的测井响应特征,建立了相应的测井响应模式。常规测井曲线上,溶蚀溶蚀孔洞型储层自然伽马低值,电阻率值中高值,双侧向曲线"正差异",三孔隙度曲线明显左偏,AC 和 CNL 值明显增大,DEN 值明显减小;溶蚀孔隙型储层与溶蚀溶蚀孔洞型储层具有相似特征,自然伽马低值,电阻率值中高值,双侧向曲线"正差异",三孔隙度曲线略左偏,AC 和 CNL 值略增大,DEN 值略减小;基质孔隙型电阻率值高,双侧向差异不明显,AC 时差低,DEN 高。在成像测井图上,溶洞发育的溶蚀溶蚀孔洞型储层为斑状模式,大小不均、形状不规则小圆状或者椭圆形的暗色斑状特征明显;溶孔发育的溶蚀孔隙型在成像测井图上具有黑色与亮色的过渡暗色块状异常的特征;基质孔隙型的成像图上为块状模式,基本为同一色彩(亮色),很少见斑状(图 3-30)。

3. 地震响应特征

利用岩心、测井资料建立的单井模式标定地震,研究认为三种储层类型对应以下三种地震相应模式:

(1)溶蚀孔洞型储层地震响应特征。

孔洞型储层在地震剖面上具有龙王庙组内部强波峰,且清晰粗大,如磨溪 204 井,该井溶蚀孔洞型储层厚 29.47m,储层平均孔隙度 5.6%,测试产气 115.62×10^{4}m^3/d,地震剖面上龙王庙组内部"粗胖"型反射特征明显(图 3-31)。

表 3-4 为 40 口井的主要储层情况、测试产量及储层段地震反射特征,其单井溶蚀孔洞型储层平均厚度 17.4m,平均孔隙度 4.6%,平均测试产量高达 137.6×10^{4}m^3/d。具有龙王庙组顶部弱波峰内部强波峰或者内部强波峰,即内部"粗胖"型反射亮点特征。

第三章 气藏高效开发前期评价与主体技术落实及开发有利区的认识

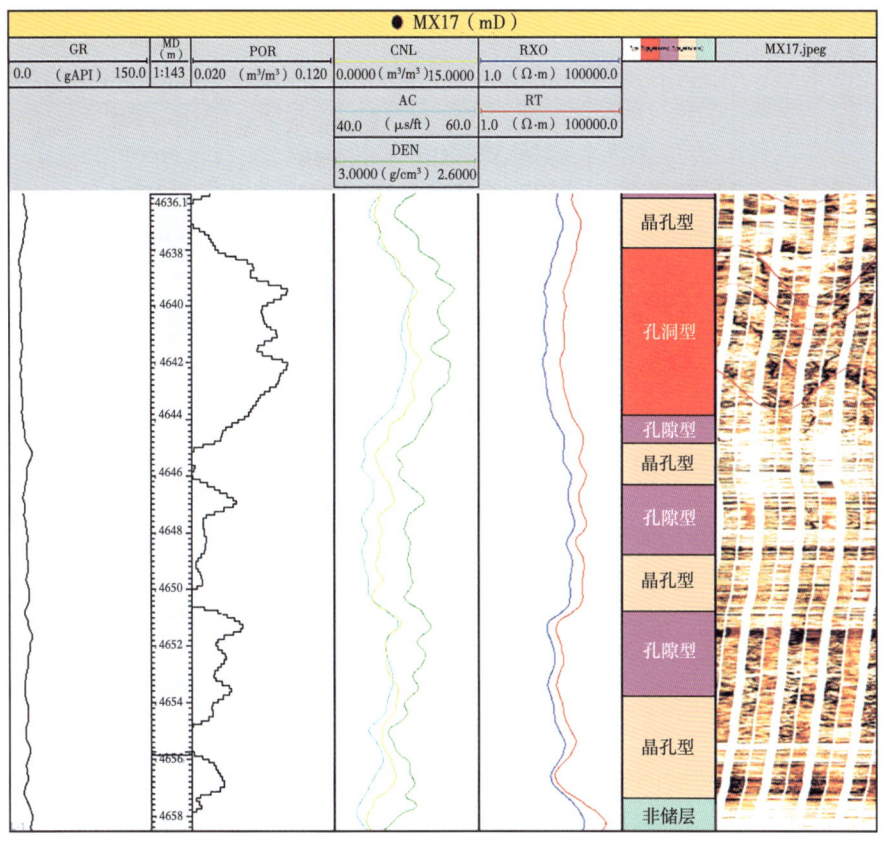

图 3-30 龙王庙组不同类型储层测井响应特征

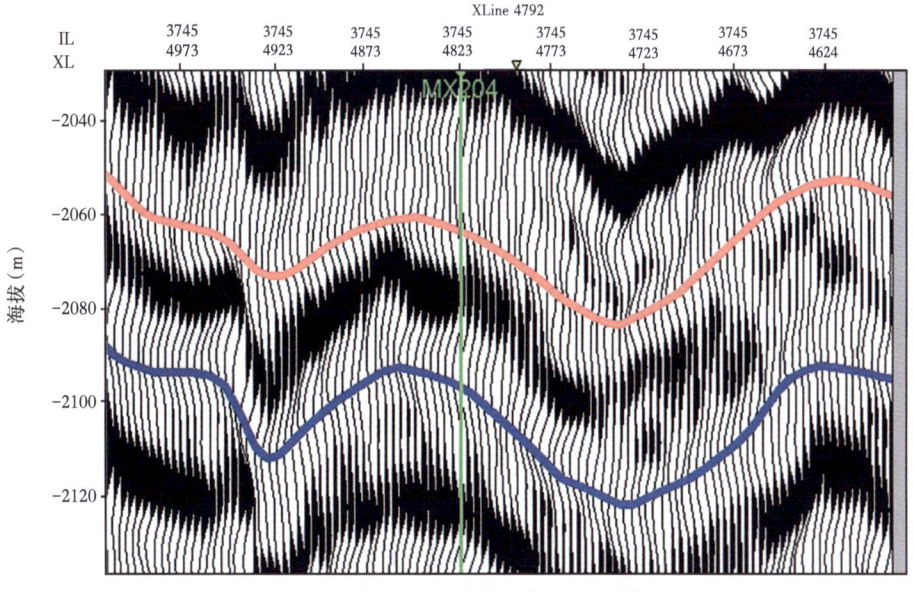

图 3-31 磨溪 204 井龙王庙组地震剖面

表 3-4 龙王庙组孔洞型储层地震响应特征表

模式图	反射特征	代表井号	储层厚度（m）	孔隙度（%）	测试产量（$10^4 m^3/d$）
	内部强波峰	磨溪 10、磨溪 12、磨溪 16C1、磨溪 22、磨溪 32、磨溪 42、磨溪 46、磨溪 46X1、磨溪 47、磨溪 107、磨溪 204、磨溪 205、磨溪 008-H1、磨溪 6-X1、磨溪 6-X2、磨溪 7-H1、磨溪 11-X1、磨溪 15-H1、磨溪 X16、磨溪 17-X1、磨溪 18-X1、磨溪 H19、磨溪 009-3-X2、磨溪 4-X1、磨溪 X5	17.0	4.3	133.4
	顶部弱波峰内部强波峰	磨溪 9、磨溪 11、磨溪 13、磨溪 17、磨溪 101、磨溪 201、磨溪 009-X2、磨溪 3-X1	22.3	5.0	133.7
	顶部强波峰内部强波峰	磨溪 8、磨溪 20、磨溪 203、磨溪 008-20-H2、磨溪 009-X1、磨溪 2-H2、磨溪 X6	12.5	4.6	145.8
平均			17.4	4.6	137.6

（2）孔隙型储层地震响应特征。

孔隙型储层地震响应模式为龙王庙组内部弱波峰、复波或杂乱反射，如磨溪 19 井，该井孔洞型储层厚 4.3m，储层平均孔隙度 3.9%，测试产气 $27.8 \times 10^4 m^3/d$，地震剖面上龙王庙组内部弱波峰反射特征明显（图 3-32）。

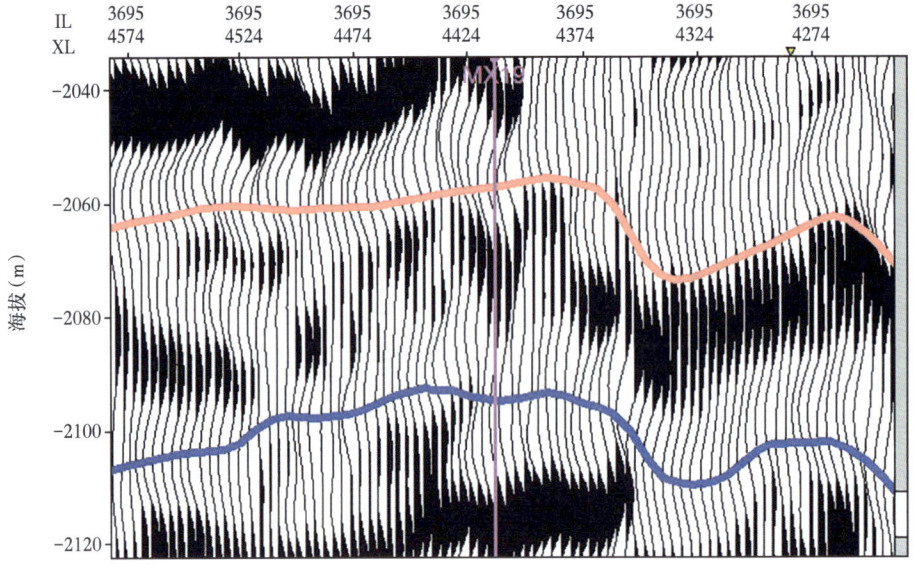

图 3-32 过磨溪 19 井龙王庙组地震剖面

表3-5为11口井的主要储层情况、测试产量及储层段地震反射特征,其单井孔洞型储层平均厚度5.5m,平均孔隙度3.6%,平均测试产量高达27.8×10⁴m³/d。具有龙王庙组顶部弱波峰内部弱波峰、内部弱波峰、杂乱反射,即内部"散乱"型亮点。

表3-5 龙王庙组孔隙型储层地震响应特征表

模式图	反射特征	代表井号	孔洞型储层厚度(m)	孔隙度(%)	测试产量(10⁴m³)
	内部弱波峰(4口)	磨溪18、磨溪202、磨溪203C1、磨溪008-H8	2.8	3.3	35.5
	杂乱反射(3口)	磨溪51、磨溪008-X2、磨溪008-H3	6.4	3.3	42.4
	顶部强波峰内部弱波峰(4口)	磨溪16、磨溪19、磨溪27、磨溪48	7.4	4.2	5.5
	平均(11口)		5.5	3.6	27.8

(3)晶间孔隙型储层地震响应特征。

晶间孔隙型储层地震响应模式为龙王庙组顶部强波峰内部无强峰反射,为"空白"形亮点模式,如磨溪21井,该井孔洞型储层厚仅1.15m,储层平均孔隙度3.4%,测试产气7.3×10⁴m³/d,龙王庙组内部无强峰反射,即具有"极弱"型反射特征(图3-33)。

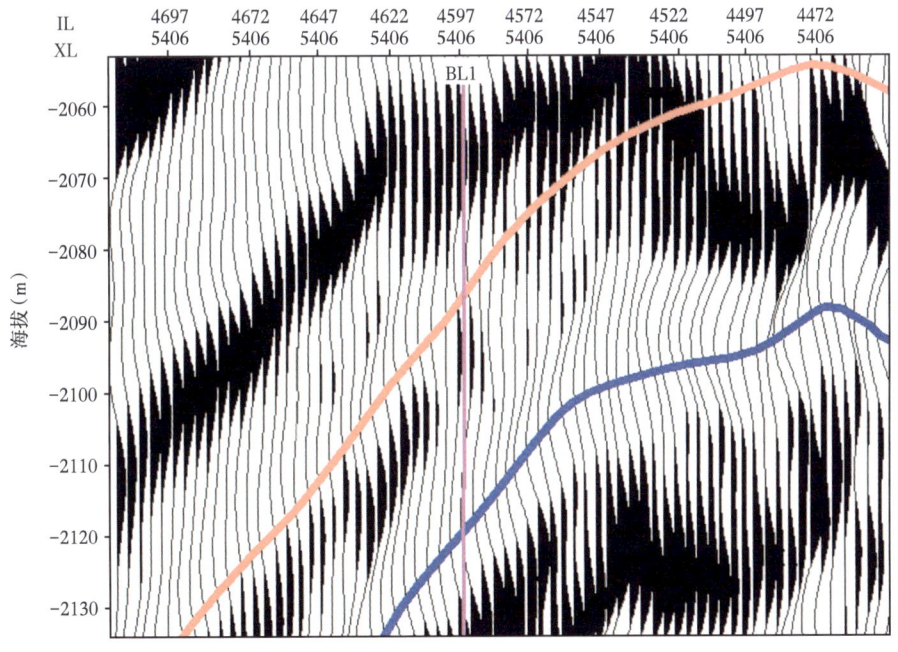

图3-33 过宝龙1井龙王庙组地震剖面

4. 产能特征与储层分级

磨溪区块龙王庙组储层孔隙度分布在2%~10%、渗透率分布在0.01~100mD,碳酸盐岩储集岩分类标准(SY/T 6110-2016)中的分类孔隙度按2%~6%、6%~12%和≥12%,渗透率按0.001~0.1mD、0.1~10mD和≥10mD来看,该区储层以Ⅱ类和Ⅲ类为主,几乎没有Ⅰ类储层。然而,磨溪区块一系列的钻探,获得30余口百万立方米以上的工业气井,多口井的试井渗透率均大于5mD,明显优于国内绝大部分的海相碳酸盐岩气藏,说明磨溪地区龙王庙组储层有别于一般的碳酸盐岩储层。缝洞型储层孔隙结构特征研究认为该区毫米级的小洞和微细裂缝极为发育,孔、洞、缝形成的网络系统渗流能力强。

不考虑井筒大小、射开程度等因素的影响,通过分析龙王庙组测试井无阻流量与各类型储层厚度的关系,认为溶蚀孔洞型和溶蚀孔隙型储层孔隙度一般超过4%,是该区的优质储层。溶蚀孔洞和溶蚀孔隙两种类型储层的发育程度控制气井测试产量的高低,无阻流量超过400×$10^4 m^3/d$的气井,优质储层厚度比例均在60%以上,且两者具有明显的正相关关系(图3-34)。

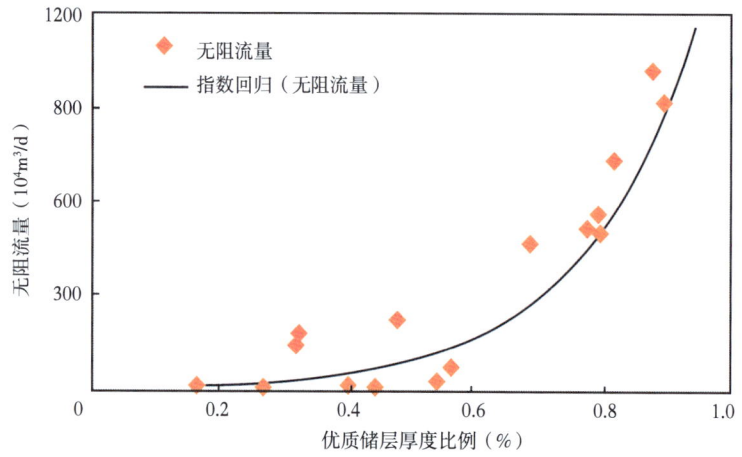

图3-34 龙王庙组无阻流量与优质储层厚度比例关系图

(二)实钻井对比研究储层纵向分布特征

海水深度和水动力条件的变化控制着颗粒滩沉积和滩体旋回的形成与演化。受控于乐山—龙女寺古隆起的持续抬升,磨溪区块寒武纪水体持续变浅。龙王庙组的高分辨率层序地层格架研究表明龙王庙组由2个三级层序即两期向上变浅的旋回(短期旋回)构成,每个三级层序又由2个四级层序(超短期旋回)构成。因此,龙王庙组垂向发育4期加积颗粒滩,其中第Ⅱ期和第Ⅲ期滩体最为发育。通过逐井单层判别储层类型,然后进行区块内连井剖面对比,绘制分类储层连井剖面分布图。磨溪区块优质的孔洞型储层总体较为发育,但井间差异大,局部井区孔洞型储层不发育。磨溪8井区发育两套孔洞型储层,累计厚度大,上部优于下部;磨溪9井区孔洞型储层厚层状,集中分布在地层中下部,向磨溪8井区方向(磨溪②号断层),上部孔洞型储层变好(图3-35)。

◆ 第三章 气藏高效开发前期评价与主体技术落实及开发有利区的认识

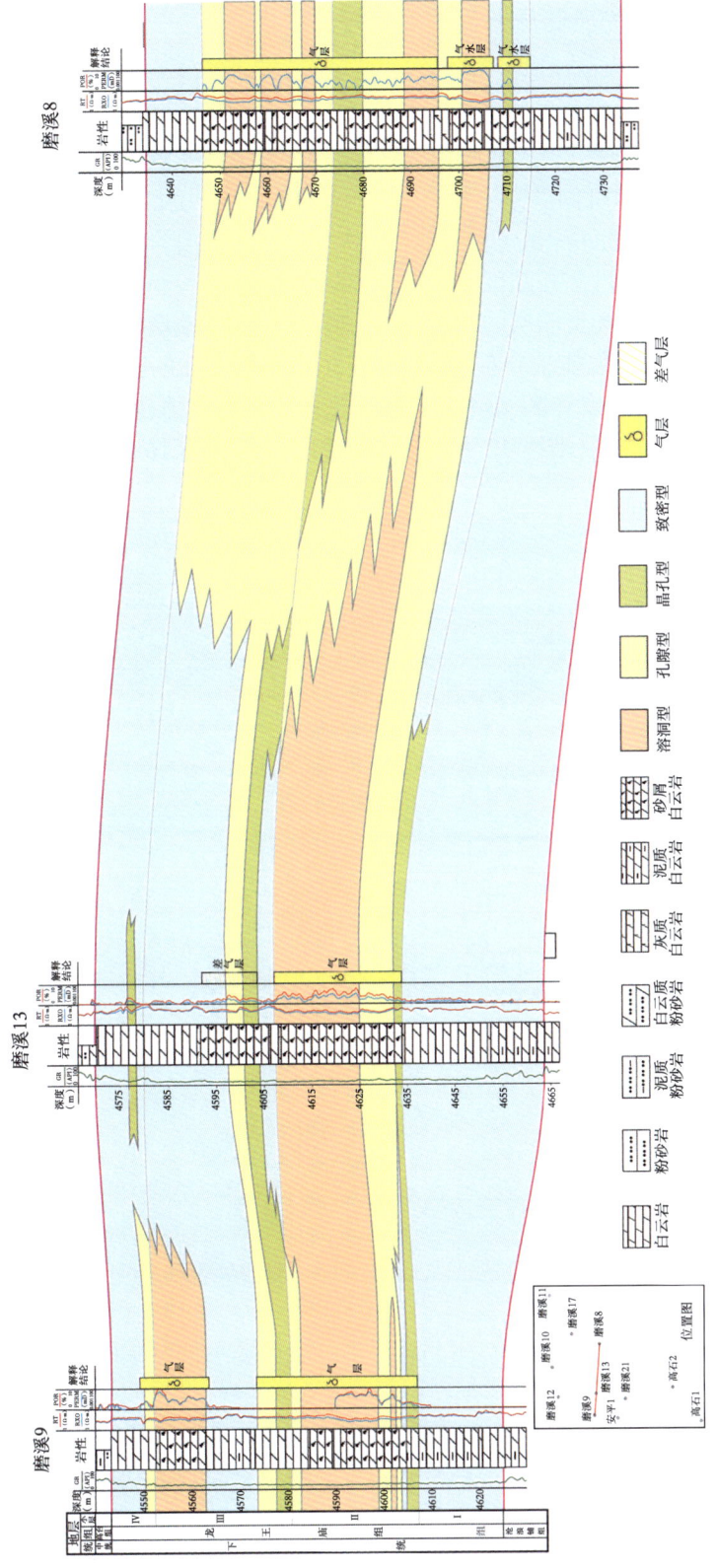

图3-35 磨溪9—磨溪13—磨溪8 龙王庙组储层对比图（高台组拉平）

(三) 井震结合明确优质储层平面展布特征

磨溪区块龙王庙组储层单层厚度分布在0.2~43.4m,平均值为8.7m,地震可精细识别的厚度下限为30m,利用三维地震预测单个储渗难度加大,必须结合单井发育情况进行研究。模型正演表明,内部"极弱"型亮点,以基质孔型储层为主,含少量孔隙型储层,气井测试产量低;内部"散乱"型亮点,以孔隙型储层为主含少量孔洞型储层,其井测试产量中等;内部"粗胖"型亮点,以孔洞型储层为主,气井测试产量较高,其中"亮点、双轴、上弱下强"为最有利的储层地震响应模式,孔洞型储层厚度和孔隙度的增加,内部"亮点"振幅变强。

在此基础上,根据各种类型储层的三维地震响应特征,基于地层模型的全局自动地震解释和"亮点"识别,提取该区振幅能量分布图[8](图3-36),黄色—红色区域对应高能滩体控制的溶蚀孔洞和溶蚀孔隙型储层发育区,绿色区域对应低能滩体控制的基质孔隙型储层发育区,优选出磨溪8井区、磨溪9井区、磨溪12井区、磨溪204井区、磨溪16井区和磨溪46井区等优质储层发育区。

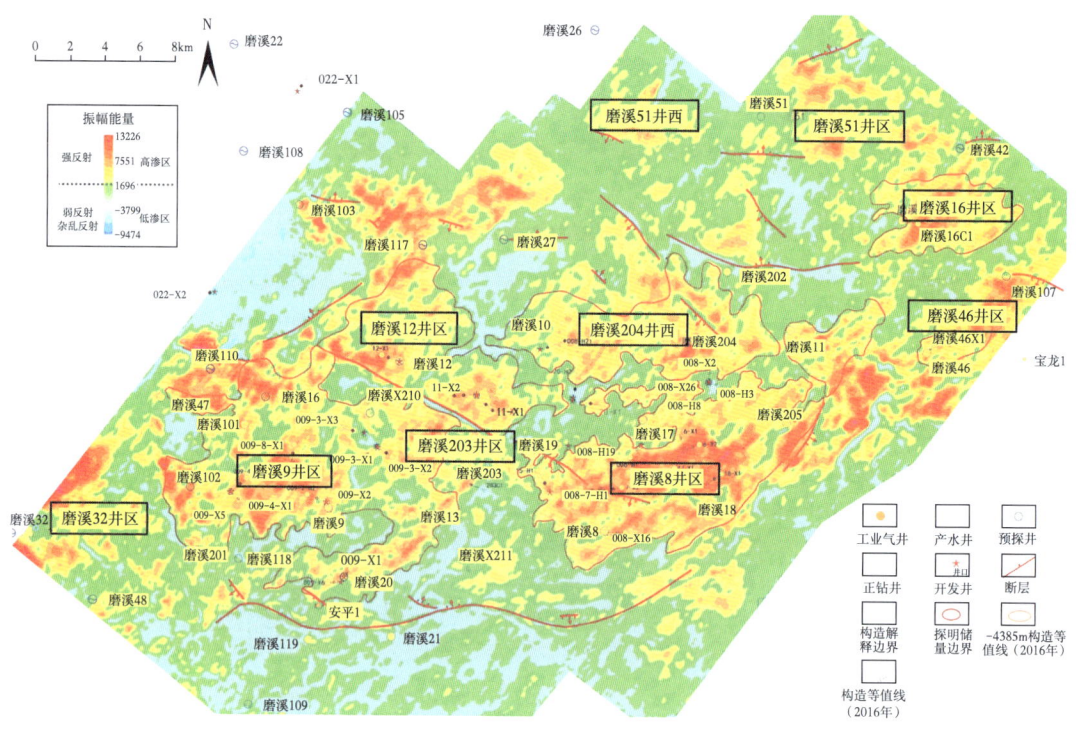

图3-36 磨溪地区龙王庙组地震振幅能量平面图

综合地震、测井和生产动态资料等,编制探明储量区储能系数分布图。从图3-37可以看出,4期滩体垂向叠置分布,在探明含气范围内呈现"两滩一沟"的展布格局,即在古地貌相对较高的磨溪8—磨溪18—磨溪11井区和磨溪9—磨溪10井区两个区域,发育两个颗粒滩主体,岩石类型以砂屑白云岩、残余砂屑白云岩和中—细晶白云岩为主,主要发育溶蚀孔洞和溶蚀孔隙型储集层,孔隙度相对较高,平均5.8%;有效储集层(孔隙度大于2%)厚度与地层厚度比值一般在50%以上;储能系数较高,一般为2.2~3.2m。在古地貌相对较低(沉积期为沟槽)

的磨溪203—磨溪19—磨溪17井区,沉积形成砂屑白云岩、细—粉晶白云岩,为颗粒滩边缘,主要发育基质孔隙和溶蚀孔隙型储集层;孔隙度相对较低,平均3.7%;有效储集层厚度与地层厚度比值为12%~65%;储能系数一般低于2.2m。

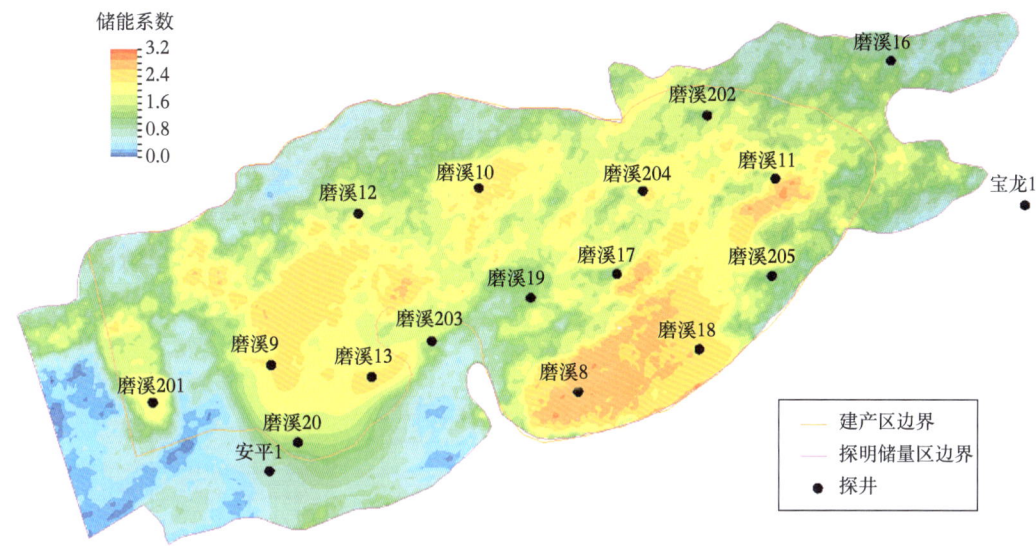

图3-37 气藏探明储量区储能系数平面分布图

四、建立气水分布模式,明确气水分布特征

(一)气水分布主控因素

1. 区域构造和成藏烃类充注是控制气水分布的根本因素

川中龙王庙组经历了早期的加里东运动,其致使乐山—龙女寺古隆起快速形成雏形,北西高南东低的构造格局。下寒武统烃源岩在寒武系末埋深达到1500m,地温超过60℃,进入生油窗,开始生成液烃,到志留系晚期埋深达到2500~3500m,部分地区达到生烃高峰,大量生成油气向古隆起高部位运移,磨溪地区处在构造高部位,可能聚集形成第一期古油藏[9]。这一时期主要的含油范围可能集中分布于西部可能的地层圈闭中,相对高孔隙度地层中具有一定连通性的储层被运移来的油气所占据。加里东运动致使盆地持续抬升,磨溪地区石炭系—寒武系上部地层遭受强烈剥蚀,磨溪西部地区甚至剥蚀至龙王庙组,第一期古油藏遭受一定破坏,烃类可能部分散失。二叠纪—中三叠世末,该区又开始沉降,早三叠世持续到晚三叠世末,磨溪—高石梯筇竹寺组烃源岩埋深达到1500m以上,地温超过60℃,进入生油窗,开始生成液烃。中晚三叠世磨溪—高石梯地区依然处在构造高部位,高点东移至磨溪—龙女寺地区,形成第二期古油藏。晚侏罗世至白垩纪末期,埋深达到5000m以上,液态烃开始裂解,生成的气或油裂解的气应主要在东部高部位富集。受喜马拉雅运动影响,古近纪至今盆地持续抬升,且受西部造山运动的影响,使构造高点由东向西迁移,气藏重新调整,必然要从东部向西部高部位运移。储层沥青相对含量的变化规律也可以作为流体运移方向的一种佐证,磨溪16井平均

4.3%,磨溪 202 井平均 3.9%,磨溪 13 井平均 1.1%。由于这一时期孔、洞、缝发育的差异性导致储层非均质强,天然气运移过程中,由于重力分异和气驱水机理,天然气受顶界构造圈闭溢出点控制,在某些相对低部分滞留下来,而地层水受底界局部高点控制(即水的溢出点),必然优先占据优质储层发育的区域,水向低部位排出过程中受储层物性的局部变差或储渗体局部高点控制滞留在一些局部区域,或者排到构造低部位聚集这就形成了目前磨溪主体区块内气连水不连、边部水连气不连分布的现象(图 3-38)。因此气水分布受区域构造背景所控制。如

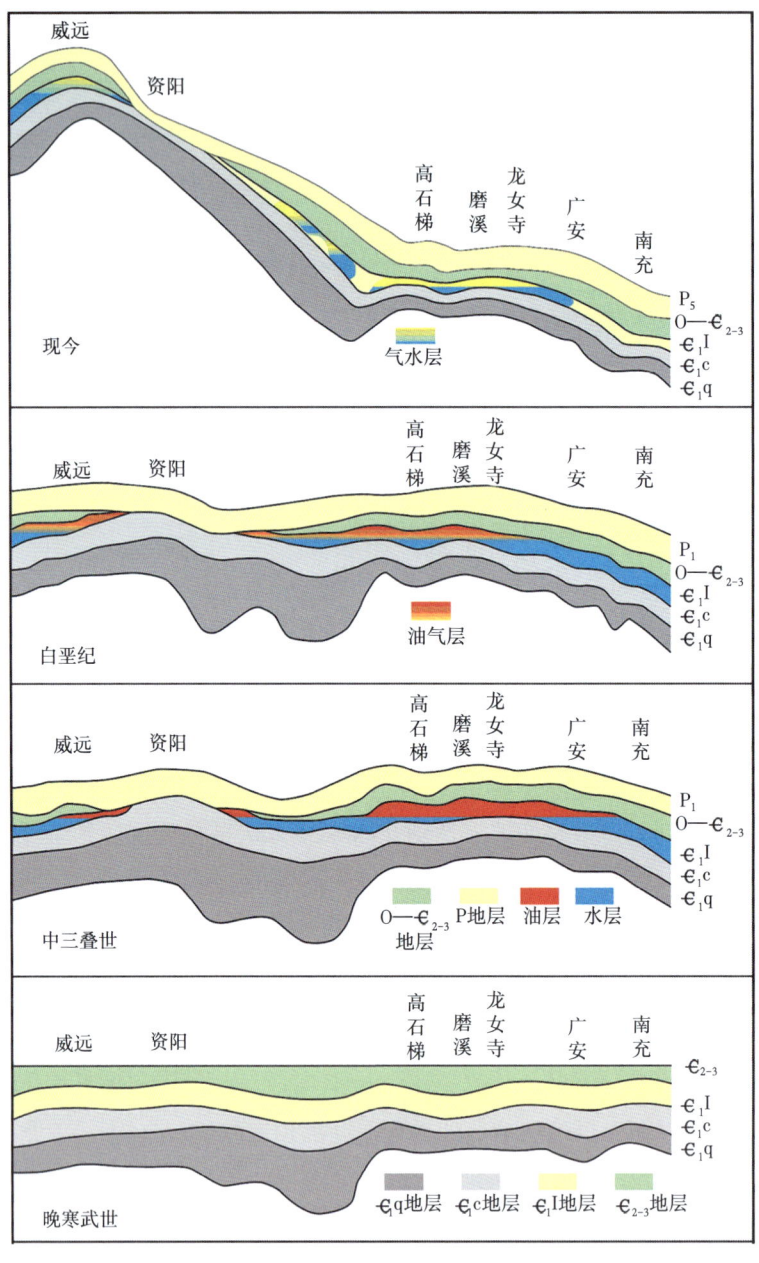

图 3-38 乐山—龙女寺地区龙王庙组成藏过程中气水分布调整模式图

磨溪203、磨溪204和磨溪11井区储渗体的下部或者下倾段局部水体分布,而构造北翼及西端磨溪48—磨溪47—磨溪27井区水体聚集。

2. 颗粒滩发育和储层物性决定着气水微观及局部气水分布

一方面,构造整体上控制宏观气水分布特征,另一方面,储层物性控制气水微观及局部分布。该气田主体区颗粒滩发育,储层厚度较厚、物性好,储集体发育规模大,以高产井为主,气井能够保持高产条件下的长期稳产,水体被排至储渗体下部或者末端部位。磨溪内部滩体边缘及边翼部滩体不发育的地区储层较薄、物性差,储集体规模较小,以低产井为主,油藏裂解气聚集占据储集空间,移出水体受毛细管力阻挡无法进入,往往成为水体聚集区的外边界。

3. 缝洞发育程度影响局部气水分布细节和气水界面高低

缝洞发育的区域,高渗流能力导致气水分异程度高,且在初期成为导流气体的主流通道,测试期间即可见到明显气水界面。如磨溪47井龙王庙组测试期间MDT测试分别取得水层和气层的4个压力测点值,采用测试压力-海拔深度法求得气水界面-4384.03m,该值与测试结果、测井电阻率曲线特征完全相符,可以作为磨溪47井的气水界面。然而,缝洞不发育的区域相对低渗透致密,气水分析程度差,可能会致使存在一个较大的气水过渡带。

(二)龙王庙组气水分布模式

对天然气而言,气藏的气水分布模式影响对气藏气水分布范围认识和气井生产预测。通过对磨溪地区龙王庙组中出水层段的地质特征分析和对气藏成藏的研究,明确了气水系统在纵横向上的分布特征,归纳出2种气水分布模式(图3-39)。

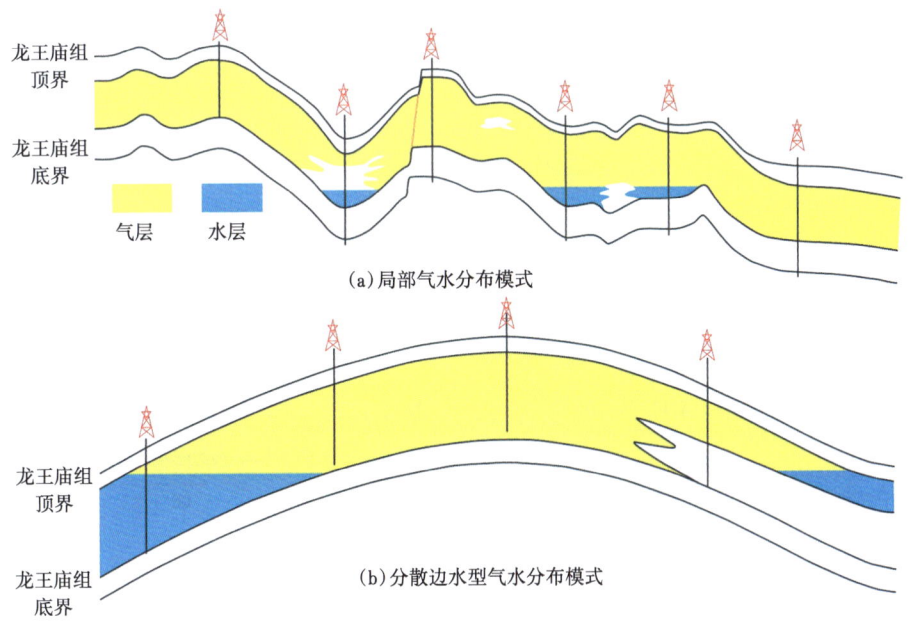

图3-39 磨溪区块龙王庙组地层水分布模式图

1. 局部气水分布模式[10]

该类分布模式没有统一的气水界面,地层水位于气水系统的局部低洼或者低渗透隔挡区,地层水能量大小差异较大。磨溪 203 井区中下部储层局部封存水分布面积 8.38km², 相东南方向侧钻 600m 的磨溪 203C 井中下部储层不发育。依据磨溪 203 井和磨溪 204 井的水层顶界相差 8.7m, 并且距离各自井的龙王庙组顶界约为 50m; 假设海拔低于-4385m 的局部低洼处为局部封存水,以龙王庙组顶界构造-4335m 为界线框定局部封存水体分布范围,计算研究工区范围内局部水体地下孔隙体积为 $0.26×10^8 m^3$, 水区体积与气区体积的比值为 1:40。

2. 分散边水型气水分布模式

该类分布模式具有相对统一的气水界面,整个气水系统为同一个压力系统,由于储层的变化,一个或者几个独立水体被封存在不同的储渗体中,形成分散边水型气水界面。磨溪 48—磨溪 47—磨溪 27 井区为典型的分散边水型气分布模式。该类型气水分布模式的地层水能量受分布范围和气、水膨胀能量叠加效果影响。靠近该类水体的气井在生产过程中面临水侵加剧的风险,需要加强水体监测。磨溪 205 井是此种情况的典型代表,投产初期高配产条件下没有地层水产出,生产 5 个月,累计产气 $0.82×10^8 m^3$, 气井开始产出地层水,降低配产的条件下可以正常带水生产,水气比稳定在 $0.2~0.3 m^3/10^4 m^3$, 表明东端的水体能量较弱。假设海拔-4385m 作为气层底界,即只要低于-4385m 即作为水层考虑,则计算研究工区内气藏范围内地层水体积为 $2.54×10^8 m^3$, 水区体积与气区体积的比值为 1:4。

(三) 气水分布特征

磨溪地区龙王庙组气藏产水井具有两个典型特征:

(1) 已证实产水井均处于构造较低部位。根据地震构造处理结果,高石梯—磨溪地区范围内主要出现南北 2 个构造圈闭形态,南部是高石梯构造圈闭,北部是磨溪构造圈闭。磨溪构造又被工区内最大的磨溪 F2 断层切割,形成 2 个断高圈闭,北部的磨溪主高点圈闭和南部的磨溪南断高圈闭(磨溪 21 井区)。其中磨溪主高点潜伏构造总体处于平缓带上,显示出多个构造高点的特征。气藏内已证实产水井,主要分布于气藏东部磨溪 8 井区的构造低点(局部封存水)或相对较低部位(构造边水)(图 3-40), 其射孔底界低于气水界面或接近气水界面(小于 20m)。

(2) 主力建产区气水界面基本一致。根据测井解释及测试成果分析,气藏内部产水井储层电阻率在海拔约-4385m 以下明显降低,且深浅侧向幅度差变小,测试或试采证实地层水均产自于该层段。磨溪区块龙王庙组储层孔、洞、缝发育,平面大面积分布的溶蚀孔、洞与高角度构造缝良好搭配使得颗粒滩体具"视均质"特征,晚期投产气井均具有先期压降特征,说明气藏总体连通程度较好。磨溪 47 井测试期间的 MDT 测试气水界面为-4384.03m(图 3-41), 水层和气层压力交会交点为-4385m(图 3-42)。

综合实钻、测试和试采等方面资料进行分析认为,气水界面由西向东逐渐降低,呈"三段"式结构,气藏西端、主体和东端地层水分属不同水体,磨溪主体区存在相对统一的气水界面(-4385m), 南北两翼存在边水;气藏内部微构造与滩储层非均质控制局部封存水(图 3-43)。

结合储层预测高渗透体的分布,将气水分布划分为高渗透气区、低渗透气区、高渗透楔形区、低渗透楔形区、高渗透水区和低渗透水区。高渗透水体主要分布在气藏主体区南北两翼,北翼水体大、南翼水体相对局限(图 3-44)。

第三章 气藏高效开发前期评价与主体技术落实及开发有利区的认识

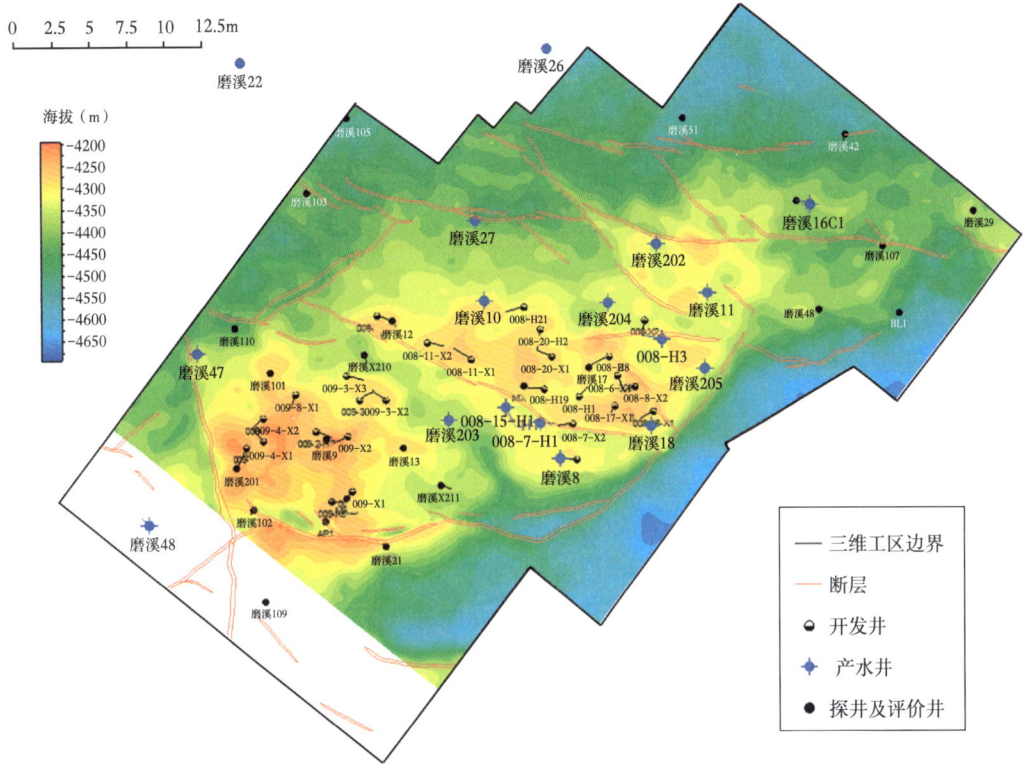

图 3-40 磨溪区块龙王庙组顶面构造等值线及产水气井分布图

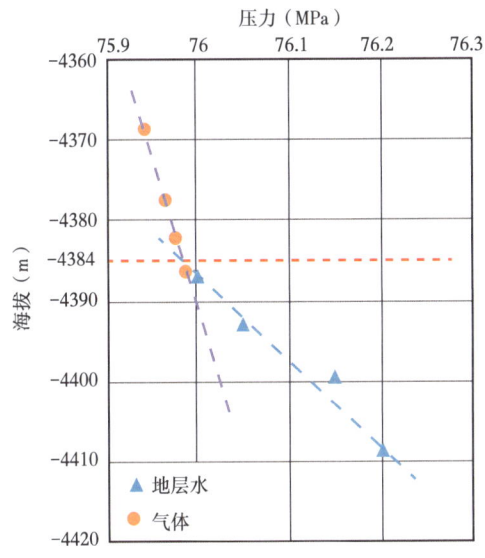

图 3-41 磨溪 47 井 MDT 测试压力—海拔关系图

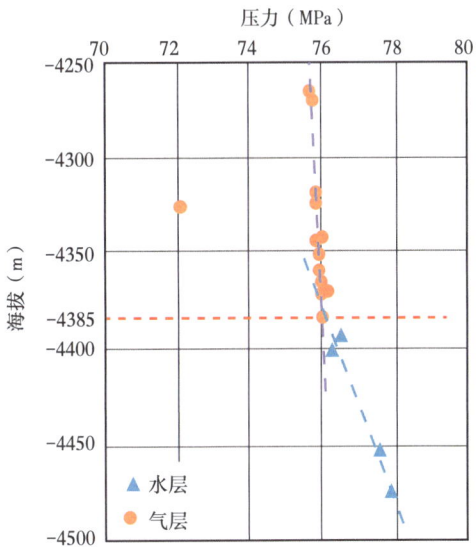

图 3-42 测试产气井与产水井压力梯度交会图

— 67 —

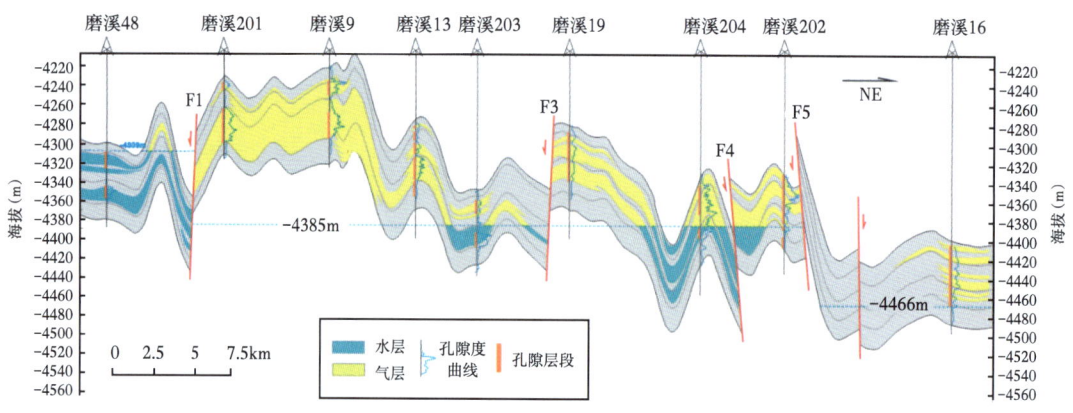

图 3-43　磨溪龙王庙组气藏过磨溪 48—磨溪 16 井气藏剖面(李熙喆等,2017)

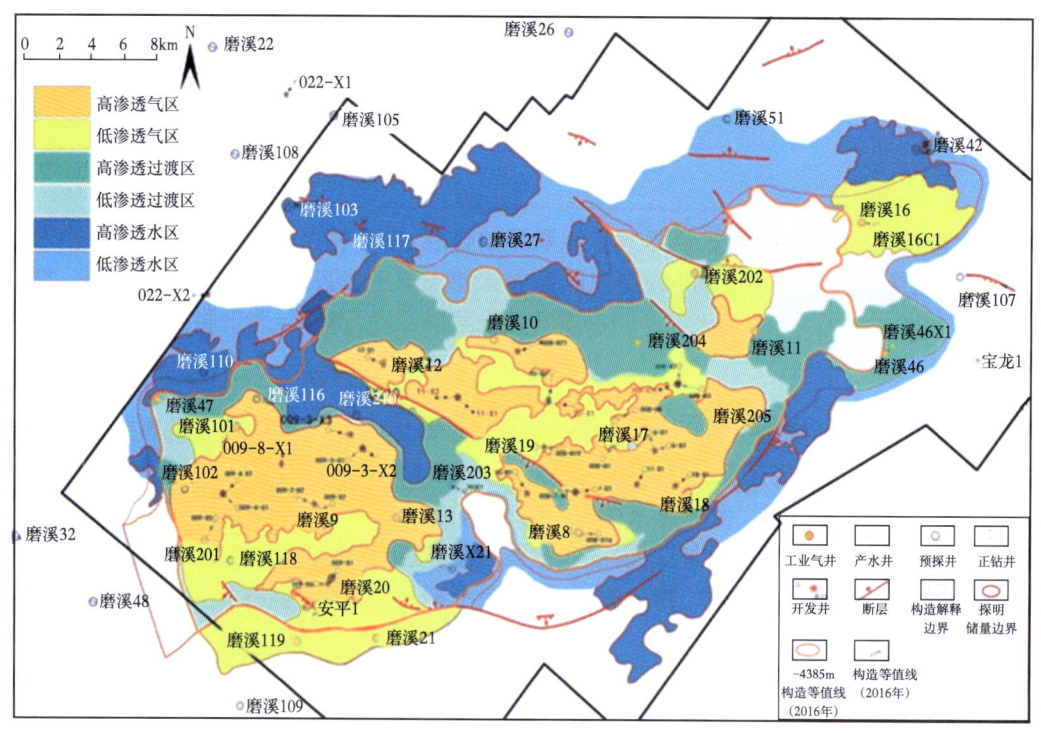

图 3-44　磨溪区块龙王庙组气藏气水分布平面图

五、动静一体化研究,优选开发有利区

磨溪区块龙王庙组气藏在开发方案编制前的评价阶段,仅有 3 口井进行了短期试采,时间 3~6 个月,试采产量 $20×10^4$ ~ $70×10^4 m^3/d$,试采期单井累计产气 $0.22×10^8$ ~ $1.0×10^8 m^3$,其余 10 口井仅进行了 2~9h 的完井测试,相对于整个气藏的规模来,试采井数少,配产低,试采时间短,将对气井高产与稳产能力的认识和开发模式的确定产生影响。在研究过程中,创建了多井反褶积和数值试井相结合的动态描述方法,实现了利用短期试井测试资料确定井控范围和滩体展布形态的准确刻画,明确了气井高产与稳产能力,并结合地震储层预测,对气藏产能分布

— 68 —

特征进行了预测,对开发有利区进行了优选。

(一)多井反褶积和数值试井相结合的动态描述

反褶积试井解释方法就是利用反褶积积分变换数学方法,将历次关井压力测试、压力恢复、和开井生产数据都综合起来进行优化解释,从而得到单次压力恢复得不到的信息,如边界信息,整个生产过程中压力波及范围等。其应用条件是在连续生产过程中,除了本次压力恢复之外,必须有其他阶段可靠的压力历史数据,包括生产井段的压力历史、静压测试资料、其他阶段的压力恢复信息等,如果仅有一次短时间的测试和之后的关井压力恢复,反褶积解释的优势就不会存在。

以磨溪 8 井为例,来说明如何通过试井反褶积确定井控范围和边界情况。磨溪 8 井在试采过程中进行了两次压力恢复测试。从解释结果来看,单次压力恢复仅能对本次压力历史进行拟合,无法拟合整个试采压力历史,而且均未给出任何边界反应或井控范围信息。将 2 次压力恢复结合起来,通过试井反褶积解释方法进行解释(图 3-45),在两次压力恢复和整个试采压力历史均得到拟合的情况下,确定井控半径 4380m,即井控范围 60.3km²。

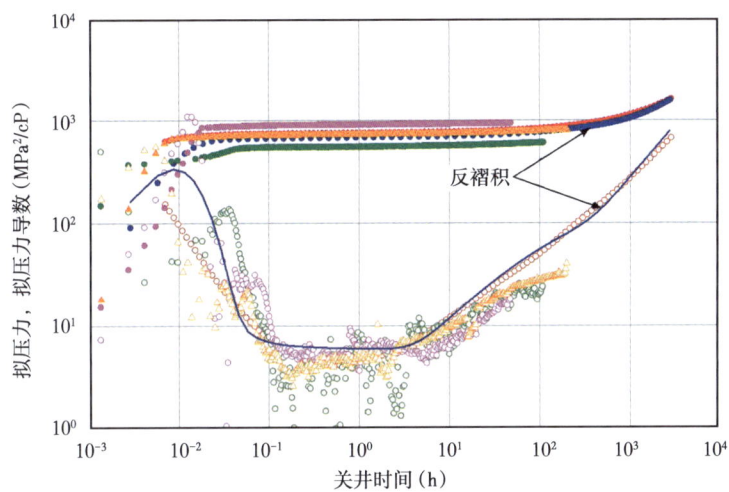

图 3-45 磨溪 8 井两次关井压恢双对数曲线及反褶积双对数曲线

数值试井就是试井问题的数值求解,相对于常规试井只能通过解析方法描述理想模型这一局限性,数值试井通过井与边界之间划分一系列大小不同的网格,来描述复杂几何形状、不同部位储层物性变化、边界类型和流体特征参数变化等更符合实际地质特征的模型。

以磨溪 11 井为例,两次关井压力恢复双对数曲线形状相似,表现出径向复合特征,两次解释内区渗透率 17~19mD,内区半径 140~150m,外围流动系数和储能系数变差 4.85~5.94 倍。尽管两次解释模型双对数曲线和压力恢复过程拟合较好,但很难对整个试采过程的压力历史进行拟合,而且从双对数曲线形态来看,应该反映了该井位于条带状储层中。结合地震滩体展布情况和地质认识,建立了数值模型,通过反复拟合两次关井压恢情况和整个生产历史,初步认为该井边界为多边形边界(图 3-46),一端未封闭,另一端封闭边界距井较近,井控范围内渗透率 17.4mD,而且数值试井模型与地震滩体展布特征基本一致。

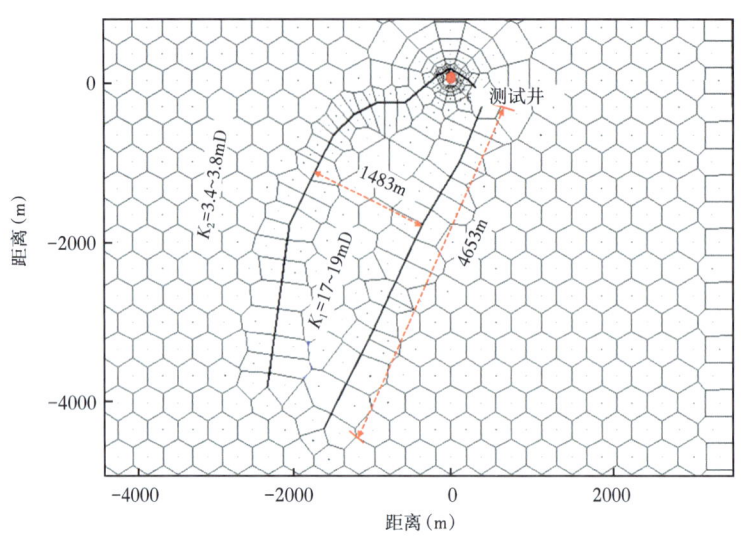

图 3-46　磨溪 11 井数值试井解释模型

通过前述反褶积试井和数值试井压力恢复分析以及试采压力历史拟合来看,目前 3 口试采井井控半径为 2~4km,说明滩体内部连通性好,展布范围大。根据储量丰度预测,滩主体溶蚀孔洞发育部位储量丰度达到 $6.0×10^8m^3/km^2$,预测三口试采井动态储量 $40×10^8~200×10^8m^3$,滩主体部位溶蚀孔洞发育,预测单井控制储量 $50×10^8~100×10^8m^3$。

(二)气井产能控制因素分析

通过井口稳定流压和测试产量,利用 WellFlo 建立的管流模型进行折算,估算出气井试油期间的井底流压,最后通过渗透率和地层压力的约束"一点法"估算出气井的无阻流量。计算结果表明:(1)获得高产(测试产量大于 $100×10^4m^3/d$)的气井都位于构造的高部位;而测试产量相对较低的磨溪 16 井和磨溪 21 井位于构造较低的位置。(2)颗粒滩主体区域单井测试无阻流量 $516×10^4~3362×10^4m^3/d$,东北及西南边部 $12.9×10^4~34.3×10^4m^3/d$(图 3-47)。分析认识影响气井产能的因素主要包括三个方面:

(1)裂缝发育程度。

高角度构造缝,特别是延伸规模大、充填弱的高角度构造缝,与"顺层"溶蚀形成的孔、洞匹配良好,组成大型网状渗流系统,可大幅提高储层渗流能力,是影响气井产能的关键因素。气井无阻流量与岩心描述统计高角度构造裂缝密度具有良好的正相关性。

(2)优质储层厚度。

溶蚀孔洞型和溶蚀孔隙型储层的孔隙度一般大于 4%,是该区优质储层,其厚度是影响气井产能的另一个重要因素。无阻流量超过 $400×10^4m^3/d$ 的气井,优质储层厚度比例均在 60%以上(图 3-34),且两者具有明显的正相关关系。

(3)储层溶蚀方式。

中志留世四川盆地开始抬升剥蚀,西北部地表水经由露头区或高台剥蚀区下渗补给,顺层流动并溶蚀改造颗粒滩储层,形成"顺层"溶蚀孔、洞。在颗粒滩边缘,水动力相对较弱,沉积

第三章 气藏高效开发前期评价与主体技术落实及开发有利区的认识

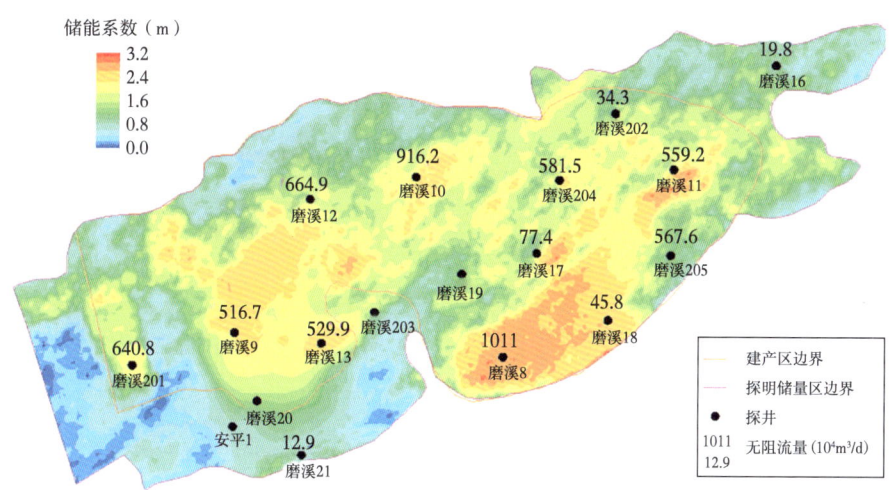

图 3-47 龙王庙组气藏储能系数与测试无阻流量分布

物以细—粉晶为主,残余粒间孔不发育,下渗地表水只能沿早期高角度裂缝流动,并溶蚀扩大,形成"垂向"溶蚀带。

相对来说,"顺层"溶蚀储层发育的气井,连通范围广,气井产能明显高于"垂向"溶蚀发育的气井。岩心观察及测井解释成果表明:磨溪202井储层物性参数好于磨溪205井(表3-6),但磨溪202井溶蚀孔、洞沿高角度缝分布,横向连通范围有限;而磨溪205井表现出明显的"顺层"溶蚀特征,造成磨溪205井测试的无阻流量是磨溪202井的16倍。

表 3-6 磨溪202与磨溪205井储层参数对比表

井号	气层厚度(m)		孔隙度(%)		裂缝密度	无阻流量
	$\phi \geq 2\%$	$\phi \geq 4\%$	最大	平均	(条/m)	($10^4 m^3/d$)
磨溪202	49.6	22.3	10.5	4.2	0.2	34.3
磨溪205	48.4	10.9	9.1	3.2	0.18	567.6

(三)开发有利区优选与产能分布特征

龙王庙组储层整体连续好,但不同位置的气井产能存在较大差异。根据已完钻测试井的储层类型、储层厚度、储层发育位置以及测试评价产能和地震响应特征,建立不同储层展布特征的地震响应模式(图3-48)。

模式Ⅰ:龙王庙组呈双轴地震反射特征,储层厚度较大(10~50m),龙王庙组顶界弱波峰,内部强波峰,大致对应储层底界,随着孔隙度的增加,内部强波峰能量加强。

模式Ⅱ:龙王庙组内部呈单轴地震反射特征,上部储层发育,龙王庙组顶界为波谷,内部强波峰大致对应储层底界。

模式Ⅲ:龙王庙组顶界呈单轴地震反射特征,储层较薄(小于10m),顶界为强波峰,内部无强峰反射。

响应模式	类别	储层特征	响应特征	井号	储层总厚度(m)	平均孔隙度(%)	剖面	试油结果
模式Ⅰ	1	两套储层相对发育	顶界次弱波峰，内部强波峰	磨溪8	64.5	6.1	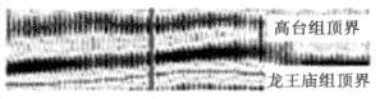	上储层日产气83.50×10⁴m³，下储层日产气107.18×10⁴m³
				磨溪9	48.1	6.2	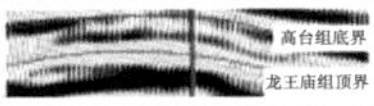	日产气154.29×10⁴m³
				磨溪17	50.1	4.4	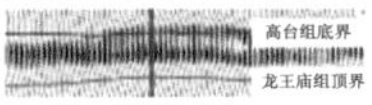	日产气53.2×10⁴m³
	2	中上部发育一套厚储层	顶界弱波峰，内部强波峰	磨溪11	61	5.6		上储层日产气108.04×10⁴m³，下储层日产气109.49×10⁴m³
				磨溪16	47.1	3.8	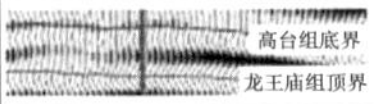	日产气11.47×10⁴m³
				磨溪19	45.5	3.9	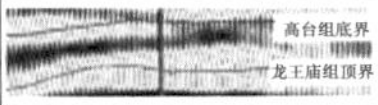	
	3	上储层相对不发育，下储层发育	双强波峰	磨溪13	39.9	4.4	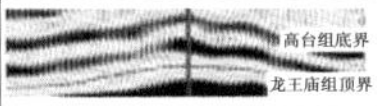	日产气129×10⁴m³
				磨溪20	23.5	5		
				磨溪203	11.2	2.7	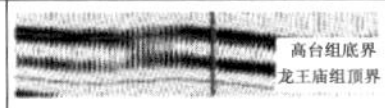	
				磨溪205	33.8	3.7		日产气116.87×10⁴m³
模式Ⅱ	1	顶部发育一套厚储层	顶界波谷，内部强波峰	磨溪10	42.6	6.6		日产气122.09×10⁴m³
				磨溪12	55.4	5		日产气116.77×10⁴m³
				磨溪202	40.9	4.7	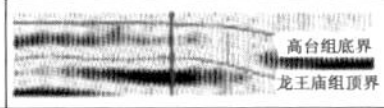	日产气30.32×10⁴m³
				磨溪204	42.1	5.9	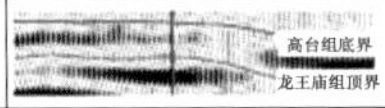	日产气115.62×10⁴m³
	2	上部储层不发育，中部储层发育	顶界零界点，内部强波峰	磨溪201	37.9	5.2		日产气132.2×10⁴m³
模式Ⅲ	1	两套储层不发育	顶界强波峰，内部无亮点	磨溪21	17.4	3.4	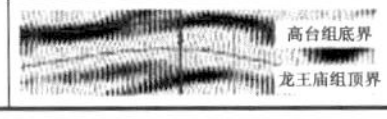	日产气7.25×10⁴m³

图 3-48　磨溪区块龙王庙组储层地震响应模式图

利用该模式的储层预测结果，同时结合裂缝预测和实钻资料，落实了储层发育有利区（图 3-49），即两套储层均发育和下储层发育的区域。

利用不稳定试井解释和无阻流量计算结果，回归单井产能与地层产能系数 Kh 值、表皮系数 S 关系，具体回归公式为：

$$Q_{\text{aof}} = 59.789\left[Kh/\left(\ln 0.472\frac{r_{\text{e}}}{r_{\text{w}}} + S\right)\right]^{0.5299}$$

根据回归公式预测在表皮系数 $S=0$，$Kh=200\sim10000\text{mD}\cdot\text{m}$ 时，气井的无阻流量范围为 $400\times10^4\sim1700\times10^4\text{m}^3/\text{d}$。

以小尺度孔洞缝的三维表征结果为基础，利用现有井不稳定试井解释对裂缝渗透率进行

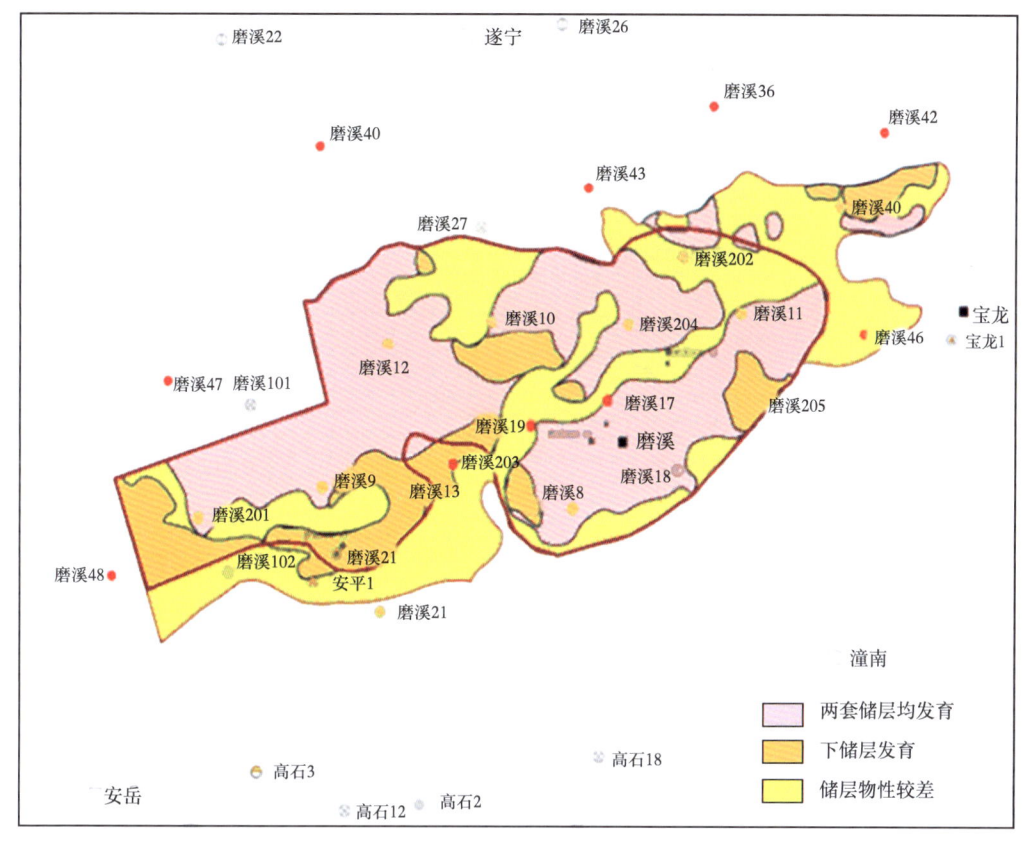

图 3-49 储层有利区分布图

刻度,结合气藏有效厚度分布预测了磨溪区块龙王庙组储层不同部位气井无阻流量分布(图 3-50)。预测结果(图 3-51)显示,在颗粒滩主体部位 $Kh=200\sim4000\text{mD}\cdot\text{m}$,气井无阻流

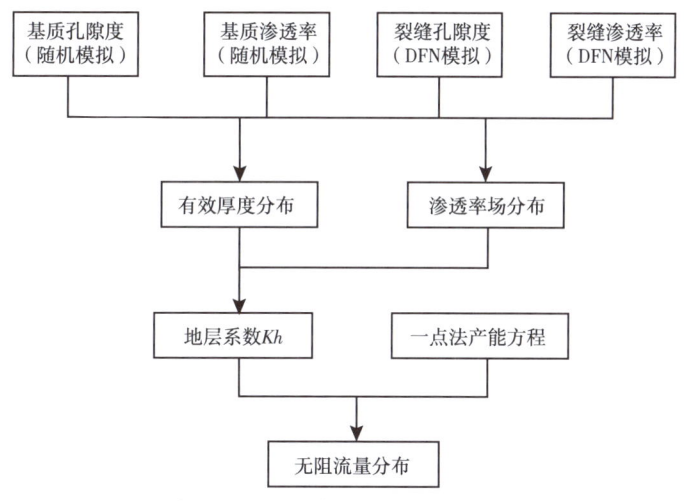

图 3-50 磨溪区块龙王庙组气藏无阻流量预测流程图

量 $400\times10^4 \sim 1100\times10^4 \mathrm{m}^3/\mathrm{d}$。

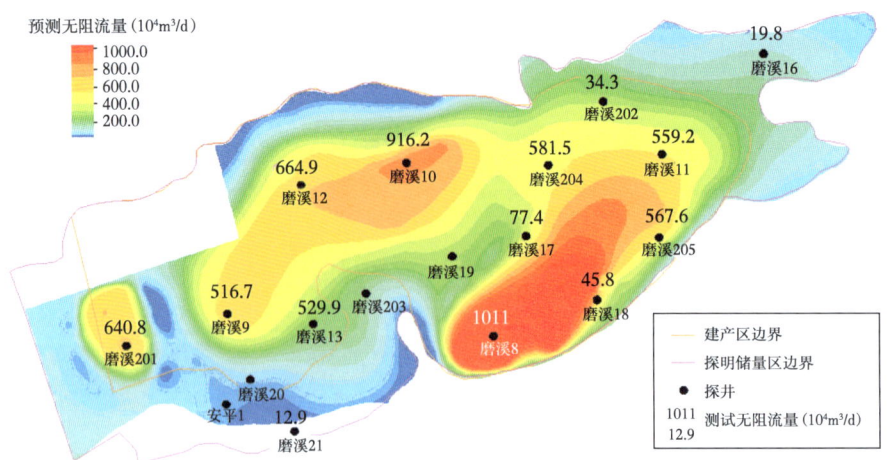

图 3-51 磨溪区块龙王庙组气藏无阻流量分布图

根据构造、沉积相、储层发育、产能及分布特征，优选构造较高、颗粒滩发育、储层发育有利区，预测中高产井为主的一类区和二类区为开发区（图 3-52，表 3-7）。

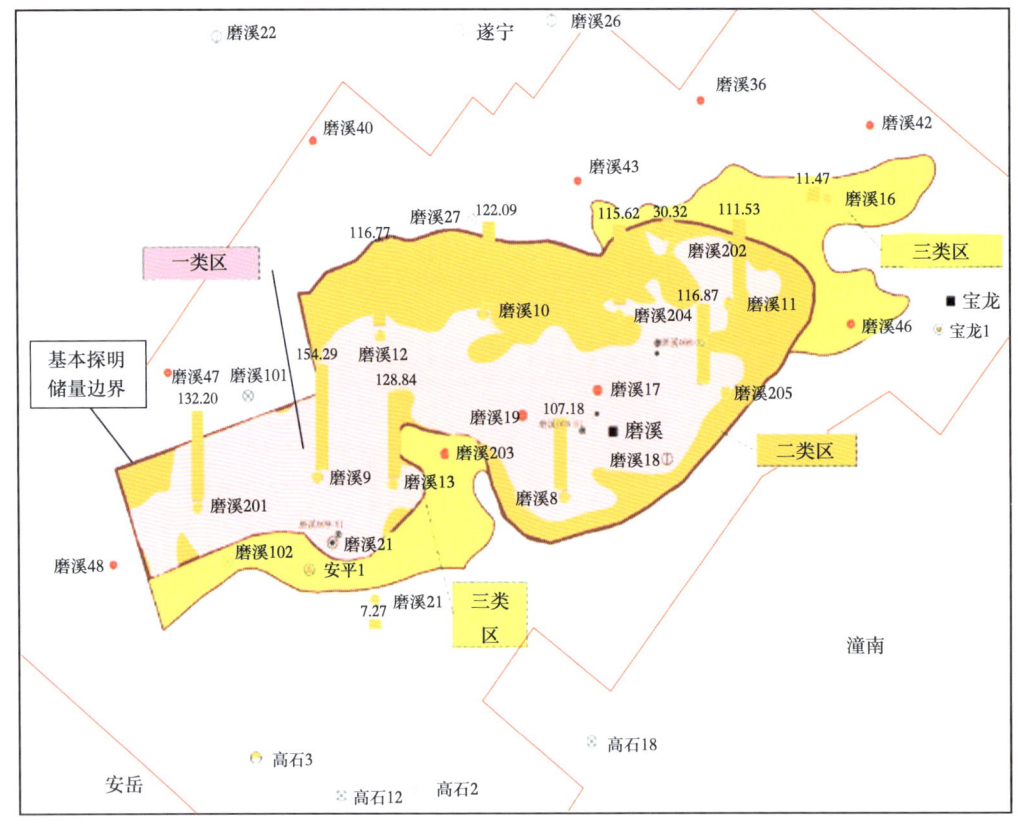

图 3-52 磨溪区块龙王庙组开发分区图

第三章　气藏高效开发前期评价与主体技术落实及开发有利区的认识

表3-7　开发区划分指标及分区结果统计表

分区	构造	沉积相	储层	产能	面积（km²）
一类区	高于-4330m	颗粒滩	模式Ⅰ	高产井为主	341.52
二类区			模式Ⅰ、模式Ⅱ	中高产井为主	202.45
三类区	低洼部位	滩间海	模式Ⅲ	低产井为主	169.13

参 考 文 献

[1] 马新华.创新驱动助推磨溪区块龙王庙组大型含硫气藏高效开发[J].天然气工业,2016(2):1-8.

[2] 马新华.天然气产业一体化发展模式[M].北京:石油工业出版社,2019.

[3] 张春,彭先,李骞,等.大型低缓构造碳酸盐岩气藏气水分布精细描述——以四川盆地磨溪龙王庙组气藏为例[J].天然气勘探与开发,2019,42(1):49-57.

[4] 唐一元,周礼,张觉文,等.高石梯—磨溪构造龙王庙组优快钻井技术研究[J].天然气技术与经济,2015,9(1):35-39.

[5] 陈朝明,马艳琳,李巧,等.安岳气田60×10⁸m³/a地面工程建设模块化技术[J].天然气工业,2016,36(9):115-122.

[6] 余忠仁,杨雨,肖尧,等.安岳气田龙王庙组气藏高产井模式研究与生产实践[J].天然气工业,2016(9):69-79.

[7] 李熙喆,郭振华,万玉金,等.安岳气田龙王庙组气藏地质特征与开发技术政策[J].石油勘探与开发,2017(3):398-406.

[8] 张光荣,廖奇,喻颐,等.四川盆地高磨地区龙王庙组气藏高效开发有利区地震预测[J].天然气工业,2017,37(1):66-75.

[9] 魏国齐,杨威,谢武仁,等.四川盆地震旦系—寒武系大气田形成条件、成藏模式与勘探方向[J].天然气地球科学,2015(5):785-795.

[10] 张春,杨长城,刘义成,等.四川盆地磨溪区块龙王庙组气藏流体分布控制因素[J].地质与勘探,2017(3):599-608.

第四章 特大型气田开发方案的精心谋划与科学设计

国内特大型优质气藏开发先例仅有塔里木盆地克拉2气田和四川盆地普光气田。磨溪区块龙王庙组属特大型海相高压气藏,国内外无此种类型气藏开发的经验可供借鉴。中国石油西南油气田公司精心谋划、科学设计,为磨溪区块龙王庙组特大型气藏量身定制一流的开发方案,强力支撑了气藏从发现到探明并建成 $110×10^8m^3/a$ 开发规模仅用三年时间,创造了国内油气勘探开发建设"高质量、高效率、高效益"的新纪录。本章介绍磨溪龙王庙组气藏开发谋划、科学设计内幕及开发方案要点。

第一节 聚焦关键应对面临的挑战

一、天然气宏观需求

我国超过1/4的天然气资源埋藏于孔隙度小于5%、高效开发难度极大的低孔隙度储层中,磨溪区块龙王庙组气藏属此种类型。从世界范围看,高效开发气田多集中于孔隙度大于10%的中高孔隙度储层,孔隙度低于5%的大型低孔隙度气田罕见整体高效开发案例。依靠技术创新打破传统禁区、实现低孔隙度天然气资源的规模效益利用,对保障我国清洁能源供给、支撑能源结构优化调整意义重大。

(一)国际天然气消费仍将保持较快速增长

随着全球工业化发展,产生大量的二氧化碳等温室气体,造成全球气候变暖,不但危害自然生态系统的平衡,而且威胁人类的生存。为阻止全球变暖趋势,实现人类与自然环境的可持续发展,1992年联合国专门制订了《联合国气候变化框架公约》,该公约于同年在巴西城市里约热内卢签署生效。依据该公约,发达国家同意在2000年之前将他们释放到大气层的二氧化碳及其他"温室气体"的排放量降至1990年时的水平。截至2004年5月,已有189个国家正式批准了上述公约。

近年来,伴随着环保压力的增加和技术的飞速发展,全球能源消费结构明显趋于低碳化,而天然气是全球能源由高碳向低碳转变的重要桥梁,能源消费占比逐年显著提高。BP公司2014年出版的《BP2035世界能源展望》分析,2012—2035年全球一次能源消费需求将增长41%,年均增速为1.5%,天然气年均需求量增长速度约为1.9%。至2035年,一次能源消费结构中,天然气将与煤炭、石油趋同,均为26%~27%[1](图4-1和图4-2)。

◆ 第四章　特大型气田开发方案的精心谋划与科学设计

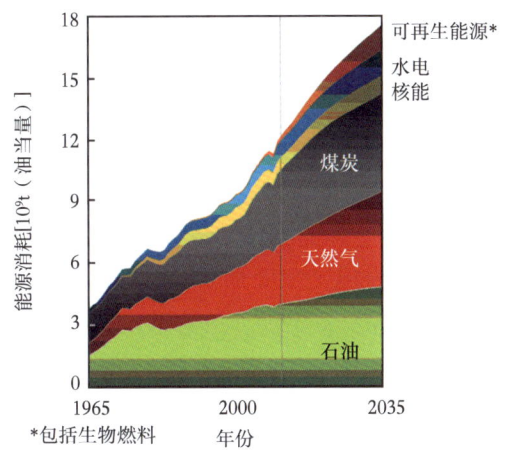

图 4-1　全球各类能源的消费变化情况
（据 BP 公司《BP2035 世界能源展望》）

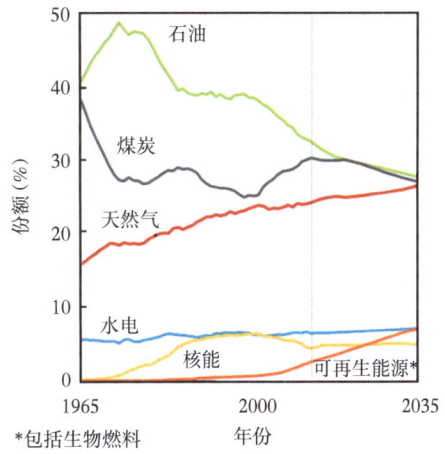

图 4-2　全球一次能源的份额变化情况
（据 BP 公司《BP2035 世界能源展望》）

(二) 我国天然气消费仍处于快速增长阶段

"十二五"初期,我国确定大力推进生态文明建设战略,社会经济发展对清洁能源供给的依赖性增强。"十三五"将是我国全面建成小康社会,实现中华民族伟大复兴的关键时期,能源发展面临前所未有的机遇和挑战,天然气在我国能源革命中占据重要地位。预测 2020 年我国每年对天然气的需求将达 $3000×10^8 m^3$,而当时国内天然气年产量仅 $1000×10^8 m^3$,若不能大幅度提高天然气生产能力,将制约我国经济可持续发展。

我国的能源发展政策一直对天然气青睐有加。国务院发展研究中心发布的《中国气体清洁能源发展报告 2015》显示,我国自产气丰富且国内需求旺盛,2014 年我国是全球第六大天然气生产国（天然气产量为 $1316×10^8 m^3$,较 2013 年增长 15.8%）、第四大天然气消费国（消费量为 $1761×10^8 m^3$）;全年净进口天然气 $608×10^8 m^3$,对外依存度达 34.53%。天然气在全球一次能源中消费占比近 24%,而我国的天然气占比仅为 5.8%,产业处于成长期,在未来的发展道路上天然气的需求潜力巨大[2]。在"2015 年中国气体清洁能源发展与能源大转型高层论坛"上,国家能源局副局长张玉清表示,我国要大力提高天然气的消费比重,扩大天然气的使用规模,力争 2020 年天然气消费在一次能源消费中的占比达 10%左右,2030 年天然气消费占比达 15%左右。天然气成为改善能源结构、保障城镇化进程、推动生态文明建设的重要影响因素,与国家和地区经济繁荣、社会和谐稳定密切相关。紧随重点勘探领域的突破快速将资源转化为产能,是强化天然气供给保障的紧迫任务。

中国石油西南油气田是我国首个天然气工业基地,在过去 60 余年累计生产天然气达 $3800×10^8 m^3$,为川渝地区社会经济发展做出了重要贡献。近年来,优质储量发现难度增大,众多已开发气藏产量递减快,产量规模增长出现制约性瓶颈。与此同时,在全球低油价冲击下,低品位气藏开发举步维艰。恰逢此时在四川盆地寒武系发现特大型单体整装气藏,迫切需要依靠大型优质气藏高效开发承担天然气供给保障任务,磨溪区块龙王庙组气藏优快建产刻不容缓。

— 77 —

二、高效开发目标任务

为了高水平建设一流现代化气田,展示中国石油水平和形象,确保长期安全环保高效开发,实现有质量、有效益、可持续发展,科学谋划,精心设计,编制了高水平的开发方案,指导气田开发建设。

(一)加快优质储量转化为产量,为经济社会发展做贡献

磨溪区块龙王庙组气藏已在 805km² 的主体含气面积内提交探明储量 $4403\times10^8m^3$,为国内单体规模最大的海相整装气藏;经济可采储量 $2869\times10^8m^3$,品质优。川渝地区是国家西南经济中心,天然气利用历史悠久,目前利用程度较高,具有完备的"三横、三纵、三环、一库"的干线管网和稳定的天然气市场,天然气消费占一次能源结构的14%,社会经济发展对天然气供给依赖性强。

2004年到2010年这六年间,几乎每年四川盆地可以增产 $10\times10^8m^3$ 的天然气,但是用气需求每年增加得更多。2011年到2013年,由于老气田自然衰减,接替的新气田迟迟没有找到,川渝地区的自产气不得已出现了下降的情况。"十二五"初期,四川盆地作为新中国成立以来第一次石油会战的所在地,天然气需求旺盛,供需缺口持续增大,供给保障形势严峻,磨溪区块龙王庙组气藏的发现恰逢其时,一举改变了西南油气田公司储量产量结构,将其引领至发展新阶段。采用勘探开发一体化的思路,加快气藏开发早期评价,实现优质储量快速转化为产量。

(1)创新勘探开发一体化理念,加快气藏开发早期评价工作。

一个新的问题摆在川渝石油人面前——如何将优质储量尽快转化为产量。这背后既有强化地区天然气保障能力的历史责任感,又有加强自身发展能力的紧迫感。一体化推动效益发展新速度,西南油气田公司打破传统的先勘探后开发这种"等米下锅"模式,大力实施勘探开发一体化,"预探评价与开发评价部署相结合、储量探明与开发设计研究相结合、勘探钻井与产能建设实施相结合","提速、提质、提效",加速龙王庙组气藏勘探开发进程。"三个一体化"推进了勘探与开发的深度融合,为加快产能工程建设节奏创造了条件。

一体化部署,预探评价与开发评价相结合;一体化研究,储量探明与开发设计研究相结合;一体化实施,勘探钻井与产能建设实施相结合。"三结合"实践,创造了大型整装气藏勘探开发新纪录。磨溪8井龙王庙组获重大发现后,3个月完成试采方案、6个月完成开发概念设计、12个月完成开发方案的编制并获中国石油天然气股份有限公司批复,磨溪8井3个月建成投产,10个月建成投产 $10\times10^8m^3/a$ 产能试采工程,15个月建成投产 $40\times10^8m^3/a$ 产能建设工程,24个月全面建成 $110\times10^8m^3/a$ 开发工程。

(2)应用"高效PDC钻头+长寿命螺杆+优质钻井液"组合技术,提高机械钻速。

加强针对性技术攻关,通过技术创新提高钻井速度。通过"开展技术攻关试验,优化工程设计和技术方案,优化钻井参数,优化钻井液体系,优化钻头选型,优化工作流程"等,形成了以"个性化高效PDC钻头+长寿命螺杆+优质钻井液"为主体的钻井提速模式,基本实现5个月钻完一口井,同时为安全、快速、高效获取井下压力和温度等资料,探索并形成了通刮一体化、试油封堵一体化、试油完井投产一体化技术,将刮管、通井、洗井3趟起下钻的作业减少至

1趟起下钻,实现了测试后不起工具直接封堵产层,以及减少二次完井环节,解决了二次污染的问题,满足了勘探开发一体化的需要,从而大幅度提高钻探成效。最快缩短钻井周期38%,下一步继续提高机械钻速,高效完成产能配套。

(3)创新"六化"模式,缔造快建快投新纪录。

创新管理模式,成立试采和开发工程建设领导小组,及时研究决策与协调解决重大问题,项目建设实行PMT+EPC模式,大力推行标准化设计、工厂化预制、模块化成橇、橇装化安装、一体化装置、数字化管理,创新一体化建厂(站)模式,仅用10个月时间完成了试采净化装置、干法脱硫装置、生物脱硫装置、地面配套工程和试采工程数字化项目建设,创造了快建快投新纪录。

磨溪区块龙王庙组气藏的投产,促使四川盆地的天然气产量又进入上升的阶段,为川渝地区社会发展做出重要贡献。

(二)高水平建设一流现代化大气田,展示中国石油的实力和水平

龙王庙组特大型气藏的发现,川渝石油人既感使命光荣、又感责任重大,本着对历史负责的态度,在龙王庙气田开发建设过程中,严格执行国家、行业有关含硫天然气开发要求,与国际先进水平接轨,依靠自主创新、集成创新和引进消化吸收再创新,引领气田开发技术发展前沿;总结应用四川油气田几十年开发含硫气田的成功经验和技术成果,借鉴国内外著名气田的开发经验,追求最高的技术经济水平,执行最严的安全环保标准,用"三高"和"四个一流"建设具有国际先进水平的现代化大气田,充分展示中国石油的实力和水平[3](图4-3,表4-1)。

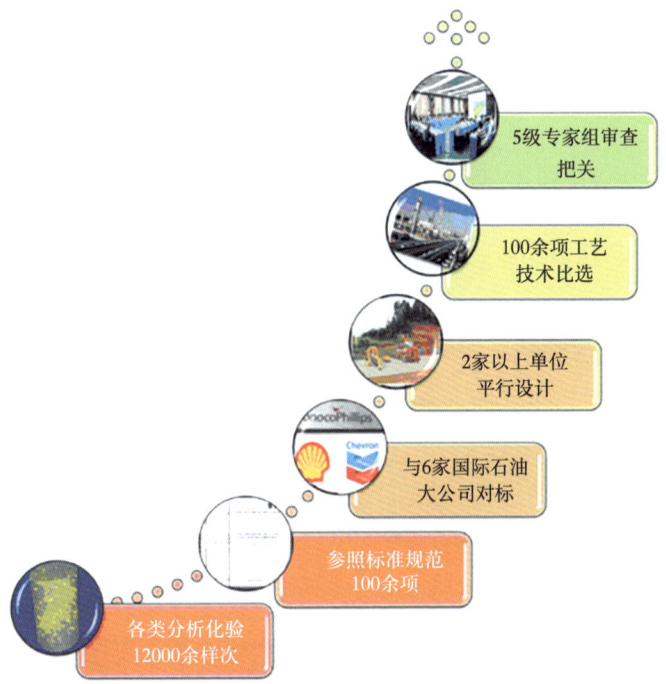

图4-3 开发设计与最高标准、最优工艺对标

表 4-1 现代化大气田设计理念

三高	高质量	高效益	高效率
四个一流	设计一流	以科学的方式、领先适用的技术,确保气田开发技术经济指标一流,确保安全、清洁、低碳、环保	
	建设一流	以先进的工艺技术、一流的项目管理,又好又快推进气田建设	
	管理一流	实现气田数字化管理,优化人力资源配置,确保安全高效开发	
	效果一流	生产指标与设计相吻合,实现少井高产,经济效益显著	

(三)确保长期安全环保、科学高效开发,实现稳健发展

公司牢固树立"环保优先、安全第一、以人为本、质量为上"的理念;严格执行国家、行业有关含硫天然气开发的 HSE 最高标准,坚持安全、环保"三同时"原则,优选成熟先进工艺技术、提高设备工艺的本质安全,通过风险及可操作性分析(HAZOP)和定量风险评价(QRA)等先进技术手段,采取针对性、预防性的防控措施,确保气田的安全、清洁开发。

(1)钻井过程强化井控、固井,采用高抗硫、防腐工具设备,确保钻井万无一失。

(2)采气过程中采用井下永久式封隔器、井下安全阀、4C 级镍基合金油管、HH 级高品质井口,确保气井全生命周期安全。

(3)科学制订气田整体防腐技术方案,优化工艺与材质选择,严格建设施工和验收环节的质量标准,强化生产过程的防腐防护和监测评价,有效减缓含 H_2S 天然气开采、输送和处理全系统的腐蚀;采用密闭输送处理工艺和可靠的"三级"紧急切断自动控制措施,防止有毒、易燃、易爆气体泄漏,确保生产安全。

(4)采用平台式丛式井部署,部署 6 口单井、17 个平台,尽量不影响耕种用地。

(5)生产过程中全密闭输送,装置、工艺、系统三级 ESD(紧急切断)系统;采取 CPS 脱硫、标准还原法尾气处理,排放速率低于 35.5kg/h(国家标准 170kg/h)、排放浓度低于 500mg/m³(国家标准 960mg/m³),确保零污染、零排放。

三、高效开发面临的挑战

(一)开发技术方面的挑战

贾爱林等,2014 年对全球大型气田分布特征开展了研究认为,从层系来看,大气田的分布层系相当广泛,除了志留纪之外,从元古代至第四纪均有分布;但是随着储集层地质时代变老,大气田的个数降低(图 4-4)。大气田主要分在石炭纪—新近纪,这些层系内发现大气田个数为 338 个,占大气田总数的 91%;磨溪龙王庙组气藏是目前国内发现的唯一大型整装碳酸盐岩超压气藏(表 4-2),世界上已开发的寒武系大型气藏极少,对这类低孔裂缝—孔洞型非均质有水气藏复杂开发规律的认识尚较为肤浅,没有可供直接借鉴的经验,开发工作探索性强。

第四章 特大型气田开发方案的精心谋划与科学设计

表 4-2 我国大型气藏基本特征对比

气田或 区块名	地层层系	储集岩 类型	气藏 压力系数	发现时间	单井产能 普遍特征
克拉 2	白垩系	碎屑岩	高压	1998 年	高
苏里格	二叠系	碎屑岩	低压	2000 年	低—中
克深—大北	白垩系	碎屑岩	高压	2006 年	中—高
普光	三叠系—二叠系	碳酸盐岩	常压	2003 年	中—高
元坝	三叠系—二叠系	碳酸盐岩	常压	2007 年	中—高
磨溪	寒武系	碳酸盐岩	高压	2012 年	高
高石梯	震旦系	碳酸盐岩	常压	2011 年	低—高

注:按千米井深稳定产量指标分级评价气井产能特征。

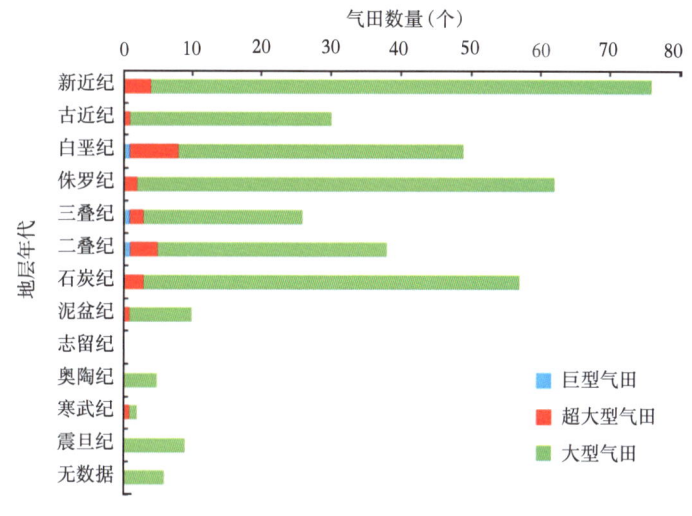

图 4-4 世界大型气田按地层个数分布柱状图
（据贾爱林等,2014）

(1)龙王庙组沉积于 5 亿年前,在后期超过 5 亿年的长期压实,龙王庙组经历了加里东期、海西期、印支期、燕山期、喜马拉雅期等多期次改造,储层低孔、小尺度缝洞发育多样,白云化极为普遍但与储层关联性不强,根据白云化程度寻找优质储层的传统方法失效。深层碳酸盐岩气藏微构造、岩性控制下储层物性变化、小尺度缝洞分布描述属世界性难题。面对复杂地质背景下的低孔储层,46%的探井效果欠佳,全面实现高效开发难度大。

(2)主产层平均孔隙度低于 5%的低孔隙度气藏,全面实现高产量、高效率、高效益开发属世界性难题,国内没有先例,国际未见成功案例报道。

(3)磨溪区块龙王庙组气藏地层压力系数为 1.63,是国内唯一的特大型超压碳酸盐岩气藏,并且气水赋存,开发规律特殊,传统技术的预见性变差。国内没有、国际少见同类型案例,开发工作探索性极强。

(4)储层低孔隙度、非均质性显著的地质特征决定了必需以大斜度井/水平井为主体开发技术才能全面培育高产井,而深层海相碳酸盐岩气藏整体采用大斜度井/水平井组开发的探索前所未有,快速实现与之相适应的钻完井、储层改造、地面工程建设技术配套难度大。

(5)从国内外大型气田开发历史看,勘探发现后开发前期评价、产能建设需要5年以上时间,加快节奏难度大、风险高。若按传统做法稳步推进磨溪区块龙王庙组气藏开发的相关工作,虽能在一定程度上缓减疑难问题制约和规避风险,但与前述宏观需求不符,因此必需依靠创新驱动破解难局。然而,由于对象的复杂性,以及过去没有针对这类气藏开发的成熟技术模式和管理经验积累,创新突破极为困难,确保气藏开发效果、安全环保、经济效益,面临前所未有的挑战。

(二)安全与环境方面的挑战

在生态文明建设新时期,环境保护法规趋严。四川盆地中部人口稠密(达600人/km^2),农业化程度高,环境敏感性强,在类似环境中保障长效安全、环境友好和快速建设大型高产含硫气田,国内外没有先例。随着国家城镇化进程的加快,气田作业区与人居区紧邻的现象增多,在技术发展、成本控制、管理创新方面都面临更大的挑战。

第二节 创新驱动突破制约性瓶颈

一、科技攻关,攻克技术难题

必须依靠自主创新突破技术瓶颈,才能攻克上述世界性技术难题。围绕磨溪区块龙王庙组气藏开发评价和建产,西南油气田组织实施了20余项科技攻关、现场试验和应用跟踪分析项目,200余人参加,投入研发经费2000多万元,有效保障了预期目标实现。从项目立项开始,就突出了顶层设计,明确制订了项目研究的关键问题、具体研究内容、承担单位和组织方式,由西南油气田公司组织协调,多单位联合攻关,面向生产、服务生产,突出科研生产一体化,紧密围绕磨溪区块龙王庙组气藏快速建产开发的急迫需求及其面临的挑战,针对气田开发传统技术在应对古老地层、缝洞储层、高产水平井及大斜度井、地面高温和噪声、大型净化厂节能减排、大型含硫气田开发风险控制等方面仍存在一定不适应的情况,聚焦气藏特征认识、开发对策优化、工程技术和HSE保障的配套与升级方面的核心技术问题,开展大规模攻关研究,通过技术创新突破制约高效开发的瓶颈[5](图4-5)。

在开发评价、开发设计方面,攻关研究的重点方向包括大型碳酸盐岩气藏小尺度缝洞发育区精细描述及布井有利区优选、高产含硫气井测试受限条件下高质量动态评价、大型非均质气藏大规模开发条件下均衡开采和长期稳产保障、大型超压裂缝—孔洞型碳酸盐岩气藏水侵危害预防等。

在开发建产工程技术及HSE保障方面,攻关研究的重点方向包括非均质裂缝—孔洞型储层水平井和大斜度井提高机械钻速、长优质段固井、相对低渗透储层段充分改造、高产含硫气井快速高效投产、高质量井下动态监测、适应高标准安全环保要求的大型含硫气藏集输与净化及HSE保障技术升级等。

通过三年多的艰苦攻关,多单位、多学科有机联动,科研和开发生产紧密结合,大力开展生产动态跟踪研究,做到钻头到哪里、跟踪研究就到哪里,坚持"认识—实践—再认识—再实

第四章 特大型气田开发方案的精心谋划与科学设计

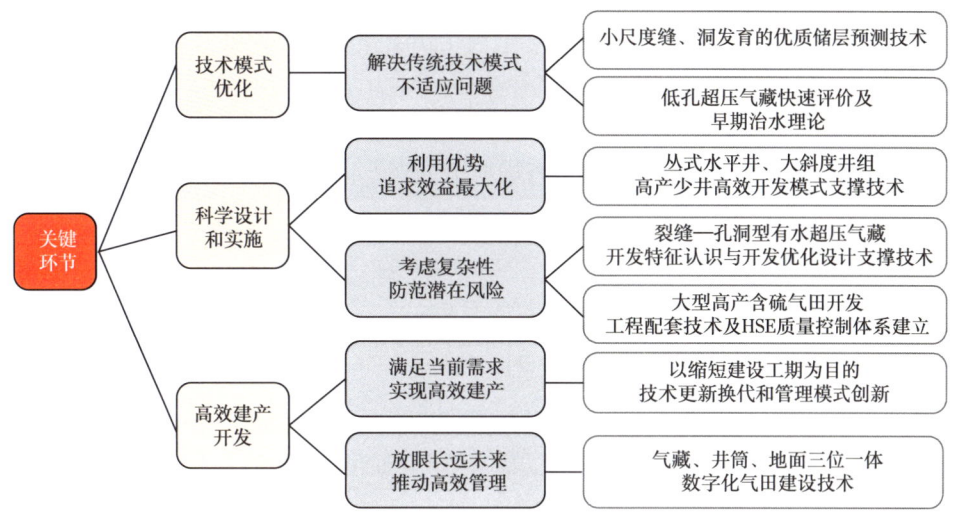

图 4-5 科技攻关总体思路

践",全面实施滚动研究、不断总结,加快了开发关键问题的认识,重大攻关项目研究形成以二项创新理论、四大系列 16 项创新技术和五项集成配套技术为特色的标志性成果(图 4-6),有力指导和推动了磨溪区块龙王庙特大型气藏的快速开发。

(一)二项创新理论

(1)微裂缝(测井难识别)分布及对渗流贡献预测理论。
(2)碳酸盐岩裂缝—孔洞型超压有水气藏治水优化开发理论。

(二)四大系列创新技术

(1)大型裂缝—孔洞型气藏培育高产井技术(适应低孔非均质特征)。

小尺度缝洞发育区地震预测,高产大斜度井/水平井镍基合金割缝衬管完井(有限元模拟井筒安全屏障完整性),大斜度井/水平井非机械暂堵转向酸化关键工艺优化。

(2)大型裂缝—孔洞型气藏开发设计支撑技术(适应低孔隙度非均质、超压有水特征)。

缝洞型全直径岩心数值重构及流动模拟,76MPa 高压 140℃ 高温渗流实验,大斜度井/水平井短时非稳态测试评价稳态产能,大斜度井/水平井相对直井增效程度快速预测,流固耦合应力敏感测定及水侵特征预报,CFD 数值仿真评价复杂轨迹产水井非稳态携液能力。

(3)大型高产含硫气田快速建产核心技术(适应动态调整开发方式)。

多相流冲蚀模拟校核高产井管柱力学强度,高温高压酸性气井完整性评价与管理(在线监测与分布式网络管理),CPS+还原吸收工艺优化改进。

(4)大型高产含硫气田地面系统优化及 HSE 保障技术(适应安全环保标准升级)。

高产高温工况腐蚀机理及材料服役失效评价,针对高含硫气田特殊性的整体腐蚀控制,生产污水全程零排放处理,场站噪声识别与防治(CFD 图谱识别)。

(三)五项集成配套技术

(1)深层碳酸盐岩气藏丛式大斜度井/水平井组开发配套技术;

(2)大型裂缝—孔洞型气藏开发前期评价配套技术;

(3)大型高产含硫气田模块化、橇装化、工厂化快速建产配套技术;

(4)气藏、井筒、地面耦合型数字化气田建设配套技术;

(5)含硫气田开发应急保障升级配套技术。

此外,勘探开发一体化、数字化气田、大型气田工程项目建设管理创新突出。

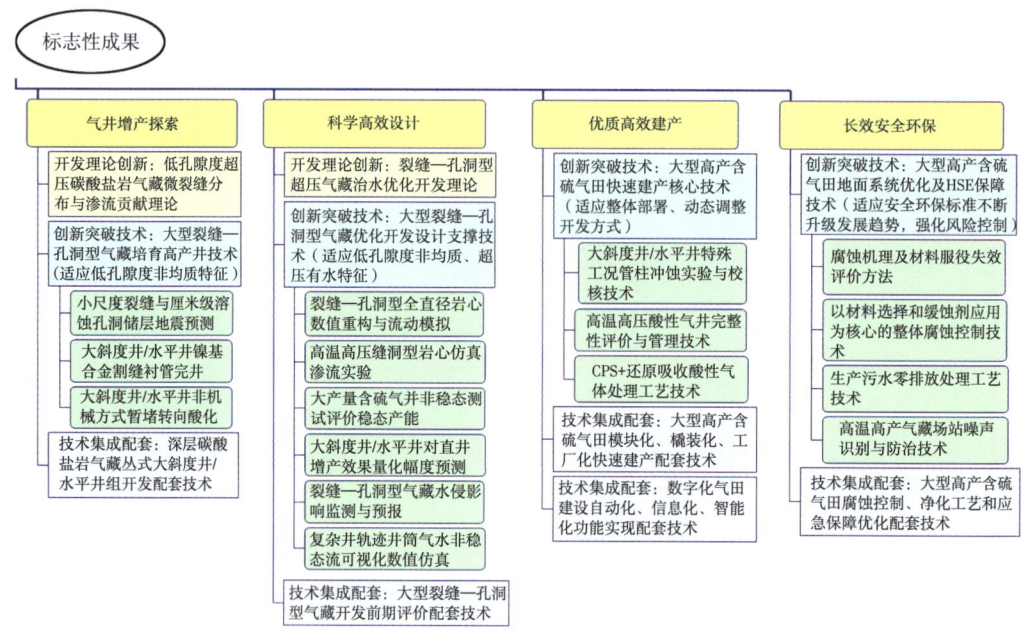

图 4-6　重大科技攻关标志性成果

二、管理创新,筑牢勘探开发一体化基础

近20年来,勘探开发一体化模式逐渐兴起并广泛应用,有效强化了对储量与产能关系认识的统一、地质评价和工程建设之间的整合、生产组织及投资部署的优化,成为提高油气勘探开发效率、追求投资回报最大化的标志性转变。然而,对于复杂气藏而言,掌握地质特征和开发规律需要较长认识周期,尤其是深层海相碳酸盐岩储层非均质性定量描述一直是前沿性技术难题,单纯强调通过勘探开发一体化方式加快开发进程,可能面临较高风险。大型含硫气田建设投资大、不确定因素多、决策失误后负面影响严重,使风险更加突出。

关注勘探开发一体化过程中认识周期与工作节奏、精细研究和全局联动、提速增效同潜在风险之间的矛盾,在磨溪区块龙王庙组气藏开发实践中探索与之相适应的管理创新模式,通过组织管理方式的优化调整,确保质量效益、尽可能削减风险。重点集中于以下几方面:

(1)在资料录取、研究评价和部署安排的一些关键环节突破传统管理模式局限,实现勘探与开发、地质与工程的无缝衔接,强化开发前期评价提速的支撑条件,夯实勘探开发一体化质量保障基础。

在磨溪区块龙王庙组气藏开发评价的过程中,充分调动油气公司和川庆钻探工程有限公司等多个二级单位的科研力量,形成了地质与气藏工程、钻采工程、地面工程、HSE设计、数字化气田建设和经济评价6个项目组。每个项目组内均形成了标准化的工作流程,通过各环节间的关键点关联,有序推进气藏的资料录取、研究评价、部署安排,高质量、高效率地完成气藏早期开发评价工作(表4-3)。例如,地质与气藏工程项目组,在磨溪区块龙王庙组特大型气藏跟踪研究与开发设计过程中,注重地质与工程、静态与动态、物理模型与数值模拟有机结合,形成了气藏构造—地层—沉积相—储层—气水等开发地质研究流程、气藏产能—生产动态—渗流—连通性等开发动态研究流程、气藏二维模型—三维模型—储量计算与评价—选区等有利目标优选研究流程和设计思路—原则—技术政策—具体设计—回注—实施安排等方案设计研究流程。

表4-3 开发方案编制项目流程图

序号	项目组	研究内容	完成单位	关键点关联
1	地质与气藏工程	气藏概况、地质特征、动态特征、模型与储量、方案设计与预测、实施安排、风险分析部分内容,总报告汇总	勘探开发研究院	负责与其他项目组的技术衔接和把控
2	钻采工程	钻井工程和采气工程部分内容	采气工程研究院 钻采工程研究院	地质与气藏工程项目组提交气藏认识和方案设计指标等
3	地面工程	内部集输方案、净化厂、外输及配套工程部分内容	中国石油集团工程设计有限责任公司西南分公司	
4	HSE设计	危害因素分析、技术对策和HSE管理	安全环保与技术监督研究院	所有项目组设计HSE方面的内容
5	数字化气田建设	数字化气田技术方案、实施安排和主要工作量	川中油气矿	前3个项目组的研究成果
6	经济评价	经济评价	勘探开发研究院	其他项目组提供经济评价基础资料

气藏研究攻关项目管理也采用模块化、标准化提高效率。标准化和流程化管理可以很好地解决勘探开发节奏加快带来的问题,在保障研究成果高质量的前提下,适应研究周期变短、频次增多的需求。例如,关于气藏描述方面形成三大技术模块。①采取宏观与微观研究相结合、定性分析与定量描述相结合,开展缝洞描述和储层微观孔隙结构精细刻画,通过测井分析、地震正演、标定,由点即线、由线到面,井震结合形成了复杂碳酸盐岩裂缝—孔(洞)储层描述技术模块,解决了磨溪区块龙王庙组气藏复杂碳酸盐岩孔洞型储层展布特征,为有利开发区和开发目标优选奠定基础。②利用VSP资料、合成记录对龙王庙组顶底层位进行精细标定,采用三维可视化解释技术、低幅度构造精细速度建模技术和AFE断层识别方法,开展龙王庙组顶界构造地震精细解释,落实了龙王庙组圈闭规模、构造特征和细节变化;结合低缓构造气水过渡区大的特征,测井、测试与试采资料相互印证,通过储层顶底板和高渗透体刻画,确定过渡区内外边界和高渗透水体分布,形成了深层碳酸盐岩低缓复杂气水分布描述技术模块,明确了磨溪区块龙王庙组气藏气水分布。③静态与动态结合,开展沉积相、优质储层分布和气水分布与产能等特征研究,明确影响开发效果的相关条件,与生产动态特征相互印证,形成了深层复杂碳酸盐岩井震联合的开发有利区优选技术,优选出最有利开发区和下一步接替开发的次有利区,为龙王庙组气藏开发方案编制和产能建设奠定基础。

(2)构建总体部署、分步实施、逐步细化、动态调整的气田开发质量控制体系,提升开发评价和开发设计的质量保障基础。

含硫气田的开发本身就存在气藏开发早期动态资料较少、气藏特征认识不清、开发规律性不明,难以在短时间内做出准确的开发决策,甚至开发决策在一定程度上不可避免地存在失误风险,有时会造成较大的经济损失。而循序渐进的评价、建设、再评价,又会造成开发节奏较慢或者重复建设带来成本的浪费。如何突破早期准确认识大型气藏特征和开发规律的难题、开发决策的制约性障碍,创新管理模式是关键。在探井试油阶段进行产能试井,建立二项式产能方程,掌握单井产能,为开发规模和合理配产奠定基础;在开发初期选择最优的区域,利用区域内已有的地面集输净化系统、新建干法脱硫装置等,开展一定规模的轮换试采,取得关键的动态资料,落实气藏基本动态特征。关键气藏认识的落实,有效支撑探明储量提交,同期即可开展开发方案编制,总体一次性设计开发规模,分批次部署建产井、新建净化装置和地面集输管线,分期建成投产;在建设过程中,根据已钻试资料和气藏新认识,随时优化调整部署方案,保障地下目标最优、地上设置最合理。

(3)推行气田产能建设新模式,有效提升地面工程建设质量,缩短气田建设周期。

磨溪区块龙王庙气藏开发工程成为经典工程离不开全方位的精细管控,在气藏开发过程中,西南油气田公司全面加强工程施工过程管理,通过强有力的管控措施不断提升现场管理的规范度,实现施工管理的高水准,标准化设计、一体化集成、工厂化预制、模块化安装的气田产能建设新模式,有效提升地面工程建设质量,缩短气田建设周期,同时能适应复杂气藏开发优化动态调整的要求。

一是项目团队整体前移,首次在施工现场建设管理营地,实现与施工现场的"零距离"。营地有办公、会议、食宿等功能,项目部及项目建设相关方,包括监理单位、设计单位、物资供应单位、专家组、协调支撑组等集中在营地办公,便于沟通交流,及时解决施工现场的各种问题,切实提高了工作效率。

二是设置一站式调控中心,归口工程信息管理,集中统一调控指令。调控中心由项目部牵头主导,参加单位包括设计单位、监理单位、物资供应单位、施工单位、检测单位等,共同研究有关事项,集中审查审批,确保信息对称、指令统一。

三是形成了系列有效的管控措施。全面采用"标准化设计、一体化集成、工厂化预制、模块化安装"管理模式,70%以上的焊接工作在制造厂内完成,大幅减少了工地动火作业、施工和管理人员,降低了施工安全风险,保证了工程质量。科学制订施工计划,工程施工工序合理交叉,组橇和现场土建施工同步进行,缩短了施工周期。在施工安全方面,严格执行入场前安全培训考核;设置工程预警台,及时纠偏;设置工程曝光台,及时警示施工"低、老、坏"行为;严格执行分公司施工现场规范化管理制度,生产与施工区域全部物理封闭隔离,施工现场实行人车分流;临时用电实行架空搭设。同时,首次在施工区域设置了30名HSE监理工程师,分单位、分专业细化、固化现场监督人员,强化作业过程监督检查;对于高风险关键施工点,安排HSE监理工程师进行跟班监督。施工场地进出口设置洗车池,确保清洁施工。落实以人为本,施工场所设置饮水休息区和医疗救护点。强化设备驻厂监造,首次细分了A、B、C三级驻厂监造。

三、一体化组织管理,助推高效开发

强化勘探开发一体化,实现龙王庙组气藏一年探明上产。龙王庙组气藏获得发现后,按照

勘探开发一体化思路,强化勘探与开发无缝衔接,在勘探评价阶段,统筹考虑资料录取、井网部署、井身结构、完井工艺等,为开发创造条件,地质、地球物理、储量研究、气藏工程的研究人员密切配合和沟通,加快了对气藏的认识评价步伐;探井测试获气后,开发提前介入,充分利用已完成的探井井场,打水平井和大斜度井,组织符合开发要求的完井作业,及时组织试采,加快产能测试和评价,获取了大量开发评价资料,深化了对气藏的认识。通过共同努力,实现了一年时间探明磨溪区块主体构造龙王庙组气藏的目标,为试采工程快速建成、开发方案高效编制和加快推进开发工程建设提供了资源保障。

强化开发工程一体化,加快了产能建设步伐。实施高效推进试采工程和开发工程建设的组织管理体系,油气田成立主要领导担任组长的试采和开发工程建设领导小组,项目建设实行业主方项目管理团队(PMT)+设计采购施工总承包(EPC)模式,油气田成立精干的项目管理部,中国石油集团工程设计有限责任公司和川庆钻探工程有限公司共同承担 EPC,坚持"高质量、高效率、高效益",大力推行标准化设计、工厂化预制、模块化成橇、橇装化安装、一体化装置、数字化管理,创造了 10 个月建成 $10 \times 10^8 \mathrm{m}^3/\mathrm{a}$ 产能新纪录,一期 $40 \times 10^8 \mathrm{m}^3/\mathrm{a}$ 产能建设工程全面展开,启动了二期 $60 \times 10^8 \mathrm{m}^3/\mathrm{a}$ 产能建设前期工作。

强化气田开发和开发生产一体化,建设数字化气田。推进信息化和生产建设深度融合,努力打造"国内一流、行业第一"的数字化气田样板。同步建设"井筒、气藏、地面"三位一体的数字化气田,形成了"一个气田、一个监控中心"的模式,气田开发和净化生产一体化管理,从而改变了传统的生产组织方式,实现了单井站无人值守、生产数据自动采集传输、生产安全远程监控,取消了值班休息室、供水供电线路及设施、净化气管线及设施等单井站生活配套设施,大大节约了人力资源,有效降低了人工成本、建设投资和设施维护工作量。

强化生产建设和安全环保一体化,建设安全绿色精品工程。在工期紧、任务重、战线长的情况下,油气田始终将"环保优先,安全第一,质量至上,以人为本"理念和防控措施贯穿勘探开发全过程、工程作业的每一环节,既要速度,更要安全环保和质量。针对试采工程施工作业、生产运行互相交叉等风险,对现场人员分类区域化管理,对关键施工点进行"跟班式监督",严格特殊作业许可管理,对所有生产区域动火、动土、临时用电等特殊作业实现升级管理,确保了作业过程安全。针对川中人多、地少、环境敏感等特点,从设计源头强化安全环保和节能减排,通过信息化手段,有机融合安全系统与自控系统,建立 5 级联锁控制系统;净化厂采用新型污水处理工艺,实现废水零排放。

第三节　科学谋划描绘现代化气田蓝图

一、树立一流开发理念

全面贯彻落实中国石油"有质量、有效益、可持续"和"四个一流"指示精神,将磨溪区块龙王庙组气藏建设成国内一流大气田。安岳气田磨溪区块龙王庙组气藏开发总体目标:"树立卓越意识,瞄准四个一流,打造一流大气田,用两年时间完成气田试采评价、产能建设任务"。重点突出"四个一流",建设一流大气田。其中,开发设计一流:以先进的开发理念、科学的开发方式、领先适用的技术,确保气田开发技术经济指标一流,确保安全、清洁、低碳、环保;开发建设一流:以先进的工程技术、一流的项目管理,又好又快推进气田建设;开发效果一流:生产指标与设计相吻合、实现少井高产、经济效益显著;开发管理一流:实现气田数字化管理、优化人力资源配置、确保安全高效开发。

方案编制总体思路:"整体部署、分步实施、立足长远、安全高效"。基于安岳气田磨溪区块龙王庙组气藏总体开发目标,本次初步开发方案设计主要立足于磨溪区块龙王庙组气藏现有地震、完钻井、获气井及试采井等相关资料情况,总体遵循以安全、效益、整体开发,同时考虑气藏勘探程度和储量状况,按照中国石油《天然气开发管理纲要》和《气田开发方案编制技术要求》的相关规定和要求,主要通过调研类比和模拟论证气田主要开发技术指标,筛选适合该区的开发主体工艺技术,比选最优推荐方案,为下游工程建设提供参考。

二、打造一流气田,设计指标优

针对磨溪区块龙王庙组气藏处于开发早期、中高渗透、低孔隙度、含硫、深层、高温、高压、单井产量高的特点,川内同类型气藏的开发经验较少,如何高效开发龙王庙组气藏成为摆在项目组面前既现实又棘手的问题。所谓"他山之石,可以攻玉",通过对国内外同类型碳酸盐岩气藏(田)的调研(新疆克拉2气田、川东北普光气田、土库曼萨曼杰佩气田、法国Lacq和Meillon气田等),总结借鉴类似成熟气田的开发经验与教训,利用数值模拟、室内实验、类比分析等方法,形成四大针对性开发技术政策:"不同稳产要求下的合理采速和开发规模分析技术""减少占用耕地的定向井+丛式井优化部署技术""少井高产、稳产条件下的单井合理配产模拟技术"和"高压有水气藏治水对策分析技术"。开发技术政策论证为实现气藏高效开发提供了技术支撑,对于指导龙王庙组气藏开发方案的编制、实现气田高效开发具有重要的现实意义。

结合油田公司对产量的迫切需求,创新气藏开发设计理念,瞄准"建设展示中国石油实力和水平的现代化大气田"目标,采用"整体部署、分步实施、立足长远、安全高效"开发总体思路,编制完成具有国际水准的开发方案,优先动用 543.97km² 含气面积范围内、3132.59×10^8m³ 的地质储量,外围区块试采评价。方案设计总井数 77 口,其中投产井 53 口(利用探井 11 口、部署开发井 42 口),年生产规模 90×10^8m³(产能规模 110×10^8m³/a),稳产期 15 年以上,预测期末累计产气 2163.18×10^8m³,项目总投资 178.37 亿元,全部投资税后财务内部收益率 30.29%(图4-7)。气藏开发建设分三期进行:第一阶段为 2013 年 11 月底建成 300×10^4m³/d 的试采规模;第二阶段 2014 年 8 月底建成 1500×10^8m³/d 的生产规模;第三阶段为 2015 年底建成 3300×10^8m³/d 的产能规模。

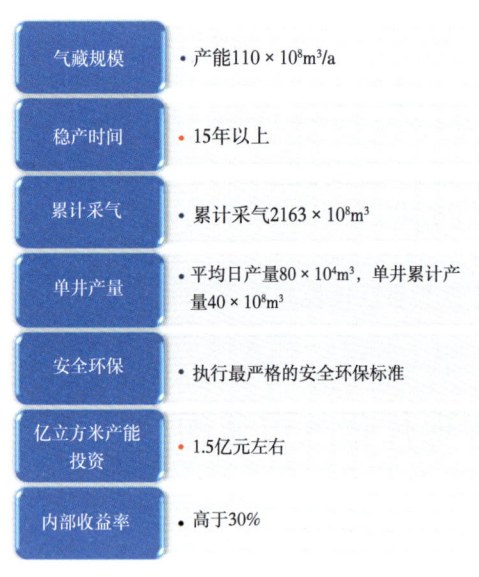

图4-7 设计一流开发方案具体指标

参 考 文 献

[1] BP公司.BP2035世界能源展望[R].2015.
[2] 国务院发展研究中心.中国气体清洁能源发展报告(2015)[R].北京:石油工业出版社,2015.
[3] 中国石油天然气股份有限公司.安岳气田磨溪区块龙王庙组气藏开发方案[R].2014.
[4] 贾爱林,闫海军,郭建林,等.全球不同类型大型气藏的开发特征及经验[J].天然气工业,2014,34(10):33-46.
[5] 马新华.创新驱动助推磨溪区块龙王庙组大型含硫气藏高效开发[J].天然气工业,2016(2):1-8.

第五章　积极打造现代化大气田

科技攻关的理论创新和技术创新对磨溪区块龙王庙组快速高效勘探开发发挥了极为重要的推动作用,高石梯—磨溪地区实施的"科研和勘探生产一体化"模式,正是坚持科技攻关与勘探生产紧密结合、实现科技快速向生产力转化的成功实践。充分利用磨溪区块龙王庙组气藏的地震、地质、岩心、测井、生产动态和测试资料,对气藏构造、储层和流体等开发地质特征做出认识和评价,建立精细的三维地质模型,并通过数值模拟,生产历史拟合的方法来验证和修正地质模型,最终形成较为精准的三维可视化地质模型,即逐步构建了磨溪区块龙王庙组"透明"气藏[1],为开发调整和综合治理提供了可靠的地质依据。进而缩短了对气藏规律的认识周期,加快了勘探开发进程。勘探发现后仅3年时间即优质建成生产能力达$110\times10^8m^3/a$的现代化大气田。

第一节　构建透明气藏

一、"透视"富集成藏规律

强化勘探开发一体化技术攻关研究和集成应用,创新地质认识、突破技术瓶颈,实现技术成果向生产力的快速转化,支撑高石梯—磨溪地区气藏勘探发现和高效开发。实施过程中根据对气藏的构造、储层、气水分布特征及投产井产能的新认识,不断完善优化地质基础,取得4项关键性地质认识:一是首次明确盆地震旦系—寒武系"古裂陷槽"对大气区成藏的控制作用,提出受大型"古裂陷槽"的控制,原来认为的乐山—龙女寺古隆起核部发育厚层优质烃源岩,高石梯—磨溪地区是真正意义的继承性古隆起发育区,是油气富集成藏的最有利区;二是"桐湾运动"的侵蚀风化作用控制了灯二段和灯四段岩溶性白云岩储层的广泛发育,同沉积古隆起控制了寒武系龙王庙组颗粒滩相孔隙型白云岩储层的大范围分布,为高石梯—磨溪地区大面积成藏提供了良好的储集条件;三是寒武系筇竹寺组优质烃源岩持续生烃和原油裂解以及断裂的有效沟通,为大气田形成提供了充足资源基础,高石梯—磨溪继承性古隆起为原生型油气藏的保存和持续聚集提供了良好条件;四是明确寒武系龙王庙组为构造—岩性气藏,震旦系灯影组灯二段为构造气藏、灯四段为大型岩性地层复合气藏。

二、"透视"储层变化

安岳气田磨溪区块龙王庙组气藏是我国最大规模整装碳酸盐岩气藏,国内此前无大型碳酸盐岩高压有水气藏高效开发先例,缺乏针对性技术和经验,全面高效开发难度大。针对龙王庙组埋藏深、非均质性强的特点,西南油气田实施勘探开发一体化模式,强调气藏精细评价工作早期介入的工作思路,动态与静态一体化气藏描述,为制订开发方案提供基础。通过全三维可视化地震精细解释,描述构造与断层发育特征;通过岩石学特征、储集空间与储集类型、裂缝发育特征、物性特征多数据的综合应用,认识储层储集类型与储层特征;通过地质统计与地震反演联合,明确优质储层展布特征;通过气水分布主控因素、气水分布模式、气水分布特征、产水风险分析,建立气水分布模式。

针对寒武系龙王庙组和震旦系灯影组埋藏深、构造幅度低、碳酸盐岩滩体和岩溶储层发育等地质特点,应用"两宽一小"高精度三维数字地震采集、叠前深度偏移处理、碳酸盐岩岩溶缝洞储层地震描述、烃类检测等技术,取得了精细构造解释、古构造演化、储层和裂缝预测及烃类检测等多项高质量成果,其中构造解释与实钻误差2~25m,地震储层预测误差0.4~10.2m,烃类检测符合率达94%。并完成了多轮次大比例尺构造、储层预测及含油气检测等关键性图件,为具体井位部署和目标选择提供了有力支撑。

在开发评价、开发设计方面,攻关研究突破了大型碳酸盐岩气藏小尺度缝洞发育区精细描述及布井有利区优选、高产含硫气井测试受限条件下高质量动态评价、大型非均质气藏大规模开发条件下均衡开采和长期稳产保障、大型超压裂缝—孔洞型碳酸盐岩气藏水侵危害预防等技术瓶颈。这些技术能够精细刻画磨溪区块龙王庙组高产溶洞储集体的平面展布,指导了一批开发井部署和钻井井轨迹调整实施,生产应用效果良好。

三、"透视"气藏动态特征

结合气藏构造幅度低、含气面积大、高温、高压、高产、气藏北边边部井水侵较活跃等特点,建立了"两横三纵"监测剖面,实现了平面上全覆盖、重点井全时段、异常井全方位的监测系统,通过对动态跟踪监测、动态分析及试井方法技术积极探索和不断创新,形成了具有碳酸盐岩整装气藏特色的动态监测体系,主要包括裂缝—孔隙(洞)型气井渗流特征监测技术、气井产能监测及快速评价技术、水侵监测综合识别技术、气藏连通性监测技术,在此基础上,结合高精度建模数值模拟,完成开发指标预测,实时掌握气藏动态,为气藏科学高效开发提供支撑。

(1)建立"两横三纵"监测剖面,实现了平面上全覆盖、重点井全时段、异常井全方位的监测。

开发建设过程中,以深化气藏整体开发动态特征认识、弄清储量动用状况以及水侵影响规律等为主要目的,建立起"两横三纵"重点井监测剖面,实现了平面上全覆盖、重点井全时段、异常井全方位的监测。监测工作内容全面(表5-1),实施过程中坚持重点区块完整性监测优先,重点井试井优先,采用不同监测方式优化组合,监测资料及时反映了气藏动态变化,为气藏月、季度、专题动态分析及生产组织安排提供了翔实的基础资料,为气藏长期高产、稳产开发对策的制定提供了基础资料支撑。"平面上全覆盖",即掌握各井渗流特征基础参数;"重点井全时段",即全时跟踪气藏重点井的开发动态、优化技术对策;"异常井全方位",即及时诊断异常原因,科学制定针对性措施。

截至2016年12月,已经录取了5000井(样)次以上的动态资料,开展了60多井次的试井监测;组建了多学科多专业的联合攻关团队,形成了4级动态分析制度,召开各级动态分析会,制订调整优化措施,实时解决影响气藏开发的难点问题,深化了气藏储层展布、气水分布、储量动用、水侵动态等特征认识。按照《西南油气田磨溪区块龙王庙组气藏开发管理规定》的要求,在动态跟踪研究取得的认识以及确定的配产方法和配产原则的基础上,适时实施优化调控,确保气藏、气井的科学高效开发,通过调整单井配产,优化生产制度,确保长期稳产;通过调整气藏井网,提高储量动用,确保均衡开采;通过调整井区采速,降低水侵风险,确保高效开发。

表 5-1　磨溪区块龙王庙组气藏动态监测项目表

检测项目	检测小项	
生产井压力监测	静温静压	
	流温流压	
生产井试井测试	压恢	
	产能	
	生产测井	
	干扰试井	
连续压力监测	分布式光纤	
观测井	静温静压	
	干扰试井	
流体性质监测	气田水分析	全分析
		半分析
		H_2S 分析
	天然气分析	产出气分析
		PVT 物性分析
		H_2S 分析
	环空取样	表套环空
		技套环空
		油套环空
		环空 H_2S

(2)建立了气井产水综合识别技术,实现了对地层水的动态监测。

建立了产出水水化学判识指标(表5-2),主要参数为总矿化度、氯离子及微量元素含量,为气井产水来源分析提供了手段。根据地质条件、生产水气比、水化学特征、试井解释、现代产量不稳定分析方法等综合判识产水井及产水风险井的方法(表5-3),识别出12口产地层水井,实现了对地层水的动态监测。

表 5-2　龙王庙组气藏水性分类标准表

水性判断	总矿化度（g/L）	离子含量(g/L)		
		Cl^-	Br^-	$Ba^{2+}+Sr^{2+}$
地层水	≥100	≥60	≥0.4	≥2
混合液	20~100	10~60	0.4~0.02	0.06~2
凝析水	≤20	≤10	≤0.02	≤0.06

表 5-3 龙王庙组气藏气井产水来源综合判断参数表

产水类型	判断依据				其他
	生产水气比	G_p—G_w 关系	水化学特征		
			微量元素含量	Cl^-含量、矿化度	
残酸+凝析水混合液	呈下降趋势	直线关系	低	呈下降趋势	测井解释、试油测试、压力恢复试井、生产测井
凝析水	小于饱和凝析水含量,低且稳定	直线关系	低	低	
地层水	高于饱和凝析水含量,呈上升趋势	呈多段上翘	高,随产水量增加量呈上升趋势	高,随产水量增加量呈上升趋势	

注：G_p、G_w—累计产气量、累计产水量。

(3) 建立了双重介质巨量网络建模与模拟技术,实现了开发指标预测。

针对孔、洞、缝渗流特点,采用国际领先的气藏巨量网格精细数值模拟技术建立了双重介质气水两相模型,网格规模达到7804万(表5-4),为国内最大(第二位不到2000万)。利用高精度建模数模,完成了开发指标预测,可以实时掌握气藏动态,为气藏科学高效开发提供支撑。

表 5-4 龙王庙组气藏数值模拟参数设置表

平面分辨率(m×m)	50×50
平面网格数	1219400
储层段垂向分辨率(m)	1.0
储层段垂向网格	60
模型规格	1300×938×64
总网格数	78041600

第二节 高效气田的培育

针对磨溪区块龙王庙组气藏埋藏深、非均质性强的特点,开发建设过程中通过实施勘探开发一体化,开展开发地震关键技术攻关研究,形成了一套针对龙王庙组提高分辨率成像、储层定性"亮点"分析、储层参数定量预测、测井缝洞识别等配套技术,井位部署整体采用大斜度井/水平井井型提高缝洞储层钻遇率,采用新型酸液体系,现场应用取得显著效果。通过高产井的培育,实现了气田开发少井高效的目标,开发井口口高产,井均测试日产量$150×10^4m^3$以上、井均无阻流量$519×10^4m^3$、稳定日均产量$93×10^4m^3$,井均动态储量$45×10^8m^3$,井均单位压降采气量$0.73×10^8m^3$,气藏整体开发效果很好。

一、加快气田建设

在磨溪区块龙王庙组气藏开发建设过程中,始终坚持勘探开发一体化理念开展气田建设,通过一体化部署、一体化研究、一体化实施,通过预探评价与开发评价部署相结合、储量探明与开发设计研究相结合、勘探钻井与产能建设实施相结合,科学加快勘探开发进程[2],仅用3年时间建成了年产能百亿立方米特大型气田,创造了中国石油大型整装气田勘探开发新纪录。

(一)大力实施一体化,确保建设优质高效

一体化建井,在总结龙岗气田单井一体化橇装装置经验和合川气田单井标准化建站理念基础上,大胆将单井站的主要功能分区创建模块,并设计出单井一体化分离计量橇装装置,使单井站建设可按照积木模式,任意搭配。实行一体化建井后工厂预制化率由30%提升到90%,建设周期由35天缩短为10天;同时,由于总图在模块化建设下的优化,征地面积可减少1625m²。一体化建站,调整集气站站场内传统工艺配管安装方式,将埋地敷设调整为地面管架安装,利用三维设计软件固化定型工艺管线集成图,进行集中采购和工厂化预制,有效控制了工程建设周期,更有利于站场管线的保护及运行维护。实行一体化建站后预配管准确率由85%提升到98%,建设周期由90天缩短为65天。一体化建厂,结合气藏地面工程生产规模、功能、预制、运输和安装需求,优化简化工艺流程,统筹应用机械、电工、自控和信息技术,合理配置功能单元,高度集成定型设备,大力研发和应用了天然气脱硫、脱水、硫黄回收一体化集成装置,同时施工采用"工厂预制+现场组装",实行一体化建厂后工厂预制化率由30%提升到85%,建设周期由9个月缩短为6个月;同时,由于总图在模块化建设下的优化,单列装置(300×10⁴m³/d处理规模)征地面积参照常规布置减少4700m²。

(二)开创建设新纪录,快速建成产能规模

工程建设分三个阶段进行。试采阶段历时10个月建成$10\times10^8m^3/a$产能新纪录。从2012年12月开始,利用磨溪气田雷一¹气藏已有管网和磨溪净化厂已有装置对磨溪8、磨溪9和磨溪11井开展轮换试采,加快了安岳气田磨溪区块龙王庙组气藏试采节奏。该工程按照"开发设计一流、开发建设一流、开发管理一流、开发效果一流"的指导思想,克服了"厂内建厂、现场交叉作业多、组橇工程量大、施工时间紧"等诸多困难,开创了国内天然气工程模块化设计、工厂化预制、橇装化安装及数字化管理建厂的先河,总图布置合理、设备和管道安装规范、数字化气田建设成效显著,从2012年12月至2013年10月,创造了10个月建成$10\times10^8m^3/a$产能新纪录,大大增强了川渝地区天然气供应保障能力(表5-5)。

自2012年12月5日以来,磨溪8、磨溪9、磨溪11、磨溪12、磨溪204和磨溪205井先后投入试采。2013年8月第一口大斜度井磨溪009-X1井试油获得$263.47\times10^4m^3/d$高产工业气流,为后续开发井井型优选提供技术支撑,该井于2014年1月21日投入试采。

开发第一阶段历时15个月建成$40\times10^8m^3/a$产能规模。气田开发分一期和二期建设,2013年5月至2014年9月,为开发第一阶段$40\times10^8m^3/a$产能规模工程项目。2014年9月28日磨溪区块龙王庙组气藏(磨溪天然气净化二厂)$40\times10^8m^3/a$开发地面工程(由4列日处理量$300\times104m^3$的主体净化装置及配套公用设施组成)实现全面投产。历时15个月建成$40\times10^8m^3/a$产能规模,开创了同类项目建设新纪元,为西南油气田建设$300\times10^8m^3/a$战略大气区奠定了坚实基础(表5-5)。

开发第二阶段历时13个月建成$60\times10^8m^3/a$地面工程。2014年9月至2016年11月,建成开发第二阶段$60\times10^8m^3/a$产能规模。2015年10月21日,投运$40\times10^8m^3/a$(第Ⅴ列)尾气处理装置,2015年11月20日,$60\times10^8m^3$净化厂工程第Ⅴ列、第Ⅵ列、第Ⅶ列脱硫、脱水装置和第Ⅵ列和第Ⅶ列硫黄回收以及尾气处理装置全部依次完成投产试运;2015年11月10日净化气外输管道于完工投运,历时13个月建成$60×10^8m^3/a$产能规模,进一步夯实了公司决胜$300×10^8m^3/a$略大气区的工作基础(表5-5)。

表5-5 产能建设规模对比表

实施阶段	方案设计 累计产量规模 ($10^4m^3/d$)	方案设计 配套产能 ($10^4m^3/d$)	实际实施 累计产量规模 ($10^4m^3/d$)	实际实施 配套产能 ($10^4m^3/d$)
试采阶段	100	300	450	485
建产第一阶段	400	1200	1050	1185
建产第二阶段	1900	1800	2500	1680
2016年底	2700		2700	
合计		3300		3350

二、建立高产井模式

龙王庙组气藏是我国最大规模整装碳酸盐岩气藏,国内没有成熟的开发经验可以借鉴,缺乏针对性技术和经验,开发方案进行了大量的研究论证工作,确立了整体部署、分步实施、立足长远、安全高效的开发原则[3]。实施过程中根据对气藏的构造、储层、气水分布特征及投产井产能的新认识,不断完善优化,持续深化研究[4],确立了"建产期稀井高产,整体部署,滚动实施;稳产期井间加密,区块补充,均衡动用"的开发井部署原则,围绕气藏开发评价、设计、建设和跟踪优化,组织大规模攻关,针对龙王庙组埋藏深、非均质性强的特点[5,6],开展开发地震关键技术攻关研究,且实现地质研究—开发地震研究有机融合,建立了高产井的三类地震响应模式,明确"内部强波峰"为高产井响应模式;通过七轮的精细井位论证,落实了30口开发建产井最优的靶体目标。30口开发井平均测试产量$150×10^4m^3/d$,其中28口井测试产量超过$100×10^4m^3/d$,6口井测试产量超过$200×10^4m^3/d$,在没有成熟的开发经验可以借鉴的情况下,实现了高温高压含硫大型气田的高效开发。

三、提高单井产量

(1)全部采用大斜度井、水平井为开发井井型。

磨溪区块龙王庙组气藏采用大斜度井、水平井作为开发井井型,以"四开四完"井身结构为主,分段钻井液设计,采用"直—增—稳—增—稳"的井眼轨迹。完井方式采取尾管射孔完井为主,衬管完井为辅。进雷口坡组前采用聚磺钻井液体系,具有较强的抗硫性和支撑保护井壁的作用,保护气层效果较好。

大斜度井和水平井提高了储层的钻遇率和平均机械钻速,30口开发井的储层钻厚173~617m,平均钻厚330m,是直井的7.9倍,井均测试产量为直井的1.7倍。采用"四开四完"井身结构,对于少数地表窜漏、垮塌严重的井增下一层ϕ508mm导管,该井身结构简单、实用,能满足安全、优质、高效的钻井需要,方便了后期酸化压裂管柱下入,满足了龙王庙组气藏开发的要求;两种完井方式均能满足后期酸化压裂及采气工作的需要,具有较强的适应性;钻井液体系选用聚合物、KCl⁻聚合物、聚磺钻井液体系,通过分段调整钻井液密度和流变性,有效降低了上部井段垮塌、泥包,中部膏岩层缩径、卡钻、溢流,下部龙王庙组储层井漏等地质工程复杂,满足了龙王庙组气藏安全钻井的要求。固井主要采用内插法固井、正反注水泥固井、双凝双胶塞固井、尾管悬挂与回接固井等方式,能够满足龙王庙组气藏开发需要。产能建设过程中不断对钻井工艺方案和钻井工程设计进行优化,通过加强施工过程管理,确保了工程的施工质量。通过优选钻头、优化钻井液体系、优化井眼轨迹,施工效果显著改进,平均井身质量合格率和单井一次固井质量合格率达到了100%,降低了由于环空带压导致井口抬升井的数量,为龙王庙组气藏的高效安全开发提供了有力的保证。

通过"开展技术攻关试验,优化工程设计和技术方案,优化钻井参数,优化泥浆体系,优化钻头选型,优化工作流程"等,形成了以"个性化高效 PDC 钻头+长寿命螺杆+优质钻井液"为主体的钻井提速模式,基本实现5个月钻完一口井,超额完成"6~8个月钻完一口井"提速目标。同时为安全、快速、高效获取井下压力和温度等资料,探索并形成了通刮一体化、试油封堵一体化、试油完井投产一体化技术,将刮管、通井、洗井3趟起下钻的作业减少至1趟起下钻,实现了测试后不起工具直接封堵产层,以及减少二次完井环节,解决了二次污染的问题,满足了勘探开发一体化的需要,大幅度提高钻探成效。形成了 ϕ177.8mm 尾管防气窜固井工艺技术,解决了窄安全密度窗口地层防漏治漏技术,解决了茅口组和栖霞组"喷漏同存"钻井难题,大幅减少了漏失量和复杂处理时间。钻井液漏失量和复杂处理时间分别降低了86.4%和96.7%,钻井周期由直井的192.8天缩短到开发井大斜度井和水平井的150~160天左右,比预测钻井周期大大缩短。

(2)采用多介质均匀布酸酸化技术,开发井井均增产2倍。

在储层改造上采用转向酸加可溶性暂堵球酸化技术,实现均匀布酸,取得了显著的效果,已完成的30口开发井,酸化前后井均增产1.7倍。

针对储层非均质性强,酸化时吸酸差异大;钻井液漏失、滤液侵入,储层伤害严重;气藏高温高压中低含硫,机械分层难度大等难点,通过技术攻关,优化储层改造液体系,创新实验评价技术,自主研发暂堵转向材料等手段和技术创新,在储层改造上采用转向酸加可溶性暂堵球酸化技术,实现均匀布酸,实现了非均质储层的有效改造,单井测试产量大幅度提高。

对于射孔完成井运用化学+物理复合转向思路,采用高温转向酸+可降解暂堵球,利用暂堵球进行段间转向,转向酸实现段内转向,从而实现长井段酸液有效置放,提高了全井改造效果。对于衬管完成井:采用不同浓度高温转向酸(4%转向剂转向酸+5%转向剂转向酸),利用不同浓度转向酸黏度不同的特性,改造不同渗透率储层,实现分段改造目的。两套主体工艺针对性强,适应性好。

截至2016年12月31日,储层改造工艺技术现场应用30口井,累计获得天然气测试产量4506.53×10⁴m³/d,井均测试日产量150×10⁴m³/d,井均动态储量45×10⁸m³,井均压降采气量0.73×10⁸m³/MPa。储层改造工艺成功率100%,改造有效率100%,平均单井增产倍比1.7。储层改造工艺技术为气藏高效开发提供了强有力的支撑,同时取得显著的经济效益。

(3)开发井口口高产,实现气田开发少井高产。

开发井试油获产60×10⁴~263.47×10⁴m³/d,井均测试产量大于150×10⁴m³/d。开发井井均无阻流量519×10⁴m³/d,稳定日均产量93×10⁴m³,单井动态储量20×10⁸~100×10⁸m³。井均

动态储量 $45×10^8\mathrm{m}^3$；井均单位压降采气量 $0.73×10^8\mathrm{m}^3/\mathrm{MPa}$。

四、发挥单井产能高效

组建了多学科、多专业的联合攻关团队，形成了中心井站（单井站）—调控中心—项目部—油气矿—公司5级动态分析模式，按照"一口井一个气藏"的管理理念，逐级逐井制订生产数据采集要求、动态分析内容和标准，确保生产异常及时处理。确保气井稳定生产和气藏高效开发。

截至2016年12月底，方案设计30口开发井已全部完成部署和实施，目前该区投产44口井，开井40口（图5-1），日产气 $2700×10^4\mathrm{m}^3$，日产水 $485\mathrm{m}^3$，累计产气 $176.86×10^8\mathrm{m}^3$，累计产水 $25.29×10^4\mathrm{m}^3$。在单井平均产量 $69.7×10^4\mathrm{m}^3/\mathrm{d}$ 的生产制度下，表现出良好的稳产能力和开发前景。

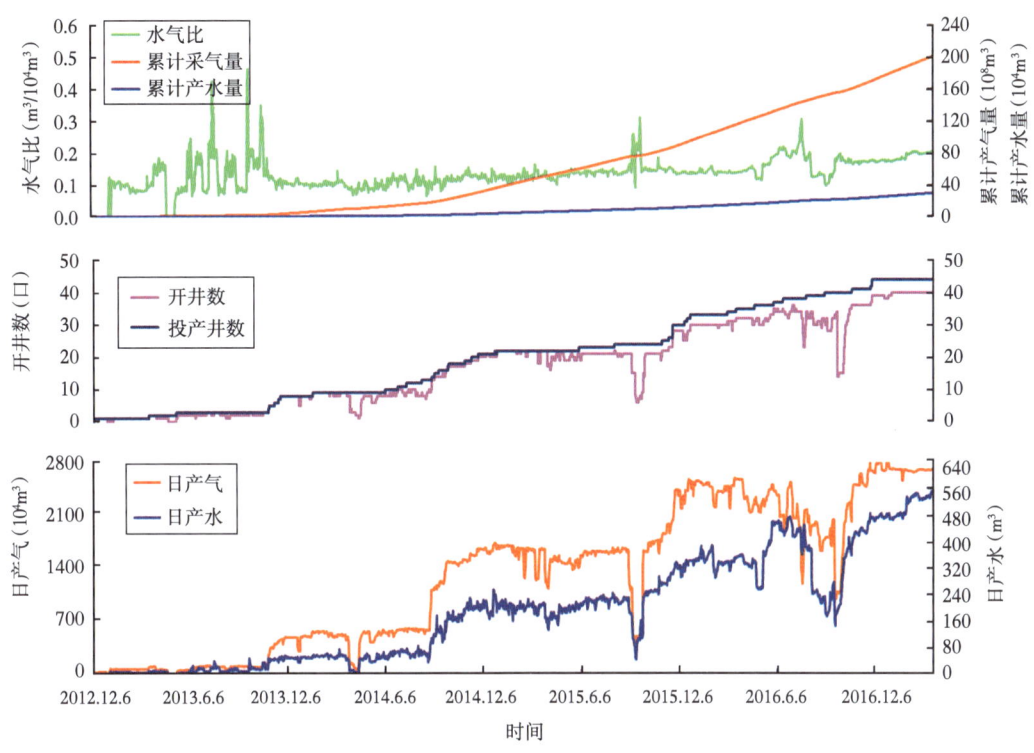

图5-1 安岳气田磨溪区块龙王庙组开采曲线

第三节 打造智慧气田

信息化和工业化融合是企业在信息化大环境下的发展必然和大势所趋，磨溪区块龙王庙组气藏在开发建设之初就积极推进信息化和生产建设的深度融合，努力打造"国内一流、行业第领先的数字化气田示范工程，促进生产管理方式转变和组织管理效率提高[7]。借力"互联网+油气开采"，转变开发管理模式，高水平设计、建成、投运了"云、网、端"基础设施，同步建成了"SCADA、DCS/SIS、视频安防综合管理系统、油气生产物联网"系统,实现了气田自动化控制与信息化管理;首次高度整合气藏、井筒、地面管理系统,建成了包含"数字化气藏、数字化井筒、数字化地面"气田生产管理平台,实现了勘探开发与建设营运全产业链条、全过程、全生命周期的数字化和智能化管理,开启了"自动化生产、数字化办公、智能化管理"的新形态,智慧油气田雏形初显。

一、应用数字化实现开发管理转型升级

龙王庙数字化气田建设既是生产组织方式的一次变革,也是管理方式的一次变革。基于数字化气田主体框架,以业务管理为导向、数据为支撑、信息化技术为手段,持续应用和完善自动控制系统、数字化管理平台、生产物联网系统等信功能模块,经过安岳气田磨溪区块龙王庙组气藏地面建设一期、二期及三期工程,初步形成了龙王庙组气藏信息化系统的总体格局。

截至2016年12月,已建成净化厂、内部集输共15个系统,在建系统1个(表5-6和表5-7)。

表5-6 磨溪开发项目部已建成信息化系统统计表

系统名称	管理维护单位	系统名称	管理维护单位
DCS系统	净化总厂	语音调度系统	净化总厂
净化厂FGS系统	净化总厂	内部集输SCADA系统	磨溪开发项目部
净化厂SIS系统	净化总厂	内部集输视频安防管理系统	磨溪开发项目部
净化厂视频安防管理系统	净化总厂	数字化气田管理平台	磨溪开发项目部
净化厂电力监控系统	净化总厂	腐蚀检测系统	磨溪开发项目部
净化厂扩音对讲系统	净化总厂	可视化门禁系统	磨溪开发项目部
大屏显示管理系统	净化总厂	一线场站基础资料规范化管理系统	磨溪开发项目部
		油气生产物联网管理系统	磨溪开发项目部

表5-7 磨溪开发项目部在建成信息化系统统计表

系统名称	管理维护单位	预期实现功能
作业区数字化管理系统	磨溪开发项目部	搭建项目部基础工作数字化管理体系,以任务管理流程为核心,在系统内进行任务安排、提示、反馈、监督的闭环管理;与其他平台建立接口,辅助生产决策
生产物联网管理系统	磨溪开发项目部	一是通过RFID射频识别,将设备接入网络,获取设备的基本台账信息,进而指导检修与替换策略,实现对设备的智能化识别和管理; 二是以设备及现场作业受控管理为核心实现一线班组生产活动的数字化管理

充分依托油气生产物联网、SCADA和DCS/SIS等系统的建设应用,实现了2个净化厂、52口生产井、7座站场数据的自动采集、实时传输和集中存储,实现了重要井站关键阀门的自动联锁与远程控制、站场视频采集与闯入报警等功能,大幅提高了生产运行效率和安全管控水

平。积极探索推行数字化条件下中心井站与单井无人值守,建立起了以"一个气田、一个控制中心"为核心的"单井无人值守+区域集中控制+远程支持协作"生产管理新模式。一是推进无人值守的数字化气田建设,系统层面实现单井—集气站—调控中心三个层次管控。二是积极探索优化数字化条件下中心井站与无人值守单井运行模式,依托调控中心、中心站两级集中监控与预警平台,形成"电子巡井+定期巡检+周期维护+检维修作业"为主要内容的数字化气田生产运行方式。通过数字化气田建设,实现了单井站无人值守、生产数据自动采集传输、生产安全远程监控,取消了值班休息室、供水供电线路及设施、净化气管线及设施等单井站生活配套设施,大大节约了人力资源,有效降低了人工成本、建设投资和设施维护工作量,转变了传统的生产管理方式,提升了开发管理效率。

截至2016年12月,共接入35口单井、8座集气站、2座阀室生产实时数据和远程控制,磨溪8井、磨溪008-H1井和磨溪008-17-X1井等26口井实现了无人值守,极大地提高了提高了运行效率、工作质量和安全管控水平,降低了操作成本、节省了劳动用工、减轻了现场劳动强度,气田开发管理及操作人员仅为传统管理模式的15%。现代化的生产管理的成果不断凸显。

二、通过整合生产管理平台提高运行效率

龙王庙组气藏的数字化气田管理平台贯彻了中国石油天然气股份有限公司"高质量、高效率、高效益"的数字化气田建设要求,首次高度整合气藏、井筒、地面管理系统,建成"全过程、全方位、全覆盖"的数字化气田生产管理平台,依托A1系统、A2系统、生产运行系统、录井实时数据库系统、生产实时数据系统,应用多源数据集成技术、服务总线技术、GIS导航技术、三维渲染技术,自动抽取数据形成龙王庙组气藏综合数据库(实现一次采集、集中存储、共享应用),搭建"数字化井筒、数字化气藏、数字化地面"勘探开发生产管理系统,为各业务人员和管理者提供智能分析平台。

通过数字化气田建设,地面工程管理和气藏管理可以在统一的协同工作平台上进行,实现对钻井工程、地面工程的全过程管理和实时优化决策,提高了气田建设水平。一方面,地面建设采集的数据入库,通过二维和三维图形的场景重建,能直观反映实际的建设情况,并与计划和设计对比,进行施工进度和质量控制的管理;井场采集的生产数据可用于实时监控,结合地质、气藏数据用于生产优化管理。另一方面,气藏管理可以用于气藏生产的预测和后评估,清晰认识历史和未来[8]。尤其是对于龙王庙组气藏的多期建设任务,及时辅助管理人员决策,真正做到整体部署、分步实施、试采先行、动态调整的总体开发思路。

通过对生产现状、地质状况、工程状况的综合分析,及时了解生产趋势,分析井生产状态发生变化的地质因素,结合井目前工程状况,为下步优化生产制度提供支撑。

利用物联网、计算机模拟和GIS技术相结合[9-11],基于真实场景和真实生产数据进行应急培训和模拟演练,平台提供演习数据库,用户可触发演习数据库中的应急事件,启动应急演习。可以第一人称的模式,营造一种身临其境、个人参与的氛围,打破实战演习场地、人员、成本的限制,一方面可视化展示整个预案发生、发展和抢险善后的全过程;另一方面能够模拟典型事故,让各部门参演人员分岗位分角色处置事故,从而有效提高井站和厂站员工分析判断和处理突发事故的能力,实现应急预案优化、应急力量合理配置和应急处置的快速、高效。

气藏的全生命周期管理贯穿于勘探、评价、开发和生产的各个阶段。一体化平台通过整合西南油气田公司的统建信息系统、自建信息系统资源,按专业、流程、时间等多方位进行梳理,实现气藏的全生命周期管理。基于该平台,不仅可以按业务流程进行全生命周期管理,如根据气藏勘探、气藏多期建设及开发生产全过程的主要活动及成果进行管理;还可按时间维度进行对单项资产的全生命周期管理。

龙王庙组气藏的数字化系统实现了数据自动采集传输、单井—集气站—净化装置—全气藏自动联锁、远程控制等功能,数据采集率100%,自动化控制率100%。

三、建设生产物联网保障安全平稳运行

龙王庙组气藏是以"一个气田,一个中心"的生产组织管理模式,采用井站生产单元无人值守,以龙王庙天然气净化二厂为核心,全面监控气田采输单井和集气站,是一种扁平化、高效的生产组织方式,生产物联网管理系统将是落地这种扁平化管理模式的主要辅助系统。

通过"数据驱动流程,流程驱动业务"的油气生产物联网管理模式对现场工作进行全过程管控,为现场操作人员生产活动、属地管理、制度执行等提供工具手段,为业务管理人员提供数据分析、远程协作、设备预警等提供技术支撑,实现智能化识别、定位、跟踪、监控和管理,提高油气田生产管理生产效率和决策能力、减轻劳动强度、提升安全保障水平。

作为生产现场监控管理的补充,SIS系统、视频安防管理系统(含闯入报警、语音对讲、仪控房动环境监测)、腐蚀检测系统和门禁系统等系统为生产管理提供了完善的辅助管理手段,确保无人值守井生产安全。

截至2016年底,已完成设计要求的36座场站的生产物联网系统建设。7000余台设备通过RFID标签接入物联网系统,初步建立起设备管理"大数据仓库",运用大数据辅助各专业开展趋势性分析,为后续设备选型、制订有针对性的设备维保措施提供依据。

截至2017年3月20日,生产物联网管理系统西眉清管站、西北区集气站、西区集气站、集气总站、东区集气站上线运行,初步实现了设备的智能化识别和数字化管理以及成为一线班组生产活动的数字化辅助管理工具,使工作任务模块化、标准化,实现了一线班组员工"上标准岗,干标准活"。

第四节 建设绿色安全环保气田

龙王庙组气田"以人为本、质量至上、安全第一、环保优先"工作理念,将"绿色、环保、安全"贯穿项目实施全过程,执行最严的安全环保标准,项目本质安全,环保设施和节能降耗均处于国内领先、国际先进水平。

一、技术创新,建立国际一流质量计量检测体系

龙王庙组气田项目示范工程极大地丰富和完善了天然气质量、计量和标准化体系。主要表现在:一是质量方面,打造了以区域中心实验室为核心的产品质量分级监控体系,研制了5种国家一级气体标准物质、12种国家二级气体标准物质,保证了天然气质量监控数据的准确性、可比性和溯源性;建立代表国家最高水平的不确定度为0.17%(不确定度因子$k=2$)的发

热量直接测定系统,完善了国家发热量测定溯源体系。天然气产品质量达到国际先进水平,是我国首个执行并达到新气质标准的含硫气田。二是计量方面,自主研发并建成了测量不确定度为0.05%的天然气流量原级标准,达到国际一流水平,构成了国内完善的原级、次级、工作级天然气流量量值溯源(传递)体系,实现了利用次级标准可检定0.5级中低压大流量高准确度气体流量计的能力,建立了国内首套环道天然气流量标准,保障了我国天然气计量的准确可靠,推动了我国天然气计量技术高水平的发展。流量计量技术体系、国内领先的标准物质、发热量测量的建立,为西南油气田落实国家《油气管网设施公平开放监管办法》(发改能源规〔2019〕916号),助推了国家天然气贸易交接方式由体积计量向能量计量的战略转变。三是标准化方面,为气质标准的修订提供了大量数据支撑,发布了包括陆上油气行业第一个国际标准ISO 16960:2014《天然气 硫化合物的测定 氧化微库仑法测定总硫含量》在内的3项国际标准和ISO/TR 22302《天然气:甲烷值计算》国际技术报告。主导制修订了GB 17820—2018《天然气》等68项国家标准,参与制订国家标准15项,主导、参与制修订了SY/T 6106—2014《气田开发方案编制技术要求》等59项行业标准,为国内天然气的高质高效勘探开发提供技术保障。通过示范工程的实施,西南油气田在国际天然气质量、计量及标准化领域取得了话语权,为中亚、中缅和中俄等天然气国际贸易谈判和争议仲裁、国家能源安全和"一带一路"倡仪提供了强力的技术支撑。

二、源头防范,打造本质安全项目

加大安全投入,突出设计源头防范,提升本质安全水平,强化建设过程风险管控和运营安全管理,未发生较大及以上生产安全事故。

(1)设计源头入手提升项目本质安全。在设计阶段同步开展HAZOP和SIL分析,建成以DCS系统为核心,上游、中游、下游(单井、集气站、净化装置)一体化联锁控制,具备"八级截断,三级放空"功能的行业最先进的DCS控制系统,关键设备远程控制率100%、远程联锁控制站场覆盖率100%,本质安全水平处于国内先进水平。运用先进应急处置技术,整合在线气象数据和生产实施信息,建成三维应急地理信息系统,突发应急处置能力大幅提升。项目安全投入占投资总额约9.22%,高于行业5%的平均水平。

(2)创新建管模式助推过程安全受控。技术创新助力过程安全管控,创新设计开发试油完井一体化工艺技术,井控风险得以有效管控;地面工程采用"六化"建设模式,优化施工工序,减少大型施工作业数量,削减施工现场整体安全风险。创新监管模式助推项目建设安全全面受控。引入外部专业安全环保监督队伍,建立了建设、监理、施工、检测、监督多角度全方位立体监管体系,网格化划分属地安全责任区域,安装施工现场视频监控系统,落实建设施工安全技术措施,规范承包商及风险作业管控,建设安全风险全面受控。

(3)对标先进提升运行安全业绩。建立适应安岳气田的集输管道失效数据库,形成了集输管道定量风险评价方法;建立了集输管道、承压设备、转动设备、安全保护装置基于风险的检验方法,创新形成地面集输系统全生命周期安全风险控制技术,实现了风险定量评价和精准控制。首次实现了地面集输系统主要设备的完整性管理全覆盖,气田集输管道完整性管理处于国际先进水平,达到与国内外长输管道同等的7级水平,采用"整体规划、主动防护、动态调整"防腐策略,攻克含硫气田多腐蚀因素共存下的腐蚀控制难题,生产系统腐蚀速率达到美国腐蚀工程师协会(NACE)轻微腐蚀标准0.076mm/a以下。与壳牌公司开展安全管理合作,应用作业许可、变更管理、事故事件等生产安全工具方法,生产安全管控能力大幅提升。开展基层站队QHSE标准化建设,规范岗位规程、隐患排查治理、风险作业管控等制度流程,建立岗位安全责任"一岗一清单",开展员工安全技能培训和管理人员履职能力评估考核,为国内油气项目运营提供了可借鉴、可复制的经验。

三、清洁开发,打造绿色开发项目

强化合规管理,严格遵守环保法律法规。项目建设阶段严格落实环保"三同时"(与主体工程同时设计、同时施工、同时投入生产和使用)制度,配套完善了各类环保设施,重大项目依法开展了环境监理,项目开发阶段按规落实排污许可,主要排污口严格按照国家要求安装了在线监测系统并联网。

推进清洁生产工艺,打造国内一流的绿色气田。开发井100%采用水平井、大斜度井,提高单井产量,减少开发井数量。采用先进的无固相钻井液体系、多层套管水泥封堵储层改造技术,避免了地下水污染。钻屑100%用于制砖、制条石或水泥掺烧,降低了储存造成的环境风险。气田水100%回注,并在国内首次实现气田水全过程管理和远程监控。净化厂应用"电渗析和蒸发结晶"技术,循环利用生产用水,成为国内首座废水"零"排放的净化厂。自主研发钛基有机硫水解技术,硫黄回收率99.8%,达到国际先进水平。

抓好项目节能管理和经济运行,打造国内一流的节能项目。自主研发井下节流工艺、热能综合梯级利用技术、新型放空点火技术和基于物联网的能源管控系统平台,推进节能降耗,天然气综合能耗128.76kg(标煤)/$10^4 m^3$,为四川盆地各气田最低,整体达到国内领先水平。

四、加强开发全过程控制实现项目开发与生态文明建设的和谐统一

龙王庙组气田在开发过程中对生态环境的保护进行了全过程控制,努力营造和谐的外部环境,实现了生产建设项目开发与生态文明建设的和谐统一。

在规划选址阶段,龙王庙组气藏的所有开发建设项目如站场、阀室、管道和净化厂等均进行了环境可行性论证。项目选址尽可能避开林地、经济作物种植区和重要的基本农田保护区;尽量经过缓坡,减少平切陡坡,避开了高陡边坡、松散岩石、滑坡、泥石流等易造成水土流失地段;尽量利用未利用土地进行工程建设,减少对耕地、林地及天然植被的破坏;避开自然保护区、风景名胜区、饮用水水源保护区等自然生态敏感区域。如磨溪13井至西区集气站集气管线在穿越琼江大坡场镇饮用水水源二级保护区、琼江翘嘴红鲌省级水产种植资源保护区时采用了定向钻穿越,并将定向钻出入点设置于保护区外。

在项目施工之前,按照国家相关法律法规的规定对项目实施可能产生影响的各个方面进行前期评价,并取得各主管部门的行政审批,为加强生态保护提供依据的同时确保了各生产建设项目实施的合规性。

施工建设阶段,严格落实各评价报告提出的降低生态环境影响的控制措施,有效降低了项目的实施对周边生态环境造成的影响。如土石方工程开挖之前的表土剥离、分层开挖、分层堆放、分层回填的措施;实施施工过程中的挡土墙、护岸、护坡、排水沟、沉砂池、坡脚防护等水土保持防护工程措施;树木移栽、撒播草籽、植树种草等植被生态恢复措施等。

生产试运营阶段,对临时占用的土地进行土地复垦,对植被成活率及覆盖度不达标的区域进行植被补栽和管护,确保土地复垦及植被恢复措施发挥应有效应,降低工程建设对地表植被和土壤的破坏,在投产运营之前项目各项生态环保措施均通过主管部门的行政验收,为项目的建设提供了良好的外部生态环境。

第五节　创新管理与预期目标实现

充分发挥四川油气田在天然气工程建设方面积累的经验优势,延续优良做法,传承敢拼善战的川油精神,高效推进工程建设。在管理模式上采取"PMT+EPC+监理"的项目管理模式,提升管理效率。创建建设方式、打造精品工程,在中国石油大型工程建设中首次全部采用三维设计,提高了工程设计质量及现场施工效率;在建设上采用"标准化设计、一体化集成、工厂化预制、模块化安装",创新建厂建站施工方式,提高施工效率和质量。仅用3年时间建成了$110×10^8m^3/a$的配套工程,建设周期和质量创四川油气田建设史上最佳水平。在生产运行阶段,依托数字化气田积极创新生产管理模式,实行扁平化组织管理,实现了成本的节约和管理效率的提高。

一、创新开发建设管理理念,实现四个一流

西南油气田按照"设计一流、建设一流、管理一流、效果一流"的指导思想,大力推行"标准化设计、规模化采购、工厂化预制、模块化组装、数字化管理、标准化计价"建设模式,截至2016年底圆满完成龙王庙组特大型气藏产能建设任务,实现了"高质量、高效率、高效益"。

(一)创新开发管理理念,实现气田"高质量、高效率、高效益"

1. 创新建设模式,实现设计施工建设质量"三高"

用先进成熟的技术和管理理念,确保工程建设技术先进、质量可靠、设备定型和信息化水平一流,实现气田开发生产运行的"安、稳、长、满、优"。"高质量"主要体现在:一是设计水平与质量高水平;二是工程施工项目管理高水准;三是工程建设质量高水平。

2. 创新管控模式,实现气田建设高效率

强化组织领导、优化组织机构、创新管理方式,满足现代化采购和高效建设需要,严格按计划完成前期和建设工作。

采取一体化部署、预探评价与开发评价部署相结合,一体化研究、储量探明与开发设计研究相结合,一体化实施、勘探钻井与产能建设实施相结合的"三结合"实践,实现1年探明磨溪区块主体构造龙王庙组气藏的目标,创造中国石油大型整装气田勘探开发新纪录。从技术、安全、管理等多个方面制定措施,采用大斜度水平井、丛式井组、快速钻井、"转向酸+可降解暂堵球"酸化、优质完井工作液等新技术、新材料,节约土地资源,提高单井产量,钻井周期8个月的成绩不断被刷新,达到工作液井筒内静止7天无沉淀的预期目标,减少复杂事故的发生率。

3. 创新理念、管理和技术,实现特大型气田高效益

通过深入研究和优化建设方案,控制产能投资,实现较高的投资回报率。自2012年9月磨溪区块龙王庙组气藏勘探取得重大发现以来,西南油气田结合气藏"高温、高压、高产"的实际情况,始终坚持理念创新、管理创新和技术创新,为西南油气田打造区域天然气增产创效典

范不断夯实资源基础。截至 2016 年 12 月 31 日,安岳气田磨溪区块龙王庙组气藏 2016 年已累计生产天然气 $82.53×10^8m^3$,同比 2015 年增长 40%,同比 2014 年增长 173%,气藏天然气产量实现持续稳步增长和效益开发。

(二)创新工程建设理念,打造"设计、建设、管理、效果"四个一流

1. 推进标准化建设创新,打造"设计一流"

深入推进标准化设计,创新一体化建厂、建站模式,$300×10^4m^3/d$ 试采净化装置采用模块化设计、工厂化预制、橇装化制造安装,工厂化预制率达 85%。集输站场大量采用一体化集成装置,工厂化预制率达 90%。试采净化装置厂采用换热效率高的板式换热器,单井站内设计日处理量 $40×104m^3$ 以上的一体化集成装置取消水套加热炉,单井节约投资超过 100 万元。建设涵盖数字化气藏、数字化井筒、数字化地面组成的"数字化气田",具备闯入报警、紧急截断、智能分析等功能,最终实现含硫气田集气站及单井站无人值守。

2. 集成工程建设创新,打造"建设一流"

创新建站建厂施工组织方式,采用"标准化设计、一体化集成、工厂化预制、模块化组装",实现标准化设计成果应用率达到 80% 以上,主要设备驻厂监造达到 100%,实现"三个 10 天"(气井电测后 10 天完成线路 0 版设计、气井试油后 10 天完成试油队搬迁、气井交井后 10 天完成场站建设)。

建立施工进度三维模型,将传统纸质施工进度管理转变为可视化的管理,提高施工质量管控水平。首次高度整合气藏、井筒、地面管理系统,建设全方位、全覆盖、全过程的一体化数字化气田生产管理平台,推动数据由人工采集向自动集成转变,逐步实现全气藏单井"无人值守",按照一口单井减员 3 人,一个集气站减员 5 人,每年节约人力成本达到 810 万元。

3. 探索管理模式创新,打造"管理一流"

创新组织管理,按照"整体研究、整体勘探、整体控制"的勘探思路和"分步实施、择优探明"的勘探原则,创新组织管理,加快工作节奏,实现了龙王庙组气藏勘探开发高效推进,主要体现在:一是通过技术创新,实现了重点工程建设安全优质高效推进;二是依托技术与管理,实现了生产组织和管理方式的转变;三是严格过程控制,提升了工程安全环保水平。

4. 加快勘探开发进程,打造"效果一流"

龙王庙百亿立方米特大型气田仅用 3 年时间建成。安岳气田磨溪区块龙王庙组气藏 2016 年已累计生产天然气 $82.53×10^8m^3$,同比 2015 年增长 40%,同比 2014 年增长 173%,气藏天然气产量实现持续稳步增长和效益开发;龙王庙组气藏投产以来,实现连续安全、平稳、满负荷运行,天然气日产量 $2700×10^4m^3$ 以上,生产运行安全平稳。

二、创新开发项目组织模式,确保项目高效、合规推进

(一)创新项目组织模式,实现"建管分离"

成立了由各方主要领导组成的"磨溪龙王庙加快开发建设领导小组",采取"PMT+EPC+监理"的项目管理模式,组建公司级项目管理团队"磨溪龙王庙 60 亿项目建设管理部",实现

了真正意义的地面建设与生产管理的完全分离。创新项目团队建设,以专家授课形式开展专题强化培训;以合规管理为重点开展宣传教育,逢会必讲,使合规管理入脑入心、入言入行;压担子建舞台促进"传、帮、带",引路子搭平台促进交流学习,组织与西南油气田公司所属各单位、川东北高含硫项目的经验交流,快速提升了团队履职能力。

创新建立"直线+矩阵"扁平化的管理模式,项目团队涉及采油工程、储运工程、净化工艺、电气工程及自动化、机械工程及自动化、化学工程与工艺、天然气加工、焊接检测、通信管理等近20个专业,项目管理打破部门、专业界线,横向分工合作、协同推进,纵向专业一体化、共融互补,技术与管理兼顾,资源配置不重复。

创新建立一站式调控中心,形成了以项目部为龙头,设计、施工、监理、物资、检测等单位共同参与并集中办公的高效组织形式,确保了沟通顺畅、信息对称、指令统一。项目部负责设计变更与材料改代确认,设备材料调拨计划审核,工程进度安排、资源调配及信息收集;设计单位负责设计变更与材料改代审查;物资公司负责设备材料催交催运、设备材料入库、仓储、发放及调拨管理;监理公司负责工程施工安排、资源调配及审查材料调拨计划;油建公司负责现场施工用料计划提交、材料领用、施工计划与资源调配落实。通过实行集中审批设计变更、物资催交、材料调拨、施工资源调配,真正实现了"进度跟踪、过程分析、调度调控"的协同落实。

首次在施工现场建设规范化管理营地,营地距离施工现场仅500m;项目部、设计、监理、物资、专家组等全部集中在营地,实现融合式一体化办公;发挥集中管理优势,及时协调解决了工程建设过程中的各种问题,现场管理作用发挥到极致。

(二)创新项目管控措施,实现管理高效率

建立了以采购服务、合同管理、工程变更、现场物资等为重点的多项专项制度和控制措施,满足了项目部规范管理和合规建设的需要。

一是建立采购及招标控制程序。重点从采购方案报审、采购方式优选、招标文件审查等方面予以把控。强调采购方案先行,更加重视采购方案质量,采购方案与采购方式同步审查,确保采购质量;优化采购方式审查流程,将工程、服务、物资采购的招标和非招标方式的4张审批表单合并为一张,既减少了审批环节,也大大降低了审批工作量,平均节约审批时间7天;改进招标文件审查方式,变部门审查为专家集中会审,既能发挥专家专业特长、充分讨论、集思广益,又能节省审批时间、为招标采购赢得时间;增加招标文件复核程序;增加技术优先采购控制程序。

二是建立工程变更控制程序。制订《工程变更管理实施方案》,进一步强化对工程变更审批、指令传递、变更验收环节的把控。工程变更实行三级授权管理,即:部门负责人、分管副经理、项目经理三级审查,确保变更审批受控;所有变更由项目部设立的两个专人进行把关控制和集中管理;经审批的工程变更由项目部设立的专门文控人员统一编号和盖章后才能生效。设置变更指令传递及验收程序,项目部提出的签证变更,经项目部验收核实并经分级审批后作为结算依据。强化签证时间管理,避免过期签证和集中签证。通过上述措施,确保了设计变更、现场签证依据充分、费用核定、资料同步,工程变更及签证较同类其他项目下降60%。

三是建立现场物资管理控制程序。制订《现场物资管理实施方案》,统一物资归类管理,实现了从前端到末端的整个物资管理过程的账实台账统一;简化和统一物资入库、出库和入场验收流程,减少了重复工作量;强化物资领用管理,发挥监理单位作用,严把领料环节关口;增加紧急放行控制措施;建立出厂检验、入库检验、进场验收三级管控制度。

四是建立合同签订及履行控制程序。强化合同签订与审批程序,合同审查周期平均仅为3.84天(含节假日),较西南油气田公司规定的5天审查周期提前了1天多;载入约束性强的合同条款,严格按照规定进行违约追究,具有很强的可操作性;编写合同履约手册;强化违约责任追究,建立合同履约实时跟踪机制,对违反合同约定的行为坚决进行追究。

三、创新开发项目施工管理,确保安全、质量和进度

(一)创新物资管理,保障项目高效推进

工程物资全部委托专业化公司组织实施,即由物资公司实施。项目部本着"委托不撒手、管控必到位"原则,与物资公司、招标中心建立了"分工协作、责权统一、共同推进"三位一体的协同联动采购机制。物资公司建立了"采购、仓储、配送、防腐、监造、检测"六位一体的供应链服务模式。项目部按各类设备材料制造、运输等各环节的周期,结合工程设计进度、施工进度安排,制订了科学、合理、具有可操作性的采购实施计划,做到了采购计划与前端设计、工程总体进度、生产制造周期的三个"深度结合",特别是对中、长周期设备材料按时间倒排逐一提出了采购、制造、运输等关键节点计划,为项目建设的有序推进提供了重要保障。同时,有效利用西南油气田公司ERP系统库存明细与采购计划对接,锁定库存、核实照片、质证资料,确定平库物资的种类和数量。累计完成平库47次,金额1359.34万元,有效提高了库存物资利用率。

(二)狠抓工厂化预制,提高了预制率和组橇率

在净化厂项目建设中,设置两座大型组橇厂,分别负责钢结构和净化厂主体装置预制工作。建立$40×10^4$达因❶预制作业线,大规模采用全自动焊接设备,综合效率提高4倍以上,管道焊接质量合格率提高1~2个百分点。开发组橇软件,实现工厂化预制的数字化管理。建立工厂化预制日协调机制,落实专人负责,每天掌控工厂化预制进展。橇内焊缝工厂化预制率94%,橇外连接管道工厂化预制率70%,总体预制率达到80%,累计缩短建设工期20%,橇块现场组对精度达99%以上。

(三)引进先进施工工法,推行数字化管理

采用设备基础预埋螺栓新型精准定位技术,全厂预埋地脚螺栓4880颗,基础定位一次合格率100%。动设备安装采用激光对中技术,安装精度达到0.01 mm,误差≤±0.05mm,安装一次合格率100%。创新悬挑式、吊挂式或两者相结合的脚手架施工技术,累计搭设悬挑式和吊挂式脚手架39000m²,安全实现多层次立体交叉作业。大截面电缆机械化敷设技术,累计敷设线缆电缆461km,施工效率提高1.5倍。首次应用三维模型指导试压,仅用30天时间完成净化厂吹扫试压工作,效率提高30%以上,同时确保了所有工艺管道试压"不错、不漏"。

(四)多措施抓进度管控,严控关键性控制工程

工程施工管理技术人员全程参与施工图设计,确保了施工图的可操作性。科学制订施工"四级"计划,合理确定首要动工区域、主装置区施工顺序、大型设备吊装顺序、主体装置工厂

---

❶ 达因—计算焊接工作量的单位,也就是焊接当量。直径1in的一个焊口为1个焊接当量,即1达因。

化预制与组橇工期,并确定843项单日、单道工序,制订总体控制节点和四级施工实施性计划。分阶段分重点组织施工,制订了施工初期、施工中期、施工后期的重点工作,确保了有序推进。强化关键性控制工程作业过程管控,主要包括24座大型设备的吊装以及内部集输的"三穿"工程,分别量身制作了施工工序和吊装方案,确定了"三穿"(穿越公路、铁路、河渠)工程的关注重点并落实责任人。

（五）落实强有力纠偏措施,确保工程建设按计划推进

按月跟踪施工进度偏差,每周进行分析,组织周例会47次,各项专题会议20余次,预警81项,制订纠偏措施200余项。及时调整10kV电站施工组织,消除其因受阻推迟开工155天等影响,按期实现了投运。强力克服施工外来干扰,对净化厂760m进场施工道路受阻、物资库房前期选址受阻及部分单井施工受阻情况,及时制订应对措施,有力保障工程正常推进。

（六）严格按标准和程序进行完工交接

从工程开工就从严要求,达不到完工交接条件的,坚决不移交。采气站场完工交接时,工艺、电气、自控、总图、围墙、防腐、数字化等所有安装与调试全部完成,并完成72h H_2S 应力开裂试验;线路工程完工交接时,管道安装、防腐、阴极保护、回填、水土保持以及线路测试桩、转角桩安装完成,管道PCM检测完成,并完成72h H_2S 应力开裂试验。在净化气外输管道完工交接时,接收方发现了部分建设瑕疵,项目部领导主动不交,直至彻底整改到位。

（七）生产单位提前介入,周密策划试运投产工作

积极参与工程建设过程管理。组织技术人员参与工程初步设计及施工图三维模型审查,并实地踏勘,确保设计的准确性;提前介入工程建设,开展隐蔽工程质量检查及装置"三查四定"(查设计、查工程质量、查未完工程;定任务、定人员、定时间、定措施)。提前开展投产技术准备。提前消化设计文件、设备操作规程,组织编制投产试运方案、作业计划书、应急处置卡、工艺仪表流程图等生产技术文件;提前开展操作工技术培训与特殊工种取证。科学制订投产方案,合理确定投产顺序,确保了净化厂及单井站一次性投运成功。严格执行能量隔离制度,实行上锁挂牌管理。净化厂上下游协同,全面疏通流程和反复确认,保持进气和外输平稳,为一次性投产成功提供了重要保障。

四、创新开发项目成本管理,实现开源节流、降本增效

（一）优化设计实现"开源节流"

龙王庙组气藏实现开源节流降本增效靠的是观念创新、技术创新、管理创新。观念创新,首先从源头抓起,从设计入手,开源节流。技术创新,在新工艺技术研发应用上实现突破,在油田高产、稳上贡献能量,实现降本增效。管理创新,从管理制度入手,从投资管理、采购管理等方面控制成本,实现开源节流降本增效。

重点放在优化设计、强化关键节点的预警管理,特别是设计方案初审阶段(包括钻井、试油地质设计、工程设计、酸化方案),采取地质、工程、计划、造价等部门联合汇审制度,从源头上优化、简化,控制投资成本。项目施工图采用SPID和PDMS国际先进设计软件进行工艺流程图及三维模型设计,项目部克服了项目规模大、建设工期紧、施工组织难、技术要求高等困难,采取多项强有力的措施加快推进设计进度及确保设计质量。

(二)加大新工艺研发助推"降本增效"

一是加强科技创新,在新工艺技术研发应用上实现突破;二是加强科技钻研,在油田高产、稳产上贡献能量;三是加强成果裂缝预测技术成果转化,助力井位定位、钻试跟踪。节流技术研发获新型专利;推广井下节流器减少作业风险,增加经济效益,2013年至2015年开展可平衡井下节流器现场推广应用150余井次,单井产气量按$1.5×10^4 m^3/(d·井次)$计算,增产天然气$225×10^4 m^3$,增加经济效益293万元。推广可平衡井下节流器后,累计增效811万元。研发压力计脱挂实现自行压力监测,每年可以节省压力监测费2210.88万元。强化单井动态预测提高气田采收率,地震解释优化井位论证,强化单井动态预测节约外协费,2014年4月,两个项目圆满完成验收工作,共为油气矿节约外协费用约200余万元。

(三)创新钻井投资管理实现"降本增效"

完善钻井成本控制责任制,在业绩合同中增设"钻井区块成本控制"考核指标,对相关科室执行联责挂钩考核,增加投资成本控制刚性考核含量。

精细钻前工程管理制度,钻前工程通过管理制度、措施和方法的结合,优化井位选址节约工程造价,通过地质、工程反复论证、优化靶体、重新划定地面井场建设允许范围,等减少投资490万元。同时,通过对地下目标的优化、调整,直井段减少50m、水平段减少160m,节约钻井投资210万元,该井累计减少投资700万元;优化钻前设计节约钻前投资,始终坚持"设计优化是最大节约"的理念,对公路的走向、设备基础结构形式、池类的结构和摆放、构筑物与复垦工程之间的结合等重点内容进行充分的考虑,选择最安全、经济、高效、适用的方案,通过优化钻前设计节约钻前投资1061万元。

管控项目全过程投资预警,钻井工程以预警管理为主线,切实加强项目全过程关键环节的投资管控。一是建立并坚持了气矿分管领导主持,勘探科、规划计划科、工程技术与监督部、工程项目造价管理部等部门参加的设计会审制度,油气矿开发井设计会审覆盖率100%;二是紧密跟踪项目实施过程,及时调整工艺措施;三是强化钻井事故、复杂签认管理,严格划分甲乙方责任,控制钻井投资。加强钻井预警管理优化投资,以钻井工程预警管理为主线,切实加强项目全过程关键环节的投资管控,坚持设计会审制度,2014年1—7月实施井18口(含跨年井12口、新开井6口),在设计初审阶段优化投资8456万元。加强跟踪管理节约投资,紧密跟踪项目实施过程,及时调整工艺措施,节约钻井投资3055万元,如磨溪009-4-X1根据实钻情况,原设计井深5650m,钻至5460m完井,节约投资760万元。强化钻井事故、复杂签认管理,严格划分甲乙方责任,控制钻井投资,2014年事故复杂成本在2013年(211元/m)基础上下降48.3%。

(四)强化财务预算管理促进"降本增效"

一是落实预算执行分析和预警,加强过程控制,将各类成本分解到每月,重点对超支成本费用进行分析,制订了管理办法,确保费用得到有效控制。二是严格生产维修项目管理,坚持项目立项会议审查制度,切实做好方案编审与上报、合同选商、履行检查等关键环节工作。三是严格控制非生产性费用支出,规范"五项费用"(财务术语,包括业务招待会、会议费、出国(境)考察费、差旅费、办公费)管理,制订了《业务费、差旅费、办公费及车辆运行费用管理办法》,编制了《磨溪开发项目部一线场站无纸化办公方案》,坚持重点费用事先申请制度,严格进行咨询比价，开源节流效果明显。

五、创新生产运行管理模式，提升气田开发生产效率

（一）构建中心井站模式，实现远程无人管控

根据高石梯—磨溪区块各地面建设情况，结合气井生产实际情况，将项目部所属进站划分为4个片区，分设龙王庙集气总站、龙王庙西区集气站、龙王庙西北区集气站及龙王庙东区集气站4个中心井站，4个中心井站对下属无人值守井进行直接生产管理，对有人值守井进行监督管理。

持续推进无人值守的数字化气田建设，基本形成"单井无人值守+区域集中调控+远程支持（协作）"的数字化气藏、信息化系统的总体格局，系统层面实现单井—集气站—调控中心三个层次管控。积极探索优化数字化条件下中心井站与无人值守单井运行模式，依托调控中心、中心站两级集中监控与预警平台，形成"电子巡井+定期巡检+周期维护+检维修作业"为主要内容的数字化气田生产组织方式。始终遵循"安全第一、统筹规划、试点先行、分步实施、持续改进"的总体原则，凡是工艺、信息化及配套建设等全部完工，且具备无人值守条件的井，具备一口实施一口。2014年以来已先后在磨溪10井、磨溪204井、磨溪008-H1井及磨溪13井等8口井开展了无人值守工作，截至2015年6月底基本实现已投产井的无人值守。

通过构建"调控中心、中心井站、维修队"为骨架的井站一体化管理基本单元，形成了龙王庙组气藏无人值守井的管理方案，固化了无人值守管理模式，提升了井站管理水平（图5-2）。

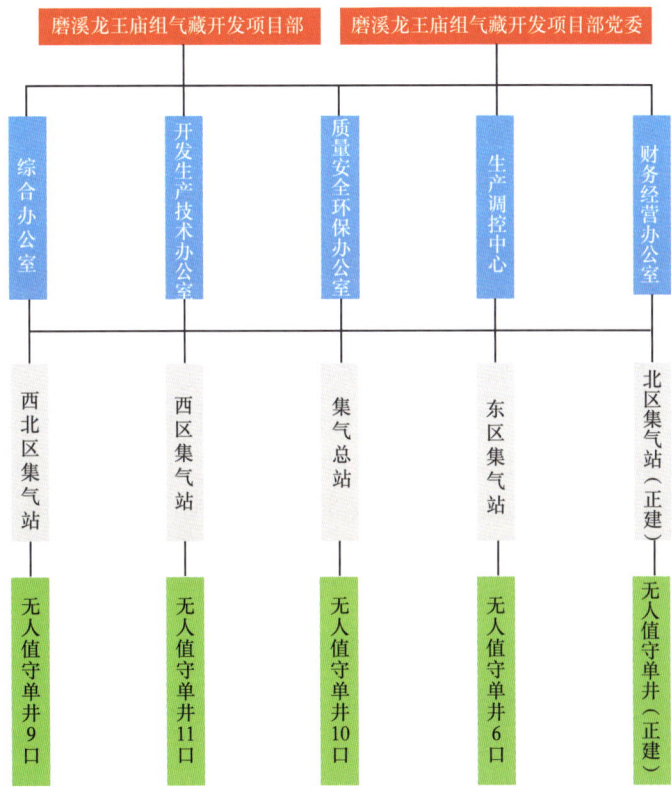

图5-2 磨溪龙王庙组气藏开发项目部井站管理模式

(二) 推行"四个坚持",优化生产组织方式

1. 坚持电子巡井,实现无人值守生产

无人值守的电子巡井工作分为调控中心和中心井站两级工作模式。调控中心电子巡井工作由值班调度员完成,负责每日定时对全气藏所有井站进行电子巡检,主要内容包括:站场通信状态、各节点生产运行参数、站场监控系统、监测系统、集输管网运行压力等。中心井站电子巡井工作由值班员完成,负责每日定时对辖区所有井站进行电子巡检,主要内容包括:站场通信状态、各节点生产运行参数、站场监控系统、监测系统、集输管网运行压力等。站长负责每日生产动态分析、生产异常情况汇总分析及上报,并执行调度指令。

2. 坚持定期巡检,实现中心井站管控

龙王庙站场巡检分为中心井站和无人值守井站的巡检工作。中心井站的站场巡检工作由值班员完成。主要负责每日对中心井站的现场巡检工作、负责中心井站的污水转运、药剂加注工作;保持中心井站各类流程标识和警示标志的齐全、完好等。无人值守井站站场巡检工作由中心井站安排人员完成,日常巡检发现的异常问题在20min内上报至中心井站站长,站长每日将异常问题进行分类处理,并将结果上报至调度室。巡检工作采用乘坐巡检车的方式以中心井站—各单井站—中心井站的路线进行巡检。

3. 坚持周期维护,确保井站正常运行

龙王庙中心井站和无人值守井站定期维护由中心井站巡井工、项目部机关及专业维护人员共同完成。主要内容为阀门注脂保养、高级孔板阀清洗、灭火器称重及火炬自动点火测试等工作。

4. 坚持定期检维,确保突发事件处理

龙王庙无人值守的突发事件处理由维修队完成。维修队主要负责巡井工不能完成的专业性质维护与维修工作,大型设备的维护及应急抢修工作。如仪器仪表校检维修、生产生活辅助设施和金属构件焊接、生产生活用电的检查维修、机泵和大型设备的检维修作业、生产信息化系统维护等工作。

(三) 创新场站管理制度,质量和标准全面提升

创新生产管理制度,形成了一套工作质量标准受控管理体系。磨溪龙王庙组气藏开发项目部根据现场实际,梳理出井站日常所需开展的工作,逐一明确周期、质量、标准,形成《磨溪龙王庙组气藏开发项目部生产场站工作质量标准手册》,修订了《工作指南汇编》《业务标准·质量·流程控制表单》《天然气采(集)气岗位工作质量标准手册》,实现生产活动全监控,实现了工作前有制度可依、工作中有标准执行、工作后有总结考核,确保质量和标准全面提升。

(四) 运用信息化手段,促进现场管理上台阶

一是优化数字化系统建设,建设物联网管理平台。立足生产管理业务,按照97项需求,优化180余处功能细节,提升数字化系统与生产管理业务融合程度;完成物联网手持终端和PC端的软件功能定制开发,录入技术参数、设备照片等资料7万余条,实现了物联网系统在西北区集气站、磨溪008-H15井的上线试运行。二是协调各方力量,提升信息化运维能力。建立

"项目部+信息站"的联合巡检模式,完善"自主+外委"的运维机制,充分利用限产、整改、试井等机会,完成龙王庙组气藏全覆盖系统深度维护和远程测试,整改系统隐患90项,完善系统功能8项,确保系统运行稳定。

（五）创新"四自"管理模式,提升员工劳动生产效率

创新了"人员自主管理、成本自主管理、行为自主管理、绩效自主分配"的班组"四自"生产管理模式,员工劳动生产效率较高;同时,开展"现场培训师—班组长—单井员工"短期点对点培训和员工电话点培训师来现场的"套餐+点餐"培训模式,员工素质快速提高。项目部共有员工204人,其中,管理和技术人员36人、后辅人员34人、一线员工134人、党员73人,共有基层班组25个。通过抓好特种作业持证培训,实现了项目部特种作业100%持证上岗;强化重点领域和关键环节的安全环保管理,实现了投产试运过程中的安全零事故;2015年项目部获得西南油气田2014年度"先进基层单位"荣誉称号。2016年项目部核实生产天然气84.15×10^8m^3,完成年度计划的95.5%,商品量80.39×10^8m^3,人均生产天然气高达4125×10^4m^3;实现利润72.83亿元,人均利润3570万元。

六、创新企业文化内涵发展,支撑安全优质高效勘探开发

（一）勇挑"急、难、险、重"任务,创新"川油精神"内涵

参建员工把加快龙王庙组气藏勘探开发作为践行"我为祖国献石油"核心价值观,推动中国天然气工业基地建设的生动实践。在工作任务重,建设周期紧,面临高温、暴雨、地震等多重考验与挑战面前,始终保持顽强拼搏的斗志,开展劳动竞赛提效率,优化作业方式抢工期,加强专业协作保质量,展示出"勇于担当、勇于创新、勇于奉献、勇创一流"的精神风貌,为"川油精神"注入了新的时代内涵。

（二）创新"理念、技术、管理",实现气田开发高效可持续

面对"增储上产"的神圣使命,参建员工发挥"攻坚克难"的优良传统,同时注重加强生态文明建设,强化清洁生产、资源节约、生态环保齐驱并进,着力推进油气勘探开发与环境、企业与地方的和谐,打造绿色生态气田。突出油气开发核心业务,加大"理念、技术、管理"三大创新,增储、增产、增效,不断扩展勘探开发新领域,提升安全环保水平,增强市场开拓和服务保障能力,完成气田勘探开发各项目标。

参 考 文 献

[1] 谢军. 安岳特大型气田高效开发关键技术创新与实践[J]. 天然气工业, 2020, 40(1): 1-9.
[2] 马新华. 创新驱动助推磨溪区块龙王庙组大型含硫气藏高效开发[J]. 天然气工业, 2016, 36(2): 1-8.
[3] 胡勇, 彭先, 李骞, 等. 四川盆地深层海相碳酸盐岩气藏开发技术进展与发展方向[J]. 天然气工业, 2019, 39(9): 48-55.
[4] 李熙喆, 郭振华, 万玉金, 等. 安岳气田龙王庙组气藏地质特征与开发技术政策[J]. 石油勘探与开发, 2017, 44(3): 398-406.
[5] 张春, 杨长城, 刘义成, 等. 四川盆地磨溪区块龙王庙组气藏流体分布控制因素[J]. 地质与勘探, 2017, 53(3): 599-606.

[6] 冯曦,彭先,李隆新,等.碳酸盐岩气藏储层非均质性对水侵差异化的影响[J].天然气工业,2018,38(6):67-75.
[7] 谢军."互联网+"时代智慧油气田建设的思考与实践[J].天然气工业,2016,36(1):137-145.
[8] 李玥洋,卢晓敏,赵益,等.裂缝有水气藏无因次水侵量计算模型参数优化[J].天然气勘探与开发,2019,42(4):84-88.
[9] 刘爱华.气藏生产一体化模拟技术在气田开发中的应用[J].中国石油石化,2017(6):78-79.
[10] 朱彦杰,戴宗,匡宗攀,洪舒娜.油藏管网一体化在气田群联合开发中的应用[J].石化技术,2016(7):59-60.
[11] 李桂兰.基于PI System 的生产实时大数据中心的建设研究[J].山东化工,2019,48(4):98-102.

第六章 低孔隙度非均质裂缝—孔洞型气藏地球物理评价

第一节 龙王庙组岩石物理特征分析

获取储层岩石性质有多种方式,比如地表地震、测井、VSP、实验测量等。岩石物理实验相比是直接测量钻取的岩心,可获得更准确的储层岩石信息,包括孔隙度、渗透率、矿物成分、密度、纵横波速度、衰减等信息。研究的龙王庙组样品涉及溶洞、溶孔、基质孔、裂缝、含沥青、含泥质以及含硅质等储层及非储层岩石类型。

磨溪区块龙王庙组储层的物性在横向及纵向上都变化剧烈,非均质较强,与岩性、沉积环境及溶蚀作用密切相关。滩主体以颗粒白云岩为主,原生孔较发育,溶蚀作用也较强,形成大量溶蚀孔洞。滩翼以细粒沉积为主,溶蚀作用稍弱,物性也较差。

溶蚀孔洞的发育不仅可以提高储层物性,也会增强气藏的可流动性,是影响单井产量的主控因素。油气运移并逐渐取代储层中地层水,但岩石孔隙中总有一部分水是不可动的,地下油气藏应该处于部分饱和状态。因此,研究龙王庙组储层孔隙类型并识别溶蚀孔洞富集区、气藏的含气饱和度或束缚水饱和度,是需要重点解决的问题,以便为后面的岩石物理分析及建模提供有效信息。

一、孔隙结构分析

碳酸盐岩储层岩石物理响应与岩石内部孔隙结构特征密切相关,因此在开展岩石物理分析及建模过程需引入孔隙结构参数。由于高分辨率CT可以方便快捷地获取岩石真实孔隙三维结构,近年来在复杂储层孔隙结构分析中得到大量应用。龙王庙组储层根据溶蚀孔洞发育程度,主要分为基质孔型、溶孔型及孔洞型三类储层。

基质孔型储层含大量粒间孔、晶间孔及微裂隙等微孔隙以及部分溶蚀孔洞,这类储层的孔隙度相对较低,基质孔型储层样品CT成像表面只能看到少量的溶孔。该样品的孔隙结构CT成像横切片[图6-1(a)]孔隙多呈现出圆角多边形及圆点状,应该是经受过溶蚀作用的粒间孔或晶间孔。三维立体图[图6-1(b)]上,孔隙分布较稀疏,孔隙之间相互不连通(应该是通过微孔隙连通)。孔隙尺寸差异较大。

溶孔型储层以溶孔为主、含部分微孔隙及少量溶洞,从岩心上可观察到大量针形孔隙。该类样品CT成像表面可见大量针形小溶孔。该样品的孔隙结构CT成像,成像孔隙以溶孔为主。在二维切片中,溶孔呈圆角多边形、椭圆形、圆形及斑点状,隐约可见溶孔沿颗粒周缘分布。在三维立体图上[图6-2(b)],孔隙空间分布及尺寸较基质孔型更加均匀,局部区域圆角多面体状、管状及椭球状溶孔相互连通,也存在大量未连通的小溶孔。

孔洞型储层含有大量溶蚀孔洞及少量微孔隙,岩心表面可见蜂窝孔洞。孔洞型储层样品

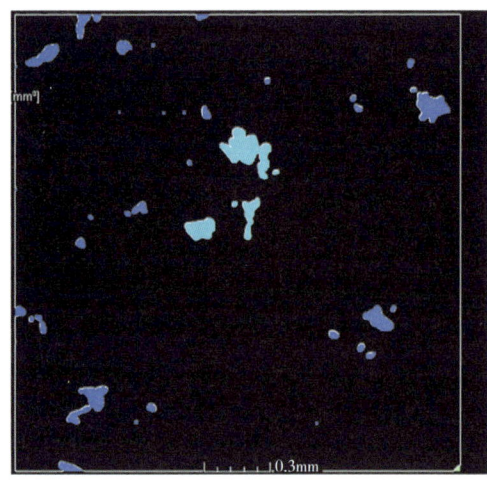
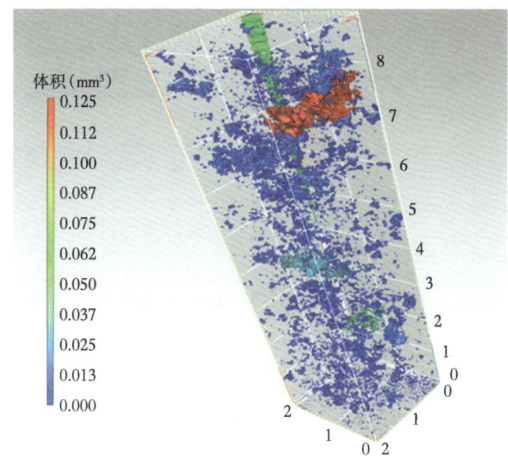

(a)横切片显示　　　　　　　　　　　　　(b)三维立体显示

图 6-1　基质孔型样品孔隙结构成像

(颜色指示单个孔隙尺寸)

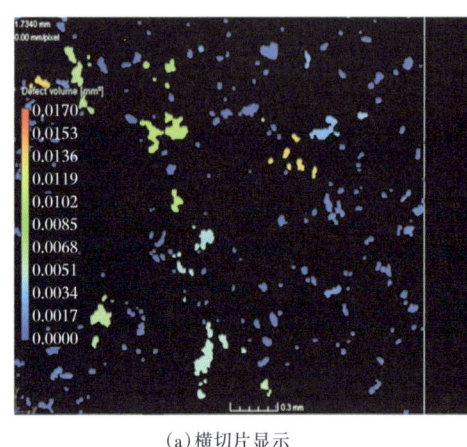
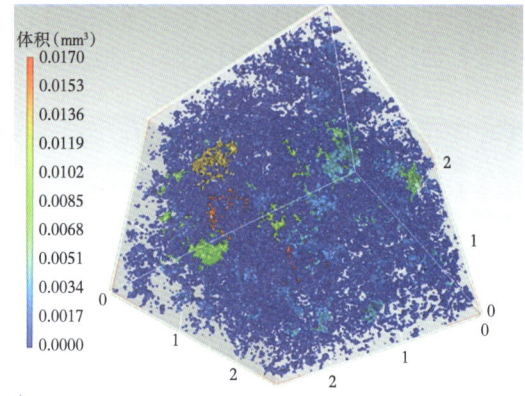

(a)横切片显示　　　　　　　　　　　　　(b)三维立体显示

图 6-2　溶孔型样品孔隙结构成像

(颜色指示单个孔隙尺寸)

CT 成像表面可见大量溶蚀孔洞,呈蜂窝状,属于孔洞型。该样品的氦孔隙度为 10.19%、渗透率为 21.2 mD。图 6-3 中该样品的孔隙结构 CT 成像成像孔隙涉及溶洞及溶孔。溶蚀孔洞大面积分布、相互交错,大部分通过管状溶蚀孔喉相互连通,只有少量溶孔呈孤立状,这可以解释为什么该样品孔隙度和渗透率都较高。

基于三种储层类型的 CT 孔隙结构成像,定量分析了岩石的孔隙结构特征,为岩石物理分析提供基本参数。基质孔隙型样品微孔含量超过 24%。溶孔型样品的中小孔在 67%~87%,含有部分微孔、大孔或溶洞。溶洞型样品的微孔含量偏低,大孔及溶洞所占比例超过 50%。

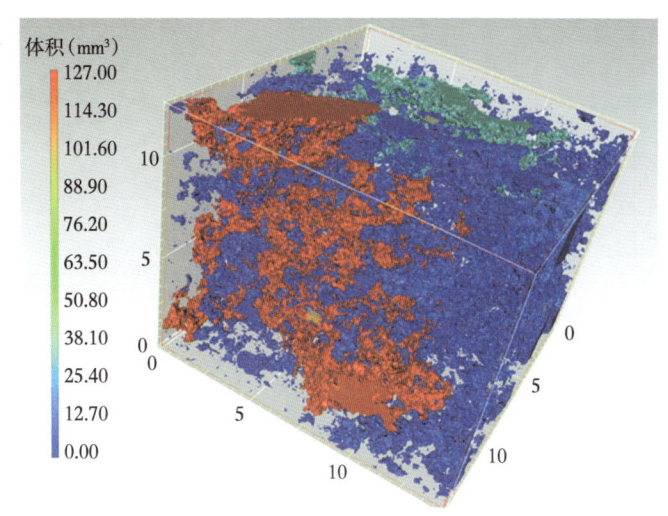

MX-A-8
(ϕ =10.19%; K=21.2mD)

图 6-3　孔洞型样品孔隙结构成像

二、影响岩石弹性参数的因素

影响岩石弹性参数的因素较多,包括矿物成分、孔隙度、饱和度、流体类型、孔隙结构、测量频率、温度和压力等。这些因素混合在一起,往往难以形成比较合理的解释及评估其不确定性。

岩心样品的基本信息包括孔隙度、饱和流体类型、矿物成分及孔隙结构等都是已知的。在实验测量过程中,可以改变其中的一个或多个因素,来研究这种变化对岩石波传播特性的影响,进而建立可靠岩石物理模型或模板,以指导实际应用。我们分析了沥青含量、孔隙结构、流体类型及饱和度及三参数关系的影响。

(一) 沥青影响

磨溪地区的局部储层含有大量沥青。沥青占据孔隙边缘及孔喉部分,大大降低了孔隙的连通性,对单井产量有明显影响。沥青含量也会对速度产生比较明显的影响。沥青含量减少(图 6-4,样品孔隙度 5.21%,沥青含量 5.01%),孔隙度就会相应增加,导致密度、纵波速度和横波速度都会下降。沥青含量是影响龙王庙组储层弹性参数一个重要的因素。因此,对孔隙结构分析,需要去除沥青含量的影响。

(二) 孔隙结构

干燥岩石中的波速提供了岩石骨架性质,主要受孔隙度、孔隙结构、矿物成分、沥青含量、压力、测量频率等因素的影响。校正沥青含量的影响,导致波速与孔隙度关系不唯一的因素就只有孔隙结构的变化,特别是溶蚀孔洞的发育程度。干燥条件下纵波速度与孔隙度的关系(图 6-5),叠加了三条理论模型预测曲线(双连通孔隙模型,微孔含量 ν_{mic} 分别为 4%、10% 和 22%),随着溶蚀作用增强,溶蚀孔洞逐渐增加,而微孔含量也会相应减少。溶孔型样品的微孔含量中等,为 10%~22%。孔洞型样品的孔隙度普遍偏高,数据点位于微孔含量为 10% 的预测

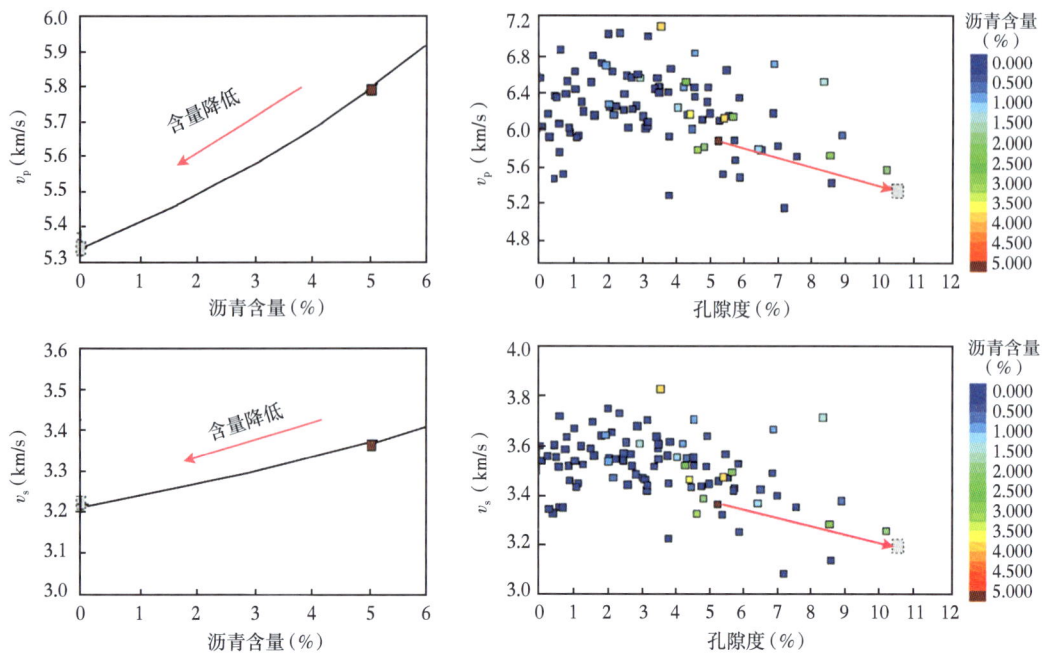

图 6-4　沥青含量对纵横波速度的影响
v_p，v_s—纵波速度与横波速度

线上方。受孔隙结构变化的影响,波速与孔隙度的关系不唯一。孔隙度为6%时,孔隙结构可以造成高达20%的纵波速度变化。孔隙结构是影响龙王庙组储层中波速的一个关键因素。

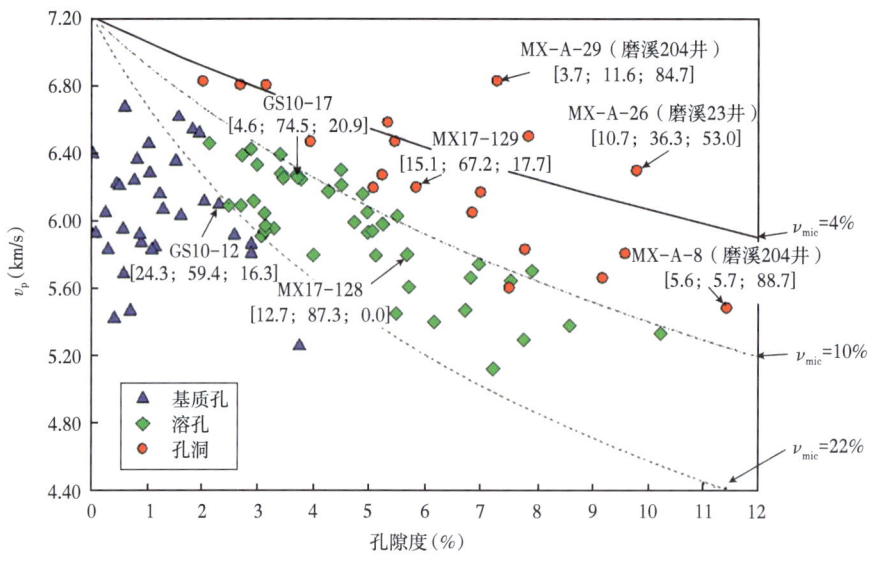

图 6-5　孔隙度和孔隙结构对纵波速度的影响曲线

(三) 流体类型及饱和度

地下储层包含的流体类型的不同会导致弹性参数存在差异,这也是地震烃类检测的基本依据。

孔隙结构也影响岩石中波速对流体类型的敏感性。差压 40MPa 时干燥与水饱和状态下纵波速度与孔隙度的关系中(图 6-6),储层部分的气饱和数据点分布范围较宽(两条虚线之间),而水饱和数据点相对收敛(两条实线之间),受孔隙结构影响较小,这反映了纵波速度对流体类型的敏感性存在差异。相同孔隙度条件下,基质孔型储层流体敏感性最强,然后依次为溶孔型和孔洞型。例如,孔隙度为 6% 时,基质孔型储层有超过 14% 的波速变化,而孔洞型可能只有 4% 左右的变化。纵波速度对流体比较敏感(图 6-7),而横波速度变化较小,因此可以用纵横波速度比来进行流体识别。

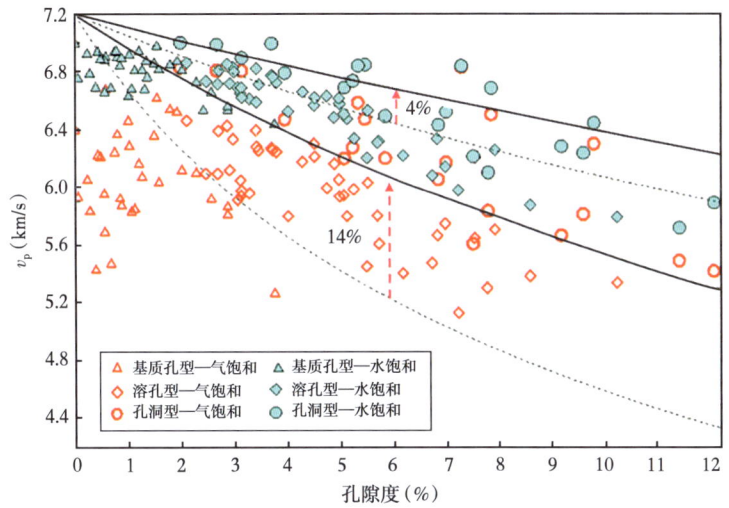

图 6-6 流体类型对龙王庙组纵波速度的影响

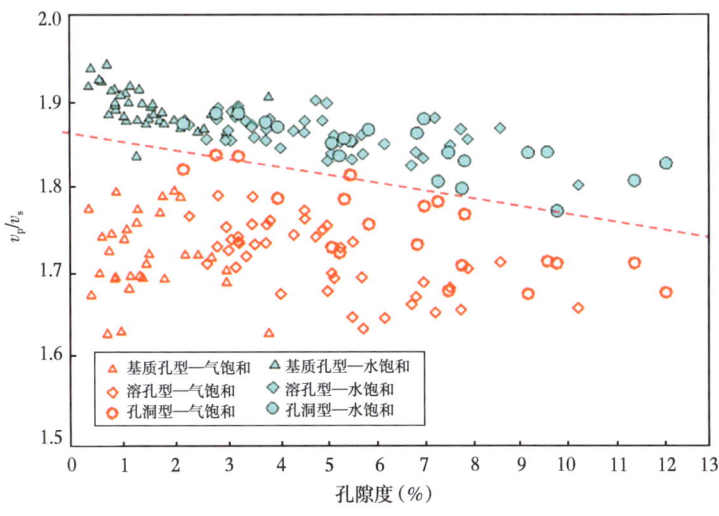

图 6-7 流体类型对纵横波速度比的影响

对于龙王庙组气藏而言,我们关心含气饱和度或含水饱和度如何影响储层岩石的波速,换句话说,烃类是否具有地震可检测性。通过开展部分饱和实验可以研究这种变化规律,进而探索出一种评估储层饱和度的方法。

波速与饱和度的关系(图6-8)总体表现为一种上升台阶式变化,即随着含水饱和度增加,纵波速度刚开始逐渐增加,达到第一个拐点后速度保持不变或缓慢下降,接近完全水饱和时出现第二个拐点,之后速度迅速上升。孔洞型样品第一拐点在20%~30%的含水饱和度范围内,而溶孔型样品为40%~60%。第一个拐点之前的波速变化主要体现了微孔的作用,之后则体现了连通孔的作用。因此,随着溶蚀孔洞含量增加,孔隙之间的连通性增强,第一个拐点会向右侧移动。龙王庙组气藏的含水饱和度大致在10%~20%,与水层的速度差为0.2~0.7km/s,相对变化量为3%~10%,具有地震可检测性。

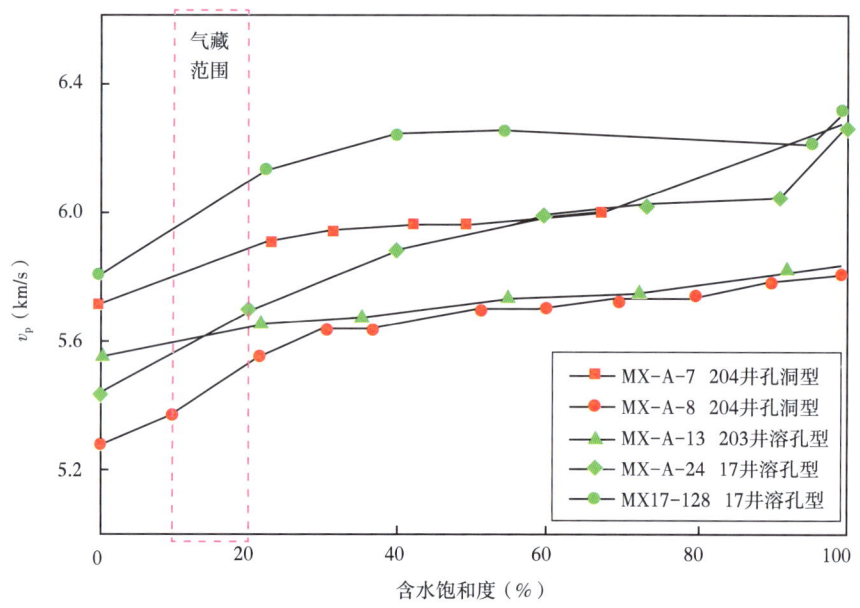

图6-8 纵波速度与含水饱和度的关系

(四)三参数关系

受多种因素影响,弹性参数与储层参数(孔隙度、含气性、储层类型等)之间的关系比较复杂。如果利用单一地震属性进行地震储层预测,将会存在非常强的多解性,破解该难题的可行途径就是综合利用多种信息来进行判断。

虽然龙王庙组白云岩储层纵向及横向上非均质性较强,但是目前依然将其看做各向同性弹性介质,那么能够利用的信息就只有密度和纵横波速度。选用差压为40MPa的实验数据来分析这三个参数之间的关系,进而探索出地震储层预测及烃类检测的有效方法。

图6-9给出了龙王庙组纵波速度与横波速度之间的关系。利用该交会图关系可以较好区分致密层、水层和气层,却无法识别储层孔隙类型。主要原因在于,孔隙结构引起的速度变化方向与孔隙度一致,另外在加上沥青含量的影响,导致三种类型储层在交会图上相互重叠。但是,如果综合利用密度和速度信息(图6-10),可以有效区分开孔隙度与孔隙结构的影响,从

而识别出溶蚀孔洞较发育的优质储层。另外,需要注意的是,密度与纵波速度交会图不适合于区分流体。

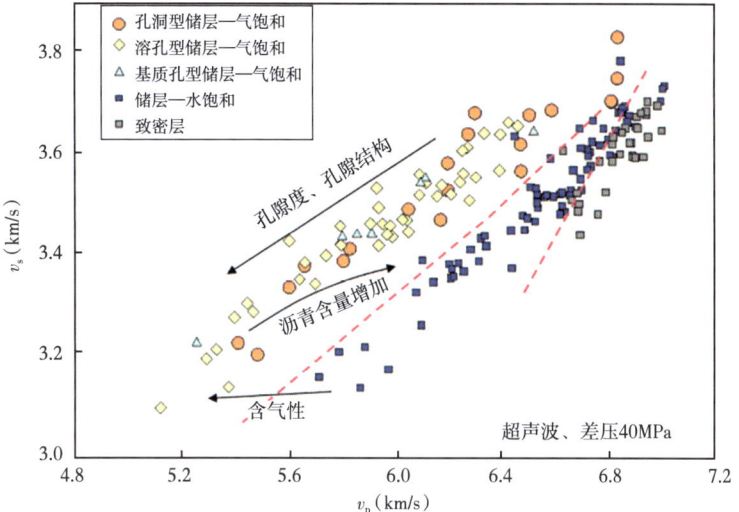

图 6-9　龙王庙组纵波速度与横波速度关系交会图

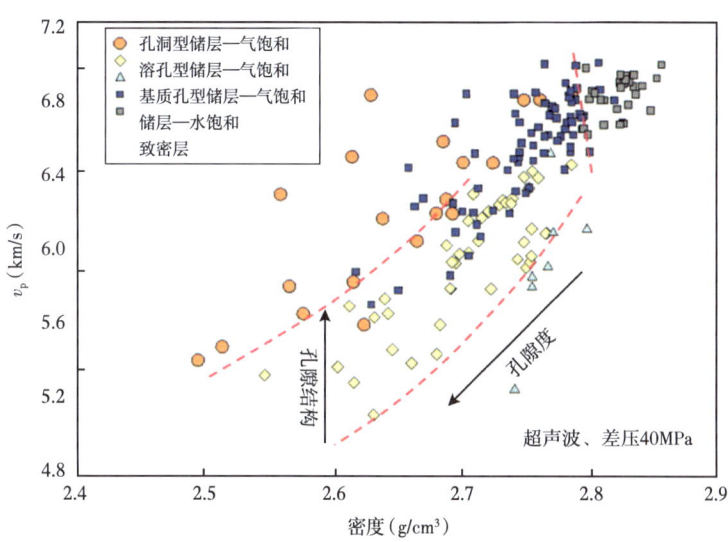

图 6-10　龙王庙组密度与纵波速度交会图

对于龙王庙组储层,合理的储层预测方案应该是:(1)利用纵横波速度的关系识别气藏;(2)利用密度—纵波速度关系划分储层类型并进行孔隙度预测。然而,现有地震资料的有效入射角不到 30°,很难单独获取可靠的密度,那么实际应用中只能借助于含密度信息的阻抗。

第二节 测井储层评价

一、基于电成像测井的缝洞评价方法

(一) 岩心—电成像测井标定

电成像测井图像能直观地反映井壁四周的许多地质现象。但是,在应用成像测井信息分析、评价各种地质现象之前,首先必须对这些地质现象进行标定,建立成像测井识别地质现象的标准。

在碳酸盐岩缝、洞型储层测井评价中,需要成像测井识别和研究解释的主要地质现象是裂缝与溶洞。在识别裂缝和溶洞的同时,还需区分许多与裂缝和溶洞测井特征相似的其他地质现象,因此需要通过岩心照片对成像测井图像进行特征标定,建立各类地质现象的识别标准。

岩心与电成像测井标定表明:电成像图像上反映的裂缝、溶蚀孔洞特征与岩心上总体是基本一致的,但是由于受复杂地质环境、测井条件及电成像测井分辨率的影响,成像图上所反映的地质现象与岩心上并非一一对应,如图6-11至图6-13所示。

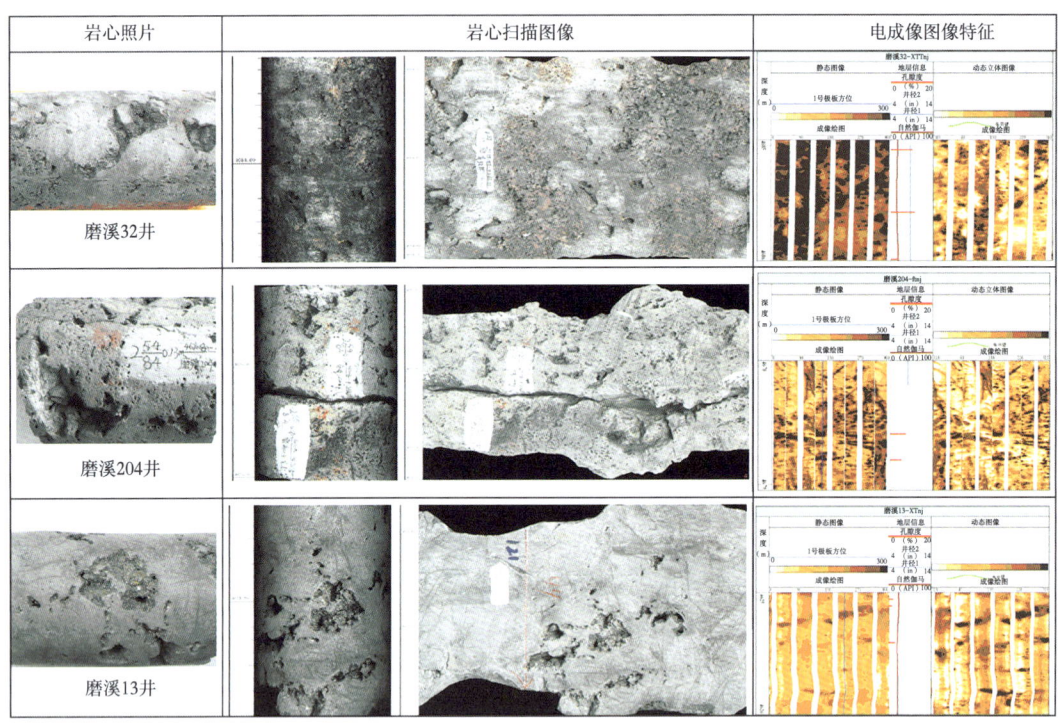

图6-11 岩心—电成像测井标定(大洞)

第六章 低孔隙度非均质裂缝—孔洞型气藏地球物理评价

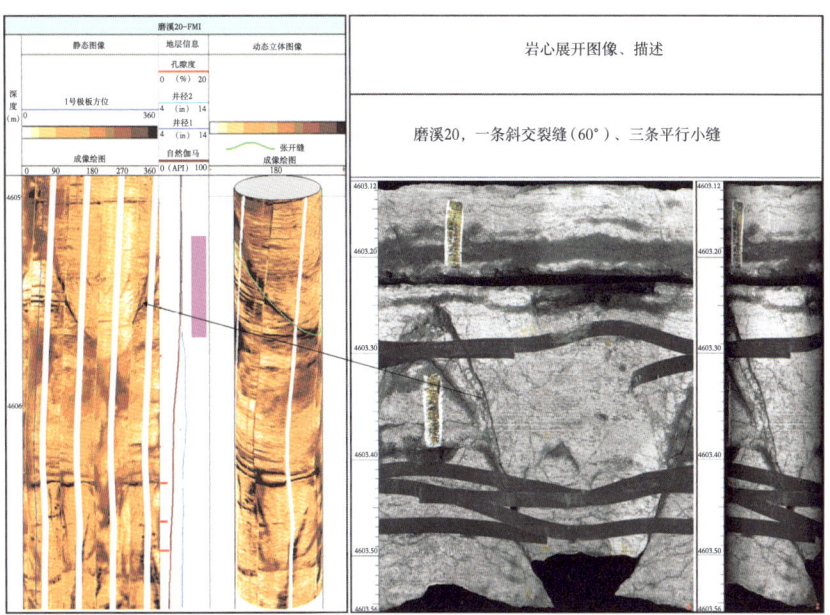

图 6-12 岩心—电成像测井标定（高角度裂缝）

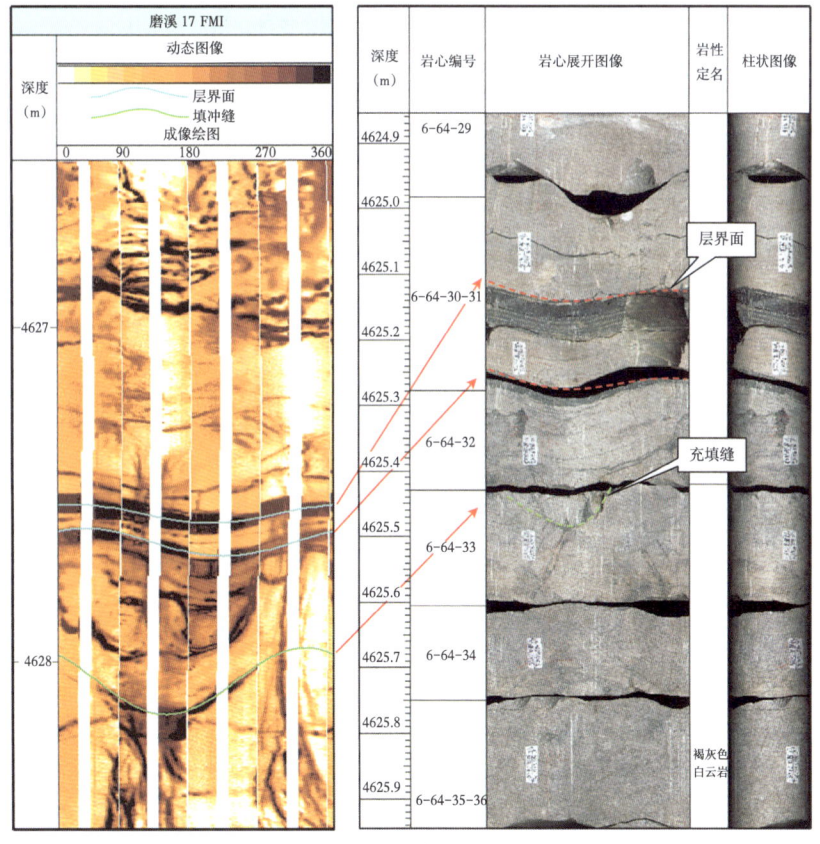

图 6-13 岩心—电成像测井标定（层界面）

— 121 —

(二)定向井中缝、洞定性识别

在定向井中,很多地质现象的电成像表现形式与直井中的都不一样,介于这种复杂的情况,考虑井斜角与地层倾角之间关系,模拟井眼上切与下切模式分别建立了定向井中层理、钻井诱导缝、裂缝及溶蚀孔洞电成像测井识别模式,为定向井中裂缝及溶蚀孔洞参数定量评价奠定基础。

1. 层界面

定向井中层界面和井眼是斜交,切割井眼距离较长,导致近似水平的层理在电成像图上表现为视倾角较高的正弦曲线状高导异常,在常规深浅双侧向测井曲线表现为"双轨"即"正差异"现象。同时考虑到井斜角与地层倾角之间的相互关系,可以分为下切(下穿地层)和上切(上穿地层)两种情况,在下切模式中,层理呈现出波峰状(图6-14),而在上切模式中,层理则呈现出波谷状(图6-15)。

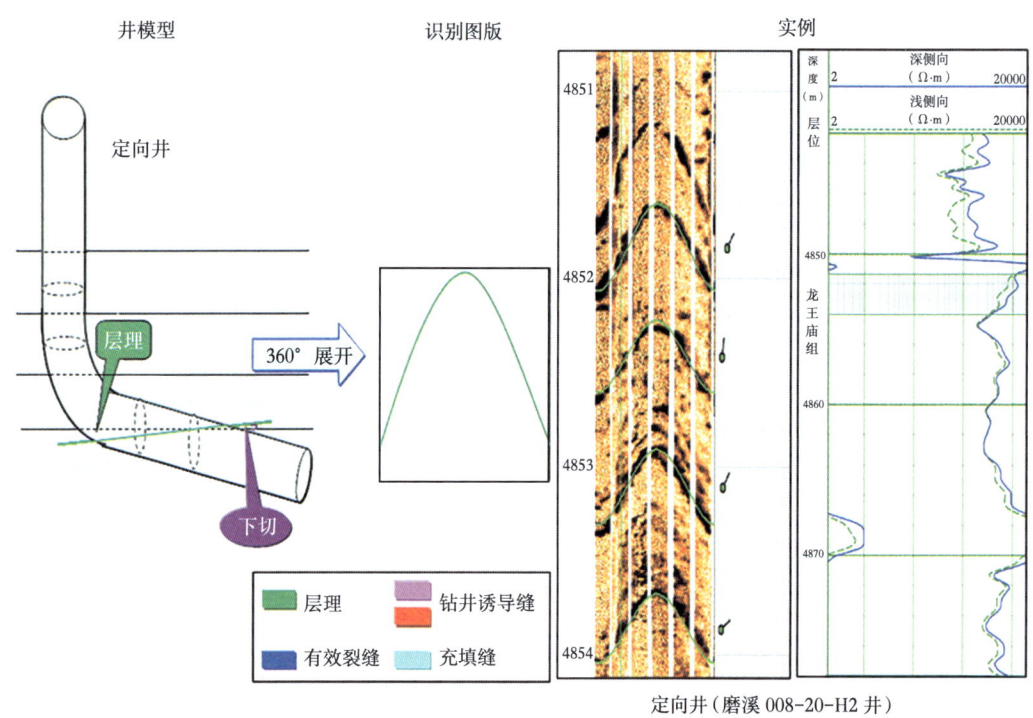

图6-14 层界面电成像识别模式(下切方式)

2. 钻井诱导缝

直井中钻井诱导缝在重力作用的作用下基本上是与井身平行且对称,而在定向井中钻井诱导缝基本上是与井身垂直切割,切割井眼距离较短,无论是上切方式还是下切方式,在电成像图上,钻井诱导缝表现为一组或两组成对称状幅度很低的正弦线型高导异常,两组正弦线的倾向相差约90°,视倾角很低。同时深浅双侧向测井曲线基本重合,与直井中钻井诱导缝的电阻率曲线表现形式是相反的(图6-16和图6-17)。

第六章 低孔隙度非均质裂缝—孔洞型气藏地球物理评价

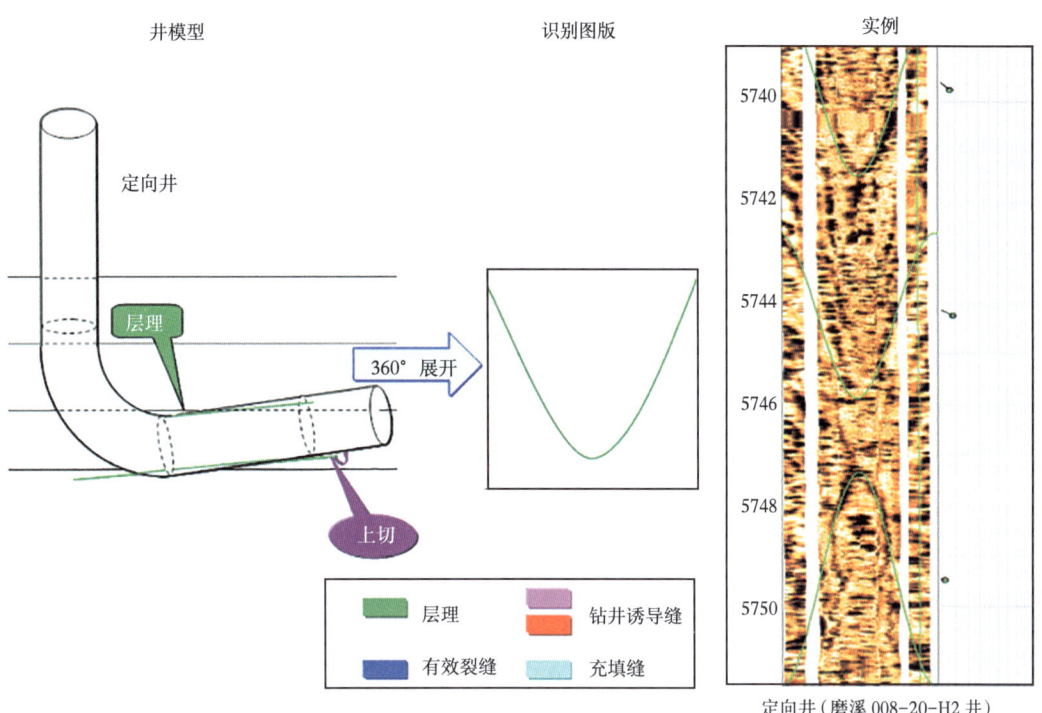

图 6-15 层界面电成像识别模式（上切方式）

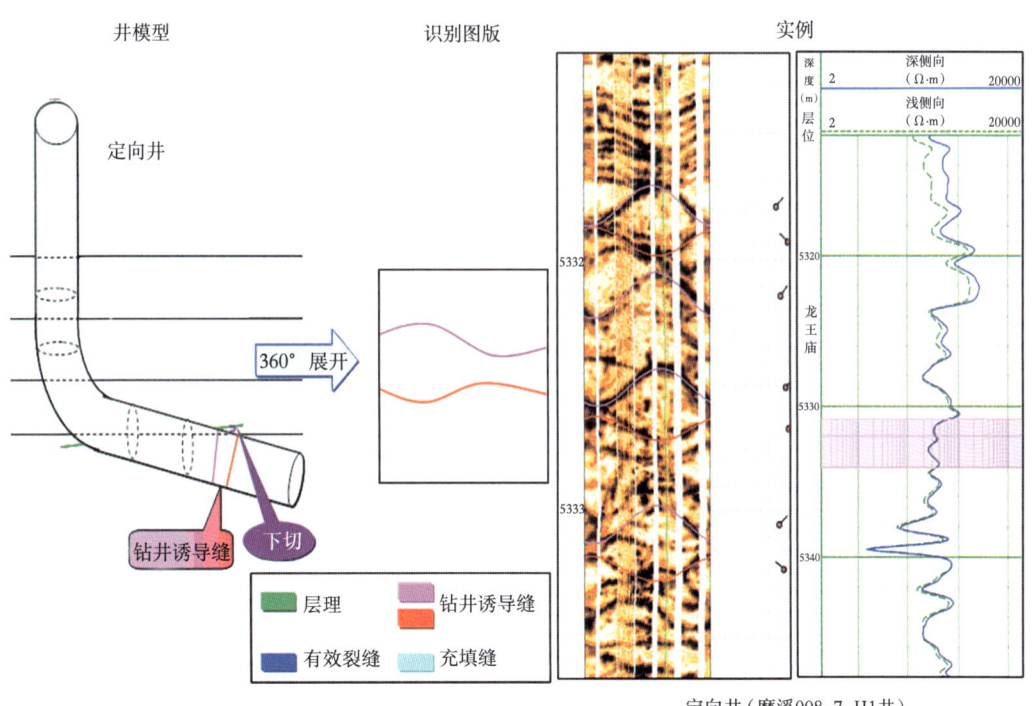

图 6-16 钻井诱导缝电成像识别模式（下切方式）

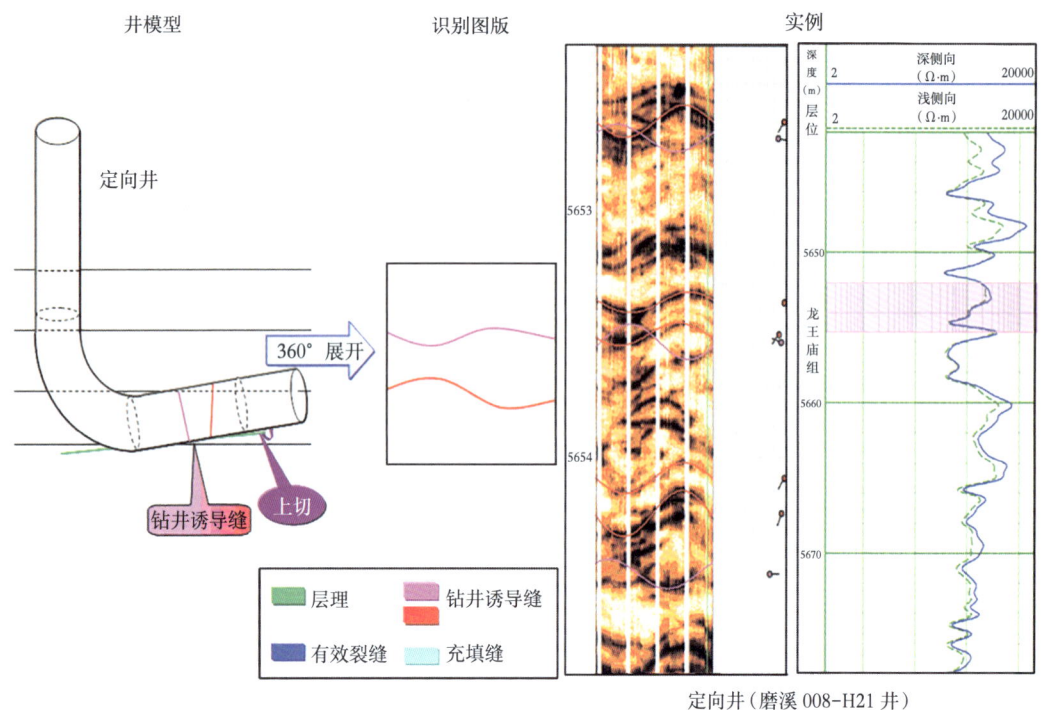

图 6-17 钻井诱导缝电成像识别模式（上切模式）

3. 天然裂缝

直井中的斜交缝在电成像图上表现为一条完整的正弦曲线，而在定向井中，不管是上切还是下切模式，斜交缝则呈现出波谷状，并随着井斜度的增加，与井眼斜交的面越大，切割井眼也越长，其波谷状的表现形式也越来越高，也就是视倾角也越大（图 6-18 和图 6-19）。

低角度和高角度裂缝电成像图象表现特征在定向井中与直井中截然相反，即直井中表现为高角度裂缝，在定向井中表现为低角度裂缝；直井中表现为垂直的裂缝，在定向井中表现为水平缝。

4. 溶蚀孔洞

定向井中溶蚀孔洞，呈大小不均匀的暗色斑状高导异常，并具有浸染状特征，背景色具有过渡颜色，与直井中溶蚀孔洞在电成像上的测井特征是基本一致的，如图 6-20 所示，因此，直井的溶蚀孔洞识别方法同样适用于定向井。

(三) 缝、洞参数定量评价

1. 缝、洞参数计算

在识别出真正的天然裂缝、溶蚀孔洞后，就可以通过人机交互，进行缝洞自动拾取及裂缝宽度、裂缝孔隙度、裂缝孔隙度和孔洞面孔率等特征参数计算，其中以裂缝宽度及面孔率的定量计算尤为重要。

第六章 低孔隙度非均质裂缝—孔洞型气藏地球物理评价

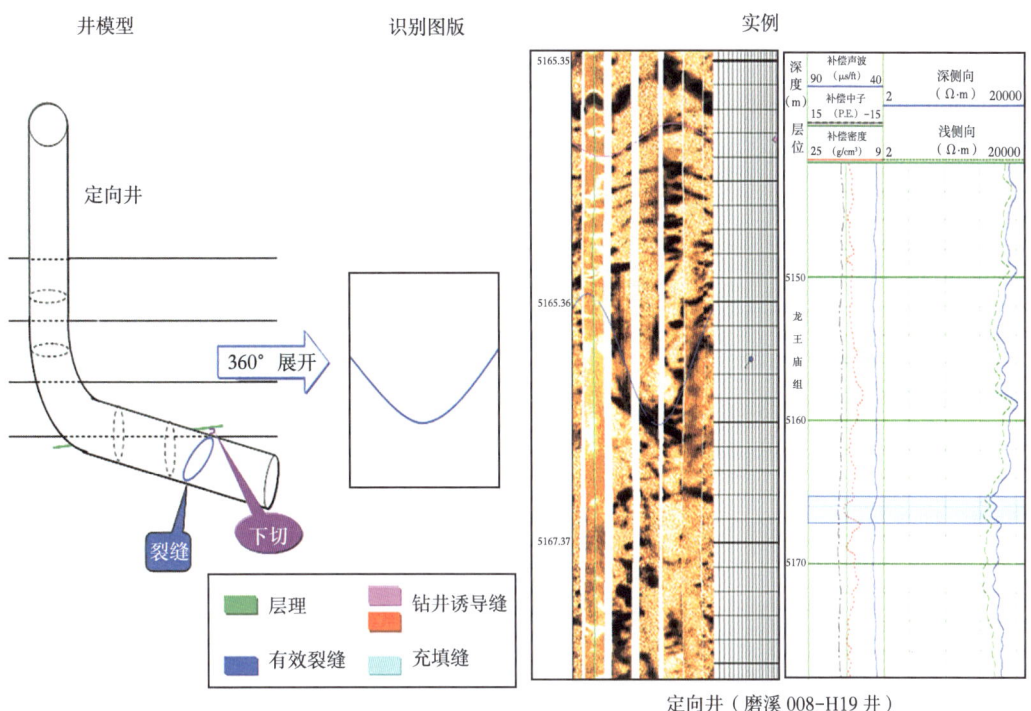

图 6-18 天然裂缝电成像识别模式(下切方式)

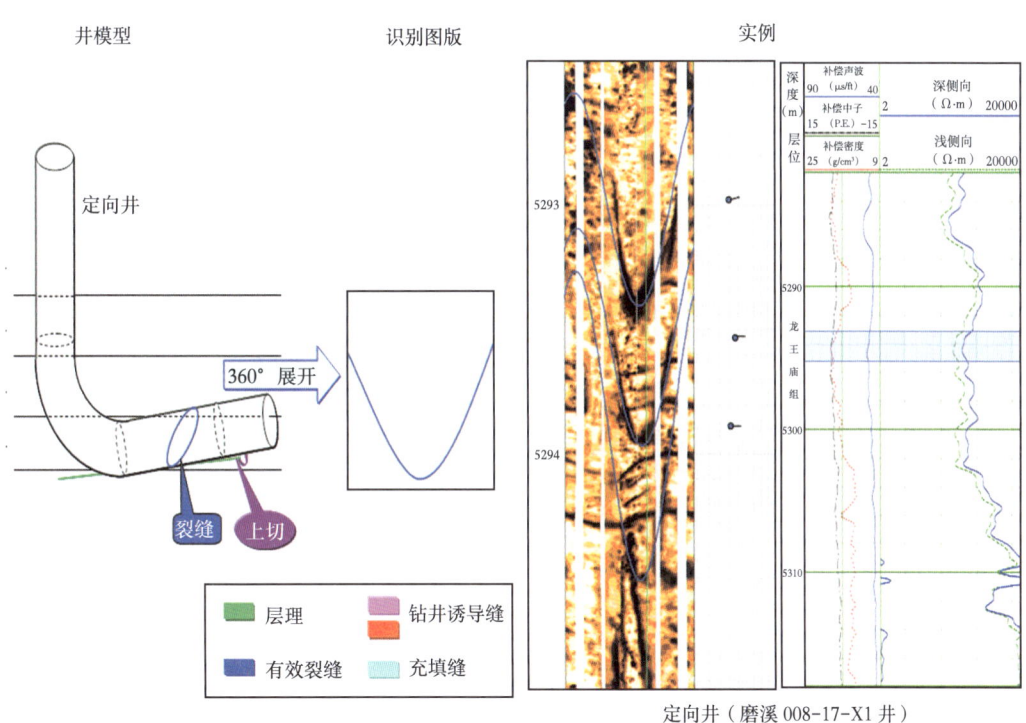

图 6-19 天然裂缝电成像识别模式(上切方式)

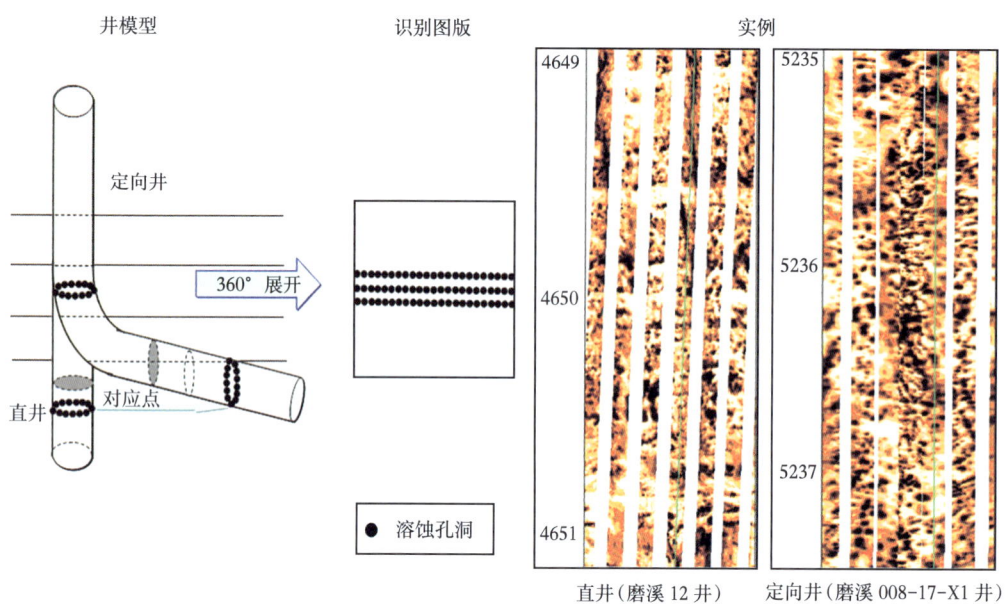

图 6-20　定向井与直井溶蚀孔洞电成像图像表现特征

(1) 裂缝宽度。

在电成像图像上,裂缝处电导率异常与裂缝宽度有关,电导率的异常值可以用曲线表示,该曲线的积分面积 A 受裂缝的张开度 W 和井壁附近侵入带的电阻率 R_{xo} 决定。由此,推出下面的裂缝宽度定量计算公式:

$$W = aAR_m^b R_{xo}^{(1-b)} \tag{6-1}$$

式中　a,b——与仪器有关的常数;

　　　W——裂缝宽度,mm;

　　　R_{xo}——地层电阻率(一般情况下是侵入带电阻率),$\Omega \cdot m$;

　　　A——由裂缝造成的电导异常的面积,$mm/(\Omega \cdot m)$;

　　　R_m——钻井液电阻率,$\Omega \cdot m$。

(2) 孔洞面孔率。

溶蚀孔洞面孔率是指每平方米井壁上溶蚀孔洞面积百分数,单位为%;实现方法是采用一较短的深度滑动窗口(2ft. 0.5m)统计窗口内图像的所有溶蚀孔洞面积与窗口内理想井壁面积的百分比。

$$HPOR = \frac{S_H}{S_{Win}} \times 100 = \frac{\sum S_{Contour}}{\pi d_{bit} \cdot l_{Win}} \times 100 \tag{6-2}$$

其中

$$S_{Contour} = \sum Pt \cdot R_{Hor} R_{Ver}$$

式中　$S_{Contour}$——滑动窗口内单个溶蚀孔洞面积;

　　　d_{bit}——钻头直径;

　　　l_{Win}——滑动窗口长度;

Pt——单个电扣;
R_{Hor}——横向分辨率;
R_{Ver}——纵向分辨率。

据式(6-1)及式(6-2)可知,电成像图像上电导率异常面积的刻画是准确计算缝洞参数的关键。定向井与直井中裂缝及溶蚀孔洞参数计算方法并无差别,同样是采用 K-means 聚类和跟踪虫图像处理技术对裂缝及溶蚀孔洞进行拾取和电导率异常面积刻画,进而求取各种缝洞特征参数,如图6-21和图6-22所示。

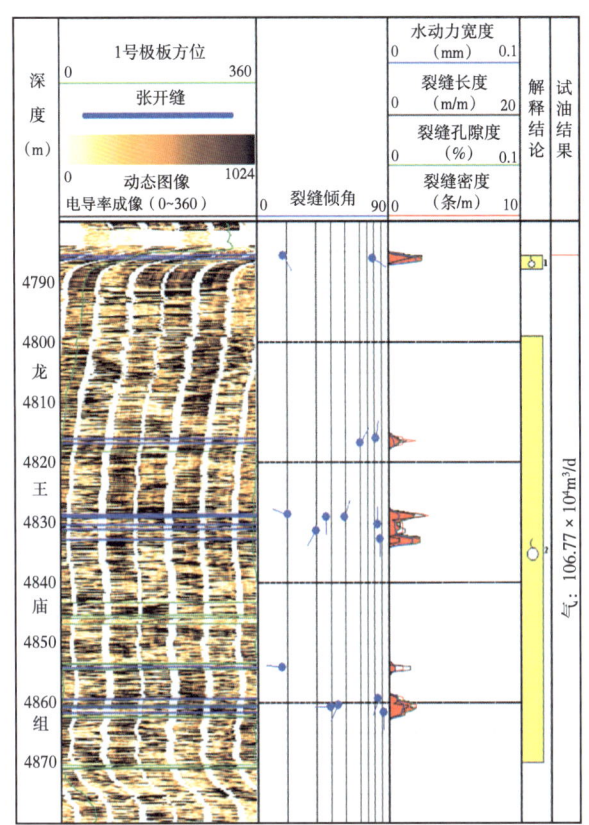
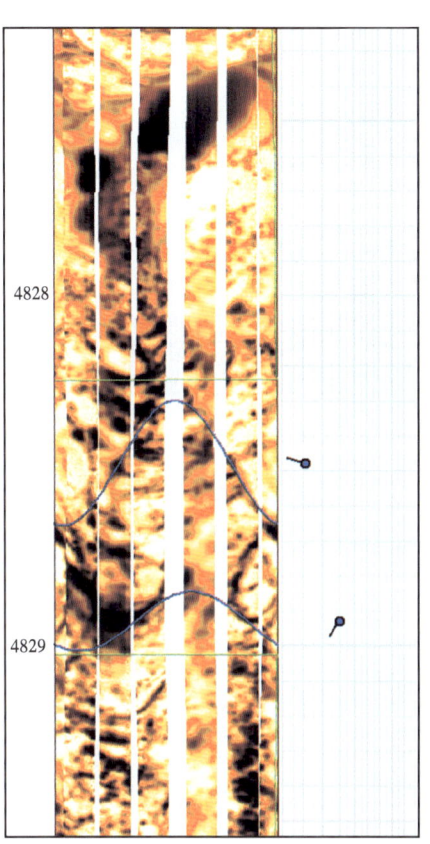

图 6-21 电成像人机交互裂缝拾取及参数计算

2. 缝、洞参数刻度

1) 模拟刻度井设置

在标准刻度井中构建不同裂缝宽度和倾角以及不同孔洞尺寸大小的地质模型,如图6-23至图6-25所示。

模型1:在砂岩和石灰岩中分别造角度为30°和60°的裂缝[图6-23(a)]。

模型2:在石灰岩中造宽度为1mm、2mm、3mm、5mm和10mm的5条水平裂缝,裂缝之间间隔分别为20mm、30mm、40mm、50mm、100mm和200mm[图6-24(b)]。

模型3:在砂岩和石灰岩中,分别钻28个深4mm、直径3~29mm的洞;再对其中8个洞加深[图6-25(b)]。

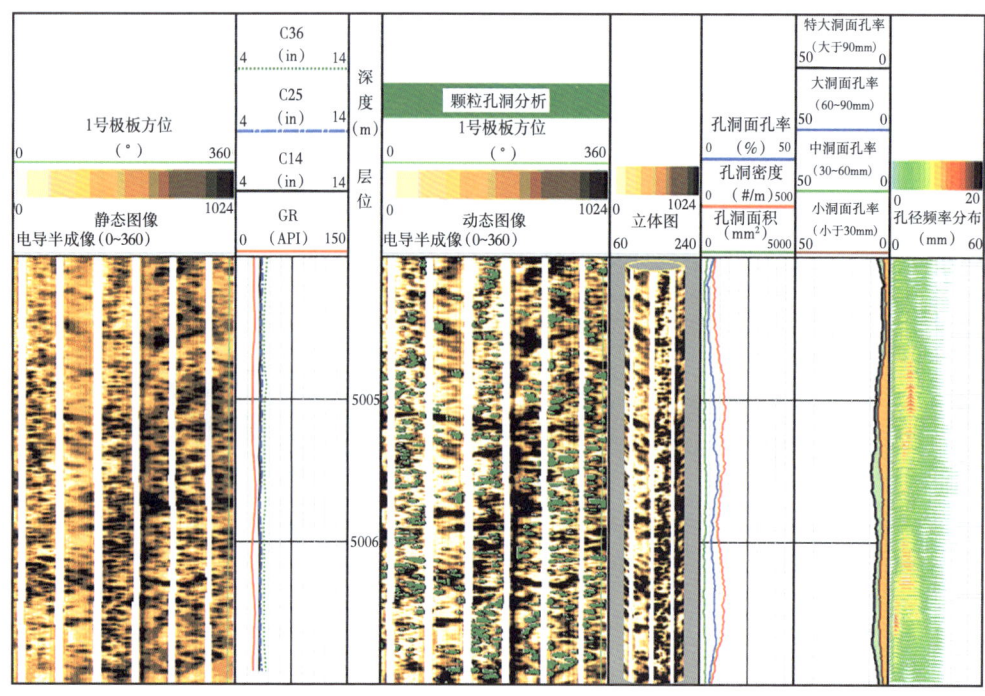

图 6-22 电成像人机交互孔洞拾取及参数计算

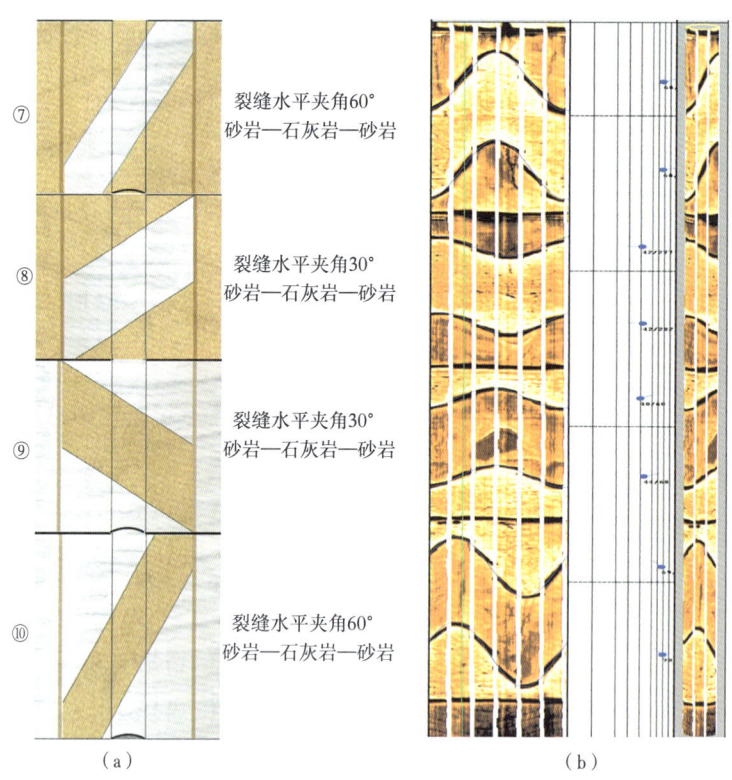

图 6-23 不同裂缝倾角模型(a)与电成像测井成果图(b)

第六章 低孔隙度非均质裂缝—孔洞型气藏地球物理评价

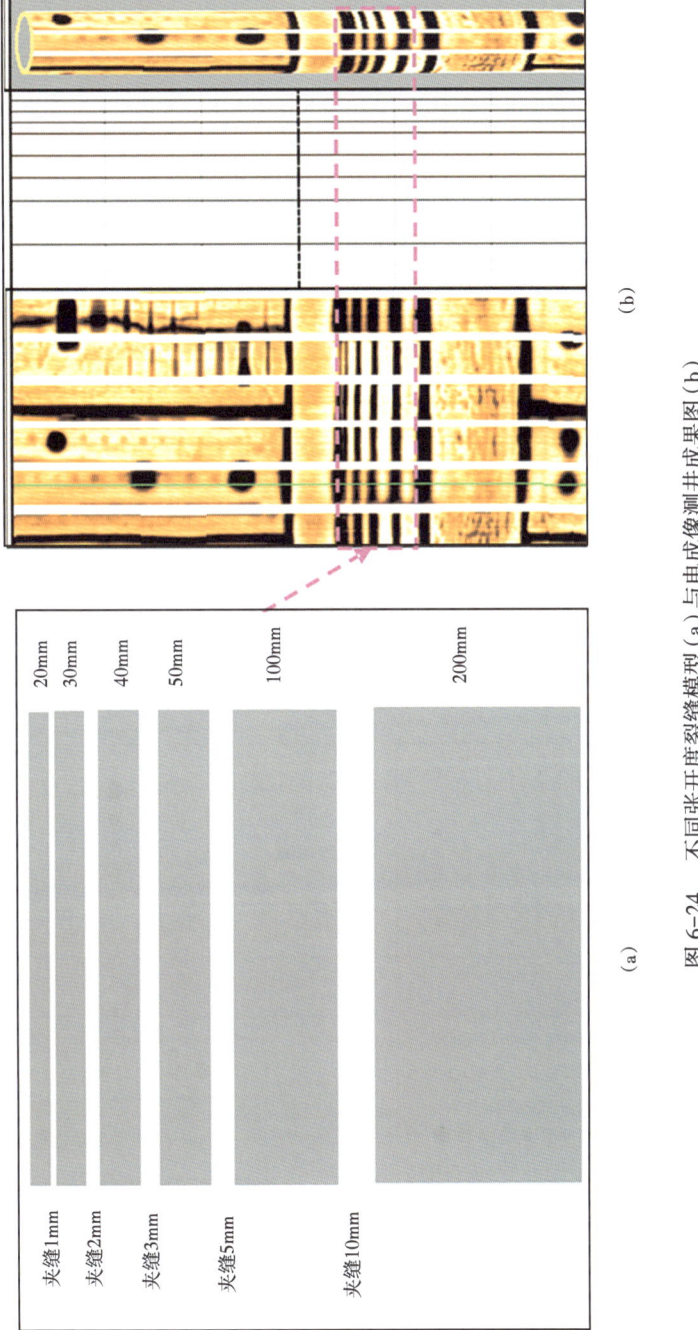

图6-24 不同张开度裂缝模型（a）与电成像测井成果图（b）

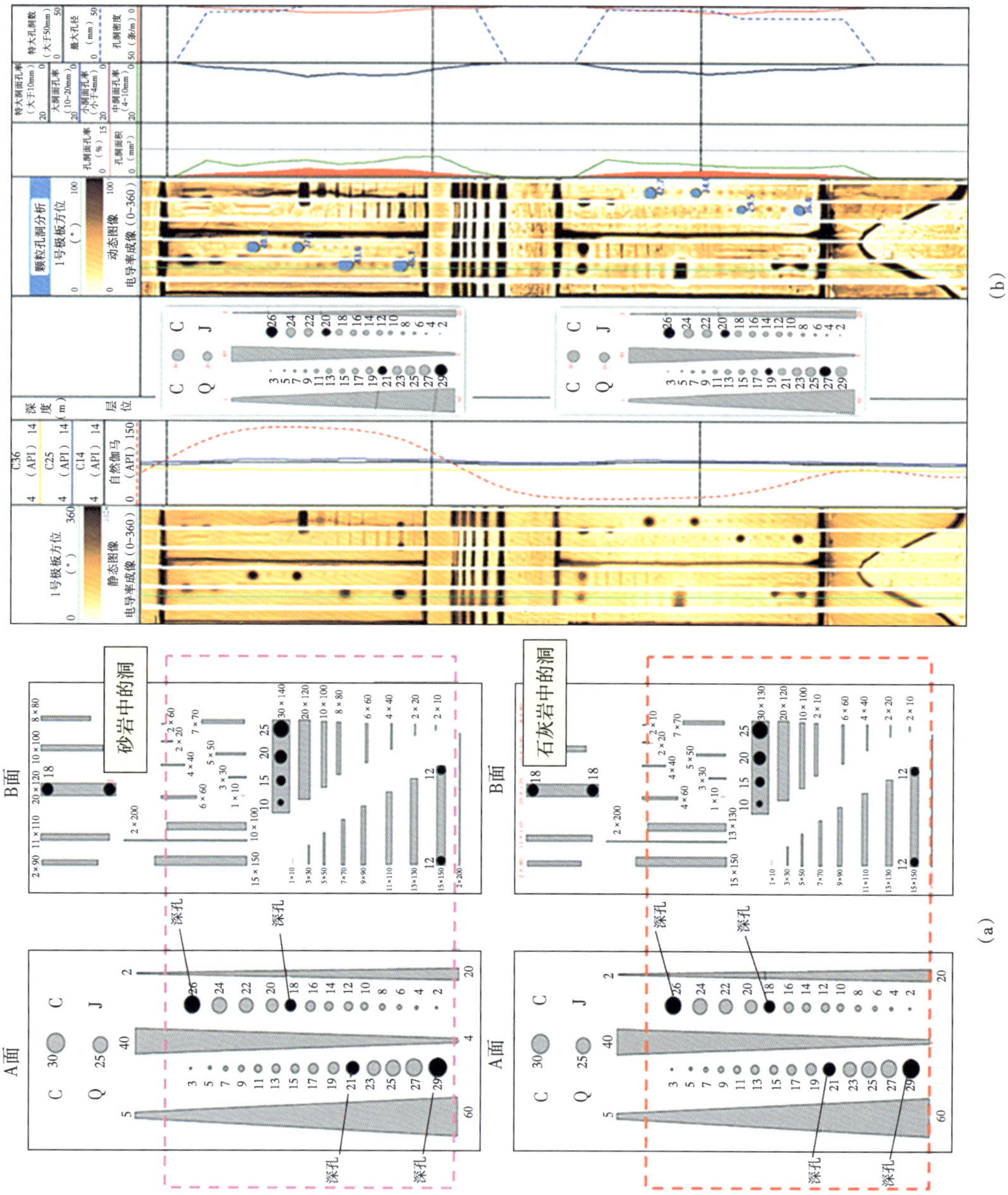

图 6-25 不同孔洞尺寸模型（a）与电成像测井成果图（b）

通过对不同地质模型进行电成像测井实验,可以进一步发现:受电成像测井分辨率以及图像比例的影响,通过成像特殊处理,电成像测井可分辨宽度 1mm 及以上的裂缝,以及可分辨 3mm 大、4mm 深的孔洞,如图 6-23 至图 6-25 所示。因此岩心上的有些特征电成像测井不能探测到,也是在情理之中的。

2)缝洞参数刻度

对比电成像测井计算孔洞的孔径、面积及面洞率与刻度井实际分析结果,可以发现两者之间存在一定偏差,电成像测井计算的孔洞参数值明显偏高,见表 6-1。因此,需要对电成像测井计算的缝洞参数进行校正。

表 6-1　成像处理较深的孔洞大小与刻度井模型孔洞大小对比

样本号	成像处理孔径（mm）	模型孔径（mm）	成像处理孔洞面积（mm²）	模型孔洞面积（mm²）	成像处理面洞率（%）	模型面洞率（%）
1	40.6	26	1293.96	530.66	4.70	3.01
2	37.1	20	1080.48	314	4.30	2.32
4	46.1	29	1668.29	660.18	5.34	3.36
5	42.7	26	1431.28	530.66	4.94	3.01
6	34	20	907.46	314	3.94	2.32
7	29.5	19	683.15	283.38	3.42	2.20
8	36.6	27	1051.55	572.26	4.24	3.13

根据表 6-1 可建立电成像测井面洞率校正公式:

$$HPORC = a \cdot HPOR + b \tag{6-3}$$

式中　$HPORC$——校正后的面洞率,%;
　　　$HPOR$——成像测井计算面洞率,%。

经数据拟合,常数 $a = 0.6099$;常数 $b = 0.0729$。

(四)缝洞有效性评价标准

根据现场 23 口定向井和 17 口直井的无阻流量建立产能与面洞率分布情况,认为低产或微产气的井面洞率主要分布在 0.5%~3%,中产气的井平均面洞率都在 3%~5%,高产气井在 5%以上,如图 6-26 所示,因此,可建立定向井中成像孔洞发育情况分级评价标准。

定向井中龙王庙组成像孔洞发育情况分级评价标准:
(1)$HPOR \geq 5\%$,Ⅰ类孔洞层;
(2)$3\% \leq HPOR < 5\%$,Ⅱ类孔洞层;
(3)$HPOR < 3\%$,Ⅲ类孔洞层。

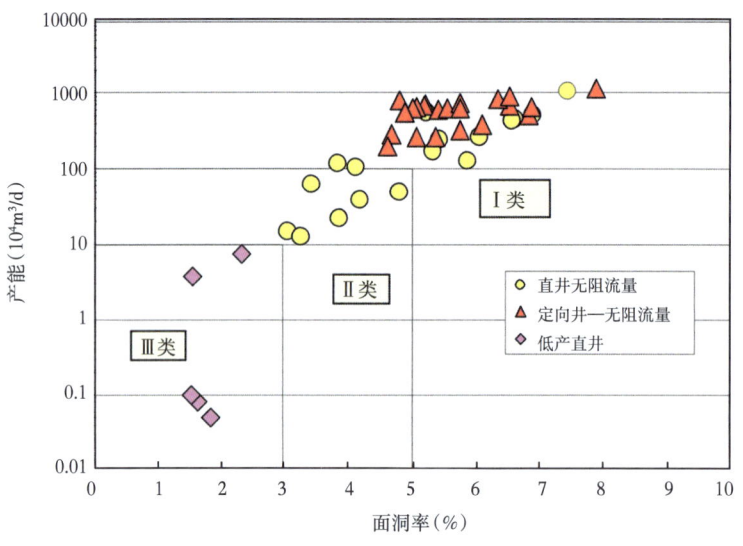

图 6-26 电成像人机交互孔洞拾取图

二、沥青质储层测井评价方法

安岳气田龙王庙组气藏地层中富含沥青,从储层评价角度来看,沥青是占据孔隙空间的一种化学沉淀物,一方面降低了储层有效储集空间,另一方面在喉道特别是狭窄喉道处形成堵塞,降低储层渗透性,严重影响储层的物性及产能,进而导致测井评价出现失误。因此,如何从测井曲线上识别沥青并对其进行校正是准确评价含沥青储层的关键,对油气藏勘探开发具有重要的指导意义。

(一)岩石物理实验

选取 23 块四川盆地龙王庙组富含沥青的岩心样品,进行沥青溶解前后常规物性、声波时差、电阻率及核磁共振等实验对比分析,为利用测井资料识别及评价含沥青储层奠定基础。

1. 溶剂优选

岩心样品中沥青溶解程度直接影响实验分析效果,因此,溶剂的选取至关重要。龙王庙组沥青属于焦质沥青,热成熟度高(R_o>2.4%)、黏度大,溶解难度大。评价不同溶剂对焦质沥青的溶解效果可以看出:单纯溶剂对热成熟度高的沥青溶解率低,溶解效果较差,而二硫化碳+N-甲基-2-吡咯烷酮的混合溶剂对焦质沥青溶解效果相对明显(图6-27),本次实验将采用这种混合溶剂对沥青进行溶解。

2. 沥青对储层物性的影响

图 6-28 为 23 块岩心沥青溶解前后孔隙度、渗透率对比图,可以看出沥青溶解后岩心物性明显变好,孔隙度增加 0.25%~3.02%,平均增加 1.29%,增幅达 27%;渗透率增加 0.0026~0.092mD,平均增加 0.0374mD,增幅达 68.5%。由此可见,沥青会导致储层有效储集空间减小、渗透性变差,对储层物性影响较大。

第六章 低孔隙度非均质裂缝—孔洞型气藏地球物理评价

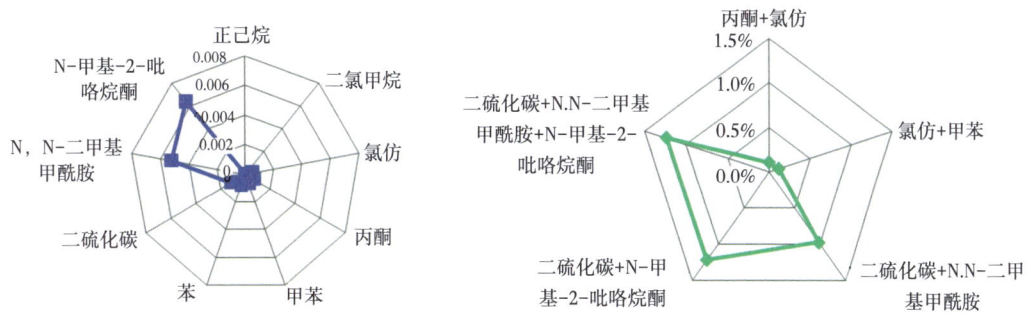

图 6-27 不同溶剂沥青溶解率对比图
(溶解率=溶解物质质量/样品原始质量)

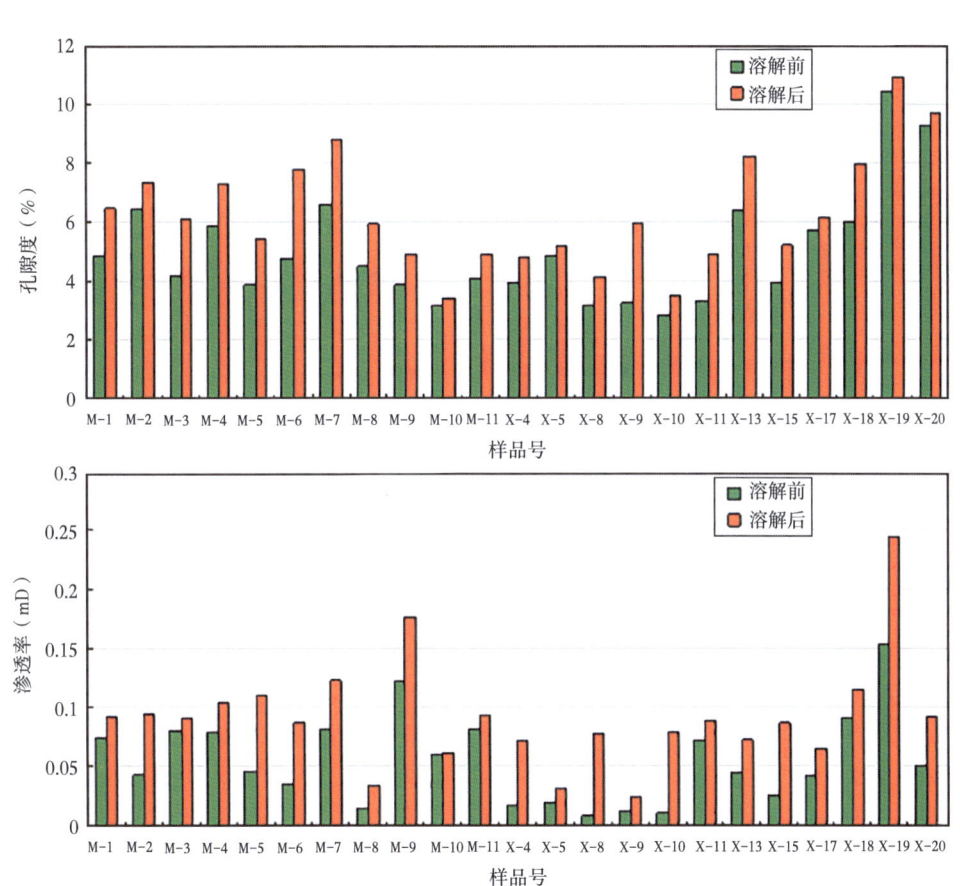

图 6-28 沥青溶解前后岩心孔隙度和渗透率对比图

3. 测井响应特征分析

(1) 沥青对纵横波时差的影响:图 6-29 为 23 块岩心样品沥青溶解前后饱含水时纵波时差与横波时差对比图。可以看出沥青溶解后纵波时差与横波时差都会增大,其中纵波时差增大比例为 0.43%~2.61%,平均不到 1%,而横波时差增大比例 3.3%~14.2%,平均为 10%。由此可见,沥青对纵波时差影响较小,但对横波时差影响较大。实验表明,纵波时差把沥青近似成孔隙流体的反映特征,而横波时差则把沥青近似成骨架的反映特征。

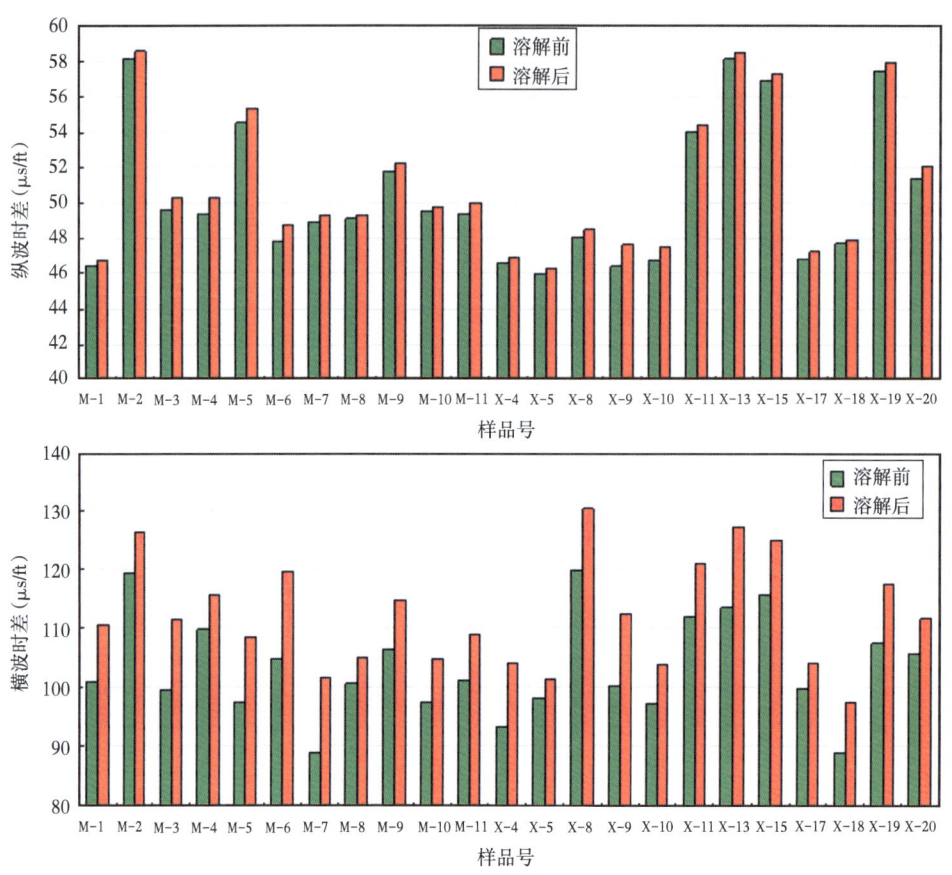

图 6-29　沥青溶解前后岩心纵波时差与横波时差对比图

(2)沥青对密度和电阻率的影响:经实验室测量龙王庙组焦质沥青密度为 1.3g/cm³ 左右,介于流体与骨架密度之间,同时沥青属于不导电的碳氢化合物,电阻率很高,因此沥青对储层密度和电阻率影响较大。如图 6-30 所示,沥青溶解后密度降低 0.009~0.032g/cm³,密度降低幅度为 0.4%~1.2%,沥青溶解量越大,密度减低幅度就越大。与此同时,沥青溶解后电阻率降低明显,电阻率降低范围为 11~68.5Ω·m,平均值 34.2Ω·m。由此可见,沥青导致储层密度和电阻率增加,沥青含量越大,增加幅度越明显。

4. 测井响应特征综合分析

根据上述 23 块岩心样品沥青溶解前后密度、纵波时差、横波时差及电阻率实验对比分析可知,沥青对储层纵波时差影响较小,而对密度、横波时差和电阻率影响则较大。由图 6-31 所示,通过纵波时差与电阻率交会,纵波时差与横波时差交会可以较好识别沥青[图 6-31(a)(b)],而横波时差与电阻率,密度与电阻率交会识别沥青质效果较差[图 6-31(c)(d)]。

第六章 低孔隙度非均质裂缝—孔洞型气藏地球物理评价

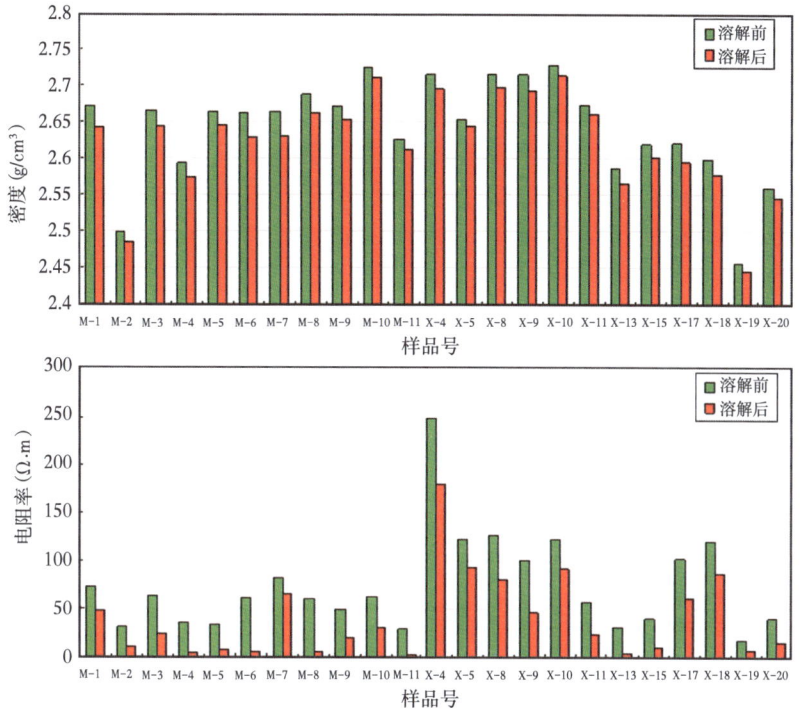

图 6-30　沥青溶解前后岩心密度与电阻率对比图

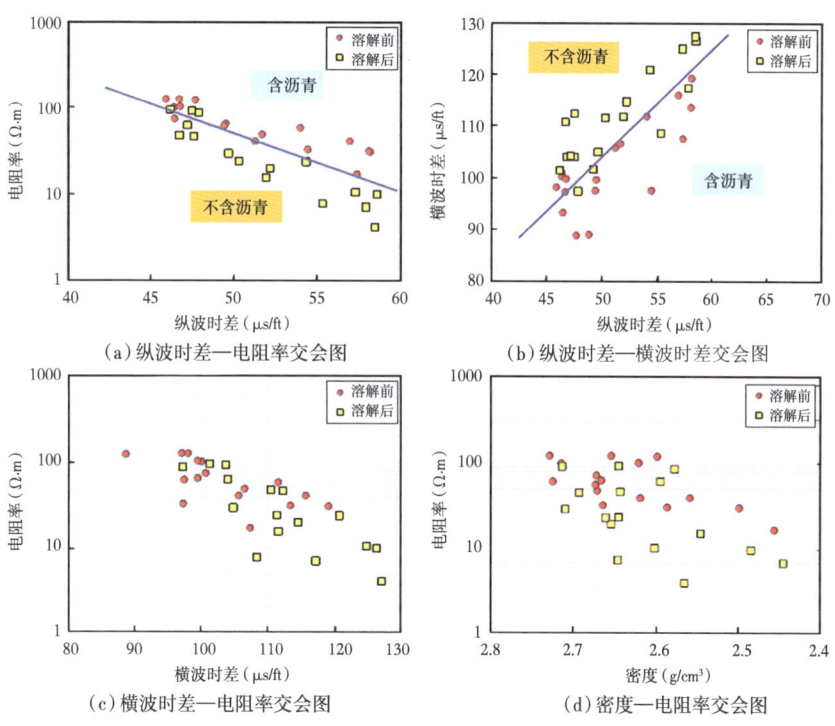

图 6-31　沥青溶解前后密度、纵横波时差、电阻率交会图

(二)测井评价方法

基于岩石物理配套实验分析,在明确沥青对储层测井响应特征影响的基础上,利用常规测井与核磁共振测井资料相结合,建立了含沥青储层定性识别及定量评价方法。

1. 定性识别方法

根据常规测井资料,对比分析富含沥青储层段与不含沥青储层段纵波时差与电阻率之间的关系(图6-32),可以看出富含沥青储层段表现为电阻率随纵波时差增加而增加或基本保持不变,与正常气层段纵波时差与电阻率之间关系存在差异。因此,在纵波时差与电阻率关系图中拟合一条分界线,回归出分界线方程,利用纵波时差反算一条电阻率曲线,当实测电阻率值高于声波反算值,表明储层中富含沥青。

分界线方程:

$$RT_{ac} = b \cdot AC^a \tag{6-4}$$

式中　RT_{ac}——纵波时差反算电阻率,$\Omega \cdot m$;
　　　AC——总波时差,$\mu s/ft$;
　　　a,b——常数。

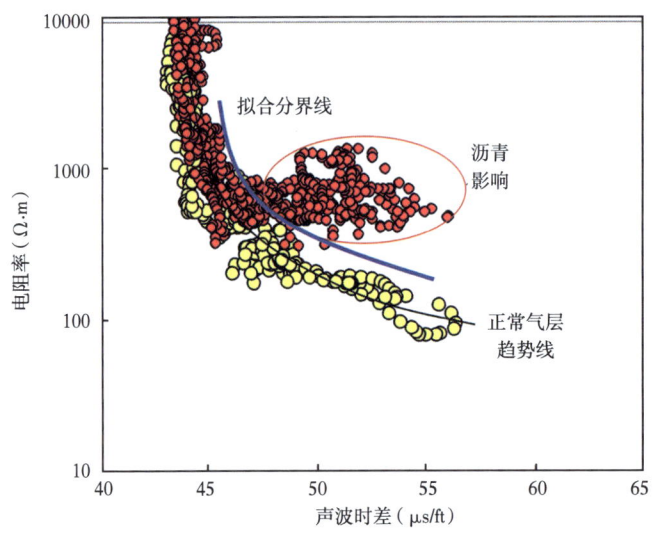

图6-32　含沥青储层纵波时差—电阻率识别图版

图6-33为含沥青储层识别成果图,第3道为电阻率曲线道,当实测深电阻率值大于声波反算电阻率值时充填黑色,表示为富含沥青层段。可以看出,磨溪16井龙王庙组深度4747~4786m段富含沥青,含沥青储层段识别结果与岩心薄片分析结果基本一致,进一步验证利用声波与电阻率交会识别含沥青储层是可行的。

2. 定量评价方法

根据岩石物理配套实验分析成果可知,基于常规测井资料孔隙度计算模型是把沥青当成了孔隙中流体的一部分,导致在富含沥青储层段,常规测井计算孔隙度偏高。而核磁共振测井

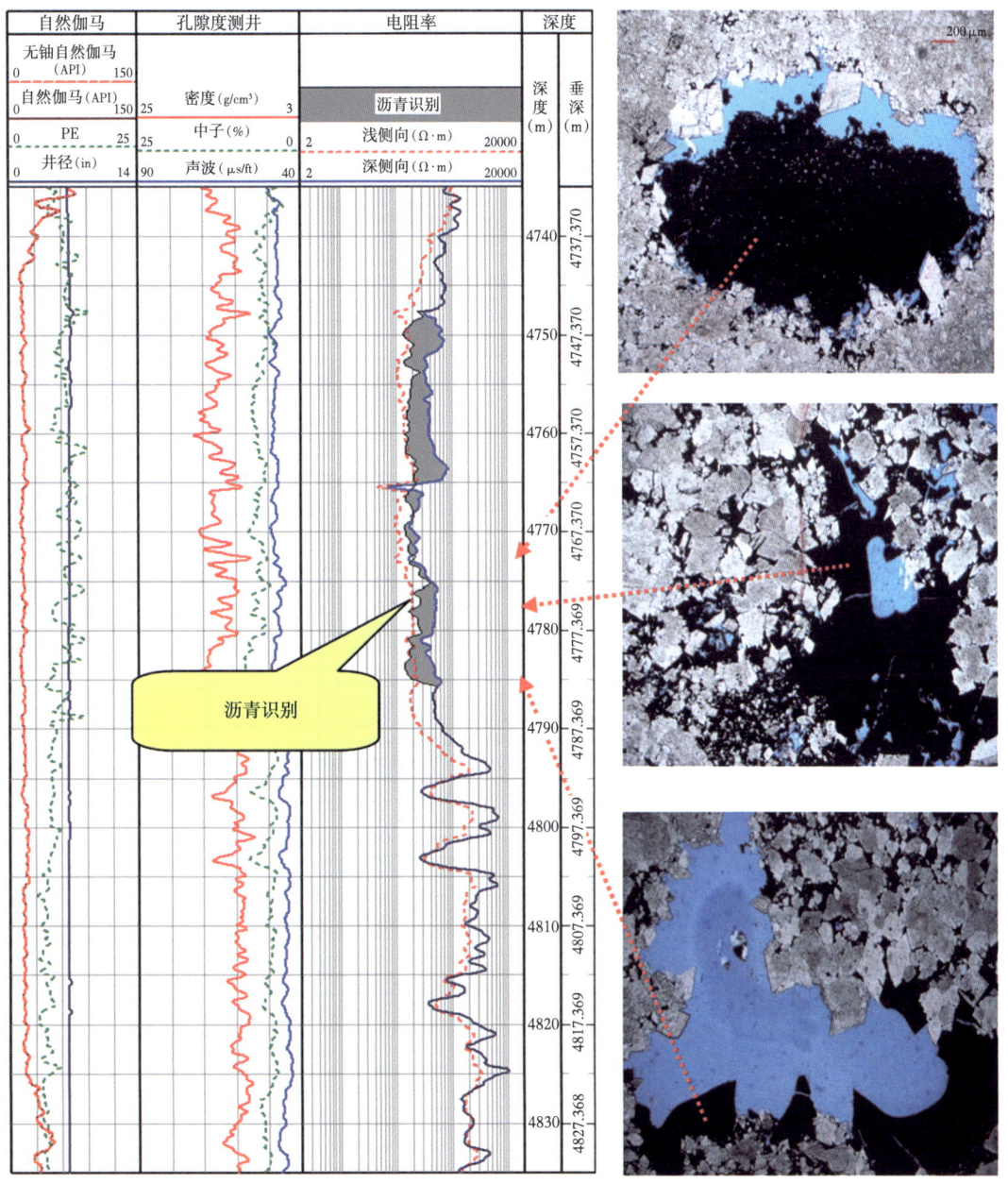

图 6-33　磨溪 16 井声电关系识别含沥青储层

孔隙度解释模型则把沥青当成了骨架或者黏土束缚水,因此核磁测井有效孔隙度($T_2>3\text{ms}$)基本上反映了地层中没有被沥青充填的有效孔隙度。由此可见,常规测井计算孔隙度与核磁分析孔隙度之差在一定程度上代表了储层中沥青含量大小。

图 6-34 为磨溪 107 井龙王庙组含沥青储层定量评价成果图,第 3 道为含沥青储层定性识别成果道,第 7 道和第 8 道为沥青定量分析成果道。可以看出,深度 4750~4770m 段为沥青富

集层段,常规测井计算孔隙度与核磁有效孔隙度差异较大,计算沥青含量分布范围为0.1%~3.6%,平均值为1.6%,沥青含量计算结果与岩性扫描测井分析有机碳含量一致性较好。常规测井解释该层段孔隙度达4.4%,经沥青校正后,储层有效孔隙度仅为2.8%,测井综合解释为差气层,对该段酸化压裂测试,日产气576m³,试气结论与测井解释成果一致。

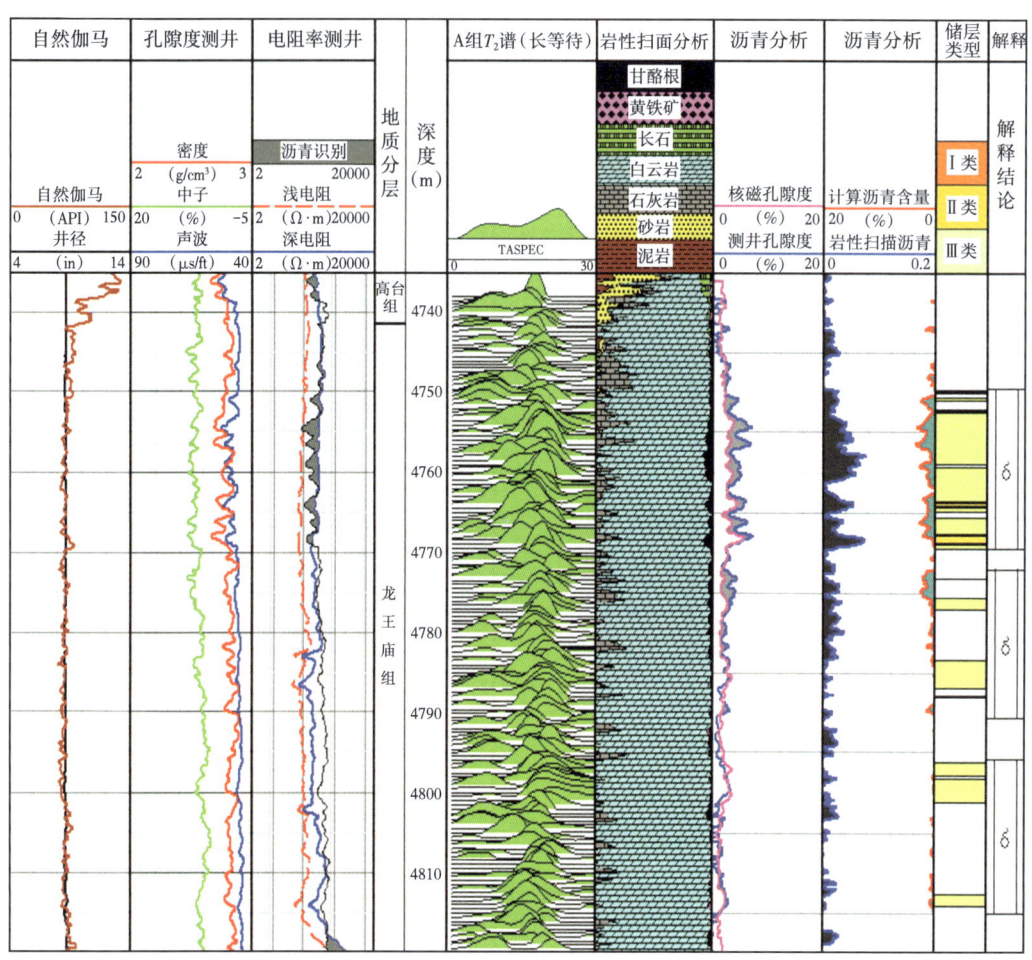

图6-34 磨溪107井龙王庙组含沥青储层定量评价

(三)沥青平面分布规律

基于研究区内80多口井龙王庙组沥青含量计算结果划分出沥青平面富集区(图6-35),可以看出,龙王庙组沥青含量分布范围为0.1%~3%,相对高石梯区块,磨溪主体及龙女寺区块储层沥青含量相对较高,其中从磨溪22—磨溪103—磨溪202—磨溪16—磨溪207—磨溪29井一带为沥青富集区带,气藏的破坏程度相对较重,下一步龙王庙组气藏开发井井位部署应避开沥青发育富集带。

第六章 低孔隙度非均质裂缝—孔洞型气藏地球物理评价

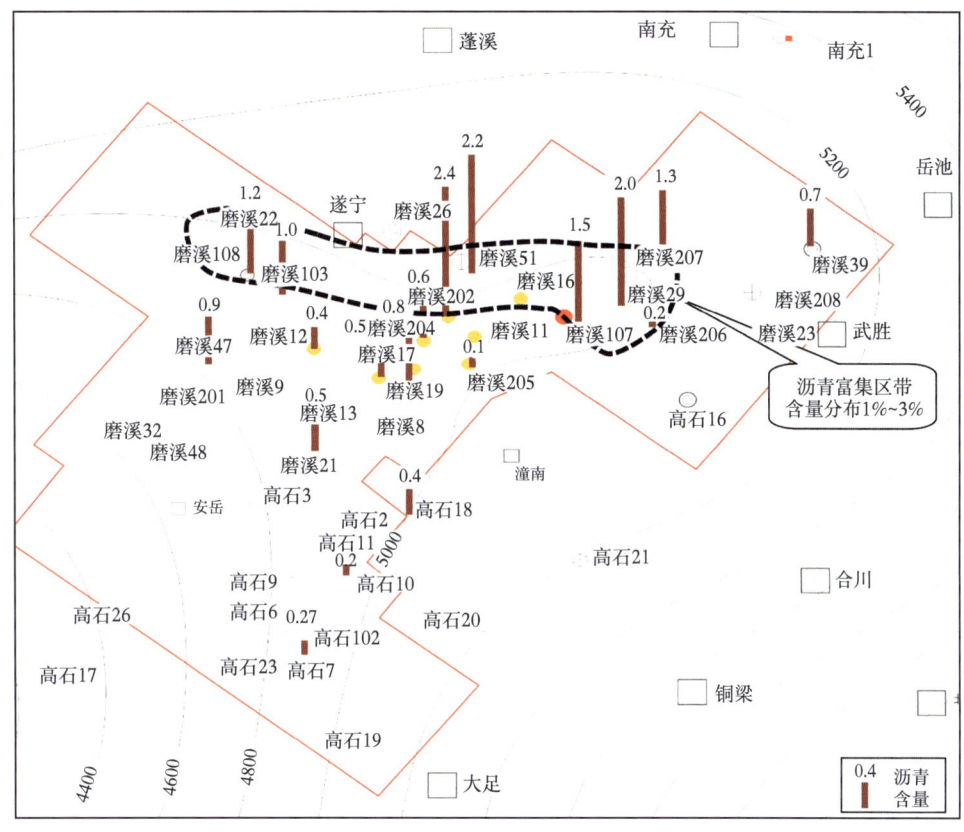

图6-35 高石梯—磨溪地区龙王庙组沥青含量平面分布图

第三节 龙王庙组储层地震预测

一、地震资料处理

(一) 原始资料品质及处理难点

磨溪区块覆盖次数都在80次以上,全区最大炮检距主要在5700m左右。受地表高程和近地表低降速层的影响,原始单炮记录初至抖动,存在着明显的静校正问题(图6-36)。

由于地表条件及激发、接收等因素的不同,原始单炮记录炮间能量存在差异(图6-37);由于地层对激发能量的吸收,同一炮在不同炮检距和时间上能量也存在较大的差异。随时间和炮检距的增加,原始单炮记录振幅衰减较快。

工区内由于激发岩性和接收岩性的不同,原始资料频带范围存在差异,通过对单炮的频率分析,砂泥岩单炮频带较宽,河滩砾石区频带窄,从初叠剖面、资料频率分析。浅层(图6-38)有效波频带较宽为4~80Hz,中层资料有效频带为2~52Hz,深层有效波频带为4~40Hz;下古生界及震旦系频带为2~50Hz、主频低为18Hz左右。

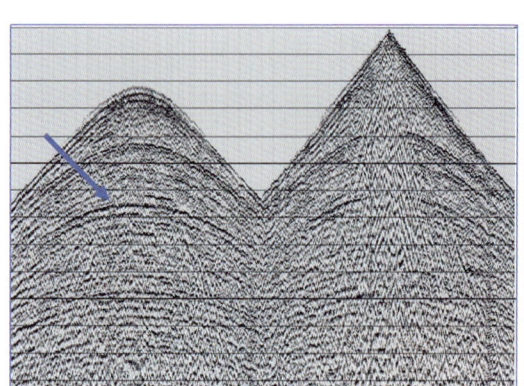 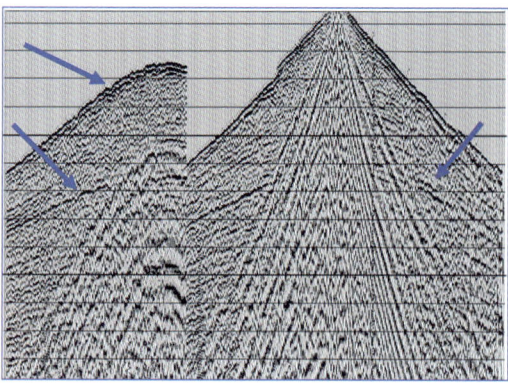

图 6-36　存在静校正问题的原始单炮记录

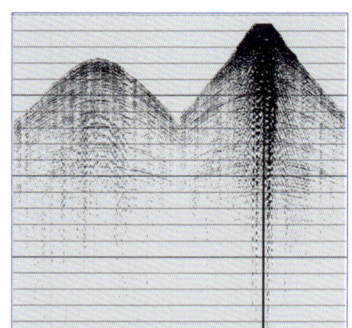 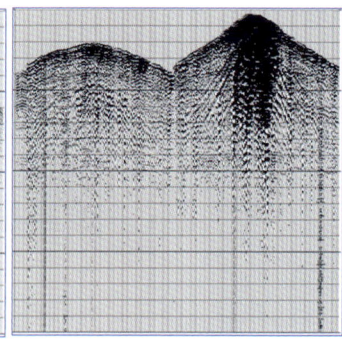 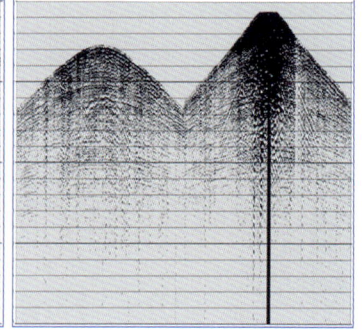

图 6-37　存在能量差异的原始单炮记录

由于地表复杂,存在明显的静校正问题。不同区域原始资料的能量、子波有一定差异,河滩砾石区对资料的信噪比和频率都有一定影响。目的层埋藏深,有效波的能量较弱,信噪比低,资料频带窄(2~50Hz),主频低(18Hz)。

磨溪地区高分辨率保真处理数据,需要解决以下技术难点:(1)连片处理(野外静校正量、面元、方位角、振幅和子波一致性的统一处理等)困难。(2)目的层系主频较低,提高分辨率困难。(3)雷口坡组和嘉陵江组膏岩厚度变化大,目的层埋藏深,建立精确的偏移速度场困难。

以"保幅保真为前提以提高分辨率"为准则,处理工作采取处理与解释全面结合方式,利用井控提高分辨处理的思路,将微测井、VSP、测井资料充分运用到处理及质控流程之中,保证处理效果。最终形成一套针对寒武系龙王庙组的深层碳酸盐岩低幅构造的"井控高分辨连片处理地震成像技术"。

(二) 关键处理技术

根据磨溪地区的处理技术难点,重点采用地表高精度静校正技术、VSP 井控高分辨 Q 补偿技术、各向异性速度建模等处理关键技术。

1. 地表高精度静校正技术

充分应用高程、微测井资料了解工区的近地表条件,分析静校正的成因,利用微测井资料理清低、降速带分布(图6-39),建立统一准确的地表模型,根据近地表实际情况,选择合适的

第六章 低孔隙度非均质裂缝—孔洞型气藏地球物理评价

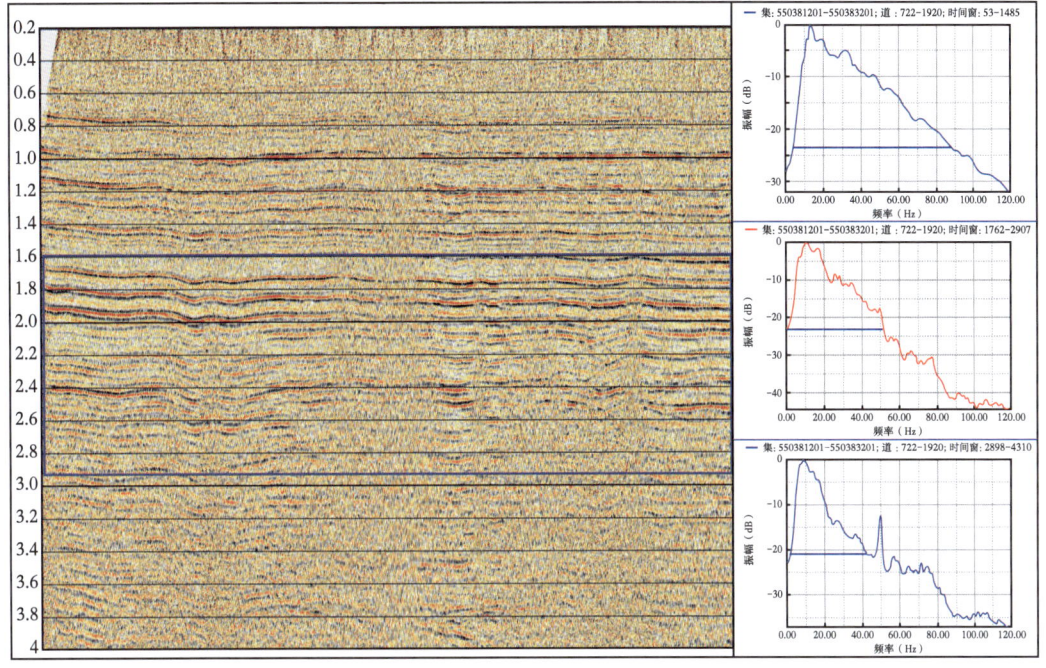

图 6-38 原始叠加剖面频谱分析

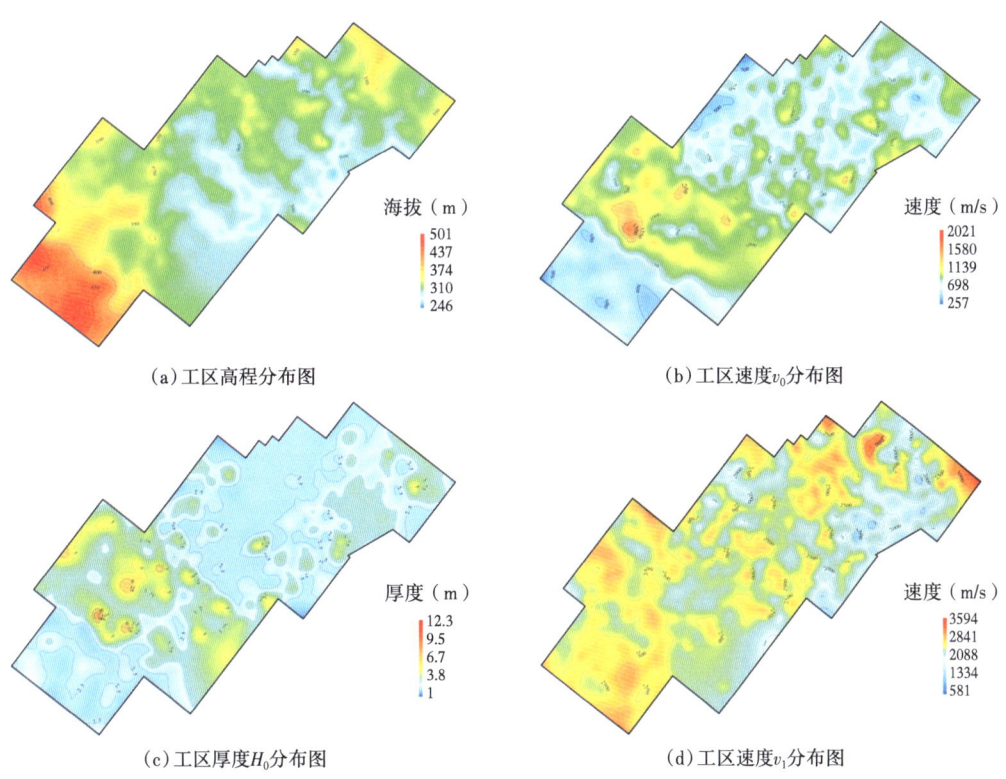

(a) 工区高程分布图

(b) 工区速度 v_0 分布图

(c) 工区厚度 H_0 分布图

(d) 工区速度 v_1 分布图

图 6-39 工区地表属性图

静校正方法;遵循先长波长,后中波长及剩余静校正的顺序。在微测井资料控制下,应用综合地学建模野外静校正技术解决长波长静校正问题,应用中波长静校正技术解决中波长静校正问题,应用剩余静校正技术解决短波长静校正问题。

应用井控层析静校正后的单炮反射同相轴变得清晰光滑,叠加剖面的信噪比得到了明显提高,同相轴的连续性得到很好的改善(图6-40和图6-41)。

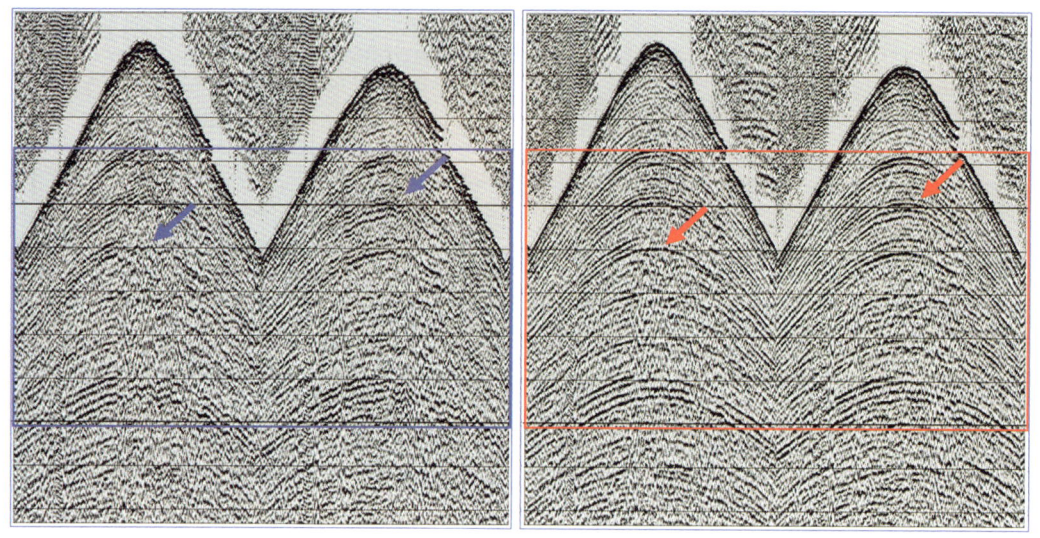

图6-40 应用静校正前后单炮对比

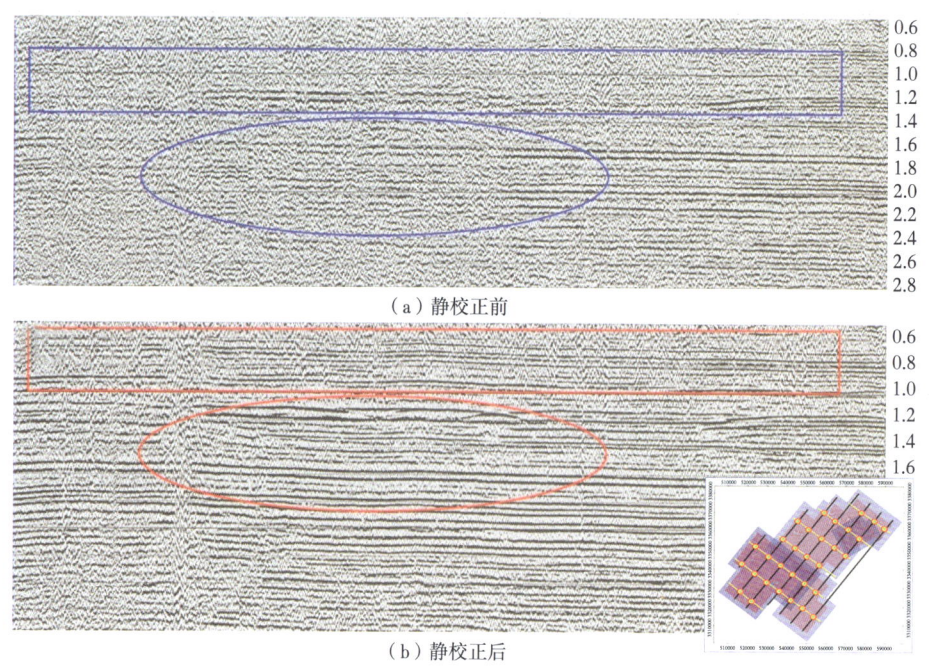

(a)静校正前

(b)静校正后

图6-41 应用静校正前后剖面对比

2. VSP 井控高分辨 Q 补偿技术

本次资料处理,主要目的层为寒武系,在保幅保真的前提下,提高地震资料分辨率。

反褶积处理技术主要目的是拓宽目的层的高低频信息,提高成像精度。应用地表一致性反褶积(图 6-42)消除由于震源和检波器周围的不均匀性引起的近地表变化对子波的影响;应用最小相位反 Q 滤波补偿频率吸收;应用预测反褶积压缩基本子波(图 6-42),压制交混回响和短周期多次波。保证一定信噪比前提下,通过对反褶积各项参数的试验,并通过处理、解释一体化结合,应用 VSP 井、测井资料(图 6-43),确定合理的反褶积参数,适当地拓宽高低频成分,提高资料的纵向分辨率。

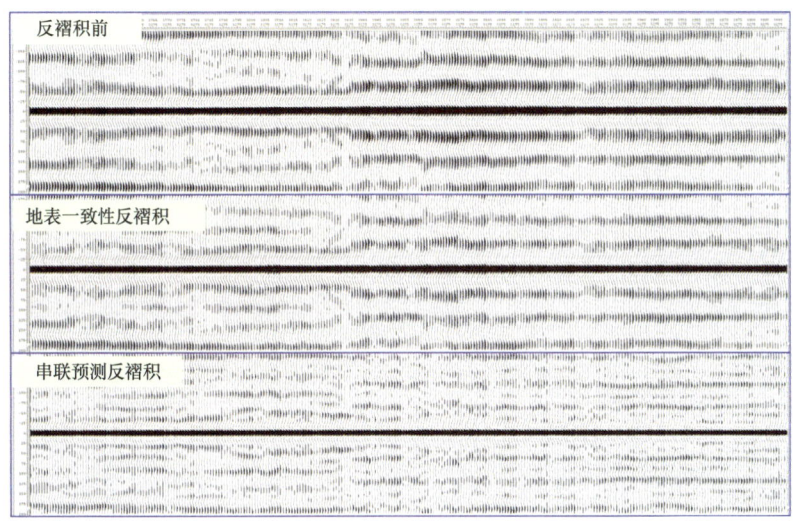

图 6-42 反褶积前后子波一致性分析

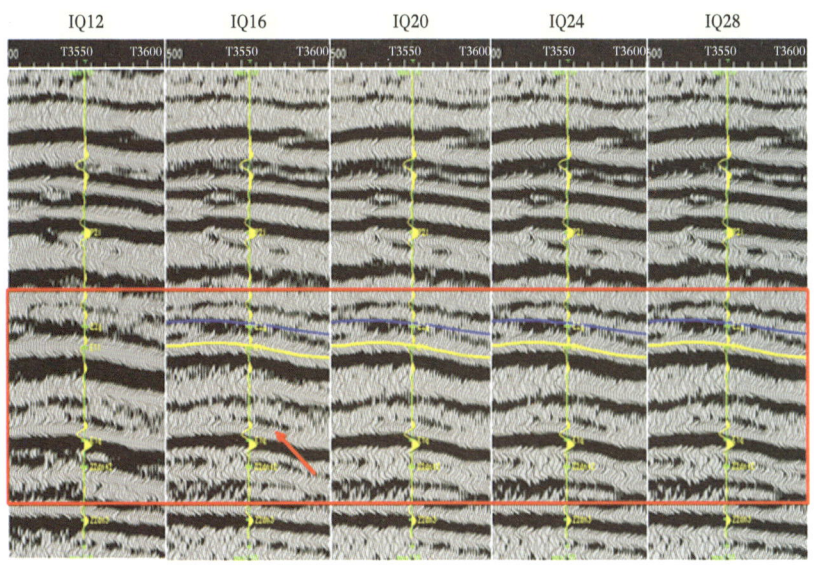

图 6-43 井合成记录标定

反 Q 滤波是一种保幅提高分辨率的有效手段,未被广泛推广应用的原因在于时间变 Q 模型难以准确求取。VSP 技术能直接观测井下不同深度震源的子波变化,因而能准确提取地震反射波衰减信息,本次三维连片地震工区有磨溪 11 井、高石 1 井和高石 6 井 3 口井的 VSP 资料(图 6-44),为 Q 值模型的计算提供了可靠的基础资料。利用地震资料处理分析得出的 Q 值与 VSP 井资料多谱比法求取的 Q 值互为校准,再结合地震资料的解释层位进行匹配分析,达到最佳匹配的即为最佳参数。有效提高地震资料高保真、高分辨率(图 6-43)。

通过应用针对性的反褶积技术,在提高资料分辨率的同时,兼顾资料的信噪比,丰富了层间有效信号。高频部分从最初的 49Hz 提高到了 78Hz(图 6-46),主频从 25Hz 提高到了 35Hz(图 6-47)。

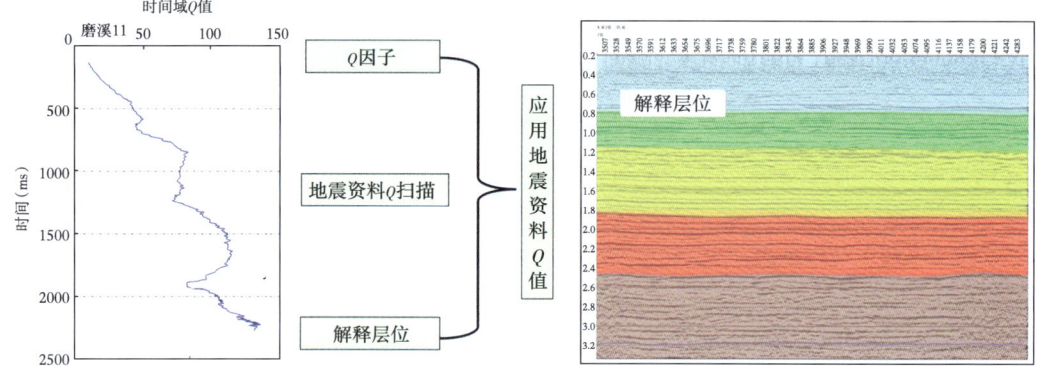

图 6-44　井控高分辨技术—Q 因子补偿

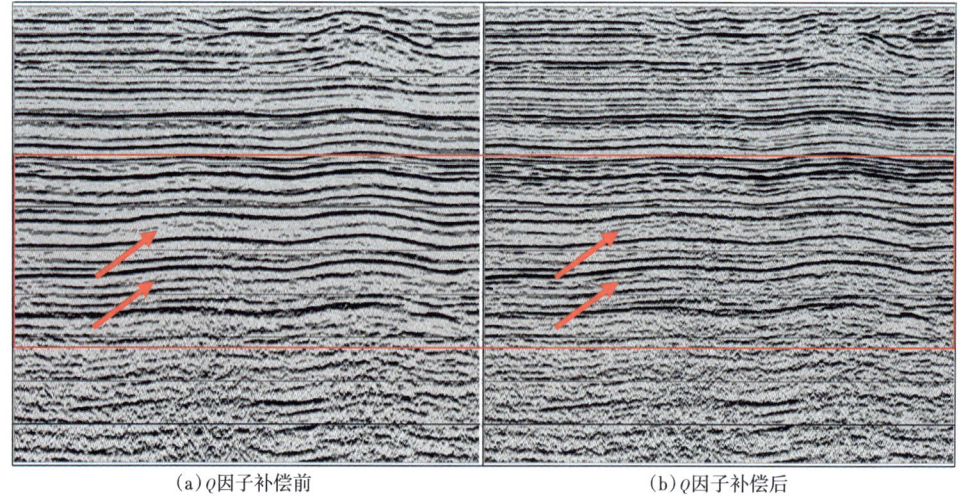

图 6-45　Q 因子补偿前后剖面

3. 各向异性叠前速度建模

通过处理解释一体化结合,充分利用本区测井资料进行速度约束,对深部地层构造变化大的区域加强地质结合,提高速度分析质量和速度建场的精度(图 6-48),使速度场趋势合理、没

第六章 低孔隙度非均质裂缝—孔洞型气藏地球物理评价

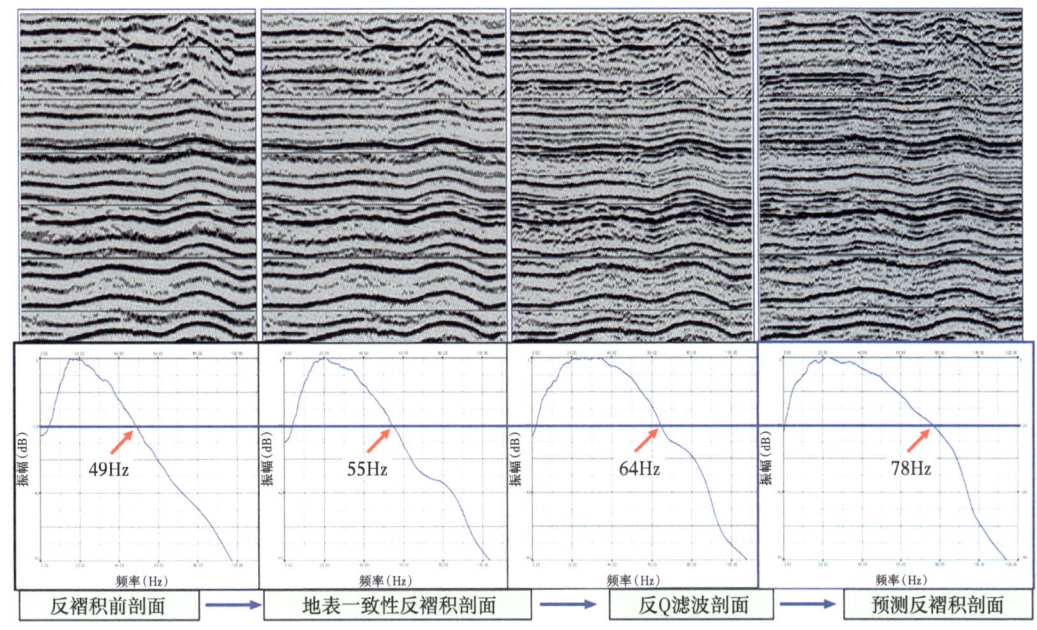

图 6-46 反褶积前后剖面与频谱

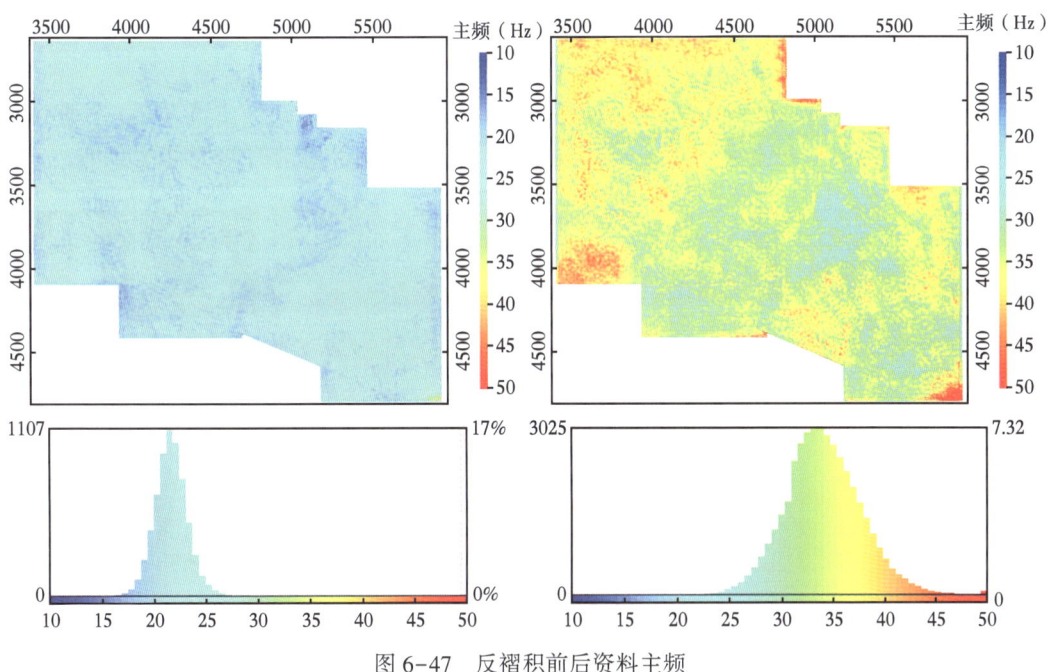

图 6-47 反褶积前后资料主频

有速度畸变点、CRP 道集拉平、偏移速度解释准确,偏移成像合理。

同时由于各向异性问题的存在。对于水平层状的地下介质来说,沿水平方向传播的速度总是要大于沿垂直方向传播的速度。在地下反射层的每一个界面上,地震射线是弯曲的,当入射角大于 35°以上时,高次项不可以忽略,应用常规的双曲线动校正就会使 CMP 道集中远炮

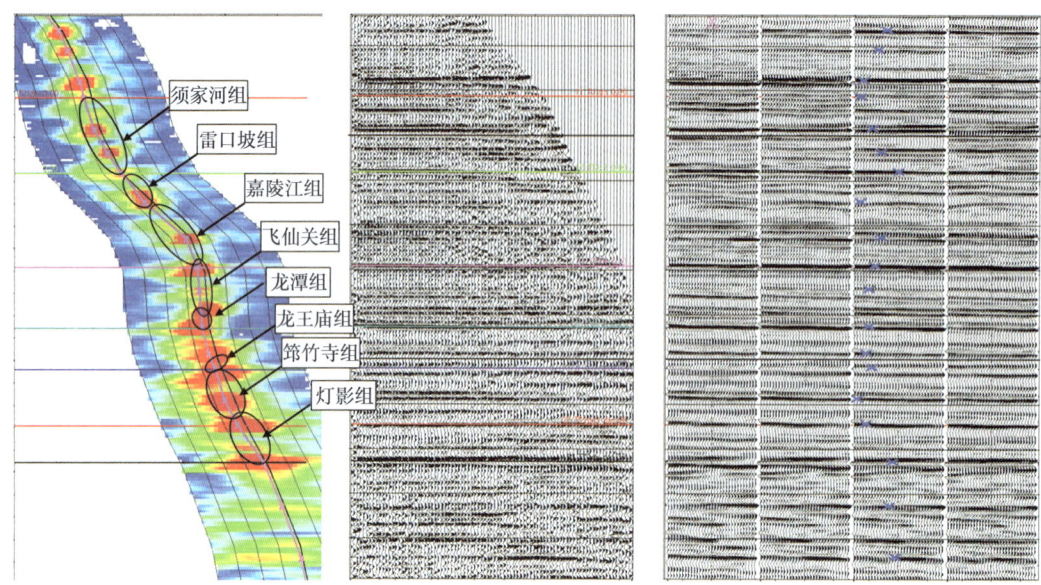

图 6-48 结合地层变化精细速度分析示意图

检距地震数据动校正过量,同时动校正的拉伸影响较大。这种对于远炮检距校正过量的现象可归结于射线弯曲和各向异性问题。

本次处理采用 HDPIC 高精度高密度双谱拾取,求取准确的速度场、各向异性场,来消除各向异性的影响,提升近偏移距成像和远偏移距成像的相关性,提升剖面成像质量(图 6-49)。目标线的时间偏移和剩余速度分析过程的多次迭代,建立精确的叠前时间偏移速度场。

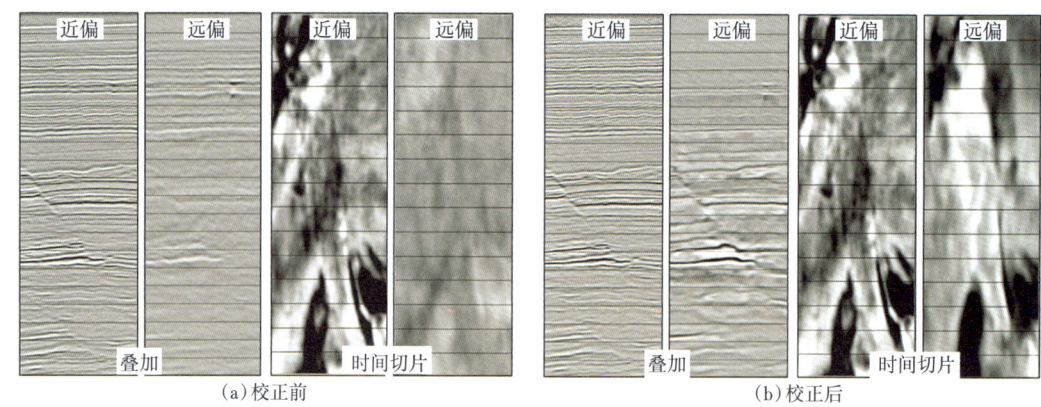

图 6-49 各向异性校正前后的近远偏移距道集和剖面切片对比

通过地震处理、解释一体化的研究思路,在保幅保真的前提下,形成了针对寒武系龙王庙组的深层碳酸盐岩低幅构造高精度地震成像技术,获得了高品质的叠前时间偏移数据和优质CRP 道集,地震资料主频由原 26~30Hz 提高至 30~35Hz,频宽拓宽到 8~72Hz。高信噪比的地震资料为地震解释、储层预测和烃类检测奠定了坚实的基础。

(三) 处理效果

通过保幅、保真的精细处理[7]，形成了一套在川中地区井控提高分辨率的处理思路(将微测井、VSP、测井资料充分运用到质控及处理流程之中)，提高分辨率的保幅、保真处理流程，叠前道集品质大幅提高(图 6-50)；地质现象较清楚[8]，主要断层比较清楚(图 6-51)；通过连井剖面分析，剖面上同相轴一致性较好，储层"亮点"反射与钻井吻合更好(图 6-52)，满足保幅保真处理要求，为后期开展精细解释、AVO 烃类检测、储层预测工作奠定了基础。

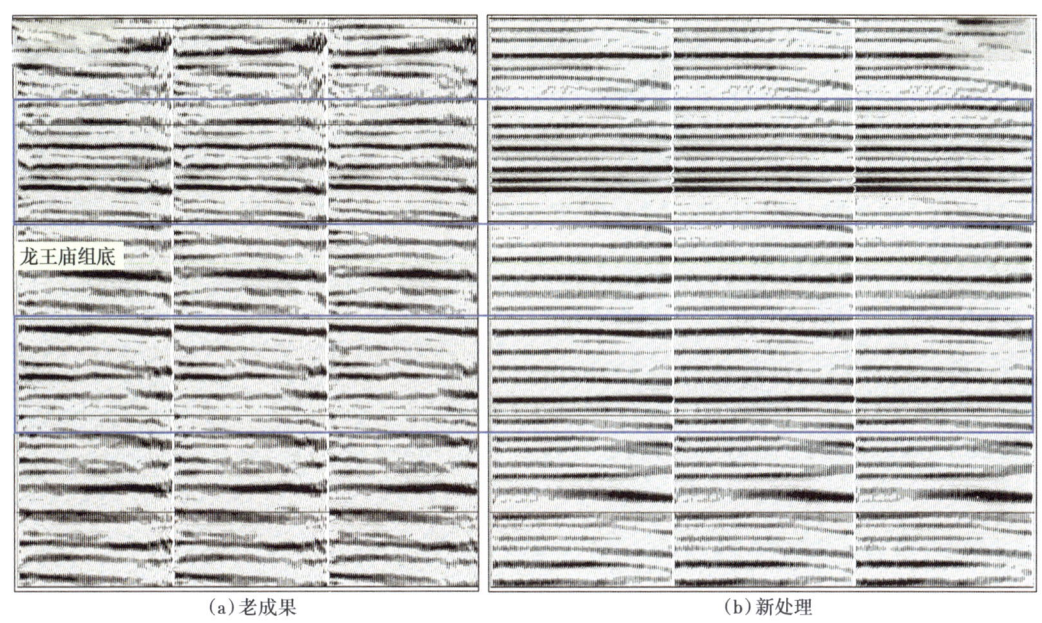

图 6-50 时间域新老处理道集对比

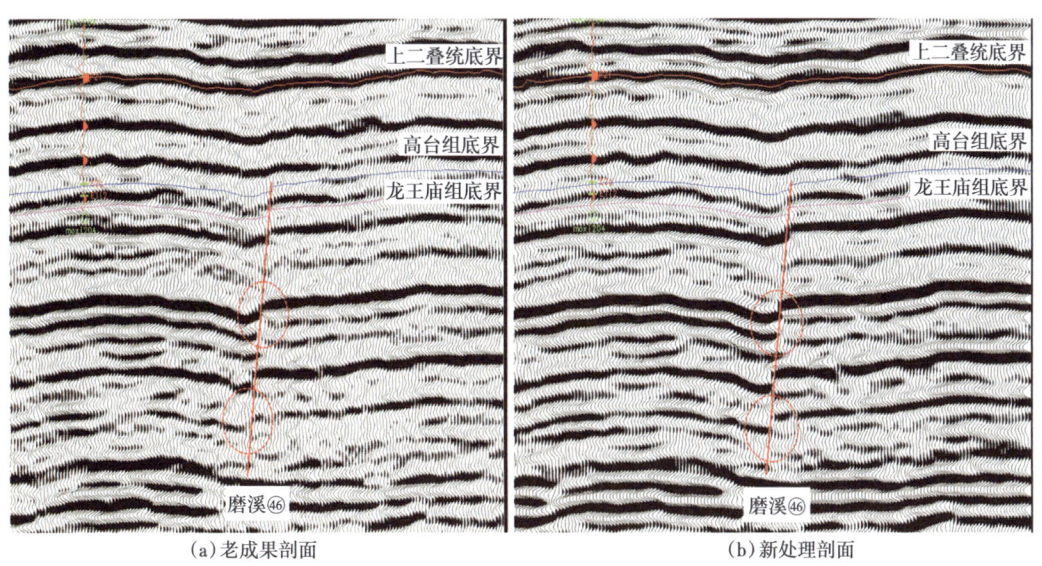

图 6-51 新老叠前时间偏移剖面断层归位对比(磨溪 204 井)

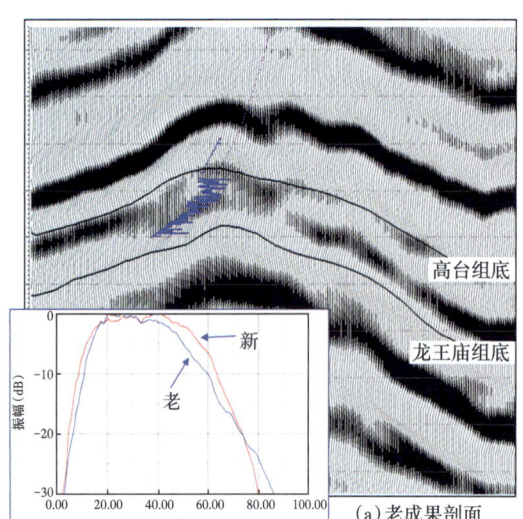 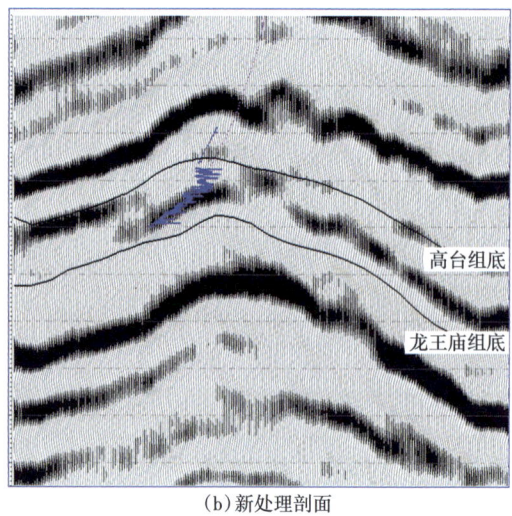

图 6-52 过磨溪 009-3-X1 井叠前时间偏移剖面新老处理对比

二、龙王庙组储层地震响应特征

依据磨溪地区的钻井和测井资料,综合储层厚度和孔隙度发育程度设计地质模型开展正演研究,建立高石梯—磨溪地区龙王庙组储层地震响应模式,同时结合过井地震剖面,对储层地震反射变化原因进行深入分析,指导储层地震预测。

(一) 地震反射特征对储层厚度变化的响应

随着储层厚度和纵向位置的变化,龙王庙组的反射出现相应的明显变化(图6-53)。当储层厚度小于 10m 时,龙王庙组顶界对应强波峰,龙王庙组内部无反射;当储层厚度增加到 11~50m 时,龙王庙组地震反射表现为双轴特征,双轴能量关系表现为"上弱下强",龙王庙组顶界对应弱峰,储层底界对应于强波峰。随着储层厚度的变化,双轴能量也发生改变,厚度增大时,顶界能量减弱、储层底界能量增强;当储层厚度大于 50m 时,龙王庙组顶界地震极性发生反转,由波峰变为波谷反射,储层底界同样对应于强波峰。

(二) 地震反射特征对储层孔隙度变化的响应

位于龙王庙组中上部的透镜状厚储层表现为双轴反射特征,龙王庙组顶界标定在上波峰,储层底界对应于下波峰,双峰能量关系表现为"上弱下强"。随着孔隙度的变化(图6-54),双峰振幅能量发生相应变化,当孔隙度增加时,龙王庙组顶界反射能量变弱,储层底界反射能量增强;当孔隙度降低时,龙王庙组顶界反射能量增强,底界能量减弱,当孔隙度降低为2%时,储层底界反射甚至消失,整个龙王庙组表现为单轴强峰特征,只是龙王庙组顶界反射能量略有减弱,但是这一变化已不易识别。而对于储层厚度小于 10m 的薄储层,无论孔隙度如何变化,均不易识别,与前一模型反射特征相似,均表现为单轴强峰特征。

通过对不同厚度和孔隙度的储层模型进行的正演模拟证实,磨溪地区龙王庙组地震反射特征的变化与储层发育程度密切相关,研究表明,当储层发育时,龙王庙组顶界地震反射表现

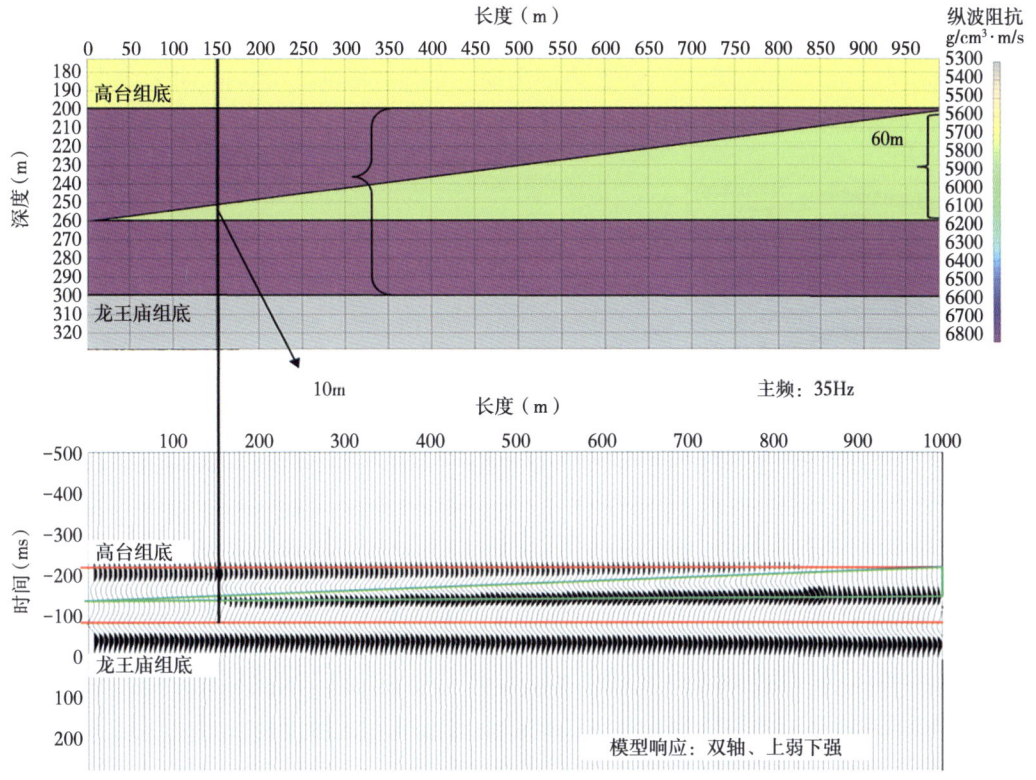

图 6-53 储层模型厚度变化的地震响应特征

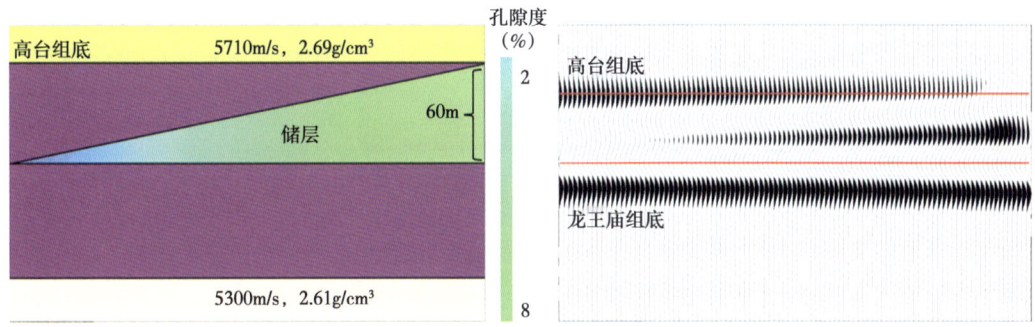

图 6-54 储层厚度和孔隙度变化的正演模型及响应

为弱峰或波谷特征,龙王庙组无论是呈单轴或双轴反射特征,其顶部能量都会变弱,内部反射会增强,龙王庙组内部会出"亮点"反射,储层底界大致对应于波峰;当储层不发育时,龙王庙组顶界地震反射表现为强峰,龙王庙组主要呈单轴特征,内部反射弱。

(三) 实钻井的地震响应特征

在对理论模型进行正演后,进一步通过实钻井开展正演模拟,建立对应的地震响应剖面,分析对比正演剖面和实际地震剖面的相似程度,验证对地下地质体的认知度,以实际钻井资料建立本区的储层地震响应模式。

磨溪9井正演模型：工区内磨溪9井射孔酸化后试油154.29×10⁴m³/d,测井解释磨溪9井龙王庙组发育两套储层,储层总厚度48.4m,孔隙度为6.2%左右,隔层厚度为11.4m。当龙王庙组内部出现上薄下厚的储层时,会在内部出现一个强波峰的反射特征,并且使龙王庙组顶界振幅变弱,地震响应特征和过磨溪9井实际剖面是一致的(图6-55)。

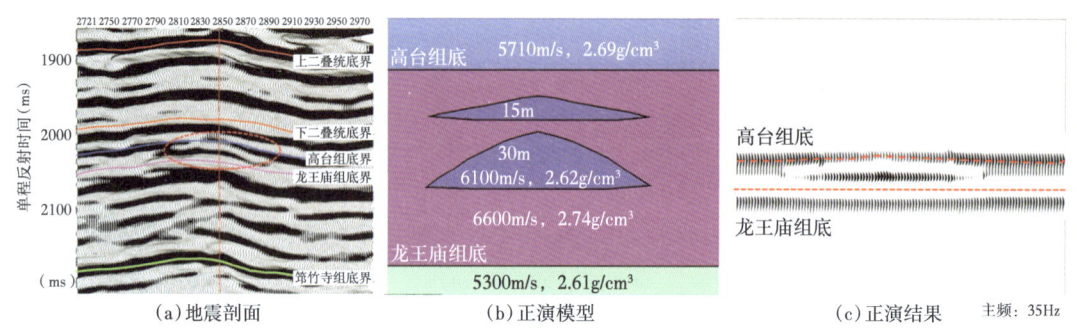

图6-55 过磨溪9井叠前时间偏移剖面及其正演模型和地震响应剖面

磨溪10井正演模型：磨溪10井射孔酸化后试油122×10⁴m³/d,测井解释磨溪10井龙王庙组发育两套储层,储层总厚度42.6m,孔隙度为6.6%,隔层厚度为8m。当龙王庙组内部出现上厚下薄且靠近顶部的储层时,同样会在内部出现一个强波峰的反射特征,并且使龙王庙组顶界变为波谷或者零界点,地震响应特征和过磨溪10井实际剖面是一致的(图6-56)。

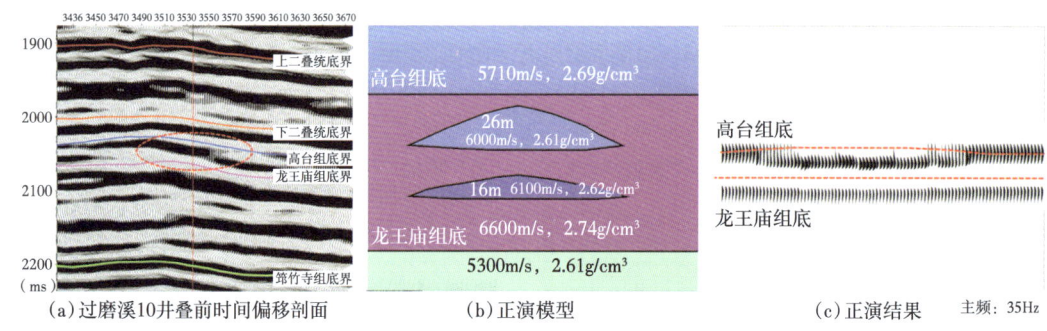

图6-56 过磨溪10井叠前时间偏移剖面及其正演模型和响应剖面

(四)储层地震响应模式

综上所述,磨溪地区龙王庙组储层的地震响应模式由以下5种类型组成(图6-57)：

模式Ⅰ：龙王庙组呈双轴地震反射特征,储层厚度较大(10~50m),主要发育于地层中部,顶界弱波峰,内部强波峰大致对应储层底界,随着孔隙度的增加,内部强波峰能量加强。

模式Ⅱ：龙王庙组呈内部单轴特征,顶部储层发育,顶界为波谷或者零界点,内部强波峰大致对应储层底界。

模式Ⅲ：龙王庙组呈双轴地震反射特征,顶界强波峰,地层中部发育一套10~15m的储层与龙王庙组内部高伽马段综合响应形成次强反射。

模式Ⅳ：龙王庙组顶界发育一套较厚储层,顶界复波反射。

模式Ⅴ:龙王庙组呈单轴地震反射特征,储层较薄(小于10m),顶界为强波峰,内部"空白"反射。

依据建立的龙王庙组储层地震响应模式为优选地震属性提供了依据,对于后续开展储层预测具有重要的指导意义。

响应模式	储层特征	响应特征	井号	典型井				剖面
				井号	储层总厚度(m)	平均孔隙度(%)	测井解释图	
模式Ⅰ	地层中部发育一套厚储层	顶界弱波峰,内部强波峰	磨溪8、磨溪9、磨溪11、磨溪13、磨溪20、磨溪203、磨溪009-X1	磨溪13	41.7	4.3	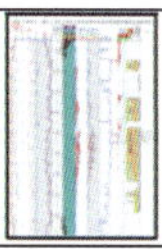	
模式Ⅱ	地层顶部发育一套厚储层	顶界波谷或者零界点,内部强波峰	磨溪10、磨溪12、磨溪32、磨溪201、磨溪204、磨溪47、磨溪46c、磨溪29	磨溪204	54.0	5.6	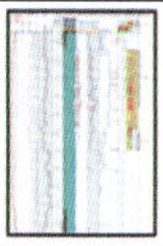	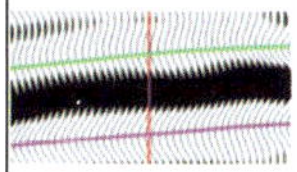
模式Ⅲ	地层中部发育一套10~15m储层,内部一套高伽马段	顶界强波峰,内部次强波峰	高石16	高石16	24.2	3.3	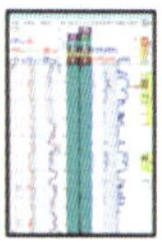	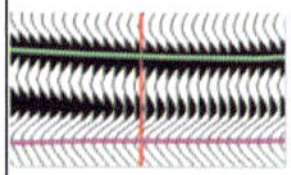
模式Ⅳ	地层顶部一套较厚储层	顶界复波	磨溪23	磨溪23	21.0	4.3	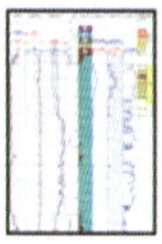	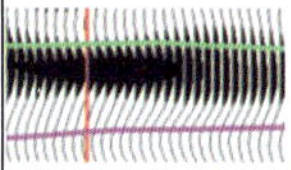
模式Ⅴ	储层发育较差	顶界强波峰,内部无强峰反射	磨溪21、磨溪31、磨溪31c、磨溪41、磨溪39、磨溪206	磨溪41	5.5	2.8	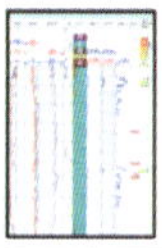	

图 6-57 磨溪地区储层地震响应模式总结

三、龙王庙组储层定性预测

磨溪地区储层地震响应模式研究表明,龙王庙组储层发育程度不同对于龙王庙组顶界和内部振幅、波形变化有着直接的影响,是导致龙王庙组地震反射特征不同的主要原因。因此针对龙王庙组目的层提取地震振幅作为龙王庙组储层定性预测。

龙王庙组有利的储层响应模式为模式Ⅰ和模式Ⅱ,两者有一个共同的特征:龙王庙组顶部无强波峰,但内部均出现强波峰及"亮点"反射。使用磨溪连片三维地震数据,开展龙王庙组内部"亮点"振幅透视。通过磨溪地区龙王庙组内部最大波峰振幅能量图(图 6-58 和图 6-59)分析,磨溪地区龙王庙组内部有强波峰能量异常,储层大面积发育,横向连片。

通过提取模拟结果内部"亮点"振幅值与模型储能系数交会分析得到,龙王庙组内部"亮点"振幅能量随着储能系数的增加而增加(图 6-60),这与实际钻井测井分析结果一致(图 6-61)。

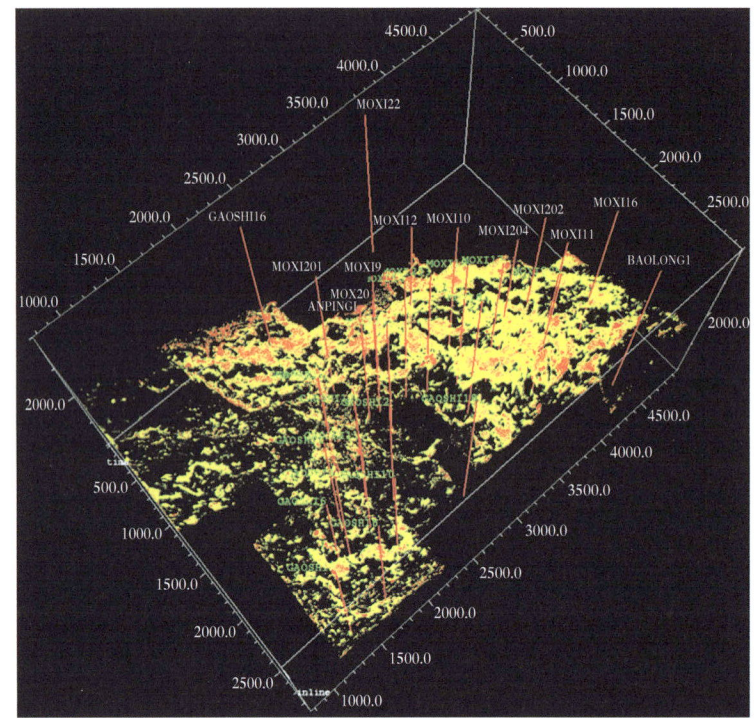

图 6-58 高石梯—磨溪地区龙王庙组内部"亮点"振幅透视图

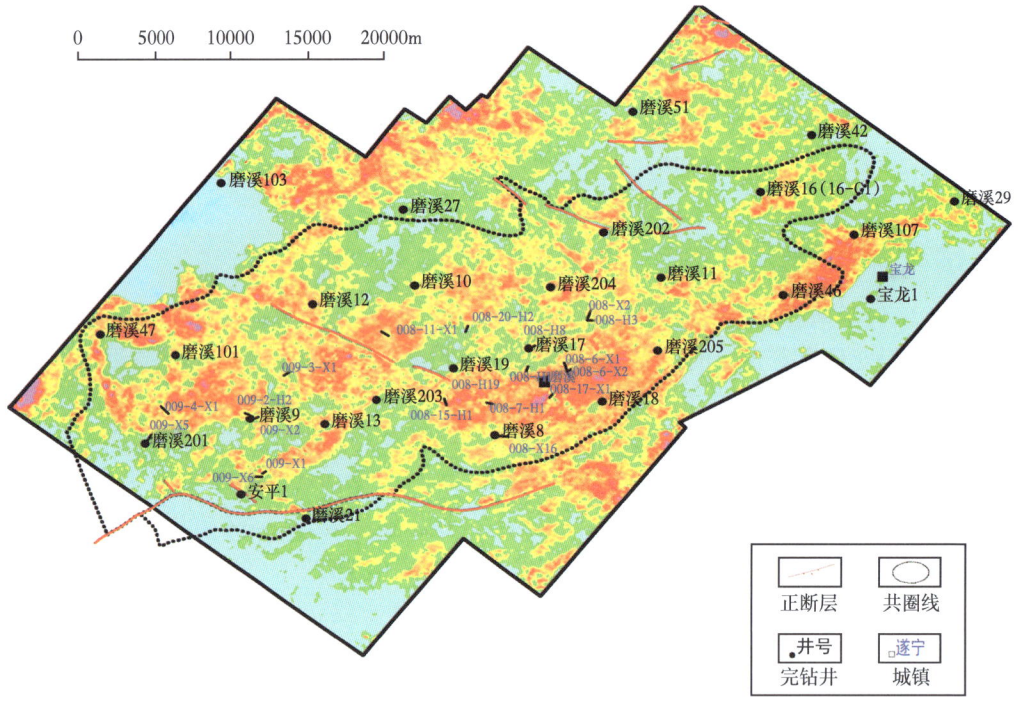

图 6-59 磨溪地区龙王庙组内部最大波峰振幅能量("亮点"地震相)平面图

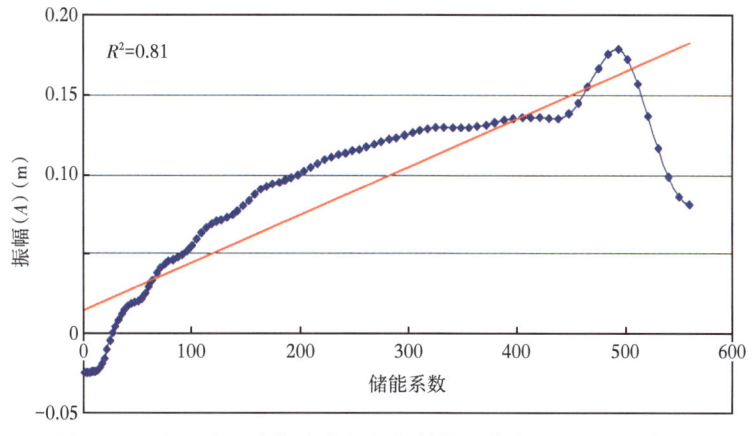

图 6-60　龙王庙组内部亮点振幅与储能系数交会图（理论模型）

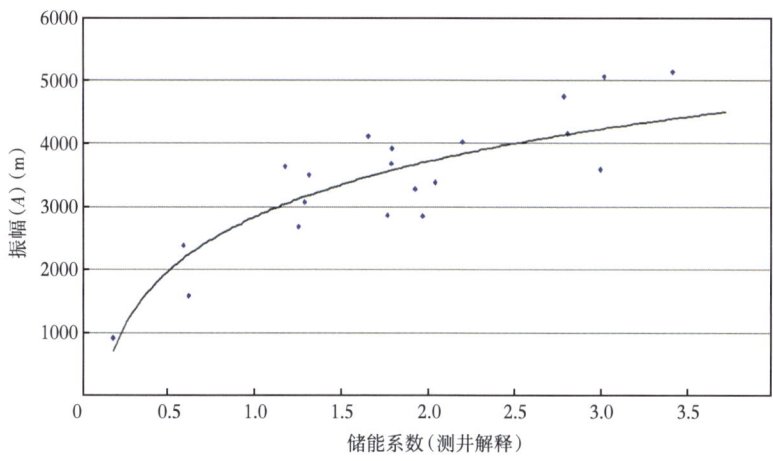

图 6-61　龙王庙组内部亮点振幅与储能系数交会图

四、储层定量预测

（一）地质统计学储层反演方法

地质统计学反演是一种将随机模拟理论与地震反演相结合的方法,该方法兼顾了地震数据的横向分辨率与测井数据的纵向分辨率,将测井信息与三维地震信息整合起来,将地质统计学与地震反演技术结合起来,并综合运用多数据源(地震、地质、测井)的信息,从而能够保证获得具有很强预测性的高分辨率的储层模型,为不确定性分析和风险性评估提供分析的依据。

地质统计学模型包含各种岩性的变差函数和每种岩性弹性参数的变差函数和概率密度函数。求取空间变差函数是地质统计学反演的关键步骤之一,在常规随机建模中一般使用井点数据,但井点数据只在垂向上数据点密集,求取变差函数精度高,而在水平方向可供用于拟合的数据点稀少,点距大,拟合出的变差函数不仅精度低,也难以反映井间储层特征的小尺度变化。因此,垂向变差函数从井数据中统计,横向的变差函数的统计采用约束稀疏脉冲反演得到波阻抗数据体,分别得到各种岩性在垂向、地震主测线和联络线方向的变程,这样充分发挥二者在垂向和水平方向的分辨率优势。地质统计学反演的输入包括地震数据、地震子波、地层格架模型、各种岩相的概率密度分布函数、变差函数,各种岩相所占的百分含量以及测井曲线。

由于磨溪地区地层较薄,储层的非均质性强,地质统计学反演技术无疑是针对该类储层预测的有效手段。

磨溪地区龙王庙组储层表现的特征主要为低纵波阻抗,非储层为高阻抗特征,高孔储层与低纵波阻抗段对应关系良好。高石梯—磨溪地区测井纵波阻抗与孔隙度交会图(图6-62)中测井解释孔隙度与纵波阻抗相关关系好,呈明显的线性关系,可根据测井交会量板图进行储层平均孔隙度预测。

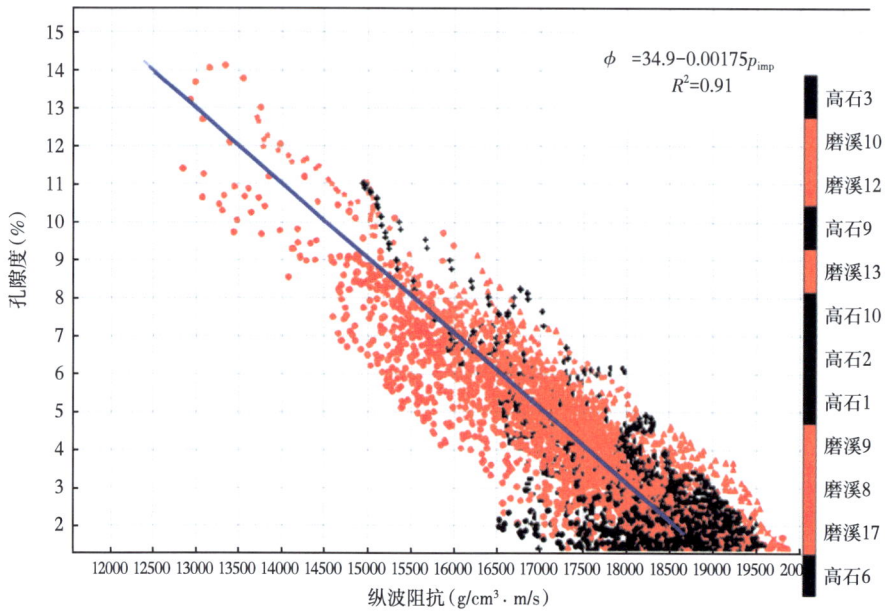

图6-62　高石梯—磨溪地区孔隙度和声阻抗交会图

(二)反演效果分析

磨溪204井、磨溪202井和磨溪16井龙王庙组储层主要发育在中上部,而磨溪11井上部和下部储层都比较发育(图6-63和图6-64)。储层发育的位置对应地震波形变化的地方,储层顶界对应波谷,储层底界对应波峰,即地震剖面上形成的亮点对应于反演剖面上储层的底界,这与前面建立的储层地震响应模式是一致的。

图6-65为过磨溪13—磨溪9—磨溪12井地震孔隙度反演剖面。井上插入的曲线为测井解释的孔隙度,井旁反演道与测井吻合较好。磨溪13井测井解释主要在龙王庙组中部发育一套储层,横向往左储层延伸一直存在,但是物性有所变差,横向往右可以连续追踪到磨溪9井,物性更好。而磨溪9井除中下部有一套储层外,靠近上部还有一套储层,反演结果分辨率较高,将这两套储层在孔隙度剖面上分开。剖面右侧磨溪12井中上部储层发育,测井解释与地震反演一致,说明反演成果可靠性高。

第六章 低孔隙度非均质裂缝—孔洞型气藏地球物理评价

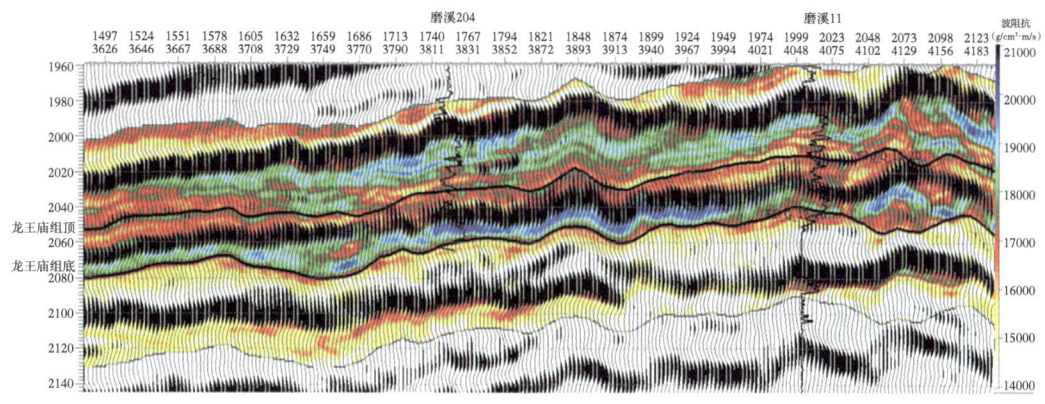

图 6-63 过磨溪 204—磨溪 11 井地震纵波阻抗反演与波形叠合剖面

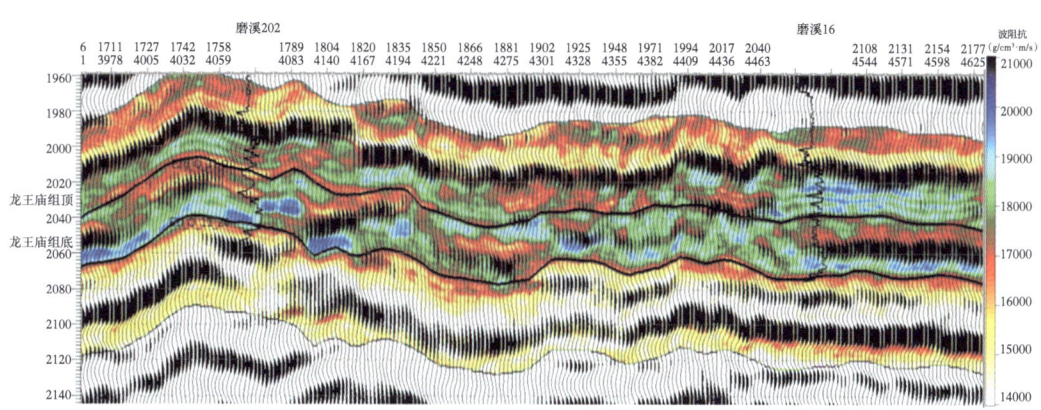

图 6-64 过磨溪 202—磨溪 16 井地震纵波阻抗反演与波形叠合剖面

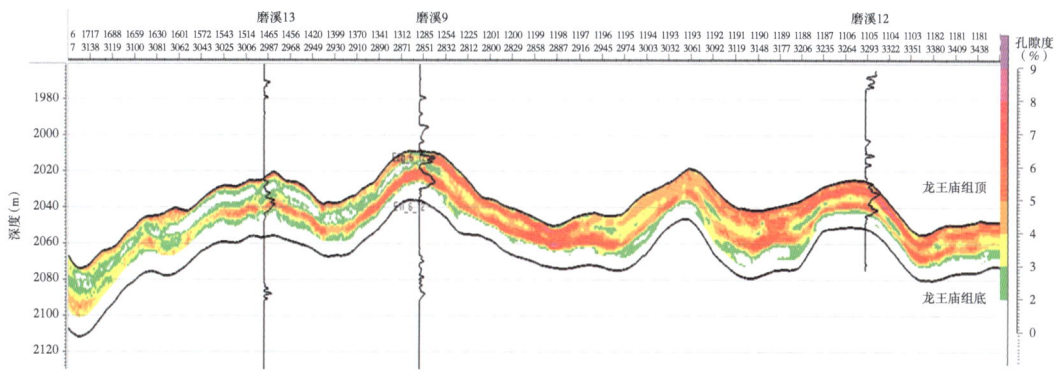

图 6-65 过磨溪 13—磨溪 9—磨溪 12 井地震孔隙度反演剖面

(三) 储层平面预测

磨溪地区整体上储层大面积连片分布,厚度大,储层更发育,方向呈北东—南西向展布,与无井约束的储层地震定性预测成果一致,储层厚度普遍在 20~60m,较厚区域主要位于磨溪 9—磨溪 10 井区、磨溪 8—磨溪 19—磨溪 204 井区、磨溪 11—磨溪 16 井区,往东到宝龙 1 井附近储层相对变薄,磨溪与高石梯之间存在储层欠发育致密带(图 6-66)。

— 155 —

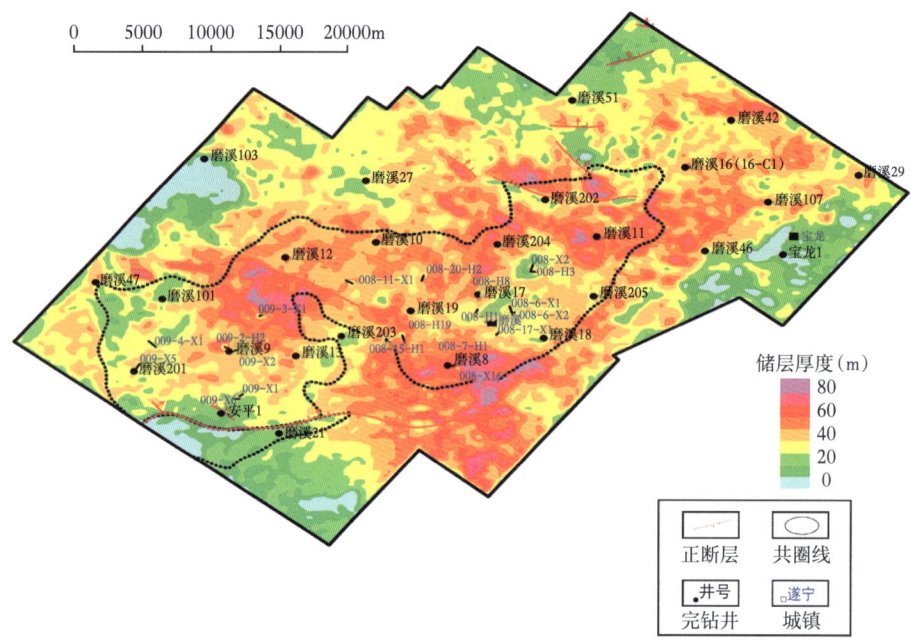

图 6-66　磨溪地区龙王庙组储层厚度地震预测平面图

磨溪地区龙王庙组储层孔隙度高，孔隙度为 3%~6%，孔隙度较大区域主要位于磨溪 9—磨溪 101 井区、磨溪 12—磨溪 10 井区、磨溪 8—磨溪 19 井区、磨溪 11—磨溪 205 井区。中部磨溪 21 井—高石 3 井区相对储层物性变差（图 6-67）。

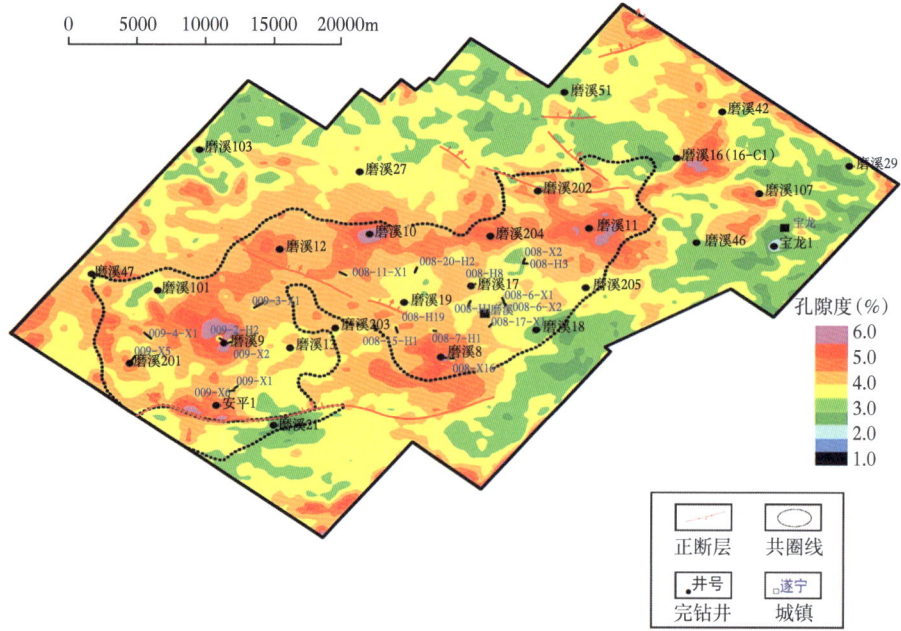

图 6-67　磨溪地区龙王庙组孔隙度地震预测平面图

(四) 储层预测精度分析

地震反演预测储层厚度绝对误差范围为-6.0~3.5m,地震反演预测储层孔隙度绝对误差范围为-0.4%~0.4%。验证地震反演预测储层厚度绝对误差范围为-18.1~1.1m,地震反演预测储层孔隙度绝对误差范围为-0.6%~0.8%。预测吻合率92%,表明地震反演结果可靠,储层预测精度高。

第四节　烃类检测方法优选与有利含气储层综合评价

磨溪区块龙王庙组气藏的地球物理气水预测通过详细岩石物理分析寻找该区流体敏感参数,通过叠前AVO属性分析、叠前弹性参数反演、Lithsi岩性流体概率预测等流体预测技术进行综合分析并建立了一套适合该地区流体识别的技术流程(图6-68)。

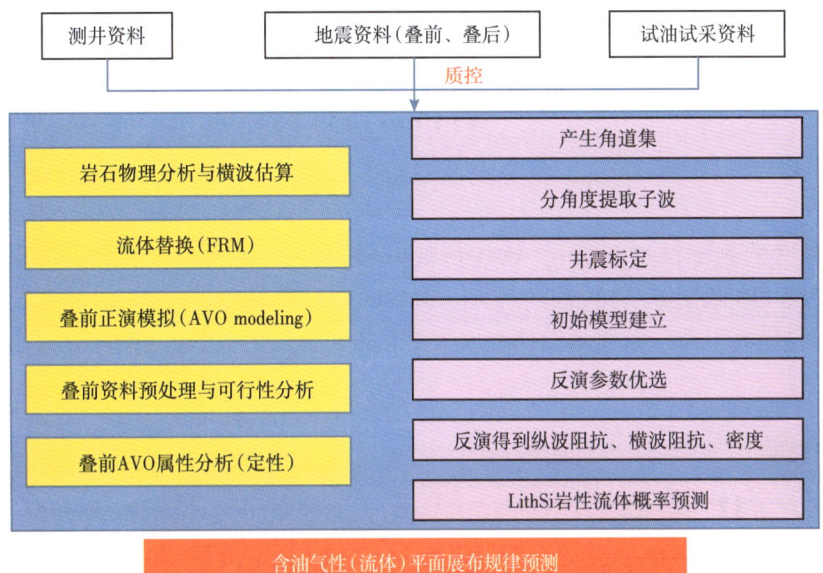

图6-68　磨溪区块龙王庙组流体识别的技术流程

一、龙王庙组含气储层的AVO类型

正演模型研究是采用AVO方法进行烃类检测的基础。选择合适的井,再用合成地震记录进行层位精确标定的基础上,研究正演记录中含油气储层反射振幅随炮检距的变化关系和各种AVO属性参数的特征,以及含油气砂岩与非含油气砂岩在各项特征上的差异和变化。可以指导利用实际地震道集的AVO反演结果进行可靠的砂岩含气性解释。

该区含气储层与围岩相比,呈低速、低泊松比的特点,含气储层泊松比为0.3,围岩泊松比为0.32。

$\Delta\sigma = 0.02, A = 0.06, B = -0.015$（第4类）。其中,$\Delta\sigma$为含气储层泊松比与围岩泊松比的

比值；A 表示截距，反映垂直入射时的反射振幅；B 表示梯度，反映振幅随偏移距的变化率。

表明含气储层理论上为第 4 类，AVO 规律为振幅随偏移距变化而减少。

磨溪 9 井和磨溪 203 井正演表明：含气储层 AVO 规律为振幅随偏移距变化呈减少趋势，而水层不明显（图 6-69）。从实钻井分析，实际含气储层 AVO 特征和理论上正演一致。

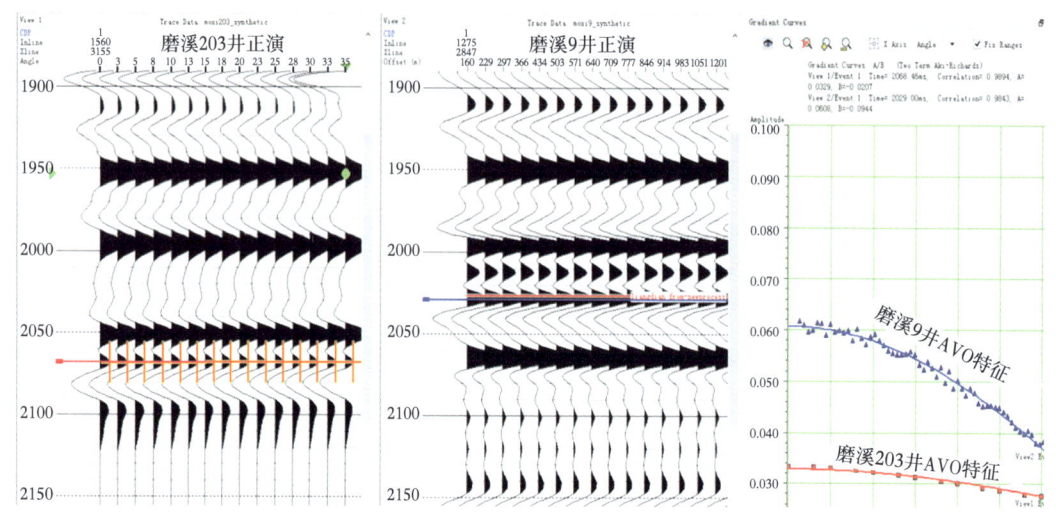

图 6-69 含气储层与水层正演模拟 AVO 分析

结合已钻井的测试信息和叠前 AVO 特征差异，得到磨溪地区龙王庙组不同流体相的 AVO 模式（图 6-70 和图 6-71）：高产气井——振幅随偏移距增加而减少；中低产气井——振幅随偏移距增加而减少；干井——振幅随偏移距增加变化较小；水井——振幅随偏移距增加变化基本无变化。

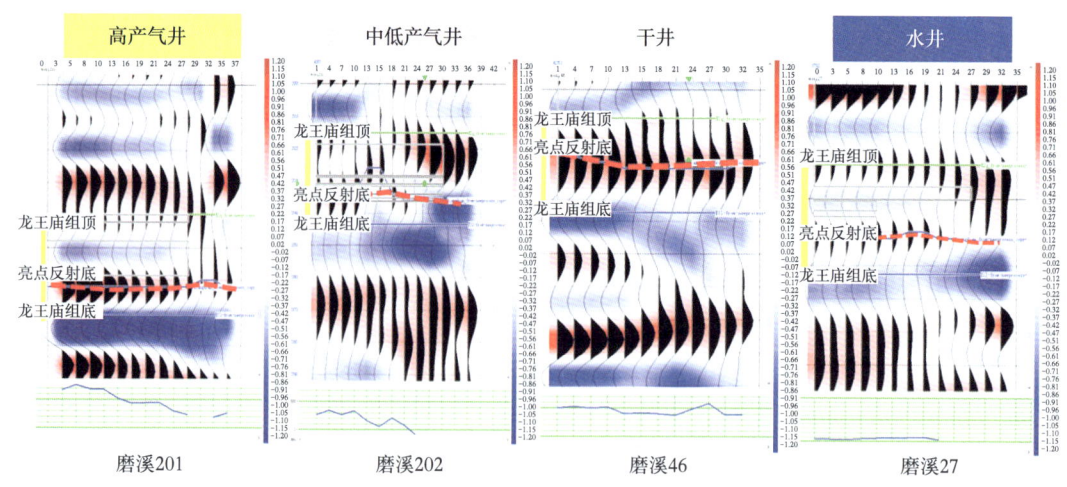

图 6-70 不同流体相 AVO 道集差异

第六章 低孔隙度非均质裂缝—孔洞型气藏地球物理评价

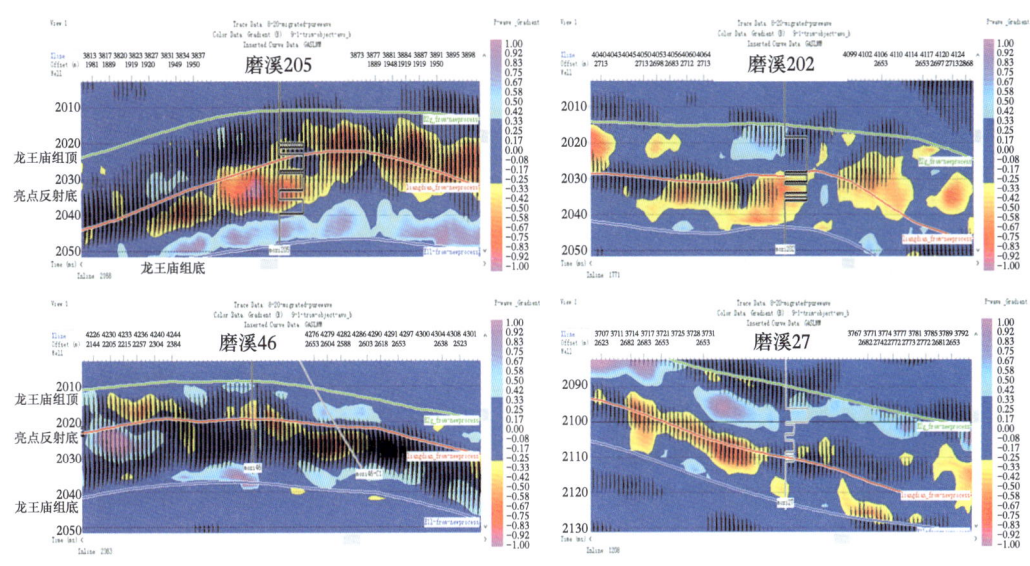

图 6-71 不同流体相 AVO 模式

二、AVO 属性处理及烃类定性检测

对于气水同层识别尚存在多解性,因此基于 AVO 属性分析得到的截距 P 和梯度 G 属性利用旋转 AVO 属性处理进行气水定性分析(图 6-72),来减少 AVO 解释多解性,提高 AVO 属性流体检测灵敏度。

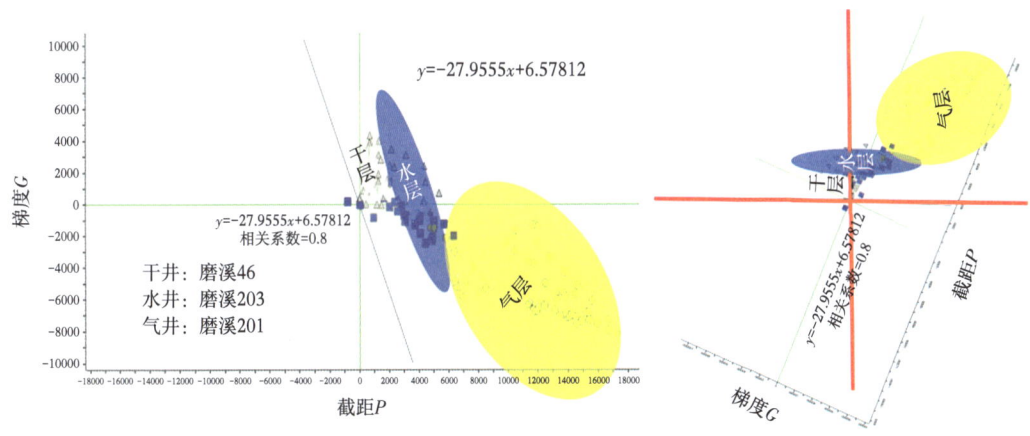

图 6-72 AVO 属性坐标轴旋转示意图

旋转 AVO 能够更加清晰将含气储层区分出来,在磨溪 201 和磨溪 009-4-X1 联井旋转 AVO 属性处理剖面上,含气储层的 AVO 异常非常明显(图 6-73),而在过磨溪 27 井的剖面上(图 6-74),水层不太明显。

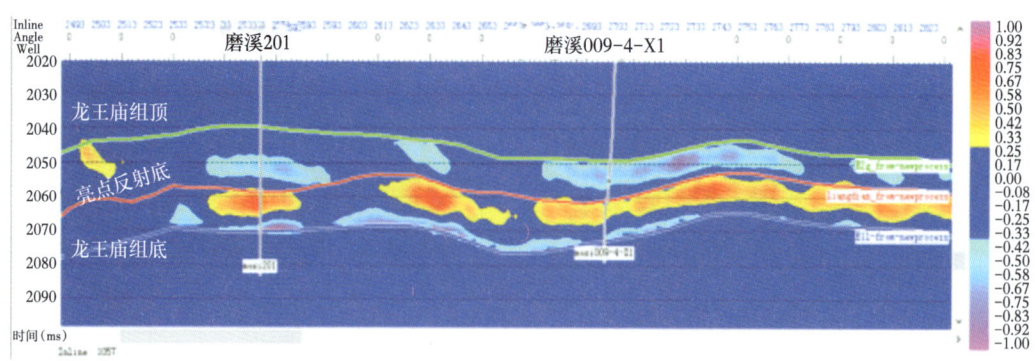

图 6-73　磨溪 201—磨溪 009-4-X1 旋转 AVO 属性

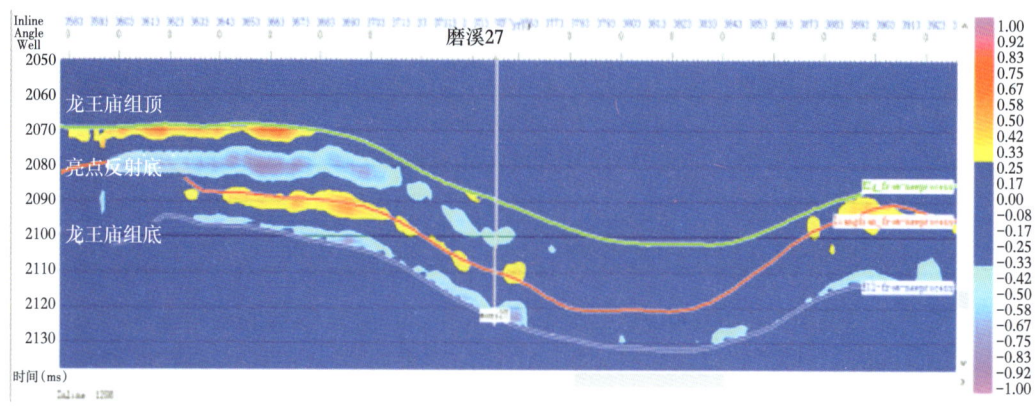

图 6-74　过磨溪 27 旋转 AVO 属性

磨溪龙王庙组气藏的可动水体主要赋存于高渗透体中，低渗透区水不活跃；同一高渗透体相对较低位置可能有水气藏内部滩体发育控制局部封存水，边翼部存在边水。为了能够利用 AVO 属性实现气水识别，在旋转 AVO 属性基础上利用孔隙度体对其进行约束，仅在高渗透区进行烃类检测。

图 6-75 为磨溪 47—磨溪 101—磨溪 203 井联井 AVO 属性烃检剖面，黄色表示 AVO 判别可能为气层，蓝色表示可能为水层。

三、基于叠前统计岩石物理学流体定量识别技术

由于研究工区储层内部气水地球物理弹性参数差异较小，和岩性预测相比，流体预测难度和风险增大，基于叠前统计岩石物理学流体识别技术利用叠前反演弹性属性进行岩性和流体统计学预测，它能直接反演得到含油、含气、含水储层，并能降低岩性流体边界拾取的人为性和岩性流体重叠严重的预测风险，是高精度岩性及流体定量反演技术的一次飞跃。本次烃类定量检测主要基于叠前弹性反演参数密度和 λ_ρ 属性，利用统计岩石物理学技术提高龙王庙组储层气水识别精度。

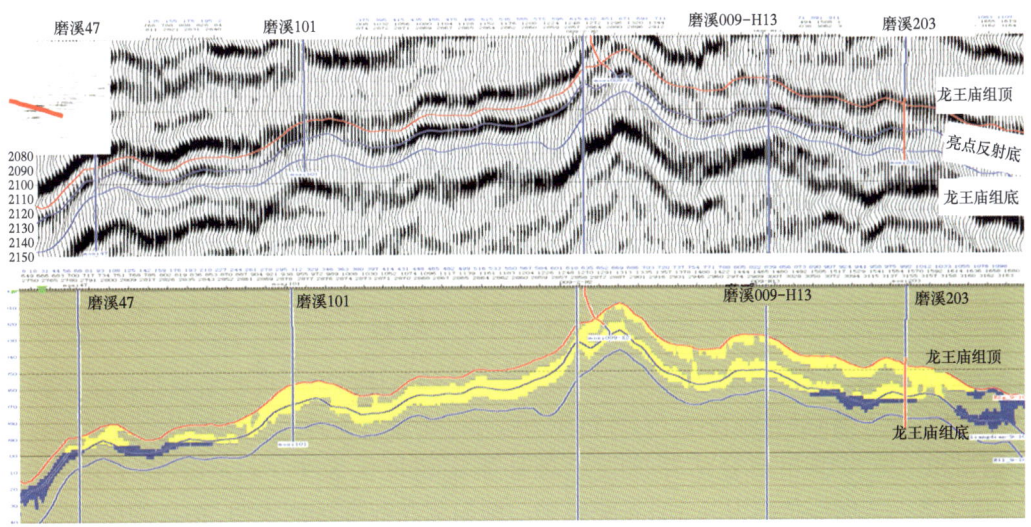

图 6-75 磨溪 47—磨溪 101—磨溪 203 井联井 AVO 属性烃检剖面

(一) 统计岩石物理工作流程

统计岩石物理方法主要包括 4 个步骤(图 6-76):(1)分析测井数据以获得岩相定义,定义每一种岩相最基本的岩石物理关系,如速度—孔隙度等。(2)地震岩石特性(纵波阻抗和横波阻抗)的蒙特卡洛模拟和计算依赖于岩相的、有意义的地震属性的统计概率密度函数。(3)地震叠前反演的地震属性用于统计分类校正在井位置定义的概率分布属性,获得对每种岩相出现概率的衡量,以验证分类是否成功。(4)通过变差或多点空间统计技术,把地质统计学用于空间相关和小尺度变化。

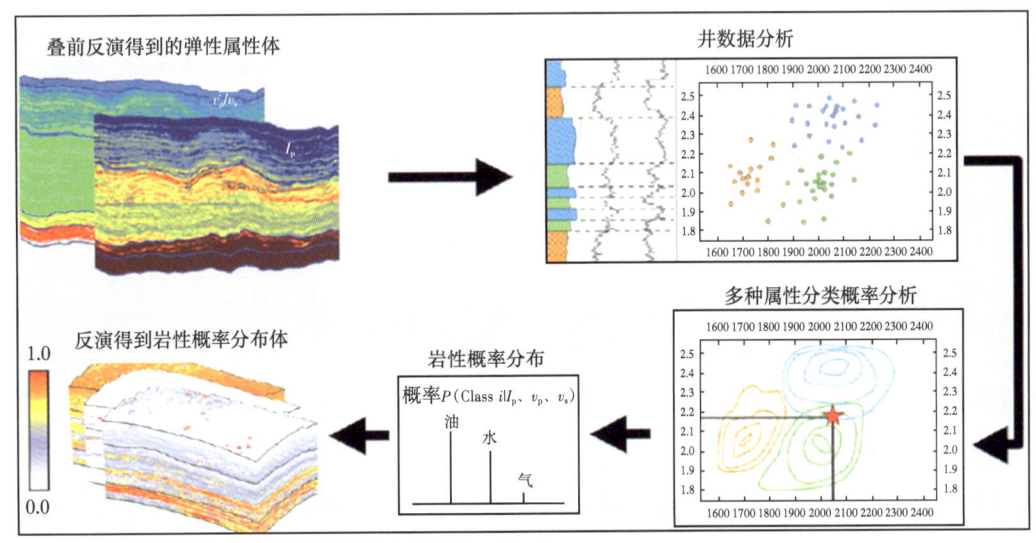

图 6-76 统计岩石物理学流体预测技术流程

v_p、v_s—纵波速度,横波速度;I_p—纵波阻抗

(二) 参数和预测方法优选

岩石物理分析表明密度、λ_ρ 属性交会能相对较好地识别物性较好的含气储层。

经验贝叶斯方法是使用存在的数据估算先验概率。任何有关的信息都可用于开始估算任何合理的先验概率密度函数。不同的分类组合有不同的输入特征分布,尽管分布可能有某些重叠。分布可以表述为 $P(x|c_j)$、组条件(或状态条件)概率密度函数。

贝叶斯公式将已知观测 x 的特定组概率表述为:

$$P(c_j|x) = \frac{P(x,c_j)}{P(x)} = \frac{P(x|c_j)P(c_j)}{P(x)}$$

其中,$P(x,c_j)$ 表示 x 和 c_j 的联合概率,即给定 c_j 时 x 的条件概率。贝叶斯关系把某个特定组(在观测任何 x 之前)的先验概率 $P(c_j)$ 转换为已知一个观测 x 时的后验概率。用训练数据或训练数据和正演模型相结合估算分类组条件概率密度函数 $P(x,c_j)$。在上述方程中。$P(c_j)$ 描述了一个储层状态为"c_j"的先验概率。例如测井数据可能表明,在目的层,钻遇泥岩的可能是 60%,而钻遇砂岩的可能是 40%。如果没有其他数据可用,可以估算 $P(泥岩) \approx 0.6$,$P(砂岩) \approx 0.4$。对先验概率的其他估算可能来自沉积模型。重要的是,在看到任何地震数据之前,先验概率量化了对储层状态的期望值。在生产期间,对先验概率的估算,如 $P(水)$、$P(气)$、$P(油层)$、$P(干层)$,可以通过随机模拟储层模型获取。在看到任何地震数据之前,尽最大努力去定量对储层状态的期望。当没有太多的期望时,于是,一个合理的猜测就是"50 - 50"每一种状态都是均等的,或 $P(状态_i) = 1/N$,这里,N 是我们试图区分的不同状态数。

最终,$P(x)$ 是地震观测值的边缘或无条件概率密度函数。对所有 N 个储层状态,可以表示为:

$$P(x) = \sum_{i=1}^{N} P(x|状态)P(状态)$$

作一个归一化,以保证 $\sum_{i=1}^{N} P(状态_i|x) = 1$。特别地,如果假设只有两种储层状态,"砂岩"和"泥岩",及三个地震观测密度和 v_p/v_s、AI[❶]。则:

$P(\lambda_\rho, 密度, AI) = P(\lambda_\rho, 密度, AI|含气储层)P(储层) + P(\lambda_\rho, 密度, AI|非储层)P(非储层)$ 可以把每个新数据点分类为:

含气储层,如果 $P(含气储层|\lambda_\rho, 密度, AI) > P(非储层|\lambda_\rho, 密度, AI)$;

非储层,如果 $P(非储层|\lambda_\rho, 密度, AI) > P(含气储层|\lambda_\rho, 密度, AI)$。

过井统计学岩性预测剖面(图 6-77 至图 6-79)显示预测结果与井上吻合度很好。

四、有利含气储层综合评价

有利含气储层综合评价综合参考 AVO 属性、叠前统计学烃类检测结果进行。

评价标准为:有利含气储层综合评价 = AVO 属性 + AVO 反演概率。

图 6-80 为综合参考 AVO 属性、叠前统计学烃类检测结果的烃检综合评价图,从综合评价

---

❶ AI—人工智能。

◆ 第六章 低孔隙度非均质裂缝—孔洞型气藏地球物理评价

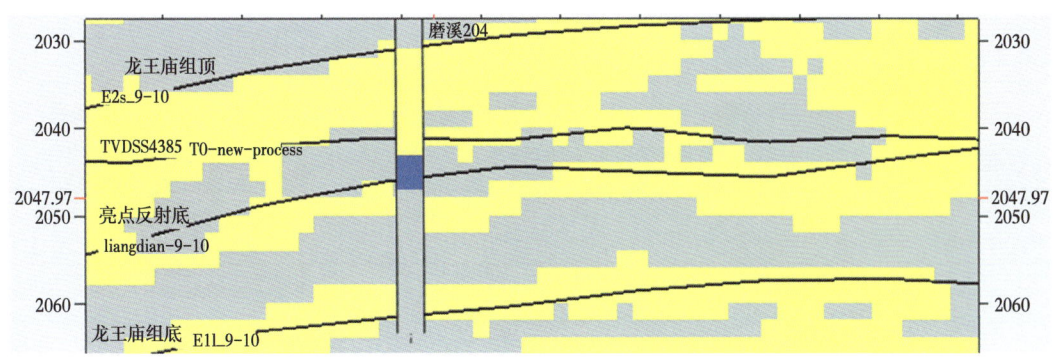

图 6-77 基于贝叶斯先验概率预测流体相剖面
（黄色:气层 蓝色:水层 灰色:非储层）

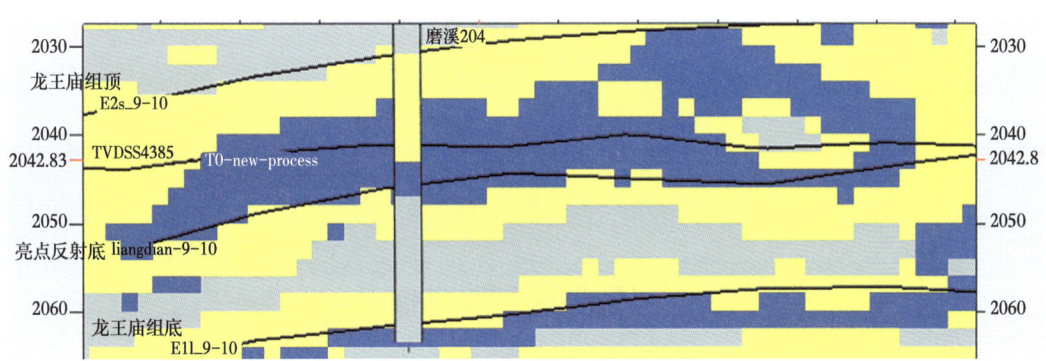

图 6-78 基于 likehood 最大可能性预测流体相剖面
（黄色:气层 蓝色:水层 灰色:非储层）

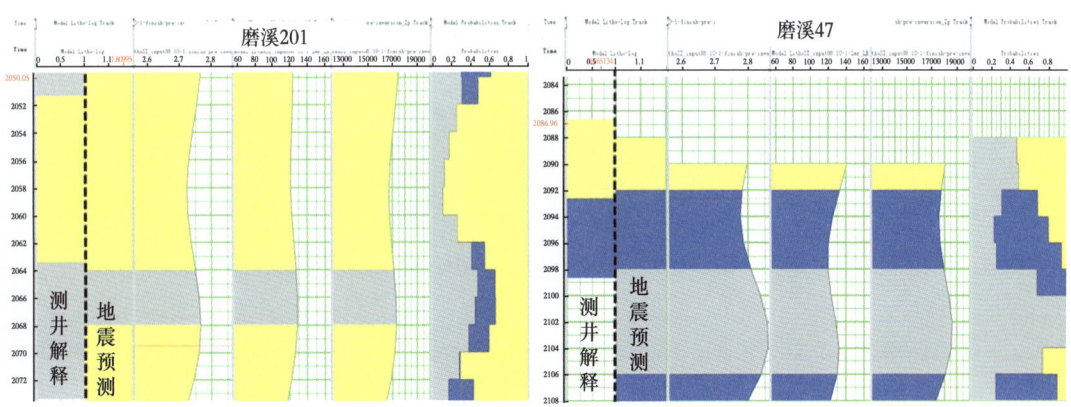

图 6-79 过磨溪 201 井和磨溪 47 井叠前概率流体预测

图上可以看出:磨溪有利含气储层主体主要位于磨溪 201—磨溪 9—磨溪 11 井一线,但内部可能存在局部封存水,面积较小,西端、南北两翼可能存在边水,面积较大。

磨溪 204 井气水界面位于-4385m,其北低洼部位含水的可能性较大(图 6-81)。磨溪 46

— 163 —

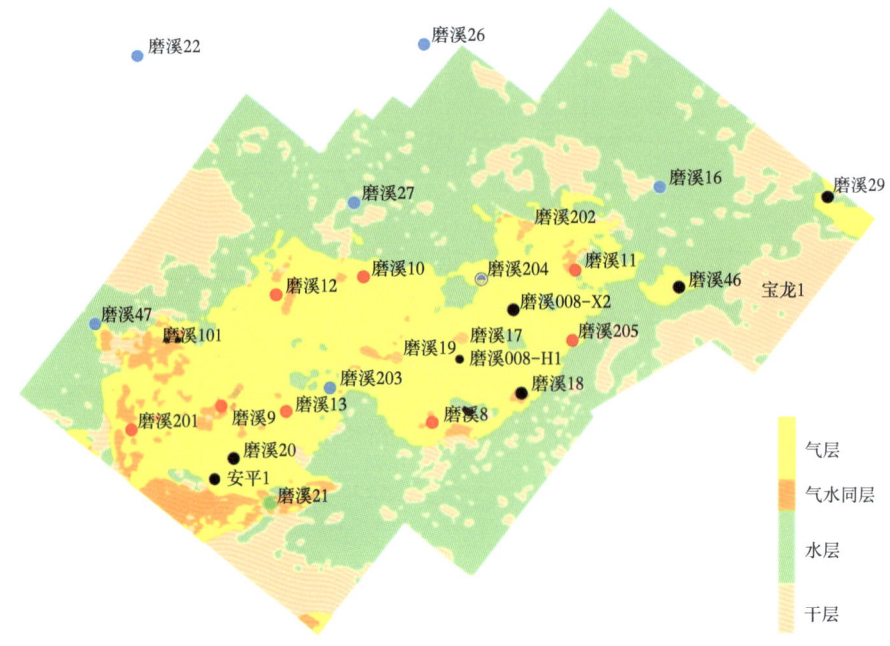

图 6-80 有利含气储层综合评价

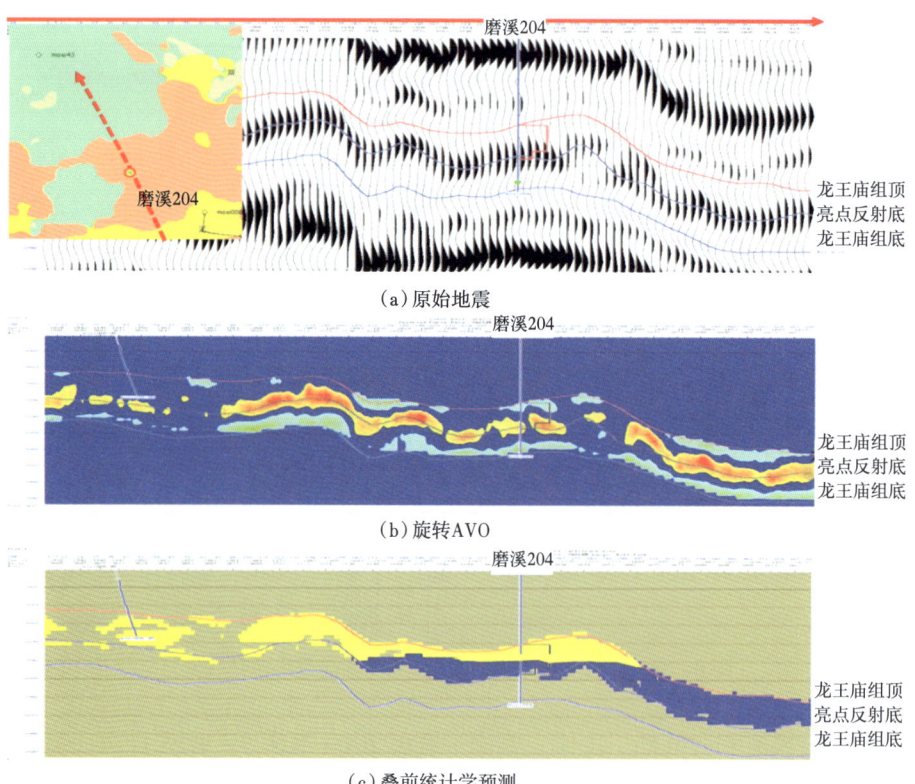

(a) 原始地震

(b) 旋转AVO

(c) 叠前统计学预测

图 6-81 过磨溪 204 井有利含气储层检测图

井与磨溪 11 井区有利地震相断开,磨溪 11 井和磨溪 46 井可能各自为独立的储渗单元系统（图 6-82）。

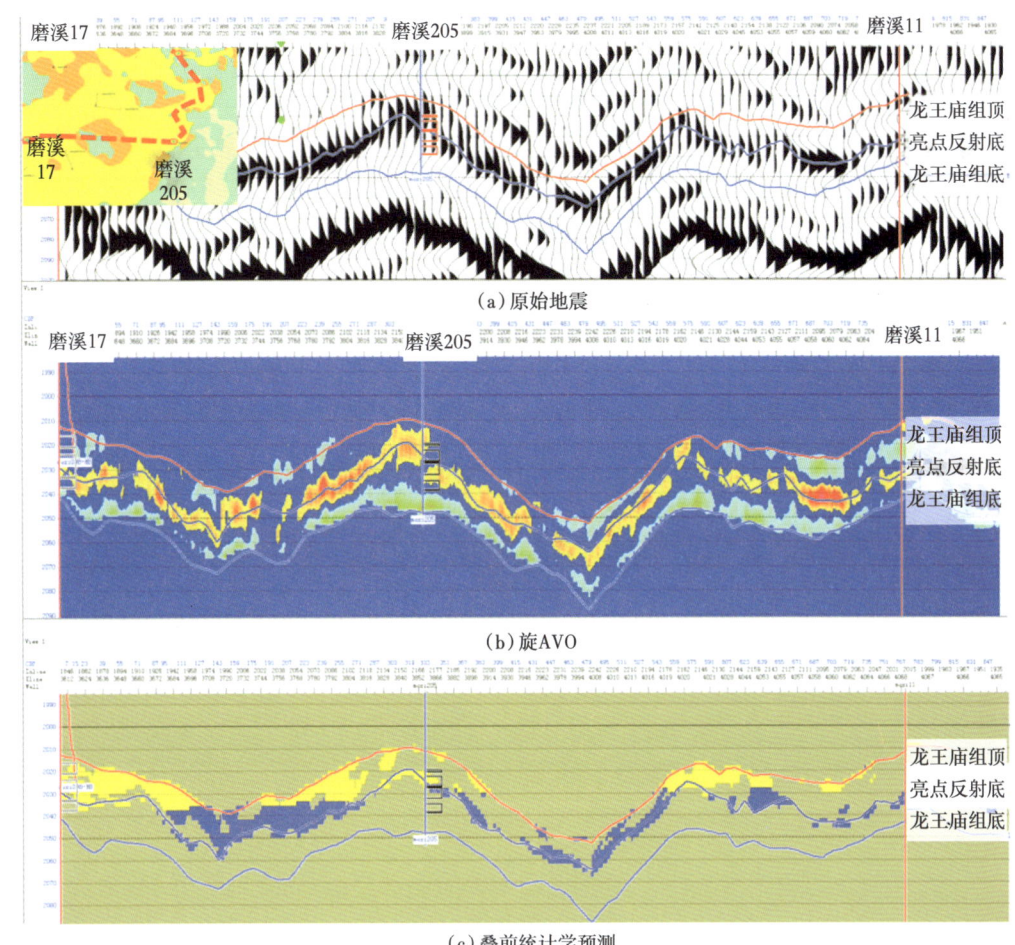

图 6-82 过磨溪 17—磨溪 206—磨溪 11 井有利含气储层检测图

综上所述,基于叠前 AVO 和叠前统计学流体检测剖面和平面预测结果与实钻吻合较好,能够较好地反映储层纵向与横向含气性变化特征。基于叠前 AVO 属性、叠前同步反演及统计岩石物理流体概率识别技术,降低岩性流体边界拾取的人为性,减少流体重叠严重的预测风险,提高龙王庙组储层气水定量识别精度;磨溪区块龙王庙组气藏研究形成的物探技术系列,支撑了寒武系龙王庙组高效开发。

参 考 文 献

[1] 王勇军,齐宝权,赖强,等. 高磨地区龙王庙组储层孔洞缝与孔隙结构综合评价技术[C]. 2017 年全国天然气学术年会论文集,2017.
[2] 王勇军,齐宝权,赖强,等. 沥青质碳酸盐岩储集层岩石物理特征及测井评价——以四川盆地安岳气田寒武系龙王庙组为例[J]. 石油勘探与开发,2017,44:889-894.

[3] 刘正文,党青宁,董瑞霞,等.塔里木盆地寒武系白云岩地震处理技术应用及效果——以塔北英买32地区中下寒武统为例[J].天然气地球科学,2015,26(7):1334-1343.

[4] 张晓斌,刘晓兵,赵晓红,等.地震资料提高分辨率处理技术在乐山—龙女寺古隆起龙王庙组勘探中的应用[J].天然气工业,2014,34(3):74-79.

[5] 张光荣,廖奇,喻颐,等.四川盆地高磨地区龙王庙组气藏高效开发有利区地震预测[J].天然气工业,2017,37(1):66-75.

[6] 郭建,王咸彬,胡中平,等.Q补偿技术在提高地震分辨率中的应用——以准噶尔盆地Y1井区为例[J].石油物探,2007,46(5):509-513.

[7] 朱洪昌,朱莉,玄长虹,等.运用高分辨率地震资料处理技术识别薄储层及微幅构造[J].石油地球物理勘探,2010,45(增刊1):90-93.

[8] 宋常洲,张旭明.地震资料高分辨率处理技术应用[J].石油地球物理勘探,2009,44(增刊1):44-48.

[9] 朱仕军,唐绪磊,朱鹏宇,等.碳酸盐岩缝洞储层地震反射波特征及其与油气的关系[J].天然气工业,2014,34(4):57-61.

[10] 龚洪林,张虎权,王宏斌,等.基于正演模拟的奥陶系潜山岩溶储层地震响应特征——以塔里木盆地轮古地区为例[J].天然气地球科学,2015,26(增刊1):148-153.

[11] 蒋晓迪,朱仕军,张光荣,等.四川盆地蜀南地区茅口组储层预测研究[J].天然气勘探与开发,2014,37(1):37-40.

[12] 肖富森,冉崎,唐玉林,等.乐山—龙女寺古隆起深层海相碳酸盐岩地震勘探关键技术及其应用[J].天然气工业,2014,34(3):33-39.

第七章 低孔隙度非均质裂缝——孔洞型气藏开发规律预测

气藏开发效果在很大程度上取决于人们对气藏特征和开发规律的认识程度，以及形成准确认识的时机。随着勘探开发一体化模式的逐渐流行，对气藏开发前期评价的要求更高，提前预测开发规律是研究重点之一，这是科学设计气田开发方案的技术关键；同时，复杂气藏开发过程中常出现超出人们初期预想的情况，需要及时调整优化开发对策，掌握开发规律、预测不同开发方式的效果是决策的基础。结合气藏地质特征的渗流力学分析、实验分析、试井分析、计算流体力学分析、物质平衡分析、数值模拟分析等，是早期揭示气藏开发规律的有效技术。对于深层碳酸盐岩中常见的低孔隙度非均质裂缝——孔洞型气藏，其开发规律较为复杂，合理应用先进技术提高预测准确性的问题显得更为突出。

第一节 数字岩心分析

一、技术特点及研究进展简介

随着高分辨率成像技术和计算机技术的进步，近年来数字岩心分析逐渐从岩心分析领域的一种特殊分析方法发展成为数字化油气田的重要组成部分。数字岩心是真实岩心微观特征的数字化表征，是具有与真实岩心相同内部结构的数据体模型。基于该模型，结合物理学理论，借助计算机运算处理，能对岩心中的物理场进行分析研究，认识储层特性。

(一) 数字岩心分析的特点

数字岩心分析能够在微观尺度下定量识别储集空间内部结构及储层物性，描述储层微观流动规律。相较于传统的岩心物理实验，数字岩心分析具有以下优势：(1) 一旦建立成熟的技术流程和数字岩心模型，后期可多次反复分析，效率高，成本低。(2) 能够模拟研究高温高压流动过程中岩心内部压力、流速等参数场的分布和变化趋势，没有高温高压物理实验的安全风险问题，可操作性强。(3) 采用数字岩心模型可开展不同条件下的数值实验分析，不存在一些物理实验破坏岩心结构的问题，研究的可重复性强。

随着深层海相碳酸盐岩天然气勘探开发工作的推进，强非均质多重介质气藏增多。相较于以孔隙型为主的砂岩储层，碳酸盐岩储层除了孔隙系统外，还存在不同尺度的裂缝、溶洞，由于不同介质间搭配关系的不同，流体流动状态具有多样化复杂性。利用数字岩心分析技术的优势，表征碳酸盐岩储层的复杂结构，开展微观流动模拟，揭示多重介质的流动规律，对碳酸盐岩气藏精细描述和开发动态预测具有重要意义。

(二)数字岩心分析技术研究进展

1. 数字岩心建模技术发展简况

构建数字岩心模型、定量表征岩心微观储集空间是开展后续相关研究的基础,模型与实际情况的相符性和精度决定后续研究的可靠性和准确性。目前数字岩心建模方法包含物理实验方法和数值重建方法两个关键环节。物理实验方法借助高倍光学显微镜、扫描电子显微镜或 CT 成像仪获取岩心的平面图像;数值重建方法通过图像分析提取建模信息,采用相关数学方法建立数字岩心空间模型。

1972 年第一台 CT 机诞生,用于医学领域。Dunsmuir 等[3]将 CT 技术加以改进并应用到石油开发领域,Coenen 等[4]应用 CT 机对岩心进行扫描得到了分辨率小于 1μm 的岩心三维图像。目前,应用在石油天然气领域的 CT 机分为两类:台式 CT 机和同步加速 CT 机。对于弱胶结疏松砂岩,应用台式 CT 机就可以清楚分辨孔隙结构,但是对于含有大量微孔结构的致密砂岩或碳酸盐岩,只能采用同步加速 CT 机来研究孔隙结构。21 世纪初澳大利亚国立大学的 Knacksteдt 和 Arns 等[5]自行研制了一套 CT 扫描设备,该设备可以对直径达 5cm 的岩心样品进行扫描并能得到分辨率小于 2μm 的图像(图 7-1)。

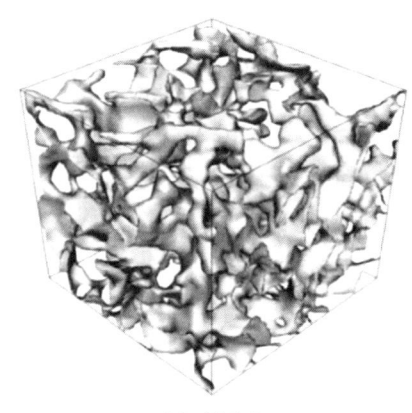
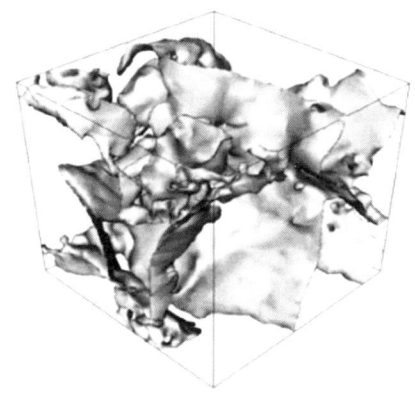

(a)砂岩岩心
512³个体素,分辨率5.6μm

(b)碳酸盐岩岩心
512³个体素,分辨率3.024μm

图 7-1 采用 CT 扫描信息建立的砂岩数字岩心

2. 数字岩心分析技术发展概况

Lin(1999 年)以高分辨率 Micro-CT 扫描图像为基础,建立了滤饼的三维孔隙模型,并分析了滤饼孔喉分布及连通性[6]。Vogel(2005)采用三种方法计算了烧结玻璃珠的毛细管压力曲线[7]。Knacksteдt(2007)以高分辨率 Micro-CT 扫描图像为基础,建立了烧结玻璃珠、均质固结砂岩、双重孔隙介质、非均质碳酸盐岩等 12 种多孔介质孔隙模型,采用有限元方法计算了胶结指数和饱和指数[8]。Okabe(2007)[9]综合了 Micro-CT 扫描图像和二维岩心薄片统计信息,建立了碳酸盐岩多孔介质模型;建模过程中,微米级孔隙信息是通过 Micro-CT 扫描图像获取,更小尺度孔隙信息是通过薄片统计资料获取,该模型计算获得的渗透率与实验结果吻合。Talabi(2009)[10]从 Micro-CT 扫描图像提取填砂模型的孔隙网络信息,模拟了多孔介质中磁化矢量的衰减,通过实验结果对比,认为该孔隙网络模型能够准确计算弛豫时间和绝对渗透率等参数。

近年来,国内外学者已经尝试运用高性能计算机对CT扫描重构后的数字岩心模型进行流动模拟计算,研究岩心中流动的规律。国内以杜新龙(2012)为代表,利用砂岩岩心CT扫描图像重构后的数值模型,结合有限元法对低渗透砂岩储层岩心中流动过程进行模拟,主要用于计算不同方向渗透率。在国外,挪威奥斯陆大学的学者利用数字岩心技术对缝洞储层中的流动进行了模拟研究,在研究的结果中,获得了缝洞岩心的等效渗透率,并且重现了流体在缝洞中的流动过程(图7-2)。

二、数字岩心模型构建及微观储集空间特征分析

(一)数字岩心建模理论与方法

通常以岩心切片图像为基础,借助统计方法或模拟岩石的形成过程来建立数字岩心。迄今

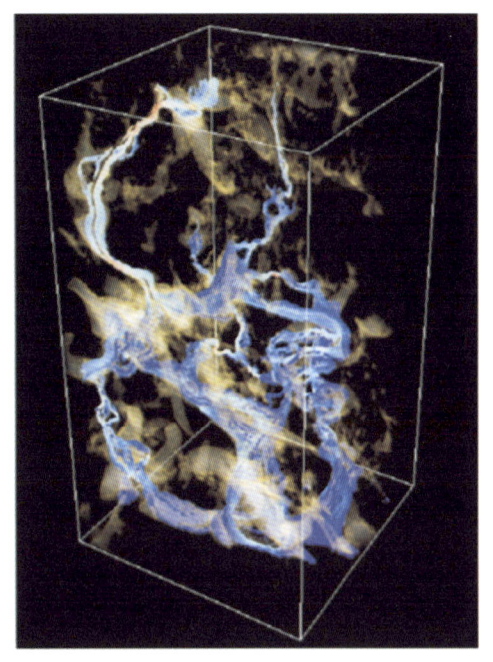

图7-2 缝洞岩心中流线分布模拟分析图

已研究形成了多种方法,典型方法主要包括高斯模拟法、模拟退火法、过程模拟法、多点统计法和CT扫描图像重建法。

1. 高斯模拟法

高斯模拟法由Joshi于1974年提出,该方法以岩石薄片分析所得的统计资料为基础,首先随机产生一个由相互独立的高斯变量组成的数据集(称为高斯场),集合中所有变量组成的总体满足标准正态分布;之后对高斯场作线性变换使最初独立的变量具有相关性。该过程中使用孔隙度和两点相关函数作为约束条件,最后通过非线性变换将高斯场转化为数字岩心。

2. 模拟退火法

模拟退火是局部搜索算法的扩展,最早的思想是由Metropolis在1953年提出,1997年Hazlett将该方法引入数字岩心建模领域。该算法中的系统能量对应着目标函数的取值,目标函数定义为重建介质性质和待模拟介质统计性质的差值平方和。通过对系统的不断更新,使之稳定性逐渐增强从而最终得到数字岩心。模拟退火法较高斯模拟法的优势在于:在建立数字岩心时考虑反映岩石特征的更多信息,从而使得所建立的模型与实际多孔介质更接近。

3. 过程模拟法

与上述随机建模方法不同,Bryant等提出了通过模拟岩石的地质成岩过程(包括沉积、压实和成岩)来建立数字岩心的方法。研究发现,只有考虑孔隙的空间相关性才能对岩石的传导性质做出正确预测。然而,Bryant建立的模型存在明显局限性,即只有当所研究岩石中的颗粒尺寸与他们建模采用的圆球尺寸相近时,应用该模型才能做出很好的预测。此后,Bakke和Wren等在

该领域做了更深入的研究,并给出了一种能更加逼真地模拟真实岩石形成过程的建模方法,该方法建模时不仅考虑了岩石的颗粒粒径分布,而且还与岩心薄片分析获得的岩石物理性质相结合。在成岩作用的模拟中,Bakke 和 Wren[11]只考虑了石英胶结质的生长和黏土物质的填充作用。应用这种基于过程模拟的方法,他们建立了 Fontainebleau 砂岩的数字岩心(图 7-3)。

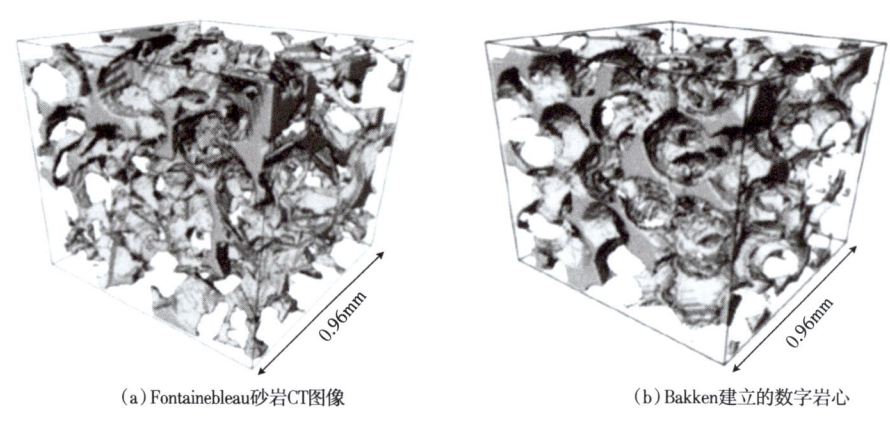

(a) Fontainebleau 砂岩CT图像　　　　　(b) Bakken 建立的数字岩心

图 7-3　数字岩心

4. 多点统计法

Okabe 和 Blunt[12]使用模板统计岩心切片图像中的孔隙空间结构特征,并把统计得到的信息充分反映到所建立的数字岩心中(图 7-4)。他们建立的数字岩心具有良好的孔隙连通性,但是该方法的建模速度很慢。之后,Wu 等以马尔可夫随机滤网统计模型为基础,借助 2 点及 5 点邻域模板对孔隙与岩石骨架交界面的特征进行统计,并将统计信息映射到所建立的数字岩心中;该方法的建模速度很快。

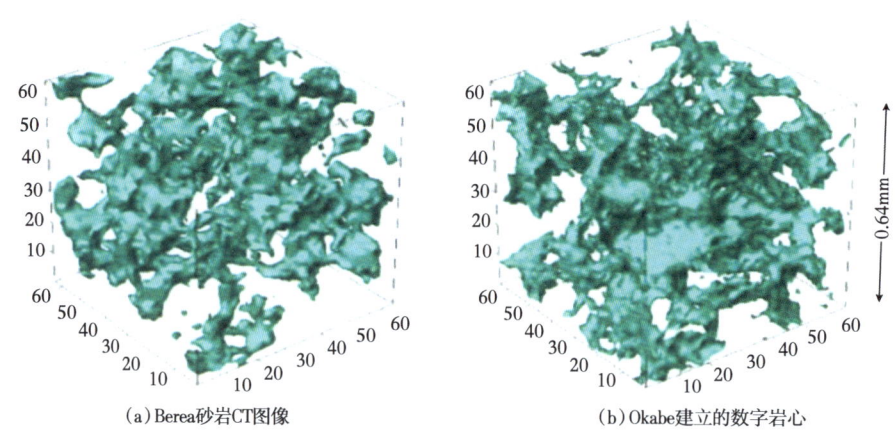

(a) Berea 砂岩CT图像　　　　　(b) Okabe 建立的数字岩心

图 7-4　多点统计法建立的该砂岩数字岩心

5. CT 扫描图像重建法

CT 扫描实验过程为:将样品固定好后,开启 X 射线源,由射线源发出的射线穿过样品(图 7-5),被 X 射线探测器捕获。该过程中 X 射线强度衰减,衰减后的 X 射线照射到探测器上,该信号被图像获取软件自动捕获并储存。之后通过控制样品夹持器将样品精确旋转一定角度,重新扫描并记录衰减后的 X 射线,将样品累计旋转 180°后结束实验过程。

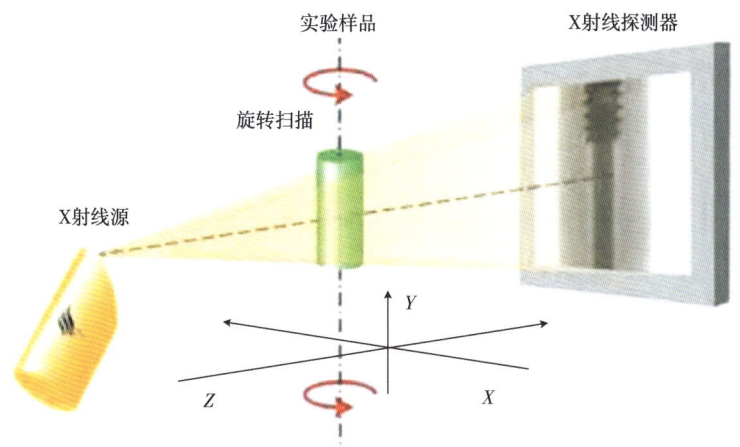

图 7-5　CT 机基本构成示意图

当 X 射线穿过物体时,它会与物体的原子相互作用而引起能量衰减,并且物体不同的物质组成成分对 X 射线具有不同的衰减影响。当一束 X 射线穿过物体时,衰减后的 X 射线为:

$$I = I_0 e^{-\sum_{i=1}^{n} \mu_i x_i} \tag{7-1}$$

式中　I_0——X 射线的初始强度;

　　　I——X 射线穿过物体后的强度;

　　　i——在该射线穿过的路径上物体中的物质成分序号;

　　　μ_i, x_i——第 i 组分对 X 射线的衰减系数和该组分在 X 射线当前路径上的长度。

通过对穿过物体截面的 X 射线进行测量,采用专门的计算方法可辨识物体截面的结构。

(二) 岩心 CT 图像的处理

CT 扫描图像是 CT 机对扫描数据进行整理压缩以后输出的文件,不可避免存在一定的噪声和信息缺失,因此有必要对获得的图像文件进行预处理,增强图像的特征,消除噪声。

1. 基于中值滤波的图像降噪

采用滤波器对模糊图像进行除噪处理是常用的图像增强手段。空域滤波是让图像在频域内的某个分量受到抑制,同时保证其他分量不变,从而改变输出图像的频率分布,达到图像增强的目的。

空域滤波一般可分平滑滤波器和锐化滤波器。平滑滤波器可用低通滤波实现,其目的是模糊和去除噪声。锐化滤波器可用高通滤波实现,其目的是为了增强被模糊的细节边缘。

空域滤波都是基于模板卷积,对图像中任意的像素点进行 $m \times n$ 掩模处理得到的响应为:

$$R = \sum_{i=1}^{m \times n} w_i z_i \tag{7-2}$$

式中　w——掩模系数;

z——与掩模系数对应的像素灰度值;

m×n——掩模中包含的像素点总数;

i——像素序号。

将模板在图像上扫描一遍,对每个像素都采用模板进行运算,就可以按照模板性质的不同,实现不同的功能。该过程称为模板与图像的卷积。

2. 基于自适应算法的图像二值化处理

在灰度图像中,要想对孔、洞、缝的位置、大小和形状等特征参数进行定量化的描述,首先需要借助图像分割方法对不同类型微观储集空间进行合理划分。图像分割的关键是阈值选取。如果阈值选取不合理,很容易将目标对象辨识为背景图像,或者将背景图像辨识为目标对象。

对阈值给出如下定义:

设 $F(i,j)$ 表示坐标 (i,j) 处的图像像素灰度值,T 为灰度阈值,$g(i,j)$ 为二值化的灰度值。经分离后灰度值为 1 的像素表示目标对象,0 表示图像背景,则可得到公式:

$$g(i,j) = \begin{cases} 1 & F(i,j) \geqslant T \\ 0 & F(i,j) < T \end{cases} \tag{7-3}$$

对图像进行二值化处理的算法主要包括了最大类间方差法、迭代阈值法、P 分位法、基于最小误差的全局阈值法和局部阈值法等。最大类间方差法进行阈值划分较为成熟和常用。

最大类间方差法,又称为大津法或 OTSU 算法。该方法按图像灰度特征,将待分割图像分成背景和目标两部分。背景和目标之间的类间方差越大,错分目标像素和背景像素的概率最小。一幅分割质量较好的图像,其组内均衡性较好,组间均衡性较差。以此为参照基准进行相关计算分析,可确定划分储集空间和岩石骨架的最佳灰度阈值。根据阈值对灰度图像进行分类,可得到二值化图像(图 7-6)。

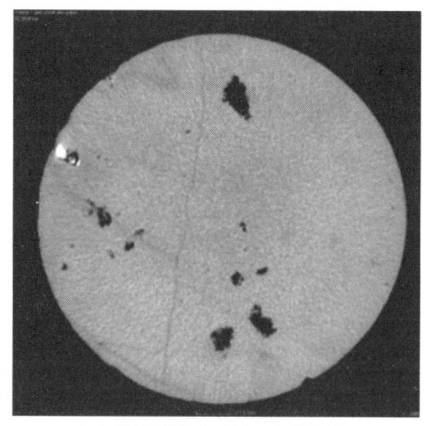 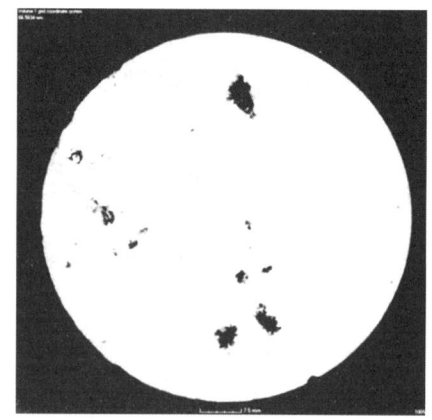

(a)孔洞型岩心(原CT扫描图像)   (b)缝洞型岩心(二值化处理后CT图像)

图 7-6 CT 扫描岩心图像二值化处理的结果

(三)岩心三维重构

对岩心二维图像矩阵的数据进行三维方向上的重叠,便能够得到岩心的三维图像矩阵。

由于CT扫描的每两张图片之间都有间隔,因此,需要采用插值算法对图片之间的间隔进行数据重构。

B样条曲线插值算法是一种使用广泛、适应性强的插值算法。采用B样条曲线插值算法,对相邻二维图像之间的数据进行插值计算,建立三维像素矩阵。图7-7中为采用该方法重构获得的数字岩心。

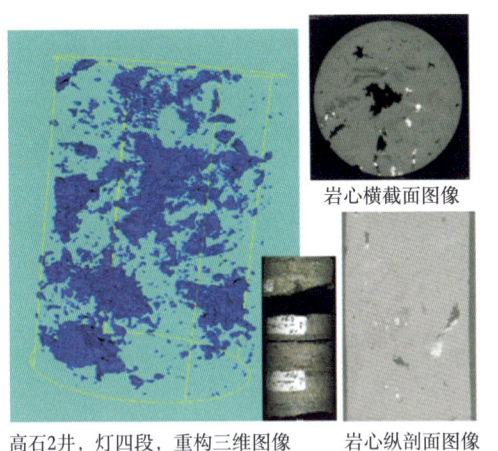
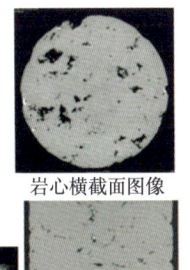

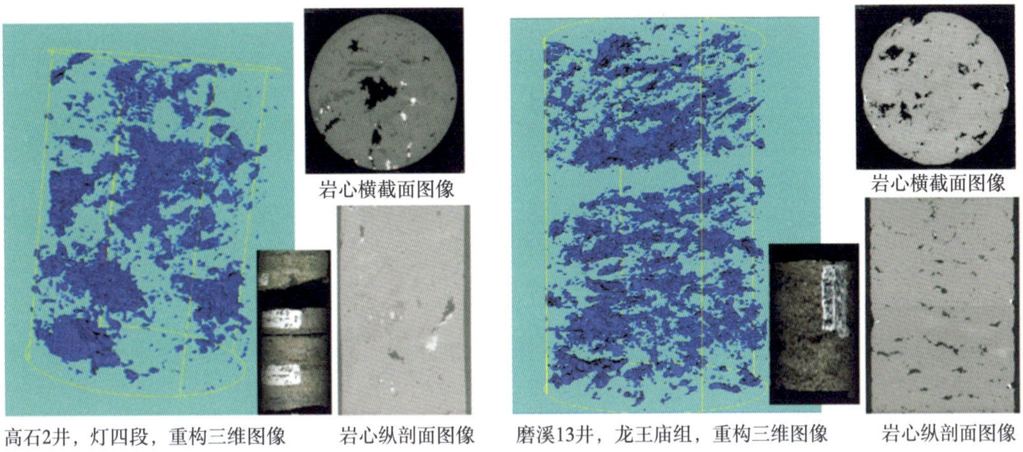

图7-7 基于CT图像的三维数字岩心重构结果

(四)裂缝—孔(洞)储层岩心微观结构特征识别与分析

1. 基于CT重构岩心的储集空间识别方法

重构获得的数字岩心本质上是一个由像素点组成的三维矩阵,采用标签吸收法能够对三维矩阵中的数据点进行分类识别(图7-8),从而达到辨识微观储集空间的目的。

对二值化处理后的岩心像素矩阵进行逐行逐列扫描分析,当扫描到孔洞或裂缝时,采用标签吸收法对其进行标定。图7-9为重构岩心的储集空间识别结果。

(a)原始状态储集空间像素编号　　　　(b)"标签吸收"后储集空间像素编号

图7-8 标签吸收法示意图

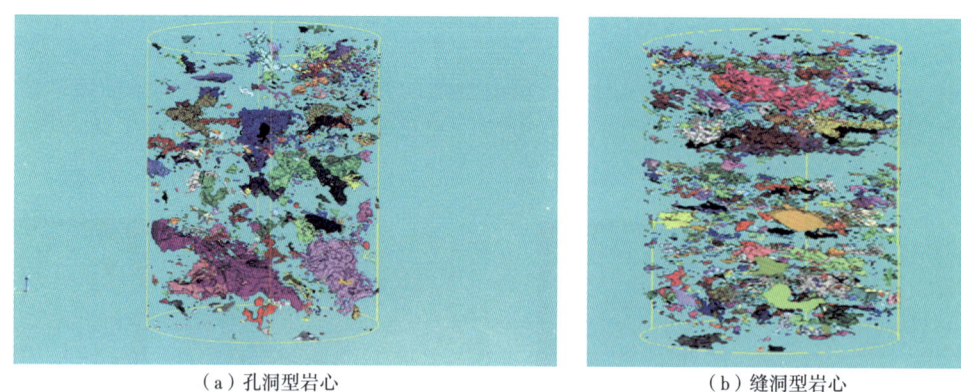

(a) 孔洞型岩心　　　　　　　　(b) 缝洞型岩心

图 7-9　三维数字岩心缝洞识别结果

图中不同的颜色代表微观连通的储集空间单元

2. 计算机程序的实现

根据上述原理,确定数字岩心微观储集空间处理分析流程图(图 7-10),主要包括 CT 扫

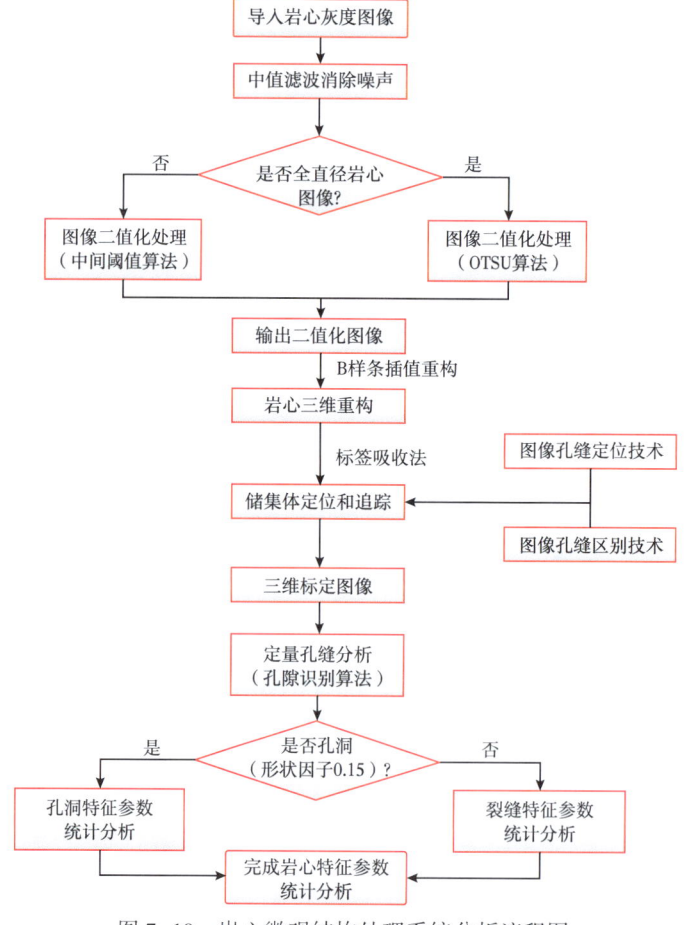

图 7-10　岩心微观结构处理系统分析流程图

描图片的灰度处理,插值重构三维模型,划分微观储集空间与岩石骨架像素,归并微观连通储集体像素集合,统计各类储集体的特征参数等。

3. 裂缝—孔(洞)储层岩心不同储集空间特征

根据上述分析方法及流程,利用四川盆地中部高石梯—磨溪地区寒武系龙王庙组气藏及震旦系灯影组气藏的全直径岩样 CT 扫描图像(分辨率 34μm),开展数字岩心重构和储集空间分析,结果见表 7-1。

数字岩心分析结果显示,岩心平均孔隙度震旦系灯影组为 3.57%、龙王庙组为 4.12%;灯影组岩心孔洞直径平均为 0.547mm,偶见厘米级溶洞,溶洞是主要储集空间,占总孔隙体积的 50% 以上;龙王庙组岩心平均孔洞直径为 0.213mm,岩心微裂缝相对发育,占孔隙体积的 8%(图 7-11)。

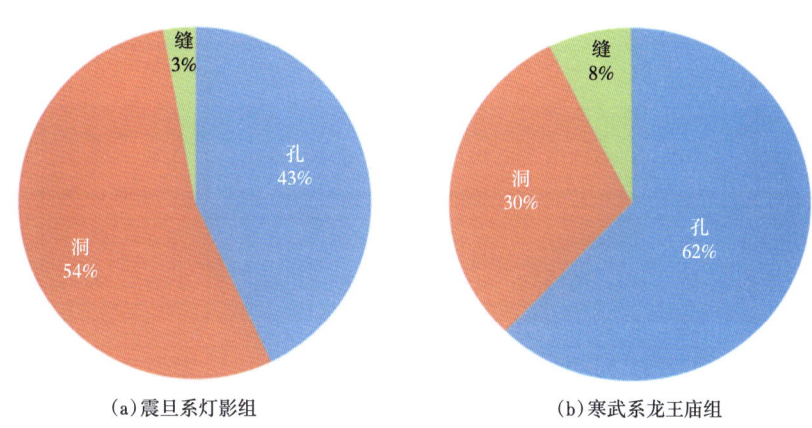

(a)震旦系灯影组　　　　(b)寒武系龙王庙组

图 7-11　各类储集空间所占比例

表 7-1　三维数字岩心分析结果

井号	层位	井深(m)	孔隙平均直径(mm)	溶洞平均直径(mm)	裂缝平均开度(mm)	溶洞孔隙度占比(%)	基质孔隙度占比(%)	裂缝孔隙度占比(%)	孔隙度(%)
磨溪 8	灯四段	5112.17~5112.35	0.13	2.57	0.03	56.35	41.75	1.9	3.98
	灯四段	5160.57~5160.84	0.11	2.28	0.05	48.55	49.23	2.22	2.76
高石 2	灯四段	5012.57~5012.80	0.11	2.83	0.08	61.07	35.39	3.54	4.14
	灯四段	5013.11~5013.39	0.16	3.14	0.11	46.38	51.83	1.79	6.38
高石 6	灯二段	5378.35~5378.53	0.37	2.84	0.1	49.24	48.09	2.67	3.11
磨溪 10	灯二段	5466.91~5467.06	0.41	2.22	0.1	43.28	54.44	2.28	7.1
磨溪 9	灯二段	5435.26~5435.46	0.23	2.62	0.05	52.68	44.56	2.76	9.66
	灯二段	5446.33~5446.38	0.27	3.12	0.02	42.66	54.46	2.88	4.1
	灯二段	5448.54~5448.74	0.18	2.69	0.04	48.36	49.68	1.96	5.37
	灯二段	5448.74~5448.97	0.3	2.33	0.04	52.21	44.75	3.04	4.63

续表

井号	层位	井深（m）	孔隙平均直径（mm）	溶洞平均直径（mm）	裂缝平均开度（mm）	溶洞孔隙度占比（%）	基质孔隙度占比（%）	裂缝孔隙度占比（%）	孔隙度（%）
磨溪9	灯二段	5452.19~5452.36	0.34	2.68	0.05	50.69	46.6	2.71	4.21
	灯二段	5422.10~5422.30	0.22	2.54	0.07	48.36	48.96	2.68	2.34
	灯四段	5012.57~5012.80	0.28	2.89	0.06	50.32	47.17	2.51	1.66
	灯四段	5013.11~5013.39	0.26	2.24	0.04	49.6	47.84	2.56	2.45
	灯四段	5013.69~5013.90	0.19	2.31	0.03	62.07	35.55	2.38	3.05
磨溪13	龙王庙组	4611.18~4611.30	0.37	2.01	0.01	32.22	59.88	7.9	4.98
	龙王庙组	4611.53~4611.76	0.28	1.96	0.03	28.54	61.54	9.92	6.1
	龙王庙组	4616.22~4616.42	0.13	2.16	0.02	29.31	63.8	6.89	5.15
	龙王庙组	4621.57~4621.78	0.11	2.35	0.03	34.57	54.85	10.58	8.28
磨溪17	龙王庙组	4645.47~4645.62	0.17	2.18	0.07	33.89	58.36	7.75	3.58
	龙王庙组	4667.44~4667.52	0.11	2.26	0.08	35.12	56.93	7.95	2.31
	龙王庙组	4644.07~4644.3	0.16	1.89	0.05	26.2	65.56	8.24	5.02
磨溪12	龙王庙组	4622.33~4622.49	0.24	1.97	0.03	25.5	66.81	7.69	3.62
	龙王庙组	4631.74~4631.95	0.28	2.07	0.01	28.34	63.28	8.38	6.03
	龙王庙组	4642.31~4642.52	0.14	2.06	0.02	27.76	63.18	9.06	8.72
	龙王庙组	4642.52~4642.72	0.18	2.34	0.05	34.92	57.69	7.39	10.89
磨溪19	龙王庙组	4665.33~4665.52	0.16	2.17	0.03	31.05	60.71	8.24	6.68
	龙王庙组	4667.22~4667.41	0.12	1.92	0.03	26.98	65.64	7.38	2.33

震旦系微裂缝开度集中在 $50\mu m$ 左右，平均长度为 8.9mm，龙王庙组的微裂缝开度则集中在 $30\mu m$ 附近，平均长度为 22.4mm（图 7-12）。

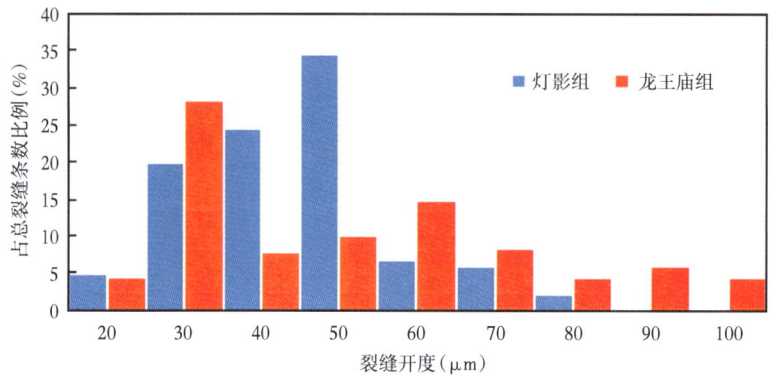

图 7-12　储层裂缝开度分布图

三、数字岩心流动模拟方法及微观渗流特征分析

(一)数字岩心微尺度流动模拟理论与方法

1. 多重介质渗流理论与模型

目前用于描述多重介质系统流动规律的数学模型主要有三种:三重介质模型、等效连续介质模型和离散介质模型,这几种方法均是由裂缝系统流动模型发展而来的。

三重介质模型在国内最早由吴玉树和葛家理(1983)提出,国外则由 Abdassah 和 Ershaghi(1986)提出,随后 Camacho(1999)和 Gurpinar (2002)等以及姚军和王子胜(2007)等学者对该模型做了进一步的发展。1973 年 Neale 和 Nader 应用 Darcy 方程来计算含有溶洞的多孔介质中渗透率张量,当时的研究仅限于含有规则圆洞的缝洞介质。2004 年 Arbogast 等提出应用 Darcy-Stokes 耦合方程来描述缝洞介质中流体的宏观流动,基于均匀化理论推导出了大尺度上等效的 Darcy 方程,并给出了溶洞性介质等效渗透率张量的理论求解公式,但该公式在油藏中应用困难。2009 年 Popov 等基于溶洞往往伴随着不同程度的充填,提出了应用 Stokes-Brinkman 方程来描述缝洞介质中的流动,使得问题的解决有了很大的进展。1971 年 Louis 和 Wittke 便提出了类似电路分析中回路法的网络线素模型。后来 Wilson 和 Withespoon(1970)进一步发展形成离散网络模型。在他们的研究中忽略了基质的渗透性。近年来姚军和黄朝琴等(2010)针对缝洞介质的特点,提出了离散缝洞网络模型。

上述多重介质渗流模型根据不同的假设条件,对缝洞介质或流体流动过程进行了简化处理,忽略微观细节,注重宏观流动规律。在微观尺度下,流体在微观储集空间中的流动可能呈现出不同的流动状态,如绕流、窜流和紊流等,研究储集特征与渗流规律的关系需要考虑微观流动特殊性,数字岩心微观流动的数值模拟是一种有效的针对性分析方法。

2. 缝洞介质微观流动模拟方法

为了便于建立简便实用的模拟计算方法,通常采用一些理想化假设:(1)岩心中的流动为等温流动;(2)致密基质为背景相,缝洞嵌套于基质中;(3)不同介质流态不同,均存在储集和渗流能力;(4)不同介质间存在窜流;(5)基质物性均匀分布,渗透率和孔隙度一致;(6)不同储集空间中流动方程不同。

(1)溶洞系统。

等效直径大于 2mm 的储集空间定义为溶洞。在岩心中溶洞的分布较为离散,部分被裂缝沟通,对孔隙度的贡献度可达 30%以上,具有良好的储集性能。这类储集空间中的流动可以看作是黏性流体的自由流动,即空腔流,可以沿用流体力学中的基本方程 N—S 方程进行描述:

$$-2\mu \nabla \cdot D(u_s) + \nabla p_s = f \tag{7-4}$$

式中 μ——黏度;

$D(u_s)$——应变张量;

$\nabla \cdot D(u_s)$——应变张量的散度;

u_s——溶洞区域中的流动速度;

∇p_s——溶洞区域的压力的梯度。

(2)裂缝系统。

形状因子小于0.1,且几何尺度比(长宽比)大于10的空隙空间定义为裂缝,在岩心中裂缝的储集能力较小,但是可以起到改善渗流能力的作用。裂缝中的流动速度与裂缝的张开度相关。目前主要通过立方率进行描述:

$$Q_f = \frac{b^3}{12\mu} \frac{\Delta p_f}{l} \tag{7-5}$$

式中 Q_f——裂缝的出口流量;
l——裂缝长度;
b——裂缝张开度;
Δp_f——裂缝两端的压差。

(3)基岩系统。

$$\mu K_m^{-1} u_d + \nabla p_d = f \tag{7-6}$$

式中 μ——全直径岩心中流体的有效黏度;
u_d——基质区域中的流动速度;
f——全直径岩心中流体的体积力;
p_d——基质区域中的压力;
∇p_d——p_d的梯度。

利用有限元法对岩心中的流动进行模拟计算可以获得图7-13的结果。

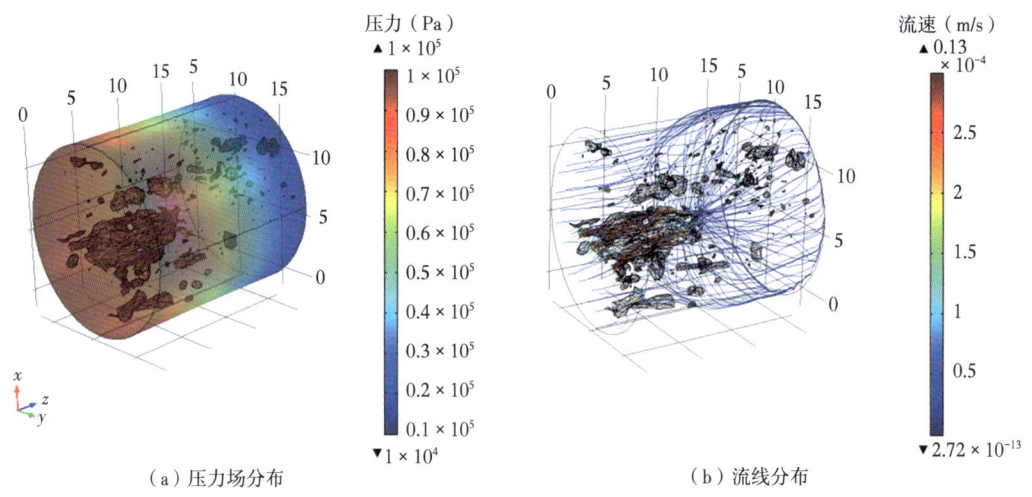

(a)压力场分布　　　　　　　(b)流线分布

图7-13 数字岩心流动模拟压力场及流线分布图

(二)裂缝—孔洞储层复杂微观渗流特征分析

为了更为真实地了解和分析真实缝洞型储层岩心中流动情况和渗流规律,通过磨溪寒武系龙王庙组岩心CT扫描后建立的三维数字岩心模型(图7-14),结合地层条件压力梯度变化情况,用微观流动模拟技术模拟了在该模型中的流动情况(图7-15)。

第七章 低孔隙度非均质裂缝—孔洞型气藏开发规律预测

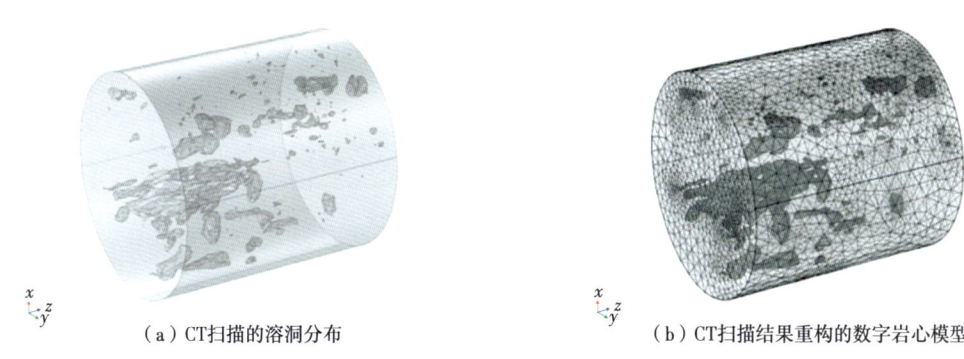

(a) CT扫描的溶洞分布　　　　　　(b) CT扫描结果重构的数字岩心模型

图 7-14　裂缝—孔洞储层岩心数字模型与网格剖分

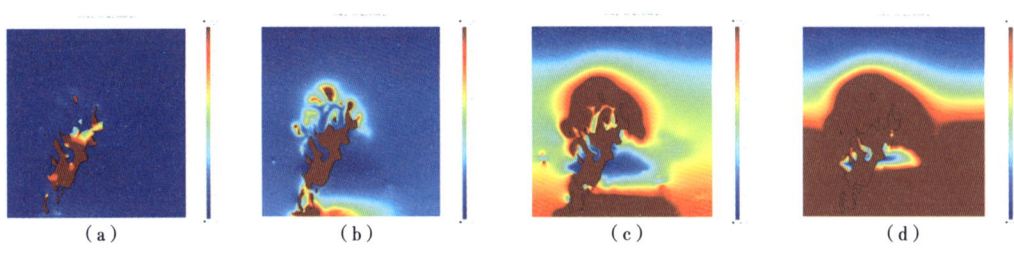

(a)　　　　　(b)　　　　　(c)　　　　　(d)

图 7-15　裂缝—孔洞储层中压力降传播情况

从左至右分别为打开出口端 5s,10s,30s 和 60s

利用这个岩心模型研究地层条件下裂缝—孔洞型储层岩心的流动过程,可以获得以下认识:

(1)缝洞储层中压力降由出口端沿着裂缝向岩心内部扩展,逐渐向远处波及,直至达到裂缝附近的溶洞,溶洞内的空腔压降很小;(2)流线向出口汇聚,在裂缝区域速度有明显增加,溶洞中流速很快,为流线的起点,可近似看做是一类"源";(3)由于溶洞和裂缝中流动的阻力都很小,流动过程中的主要能量消耗在靠近缝洞或者是缝洞之间的狭小基质部分,一旦包围溶洞的基岩区域被突破,就能保持较长时间的持续流动。

(三)基于数字岩心分析岩心物性参数

根据数字岩心的识别结果,可以获得岩心中裂缝和溶洞的尺度、形态及分布密度资料。由于真实岩心缝洞个体发育形态复杂、分布随机,很难完全基于众多不同尺度单一缝洞的物理模型开展模拟获得规律性的认识。为了进一步采用数字岩心研究岩心的渗透率,需要建立缝洞型储层统计学数字岩心模型。

统计学模型的尺度与上述真实的全直径岩心相近,直径为 8cm,高度为 10cm,在岩心中发育有板状的裂缝以及球状的溶洞,其中溶洞的尺度大小以及裂缝参数的分布规律来自于岩心识别结果(图 7-16)。

研究孔隙度分别为 3%、4% 和 5% 的情况,考虑孔、洞、缝在总孔隙度中的占比不同,利用以上所建立的数字岩心流动模拟方法,在相同的压差下开展流动模拟,逐一计算其等效渗透率值,最终绘制不同孔隙度、孔洞缝储集空间占比不同条件下的等效渗透率图版(图 7-17 至图 7-19)。

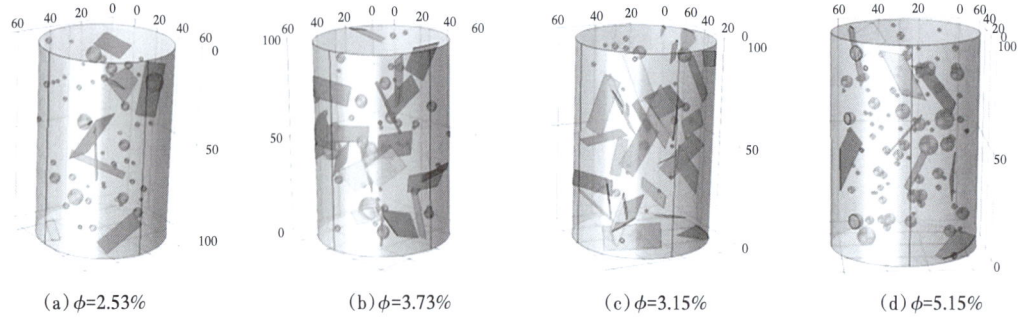

(a)φ=2.53%　　　(b)φ=3.73%　　　(c)φ=3.15%　　　(d)φ=5.15%

图 7-16　裂缝—孔洞储层的统计学数字岩心物理模型图

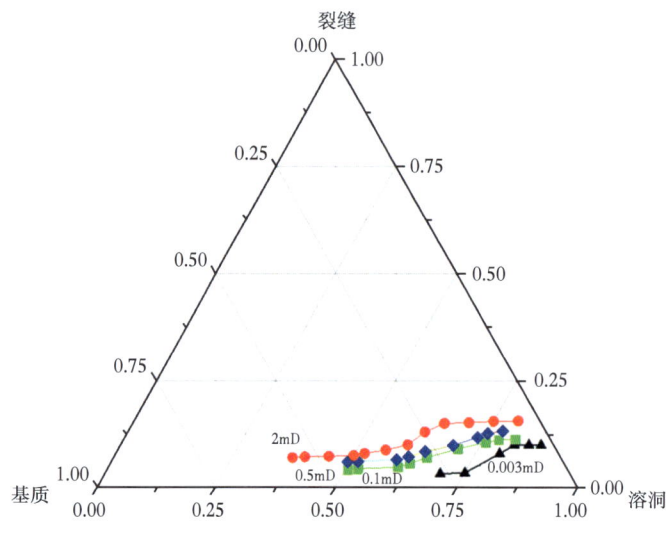

图 7-17　孔隙度为 3% 时不同孔洞缝占比的渗透率图版

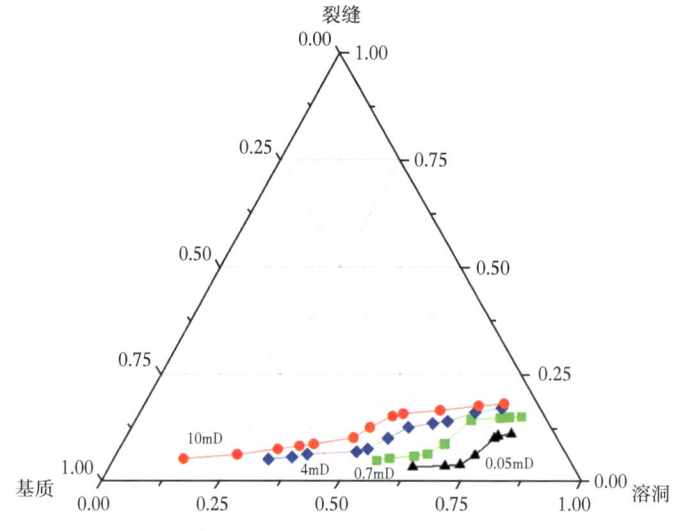

图 7-18　孔隙度为 4% 时不同孔洞缝占比的渗透率图版

第七章 低孔隙度非均质裂缝—孔洞型气藏开发规律预测

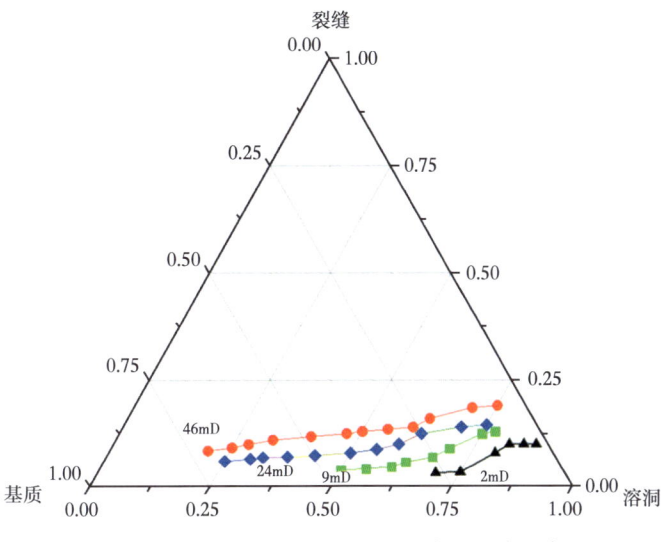

图7-19 孔隙度为5%时不同孔洞缝占比的渗透率图版

第二节 高压渗流实验分析

自1856年法国水利工程师H.P.G.达西通过实验总结得到达西定律以来，渗流实验一直是研究多孔介质中流体流动规律的重要技术手段，现已成为预测地下流体渗流动态特征的主要基础参数获取方式。经过多年的研究，常温、低压及模拟地层上覆压力条件下的渗流实验技术已完全成熟，形成了相应的技术体系和规范，实验成果在气藏开发评价和开发动态预测研究工作中广泛应用。然而，过去开展渗流实验的温度、压力远低于实际气藏地层温度和压力，受不同条件下气、水和岩石物理性质差异的影响，实验结果难以准确反映实际气藏渗流的特殊性，在深层气藏、含水气藏、强应力敏感性气藏的岩心实验方面表现更为突出。因此，高温高压渗流实验逐渐被重视，并不断取得研究进展。近年来，150℃高温、70MPa以上流体压力以及耦合岩心围压的高温高压渗流实验技术探索取得成功，为研究深层气藏渗流特征提供了新的技术手段，取得了很好的应用效果。

一、高温高压实验的主要难点和技术对策

模拟气藏地层高温高压和应力条件开展渗流实验的难点主要表现在三方面：有效控制高压流体渗流实验的安全风险，解决岩心夹持器与岩心壁面之间密封不严影响测试准确性的问题，保障实验过程中岩心的应力条件、压力变化情况与实际气藏开发相比具有较高的相似性。

在常温、低压渗流实验装备的基础上，通过改进实验设备和配件，提高高压实验的安全可靠性。对实验的承压配件，优选耐高温高压材质制造的产品，要求在实验温度压力条件下产品的安全系数至少达到1.5，探索性强的实验应进一步提高安全系数要求。同时，增加能屏蔽高压气体泄漏爆炸冲击的箱体，可以与恒温箱合为一体，也可以单独设置（图7-20）。对高温高压条件下易损坏的密封件，每次实验前仔细检查或更换，预防实验过程中出现意外。

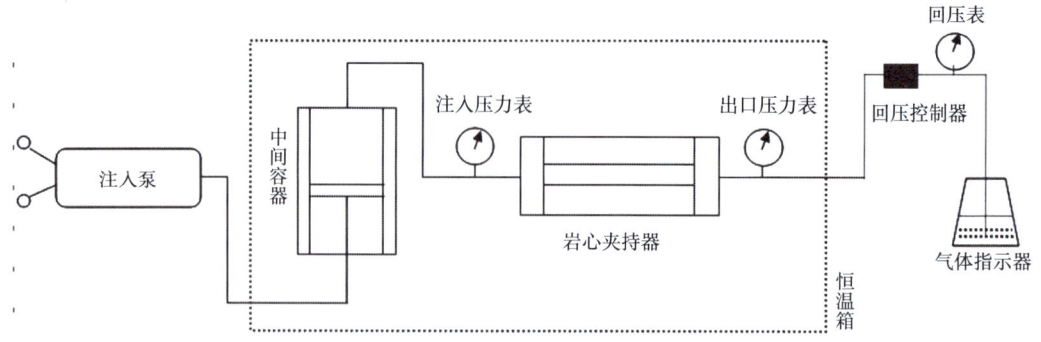

图 7-20　渗流实验装置示意图

除了低渗透、致密储层的岩心外,碳酸盐岩圆柱岩样外侧壁面常见溶蚀洞分布(图 7-21),高温高压条件下常规渗流实验的密封胶皮筒在溶蚀洞处易出现破裂(图 7-22),导致部分气体不通过岩心内部而沿岩心夹持器壁面流向出口,严重影响实验测定的准确性,因此传统的密封技术已不适用于高温高压实验。采用硬度和抗变形性能指标较好的树脂等物质充填岩心壁面的溶蚀洞,再用铅筒密封岩心,能解决岩心在高温高压条件下长时间密封的问题。

图 7-21　碳酸盐岩全直径岩心外侧面分布的溶蚀洞

实验室情况与气藏之间的相似性不够好,会导致实验分析结果不具有代表性,应用价值降低。常见情况包括:气藏开发是流体压力逐步下降、岩石的外应力和内应力之差逐渐增大的过程,若实验过程中低压条件即直接施加模拟地层环境的围压,可能破坏岩石微观储集空间结构,引起测试结果偏差增大;钻井取心为垂直方向,气藏渗流研究的重点为水平方向,当水平方向和垂直方向岩心渗透率差异较大时,全直径岩心渗流实验结果应用受限;实际气藏开发过程中除了生产井井壁周围外,地层中压力梯度较小,而常规渗流实验的压力梯度可能比气藏开发实际情况高一个数量级甚至更高,实验分析结果的可用性必然受到影响;地层中岩石各方向所受应力可能差异较大,若实验中采用单向围压模拟实际情况则相似性较差。了解上述问题,针对性改进实验方法,能提高实验结果的应用价值。

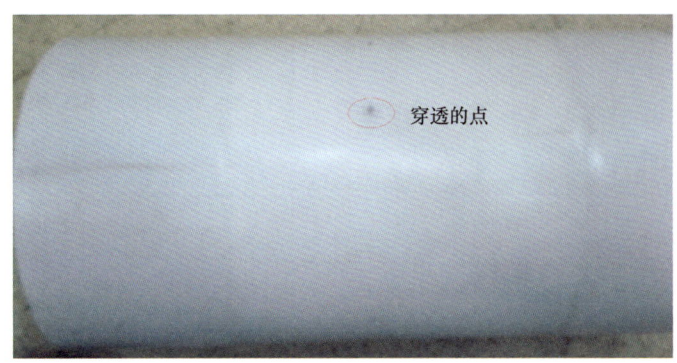

图 7-22 密封胶皮筒在高压实验后溶蚀洞处穿孔

二、超压气藏应力敏感实验分析

在地层覆压和水平应力的作用下,当气藏开采地层压力下降后,储集空间内外应力差发生变化,储层的渗透率和孔隙度随之有所变化。应力敏感程度受基质矿物成分、储层类型和物性、埋藏深度、流体原始压力等因素影响。在其他条件相同情况下,超压气藏开发过程中应力变化幅度比常压气藏大,应力敏感相应较强,这将导致超压气藏开发规律特殊,需要重点关注。

(一)储层渗透率应力敏感分析

不超过 35MPa 的压力容器材料、设计、制造、检验和验收,已有 GB 150—2011《压力容器》提供技术参考,因此对应压力条件的渗流实验相对容易实现,也取得了较多成果。然而,国内超深层气藏地层压力远远超过 35MPa,目前已发现气藏最高地层压力大于 130MPa,以前在 35MPa 以下流体压力条件开展实验获得的认识显然具有局限性。对于具有更高地层压力的气藏的应力敏感程度,长期存在认识盲区,近年才取得研究进展。以下展示针对磨溪寒武系龙王庙组气藏的相关实验分析结果,实验数据反映的一些规律对认识超压气藏储层应力敏感性具有普遍借鉴作用。

根据磨溪寒武系龙王庙组气藏的实际情况,设定实验温度为 142℃,岩心围压 126MPa,流体压力最高 76MPa。为了全面了解该气藏储层缝洞发育程度不同条件下的应力敏感情况,选取了多块全直径岩心开展实验。由于地层中存在较大尺度的天然裂缝时难以取得完整岩心,选取少量岩样进行了人工造缝实验,造缝效果如图 7-23 和图 7-24 所示。部分代表性岩心的基础数据见表 7-2。

表 7-2 渗透率应力敏感实验的部分代表性岩心基础数据表

样号	岩心直径(cm)	岩心长度(cm)	储层类型	是否人工造缝	备注
3-76	10.07	9.37	裂缝—孔洞型	否	天然裂缝较发育
1-28	10.03	10.32	裂缝—孔隙型	否	
1-24	9.98	10.08	孔隙型	否	
1-35	10.06	10.21	孔洞型	是	

图 7-23　岩心造缝前照片

图 7-24　岩心造缝后照片

实验开始时,同步提高围压和流体压力,直至围压达到气藏上覆地层压力、流体压力达到气藏原始地层压力。然后模拟气藏开发压力下降过程,在保持围压不变的条件下,逐渐降低流体压力,开展多点测试,测定不同压力(有效应力)条件下的渗透率,并与第一测点对比评价渗透率应力敏感性。实验结果见表 7-3。

表 7-3　渗透率应力敏感实验结果

围压 (MPa)	流体压力 (MPa)	渗透率比值(K_n/K_0)(%)				
		1-24 岩样	1-28 岩样	1-35 岩样 (人工造缝前)	1-35 岩样 (人工造缝后)	3-76 岩样
126	76	100	100	100	100	100
126	71	96.10	94.52	91.28	87.53	89.99
126	66	92.69	88.24	84.05	77.52	80.68
126	61	89.12	82.40	76.55	69.63	72.42
126	56	85.97	76.95	70.21	63.20	64.84
126	51	83.03	71.41	63.70	57.48	57.03
126	46	80.07	66.72	57.37	53.29	49.57
126	41	76.98	62.63	51.65	48.79	43.58
126	36	74.11	59.07	48.39	46.36	38.31
126	31	71.24	55.63	45.78	44.13	34.26
126	26	68.18	51.45	43.66	41.60	31.14
126	21	65.57	49.92	41.71	39.59	27.99
126	16	63.39	48.74	40.13	37.87	25.81
126	10	60.66	47.07	38.19	35.95	24.55

注:K_0 为最高压力(模拟气藏原始地层压力)条件下测定的渗透率,K_n 为其他压力(模拟气藏开发后地层压力下降)条件下测定的渗透率。

参照 SY/T 5358—2010《储层敏感性流动实验评价方法》[13],定义渗透率应力敏感伤害率 $D=(1-K_n/K_0)\times100\%$,评价指标范围见表 7-4。

表 7-4 应力敏感渗透率伤害程度评价指标

应力敏感性伤害率(%)	伤害程度
D≤5	无
5<D≤30	弱
30<D≤50	中等偏弱
50<D≤70	中等偏强
D>70	强

将表 7-3 的数据整理后作图,可分析不同类型岩心在不同有效应力条件下的渗透率应力损害程度(图 7-25)。

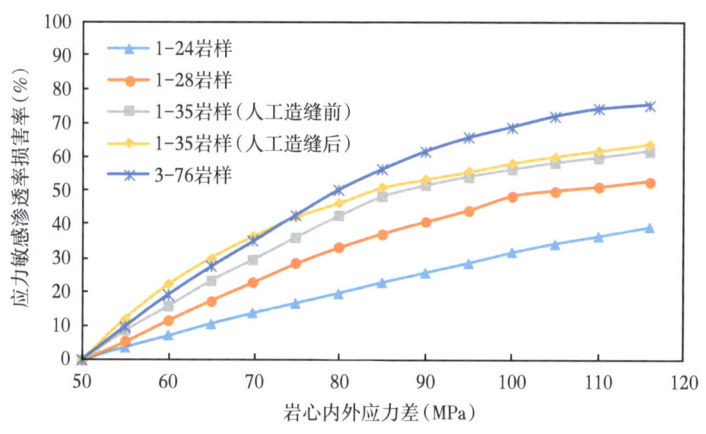

图 7-25 应力敏感渗透率伤害程度分析图

(二)储层孔隙度应力敏感分析

气藏储层承受上覆压力和地应力综合形成的外应力作用,以及高压流体形成的内应力作用。气藏开发过程中储层的外应力不变、内应力降低,由此引起储集空间减小。由于岩石骨架通常较为坚实,气藏开采过程中储集空间的变化较小,研究气层渗流规律及气井动态特征时,在一些情况下忽略孔隙度应力敏感效应,相对而言影响不大。然而,研究气藏边水、底水区域的水侵能量及其活跃性时,由于地层水的可压缩性远低于天然气,压力降低后水体膨胀产生的水侵量在水体储量中所占比例很低,而水区压力降低后岩石孔隙体积减小对水体的挤压作用是水侵能量的主要来源,因此不宜再忽略孔隙度应力敏感效应。准确掌握孔隙度应力敏感特征对预测水侵动态有重要作用,超压有水气藏开发研究更是如此。

由 Hall 提出的岩石有效压缩系数经典定义为:

$$C_p = \frac{1}{V_p}\frac{dV_p}{dp}\bigg|_{外应力恒定} \quad (7-7)$$

— 185 —

式中　C_p——岩石有效压缩系数，MPa^{-1}；

　　　V_p——岩石孔隙体积，m^3；

　　　$\dfrac{dV_p}{dp}$——单位压差条件下孔隙体积的变化量，m^3/MPa。

过去受高压流体实验难度大的制约，出现过采用实验过程中岩心围压变化、流体压力不变近似代替外应力恒定、流体压力变化的探索研究；因难以获得完整的岩石有效压缩系数随应力变化实验数据，气藏工程分析中大量出现近似假设岩石有效压缩系数为常数的分析方法。近年随着实验技术的进步，大量实验数据证实过去的上述做法误差较大，揭示气藏孔隙度应力敏感特征的相关研究取得较大进展。

选取磨溪区块龙王庙组气藏不同类型储集特征的岩心，在围压126MPa、温度142℃条件下开展水驱替岩心至完全稳定的实验，流体压力从76MPa逐级降至46MPa，每一压力对应的实验后分别对岩心称重，计算岩心含水量的变化。已有相关研究成果能准确计算水的压缩系数，测得岩石和水流固耦合状态的综合压缩系数后，不难计算岩石的有效压缩系数。

从图7-26显示的实验结果看，流体压力降低的初期阶段(有效应力较低)岩石压缩系数相对较大，并且随有效应力变化的幅度也较大。孔隙度越高，溶洞越发育，上述特征越显著。由于磨溪区块龙王庙组岩心的裂缝多为微裂缝，实验结果未充分反映裂缝对孔隙度应力敏感的特殊影响。从多孔介质特性的机理层面分析推断，较大尺度裂缝的孔隙度应力敏感效应可能更强。随着实验过程中流体压力的进一步降低，有效应力增大到一定程度后，岩石有效压缩系数逐渐趋于稳定，在这种情况下，一些近似认为岩石有效压缩系数为常数的分析方法具有合理性。

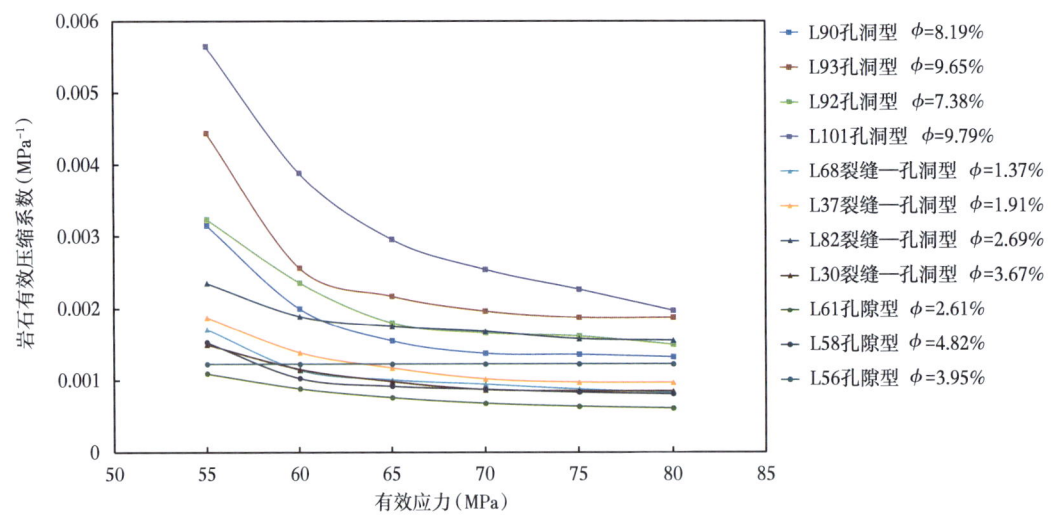

图7-26　不同类型储层岩石压缩系数随有效应力变化图

上述实验结果表明气藏开采初期岩石有效压缩系数变化较大，对应阶段孔隙度应力敏感效应较强，裂缝—孔洞型超压气藏更突出。这一阶段属水区水侵能量释放的高峰期，掌握上述规律对预判气藏水侵规律及其对开发的影响程度、制订优化治水对策有重要作用。

三、裂缝—孔洞型气藏气水相对渗透率实验分析

常温低压条件下测定气水相对渗透率的实验技术早已成熟,包括稳态法和非稳态法。在气藏高温高压地层条件下,一方面压力升高使气水密度差异减小,另一方面高温使水的表面张力显著降低,因此气水相对渗透率与常温低压条件下的实验测定结果有较大差异[13,14],常温低压实验分析结果对深层、超深层气藏开发的指导意义有限。如同前述的高温高压应力敏感实验一样,近年高温高压气水相对渗透率实验分析技术也有较大进展[15-17]。

深层碳酸盐岩气藏的储层不同程度发育裂缝和溶洞,裂缝、溶洞尺度和分布密度不同时,气水相对渗透率特征相应地不同。过去对孔隙型、裂缝—孔隙型储层气水渗流规律的研究相对较多,而对裂缝—孔洞型储层气水渗流特殊性的研究较少,这方面的深化研究有助于准确认识有水碳酸盐岩气藏开发特征。

选取磨溪区块龙王庙组气藏裂缝—孔洞型岩心,模拟磨溪区块龙王庙组气藏地层条件,在围压 126MPa、温度 142℃、流体压力 76MPa 条件下开展气水相对渗透率渗透实验。实验结果表明,总体而言孔隙型储层的束缚水饱和度较高,气相相对渗透率较低,在含水饱和度较低时气相相对渗透率变化幅度较小,基质物性越差上述特征越明显;溶洞发育而裂缝不发育的孔洞型储层气水相对渗透率特征与孔隙型储层相关特征明显不同,当含水饱和度不超过临界值时水相渗透率变化不大,但气相渗透率随含水饱和度降低而减小的趋势显著,而含水饱和度超过临界值后水相渗透率急剧上升;裂缝发育明显增加低含水饱和度条件下的水相渗透率,由此影响裂缝—孔隙型、裂缝—孔洞型储层的气水相对渗透率特征。

裂缝—孔洞型储层存在孔、洞、缝特征和搭配关系不同的多种复杂情况,导致气水相对渗透率随含水饱和度变化的规律多样化。然而,含水饱和度未超过临界值时水相渗透率较低,超过临界值后水相渗透率大幅度上升(图 7-27),属裂缝—孔洞型储层较为普遍的共性特征。根据这一机理性认识,可知裂缝—孔隙型气藏吸纳水侵能量的能力相对较强,水侵早期对开发的影响可能相对不明显,容易被气藏开发工作者忽视,但气藏水侵区域含水饱和度较大后,其影响快速增大,极易产生不可逆转的危害,因此需要尽早制订相关开发对策。上述认识对裂缝—孔洞型有水碳酸盐岩气藏开发有效治理水侵影响有重要理论指导意义。

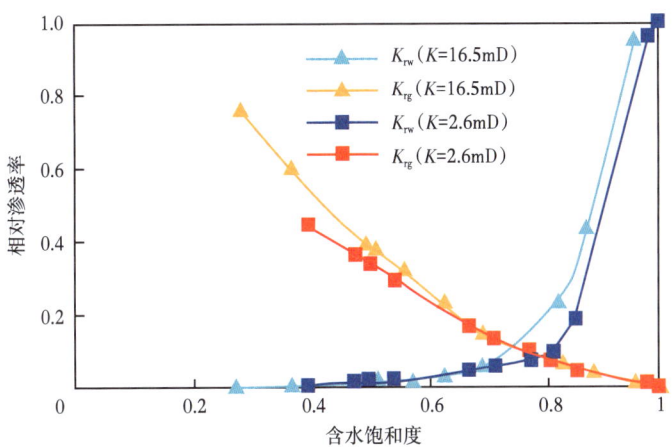

图 7-27 裂缝—孔洞型岩心气水相对渗透率实验结果图

第三节 逾渗理论分析

碳酸盐岩储层通常不同程度发育洞、缝(图7-28),从广义角度看均是裂缝—孔洞型储层。不同气藏、同一气藏不同部位储层的洞、缝形态和尺度,以及孔、洞、缝搭配关系往往千差万别(图7-29),表现出显著微观和宏观非均质性,导致渗流特征、气井产能、气藏开发规律差异较大。相关分析预测难度大,技术要求高。

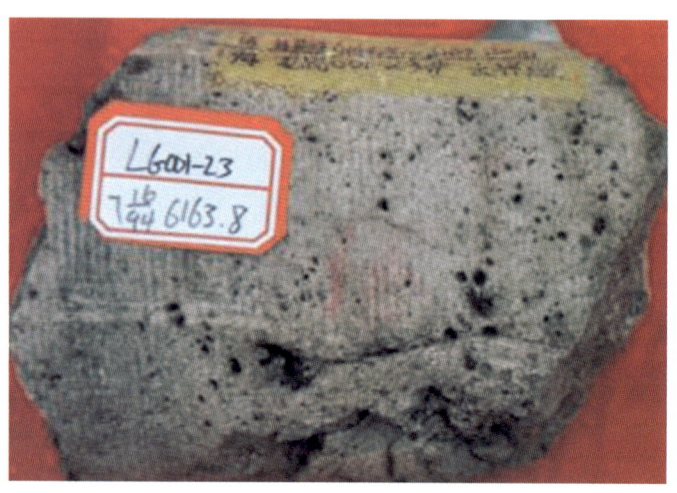

图7-28 碳酸盐岩裂缝—孔洞型储层岩心

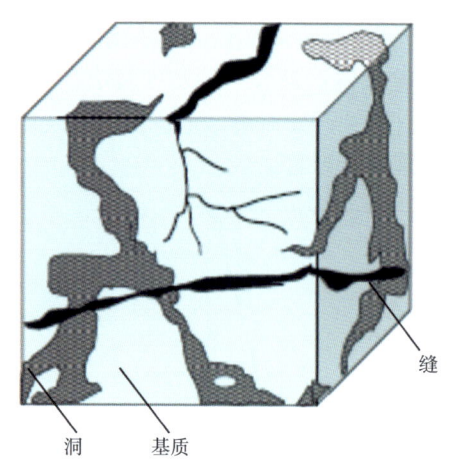

图7-29 碳酸盐岩储层孔、洞、缝复杂搭配关系示意图

尽管气藏工程技术的长期发展已经形成了众多分析预测方法,然而由于碳酸盐岩气藏的复杂性,在一些情况下传统方法仍然存在局限性[18],需要进一步发展新的分析预测方法。逾渗理论从多孔介质渗流机理层面分析储层渗流特征、预测相关动态规律,以前在石油天然气开发行业中应用较少[19,20],近年来人们通过深入研究,使这一方法系列逐渐完善,其独特的技术优势得到体现,开始在深化认识复杂油气藏储渗特征、内在规律方面发挥作用。

逾渗理论是分析强无序、随机几何结构系统特征的常用方法之一,是概率论和拓扑学相结合而发展出的分析方法,其核心是揭示系统的某种特征参数达到某一阈值时,一些物理性质发生突变的规律。逾渗理论在多孔介质的流体流动、导体和绝缘体的复合材料、人群中疾病的传播等诸多研究领域有广泛应用。具体到多孔介质渗流分析而言,逾渗理论研究孔隙度增大到一定阈值后渗透率突变性增大的规律。

首先以相对简单的孔隙型储层为例进行说明。1956年，Fatt[21]发表论文提出孔隙介质可以用晶格化网络近似描述，两者在局部的微观结构上差异较大(图7-30和图7-31)，但反映的整体特征相似。由此产生令人关注的问题：孔隙网格所占比例与研究对象整体连通概率之间的关系如何？事实上这是从一种特殊角度研究多孔介质孔隙度与渗透率之间的关系。

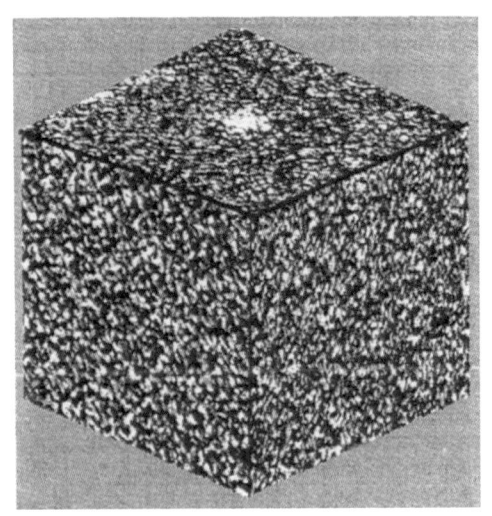
图7-30 孔隙型储层数值岩心处理图

图7-31 孔隙型储层晶格化描述示意图
(白色代表基岩，黑色代表孔隙)

围绕上述问题，学界长期开展研究，大体思路如下：考虑图7-31中一个代表孔隙的正方形栅格点，假设整个正方形栅格阵列中孔隙栅格所占比例为P，通过选定的孔隙栅格点以概率P向邻近栅格点画线段，当P很小时，随机线段连续延伸距离有限，栅格阵列体整体连通的概率较小(图7-32)；反之，易形成各种路径的连接线段簇，栅格阵列体整体连通的概率较大(图7-33)。按照上述思路，采用概率和随机追踪分析方法，不难绘制逾渗基础分析图，以及计算栅格阵列体整体连通的概率。

逾渗理论直接评估多孔介质连通概率与孔隙度之间的关系，尽管该理论难以定量描述多孔介质的真实渗透率，但连通概率与渗透率之间显然存在正相关关系，因此以另一种方式提供了分析多孔介质孔隙度与渗透率关系、揭示其复杂规律的方法。

逾渗分析结果的准确性与网格精细度相关，网格越精细，结果越可靠，但网格精细到一定程度后，分析结果与网格精细程度的关联性减弱、趋于稳定。根据这一特性，可研究确定适宜的网格划分尺度，既保证分析结果的可靠性，又减少不必要的计算量。

如同岩心剖面的面孔率与岩心实际孔隙度差异较大一样，二维、三维逾渗理论的分析结果差异也较大。二维逾渗理论通常用于阐明基本原理、揭示一般规律。油气开发领域进行分析预测时，应采用三维逾渗理论。

根据逾渗理论计算，形成孔隙型均质储层孔隙度与连通概率关系图(图7-34)。从图7-34上可看出，当孔隙度达到30%左右时，孔隙型均质储层才会显现出微观孔隙之间高度连通的特征。换言之，如果低孔储层具有高渗透率，则根据逾渗理论可判断必定不是孔隙型均质储层。这一分析方法对深化认识碳酸盐岩储层特征较为有效。

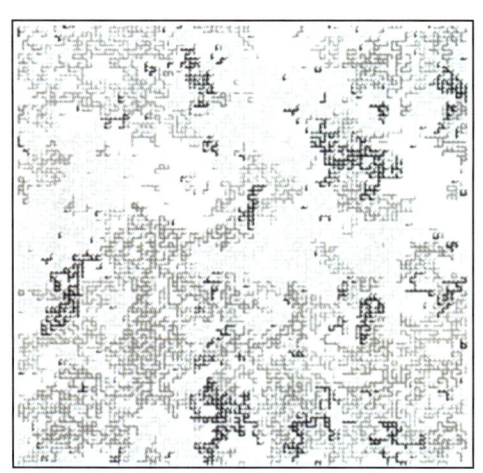
图 7-32 孔隙栅格比例低时整体连通概率小

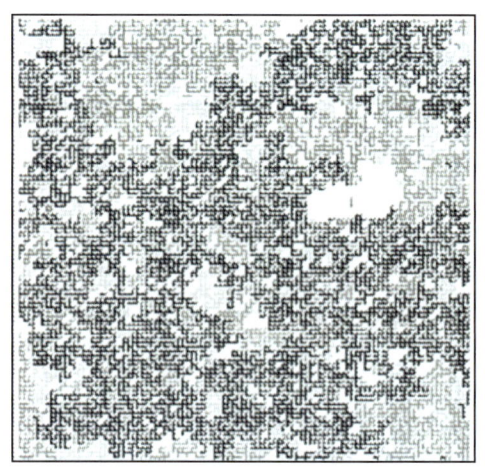
图 7-33 孔隙栅格比例高时整体连通概率大

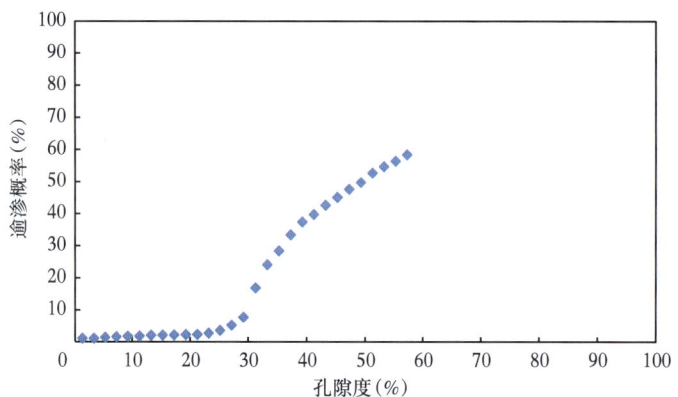
图 7-34 孔隙型均质储层孔隙度与逾渗概率关系图

裂缝—孔隙型双重介质逾渗理论研究表明,当裂缝密度较高时,低孔储层的逾渗概率大幅度提高(图 7-35)。然而,这早已是众所周知的规律,逾渗理论似乎并未给人们带来新的认识。进一步研究表明,对于不同尺度裂缝构成的裂缝—孔隙储集体,裂缝分形维数越大,低孔状态下的逾渗概率越大(图 7-36)。通俗地讲,逾渗理论揭示微细裂缝发育是低孔储层表现出高渗透特征的主因。

对于含不同尺度缝洞的非均质三重介质储层,也可针对性地开展逾渗研究,因其复杂度较高,相关成果报道较少。但对低孔储层而言,小尺度溶蚀孔洞零散分布,对储层渗透能力的改善不如裂缝显著,因此即使未开展三重介质逾渗规律研究,前述分析认识仍有很强的适用性。

在磨溪区块龙王庙组气藏开发前期评价研究工作中,逾渗理论分析取得良好效果,有效推进了对气藏储层类型、渗流特征的认识。磨溪区块龙王庙组气藏勘探发现井磨溪 8 井试井曲线反映出视均质储层特征(图 7-37),该井储层平均孔隙度约 4%,试井解释 2186m 半径内储层渗透率高达 535.31mD,之外渗透率 86.3mD,低孔隙度、高渗透率特征显著。按传统经验,倾向于认为储层为孔隙型,非均质性相对不强。由于该气藏为异常高压边水气藏,储层类型对

第七章 低孔隙度非均质裂缝—孔洞型气藏开发规律预测

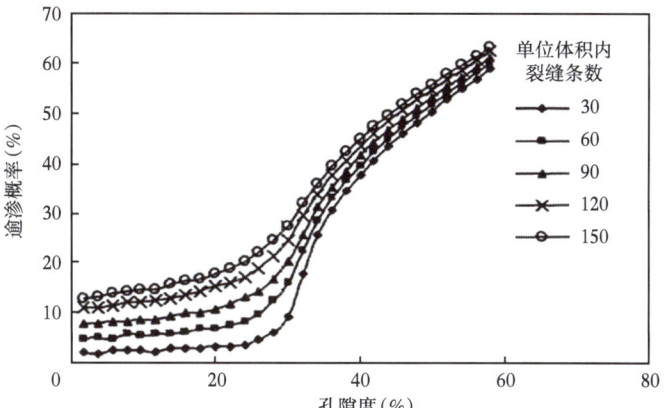

图 7-35 裂缝—孔隙型储层孔隙度与逾渗概率关系图

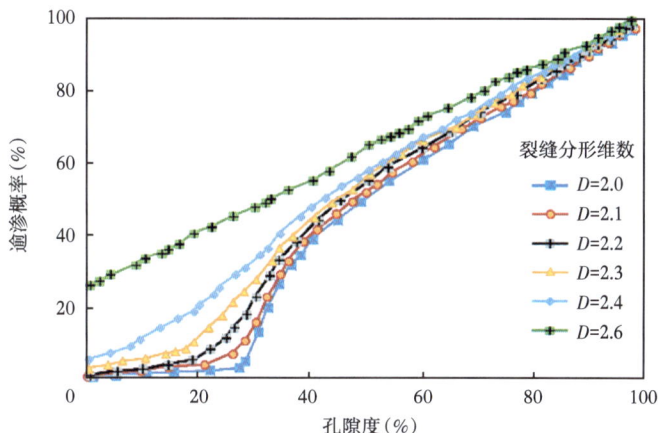

图 7-36 裂缝分形维数不同情况下孔隙度与逾渗概率关系

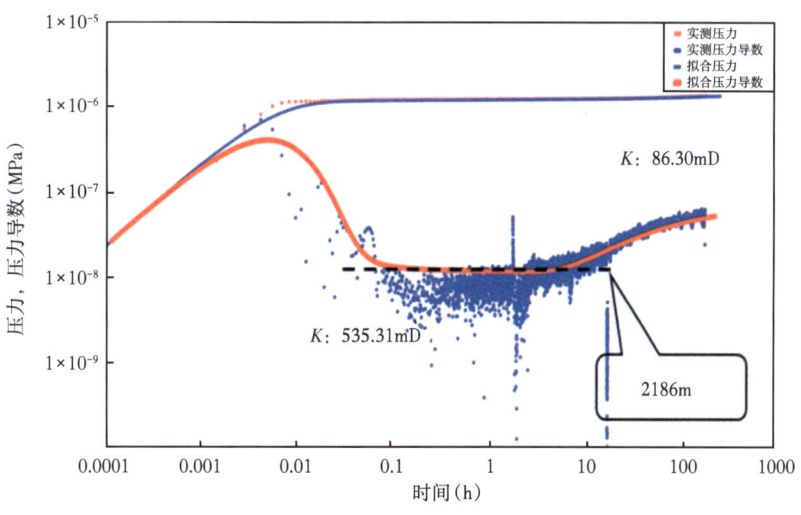

图 7-37 磨溪 8 井试井双对数曲线图

— 191 —

边水活跃性的影响显著，必须早期获取可靠认识，解决气藏开发设计难以回避的问题。若为孔隙型均质气藏，则从气藏工程原理可推断异常高压气藏开发过程中储层应力敏感性相对不强，水侵不活跃，无需刻意防范相关危害性影响，可采用均匀布井方式高强度开采。在气藏评价早期，缺乏取心，难以根据岩心描述直观判断，陆续完钻的一些探井成像测井资料显示小尺度溶洞发育特征显著，裂缝发育特征不普遍，仅少量井的成像测井偶见高角度缝，似乎可以定论储层为孔隙型或孔洞型。

根据前面所述的逾渗理论认识，当时即提出肯定性认识：磨溪区块龙王庙组气藏低孔隙度、高渗透率特征必然是微细裂缝发育导致的，异常高压气藏的裂缝系统应力敏感性通常较强，微细裂缝发育的低孔储层易引起水侵活跃和水封效应，开发设计时必需高度重视。在勘探开发一体化进程中及时做出这一正确判断，对气藏科学开发设计产生重要影响。后续取心分析显示，磨溪区块龙王庙组气藏近50%的岩心在显微镜下可见裂缝（图7-38），证实了逾渗理论判断的正确性。

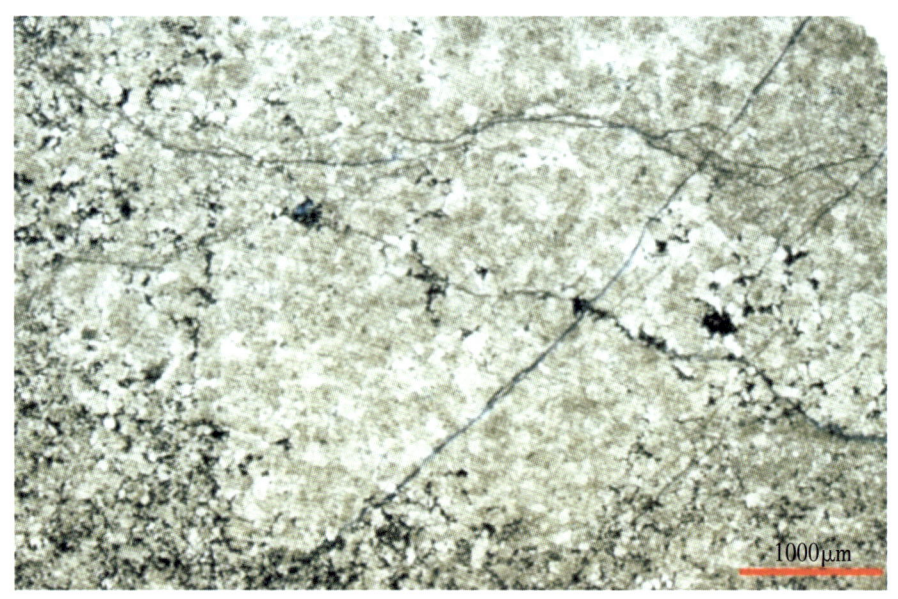

图7-38　磨溪12井岩心铸体薄片照片（单偏光，×20）

围绕前述线索进一步追踪研究，初步认为磨溪区块龙王庙组气藏的微细裂缝可能与地应力条件下超压流体和储集岩的长期耦合作用相关，类似于应力缝，它与地质运动产生的较大裂缝迥然不同，这是磨溪区块龙王庙组气藏宏观渗流表现出孔、洞、缝搭配关系较好、类似视均质储层特征的根本原因。结合岩石力学分析（表7-5），发现溶蚀孔洞发育、孔隙度相对较大的岩心抗挤压和拉张的能力相对较弱，因此这类储集岩在地应力和超压流体长期作用下更易产生微细应力缝，而溶蚀孔洞欠发育、孔隙度低的岩心不易产生微小应力缝。根据上述认识，可将寻找气井高产的部署有利区——微细裂缝发育区这一地球物理现有技术难以实现的问题，转变为较易解决的寻找溶蚀孔洞发育且孔隙度相对较高区域的问题，相关技术思路在磨溪区块龙王庙组气藏培育高产井工作中发挥了巨大作用。

溶蚀孔洞尺度和分布密度的不同,可能导致岩心孔隙度虽然相近,其岩石力学性质却差异较大。针对一些复杂情况,围绕上述观点还有一些延伸性认识,这里不再一一赘述。

表7-5 磨溪区块龙王庙组气藏部分岩心岩石力学分析结果

井号	层位	取心深度(m)	单轴抗压实验结果			三向主应力(MPa)			孔隙度(%)
			抗压强度(MPa)	杨氏模量(10^4MPa)	泊松比	水平最大	水平最小	垂向	
磨溪12	龙王庙组	4636.08~4636.41	88.15	2.56	0.158	116.2	90.3	127.9	1.40
			161.099	3.413	0.081				
	平均实验结果		124.62	2.99	0.12				
磨溪12	龙王庙组	4650.92~4651.10	69.786	2.593	0.074	—	—	—	4.02
			55.85	1.513	0.149				
	平均实验结果		93.72	2.52	0.116				
磨溪17	龙王庙组	4615.64~4615.79	85.26	3.74	0.145	110.7	95.6	128.3	3.77
			113.45	4.17	0.162				
			110.59	4.07	0.227				
	平均实验结果		103.1	3.99	0.178				

第四节 气井试井分析

动态监测与分析是认识气藏特征、优化开发对策不可或缺的重要基础,贯穿于天然气勘探开发全过程。试井是高质量动态监测与分析的典型代表,是准确获取气藏特征信息的关键技术手段,在认识储层渗流特征与非均质性、评价气井产能、定量分析井间连通程度、准确计算地层压力等方面,具有独特的技术优势。尽管试井技术已有近百年的发展史,大规模推广应用超过30年,但仍存在复杂问题,相关理论与应用研究尚在持续深入,不断取得新进展。

一、气井试井类型

按照试井理论要求的测试方式不同、试井在勘探开发过程中的介入时机不同、试井录取资料的工艺不同,试井类型有不同的划分。

(一)试井分析理论划分的试井类型

气井试井的总体目的是获取动态评价参数,为了提高诊断、评价和计算分析的准确性,根据具体试井目的的差异,试井分析理论对试井流程安排有特殊要求。常见的试井类型包括压力恢复试井、压力降落试井、稳定试井、修正等时试井、干扰试井、脉冲试井、注入—停注试井等。每种试井类型的作用和适用范围有所不同,见表7-6。

表7-6 常见试井类型及其作用

试井类型		主要特征	主要作用	主要适用条件	
不稳定试井	压力恢复试井	以稳定产量生产一段时间后关井测试	(1)识别气藏储集类型、单井渗流模式、储层非均质性、边界特性； (2)计算井筒储集系数、表皮系数、储层渗透率、双重介质弹性储容比和窜流系数、裂缝长度、边界距离、地层压力等参数； (3)建立气井动态预测模型	(1)关井前的稳定生产时间满足试井分析理论要求； (2)关井测试时间足够长，达到试井解释期望的特征流动阶段； (3)相邻井生产的压力干扰未掩盖测试井地层特征在试井曲线上的反映	井筒因素产生的异常压力干扰较小，试井数据准确反映地层流体流动动态特征
	定产量压力降落试井	稳定产量开井测试	(1)"一点法"计算气井无阻流量； (2)计算气井有效控制区域动态储量； (3)产量绝对稳定的理想化条件下具有与压力恢复试井相同的作用	(1)稳定生产时间满足试井分析理论要求； (2)产量波动小，产生的压力扰动"噪声"低，不会使试井分析产生大的偏差； (3)相邻井生产的异常压力干扰小，不会使试井分析产生大的偏差； (4)计算气井有效控制区域动态储量时，要求拟稳态流动阶段	
	干扰试井	观察井关井测试，配对的激动井以稳定产量生产	(1)诊断井间连通性； (2)计算连通方向的渗透率和储能系数	(1)井间距相对较小，储层渗透率相对较大，激动井产生的压力扰动传播到观察井时能够被识别； (2)测试时间足够长，满足试井解释要求； (3)存在多口邻井时，其中一口邻井激动产生的压力干扰占绝对主导地位	
	脉冲试井	观察井关井测试，激动井以一定规律阶段性改变产量制度生产	与干扰试井完全相同	(1)多井干扰情况下可分辨激动井方向的影响，其他与干扰试井大体相同； (2)激动井每一变产量制度周期产生的压力干扰在观测井处均能分辨和完整接收，井间距不宜过大、渗透率较高等方面的要求比干扰试井高	
	注入—停注试井	定流量注入一段时间后停注压力降落测试	(1)凝析气藏注气开发时，了解注入井的地层渗流特征及注入流体推进前缘位置等； (2)评价压裂效果时，了解人工裂缝延伸情况，以及裂缝尺度与压裂工艺参数的关系	(1)注入阶段流量稳定； (2)注入时间满足探测距离要求； (3)评价压裂效果时，近井区地层无天然大裂缝干扰	

续表

试井类型		主要特征	主要作用	主要适用条件	
产能试井	稳定试井	多产量制度开井测试	(1)诊断气井产能特征及影响气井产能的因素； (2)建立产能方程； (3)计算无阻流量	(1)每一开井生产制度产量波动小； (2)每一开井生产制度达到或近似达到地层稳定渗流状态	井筒因素产生的异常压力干扰较小，试井数据准确反映地层流体流动动态特征
	修正等时试井	多个等时开关井阶段测试及延长开井测试	(1)含稳定试井的作用； (2)可定量对比分析不同产量制度下表皮系数及近井区渗流特征的变化	(1)每一开井生产制度产量波动小； (2)延长测试达到或近似达到地层稳定渗流状	

实际工作中，常出现表7-6中多种类型试井相互组合而一次完成的情况；稳定试井与压力恢复试井组合最常见，既掌握气井产能，又了解储层渗流特征。

(二)按介入时机划分试井类型

按试井在勘探开发过程中的介入时机不同，大体可划分为中途测试、完井测试、投产前试井和生产阶段试井4类。

中途测试是对钻井过程中发现的油气层或完钻目的层，为及时了解储层特征、生产能力和确定完井方法而采取的测试；中途测试多应用于勘探阶段，普遍采用二开二关的测试流程，特殊情况下按勘探评价或开发前期评价的需求，专门做试井设计并开展测试。完井测试是完井后对有利或可能的油气层进行测试，目前深层探井多采用射孔、酸化联作的完井测试工艺；如同中途测试一样，通常情况下完井测试按固化的流程和技术规范进行，特殊情况根据需要专门做试井设计，按设计开展测试。

投产前试井是准确掌握生产井初始状态地层压力、产能情况和地层渗流特征的重要技术手段，是今后对比分析上述因素变化情况的重要参考依据，多用于此前无高质量中途测试、完井测试资料的油气井。生产阶段试井的主要目的是及时掌握油气井当前生产能力和动态特征，既有重点井定期试井做开发动态监测分析的情况，也有生产出现异常后分析原因、实施增产改造等工艺措施后评价效果而试井的情况。

(三)按录取资料的试井工艺划分试井类型

根据试井录取资料的位置、采用的压力计和温度计类型、配套测试工具或测试方式的不同，可将试井分为不同的类型。

试井解释需要井底压力和温度数据，但并非任何情况下都能实现井下测试。在试井技术发展早期，受测试工艺技术发展状况的制约，井口录取测试数据的试井方式曾一度流行，由此产生人工读压力表等试井资料录取方式。尽管井口测压试井具有成本低、安全性高的优势，并且井口连续录取测试数据的技术比井下测试技术更为成熟，但因井口测压易受井筒因素干扰，可靠性相对较差，随着技术的发展，其应用范围逐渐减小。目前除了已经证实井口测压可行的井，以及特高压等难以井下测试的气井外，重点气井基本都采用井下测压试井。

随着技术的发展，井下测压试井因其精度高、可靠性好的优势，逐渐成为主流。目前已形成提放式 MFE 和 HST 测试、压控式 APR、PCT 测试、膨胀式测试等地层测试工具和工艺系列[23],以及更具普遍性的井下直读式和存储式测试,包括钢丝、电缆、连续油管下入测试仪器等工艺系列,还有永置式井下测试等[24]。

在不同情况下,根据不同的试井目的,需要优选合理的测试工艺类型。同时,测试工艺技术的不断发展,也为试井录取资料提供了更多的选择。

二、复杂气藏试井分析的理论研究进展概况

经过数十年的持续研究和大规模推广应用,试井分析技术日趋完善,目前考虑不同储层特性、内外边界条件、井型等因素组合的试井理论模型超过1000种,在多数情况下足以满足气藏试井解释需求。

另外,随着低渗透、水侵、强非均质、多层组等复杂气藏开发实例的增多,以及水平井、大斜度井的大量应用,加之勘探开发一体化、数字化气田等新模式对试井工作质量要求提高,试井分析难题不断涌现,试井理论研究相应地开始新的探索,取得新成果。

试井解释技术手段进步经历了半对数直线分析、双对数图版匹配分析、多组曲线图计算机辅助拟合分析、反褶积试井分析等发展阶段(表7-7),在完整诊断试井曲线特征信息、降低试井解释多解性方面不断取得突破。另外,近20年来数值试井分析技术迅速发展,已初步在应用层面显现其技术优势。

表7-7 试井解释技术手段及发展历程表

形成时间	技术手段	关注阶段	解释结果检验功能	适用性
20世纪50年代	半对数直线分析方法	特征流动阶段	无	径向流特征显著时
20世纪70年代	双对数图版匹配分析	开井或关井全过程	无	少量解析试井模型
20世纪80年代	多组曲线图计算机辅助拟合分析	试井开关井全过程	侧重测试期检验	大量解析试井模型
20世纪末	反褶积方法	长期生产过程	长期生产检验	大量解析试井模型
	数值试井	长期生产过程	长期生产检验	基于地质模型数字化

除了分析技术手段进步之外,针对特殊情况研究新的试井模型,扩大试井理论的适用范围,也是重要的研究进展方向。近20年以来,考虑不同形态裂缝渗流能力差异、洞缝介质非均质性、渗透率应力敏感、多相流影响、水平井特殊性等情况,试井研究陆续取得达到实用化程度的成果,为解决复杂气藏试井分析问题提供了有效帮助。

三、复杂气藏试井分析典型案例

目前试井分析技术广泛用于天然气勘探开发的动态评价和跟踪监测,发挥了重要作用。以下列举复杂气藏试井分析的典型案例,展示试井分析新技术的应用效果。

(一)有水气藏水侵前缘诊断

对靠近边水的气井,通过试井掌握水侵前缘推进情况,可为及时调整气井配产、延缓边水入侵、延长气井无水采气期提供重要技术参考,有利于提高水侵气藏采收率。

利用压力恢复试井监测边水侵入前缘的方法由陶诗平和冯曦等[25]提出,并在四川盆地东

部云和寨气田首次应用成功,2003年公开发表。下面以云和1井和磨溪13井为例,展示方法的应用效果。

1. 云和1井水侵前缘分析

云和1井位于云和寨石炭系构造云和寨高点南面(图7-39)。产层底界海拔-4425.73m,距气水界面-4700m垂直距离274.27m;储层平均孔隙度4.48%;裂缝较发育,有效缝密度9.39条/m,以网状缝为主。该井1990年6月13日投产,初期配产$20×10^4 m^3/d$,产水量$1m^3/d$

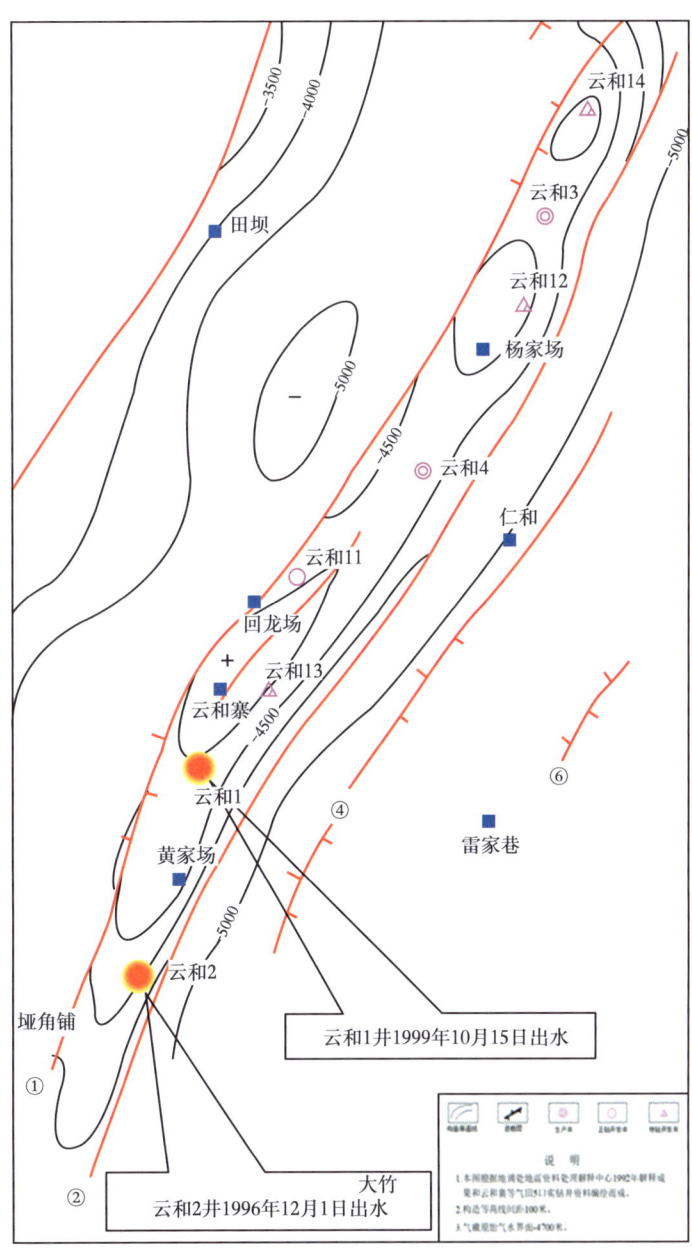

图7-39 云和寨石炭系气藏构造井位图

— 197 —

(图 7-40)。1999 年 10 月 15 日产出地层水后,将气产量从 $25×10^4 m^3/d$ 减少到 $15×10^4 m^3/d$,采取控水措施后产出水氯离子含量下降(图 7-41),控水效果明显。5 年后该井产气量降至 $10.1×10^4 m^3/d$,产水量升至 $9.3 m^3/d$。

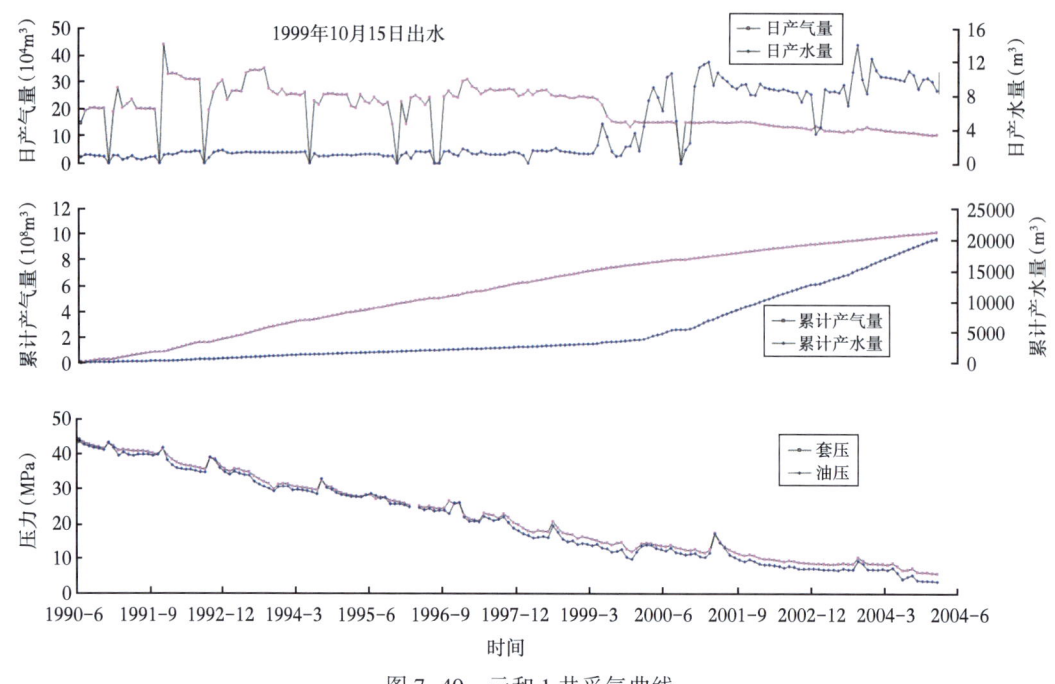

图 7-40 云和 1 井采气曲线

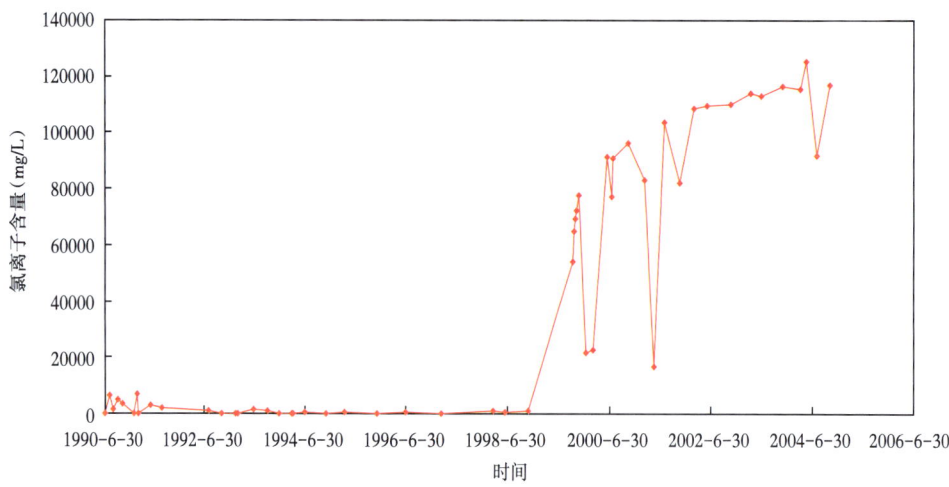

图 7-41 云和 1 井氯离子含量变化图

云和 1 井 1990 年 11 月、1991 年 10 月、1992 年 8 月、1994 年 7 月、1997 年 4 月、1999 年 3 月和 2001 年 3 月作过压力恢复试井,其中 2001 年 3 月为井下测试,其余为井口测试。选择井口测压中质量较好的 1990 年 10 月和 1992 年 8 月试井数据以及 2001 年 3 月井底测压数据进行试井曲线叠合分析(图 7-42),可以看出即使在投产初期,试井曲线叠合分析图上后期压力导数上翘时间提前的现象明显,表明地层水活跃,气井动态受边水推进影响明显。从前两次试井曲线后期压力导数上翘段基本平行判断,这一阶段边水均匀推进。该井出水后,2001年4月试井分析图上后期压力导数上翘趋势更明显,与前两次的压力导数不平行,上翘趋势变陡,表明此时水已形成对气井的包围状态,并呈现出一定程度的裂缝水窜特征,结合该井储层特征分析,应该是沿网状裂缝的水窜。

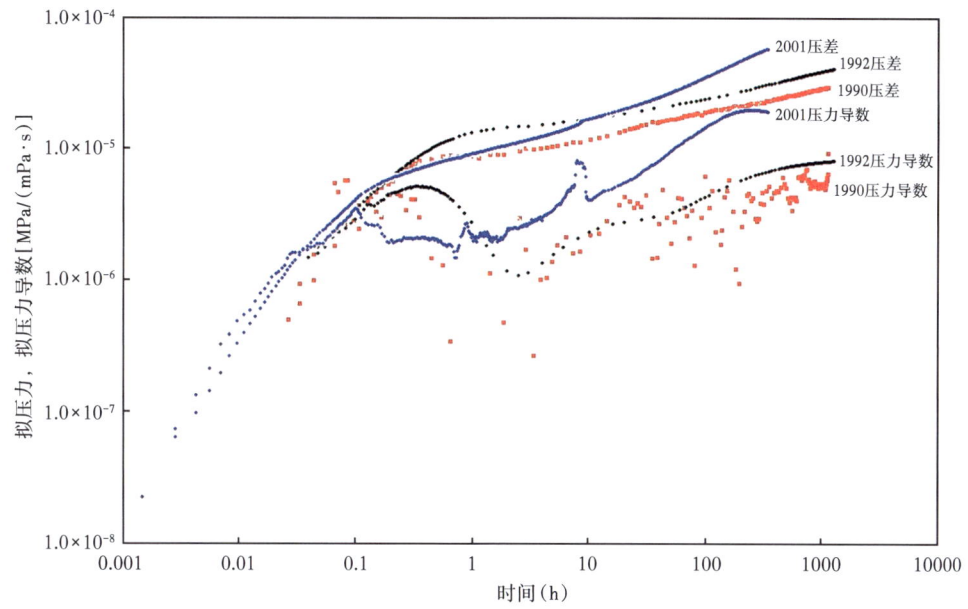

图 7-42 从云和 1 井不同时期压力恢复曲线叠合分析诊断地层水推进动态特征

(1999 年 10 月 15 日出水,出水初期平均日产水 4.7m³/d,2006 年 4 月日产水 9m³/d)

具体计算结果表明(表 7-8),从 1990 年 10 月到 1992 年 8 月,边水前缘位置从距井 889.5m 推进到 412.5m,受水侵影响的区域(412.5~889.5m)气相有效渗透率从 2.4905mD 下降到 1.3563mD,但此时近井区未受水侵影响,气相有效渗透率基本不变(计算误差引起微小差别)。2001 年 3 月近井区气相有效渗透率从原始的 3.3589mD 下降到 1.3367mD,148.3m 外气相有效渗透率下降到 0.399mD,即近井区已受水侵影响,水侵方向 148.3m 外含水饱和度更高,气井受水侵影响的程度可能会进一步加重。

表 7-8 云和 1 井试井分析边水活跃动态

测试时间	1990 年 10 月	1992 年 8 月	2001 年 4 月
日产气量(10^4m³)	20.2	30.5	14.86
产层中部井底流压(MPa)	53.3270	45.8666	18.6185
近井区气相有效渗透率(mD)	3.3589 (未受水影响)	3.4284 (未受水影响)	1.3367 (受水影响)
远井区气相有效渗透率(mD)	2.4905 (受水影响)	1.3563 (受水影响)	0.399 (受水影响)
边水推进平均前缘到井的距离(m)	889.5	412.5	148.3

回顾该井的配产历史,1991年12月将气产量从 $20×10^4m^3/d$ 提高到 $30×10^4m^3/d$,1993年7月至10月将产量提高到 $35×10^4m^3/d$,其后至气井出水前产量一直维持在 $25×10^4m^3/d$,高配产期间边水推进速度较快。根据试井曲线分析,投产早期呈现出均匀水侵特征,由此判断当时如果早期控制产量生产,能延缓出水,延长无水采气期。

2. 磨溪13井水侵前缘分析

磨溪区块寒武系龙王庙组气藏磨溪13井为靠近边水的一口气井,产层底界距离气水界面的垂直高度约为39.5m,平面上距离边水区约1.6km。储层平均孔隙度4.35%,溶蚀孔洞较为发育,发育少量微裂缝。该井2013年11月16日投产,初期配产为 $95×10^4m^3/d$。

2014年6月和2016年7月该井进行压力恢复试井,对比两次试井双对数曲线(图7-43),获得以下信息:2016年7月压力恢复试井的压力导数曲线上翘,疑似边水侵入特征的反映。第一次试井的解释结果显示该井324m半径范围内渗透率为13.63mD,324m以外渗透率为59.32mD,气井无阻流量为 $507×10^4m^3/d$。地质分析认为磨溪13井微裂缝裂缝较发育,裂缝与基质搭配关系较好,动态上反映出视均质储层特征,存在较高渗透率的通道连接局部边水区。

在获得上述信息后,将气井配产从 $95×10^4m^3/d$ 降低至 $74×10^4m^3/d$。按 $95×10^4m^3/d$ 生产推算,预测气井将于2018年2月见水,事实上截至2018年8月,该井仍以日产气量 $74×10^4m^3$ 稳定生产,表明发现水侵迹象后及时降低气井配产,能有效延缓边水侵入、延长气井无水采气期。

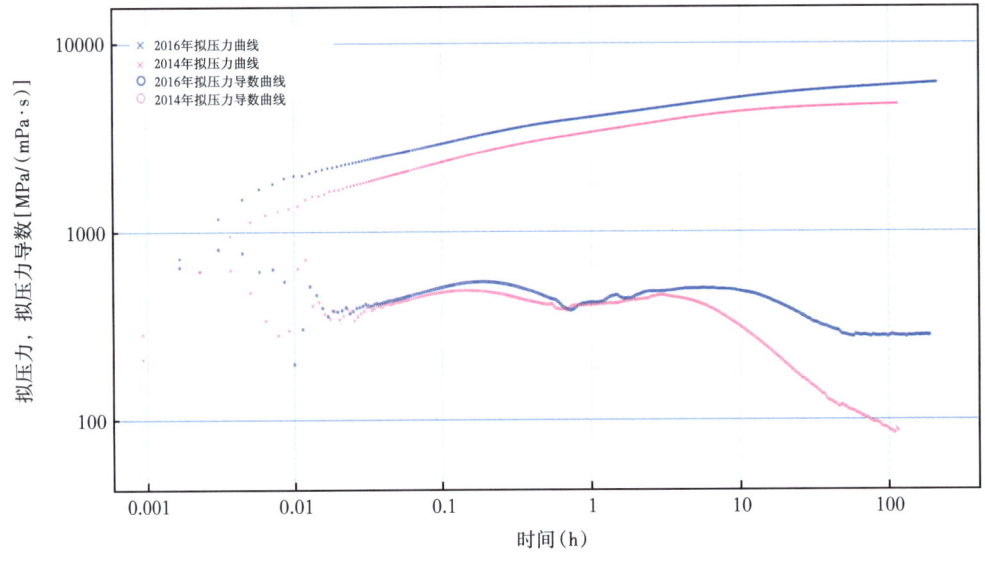

图7-43 磨溪13井两次压力恢复试井双对数曲线对比图

(二)碳酸盐岩储层特征早期动态评价

为了提高整体效率和经济效益,油气勘探开发一体化工作模式逐渐盛行。开发研究早期介入不但能使开发前期评价工作提速,而且对勘探工作也有帮助。探井试气阶段结合开发研究需求开展试井,属勘探开发相结合的一个重要技术环节,也是试井新技术综合应用的重点之一。以下以四川盆地中部磨溪区块寒武系龙王庙组气藏发现井——磨溪 8 井为例,展示一些特色性应用成效。

中国石油西南油气田公司经过数十年的探索,2012 年 9 月磨溪 8 井寒武系龙王庙组下段和上段酸化后分别测试获气产量 $110.8\times10^4 m^3/d$ 和 $83.5\times10^4 m^3/d$,发现磨溪区块龙王庙组气藏。2013 年探明天然气地质储量 $4403.83\times10^8 m^3$,2016 年建成 $110\times10^8 m^3/a$ 生产能力,目前按开发方案设计年产天然气 $90\times10^8 m^3/a$。依托多方面的技术和管理创新支撑,磨溪区块龙王庙组特大型碳酸盐岩气藏高效开发取得显著成效,勘探阶段通过磨溪 8 井试井早期准确预判气藏基本特征,是成功的重要开端。

根据测井曲线分析,当时倾向于认为磨溪区块龙王庙组储层分为上、下两段(图 7-44)。如果该结论成立,将影响后续勘探评价和开发方式优选。为了确认上下两段的渗流特征,于 2012 年 9 月 25 日至 10 月 9 日开展了分层测试。

磨溪 8 井龙王庙组下段酸化前测试气产量 $10.4\times10^4 m^3/d$,压力恢复试井解释的表皮系数高达 5000,远远超出普通的经验认识范畴。试井曲线反映出均质储层特征,计算渗透率为 86mD。考虑到该段储层孔隙度仅 3.9%,基于逾渗理论分析,断定低孔隙度高渗透特征是因储层微裂缝发育所致。由此不难理解超高表皮系数的缘由:低孔隙度、基质低渗透储层微裂缝主导渗流贡献,钻井液堵塞井壁附近产层的微裂缝,这种情况下渗透率下降幅度远大于其他类型储层相应范围。因此,早期提出寻找微裂缝发育区布井、避免微裂缝堵塞的培育高产井技术思路,为磨溪区块龙王庙组气藏评价和优化开发提供了重要技术导向。

酸化解堵后再次进行测试,气产量升高到 $110.8\times10^4 m^3/d$,试井解释的表皮系数降至 1.6,酸化前后试井曲线特征变化显著(图 7-45)。酸化放喷后关井 147h 的压力恢复试井,解释结果显示 1010m 半径外渗透率仍高达 86mD,近井区储层渗透性更好(表 7-8),气藏高产区轮廓初现。

表 7-9 磨溪 8 井龙王庙组下段酸化前后试井解释结果对比表

表皮系数		渗透率(mD)			
酸化前	酸化后	酸化前	酸化后		
^	^	^	$r=143mm$	$r=143\sim1010m$	$r=1010m$
5000	1.622	86	119.86	659.8	86

注:r—半径。

在完成龙王庙组下段测试之后,接着进行上段测试。试井双对数曲线图中压力导数存在明显的负斜率直线段(图 7-46),根据试井理论分析,认为这是半球型流特征反映,即产层打开程度不完善所致。结合地质分析确认磨溪区块龙王庙组上段与下段连通,提出按同一层段开展后续勘探评价和开发研究的变更,由此简化了工作流程,促进了勘探开发进程的加快。之后该气藏勘探开发实践证实上述判断的正确性。

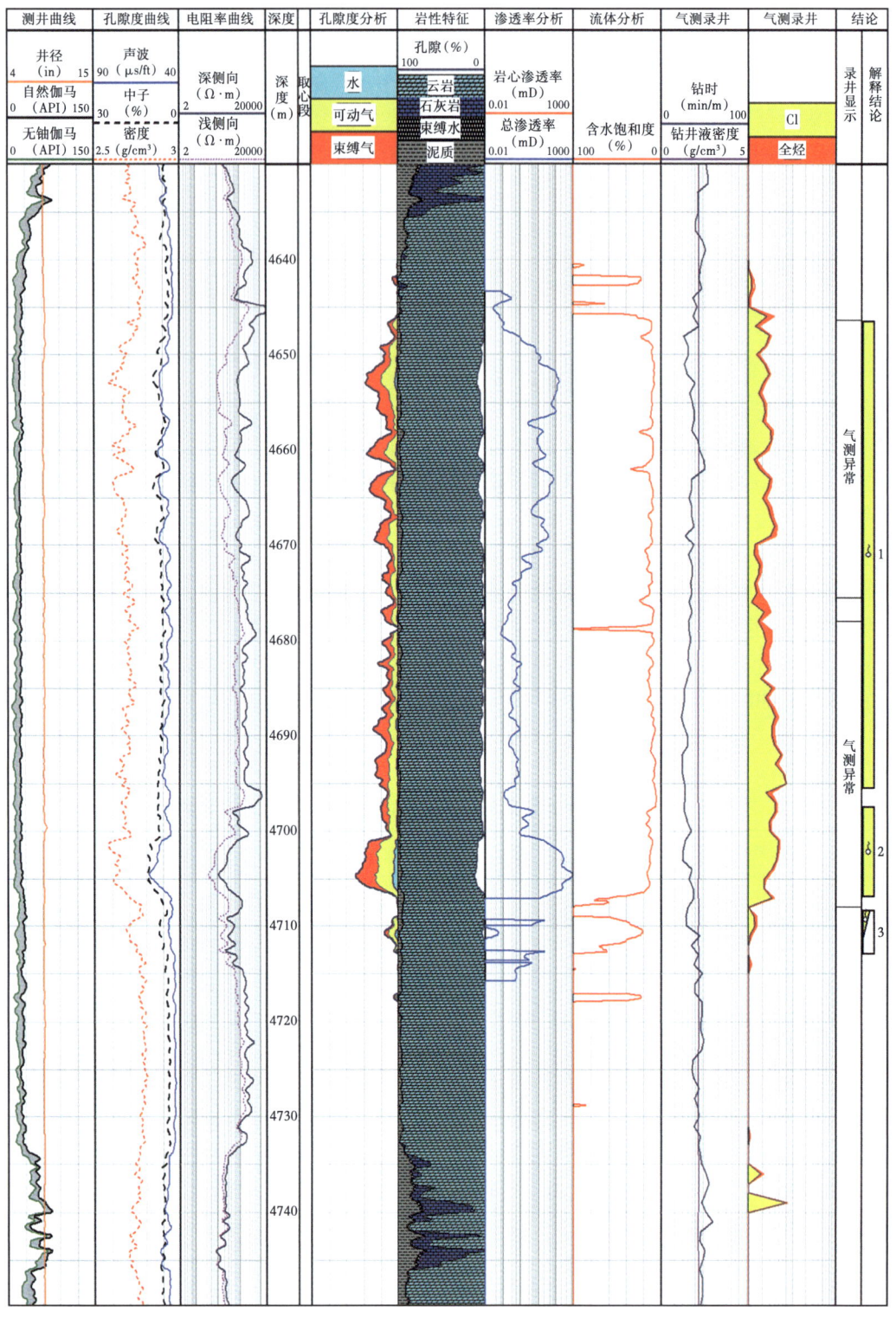

图 7-44 磨溪 8 井寒武系龙王庙组测井曲线图

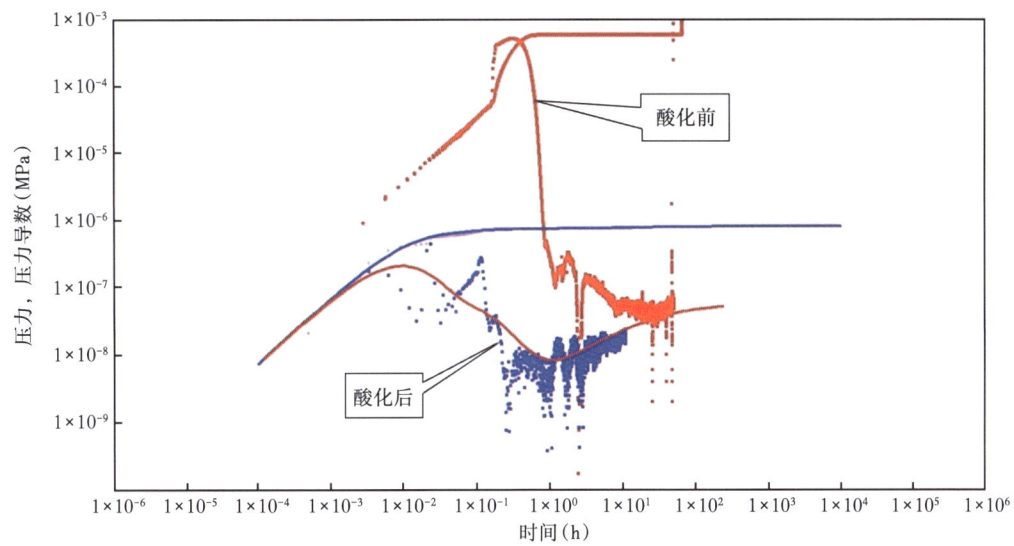

图 7-45 磨溪 8 井酸化前后压力恢复双对数曲线对比图

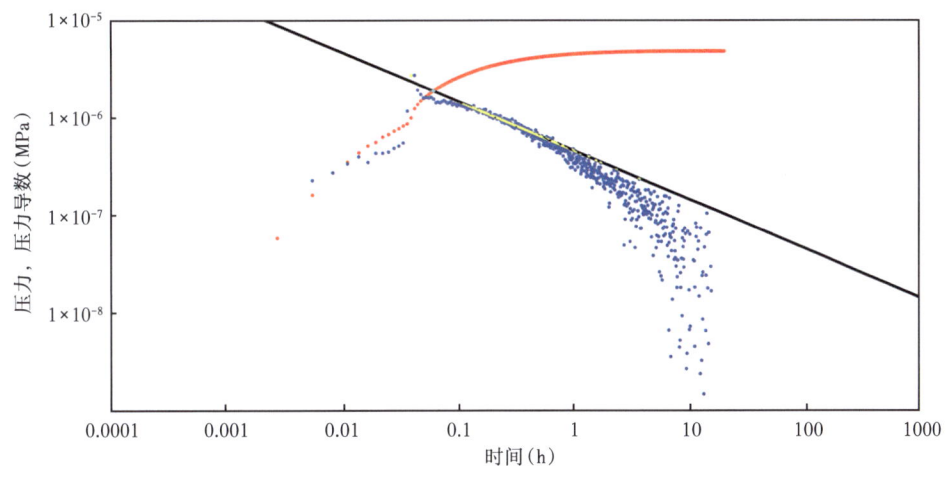

图 7-46 磨溪 8 井龙王庙组上段压力恢复双对数曲线图

第五节 气藏水侵影响预测

一、水侵早期预报诊断技术

要准确预报水侵动态,首先必须认识清楚水侵影响引起气藏及气井动态特征变化。当地层水沿局部方向水侵时,采用整个气藏进行水侵动态分析,往往分析结果表现出水侵影响不敏感,因此,应该注重水侵井区气井的动态分析,而试井分析是掌握气井水侵动态特征的较好手段。

(一)局部单方向水侵渗流模型

为了认识局部水侵气藏单方向天然水侵对气井动态的影响,建立天然水侵直线边界的试井模型,在气区,除边界上外,均为径向流动:

$$\frac{\partial^2 p_1}{\partial r^2} + \frac{1}{r}\frac{\partial p_1}{\partial r} = \frac{1}{\eta_1}\frac{\partial p_1}{\partial t} \quad (x > 0,\text{井点除外}) \tag{7-8}$$

其中:

$$\eta_1 = \frac{KK_{rg}}{\phi C_t \mu_g}$$

$$\eta_2 = \frac{KK_{rw}}{\phi C_t \mu_w}$$

初始条件:

$$p_1 \big|_{t=0} = p_i \tag{7-9}$$

内边界条件:

$$r\frac{\partial p_1}{\partial r}\bigg|_{r=r_w} = -\frac{\mu_g}{2\pi Kh}(B_g - q_g - C\frac{dp_w}{dt}) \tag{7-10}$$

$$p_w = (p_1 - S\,r\frac{\partial p}{\partial r})\bigg|_{r=r_w} \tag{7-11}$$

外边界条件:

$$p_1(\infty, t) = p_i \tag{7-12}$$

在水区,水的推进可近似描述为线性流动:

$$\frac{\partial^2 p_2}{\partial x^2} = \frac{1}{\eta_2}\frac{\partial p_2}{\partial t} \tag{7-13}$$

$$p_2(\infty, t) = p_i \tag{7-14}$$

气水边界连接条件:

$$\frac{K_{rg}}{\mu_g}\frac{\partial p_1}{\partial x}\bigg|_{x=0} = \frac{K_{rw}}{\mu_w}\frac{\partial p_2}{\partial x}\bigg|_{x=0} \tag{7-15}$$

$$p_1\big|_{x=0} = p_2\big|_{x=0} \tag{7-16}$$

式中　p_w——气井井底压力,MPa;
　　　p_1——气区压力,MPa;
　　　p_2——水区压力,MPa;
　　　p_i——原始地层压力,MPa;
　　　r——以气井井点为中心的径向半径,m;
　　　r_w——气井井眼半径,m;

t——气井生产时间,h;
μ_g——地层条件下气体黏度,mPa·s;
B_g——天然气地层体积系数;
q_g——气产量,$10^4 m^3/d$;
K——地层渗透率,mD;
K_{rg}——气相相对渗透率;
K_{rw}——水相相对渗透率;
S——表皮系数;
C——井筒储集常数,MPa/m^3;
η_1——气区地层扩散系数,m^2/s;
η_2——水区地层扩散系数,m^2/s。

由于地层中水的黏度比气体黏度大得多,而气区气相相对渗透率和水区水相相对渗透率的差异不如气水黏度差异大,因此,水区流度与气区流度的比值通常小于1,天然线性水边界在试井曲线上的特征反映表现为压力恢复导数曲线后期轻微上翘(图7-47)。

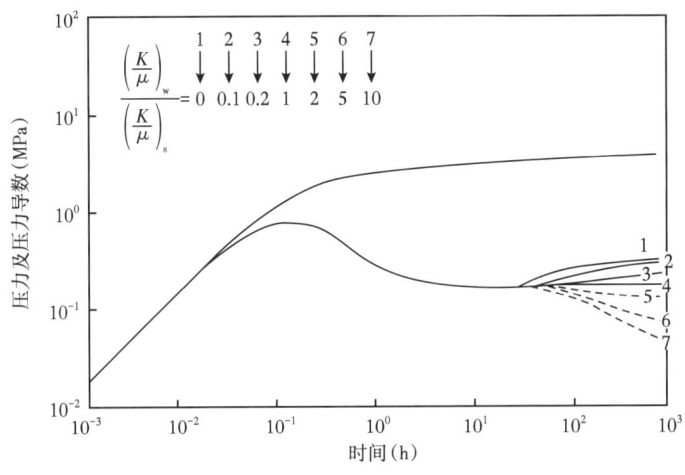

图7-47 水侵直线边界试井模型理论曲线

(二)非均匀水窜气井水侵规律

在碳酸盐岩裂缝—孔隙型有水气藏的开发中,水的影响常常表现为活跃水侵形式,其活跃程度主要取决于地层裂缝发育程度及其分布,特别是大裂缝的发育程度和分布[26]。非均质气藏不同部位可能存在不同的水侵形式,局部方向水沿裂缝窜至井底导致气井出水的情况常见。然而,气藏工程理论中现有的关于气井动态的分析方法基本都是基于单相渗流[27-30],关于水侵影响的分析方法基本都是考虑均质地层和均匀水侵的情况[25,31-36],难以与碳酸盐岩气藏非均匀水侵动态特征分析的技术需求相符合,理论方法的适用性受到严重限制。

数值试井分析是在数值模拟基础上发展起来的一项新技术,对于非均质性强、单井控制范围有大裂缝、裂缝性水窜情况下的气井动态特征研究有重要实用价值,为此,采用数值试井分析技术研究非均质气藏边水沿短轴方向侵入、边水沿长轴方向侵入、多方向水侵三种类型的非均匀水侵规律,认识不同方向的水侵对气井动态的影响。

表 7-10 单井基础数据表

井半径(m)	0.073
井深(m)	3036
产层厚(m)	6
孔隙度	0.073
综合压缩率(MPa^{-1})	0.01708
地层温度(℃)	74
天然气相对密度	0.58
天然气黏度(mPa·s)	0.024

表 7-11 模拟输入参数及初值

平面网格数	28×158
z 向网格数	6
井轨迹加密网格数	3
渗透率(mD)	122.37
气饱和度	0.81
水饱和度	0.19

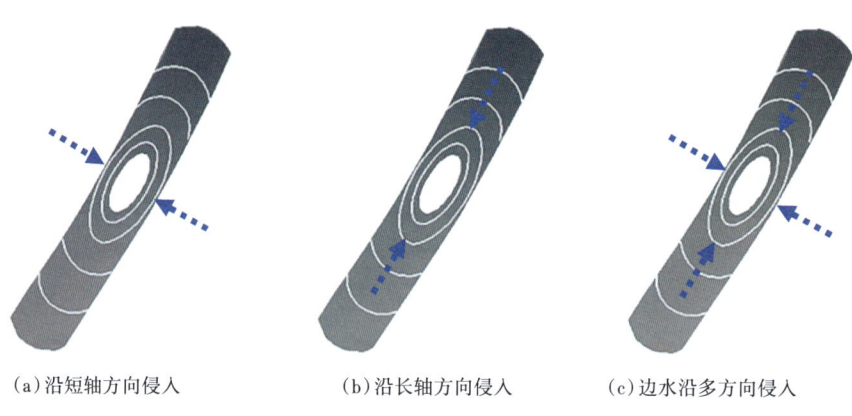

(a)沿短轴方向侵入　　(b)沿长轴方向侵入　　(c)边水沿多方向侵入

图 7-48 边水侵入气藏(裂缝水窜)示意图

通过对模拟计算结果的分析,总结出以下认识:

(1)气井受边水侵入影响时,无论边水来源方向,其共同的特征反映是试井双对数分析图上后期压力导数上翘(图 7-49 和图 7-50),随着边水向气井的推进,压力导数上翘时间逐渐提前。

(2)边水沿多方向侵入气藏、受影响的气井多面环水时,除了气藏非均质性较强的情况外,各方向水侵前缘通常是均匀向气藏内部推进,对气井动态的影响相对平缓,气井出水前后压力恢复试井曲线特征变化不大,压力导数后期上翘时间略提前(图 7-49)。可以将上述特征作为诊断气井多面环水且各方向均匀水侵的判别指标。

(3)边水沿长轴方向侵入气藏、气井远离边水时,仅当存在较强裂缝性水窜现象时,气井才会出水。这种情况反映的特征是压力恢复双对数分析图上压力导数早期重合、晚期提前上翘。其原因是裂缝水窜情况下气井产水量一般较大,近井区含水饱和度变化相对较小;远井区沿裂缝窜入气藏的地层水进入基质孔隙,使得远井区地层含水饱和度变化较大。以上分析可以作为诊断气井远离边水但裂缝水窜强烈的判别依据。

(4)边水沿短轴方向侵入气藏、气井离边水近时,压力恢复双对数分析图上出水前后晚期压力导数上翘趋势较陡,气井出水前后压力恢复试井曲线特征变化不大,但压力导数后期上翘时间明显提前(图7-51)。这主要是因气井离边水近时水侵影响敏感引起的。据此可诊断气井离边水近且受水侵影响显著的情况。

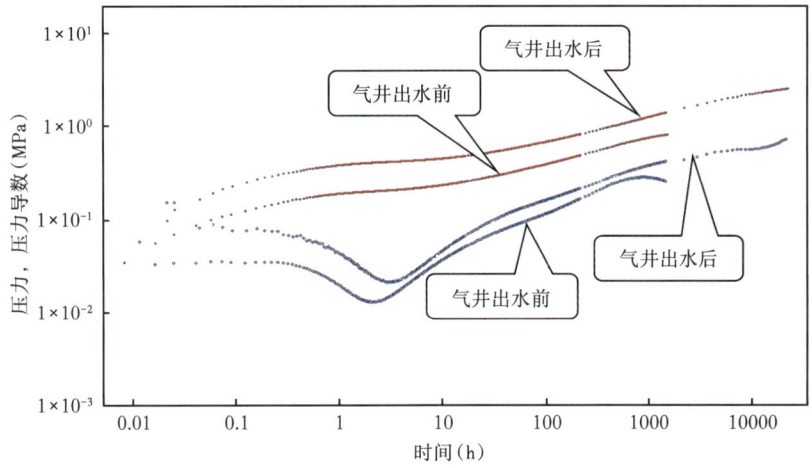

图7-49 多方向水侵情况下气井压力恢复曲线对比图

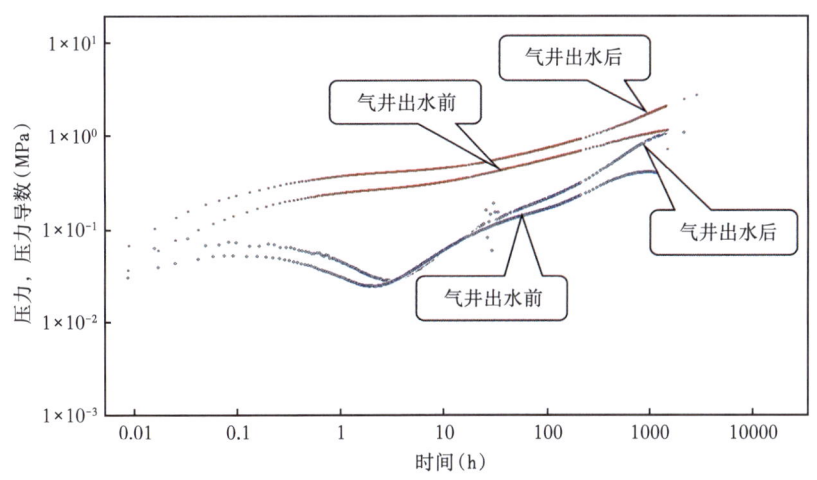

图7-50 沿长轴水侵情况下气井压力恢复曲线对比图

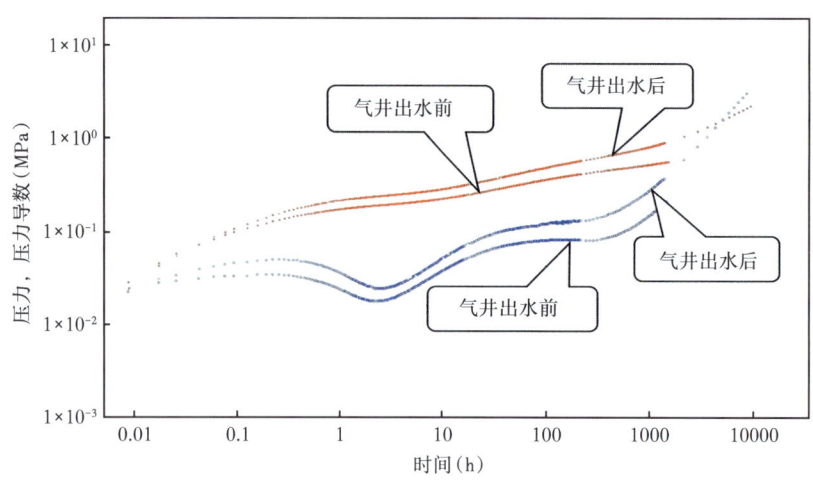

图 7-51 沿短轴水侵情况下气井压力恢复曲线对比图

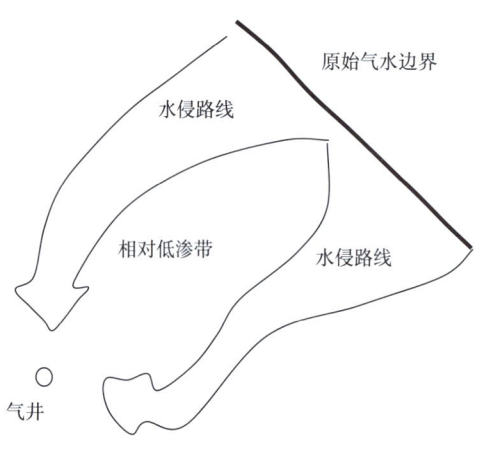

图 7-52 裂缝发育带分布不均使
水窜路线发生绕流现象示意图

均质地层单方向天然水侵在气井动态上的特征反应是试井曲线后期压力导数轻微上翘，而裂缝水窜的情况下试井曲线后期压力导数较陡，而实际出水气井试井曲线经常出现后期压力导数上翘趋势比理论曲线更陡的情况，分析认为引起这种现象的可能原因主要有两种：其一是裂缝发育带分布不均使水窜路线发生绕流现象（图 7-52）；其二是裂缝水窜情况下水沿裂缝快速推进到井的通道较小，但水侵区面积大，水侵区基质孔隙中水封隔气，气水均不能充分流动（图 7-53）。

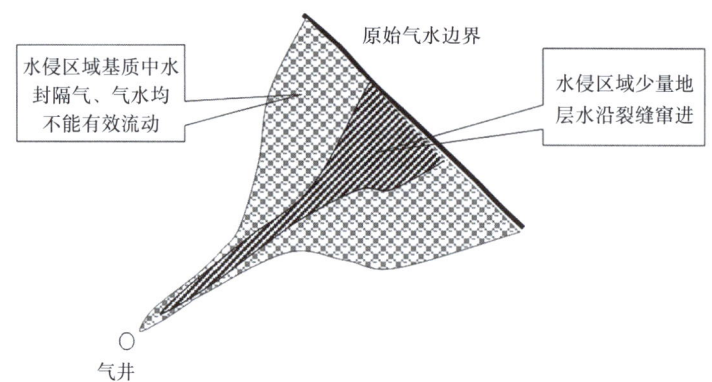

图 7-53 裂缝水窜与水封隔气使大面积基质孔隙中的气不能有效流动示意图

(三)气井出水早期预报方法

由于边水推进在邻近边水的气井试井曲线上的动态特征反应是压力导数后期上翘;边水离气井越近,压力导数上翘时间越早;长轴方向裂缝性水窜、短轴方向裂缝性水窜、多方向裂缝性水窜引起的压力导数上翘特征不同。据此,对比同一气井不同时期的压力恢复试井双对数曲线可形成气井早期预报或跟踪分析水侵动态的方法。

叠合分析时,一方面是观察压力导数上翘时间是否提前,如果出现提前现象,那么通过试井曲线拟合分析确定边水推进距离。另一方面是观察不同时期试井曲线压力导数上翘趋势特征,如果上翘趋势平缓且不同时期上翘的压力导数曲线平行,则预示边水大体是通过孔隙介质均匀推进,或多方向沿裂缝均匀窜进;如果上翘趋势出现"分岔"现象,即后期压力导数曲线上翘更明显,则预示裂缝水窜效应强烈,或者气井已被侵入的水包围;如果不同时期上翘的压力导数曲线平行,并且上翘趋势较陡,往往预示裂缝水窜的通道较宽、原始气水边界离气井较近。采用以上方法,只要安排适当次数的压力恢复试井,将气井不同时期的压力恢复曲线叠合分析(图7-54),就能够作气井水侵早期预报,掌握产水气井周围的地层水活跃动态。

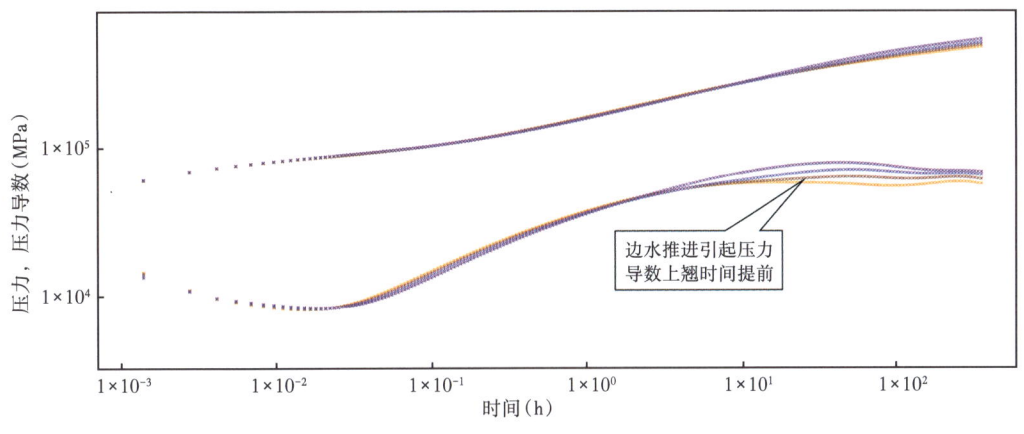

图7-54 同井不同时期试井曲线叠合分析诊断水侵动态示意图

二、地层水活跃性评价方法

储层非均质性强、气水关系复杂的边水气藏,往往表现出局部水侵活跃特征,为了尽早认识水侵规律,针对水侵井区强化监测分析非常必要,因此,利用水区有观察井或水侵前缘的气井动态监测资料,评价地层水活跃性。

水侵能量来源于压力下降后可动水的弹性膨胀、束缚水膨胀挤压可动水空间和储层孔隙的压缩效应这三个方面。为了定量认识前述三种因素对水侵能量的影响程度,计算预测不同束缚水饱和度条件下随地层压力不断下降时可动水弹性膨胀、束缚水膨胀及储层孔隙压缩引起的体积变化在水区总体积变化中所占比例,从图7-55可以看出地层压力降低后储层孔隙压缩效应对水侵能量的贡献比例最高。

利用水区物质平衡原理,考虑水区能流动的水体弹性膨胀量、侵入气藏水量、某些情况下为保护邻近生产井而在水区排水泄压的累积产水量、宏观均匀分布的小孔隙中束缚水膨胀占

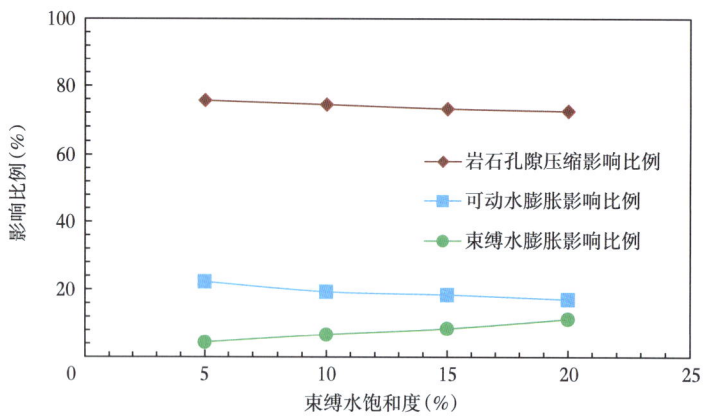

图 7-55　不同因素对水侵能量的贡献比例图

据的原可动水体空间以及地层压力下降后水层孔隙的压缩效应,建立水区物质平衡方程：

$$W_e + W_p = W(B_w - B_{wi}) + WB_w \frac{C_w(p)S_{wc} + C_f(p)}{1 - S_{wc}} \Delta p \quad (7-17)$$

式中　W_e——侵入气藏的水量,$10^4 m^3$;

　　　W_p——水区累积排水量,$10^4 m^3$;

　　　W——可动水体储量,$10^4 m^3$;

　　　B_{wi}——原始地层压力条件下地层水体积系数;

　　　B_w——地层压力下降至关注时刻时水的体积系数;

　　　$C_w(p)$——从原始状态到地层压力下降至 p 时区间内水的压缩系数,MPa^{-1};

　　　$C_f(p)$——从原始状态到地层压力下降至 p 时区间内储层岩石的压缩系数,MPa^{-1};

　　　S_{wc}——束缚水饱和度,无量纲;

　　　Δp——地层压力变化,MPa。

$$\frac{\frac{W_e}{B_w} + W_p}{W} = 1 - \frac{B_{wi}}{B_w}\left[1 - \frac{C_w(p)S_{wc} + C_f(p)}{1 - S_{wc}}\Delta p\right] \quad (7-18)$$

储层物性较好时,忽略束缚水,式(7-17)简化为

$$\frac{\frac{W_e}{B_w} + W_p}{W} = 1 - \frac{B_{wi}}{B_w}[1 - C_f(p)\Delta p] \quad (7-19)$$

根据水区观测井监测的地层压力下降数据,采用式(7-18)能计算侵入气藏水量与水区累积排水量之和在可动水体储量中所占的比例。从而可估算极限水侵量所占比例,由极限水侵量比例与目前水侵量比例的差值,结合气藏产水状况,能大致预判后续水侵影响程度,为确定优化治水对策、提高治水的针对性和气藏开发效益提供技术参考。

三、气藏水侵影响精细数值模拟预测技术

通过大尺度裂缝重构技术得到大尺度裂缝,建立大尺度离散裂缝模型,描述大裂缝与基质、大裂缝与裂缝和基质与裂缝之间的关系,运用非结构化网格技术表征裂缝与基质的几何关系,描述基质与基质之间的传导率、裂缝与裂缝之间的传导率、基质与裂缝之间的传导率以及离散裂缝—基质之间的窜流量,建立非结构化大尺度裂缝离散裂缝模型,开展裂缝(孔洞)型气藏非均匀水侵动态预测,掌握气藏非均匀水侵规律,定量描述气藏水侵速度、见水时间、产水量及水侵对气藏稳产能力和采收率的影响(图7-56和图7-57)。

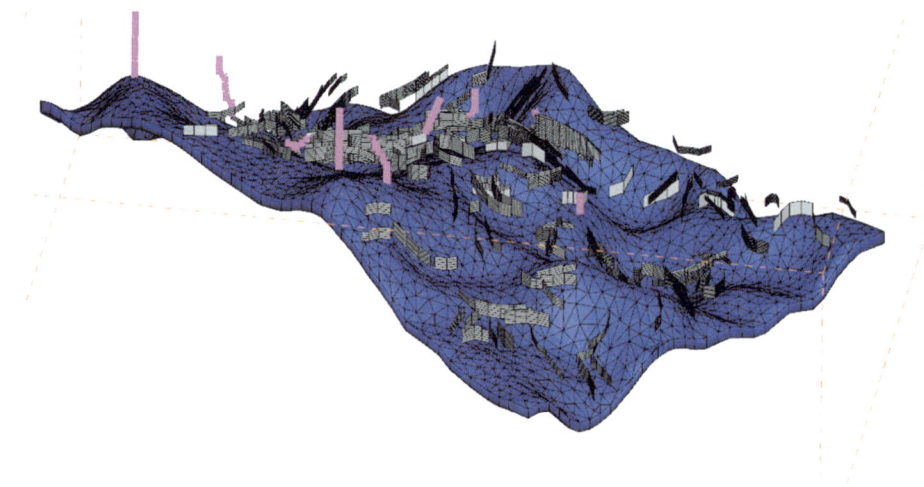

图7-56 非结构化大尺度裂缝离散裂缝模型

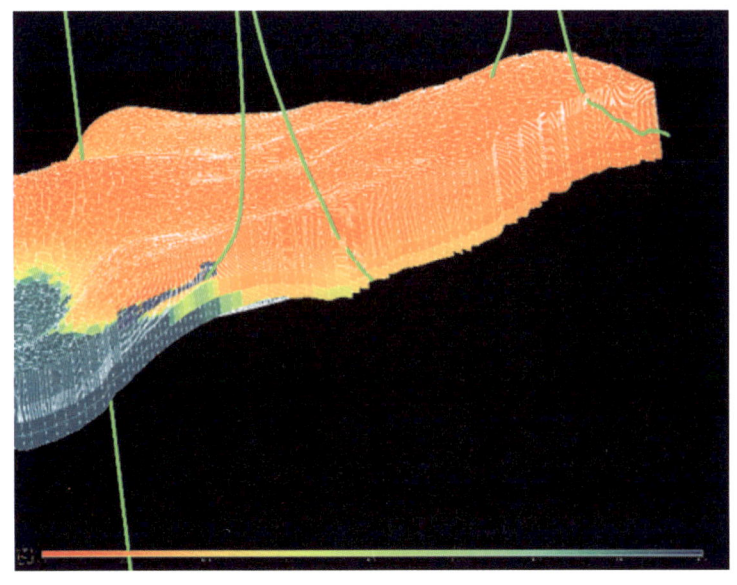

图7-57 地层水非均匀水窜数值模拟预测图

第六节　气藏开发规律数值模拟预测

一、气藏数值模拟技术的发展与应用

油气藏数值模拟技术起源于 20 世纪 60 年代，这一技术能在地质模型的基础上计算推演预测油气藏开采动态，为开发方式优选、生产管理优化提供重要技术参考[37-39]。气藏数值模拟与油藏数值模拟的核心技术大体相同，仅在考虑流体性质特殊性以及油气田开发特点的模型和算法处理方面有一些侧重性差异。数值模拟技术高度依赖于计算机性能，随着计算机技术的快速发展，气藏数值模拟技术的研究与推广应用不断迈上新台阶，如今已成为气藏中长期开发效果预测的主体技术[40-41]。

(一) 气藏数值模拟技术发展概况

气藏数值模拟的核心技术包括模拟器、前处理和后处理三部分，模拟器解决模拟模型建立、求解和计算的问题，前处理解决为模拟器提供模型参数及计算约束条件的问题，后处理解决模拟计算结果整理与展示的问题。

1. 模拟器

在静态地质模型基础上，整合岩石物理、渗流力学、计算数学、计算机应用的相关技术，建立数值模拟模型，确定求解算法，形成计算程序——模拟器。模拟器是气藏数值模拟技术中复杂度最高、实现难度最大、对应用效果影响最强的技术模块。从应用层面看，现有的先进模拟器已经相当成熟，基本满足气藏开发研究需求。然而，数十年以来这一领域一直是国内外气藏工程技术的研究前沿，尽管不断取得研究进展，但同时也不断发现新问题，目前一些复杂气藏的数值模拟研究仍会遇到技术瓶颈，持续的深化探索远未到止境。

1) 不同模型的模拟器

考虑不同流体相态变化和渗流规律的特殊性，油气藏数值模拟的模拟器分为黑油模型模拟器、组分模型模拟器和稠油模型模拟器三类。干气、湿气以及凝析油含量较低的气藏数值模拟通常采用黑油模型模拟器，凝析油含量较高的气藏数值模拟多采用组分模型模拟器。

碳酸盐岩气藏不同程度发育裂缝和溶洞，在地质学中将储层划分为孔隙型、裂缝—孔洞型、裂缝—孔隙型、孔隙—裂缝型和裂缝型等类型。为了便于数学建模和求解，从渗流力学特征显著差异性角度考虑，在地质模型基础上进行抽象化处理，形成针对不同类型储层的模拟器。模拟器主要包括单孔模型模拟器、双孔单渗模型模拟器和双孔双渗模型模拟器。

在油气藏数值模拟技术发展早期，上述不同模拟器以独立软件形式出现，若需要选择不同模型开展对比研究，则在软件使用、前后处理数据共享等方面显得很不方便。经过多年研究改进，目前的模拟器基本实现了多种模型选项的集成，形成一体化多功能软件。

2) 精确化网格技术

数值模拟结果的准确性与离散化处理的网格精细程度密切相关，复杂构造气藏、多层组气

藏、强非均质气藏、水侵活跃气藏数值模拟研究对网格精细化的要求更高,采用水平井、大斜度井开发时也是如此。

现今气藏数值模拟仍时常采用传统的矩形网格系统,但在准确反映气藏复杂构造特征、储层强非均质性、裂缝水窜通道、水平井和大斜度井穿越轨迹储层物性变化等方面,尚存在局限性。为此,针对不同类型的问题,发展了不同的网格离散化处理方法,形成了精确化网格技术系列,如局部网格加密、杂交网格、非规则多边形网格、角点网格、非邻近网格连结等技术。

3)数值求解方法

数值求解方法的先进性在很大程度上决定了数值模拟的效率和可靠性,特大型气藏、复杂气藏数值模拟模型的网格数量大,对求解算法计算效率的要求更高。长期以来,数值求解方法研究一直是油气藏模拟技术研究的重点,相关技术进步极大地推动了油气藏模拟技术向前发展。

油气藏模拟数值求解的基本过程包括三部分:模型的离散化;根据离散模型建立描述流体流动规律的线性方程组;线性方程组的求解。线性方程组的求解算法是油气藏数值模拟核心技术。目前常见的数值求解方法主要包括雅可比(Jacobi)迭代法、高斯-塞德尔(Gauss-Seidel)迭代法、不完全LU分解法(ILU)、约束压力残差(CPR)法和"造巢"分解(Nested Factorization)法等。

2. 前后处理

数值模拟前后处理的初级形式是以填卡方式为模拟器输入数据,以及模型参数场及生产预测数据的图表化输出。随着计算机技术的快速发展,如今气藏数值模拟的前后处理发生了很大变化,数值模拟建模与三维地质建模交互优化、多专业数据库的共享调用、智能化帮助查错、人性化设计的图形用户界面、模拟计算中间过程结果实时监控、模拟结果三维可视化甚至虚拟现实展示等,将气藏数值模拟技术水平推向新高度。

3. 软件平台

目前代表世界领先水平的油气藏模拟软件均是多功能的软件平台,为了面向应用更好地实现气田开发研究的多专业协同,还需建立跨专业的数据和成果快速共享一体化软件平台系统。三维地质建模软件、生产数据库系统与数值模拟软件的数据结构兼容及数据共享,已是目前对一体化软件平台的基本要求;面向疑难问题,进一步为多专业协同研究提供实时分享信息的便利,是一体化软件平台的发展方向之一[43]。

(二)气藏数值模拟技术应用概况

1982年,国内首次应用数值模拟技术编制相国寺石炭系气藏开发方案,受当时技术条件制约,采用了较为简化的二维气、水两相数值模拟方法。之后30余年,气藏数值模拟技术水平不断提高,应用普及程度逐渐增大。

20世纪80年代后期至90年代初期,随着三维气、水两相双重介质模型数值模拟技术的成熟,初步解决了裂缝发育气藏的开发模拟预测问题,数值模拟技术的推广应用出现高峰,成为气田开发设计不可缺少的技术。随后,针对复杂气藏数值模拟技术的应用疑难问题,长期开展多轮次攻关研究,先后在水侵活跃气藏、多层组气藏、高含硫气藏、致密砂岩气藏、特大型裂缝—孔洞型气藏以及页岩气的开发模拟预测方面取得技术突破。

如今，气藏数值模拟已成为深化认识气藏地质特征、优选开发方式、计算储量及分析开发过程中储量动态分布情况、预测气藏开发规律与采收率、研究开发潜力的重要技术手段，为气田开发决策提供了强有力的支持。

二、特大型裂缝—孔洞型碳酸盐岩气藏数值模拟

磨溪区块龙王庙组气藏探明天然气储量 $4403.83\times10^8m^3$，含气面积 $805.26km^2$，属特大型气藏。储层主要为裂缝—孔洞型，平均孔隙度 4.3%，基质渗透率小于 1mD，低孔隙度、基质低渗透特征显著。局部区域微裂缝和直径 0.2~0.5mm 的小溶洞发育，这是该气藏高产区的主要地质特点。气藏原始地层压力 76.02MPa，压力系数 1.63。存在边水，因储层非均质性及超压特征，水侵规律较为复杂。

磨溪区块龙王庙组气藏数值模拟工作的难点主要有以下几点：(1)特大型气藏地质研究所建三维地质模型包含接近1亿个网格，普通的数值模拟技术难以实现如此巨量网格模型的计算，传统的抽稀网格简化模型处理方式将漏失大量地质信息，导致对气藏开发动态模拟预测的敏感性较差；(2)低孔隙度背景下局部发育小尺度缝、洞，不同井区储层孔、洞、缝搭配关系多样化，在数值模拟模型中精细刻画其特征较为困难；(3)低孔隙度、非均质超压气藏水侵规律特殊性较强，数值模拟准确预测难度大。

从 2013 年开始，针对磨溪区块龙王庙组气藏数值模拟持续开展研究，先后形成基于 500 万、2000 万、8000 万网格模型的模拟研究成果，分别支撑了气田开发方案设计、建产期开发方案优化实施以及稳产期进一步的保障措施强化，取得了很好的用于效果。

(一)多重介质连续介质场数值模拟

利用工区范围内探井及开发井数据、测井描述及地震预测结果，采用确定性地质建模与随机地质建模相结合的方法，解决低缓构造细节和优质储层展布精细描述的问题，建立了磨溪区块龙王庙组气藏三维地质模型，获得了储层属性参数场分布的定量描述成果(图 7-58 和图 7-59)。

不进行网格粗化，直接采用地质模型建立多重介质数值模拟模型。通过数字岩心处理分析研究，获取孔、洞、缝搭配关系描述参数，解决对多重介质模拟模型关键参数准确定量的问题；基于高温高压流固耦合实验，获取气藏应力敏感特征参数，解决提高超压气藏水侵预测准确性的问题。最终的数值模拟网格数量接近 8000 万，见表 7-12。

表 7-12 磨溪龙王庙组气藏数值模拟模型网格参数表

水平方向网格分辨率(m)	50
水平网格数	1219400
储层段垂向网格分辨率(m)	1
储层段垂向网格数	60
三维模型网格分布	1300×938×64
总网格数	78041600

第七章 低孔隙度非均质裂缝—孔洞型气藏开发规律预测

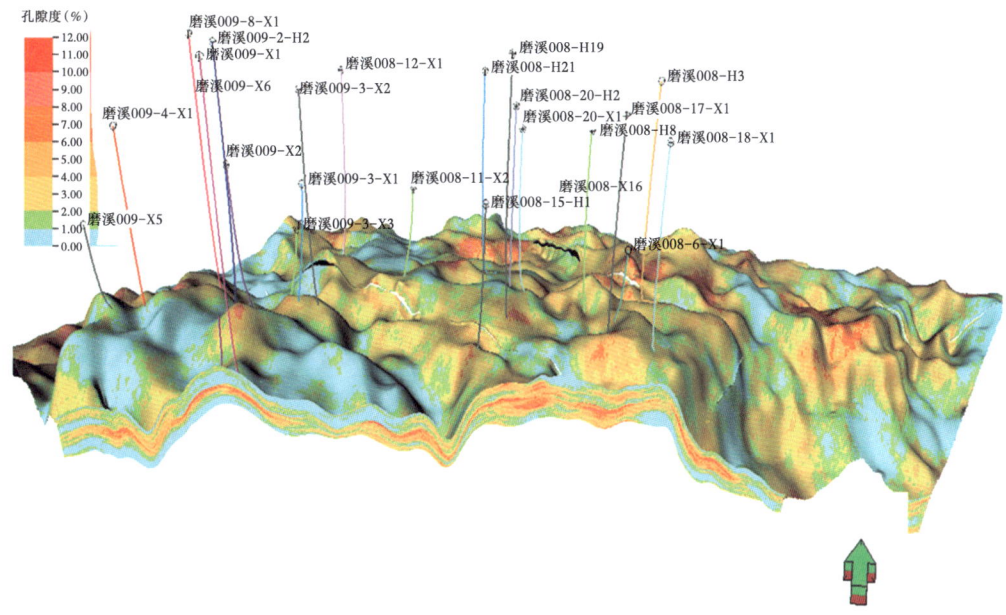

图 7-58 磨溪区块龙王庙组气藏基质孔隙度属性分布图

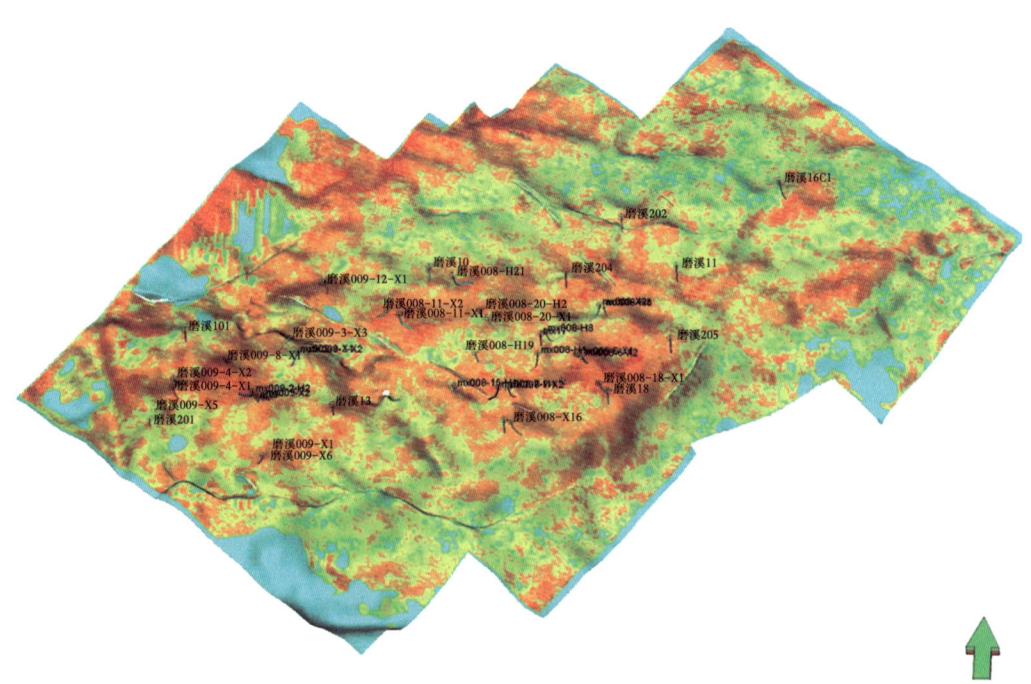

图 7-59 磨溪区块龙王庙组气藏裂缝渗透率属性分布图

为了能高效开展 8000 万网格的模拟计算,建立了局域网环境的计算机工作站集群系统,模拟器最多可同时调用超过 2000 高性能 CPU 核的硬件资源。为了避免计算资源的浪费,开展了调用 CPU 核数与计算时间关系的试验研究,成果用于根据不同计算任务负荷优化调用

CPU 核的数量。

历史拟合是检验数值模拟模型正确性、最终优化确定数值模拟模型的重要技术环节。磨溪区块龙王庙组气藏数值模拟模型包含 44 口生产井,各井生产历史拟合效果均较好(图 7-60),与实测井底压力比较拟合误差 0.002%~2.004%(图 7-61),达到了较高精度,保障了后续预测开发效果的可靠性。

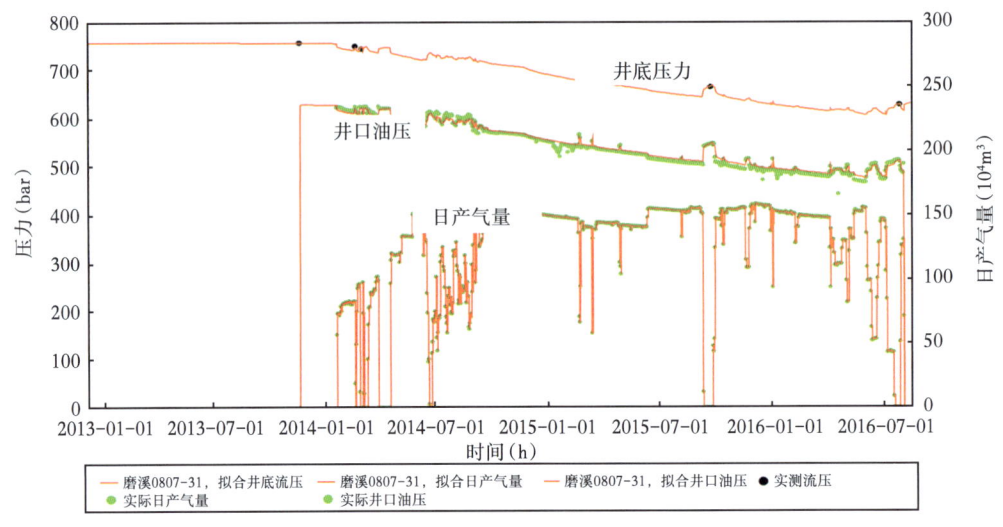

图 7-60 磨溪区块 009-X1 井生产历史拟合图

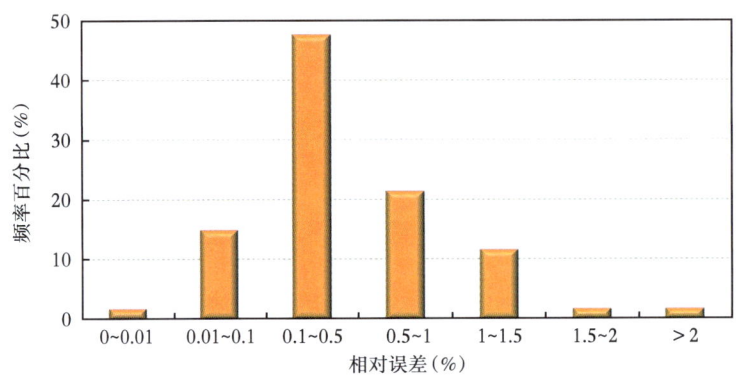

图 7-61 磨溪区块龙王庙组气藏气井井底压力拟合相对误差分布直方图

基于精细数值模拟模型,结合气田开发决策和生产管理关注的问题,围绕水平井和大斜度井适宜性论证及开发效果评价、气藏井网与采气速度优化设计、水侵活跃性评价及治水对策优选、稳产能力预测等,开展了多种方案的模拟研究和比选,最终确定了磨溪区块龙王庙组气藏年产 $90\times10^8m^3$ 的稳产开发方案,并制订了整体治水和低渗区接替保障长期稳产的技术对策。

(二)离散裂缝数值模拟

磨溪区块龙王庙组气藏局部井区水侵较活跃,连续介质场模型对个别井点强水侵影响的模拟预测效果不够好。为此专门另建立了水侵活跃井组区域的离散裂缝模型,提高裂缝水窜模拟及产地层水预测的准确性。

针对磨溪区块龙王庙组气藏的地质情况,对中小尺度网状裂缝按渗透率等效处理方式建模,对大尺度裂缝按单独考虑其形态和分布的方式建模。其基本技术路线是综合成像测井、地震解释及地质研究成果,精细描述地层裂缝特征,建立相应的地质模型,再采用专门针对孤立裂缝的数值模拟网格生成和求解计算方法,实现精细模拟。

在技术处理细节方面,对于中小尺度裂缝,在地震叠前方位角各向异性预测基础上,利用成像测井数据进行方位角校正,同时标定裂缝密度数据。然后三维重构裂缝,研究确定裂缝等效渗透率,以裂缝发育带形式体现中小尺度裂缝集合(图7-62)。

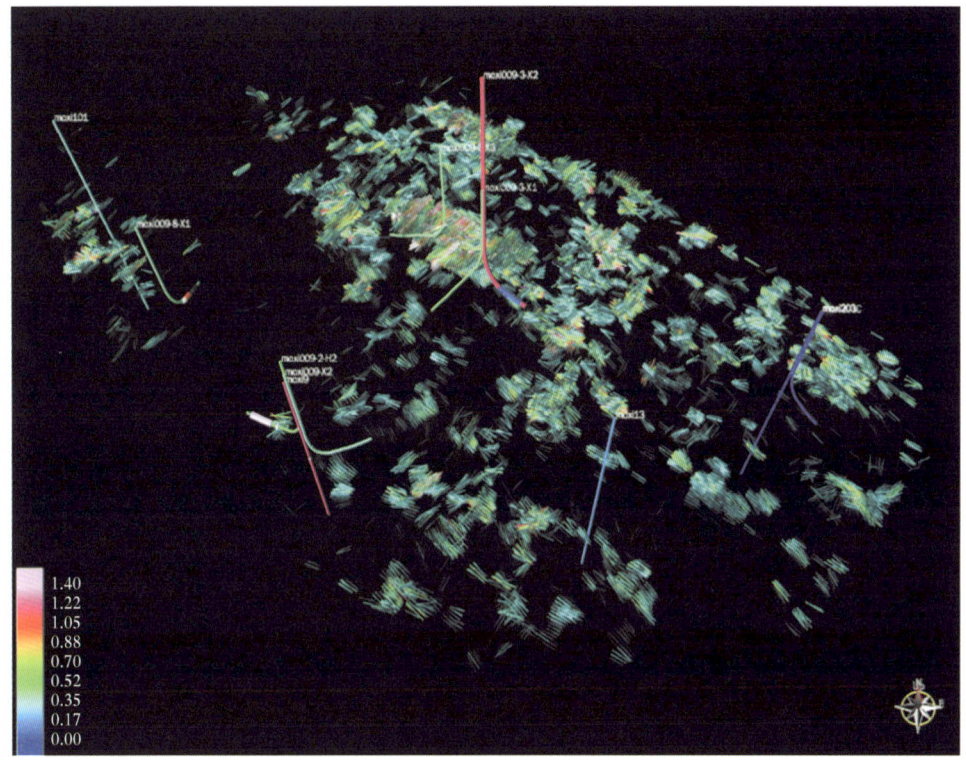

图7-62 各向异性中小裂缝发育带分布图

对于大尺度裂缝,在基于地震广义S变换不连续性检测数据体基础上,拟合大尺度裂缝的方位角,然后根据裂缝密度和方位角重构大尺度裂缝分布模型。研究确定大尺度裂缝的开度和渗透率,并通过大尺度裂缝约束下的非结构化网格剖分,与基质模型耦合形成特殊的模拟研究模型,在此基础上进一步计算得到裂缝网格间的传导率和连通度(图7-63)。

磨溪区块龙王庙组气藏磨溪9井区3井组离散裂缝模型纵向上共细分成34个网格层,每个网格层被剖分为约5000个基质网格,合计约15万基质网格;裂缝网格数约4000个(图7-64)。

基于上述模型开展数值模拟研究,于2016年12月预测磨溪9-3-X3井将受裂缝水窜影响大量产地层水,该井2017年2月6日开始产水,数值模拟提前2个月实现水侵影响准确预报。随后通过对邻井磨溪9-3-X2井的生产史拟合(图7-65),优化确定该井组储层孔隙度、

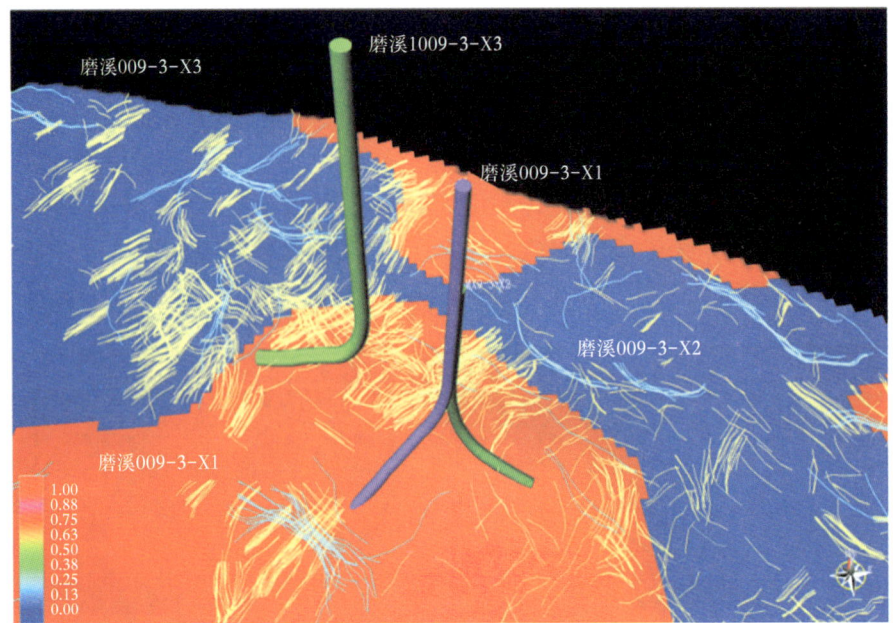

图 7-63　非结构化大尺度裂缝离散模型

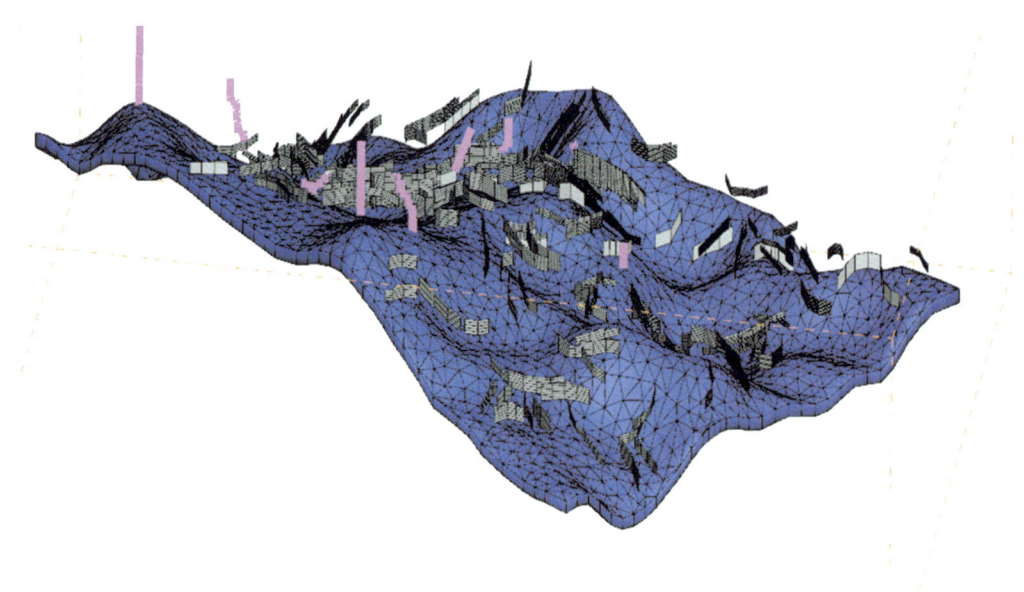

图 7-64　磨溪区块龙王庙组气藏 9 井区 3 井组离散裂缝网格模型
（蓝色为第 34 层基质网格；灰色为裂缝片网格；红色为生产井）

裂缝特征、原始含水饱和度等参数。不同时期的水窜影响跃升点都能较好吻合，后续对裂缝水窜中长期影响的预测可靠（图 7-66）。

第七章 低孔隙度非均质裂缝—孔洞型气藏开发规律预测

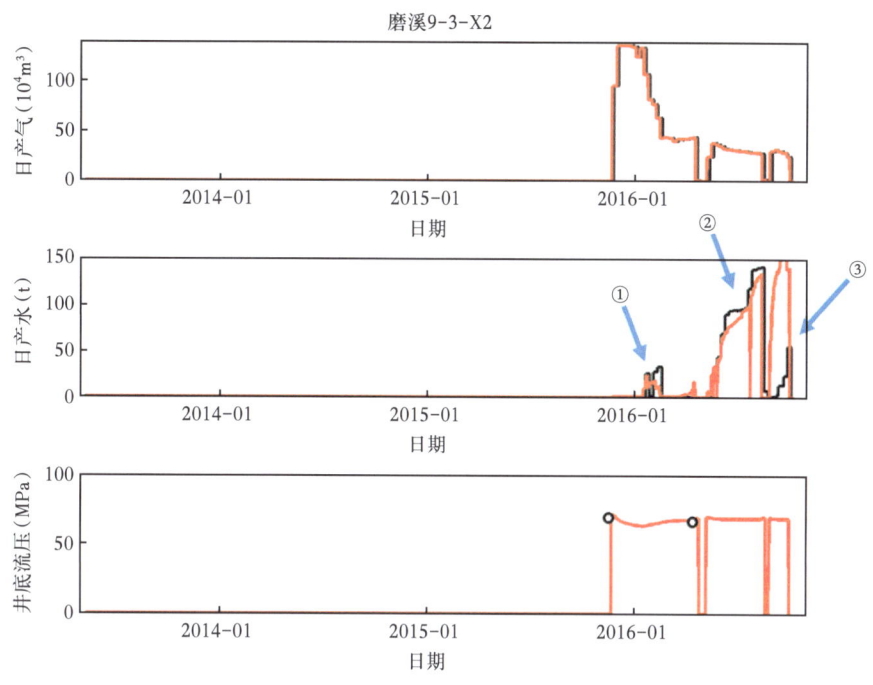

图 7-65 磨溪 9-3-X2 井生产历史拟合图

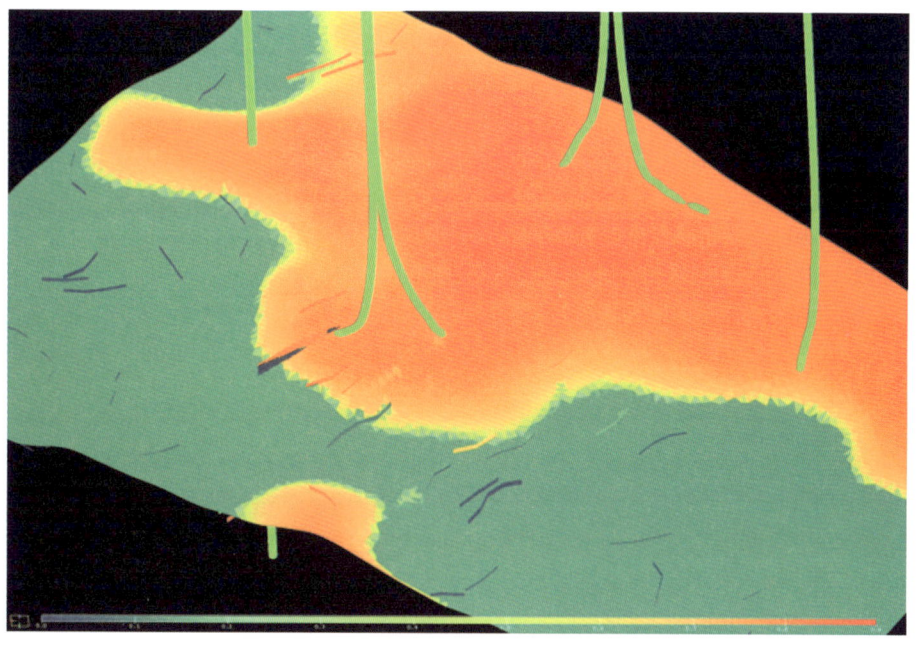

图 7-66 磨溪 9-3-X2 井底裂缝水窜动态预演图

参 考 文 献

[1] 姚军，赵秀才，衣艳静，等. 数字岩心技术现状及展望[J]. 油气地质与采收率，2005(6)：52-54.
[2] 齐林海. 数字岩心技术研究现状及发展趋势[J]. 内蒙古石油化工，2012(19)：132-135.
[3] Ritman E L，Jorgensen S M，Beighley P E，et al. Synchrotron-based micro-CT of in-situ biological basic functional units and their integration[J]. Proc. Spie.，1997，3149：13-24.
[4] Marchal G，Coenen Y，Baert A L. CT in the Evaluation of Space-occupying Lesions of the Thoracic and Abdominal Wall[J]. 期刊名称，1979，卷(期)：页码.
[5] Arns C H，Averdunk H，Bauget F，et al. Digital Core Laboratory：Analysis Of Reservoir Core Fragments From 3D Images[J]. Spwla Annual Logging Symposium，2004，56(5)：66-68.
[6] Lin C L，Miller J D. Network Analysis of Filter Cake Pore Structure by high Resolution X-ray Microtomography [J]. 1st World Congress on Industrial Process Tomography，Buxton，Greater Manchester，1999.
[7] Vogel H J，Tlke J，Schulz V P，et al. Comparison of a Lattice-Boltzmann Model，a Full-Morphology Model，and a Pore Network Model for Determining Capillary Pressure – Saturation Relationships[J]. Vadose Zone Journal，2005，4(2)：380-388.
[8] Knackstedt M A，Arns C H，Sakellariou A，et al. X-Ray Micro-Tomography Applications of Relevance to the Petroleum Industry[J]. 期刊名称，2007，902：135-138.
[9] Yukisawa S，Okugawa H，Masuya Y，et al. Multidetector helical CT Plus Superparamagnetic iron Oxide-enhanced MR Imaging for Focal Hepatic Lesions in Cirrhotic Liver：A Comparison with Multi-phase CT during Hepatic Arteriography[J]. European Journal of Radiology，2007，61(2)：279-289.
[10] Talabi O A，Alsayari S，Blunt M J，Hu D，et al. Predictive Pore Scale Modeling：From 3D Images to Multiphase Flow Simulations[J]. Conference Proceedings – SPE Annual Technical Conference and Exhibition，2008(3)：1464-1476.
[11] Ren P E，Bakke S. Process Based Reconstruction of Sandstones and Prediction of Transport Properties[J]. Transport in Porous Media，2002，46(2)：311-343.
[12] Okabe H，Blunt M J. Pore space reconstruction of vuggy carbonates using microtomography and multiple-point statistics[J]. Water Resources Research，2007，43(12)：179-183.
[13] SY/T 5358—2010 储层敏感性流动实验评价方法[S].
[14] 熊燏铭. KS 超高压气藏气水相渗研究[D]. 成都：西南石油大学，2015.
[15] 汪周华，肖阳，郭平，等. 缝洞型碳酸盐岩气藏高温高压气水两相渗流特征[J]. 油气藏评价与开发，2017(2)：47-52.
[16] 马春红，相天章. 高温高压条件下相对渗透率试验流程的方法研究[J]. 特种油气藏，1994，(1)：46-51.
[17] 郭平，方建龙，杜建芬，等. 地层高温高压气水相渗曲线测定方法：CN 103645126A[P]. 2014-3-19.
[18] 贾爱林,闫海军. 不同类型典型碳酸盐岩气藏开发面临问题与对策[J].石油学报,2014,35(3):519-527.
[19] 王江芳. 非均质多孔介质的逾渗—渗流特征[D]. 太原：太原理工大学，2011.
[20] 郑委，鲁晓兵，刘庆杰，等. Study of Connectivity of Fractured Porous Media Based on Dual-percolation Model [J]. 岩石力学与工程学报，2011，30(6)：1289-1296.
[21] Fatt I. The Network Model of Porous Media[J]. Transactions of the AIME，1956，207(1).
[22] 庄惠农. 气藏动态描述和试井[M]. 北京：石油工业出版社，2004.
[23] 李俊杰. 地层测试(试油)技术的发展及展望[J]. 油气井测试，2016(25)：71-74.
[24] 张海燕,熊国荣,方伟,等. 井下永置式测试技术在普光气田的应用[J].天然气工业,2011,31(5):64-66.

[25] 陶诗平,冯曦,肖世洪.应用不稳定试井分析方法识别气藏早期水侵[J].天然气工业,2003(4):68-70.
[26] 陈明.裂缝—孔隙型储层水侵规律研究[D].成都:成都理工大学,2019.
[27] 刘德华,李光耀.川南矿区气井动态分析与预测[J].江汉石油学院学报,1990(3):52-56.
[28] 黄炳光.气藏工程与动态分析方法[M].北京:石油工业出版社,2004.
[29] 方全堂,陈伟,段永刚.致密低渗气藏气井动态分析方法[J].天然气勘探与开发,2009,32(4):40-43.
[40] 陈济宇,魏明强,段永刚.不同气井生产动态分析方法对比分析研究[J].天然气勘探与开发,2012(4):56-59.
[41] 廉黎明,秦积舜,杨思玉,等.水平井渗流模型分析评价及发展方向[J].石油与天然气地质,2013,34(6):821-826.
[42] 何晓东,邹绍林,卢晓敏.边水气藏水侵特征识别及机理初探[J].天然气工业,2006,26(3):87-89.
[43] 李晓平,张烈辉,李允.不稳定渗流理论在水驱气藏水侵识别中的应用[J].应用基础与工程科学学报,2009,17(3):364-373.
[44] 孙贺东.水驱气藏气井试井曲线特征及典型实例分析[C].全国渗流力学学术大会,2011.
[45] 唐仕谷,胡燕,易劲,等.不稳定试井监测气井早期水侵[J].油气井测试,2017,26(5):34-35.
[46] 陈伟,方全堂,余燕,等.一种诊断边水早期水侵的试井分析方法:发表或出版信息,2019.
[47] 伍勇,兰义飞,蔡兴利,等.低渗透碳酸盐岩气藏数值模拟精细历史拟合技术研究[J].钻采工艺,2013,36(2):52-54.
[48] 李珂,杨建军,苟永俊,等.岩性油藏精细数值模拟技术[J].大庆石油地质与开发,2012,31(3):79-83.
[49] 周源,王容,王强,等.气藏复杂水侵动态巨量网格精细数值模拟[J].天然气勘探与开发,2017(4):85-89.
[50] An Extensible Architecture for next Generation Scalable Parallel Reservoir Simulation [C].SPE-93274-MS presented at the SPE Reservoir Simulation Symposium.
[51] Baris Guyaguler, Kassem Ghorayeb. Integrated Optimization of Field Development, Planning, and Operation [C].SPE-102557-MS presented at the SPE Annual Technical Conference and Exhibition,年.
[52] 初杰.精细油藏数值模拟研究现状及发展趋势[J].中国石油和化工标准与质量,2013(20):133-133.
[53] 聂玲玲,张占女,童凯军,等.裂缝性潜山油藏地质建模与数值模拟一体化研究[J].物探化探计算技术,2016,38(1):131-138.

第八章 高产大斜度井和水平井钻完井工程

高石梯—磨溪构造深层气藏具有埋藏深(4800~5500m)、温度高(140~170℃)、含硫、压力系统复杂(纵向8个产层)、上部地层垮塌严重、地层可钻性差、储层非均质性强等特点,钻完井周期长、储层改造难度大,严重制约了气田勘探开发进程和效果。通过关键技术攻关研究,形成了安全快速钻井技术、经济高效改造—测试一体化技术以及高产气井井筒完整性评价与管理技术,实现了龙王庙组气藏安全、快速、高效开发。

第一节 安全快速钻井技术

一、井身结构与井眼轨迹设计

高石梯—磨溪地区上部地层井壁稳定性差、纵向上具有多产层、多压力系统等特征,根据该区块已钻井测井资料,考虑全井在不同井深和层位可能出现的地质及工程风险,优化形成了安全、快速、适用的井身结构系列和井眼轨迹优化设计方案。

(一)井身结构设计

根据高石梯—磨溪地区地质特点和已钻井测井资料,建立了该区块地层三压力剖面;在保障井控安全的条件下,大幅缩短大尺寸井眼井段,科学合理确定套管必封点,封隔异常高压层和异常低压层,形成了安全、快速、适用的井身结构系列。

1. 三压力剖面建立

以邻井测井资料为基础,采用等效深度法和伊顿法(Eaton)计算地层孔隙压力,结合水平地应力和垂直地应力计算结果求取地层坍塌压力和破裂压力,建立区域地层三压力剖面,为井身结构优化设计提供指导。

(1)地层孔隙压力:根据地层压力计算方法分析,高石梯—磨溪地区地层压力自上而下逐渐增大,并明显分为几个压力带,须家河组出现异常压力,在须五段薄砂体可以储集异常高压,计算的压力系数1.51,在飞仙关组底部呈现高压,雷口坡组可能存在异常高压,二叠系至寒武系地层压力系数为1.84,震旦系灯影组地层压力系数为1.12~1.24,表现为常压—异常压力。

(2)地层坍塌压力:区域地层坍塌压力基本规律为自上而下逐步增大。

侏罗系沙溪庙组主要以泥岩细砂岩为主,坍塌压力系数为0.5左右;

大安寨段、东岳庙段岩性为介壳灰岩,但含泥质较多,地层较不稳定,平均坍塌压力系数在0.8左右;

珍珠冲段至须家河组为砂泥岩地层,坍塌压力系数在1.0左右,但珍珠冲段部分井段坍塌压力波动剧烈,钻井过程中也出现遇阻遇卡;

三叠系雷口坡组以下地层基本为白云岩,含泥岩层,坍塌压力系数值不稳定,扩径明显,多井段出现井眼垮塌。

(3)地层破裂压力:地层破裂压力自上而下整体趋势为逐步增大,用高石1井测试资料确定须家河以上破裂压力系数,研究认为本地区最低为2.06,三叠系雷口坡组—震旦系灯影组破裂压力系数最低2.4。

通过上述压力剖面分析,建立了高石梯—磨溪区块三压力剖面,为钻井必封点选取、套管选择、井身结构优化设计等提供了重要依据(图8-1至图8-3)。

2. 必封点的确定

根据三压力剖面,结合实钻情况分析,确定了套管主要必封点:

(1)表层套管封隔上部易塌层,并建立安全钻井井控条件;

(2)技术套管封隔嘉二^{3}亚段以上相对低压地层,为嘉二^{3}亚段—寒武系底高密度安全钻井提供条件;

(3)油层套管下至储层顶部,为降密度打开储层提供条件。

3. 井身结构优化设计

针对地层多压力系统、须家河组以上地层垮塌严重等问题,根据已建立的三压力剖面,结合钻井方式,通过三轮井身结构优化改进,形成了适用于高石梯—磨溪地区安全、快速钻井的井身结构。

1)第一轮探井井身结构优化

2010年开钻的高石1井,借鉴了高科1井成功的套管必封点经验,并对高科1井井身结构尺寸进行了优化缩小。该井采用ϕ444.5mm钻头钻表层、ϕ149.2mm钻头钻达完钻井深,有效发挥了ϕ311.2mm、ϕ215.9mm井眼段便于提速的优势,并节省了钻井投入。同时,高石1井也通过借鉴龙岗提速经验,将表层套管下深至800m,提高井控能力,在ϕ311.2mm井段采用了气体钻井技术进行提速,但ϕ311.2mm井眼雾化钻进至1014.97m时,地层出水量达15~20m^3/h,雾化钻进携砂困难,为避免卡钻等事故复杂,结束雾化钻井转换为钻井液钻井。为此,对高石1井井身结构进行了进一步优化,如图8-4所示。

(1)ϕ508mm套管设计50m左右,封隔地表窜漏层及垮塌层,安装简易井口,为气体钻提供条件;

(2)ϕ339.7mm套管下深1100m左右,封隔地层水,为下部自流井试验气体钻井技术提供条件。实施空气钻井,若出水,则转雾化钻井;

(3)ϕ244.5mm技术套管下至嘉二^{3}亚段,封隔浅油气层、垮塌层、膏盐层段,为下部钻遇异常高压地层创造条件。沙溪庙组—须家河组实施空气钻井,地层若出气,则转氮气钻井,出水、出油转换为常规钻井液钻井;

(4)ϕ177.8mm油层套管下至震旦系顶部,封隔上部异常高压井段,为储层保护和安全钻进提供保障;

(5)ϕ149.2mm钻头完钻,下ϕ127mm尾管,射孔完成。

气体钻井提速井身结构实施2口井,因地层出水、出油,气体钻井提前结束,被迫转为雾化和氮气钻井,虽然机械钻速取得了明显的效果,但气体钻进有效井段受限,综合效果差。

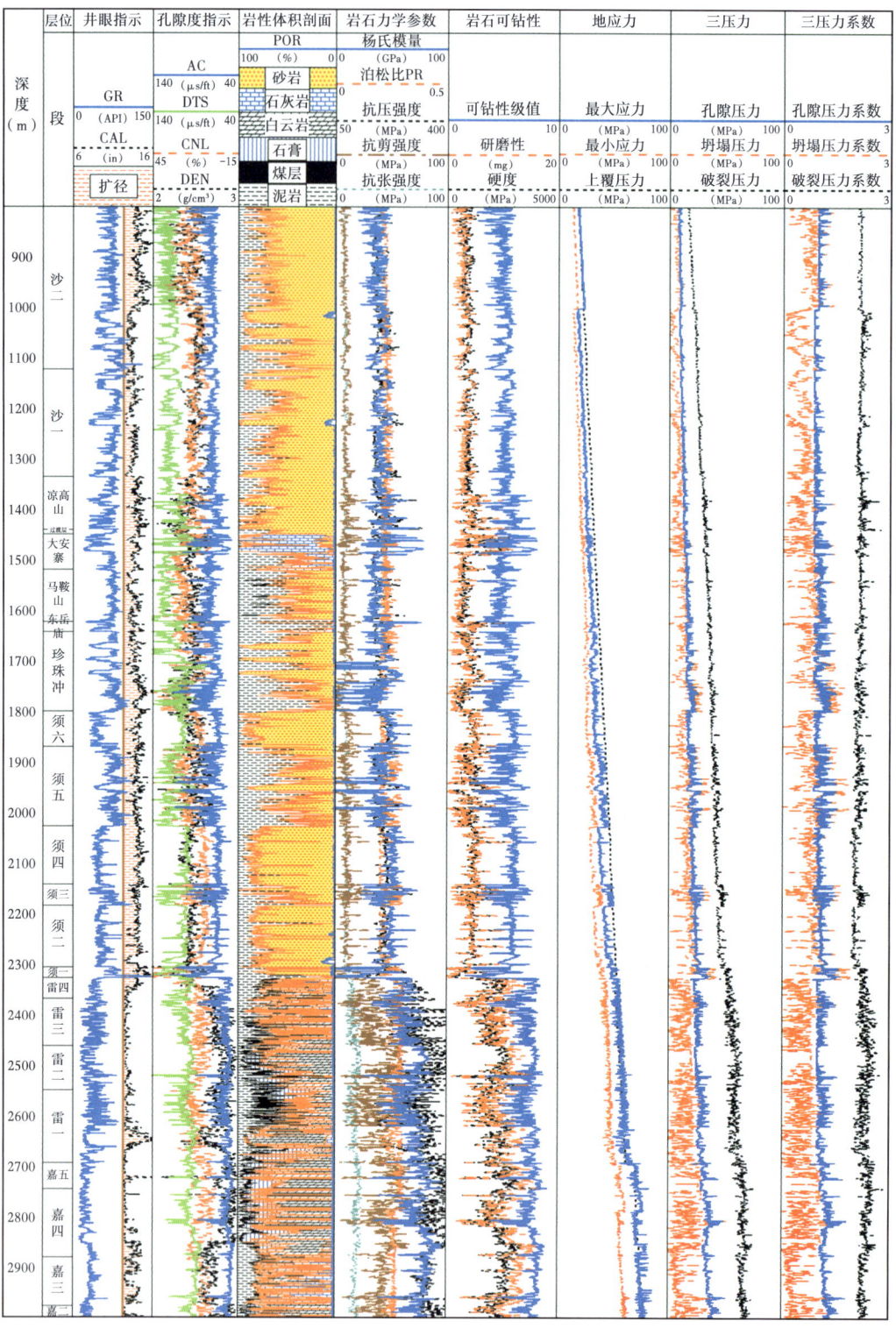

图 8-1 高石梯—磨溪区块 800~2998m 地层三压力剖面

第八章 高产大斜度井和水平井钻完井工程

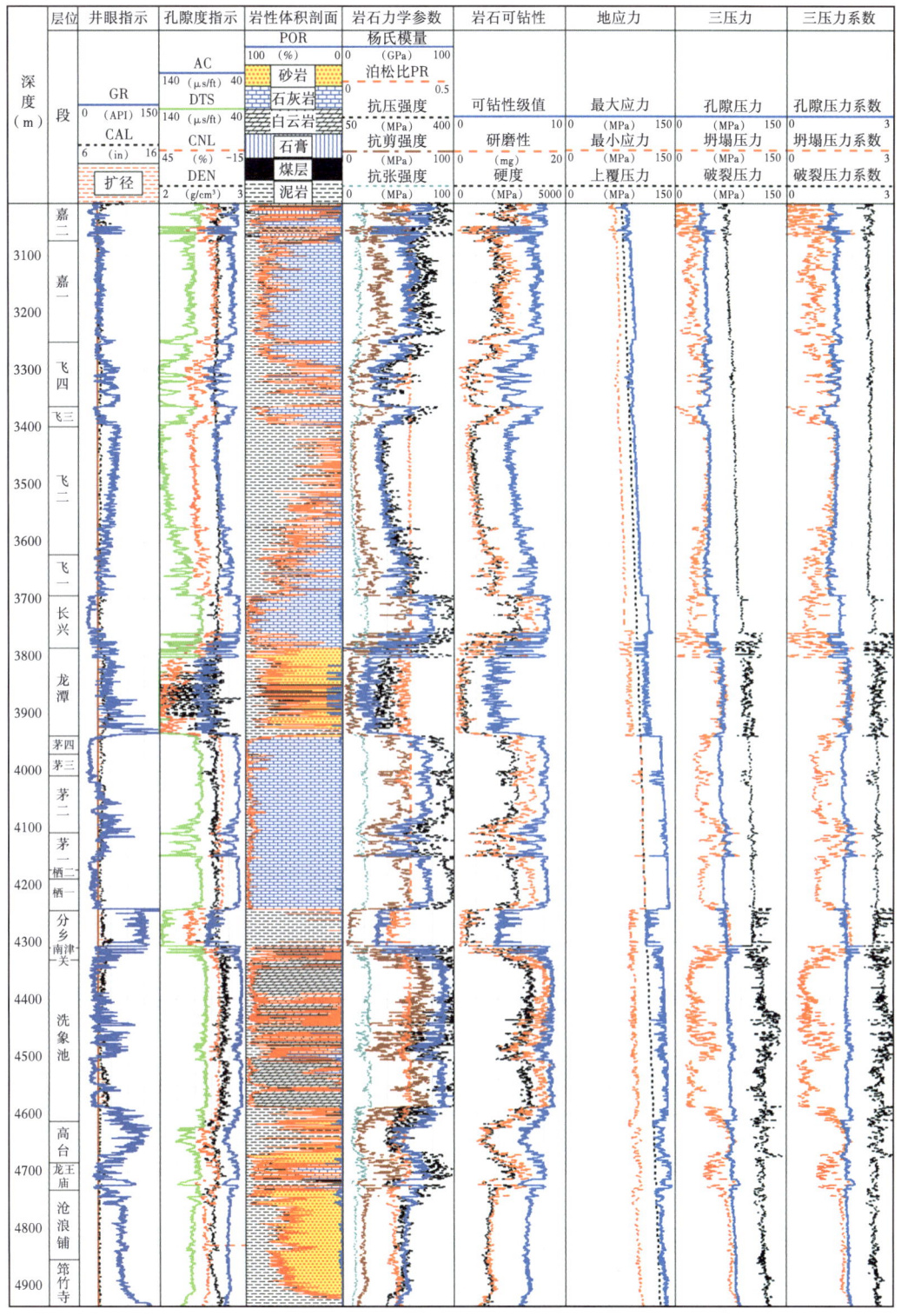

图 8-2 高石梯—磨溪区块 3011~4937m 地层三压力剖面

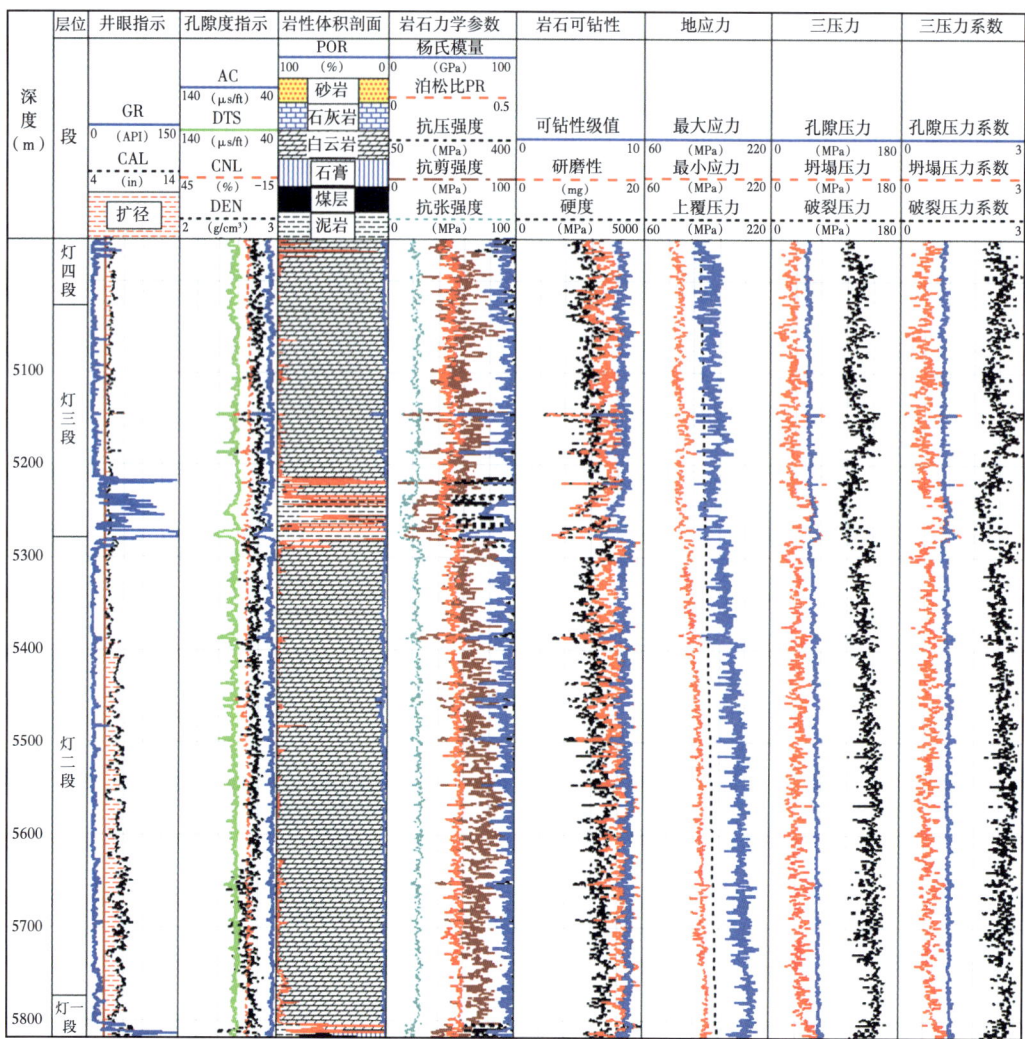

图 8-3　高石梯—磨溪区块 4956~5821m 地层三压力剖面

因此,需要重新考虑其他提速技术措施,并进行相应的井身结构优化设计。

2)第二轮探井井身结构优化

在气体钻进不适合本区域上部地层的情况下,井身结构优化立足于缩短大尺寸井眼段长度,节省作业时间,经过优化,形成适合全井采用个性化 PDC 钻头+螺杆复合钻进的安全、快速井身结构。

(1)将 ϕ508mm 导管下深由 50m 调整为 30m。

(2)将 ϕ339.7mm 套管下深由 1100m 缩短为 500m 左右,封隔上部易垮层,既保证了关井能力,又大幅减少了大尺寸井段(图 8-5 和图 8-6)。

(3)ϕ244.5mm 技术套管下至嘉二^{3}亚段,封隔浅油气层、垮塌层、膏盐层段,为下部钻遇异常高压地层创造条件。

第八章 高产大斜度井和水平井钻完井工程

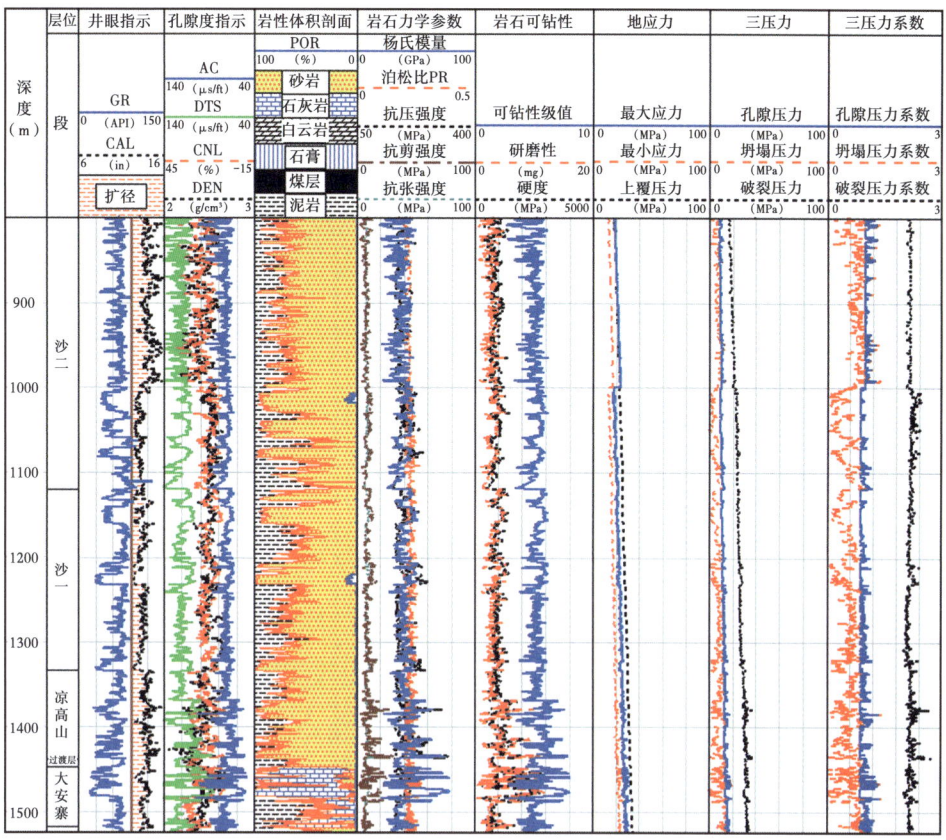

图 8-4 高石 1 井三压力剖面测井解释成果图

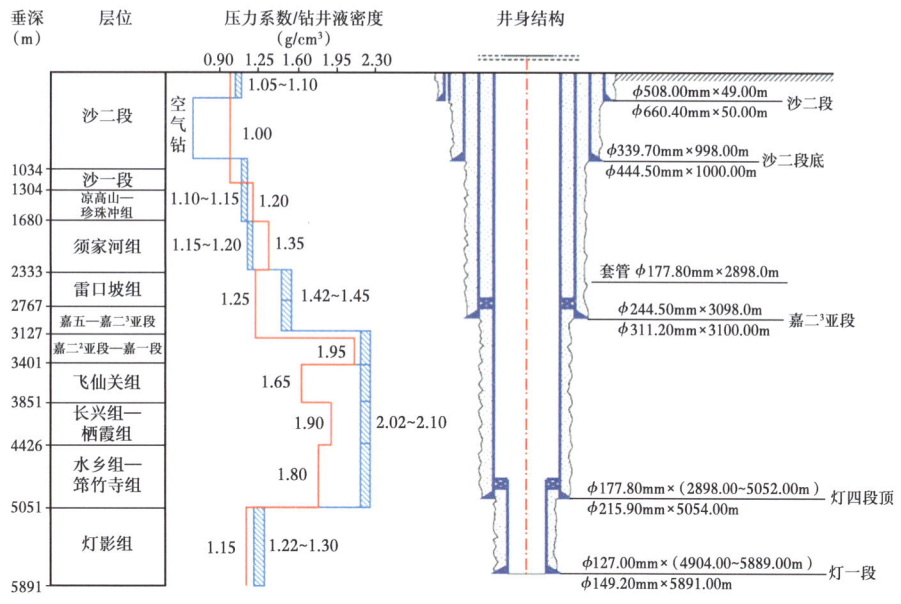

图 8-5 气体钻井提速井身结构

(4)φ177.8mm 油层套管下至震旦系顶部，封隔上部异常高压井段，为储层保护和安全钻进提供保障。

应用优化井身结构，大尺寸井段施工时间同比减少7~8天，钻井实践证明该套井身结构完全能满足钻井和后期生产需求，推广应用130余口井，有效降低钻井过程中事故和复杂。

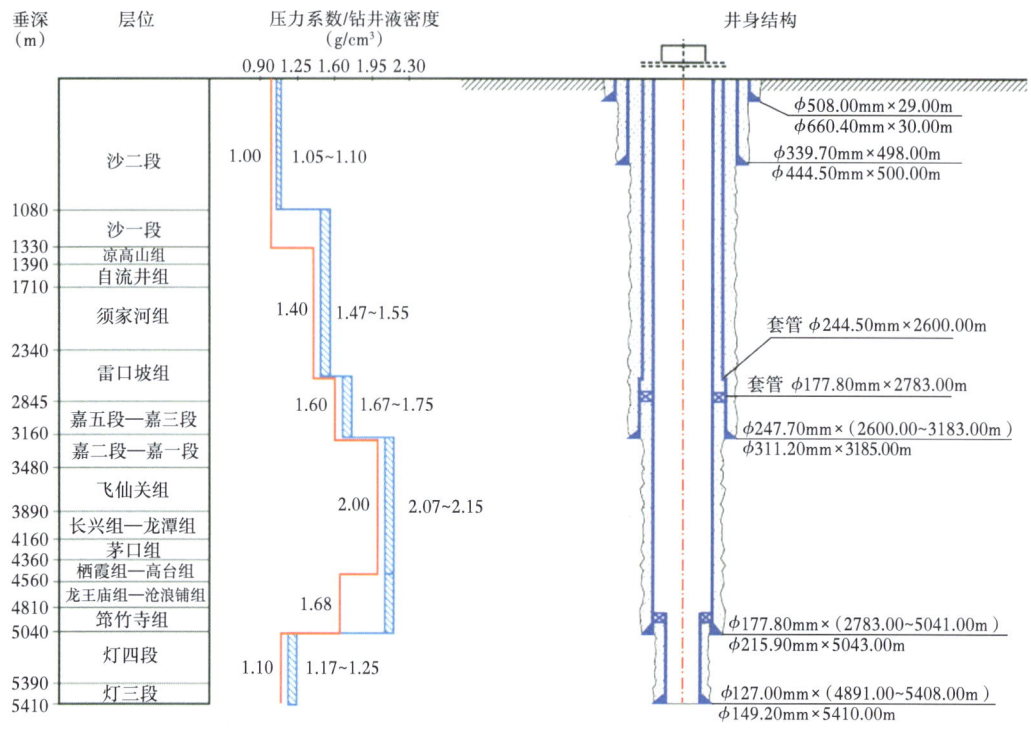

图8-6 全井采用个性化钻头+高效螺杆钻具提速探井井身结构

针对该区块珍珠冲段、雷四段—雷二段可能钻遇高压，邻井磨溪1井钻至珍珠冲段（井深：1600m）钻井液密度1.37g/cm³发生溢流，逐步加大密度至1.70g/cm³正常，须家河组采用密度1.55~1.7g/cm³共发生9次气测异常，同时磨溪1井在雷口坡组也钻遇局部高压，雷四段—雷二段采用1.93~1.98g/cm³钻井液钻进，共发生3次气测异常，一次气侵，后密度提高到2.01g/cm³左右正常，因此珍珠冲段、雷四段—雷二段可能钻遇高压，钻井井控风险大。雷一¹亚段气藏地层压力低，在钻井过程中存在低压漏失、压差卡钻的风险，磨溪构造经过10多年的开发，构造中部的雷一¹亚段气藏压力明显下降，距磨溪1井最近一口井磨71井，两井相距1.5km，2004年8月磨71井雷一¹亚段测压24MPa，累计生产0.83×10⁸m³，目前已累计生产1.53×10⁸m³，雷一¹亚段的地层压力系数为0.6左右，该井钻井过程中存在低压漏失、压差卡钻的风险。为确保钻井安全，优化形成一套非常规尺寸井身结构（图8-7）。

（1）φ365.1mm套管设计下深498m，水泥返至地面，安装井口装置，套管鞋坐于稳定砂岩或硬地层上。

（2）φ273.05mm技术套管设计下至三叠系雷一段顶，封隔侏罗系珍珠冲段、三叠系雷口坡组高压层，为下部安全钻井创造条件。

(3)φ219.08mm 套管设计专门用于封隔三叠系雷一段—嘉二³亚段低压漏失层,为保证封隔的有效性,φ219.08mm 套管与上层套管重合 300m。

(4)φ168.28mm 设计下至震旦系顶,封隔三叠系嘉二段—寒武系的异常高压层,油层套管采用先悬挂,钻完目的层后再回接的方式。φ140mm 钻头钻至井底,尾管固井,射孔完成目的层。

该井身结构在磨溪 17 井进行应用,确保该井顺利钻达设计井深。

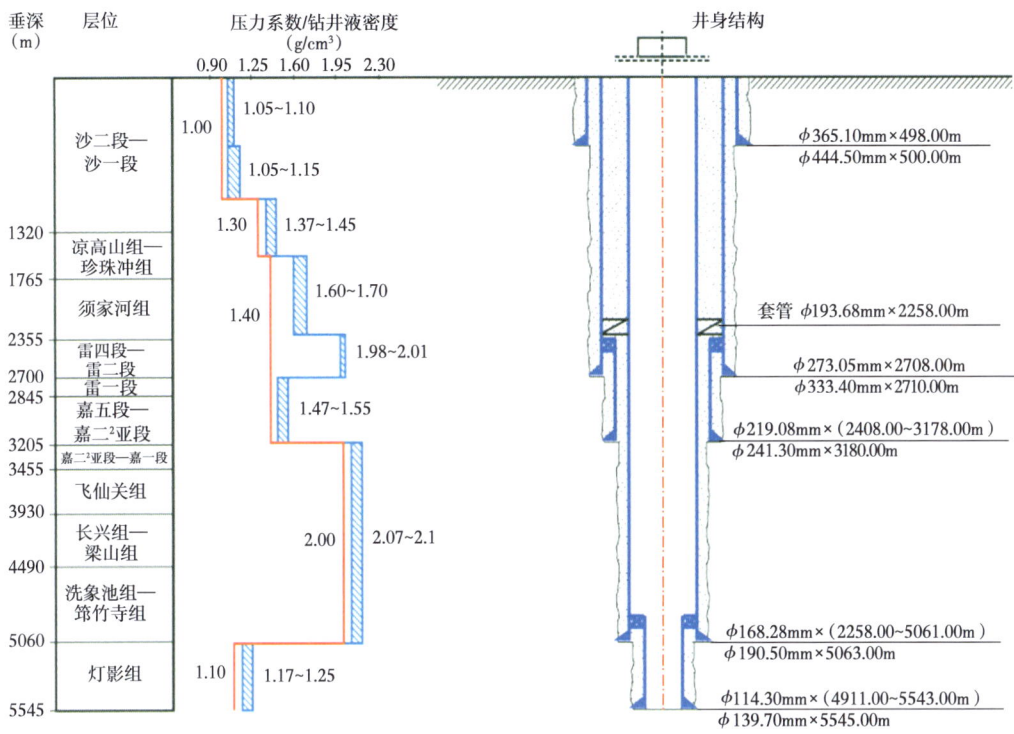

图 8-7 非常规井身结构图

3)开发井井身结构

开发井井身结构是在探井第二轮优化的井身结构基础上,综合考虑单井配产及增产措施进行优化。

本区沙一段以下地层油气显示频繁,表层套管必须下入沙二段稳定地层,为二开钻井做井控准备。嘉二³亚段以下地层高压,技术套管需要下至嘉二³亚段,封隔上部相对低压层,为三开高密度钻进做准备。龙王庙组地层压力系数相对嘉二³亚段以下地层低,且缝洞发育,高密度钻井易井漏,且储层伤害较严重,因此油层套管应下至龙王庙组顶部,实现储层专打,优化形成四开井身结构(表 8-1):

(1)φ339.7mm 表层套管下至 500m 左右,封固上部地层,并为二开做井控准备。

(2)φ244.5mm 技术套管下至嘉二³亚段中部白云岩地层,封隔上部相对低压、漏失、垮塌层,为下部高密度钻进创造条件。

(3)由于龙王庙组裂缝、孔洞发育,前期钻井用高密度钻井液在该段钻进存在井漏和储层伤害的问题,因此开发井井身结构三开设计采用 φ215.9mm 钻头钻至龙王庙顶部,下入

ϕ177.8mm悬挂套管封隔上部高压层。

(4)四开采用ϕ149.2mm钻头降密度钻完目的层,钻完目的层后回接ϕ177.8mm套管至井口。

该井身结构在磨溪区块龙王庙组应用28口井,确保大斜度井和水平井安全快速钻井,为后期高产稳产改造创造了条件。

表8-1 开发井井身结构数据表

开钻次序	井段（m）	钻头尺寸（mm）	套管尺寸（mm）	套管程序	套管下入地层层位	套管下入深度（m）	水泥返高（m）
一开	500	406.4	339.7	表层套管	沙二段	0~498	地面
二开	3130	311.2	244.5	技术套管	嘉二^{3}亚段	0~3128	地面
三开	4740	215.9	177.8	油层回接		0~2928	地面
			177.8	油层悬挂	龙王庙组顶	2928~4738	2828
四开	5241	149.2	127	尾管悬挂	沧浪铺组	4588~5239	4488~5239

(二)井眼轨迹设计

考虑全井在不同井深和层位可能出现的地质及工程风险,对井眼轨迹进行优化设计,首先保证轨迹平滑,其次考虑实钻轨迹漂移情况,尽量避开在易塌、易漏、压力异常等复杂层段定向,充分利用自然造斜规律,合理分配复合、滑动井段,提高复合钻比例,从而保证安全、顺利、高效率地钻达目的层。

(1)优选造斜点位置。

为避免在飞仙关组、长兴组易黏卡地层定向,斜井段避开龙潭组易垮塌地层,减少复杂层段暴露长度,避免井下复杂,将造斜点下移至茅二段—栖霞组。

(2)优选定向层段,适当提高造斜率。

为实现在梁山组易垮塌地层和高台组强研磨地层采用复合钻进,提高机械钻速,选择在茅二段及栖霞组中上部地层、洗象池组、龙王庙组进行定向轨迹控制,根据实际情况,适当将造斜率提高至4.8°/30m以上。

(3)为更利于提高井眼轨迹控制效率和机械钻速,将区块大斜度井、水平井井眼轨迹设计方案由常规的直—增—稳三段制剖面,优化为直—增—稳—增—稳—增—稳7段制,磨溪008-15-H1井井眼轨迹优化方案(图8-8)。

二、快速钻井技术

针对须家河组和二叠系等地层可钻性差、研磨性强,大斜度井和水平井托压严重等工程地质难点,根据实钻井资料,建立了高石梯—磨溪区块岩石可钻性剖面,开展了个性化PDC钻头等钻井提速配套工具、工艺等系列关键技术研究,形成了以"个性化PDC钻头+螺杆+水力振荡器"为主的钻井提速技术,实现了寒武系龙王庙组水平井114天完钻一口井的新突破,为加快安岳龙王庙组气藏勘探开发进程提供重要支撑保障。

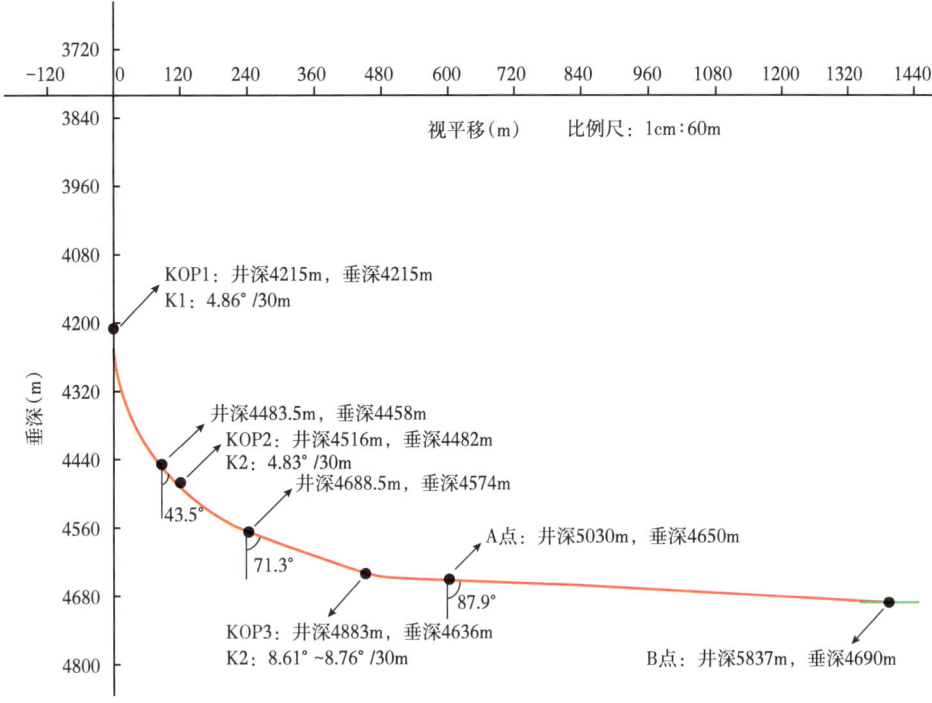

图 8-8　磨溪 008-15-H1 水平井井眼轨迹优化方案

(一) 个性化 PDC 钻头优化设计

根据高石 1 井实钻情况,建立了该区域地层岩石可钻性、研磨性剖面,对 PDC 钻头切削齿、刀翼冠部形状等进行个性化优化设计,全井采用 PDC 钻头+螺杆复合钻进,多层段实现了一趟钻。

1. 须家河组等难钻地层个性化 PDC 钻头优化设计

根据须家河组地层岩石可钻性和研磨性剖面(图 8-9),在磨损分析的基础上,结合须家河组层段对钻头影响因素,12¼in PDC 钻头主要进行以下改进:采用了攻击性的后倾角设计,从钻头中心到保径后倾角为 17°—15°—20°—25°,同时设计了 10 个水眼,确保钻头有较高的清洗效果;采用了螺旋刀翼,螺旋刀翼可以增加与井壁的接触面积,提高钻头的稳定性;在钻头鼻部、肩部及保径处都设计了"攻击"齿(图 8-10)。这种"攻击"齿能够在软硬交错的地层中控制前排齿的吃入深度,避免产生过高扭矩而产生黏滑振动;同时也可以承受来自于轴向和侧向的冲击力,保护前排齿,减少前排齿的冲击破碎;"攻击"齿材质也是金刚石,在前排主切削齿磨损后,作为第二切削元素切削地层;采用了力平衡、能量平衡、钻头钻穿硬夹层模式设计;采用了超优质切削齿,提高钻头耐磨性。

优化前 φ311.2mm PDC 钻头平均单只进尺 243.22m,平均机械钻速 2.37m/h;优化后个性化 PDC 钻头单只进尺 366.2m,平均机械钻速 2.86m/h,基本实现一只 PDC 钻头穿越须家河组(图 8-11)。其中,最好指标为单只进尺 502m,机械钻速 2.99m/h,实现一只 PDC 钻头穿越须家河组。

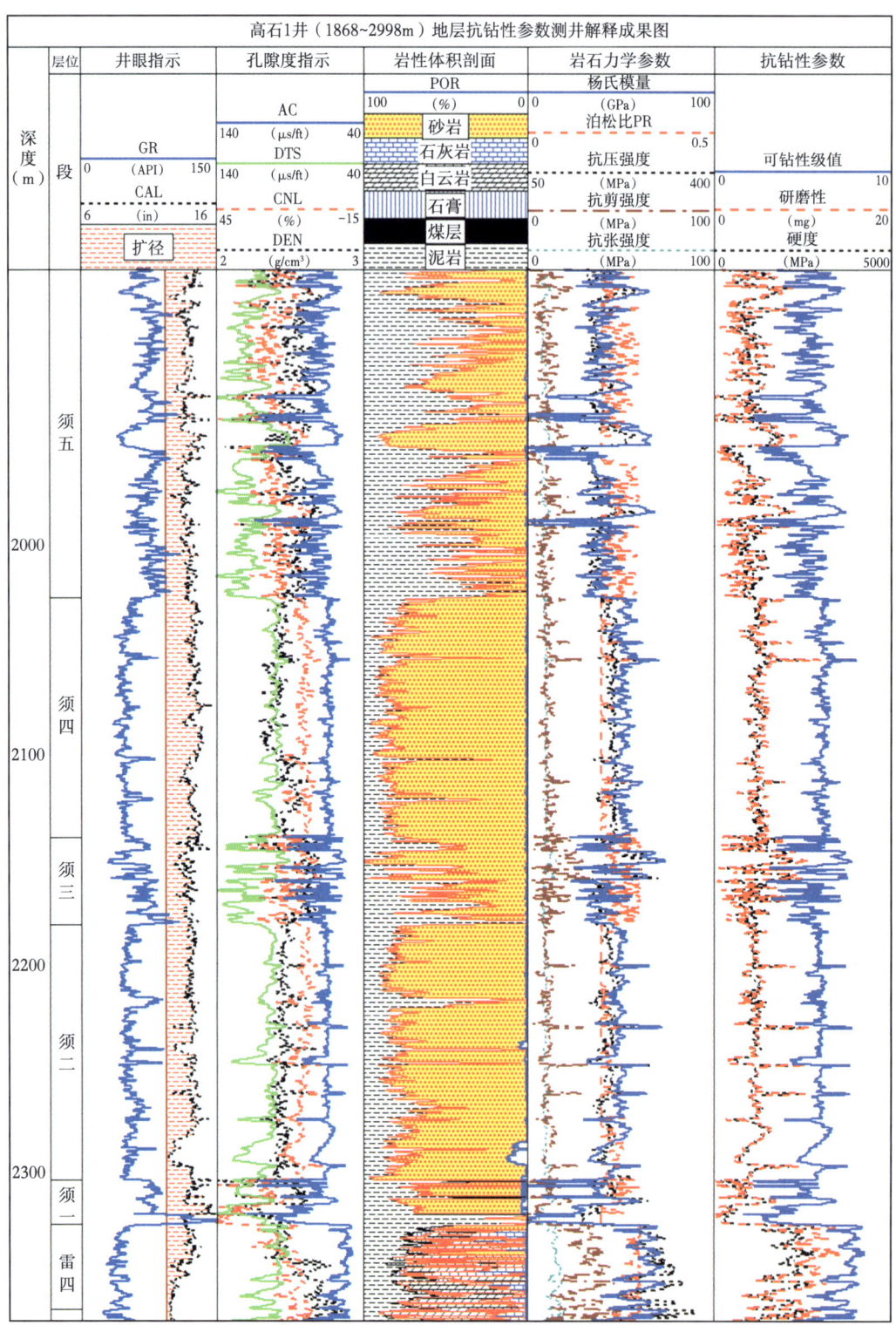

图 8-9 须家河组地层岩石抗钻参数图

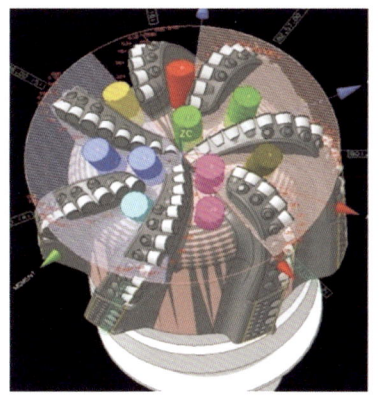

图 8-10 钻头"攻击"齿的后倾角设计

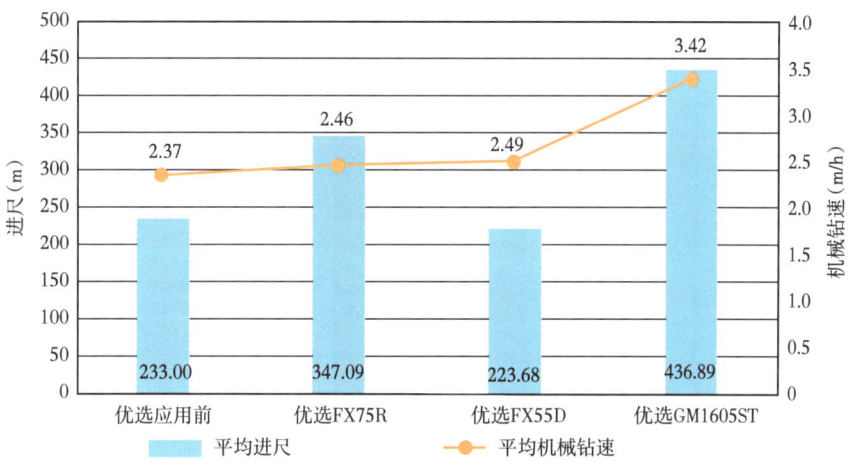

图 8-11 PDC 钻头优选应用前后现场试验效果对比

2. 纵向多层位个性化 PDC 钻头优化设计

1）沙溪庙组—自流井组高效个性化 PDC 钻头设计

结合沙溪庙组—自流井组岩性特征及对钻头影响因素分析,进行了高效个性化 PDC 钻头第一轮设计。12¼in 个性化 PDC 钻头主要进行以下改进:

设计较强攻击性的后倾角,从钻头中心到保径后倾角为 15°—15°—20°—25°,同时设计了 9 个水眼,确保钻头有较高的清洗效果;螺旋刀翼设计,增加与井壁的接触面积,提高钻头的稳定性;优选超优质切削齿,提高钻头耐磨性;"攻击"齿设计,能够在软硬交错的地层中控制前排齿的吃入深度,避免产生过高扭矩而产生黏滑振动。

沙溪庙组采用胎体 PDC 钻头能获得较高机械钻速,瞬时机械钻速可达 20~30m/h,但实钻过程中多次发生钻头泥包,第二轮优化中,探索改用钢体钻头设计,提高钻头刀翼高度,增强钻头攻击性和排屑能力(图 8-12 至图 8-15)。

沙溪庙组—凉高山组,第一轮共试验 ϕ311.2mm 胎体 PDC 钻头 15 只,平均单只进尺

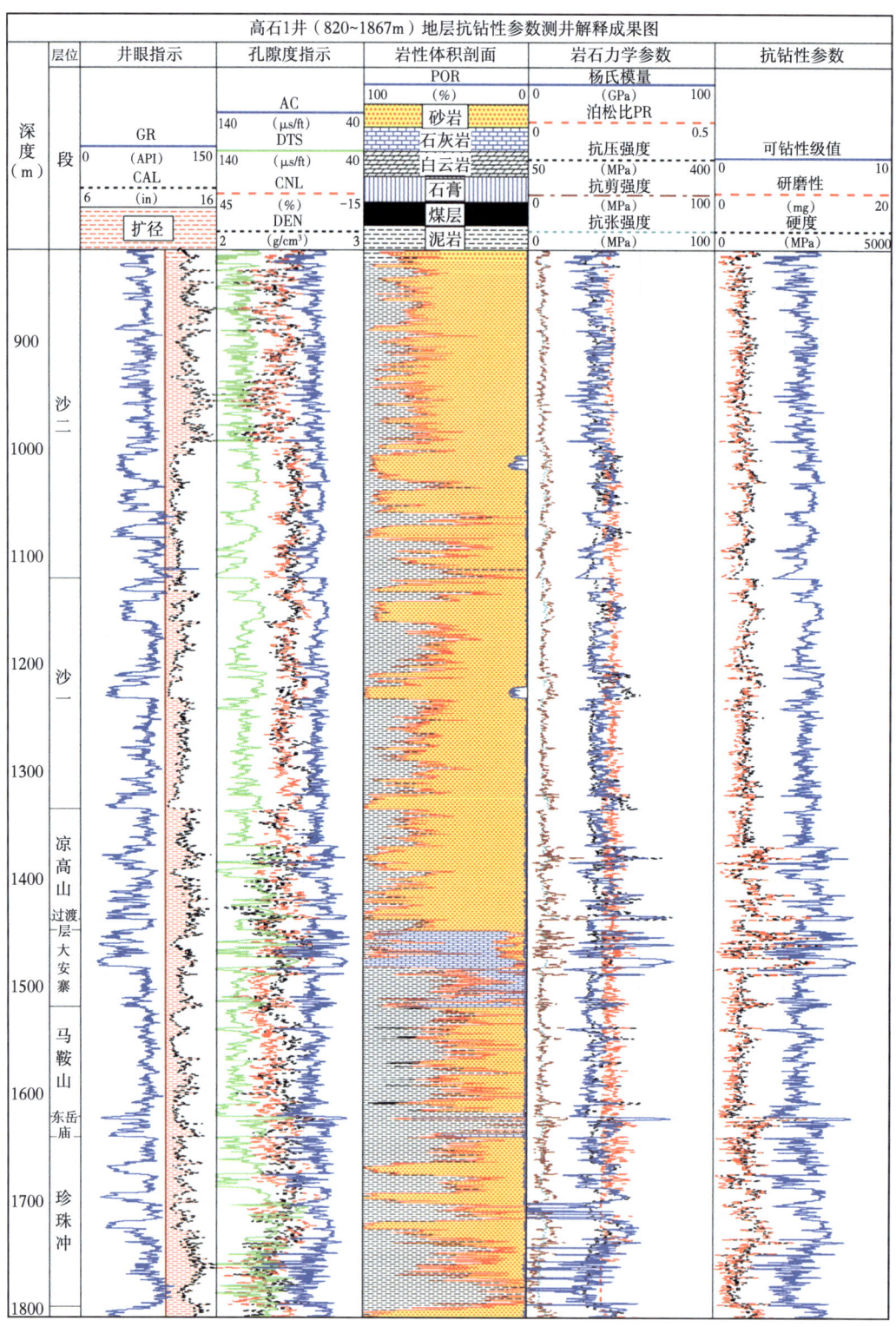

图 8-12　沙溪庙组—自流井组地层岩石抗钻参数图

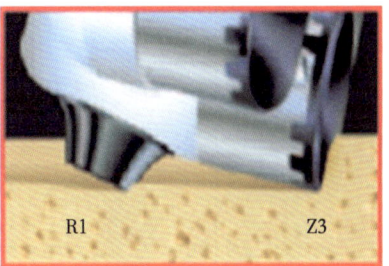

图 8-13 "攻击"齿优化设计图

图 8-14 钻头优选与优化设计过程

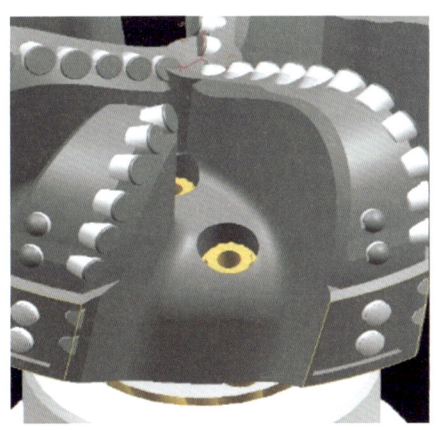

图 8-15 钻头刀翼的高度设计

397.9m,平均机械钻速 5.36m/h,平均机械钻速较高石 1 井提高了 85.51%。第二轮应用高效个性化 PDC 钻头(钢体 PDC 钻头),机械钻速和单只进尺大幅提高;平均机械钻速 16.97m/h,同比胎体 PDC 钻头提高了 134.4%;平均单只进尺 835.4m,同比提高了 440.5m(图 8-16)。

在凉高山组—珍珠冲段试验 PDC 钻头+螺杆复合钻进试验,选用改进设计的等壁厚螺杆配合优选钻头个性化 PDC 钻头,取得良好的提速效果,平均机械钻速达 3.74m/h,单只钻头进尺 437.8m,机械钻速较第一轮提高 21.8%,实现凉高山组—须六段一趟钻(图 8-17)。

2)雷口坡组—嘉二^{3}亚段钻头优化设计

雷口坡组和嘉陵江组地层破碎岩石能量高,易产生井底黏滑、振动。根据雷口坡组—嘉

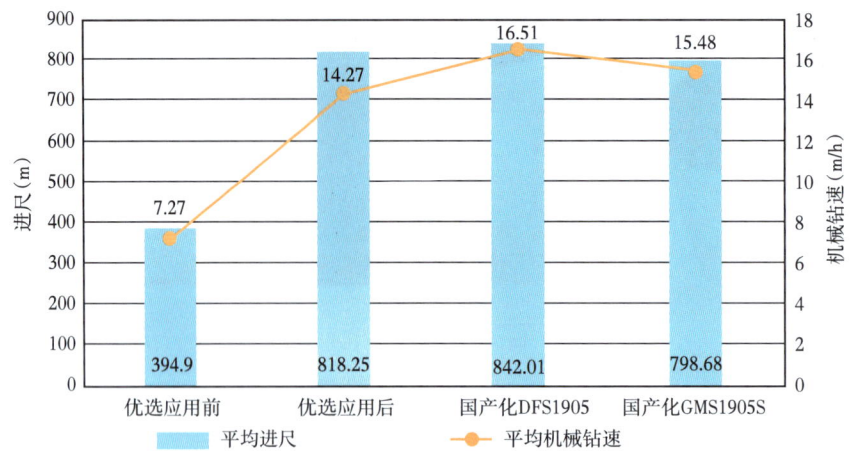

图 8-16 沙溪庙组—凉高山组 PDC 钻头机械钻速和单只钻头进尺情况

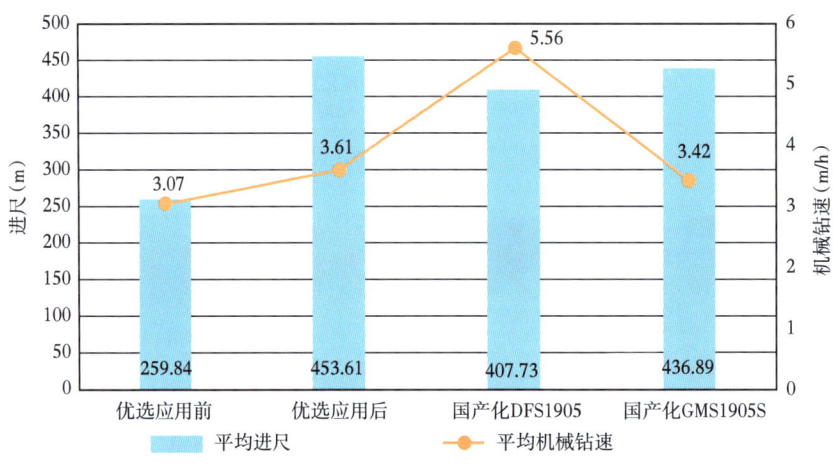

图 8-17 凉高山组—须六段 PDC 钻头应用效果

二³ 亚段地层岩石抗钻参数,针对钻头清洗效果欠佳,钻头容易磨损等问题,重新设计了 12¼in 个性化 PDC 钻头:

设计出了具有较强攻击性的后倾角,从钻头中心到保径后倾角为 15°—15°—20°—25°,同时设 7~8 个水眼,确保钻头有较高的清洗效果。螺旋刀翼和宽保径设计,增加与井壁的接触面积,提高钻头的稳定性。设计双排齿,在钻头肩部和保径部位都放上了后排齿,优化了高差,保证钻头在给定转速和钻压下能够同时切削地层。

配合优化改进的 φ245mm 螺杆,其使用时间完全能匹配高性能 PDC 钻头(磨溪 19 井使用 385h),平均机械钻速达到 4.44m/h,较优化前单一的 PDC 钻头钻进机械钻速提高了 52.5%,单只进尺达到 628.5m,同比提高了 285.46m。高石 28 井使用优化设计的个性化 PDC 钻头+螺杆从嘉二³ 亚段一趟钻穿越 9 个层位至高台组,单只钻头进尺 1282.12m,平均机械钻速 4.81m/h,创造了高石梯—磨溪区块探井单只钻头进尺、穿越层位更多的新纪录(图 8-18)。

通过个性化钻头持续优化改进与现场试验,形成适合各层位的钻头优选序列(图 8-19)。

第八章 高产大斜度井和水平井钻完井工程

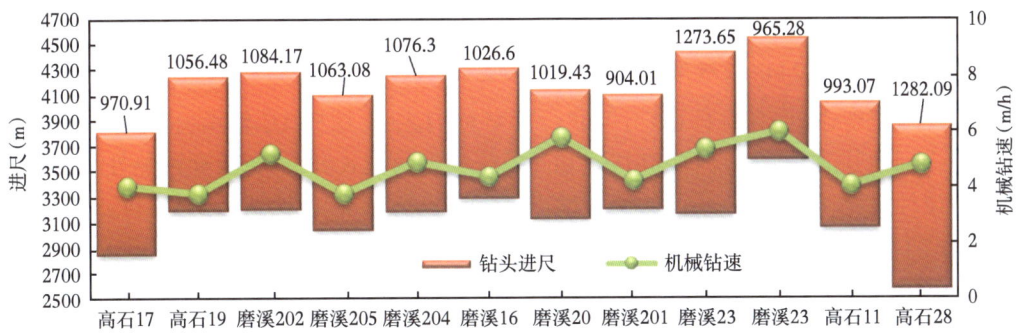

图 8-18 第二轮现场试验效果对比图

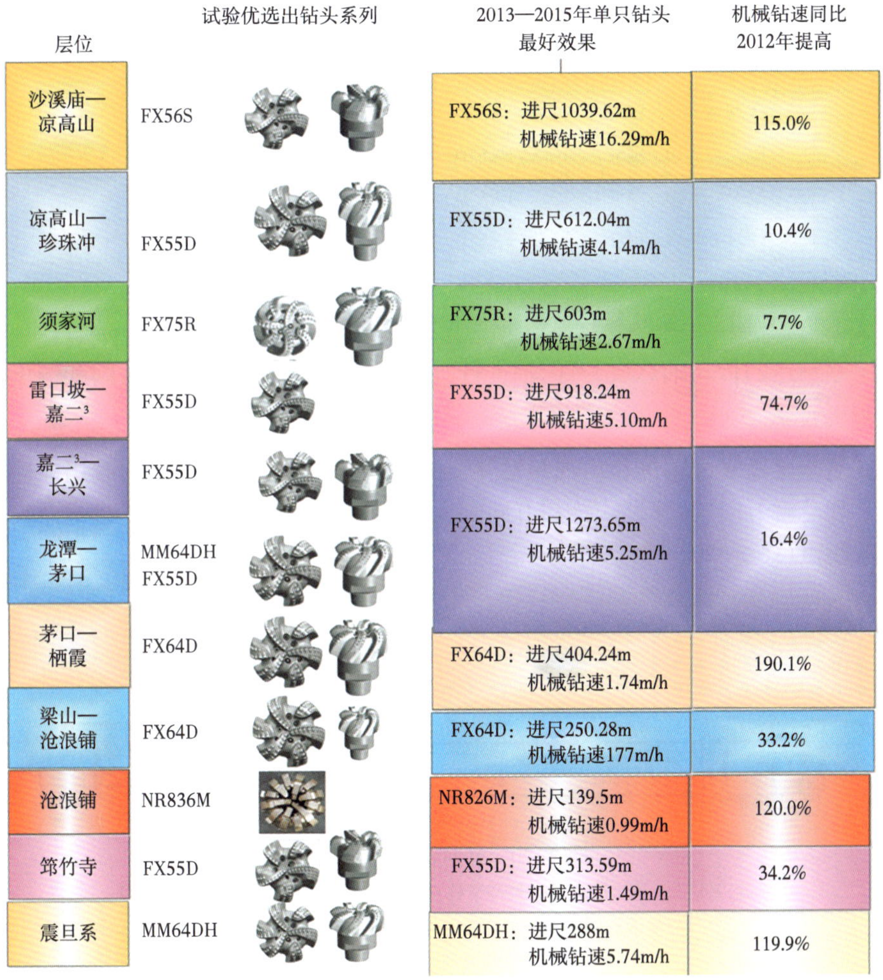

层位	试验优选出钻头系列	2013—2015年单只钻头最好效果	机械钻速同比2012年提高
沙溪庙—凉高山	FX56S	FX56S：进尺1039.62m 机械钻速16.29m/h	115.0%
凉高山—珍珠冲	FX55D	FX55D：进尺612.04m 机械钻速4.14m/h	10.4%
须家河	FX75R	FX75R：进尺603m 机械钻速2.67m/h	7.7%
雷口坡—嘉二^3	FX55D	FX55D：进尺918.24m 机械钻速5.10m/h	74.7%
嘉二^3—长兴	FX55D		
龙潭—茅口	MM64DH FX55D	FX55D：进尺1273.65m 机械钻速5.25m/h	16.4%
茅口—栖霞	FX64D	FX64D：进尺404.24m 机械钻速1.74m/h	190.1%
梁山—沧浪铺	FX64D	FX64D：进尺250.28m 机械钻速177m/h	33.2%
沧浪铺	NR836M	NR826M：进尺139.5m 机械钻速0.99m/h	120.0%
筇竹寺	FX55D	FX55D：进尺313.59m 机械钻速1.49m/h	34.2%
震旦系	MM64DH	MM64DH：进尺288m 机械钻速5.74m/h	119.9%

图 8-19 高石梯—磨溪区块各层位 PDC 钻头优选序列

(二)高效螺杆钻具优化

1. 12¼in 井眼 7L244-五级螺杆改进和优化设计

为延长螺杆寿命,提高螺杆稳定性,联合厂家对 7LZ244 螺杆 TC 轴承、止推轴承在井下工作过程中受到钻井液的冲蚀磨损、高扭矩和高钻压的失效方式开展研究,通过热处理工艺改良和串轴承设计优化,保证了定子注胶完整性,提高了马达稳定性。改进后的 φ244.5mm 螺杆在 φ311.2mm 井眼实钻中效果突出,磨溪 19 井创造了 φ244.5mm 螺杆使用时间 385h 新纪录,完全满足了 PDC 钻头的使用要求,充分发挥复合钻进的提速优势,试验井平均机械钻速较常规转盘钻提高 40%,减少了起下钻趟数,有效节约了钻井时间(表 8-2)。

表 8-2　φ311.2mm 井眼等壁厚螺杆使用情况统计表

井号	螺杆规格型号	钻头	进尺(m)	纯钻时间(h)	机械钻速(m/h)
高石 10	7LZ244×7.0L-ⅧSF	FX55D	603.7	138.83	4.35
高石 9	7LZ244×7.0L-ⅧSF	FX55D	652	116.71	5.59
高石 17	7LZ244×7.0L-ⅧSF	FX55D	346	95	3.65
溪磨 19	7LZ244×7.0L-ⅧSF	FX55D	826.8	318	2.68
磨溪 20	7LZ244×7.0L-ⅧSF	FX55D	775.9	1.72	5.94
磨溪 26	7LZ244×7.0L-ⅧSF	FX55D	529.2	192	2.75

2. 8½in 井眼 7L185-五级螺杆改进和优化设计

对等壁厚马达的传动轴总成、万向轴进行改进,大幅提高了螺杆使用时间和输出功率。

1)万向轴改进

针对在复杂层段复合钻进易出现蹩钻、跳钻和扭矩幅度变化较大情况,改用球柱式传动万向轴替代常规花瓣万向轴,球柱式传动万向轴完全靠润滑油脂进行润滑,具有寿命长和承受冲击载荷高的特点(图 8-20)。

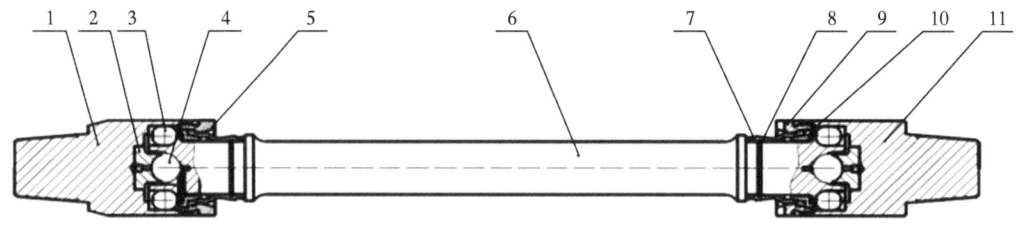

图 8-20　万向轴改进示意图
1—活铰Ⅰ;2—承压球座;3—鼓型滚柱;4—承压球;5—锁紧套;6—滚柱连杆;
7—不锈钢丝;8—橡胶护套;9—锁紧套;10—压圈;11—活铰Ⅱ

2)等壁厚定子改进

与常规定子相比,等壁厚定子具有如下优点:良好的散热特性,避免热集中区的产生,提高了定子工作寿命。均匀的橡胶膨胀,提高了定子工作稳定性。增加了橡胶与金属粘接面积,增强了黏合强度(图8-21)。

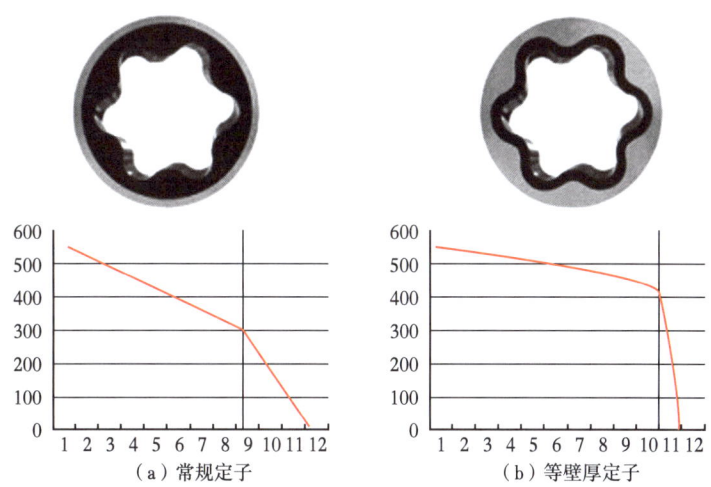

图8-21 等壁厚定子优化设计

3)螺杆整体设计改进

采用当前最安全的三级防掉设计。在遇到井底复杂情况下,能提供更多的安全保障(图8-22)。

图8-22 螺杆三级防掉设计示意图

改进后的 ϕ172mm 等壁厚螺杆在 ϕ215.9mm 井眼实钻中表现优异:磨溪203井单只PDC钻头配合等壁厚螺杆获进尺922.7m,机械钻速2.5m/h,螺杆使用时间达368.84h。具体使用情况见表8-3。

表8-3 ϕ215.9mm 井眼等壁厚螺杆使用情况统计表

井号	螺杆规格型号	使用井段(m)	进尺(m)	纯钻时间(h)	机械钻速(m/h)
高石10	E7LZ172×7Y-X1SF	2993.00~3540.96	547.96	104.00	5.27
	E7LZ172×7Y-X1SF	3540.96~3983.44	442.48	176.50	2.51
磨溪20	U7LZ172×7.0L-ⅪSF	3120~4139.43	1019.40	180	5.66
	U7LZ172×7.0L-ⅪSF	4139.43~4213.94	74.51	61.92	1.20

续表

井号	螺杆规格型号	使用井段（m）	进尺（m）	纯钻时间（h）	机械钻速（m/h）
磨溪21	E7LZ172×7.0-XISF	3116.91~3180.17	63.26	10.5	6.02
	E7LZ172×7.0-XISF	3180.17~3925.60	745.43	141.5	5.27
	E7LZ172×7.0-XISF	3925.60~4131.33	205.73	133.17	1.54
磨溪203	E7LZ172×7.0-XISF	3185.00~4107.07	922.07	368.84	2.50
	E7LZ172×7.0-XISF	4107.07~4329.00	221.93	150.16	1.48
磨溪204	E7LZ172×7.0-XISF	3170.00~4249.30	1076.30	245.33	4.39
	U7LZ172×7.0-XISF	4249.30~4532.72	283.42	133.75	2.12

(三)降摩减阻钻井工具

针对高石梯—磨溪区块井温高、造斜段和水平段滑动钻井过程中井下摩阻大导致定向托压严重难题，开展了水力振荡器、钻柱扭摆系统和旋转阀式脉冲发生器等关键工具应用。

1. 水力振荡器

1) 水力振荡器工作原理

水力振荡器主要有三个机械组成部分(图8-23)：(1)振荡短节；(2)动力部分；(3)阀门和轴承系统。

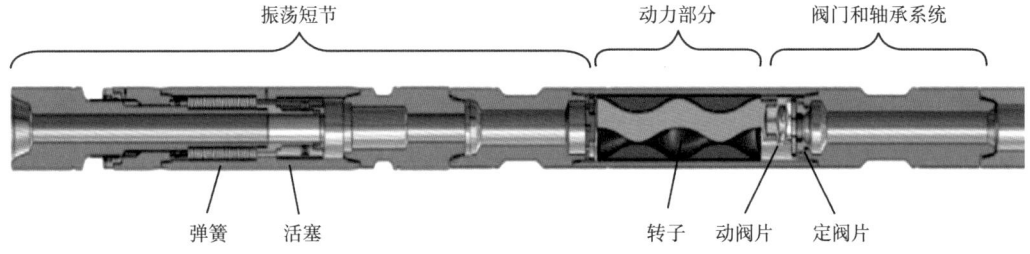

图8-23 水力振荡器结构图

工具的动力部分是由1:2头的马达组成，直达转子的下端固定一个阀片。钻井液通过动力部分时，驱动转子转动，转子末端阀片即动阀片在一个平面上往复运动。动阀片的下端装有定阀片，动阀片和定阀片紧密配合，由于转子的转动，导致两个阀片过流面积周期性交替变换，从而引起上部钻井液压力发生变化。由水力振荡器产生的上部钻井液压力变化作用在振荡短节内的活塞上。由于压力时大时小，短节的活塞就在压力和弹簧的双重作用下做轴向往复运动，从而使水力振荡器上下的钻具在井眼产生轴向的往复运动，钻具在井底暂时的静摩擦变成动摩擦，摩擦阻力大大降低。因此水力振荡器可以有效地减少因井眼轨迹而产生的钻具托压现象，保证有效的钻压传递。

2) 水力振荡器技术优势

水力振荡器适用于所有钻进模式，特别是在有螺杆的定向钻进过程中改善钻压的传递，达到平滑稳定的钻压传递,减少扭转振动,甚至在经过大的方位角变化后的复杂地层中对PDC钻头工具面角的调整能力可以使钻具组合钻达更深的目的层,并且在钻进过程中不需要过多的工作来调整钻具,很快就可以达到工具面角的扭转和工具面角的保持,从而有效提高机械钻速,缩短钻井周期。

在使用过程中,根据水力振荡器工作时的振动频率、振动幅度、振动加速度、钻井液密度、钻井排量、井斜条件、地层可钻性以及钻头、钻具尺寸等参数,采用钻柱力学、水力学等方法模拟计算,得出在不同井斜条件下,水力振荡器距钻头的最佳加放位置。利用现场试验数据进行修正,得出了不同条件下水力振荡器推荐加放位置(图8-24)。

(1)井斜0°~20°井段,水力振荡器推荐加放位置为距钻头100~150m。
(2)井斜20°~80°井段,水力振荡器推荐加放位置为距钻头40~60m。
(3)井斜80°~90°井段,水力振荡器推荐加放位置为距钻头100~120m。
(4)水平段,水力振荡器距钻头位置为已钻水平段长的1/4~1/3处。

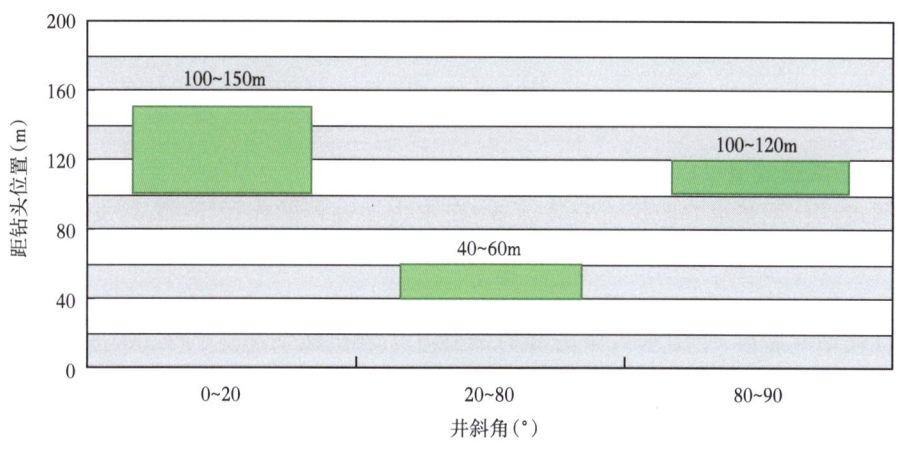

图8-24 水力振荡器推荐加放位置

3)水力振荡器现场应用

高石梯—磨溪区块定向井在定向增斜过程中,茅口组由于地层渗透性好、易形成虚厚滤饼且地层泥质含量高,滑动定向托压严重,导致单次定向进尺短、滑动定向钻时高、钻具黏卡风险高,同时造成造斜率不稳定。为此在高石梯—磨溪区块进行水力振荡器试验5口井,水力振荡器的使用效果见表8-4。

表8-4 现场试验效果对比

井号	井段 (m)	进尺 (m)	钻井周期 (d)	纯钻时间 (h)	机械钻速 (m/h)	水力振荡器
高石1	4767.4~4955.6	188.2	14.7	298.25	0.62	未使用
高石3	4641.1~5013.75	376.25	38.4	506.17	0.98	未使用
高石6	4619.2~4960.12	340.92	24.7	298.25	1.14	未使用

续表

井号	井段(m)	进尺(m)	钻井周期(d)	纯钻时间(h)	机械钻速(m/h)	水力振荡器
磨溪9	4780.3~4987.8	207.5	20.5	257	0.8	未使用
平均	—	278.22	24.575	339.92	0.885	未使用
高石12	4675.56~4965.4	289.84	17.4	243.5	1.19	使用
磨溪008-H3	4112.21~4566.06	453.85	13.5	253.1	1.79	使用
	4639.8~4740	100.2	7.6	58.2	1.72	使用
磨溪008-H8	4143.29~4400.4	257.11	14.7	161.4	1.59	使用
磨溪009-3-X1	4277.54~4413.07	135.53	6.8	71	1.91	使用
磨溪009-4-X1	4222.5~4655.14	432.64	17.6	251.4	1.72	使用
平均	—	333.834	15.52	207.72	1.607	使用

根据现场试验效果可以得出：

(1)通过优化调整水力振荡器安装位置,在水力振荡器的作用下,钻具发生周期性振荡,基本消除了托压和黏卡现象,定向时工具面稳定,调整工具面时间大大减少,钻井时效大幅提升。

(2)优化钻井参数,使用水力振荡器的试验井平均机械钻速达到1.607m/h,相对于邻井平均水平,机械钻速提高了81.5%。

(3)使用水力振荡器的试验井定向钻井周期为15.52d,相对于邻井同层位的平均水平,定向造斜周期缩短了9.06d,缩短率为36.8%。

水力振荡器在高石梯—磨溪区块的成功应用,为解决托压对滑动定向的影响提供了有效的解决方案。

2. 钻柱扭摆系统

1)钻柱扭摆系统工作原理

钻柱扭摆系统是专门用于定向井和水平井滑动钻井过程中降低井下摩阻扭矩和滑动钻井"托压"现象、提高钻井效率和机械钻速的成套系统,通过一个与顶驱司钻箱相连的控制系统,控制顶驱带动钻具顺时针、逆时针按设计参数反复连续摆动,以保持上部钻柱一直处于旋转运动状态,从而克服滑动钻井过程中,因为钻柱不旋转导致的摩阻大、"托压"钻速慢、岩屑床等多种问题。现场应用结果表明,该系统能使钻压平稳地传递给钻头提高钻井速度,增加工具面稳定性、缩短工具面调整时间提高定向效率和造斜效果,延长井下设备(马达、钻头)的使用寿命等优势(图8-25)。

2)钻柱扭摆系统技术优势

(1)全部为地面设备,无井下工具,不影响顶驱正常操作,不会因为该系统的原因导致额

第八章 高产大斜度井和水平井钻完井工程

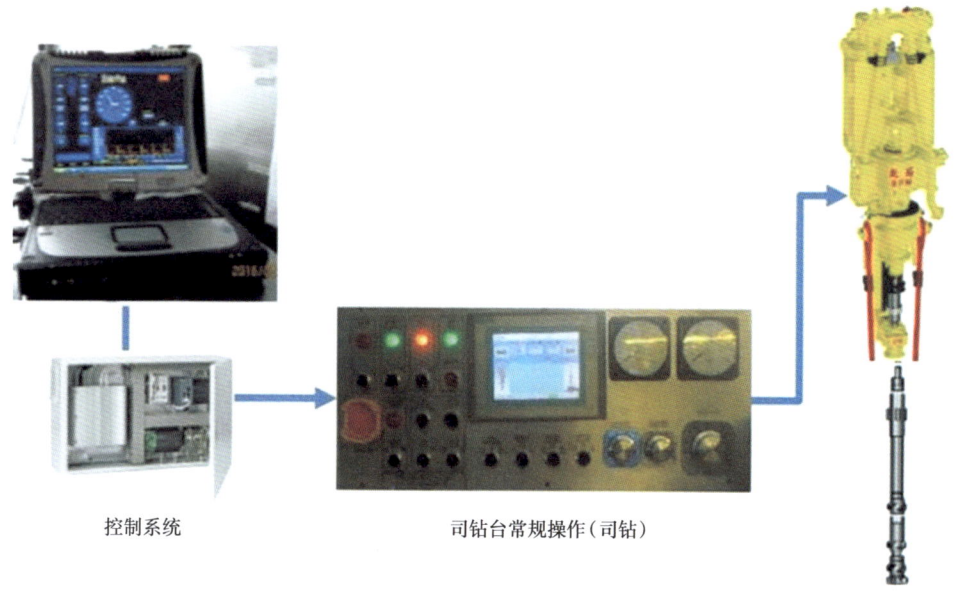

控制系统　　　　　　司钻台常规操作（司钻）

图 8-25　钻柱扭摆系统控制原理

外起下钻或井下工具落井风险。

(2) 通过地面钻柱扭摆,把上部钻具静摩擦阻力变为动摩擦阻力,使长水平段水平井、大位移井滑动钻井过程中最大限度地降低摩阻、提高机械钻速。

(3) 在扭摆循环周期内,通过有控制地施加扭矩脉冲,稳定定向工具面,定向井工程师无须频繁进行校正和调整工具面作业,从而提高施工效率,同时工具面更加稳定,滑动钻井造斜率更高。

(4) 通过消除滑动钻井过程中"托压"导致的瞬间大钻压,使马达和钻头受反扭矩冲击减小、马达和 PDC 钻头寿命提高,起下钻次数减少。

3) 钻柱扭摆系统现场应用

钻柱扭摆系统在高石梯—磨溪区块进行了现场应用,取得了较为显著的应用效果。

(1) 滑动钻井过程中不托压、工具面调整快速方便,滑动定向全程无出现上提钻具调整工具面现象,定向辅助时间大幅降低,现场使用该系统后,有效滑动钻井时间达到 80%,较常规滑动钻井效率提高 40% 以上(图 8-26)。

(2) 定向效果好,单次定向段更长、施加钻压更加均匀,工具面更加稳定,造斜率较常规定向增加 20% 以上(图 8-27)。

(3) 钻时更快,复合钻进时钻时 10min/m 左右,在钻压给够、扭矩设定到位的情况下,定向钻进钻时能达到 16.7~21.2min/m,相对于常规定向钻进钻时大幅提高。

(4) 定向时,钻柱处于运动状态,基本杜绝了黏卡等井下复杂的出现,提高了钻井安全。

(5) 极大地改善了滑动定向时滑脱现象,减小了因滑脱失速对钻头和螺杆造成的冲击伤害,提高了钻头和螺杆的使用寿命。

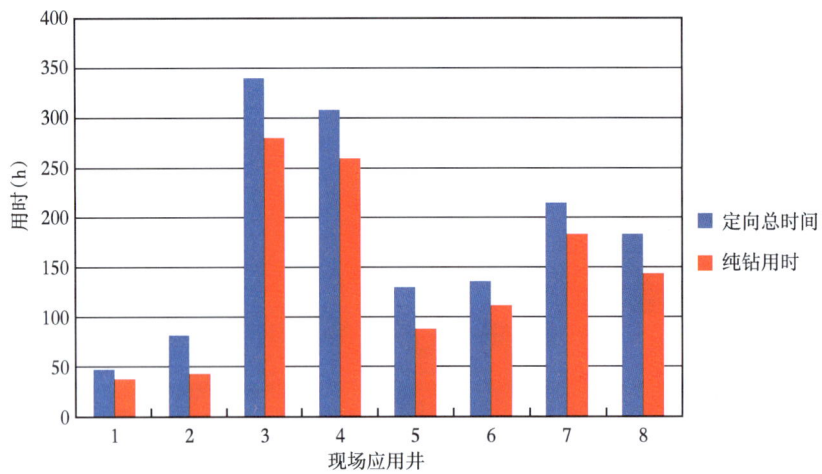

图 8-26　钻柱扭摆系统在现场各井应用的定向时效对比图

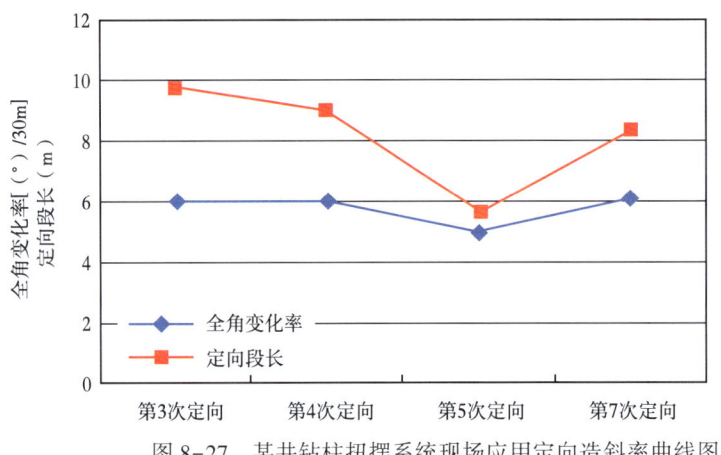

图 8-27　某井钻柱扭摆系统现场应用定向造斜率曲线图

3. 旋转阀式脉冲发生器

1）旋转阀式脉冲发生器工作原理

旋转阀式脉冲发生器是一种电子式脉冲发生器,通过电子软件控制,具有多种输出方式。主要由阀组部件、脉冲器驱动组件、运动驱动组件、流量开关检测模块等组成。其工作原理为:

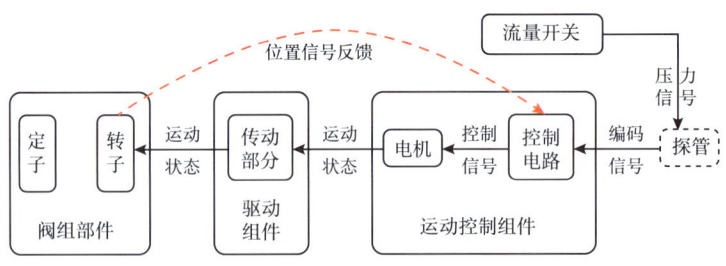

图 8-28　旋转阀式脉冲发生器工作原理示意图

阀系中的转子在受控驱动下,产生与定子的相对运动,导致定子与转子之间孔间隙的变化,实现对通道内流体的阻流作用而产生正压力脉冲,转子受控驱动调整。

2) 旋转阀式脉冲器技术优势

无线随钻测量仪器是定向钻井过程中重要的工具仪器,它为我们提供井下实时测量数据,而井下随钻测量探管和脉冲发生器是井下信号向上传输的关键执行部件,直接关系到井下实时测量数据的可靠传输。测量探管负责测量、处理原始数据,控制传输井斜、方位、工具面、井下温度等参数,脉冲发生器主要是产生钻井液压力脉冲,将井底压力信号无线传输至井口传感器。

高石梯—磨溪区块井底温度高、压力大、钻井液密度高、排量较小,压力脉冲信号传输距离受影响,对定向井随钻测量设备的技术要求更加严格,常规的井下随钻测量仪器(MWD)抗高温、高压性能、信号传输距离难以满足定向施工要求。

目前,钻井液脉冲发生器根据产生节流方式可分为针阀式、旋转阀式和连续波脉冲发生器,三种类型脉冲发生器特性见表8-5。

表8-5 三种类型脉冲发生器的特性

类型	特性	说明
针阀式脉冲发生器	仪器结构简单,操作使用维修方便; 数据传输速度较慢; 对钻井液和堵漏材料有一定的要求限制,易被堵漏材料堵塞; 仪器耐温耐压低,一般不超过150℃、140MPa。当井下温度达到120℃左右,仪器容易失效	使用最普遍、最稳定
旋转阀式脉冲发生器	仪器生产成本较高; 数据传输速度较慢; 能在不同相对密度的钻井液中和不同的井内条件下使用,能够最大限度地降低阻塞概率; 仪器抗温175℃,抗压170MPa	一般用在深井和超深井中
连续波脉冲发生器	传输速度快,可达到5~10bit/s,实现数据的实时传递并且传输速度可调; 由于信号受噪声干扰影响比较大,因此对信号处理系统的要求比较严格,有一定技术难度	国外的成熟技术,价格昂贵

高石梯—磨溪区块栖一段和洗象池组等容易发生漏失,在加入堵漏剂后容易造成针阀式脉冲发生器堵塞,导致仪器无信号,因此应尽可能选择较大的阀口,最大限度地降低阻塞概率。由于井底温度接近150℃,需要选择抗温超过175℃的井下随钻测量仪器。同时,通过前期研究,国内一直持续在开展超深高温水平井技术和相关装备的研制工作,积累了丰富的旋转阀式高温仪器使用和维修经验,可满足于工业化生产应用。

根据以上选择原则,旋转阀式脉冲发生器是一种经济、可靠的、实用的选择。

3) 旋转阀式脉冲器现场应用

采用旋转阀式脉冲发生器在高石梯—磨溪区块磨溪009-3-X3井和高石101井等井开展了现场应用,现场应用情况见表8-6。

表 8-6 旋转阀式脉冲发生器现场应用情况

井号	使用井段(m)	井温(℃)	进尺(m)	使用时间(h)
磨溪 009-3-X3 井	4176.1~4364, 4586.44~4794	循环 111~133℃	395.46	512
高石 101 井	4656~4876.6	循环 97~105℃	220.6	207

现场应用表明,旋转阀式脉冲器入井后工作正常,波形清晰,信号强度 0.7MPa 左右,数据解码准确,能够按设置发送波形,无漏波现象,能够满足定向施工需要。

(四)水平井地质导向钻井技术

1. 储层地质导向特征

高石梯—磨溪区块龙王庙组储层具有高温(140℃)、高压(静压力 82MPa)、高密度(1.75~1.78g/cm³)的特点,储层岩性为云岩,在测井曲线上具有低伽马、高电阻率的特性,其优质储层在电阻率曲线上的响应特征较为明显,表现为高电阻率背景下的相对低值,在多井连井剖面上表现出较好的横向稳定性,但优质储层发育垂深及厚度存在不确定性,储层内部可能发育有夹层,且夹层位置和厚度不确定(图 8-29),给地质导向储层跟踪钻进带来了较大的困难。

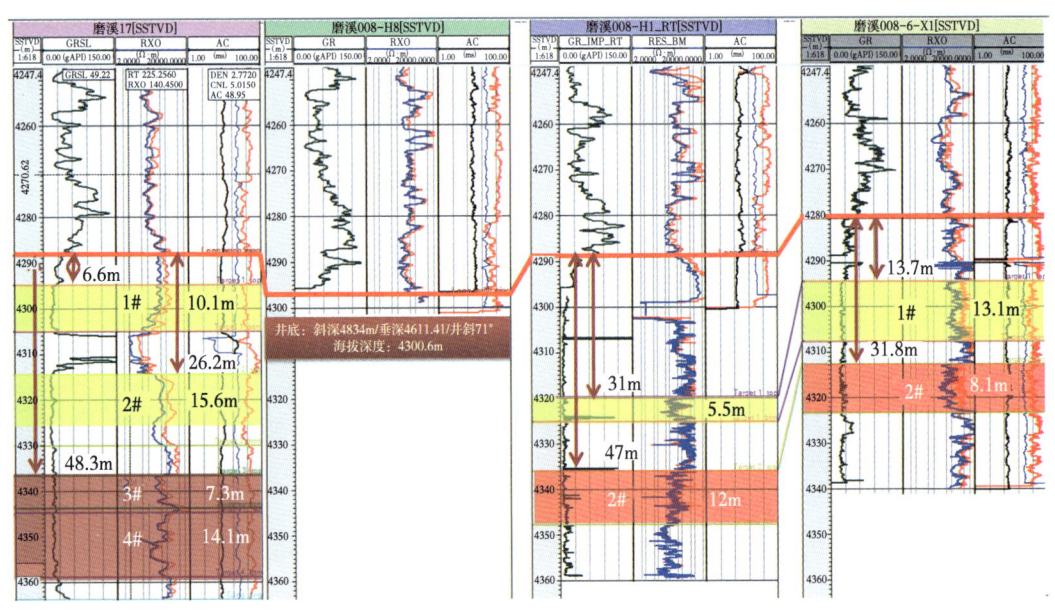

图 8-29 磨溪 008-H8 井邻井对比曲线

2. 地质导向仪器优选

根据高石梯—磨溪区块龙王庙组储层地质导向特征及井眼轨迹精细控制技术要求,经过调研优选了斯伦贝谢公司 IMPulse 和哈里伯顿公司 Solar175 系列随钻测井仪器,两者耐温均达到 175℃,可随钻提供自然伽马、深浅相位移电阻率随钻测井曲线及定向参数,配合耐高温大扭矩螺杆钻具,在实钻中结合气测、钻时、岩屑快速识别及岩屑显微放大等技术手段,可有效满足高石梯—磨溪地区储层地质导向钻井技术需要。

3. 现场应用情况

水平井地质导向钻井技术在高石梯—磨溪区块龙王庙组储层现场应用9口井,有效解决了龙王庙组储层地质导向追踪难题,应用井最长水平段长1125m,平均机械钻速5.25m/h,储层钻遇率均达到100%,最高测试产量201.78×10⁴m³/d,为高石梯—磨溪区块龙王庙储层的提速提质提效及实现高效开发提供了有力的技术支撑。

表8-7 高石梯—磨溪区块水平井储层钻遇率情况

井号	井深（m）	水平段长（m）	平均机械钻速（m）	储层钻遇率（%）	测试产量（10⁴m³/d）
磨溪008-7-H1	5530	635	4.35	100	194.2
磨溪008-H3	5890	960	3.94	100	42.42
磨溪008-H1	5436	700	7.53	100	182.77
磨溪008-H19	5600	700	6.61	100	155.04
磨溪008-H8	5950	750	4.68	100	64.83
磨溪008-15-H1	5950	930	5.62	100	100.13
磨溪009-2-H2	5627	507	4.38	100	201.78
磨溪008-20-H2	5830	650	5.32	100	84.34
磨溪008-H21	5860	1125	4.79	100	130.49

通过集成个性化PDC钻头、高效螺杆钻具、水平井地质导向钻井技术、优质钻井液等工艺、工具,形成了龙王庙组大斜度井、水平井采用"个性化PDC钻头+螺杆+优质钻井液"为主体的钻井提速技术图版(图8-30)。

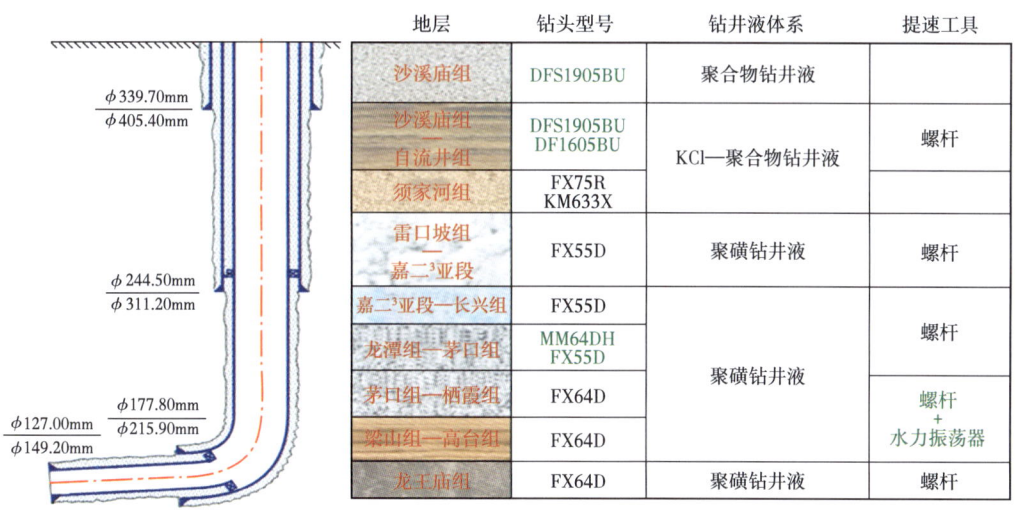

图8-30 龙王庙组气藏大斜度井和水平井钻井提速技术图版

高石梯—磨溪区块大斜度井、水平井完钻30口,其中水平井7口,平均钻井周期152d;磨溪008-H19井钻井周期仅为114d,实现了龙王庙组水平井钻井周期新的突破,如图8-31所示。

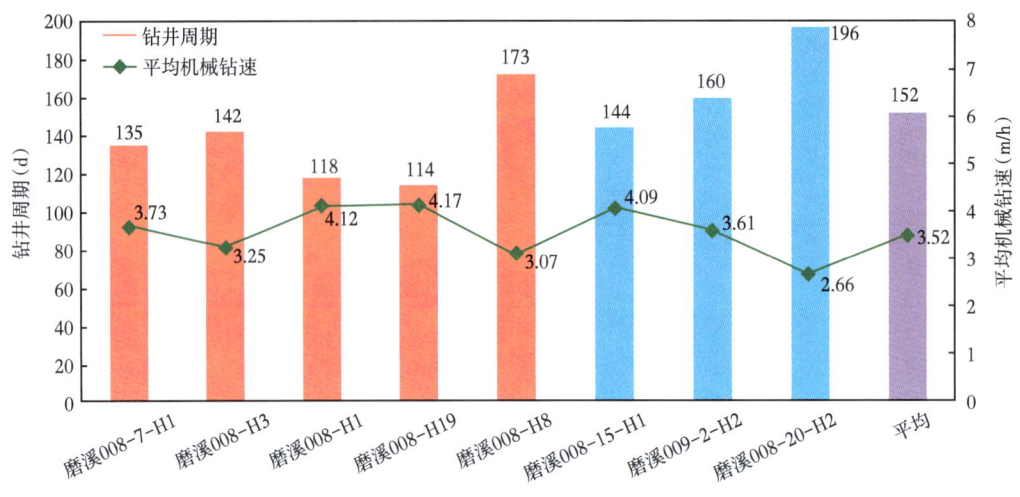

图8-31 高石梯—磨溪区块完钻水平井提速指标统计情况

三、钻井液与储层保护技术

高石梯—磨溪区块上部地层以砂泥岩为主,水敏性强,且段长为2200m左右,钻井中存在携砂、划眼、卡钻等复杂难题,对钻井液抑制性能要求高。在KCl—聚合物钻井液的基础上,引入有机盐,进一步提高钻井液的抑制性,并配合使用防塌封堵剂,形成了KCl—有机盐聚合物钻井液体系。高石梯—磨溪区块龙王庙组气藏属于裂隙—孔隙型储层,在储层特征和潜在伤害因素分析的基础上,试验并应用多级架桥屏蔽暂堵储层保护技术,取得较好的现场应用效果。

(一) KCl—有机盐聚合物钻井液

侏罗系主要以泥页岩为主,预测地层压力系数为1.0~1.35,钻井液体系在保持优良常规性能的条件下,主要对聚合物钻井液、KCl—聚合物钻井液、仿油基聚合物钻井液和有机盐聚合物钻井液进行抑制防塌性能评价,优选出了具有强抑制防塌能力的KCl—有机盐聚合物钻井液体系。

1. 常规性能

对聚合物钻井液、KCl—聚合物钻井液、仿油基聚合物钻井液和有机盐聚合物钻井液等进行了常规性能评价,结果见表8-8。

表8-8 备选钻井液体系的常规性能评价结果

钻井液体系配方	密度 (g/cm³)	表观黏度 (mPa·s)	塑性黏度 (mPa·s)	动切力 (Pa)	静切力 (10s/10min) (Pa)	API滤失量/ 滤饼厚度 (mL/mm)	pH值	HTHP滤失量/ 滤饼厚度 (mL/mm)
聚合物钻井液	1.18	22.0	17.0	5.0	1.5/5.0	3.6/0.5	8.0	12.8/2.0
7%KCl—聚合物钻井液	1.18	20.0	17.0	3.0	0.5/3.0	4.0/0.5	9.0	14.6/2.0
仿油基聚合物钻井液	1.18	23.0	18.0	5.0	1.5/5.0	2.8/0.5	8.0	10.6/1.5

续表

钻井液体系配方	密度 (g/cm³)	表观黏度 (mPa·s)	塑性黏度 (mPa·s)	动切力 (Pa)	静切力 (10s/10min) (Pa)	API滤失量/ 滤饼厚度 (mL/mm)	pH值	HTHP滤失量/ 滤饼厚度 (mL/mm)
7%有机盐聚合物钻井液	1.18	21.0	17.0	4.0	0.5/3.0	2.2/0.5	8.0	10.0/2.0
10%有机盐聚合物钻井液	1.18	20.5	17.0	3.5	0.5/3.0	2.2/0.5	8.0	10.2/2.0
5%KCl+10%有机盐聚合物钻井液	1.18	20.0	16.0	4.0	0.5/3.0	2.8/0.5	8.0	10.8/2.0
30%有机盐聚合物钻井液	1.18	19.5	15.0	4.5	0.5/3.0	2.4/0.5	8.0	10.4/2.0

注：钻井液性能经过80℃热滚16h后在室温下测定，HTHP测定温度80℃。

由表8-8中数据可知，在常规性能方面，几种备选钻井液体系性能相当，黏切适中，API滤失量和HTHP滤失量都能满足要求，总体性能都达到了该井段的钻井工程需求。

2. 抑制防塌能力评价

1）岩屑滚动回收率评价

聚合物钻井液、KCl—聚合物钻井液、仿油基聚合物钻井液和有机盐聚合物钻井液等岩屑滚动回收率评价结果见表8-9。由表中数据可知，备选钻井液岩屑滚动回收率高低的顺序为：30%有机盐聚合物钻井液＞5%KCl+10%有机盐聚合物钻井液＞仿油基聚合物钻井液＞7%KCl—聚合物钻井液＞10%有机盐聚合物钻井液＞7%有机盐聚合物钻井液＞聚合物钻井液。

表8-9 备选钻井液体系的岩屑滚动回收率评价结果

配方	滚动回收率(%)
清水+50g岩屑	27.6
聚合物钻井液+50g岩屑	71.2
7%KCl—聚合物钻井液+50g岩屑	86.5
仿油基聚合物钻井液+50g岩屑	90.3
7%有机盐聚合物钻井液+50g岩屑	84.6
10%有机盐聚合物钻井液+50g岩屑	86.2
5%KCl+10%有机盐聚合物钻井液+50g岩屑	90.6
30%有机盐聚合物钻井液+50g岩屑	91.3

2）黏土线性膨胀率评价

聚合物钻井液、KCl—聚合物钻井液、仿油基聚合物钻井液和有机盐聚合物钻井液黏土线性膨胀率评价结果如图8-32所示。由图可知，备选钻井液滤液的黏土高温高压线性膨胀率从低到高的顺序为：30%有机盐聚合物钻井液＜5%KCl+10%有机盐聚合物钻井液＜仿油基聚合物钻井液＜10%有机盐聚合物钻井液＜7%KCl—聚合物钻井液＜7%有机盐聚合物钻井液＜聚合物钻井液。

3）抑制黏土分散能力评价

聚合物钻井液、KCl—聚合物钻井液、仿油基聚合物钻井液和有机盐聚合物钻井液抑制黏土分散能力评价结果见表8-10，由表中数据可知，普通聚合物钻井液在添加10%黏土前后的

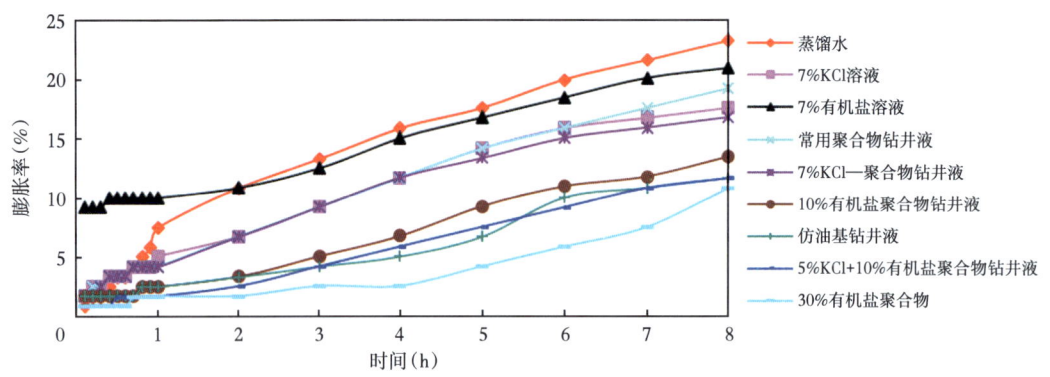

图 8-32 备选钻井液体系的线性膨胀曲线

黏切均比其他钻井液体系的黏切高,且变化较明显,因此除聚合物钻井液抑制膨润土分散能力相对较差外,7%KCl—聚合物钻井液、7%有机盐聚合物钻井液、10%有机盐聚合物钻井液、仿油基聚合物钻井液、5%KCl+10%有机盐聚合物钻井液、30%有机盐聚合物钻井液均具有较强的抑制膨润土分散的能力。

表 8-10 备选钻井液抑制黏土分散能力评价结果

配方	密度(g/cm^3)	表观黏度($mPa·s$)	塑性黏度($mPa·s$)	动切力(Pa)	静切力(10s/10min)(Pa)	API 滤失量/滤饼厚度(mL/mm)	pH 值
蒸馏水+10%膨润土	1.06	44	23	21	10/22	24.6/2.0	8.0
聚合物钻井液	1.18	22.0	17.0	5.0	1.5/5.0	3.6/0.5	8.0
聚合物钻井液+10%膨润土	1.23	28.0	19.0	7.0	2.5/8.0	3.2/0.5	8.0
7%KCl—聚合物钻井液	1.18	20.0	17.0	3.0	0.5/3.0	4.0/0.5	9.0
7%KCl—聚合物钻井液+10%膨润土	1.23	23.5	18.0	5.5	1.0/5.0	4.0/0.5	8.0
仿油基聚合物钻井液	1.18	23.0	18.0	5.0	1.5/5.0	2.6/0.5	8.0
仿油基聚合物钻井液+10%膨润土	1.23	26.5	21.0	5.5	2.0/6.0	2.6/0.5	8.0
7%有机盐聚合物钻井液	1.18	20.5	17.0	3.5	0.5/3.5	2.6/0.5	9.0
7%有机盐聚合物钻井液+10%膨润土	1.23	24.0	19.0	5.0	1.0/4.5	2.8/0.5	8.0
10%有机盐聚合物钻井液	1.18	20.5	17.0	3.5	0.5/3.0	2.2/0.5	8.0
10%有机盐聚合物钻井液+10%膨润土	1.23	24.0	18.0	6.0	1.0/5.0	2.8/0.5	8.0
5%KCl+10%有机盐聚合物钻井液	1.18	20.0	16.0	4.0	0.5/3.0	2.8/0.5	8.0
5%KCl+10%有机盐聚合物钻井液+10%膨润土	1.23	23.0	18.0	5.0	1.0/4.5	3.0/0.5	8.0
30%有机盐聚合物钻井液	1.18	19.5	15.0	4.5	0.5/3.0	2.4/0.5	8.0
30%有机盐聚合物钻井液+10%膨润土	1.23	23.0	18.0	5.0	0.5/4.0	2.8/0.5	8.0

注:性能为在 80℃ 滚动 16h 后室温测定。

根据岩屑滚动回收率、高温高压黏土线性膨胀曲线及抑制膨润土分散能力实验结果,所选钻井液体系的防塌抑制能力由强到弱的顺序为:30%有机盐聚合物钻井液>5%KCl+10%有机盐聚合物钻井液>仿油基聚合物钻井液>7%KCl—聚合物钻井液>10%有机盐聚合物钻井液>7%有机盐聚合物钻井液>聚合物钻井液。综合钻井液性能与成本，高石梯—磨溪区块上部地层采用5%KCl+10%有机盐聚合物钻井液为最优方案。

3. 现场应用效果

5%KCl+10%有机盐聚合物钻井液在磨溪11井、磨溪202井和磨溪203井进行了现场应用（表8-11）。在钻井液维护过程中，控制膨润土含量为30~40g/L，保证KCl和有机盐含量分别在5%和10%左右，保持钻井液具有较好的流变性能和较强的抑制能力。同时加入封堵剂，增强钻井液稳定井壁的作用，阻止泥页岩的水化、膨胀与分散。

表8-11 钻井液性能

井号	井深(m)	地层	密度(g/cm³)	漏斗黏度(s)	塑性黏度(mPa·s)	动切力(Pa)	静切力(10s/10min)(Pa)	API滤失量/滤饼厚度(mL/mm)	pH值	黏附系数(K_f)
磨溪11	529~2220	沙二段—须一段	1.06~1.46	38~55	10~19	4~9	1~3.0/2~8	2~4/0.5	8~9	<0.1
磨溪202	1295~2142	凉高山组—须二段	1.37~1.54	41~48	11~28	4~9.5	1~1.5/2~9	3~4.8/0.5	8.5~9	<0.1
磨溪203	241.8~2022	沙二段—须四段	1.05~1.49	38~55	9~20	4~8.5	1~3.5/2~8	3.2~5/0.5	8~9	<0.1

1）防塌抑制性能强

磨溪11井、磨溪202井和磨溪203井φ311.2mm钻头在须家河组及其以上井段钻进过程中井眼畅通、井壁稳定且井径规则、电测一次成功率较高，未发生过一次PDC钻头泥包和起下钻过程中长段划眼复杂。同比高石1井（平均井径扩大率为39%）分别降低24.1%、26.9%和26.2%。

表8-12 平均井径扩大率统计表

地层	井径扩大率(%)			
	磨溪11井	磨溪202井	磨溪203井	高石1井
沙溪庙组	11.03	8.34	10.01	35.13
凉高山组	20.55	14.75	14.75	44.65
大安寨组	19.47	15.83	13.57	43.57
珍珠冲组	14.19	14.19	12.41	38.29
须家河组	9.46	7.61	13.32	33.56

2）密度低

磨溪11井等采用5%KCl+10%有机盐聚合物钻井液安全钻过须家河组，其密度低于邻井，为钻井提速创造了有利条件（图8-33）。

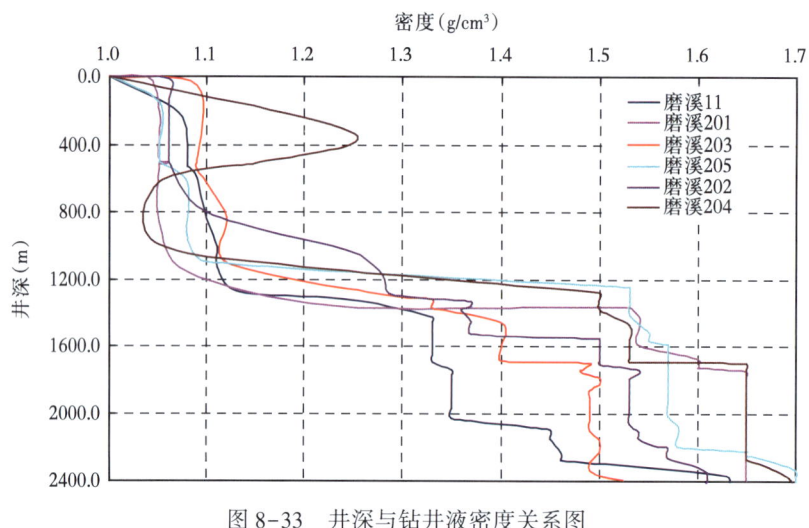

图 8-33 井深与钻井液密度关系图

(二) 多级架桥屏蔽暂堵技术

屏蔽暂堵技术是利用钻井液中的固相颗粒在一定的正压差作用下,很短时间内在距井壁很近的距离内形成有效堵塞(渗透率接近为零)的屏蔽环,它具备一定的承压能力,能够阻止钻井液中大量固相和液相进一步侵入储层。由于形成的低渗透屏蔽环很薄(一般小于5cm),容易被射孔弹射穿,可通过常规解堵技术解决屏蔽堵塞问题,因而这种堵塞是暂时性的,不会对此后的流体产出带来不利影响。

1. 多级架桥暂堵模型及暂堵剂设计

龙王庙组储层具有低孔隙度、低渗透率的特征,储层类型主要为孔隙型储层,其次为裂缝—孔隙型储层,最大孔喉半径分布在 $1\sim5\mu m$(主要区间)和 $0.1\sim1\mu m$。基于储层孔喉渗透率贡献率的多峰分布理论,设计采用多级架桥模型,利用与储层孔喉渗透率贡献率分布相匹配的多级架桥暂堵剂对储层进行逐级暂堵,设计对应的架桥粒子直径为 $1.33\sim6.67\mu m$ 和 $0.13\sim1.33\mu m$ 两级。

综合考虑龙王庙组储层的具体情况,暂堵模型设计为:原钻井液+一级架桥粒子+二级架桥粒子+充填变形粒子。

多级架桥暂堵剂应由多级架桥粒子和可变形软化粒子组成,对设计出的多级架桥粒子产品命名为 FLM-1,通过室内实验分析,FLM-1 最佳加量为3%。可变形粒子是保证多桥架暂堵环致密有效的关键,龙王庙组储层温度一般在120℃左右,选择软化点与储层温度相近的可变形软化粒子,对设计出的可变形软化粒子产品命名为 FLM-2,通过室内实验分析,FLM-2 的最佳加量为2%。

2. 多级架桥屏蔽暂堵体系性能评价

由于多级架桥暂堵剂与钻井完井液体系匹配性高,因此,高石梯—磨溪区块龙王庙组储层采用的聚磺钻井液体系及无(低)黏土的聚合物/KCl钻井液可以直接转换成多级架桥暂堵钻井完井液体系。

多级架桥暂堵剂加入前后对钻井液性能的影响结果见表8-13。多级架桥暂堵剂加入钻井液后,钻井液的黏度和切力有所上升,但能够满足工程要求;中压滤失量和高温高压滤失量降低,更有利于储层保护。

表8-13 多级架桥暂堵剂对钻井液性能影响评价表

配方	密度 (g/cm³)	表观黏度 (mPa·s)	塑性黏度 (mPa·s)	动切力 (Pa)	静切力(Pa) 10s	静切力(Pa) 10min	pH值	API 滤失量 (mL/30min)	HTHP 滤失量 (mL/30min)
1号钻井液	2.06	34.5	30.0	4.5	1.0	7.0	12.5	4.1/0.5	10.2/2.0
1号钻井液+3%FLM-1+2%FLM-2	2.06	39.0	33.0	6.0	2.0	14.0	12.0	3.8/0.5	10.0/0.5
2号钻井液	2.22	41.5	33.0	8.5	3.5	15.5	11.0	2.9/0.5	13.2/3.5
2号钻井液+3%FLM-1+2%FLM-2	2.22	53.0	34.0	9.0	6.0	22.0	10.5	2.8/0.5	12.8/3.0

多级架桥暂堵剂加入前后对储层岩心的渗透率恢复值评价结果见表8-14。加入多级架桥暂堵剂后2口井的钻井液岩心渗透率恢复值都有显著提高,渗透率恢复值达到80%以上,返排效果好。

表8-14 加入多级架桥暂堵剂前后返排效果评价表

污染流体	岩心层位	渗透率恢复值(%)
1号钻井液(密度2.06g/cm³)	龙王庙组	64.9
1号钻井液+3%FLM-1+2%FLM-2(密度2.06g/cm³)	龙王庙组	83.6
2号钻井液(密度2.22g/cm³)	龙王庙组	66.5
2号钻井液+3%FLM-1+2%FLM-2(密度2.22g/cm³)	龙王庙组	82.6

3. 现场应用效果

多级架桥屏蔽暂堵储层保护技术已在高石梯—磨溪区块龙王庙组储层中应用20井次,对应用井进行岩心渗透率恢复值评价结果见表8-15,平均储层岩心渗透率恢复值由实施前的65%提高至84.6%,储层保护效果显著。

表8-15 采用多级架桥暂堵技术后的现场井浆污染评价实验数据表

污染流体	岩心井号	渗透率恢复值(%)
磨溪201井4560m井浆	磨溪11井	85.7
磨溪202井4700m井浆	磨溪11井	86.2
磨溪203井4800m井浆	磨溪11井	85.9
磨溪204井4685m井浆	磨溪11井	85.2
磨溪203井5150m井浆	磨溪203井	86.1

续表

污染流体	岩心井号	渗透率恢复值(%)
磨溪26井4930m井浆	磨溪11井	87.2
高石28井3858m井浆	磨溪11井	85.5
高石26井4540m井浆	磨溪203井	89.4
磨溪16井5150m井浆	磨溪203井	81.0
磨溪27井4800m井浆	磨溪203井	83.3
磨溪46井4812m井浆	磨溪203井	85.2
磨溪47井4750m井浆	磨溪203井	82.3
高石23井4750m井浆	磨溪203井	80.5
磨溪31X1井5000m井浆	磨溪31井	83.1
磨溪31井4900m井浆	磨溪203井	81.1
磨溪29井4800m井浆	磨溪203井	84.6
磨溪101井4650m井浆	磨溪204井	86.6
磨溪32井4750m井浆	磨溪203井	80.2
磨溪46X1井5000m井浆	磨溪46井	84.3
磨溪42井5150m井浆	磨溪203井	88.2

在钻井液中添加适当的多级架桥暂堵剂,通过调整粒度,钻井完井液可以在岩心前端形成致密的桥堵带,从而防止钻井完井液固相和液相对储层岩心的进一步伤害,同时降低滤液和固相颗粒的侵入深度,为返排解堵提供良好条件,能够达到保护储层的要求。其中磨溪46X1井在龙王庙组4712~5089m井段使用多级架桥暂堵储层保护技术,储层岩心渗透率恢复值达84.3%,有效降低了钻井液对储层的伤害程度,该井未经改造初测获$20.66×10^4 m^3/d$工业气流。

四、高密度大温差尾管固井技术

高石梯—磨溪区块ϕ177.8mm尾管固井面临高温高压、封固段长、温差大、多压力系统和安全密度窗口窄等难题,通过开展深层油气藏固井关键技术攻关,形成了高密度大温差韧性水泥浆体系、带顶部封隔器的尾管悬挂器等系列关键技术,集成配套形成了防窜、防漏固井配套工艺技术,现场应用效果显著。

(一)大温差高密度韧性防窜水泥浆体系

1. 技术特点

1)适应温差大

水泥水化分为预诱导期、诱导期、加速期、减速期和稳定期5个阶段,对水泥浆的稠化时间调节主要靠延长预诱导期和诱导期时间来实现的。在预诱导期和诱导期形成的半液态保护膜层是由高度质子化的硅酸盐离子和水分子组成的流动氢键网络结构。在钙离子的扩散吸附作用下形成扩散双电层,水泥颗粒透过这层保护膜与溶液发生离子交换。延长预诱导期和诱导期时间的方式增加保护膜的致密、稳固。

根据水泥水化机理,通过分子结构设计,在其主链设计热稳定性 C—C 键,为了减弱低温下缓凝剂的缓凝作用,防止超缓凝,设计以抗盐单体及具有缓凝基团的单体作为聚合物主链,引入具有高温屏蔽基团的单体,这样随着温度升高,高分子聚合物的分子链得到舒展,有利于暴露更多的侧链上的功能基团,而在缓凝剂在低温下呈现一定的收缩状态,吸附分散作用降低,缓凝减弱,防止超缓凝;在高温下分子展开对水泥颗粒进行全包裹吸附,缓凝作用增强,延长稠化时间。

2) 韧性强

对水泥石韧性改造主要是通过向水泥浆中掺入胶乳、橡胶粉和纤维等材料实现。其中纤维增韧材料可分为刚性纤维和非刚性纤维,非刚性纤维又可分为高弹模纤维和低弹模纤维。在纤维增韧油井水泥研究中,不但要提高水泥石的韧性,纤维水泥浆也要有适当的可泵性,故一般采用非刚性纤维作为油井水泥增韧材料。高弹模纤维主要有石棉纤维、玻璃纤维和碳纤维等;低弹模纤维主要有维纶纤维、尼龙纤维、聚丙烯纤维、聚乙烯醇纤维和涤纶纤维等。表述纤维材料增韧机理的方法较多,如桥接理论、纤维间距理论、多缝开裂理论、混合法则以及裂尖应力强度因子计算法等,其中裂尖应力强度因子计算法更能直观反映纤维材料的增韧机理。当裂纹出现后,如果裂纹位于纤维之间而不跨越纤维,纤维的铆固作用将阻止裂纹的扩展。如果裂尖运动无限接近于纤维时,裂尖周围的高应力集中将使裂尖邻域内的纤维与水泥沿接触面部分脱离,从而裂纹越过纤维。显而易见,在纤维未被拔断或拔出之前这种脱离面范围不大;在裂纹刚好穿过(或绕过)纤维的瞬间,水泥基体的突然断开必然导致纤维在与水泥基体界面分离部分应变的突变,从而使这部分纤维承受很大的拉应力,增加水泥石的弹性。

3) 防气窜

气窜必须具备两个基本条件:一是要有通道,二是地层压力要大于环空有效液柱压力与通道流动阻力之和。因此,防气窜的关键是当有效静液柱压力下降到地层压力时,建立起足够的通道流动阻力并快速关闭通道。

水泥浆常规防气窜方法可归纳为以下几点:缩短水泥浆终凝和初凝时间之差,使水泥浆稠化与凝固同时进行,以达到防气窜的效果;缩短水泥浆凝固过程易气窜的过渡时间,使胶凝强度呈直角变化曲线,强化水泥浆的防气窜效果;缩短动态过程失水变化时间,减少水泥浆在气侵危险时间内的滤失量,增加水泥浆凝固过程的阻力;缩短水泥浆稠度为和的时间差,使水泥浆凝结过程,阻力按直角曲线变化。

2. 体系性能评价

1) 体系综合性能

对以加重材料(铁矿粉、精铁矿粉、赤铁矿等)、高温增强材料、韧性防窜材料以及大温差外加剂(缓凝剂和降失水剂)等外加剂为基础的高密度韧性防窜水泥浆体系进行综合性能进行评价,以 2.35g/cm³ 和 2.40g/cm³ 密度水泥浆为例,结果见表 8-16 和表 8-17。从表中可以看出,对于不同密度的水泥浆体系而言,流变性能好、浆体高温稳定、失水量小、稠化过渡时间短、强度发展快,且水泥浆稠化时间可通过调整缓凝剂加量进行有效调节;此外,该水泥浆体系的稠化时间对温度和密度变化不敏感,且在大温差条件下水泥浆柱顶部强度发展迅速,弹性模量低,故该高密度膨胀韧性防窜水泥浆体系综合性能优良,能够满足固井作业要求。

从表 8-16 和表 8-17 中可以看出，以缓凝剂为主剂的水泥浆综合性能良好，水泥浆流动度介于 20~23cm，API 失水量能控制在 100mL 以内，稠化时间可调，过渡时间短，基本呈"直角"稠化，并且可适用于高密度水泥浆体系和低密度水泥浆体系中，大温差下水泥柱顶部强度发展良好，能够满足大温差固井施工的各项要求。

表 8-16　2.35g/cm³ 水泥浆综合性能评价

密度(g/cm³)	2.35	2.35	2.35	2.35	2.35	2.40
4000r/min 的下水泥时间(s)	31	31	31	31	28	28
液固比(%)	0.295	0.295	0.295	0.295	0.295	0.295
常温流动度(cm)	21	21	21	21	21	21
95℃高温流动度(cm)	22	22	22	22	22	22
失水(6.9MPa/30min)(mL)	24	24	24	24	24	24
游离液含量(%)	0	0	0	0	0	0
初始稠度(Bc)	23.8	13.8		13.8	27	27
40Bc 稠化时间(min)	367	374	—	172	132	142
100Bc 稠化时间(min)	372	381	—	176	138	146
24h 强度(MPa)	7.6	8.4	10.6	13.7		15.8
48h 强度(MPa)	16.8	17.9	21.8	26.4		28.9
弹性模量(7d)(GPa)	6.58					

注：试验条件为 105℃×50min×100MPa，井底温度为 135℃。

表 8-17　2.40g/cm³ 水泥浆综合性能评价

密度(g/cm³)	2.40	2.40	2.43	2.40	2.40	2.43	2.40
4000r/min 的下水泥时间(s)	30	30	33	28	28	32	28
液固比(%)	0.30	0.30	0.295	0.30	0.30	0.295	0.30
常温流动度(cm)	19	19	18	19	19	18	19
95℃高温流动度(cm)	21	21	20	21	21	19	21
失水(6.9MPa/30min)(mL)	24	24	22	24	24	22	24
游离液含量(%)	0	0	0	0	0	0	0
初始稠度(Bc)	22	21	23	24	24	26	24
40Bc 稠化时间(min)	342	267	261	171/170	150/168	156/168	250/
100Bc 稠化时间(min)	352	277	271	181/180	157/175	163/175	262/
24h 抗压强度(80℃)(MPa)				14.3			
48h 抗压强度(80℃)(MPa)	13.8						
弹性模量(7d)(GPa)	6.63						

注：(1) 水泥浆的停机实验、升降温实验均按照固井设计要求进行实验。
　　(2) 试验条件为 101℃×50min×110MPa，井底温度为 135℃。

2) 大温差性能

水泥浆分别在井底静止温度和顶部温度分别为90℃和60℃下的强度发展情况,加入缓凝剂的水泥浆体系可以满足温差为60~140℃的大温差固井作业,可以实现水泥浆一次上返6000m以上的长封固段固井作业,并且在大温差条件下水泥石强度发展迅速,没有出现超缓凝或长期不凝的现象,对水泥石后期强度发展无不良影响。

表8-18 大温差下水泥石的强度发展情况

序号	养护温度 (℃)	24h 强度 (MPa)	大温差下水泥石强度(MPa)			
			90℃		60℃	
			48h	72h	48h	72h
1	120	26.4	17.2	25.2	12.8	21.8
2	140	27.8	16.5	22.8	8.4	19.4

3) 韧性

韧性防窜材料对常规密度水泥石力学性能的影响见表8-19。综合考虑,韧性防窜材料加量分别为4%时,水泥石综合性能满足固井技术要求,且抗压强度相对较高,无强度衰退现象,同时,弹性模量较小,抗拉强度和抗折强度较大,可以达到"低弹性模量—高强度"特性。

表8-19 水泥石力学性能

韧性防窜材料加量(%)	1d 抗压强度(MPa)	7d 抗压强度(MPa)	抗拉强度(MPa)	抗折强度(MPa)	弹性模量(GPa)
0	26.4	32.8	2.9	3.2	9.8
2	21.7	24.3	2.5	4.6	8.4
4	23.8	27.4	2.4	5.8	7.3
6	24.6	28.8	2.7	5.9	6.9
8	23.4	28.5	2.5	5.9	6.8
10	25.2	30.2	2.4	6.1	6.8

4) 防气窜性能

图8-34和图8-35为不同温度下水泥浆稠化曲线,稠化曲线过渡时间很短,呈"直角"稠化,有利于防止环空油气水窜,图8-35为水泥浆静胶凝强度测试图,水泥浆静胶凝强度过渡时间短,低温强度发展快。

(二)带顶部封隔器的尾管悬挂器

针对高石梯—磨溪区块前期大部分固井后喇叭口窜气及气测异常等问题,研发了 ϕ177.8mm 带顶部封隔器的尾管悬挂器。在高石梯—磨溪区块的 ϕ177.8mm 尾管固井中应用30余井次,基本解决了喇叭口窜气,保障了后续的钻完井安全作业(表8-20,图8-36)。

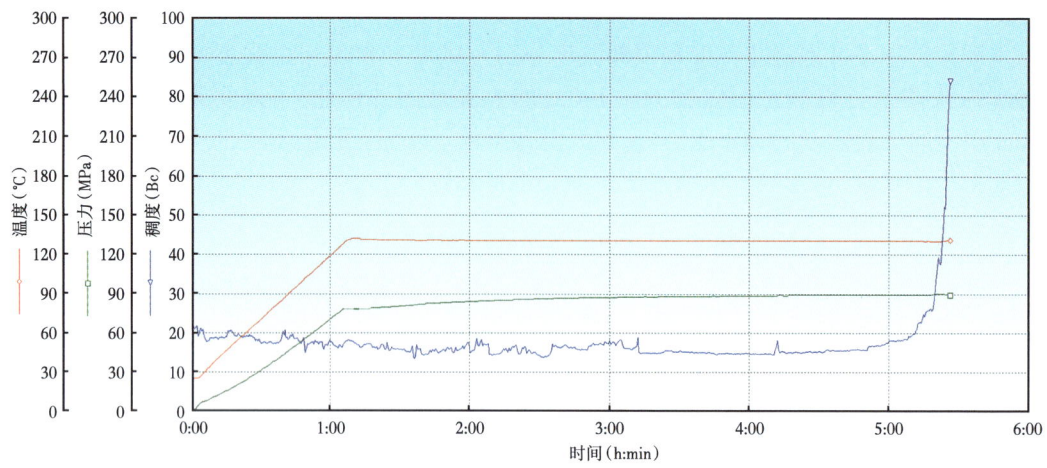

图 8-34　水泥浆在 130℃ 下的稠化曲线

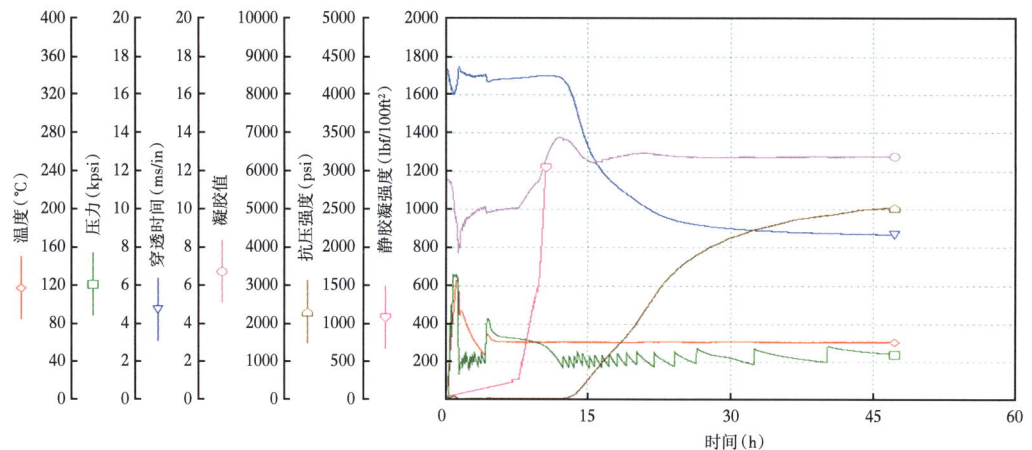

图 8-35　水泥浆静胶凝强度测试图

表 8-20　XG70-40 封隔式高压尾管悬挂器主要技术指标

型号规格	最大外径 （mm）	最大悬挂 重量（tf）	钻后通径 （mm）	坐挂压力 （MPa）	憋通压力 （MPa）
XG70 SFS 245×178	215	250	153	10,12,15(±1)	20,22,25(±1)
	抗内压 （MPa）	封隔器坐封载荷 （tf）	最大封隔压差 （MPa）	适用温度 （℃）	
	70	25~30	40	0~200	

(三)"以快制气"尾管防窜工艺技术

高石梯—磨溪区块固井质量差的井段主要集中在上部缓凝封固段，而水泥浆早期强度发展低影响了对气层的有效封固，使得水泥浆未胶凝前气体在水泥浆基体内窜流，形成连续或不

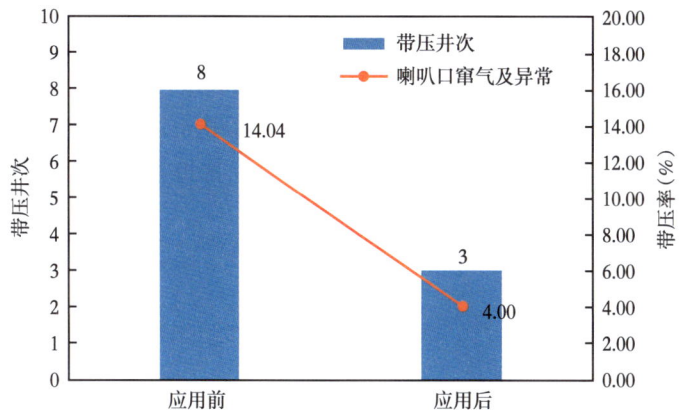

图 8-36 高石梯—磨溪区块 φ177.8mm 带顶部封隔器的尾管悬挂器应用效果

连续的窜槽通道,进而影响封固质量。提高上部水泥石的早期强度发展,就能对气层段实现以快制气的目的,因此,对 φ177.8mm 套管环空水泥浆浆柱结构进行优化,即采用双凝浆柱结构,两凝界面提高至上层套管鞋以内,快干水泥浆封固全部气侵及气测异常井段,有效抑制候凝期间龙潭组和长兴组以上井段的气窜。同时,改善水泥浆体系,提高稳定性,增加微膨胀特性,并严格控制快干水泥浆稠化时间,快干水泥浆顶部 12h 内起强度,达到"以快制气"的效果。

表 8-21 试验井环空浆柱优化

井号	气层顶界(m)	上层套管下深(m)	快干浆顶界(m)	优质率(%)	合格率(%)
高石 105	3700	2710.62	3600	36.2	92.9
高石 32	3262	2478	2700	46.8	89.5
磨溪 008-12-X1	3283	3238.2	4300	34.5	72
磨溪 009-4-X2	3312	3242	3100	74.8	94.5
磨溪 009-3-X3	4013	3202	3202	45.5	70.6

集成应用高压带顶部封隔器的尾管悬挂器、高密度大温差防气窜水泥浆体系、"以快制气"防窜固井等工艺,综合配套形成了 7in 尾管防气窜固井技术,高石梯—磨溪区块龙王庙组的 φ177.8mm 尾管固井 30 口,平均平均合格率达到 72.4%,部分井固井质量创新高,如磨溪 009-4-X2 井平均优质率达到 74.8%,磨溪 008-7-X2 井平均合格率达到 97.6%,为安全和高效钻完井作业提供了保障。

第二节 经济高效改造—测试一体化技术

磨溪区块龙王庙组白云岩气藏微裂缝和毫米—厘米级溶蚀孔洞发育[1],主要为裂缝—孔洞型储层,局部发育裂缝—孔隙型、孔隙型等储层类型,非均质性极强[2]。长井段大斜度井和水平井是磨溪区块龙王庙组气藏实现高效开发的重要手段,过平衡钻进过程中钻井液漏失或侵入对储层伤害严重,需要酸化改造有效解除钻完井液伤害,充分释放气井自然产能。形成长井段大斜度井和水平井智能基管均匀改造技术和高效可溶性暂堵转向改造技术,现场应用30口井,其中28口井测试日产气量超过$100×10^4m^3/d$,累计获得测试产量$4485.76×10^4m^3/d$。其中,智能基管完成井8口,采用变转向剂浓度转向酸分层分段改造工艺,累计获得井口测试产量$1233.46×10^4m^3/d$,平均单井改造后测试产量$154.18×10^4m^3/d$,增产倍比1.78,与射孔完井相比,单井节约射孔和固井成本近千万元,大幅度降低了完井成本,同时可缩短完井周期8~10d,强力支撑了龙王庙组气藏高效开发。

一、智能基管均匀改造技术

针对气藏具有非均质性的特点,其渗透率是不同的。水平井在酸化解堵时,酸液从根端沿水平方向向指端流动,由于井筒内已有流体的顶阻作用且水平段较长,酸液大部分消耗在根端,其他部位酸液少或者没有酸液而酸化不到,影响酸化增产效果。衬管完井水平井酸化改造的目的就是要实现水平井段上的均匀布酸。通过理论研究与实验评价,依据储层物性差异进行变密度割缝参数设计,同时优化衬管缝眼过流阻力,来达到均匀布酸的目的。

1. 缝眼过流阻力分析

1) 过流面积分析

缝眼通过能力考虑以下两个方面的因素:(1)由于衬管的下壁与井眼直接接触,实际有效的过流面积为理论割缝面积的80%左右;(2)缝眼可能被砂堵,考虑极限情况下80%的缝眼可能被堵,因此,要求在考虑上述极限情况下割缝衬管有效通过面积大于油管过流面积所需最短衬管长度见表8-22。考虑配产$100×10^4m^3/d$,衬管长1000m,则计算不同方案的过流阻力见表8-23。

表8-22 不同方案所需衬管长度

方案	最少需要衬管长度(m)	
	$3\frac{1}{2}$in 油管,壁厚6.45mm	$4\frac{1}{2}$in 油管,壁厚6.88mm
方案1	29	50
方案2	29	50
方案3	15	25

表8-23 不同方案过流阻力表

方案	开口面积(%)	缝宽(mm)	缝长(mm)	缝数(条/m)	衬管剩余强度(MPa)	过流阻力(MPa)
方案1	0.25	0.5	60	50	82.77	0.6763
方案2	0.25	1	60	25	84.63	0.3381
方案3	0.5	1	60	50	82.77	0.1691

若考虑过流阻力来说:方案3最好;考虑衬管剩余强度:方案2最好。在强度满足要求的情况下,应尽量减少流通阻力,因此首选方案3,次选方案2,最后是方案1。

2) 防冲蚀分析

缝眼防冲蚀同样主要考虑以下两个方面的因素:(1)由于衬管的下壁与井眼直接接触,实际有效的过流面积约为理论割缝面积的80%左右;(2)缝眼可能被砂堵,考虑极限情况下80%的缝眼可能被堵。因此,根据缝眼冲蚀公式,计算配产 $100 \times 10^4 \sim 250 \times 10^4 \mathrm{m}^3/\mathrm{d}$,不同方案最短需要的衬管长度,见表8-24。

表8-24　不同方案不同产气量下所需衬管长度表

产量	防冲蚀最少需要衬管长度(m)		
($10^4\mathrm{m}^3$/d)	方案1	方案2	方案3
100	13	13	7
150	20	20	10
200	26	26	13
250	33	33	16

3) 割缝参数推荐方案

根据前面的计算结果,具体方案见表8-25。

表8-25　最后推荐衬管割缝参数表

开口面积(%)	缝宽(mm)	缝长(mm)	缝数(条/m)	衬管剩余强度(MPa)	布缝格式	挡砂精度(目)	挡砂精度(mm)	衬管所需最短长度(m)
0.2	1	60	13	84	120°相位角螺旋布缝	40~45	0.398~0.402	11.88

注:每根衬管内螺纹下面0.5m不割缝,外螺纹上面0.3m不割缝。

衬管缝型推荐采用:(1)断面缝型采用梯形缝;(2)表面缝形采用直线型;(3)布缝类型采用螺旋布缝。梯形缝横截面如图8-37所示。

2. 衬管割缝参数优化

对衬管进行割缝参数优化的目的就是针对储层非均质性,通过优化设计衬管割缝参数,来保证下入井筒中的衬管每处向储层中渗透的酸液量基本相同,不受储层渗透率的影响,即:$Q_1(K_1,R_1) = Q_2(K_2,R_2) = Q_3(K_3,R_3) = \cdots$,其中,$Q$为酸液量,$R$为衬管的流动阻力系数,$K$为储层渗透率。

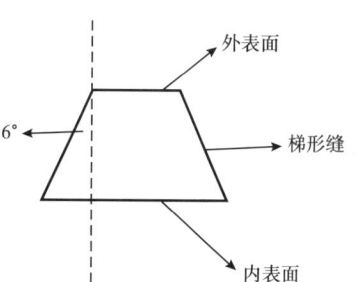

图8-37　衬管断面梯形缝横截面示意图

基于气藏储层特征,开展不同排量下酸化效果模拟对比分析,优化衬管割缝参数,为储层实现均匀改造提供基础。以磨溪008-H1井为例,对衬管割缝参数进行优化分析。

1) 储层特征分析

测井解释证实储层发育,本井测井共解释20段储层,累计段长462.0m,孔隙度1.0%~7.0%,含水饱和度9%~30%。其中差气层6段,累计厚77.0m;气层14段,累计厚385.0m。该井孔隙度和渗透率分布情况分别如图8-38和图8-39所示。

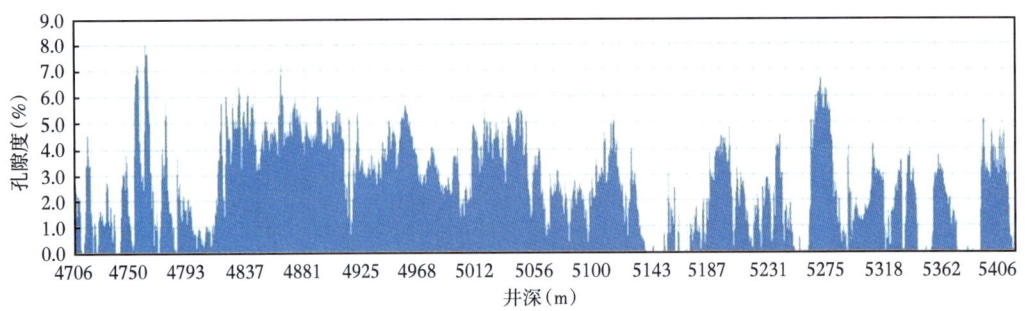

图 8-38 测井孔隙度沿井深分布图

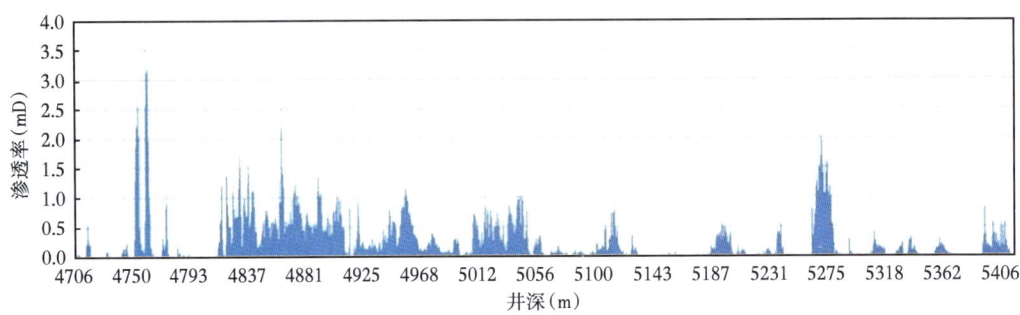

图 8-39 测井渗透率沿井深分布图

2) 酸化效果模拟分析

酸化时,井筒流入动态如图 8-40 所示。基于该流动原理,采用 Landmark 软件公司的 NETool 软件计算得到不同排量下,井筒动态流入剖面(图 8-41 和图 8-42)。

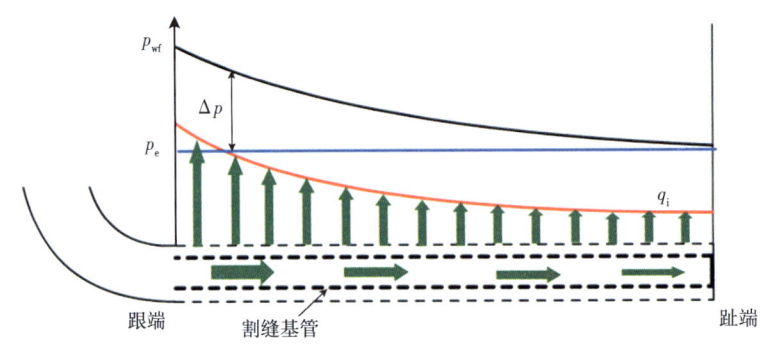

图 8-40 酸化工况下井筒流入动态示意图

为了研究不同渗透率层位下的动态流入情况,根据产层渗透率分布,把水平段分成三段,做对比研究,如图 8-43 所示。

分段结果为:第一段 4740~4770m,第二段 4800~5060m,第三段 5180~5280m。

计算不同排量下各段流入量,如图 8-44 所示,酸液主要分布在靠近 A 点部分,其余层段进液较少,甚至不进液。

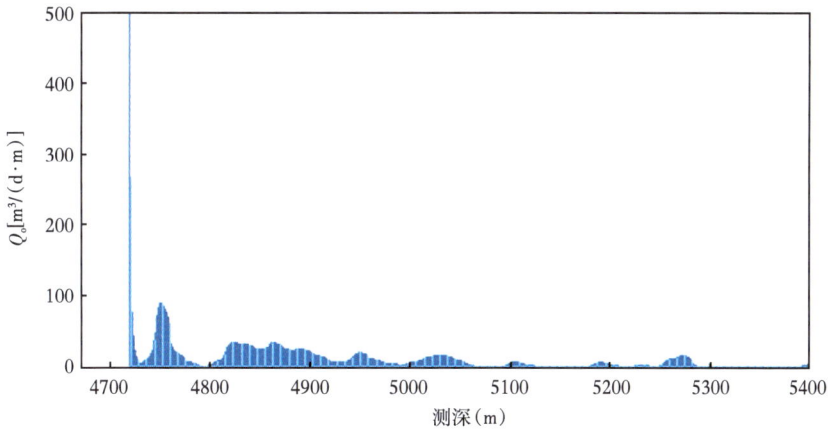

图 8-41　6m³/min 排量下酸化效果模拟（衬管到环空）

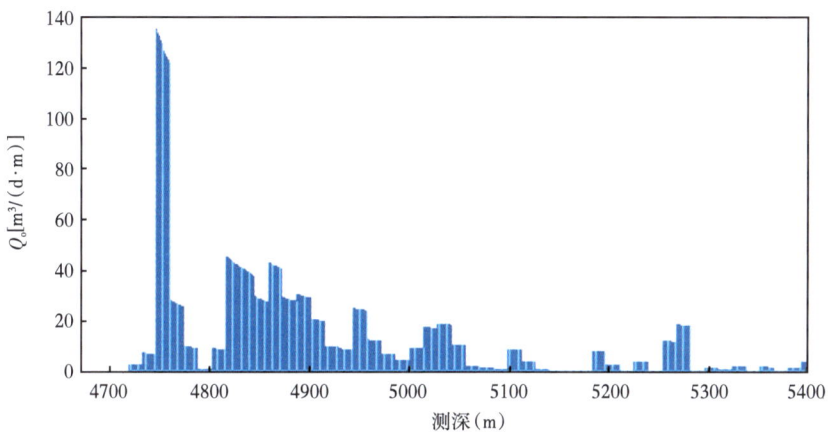

图 8-42　6m³/min 排量下酸化效果模拟（环空到地层）

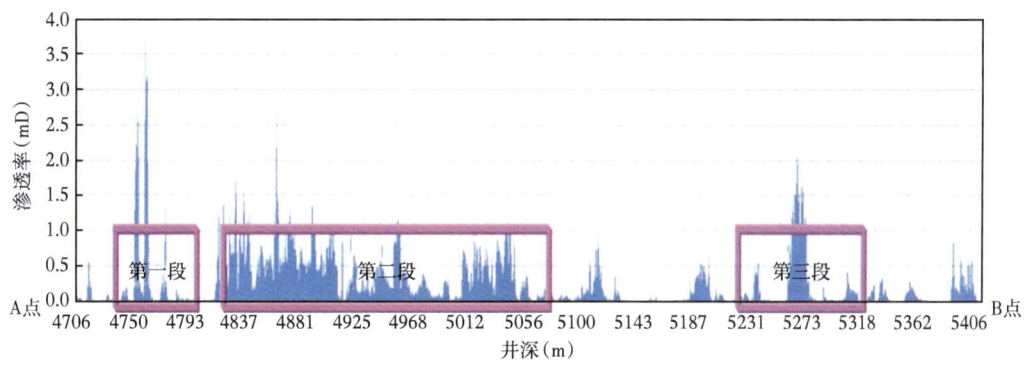

图 8-43　测井渗透率沿井深分布水平井分段示意图

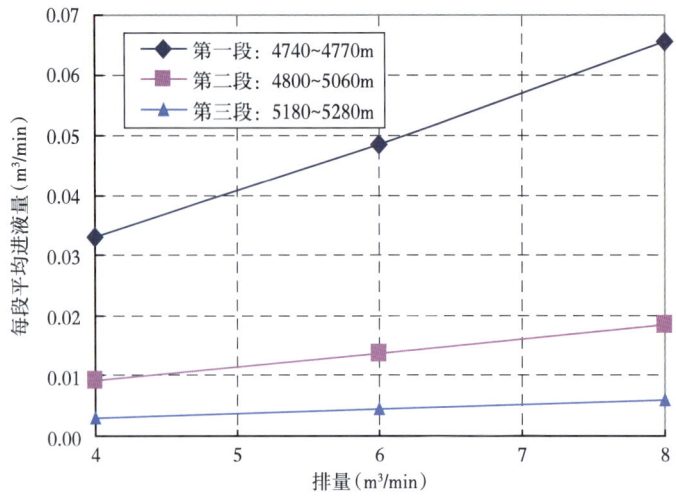

图 8-44 不同排量下酸化效果对比

根据综合对比可以看出:随着排量的增加,各段进液量都有所增加,但是第一段增加速度大于第二段也大于第三段,并且对第三段影响较小。也就是说随着酸化排量的增加,主要对 A 点附近改造效果提升较大,对 B 点附近地层提升不大。

3)不同完井参数情况下酸化效果对比

为进行不同完井参数下的对比研究,共考虑了 3 种情况:

(1)考虑加管外封隔器变割缝参数完井(表 8-26)。

(2)考虑不加管外封隔器变割缝参数完井(表 8-27)。

(3)采用磨溪 008-H1 井统一完井参数(表 8-28),酸化排量都考虑 6m³/min,采用 NETool 软件对这三种情况进行模拟。

表 8-26 加管外封隔器变割缝参数完井(排量 6m³/min)

井段	缝宽(mm)	缝长(mm)	缝数(条/m)	布缝格式
第一段(4705~4800m)	0.6	20	0.1	120°相位角螺旋布缝
第二段(4800~5060m)	0.6	40	0.1	120°相位角螺旋布缝
第三段(5060~5436m)	1	60	13	120°相位角螺旋布缝

注:封隔器 1 坐封位置 4800m,封隔器 2 坐封位置 5060m。

表 8-27 不加管外封隔器变割缝参数完井(排量 6m³/min)

井段	缝宽(mm)	缝长(mm)	缝数(条/m)	布缝格式
第一段(705~4800m)	0.6	20	0.1	120°相位角螺旋布缝
第二段(4800~5060m)	0.6	40	0.1	120°相位角螺旋布缝
第三段(5060~5436m)	1	60	13	120°相位角螺旋布缝

注:封隔器 1 坐封位置 4800m,封隔器 2 坐封位置 5060m。

表8-28 磨溪008-H1井完井参数(排量6m³/min)

缝宽(mm)	缝长(mm)	缝数(条/m)	布缝格式
1~1.2	60	13	120°相位角螺旋布缝

根据计算结果可以看出,采用加封隔器+变参数完井方式,与不加封隔器变参数完井在第一段和第三段都对储层进行了有效的改造,而全井筒采用统一参数情况下(如磨溪008-H1井),跟趾差异较大。因此,通过计算表明,采用变参数情况下可不加管外封隔器即可达到对产层的相对均匀改造,改造效果明显优于统一参数下的完井方式。

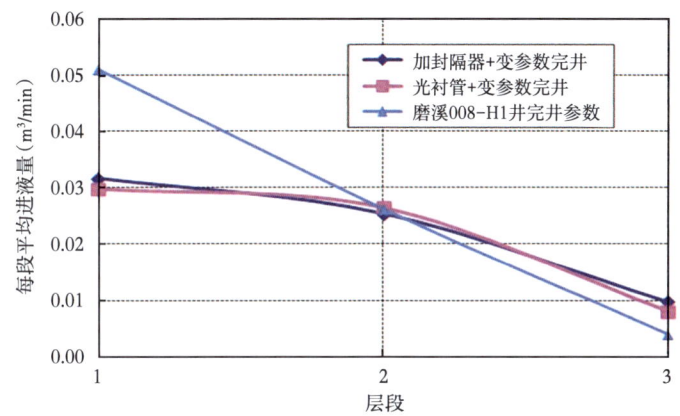

图8-45 不同完井参数下各段进液量对比图

二、可溶性暂堵转向改造技术

针对磨溪区块龙王庙组气藏射孔完成的大斜度井和水平井,研发低密度、承压能力强的可溶性暂堵球,配合具有分流能力的转向酸,形成了高效可溶性性暂堵球复合转向技术,现场应用22井次,累计获得井口测试产量 $3252.30\times10^4m^3/d$,平均单井改造后测试产量 $147.83\times10^4m^3/d$,增产倍比达2.20。

(一)可溶性暂堵球

针对磨溪区块龙王庙组储层特征,研发可溶性暂堵直径5~50mm、密度1.23~1.79g/cm³、溶解时间3~5h可调(图8-46),在130℃的温度下,将直径为13.5mm的暂堵球分别坐封于直径9mm和10mm球座上,加压至70MPa左右反复多次打压(图8-47),暂堵球无变形和破碎现象,说明暂堵球具有70MPa以上的承压能力。

暂堵球在不同温度下20MPa清水和酸液中的溶解实验结果见表8-29。

表8-29 不同温度下20MPa清水中暂堵球溶解实验

试验温度	90℃			130℃			150℃		
暂堵球规格(mm)	13	15	18	13	15	18	13	15	18
原始直径(mm)	11.74	14.98	17.86	13.36	15.08	18.00	12.96	15.00	17.92
溶解3h后直径(mm)	11.68	14.80	17.86	11.58	13.18	16.12	7.10	11.88	13.46

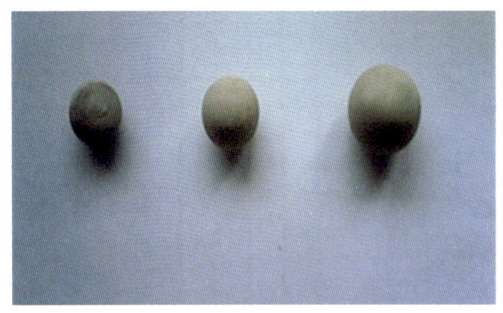
(a)溶解前外观

(b)130℃下溶解3h后外观

图 8-46 可降解堵塞球溶解实验前后外观

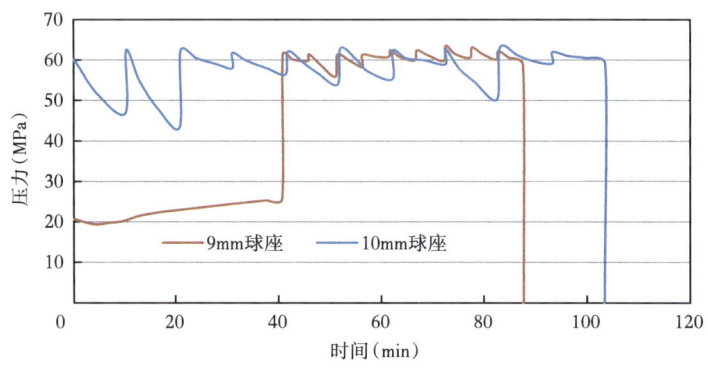

图 8-47 暂堵球承压能力实验曲线

暂堵球在不同温度下常规酸和转向酸中的溶解实验结果见表 8-30,可知温度越高,暂堵球溶解速度越快,当温度低于 90℃后,暂堵球基本不溶于清水。而在酸液中,温度越高,溶解速度越快,在 95℃以下时,酸对球的溶解度较慢,溶解体积均在 10%以下,且转向酸和常规酸的溶解速度基本一致。可降解暂堵球转向酸压具有节约试油时间和成本、不进入地层、完全溶解(不堵塞管柱和流程)的优点。

表 8-30 不同温度下 20MPa 清水中暂堵球溶解实验

酸液类型	时间(h)	95℃	90℃	80℃	70℃	60℃	50℃
常规酸	0	13.54	13.24	13.24	13.24	13.40	13.24
	1	13.40	13.08	13.14	13.24	13.38	13.24
	2	13.00	13.00	13.14	13.23	13.36	13.24
	3	13.28	12.66	12.94	13.22	13.34	13.28
	4	12.26	12.54	12.80	13.22	13.34	13.24
转向酸	0	12.80	12.84	12.86	12.99	12.96	12.96
	1	12.54	12.54	12.70	12.96	12.90	12.94
	2	12.00	12.24	12.26	12.76	12.86	12.94
	3	11.80	12.30	12.16	12.68	12.84	12.90
	4	11.44	12.00	12.00	12.62	12.80	12.90

(二)复合转向改造技术

1. 技术原理

可溶性暂堵球转向酸化工艺的主要原理是采用一种可溶性的暂堵球,酸化时随酸液泵注进地层中。根据流动阻力最小的原理,酸液将优先进入流动阻力较小的高渗透层或裂缝,酸液携带暂堵球到射孔孔眼形成封堵,阻碍后续酸液继续进入高渗透层使酸液往相对低渗储层转移,从而调节各层的注入能力,最终达到各层均匀进酸的目的(图8-48);同时转向酸在被高压挤入地层之后,首先会沿着较大的孔道与碳酸盐岩发生反应,随着酸岩反应的进行,酸液黏度自动增加,变黏后的酸液对大孔道进行堵塞,迫使注入压力上升,鲜酸进入孔道相对较小的储层,并再次与储层岩石进行反应,并再次发生黏度升高,注入酸压力升高。直到上升的压力使酸液冲破对渗透率较大的大孔道的暂堵,酸液才会继续前进,这样实现了层内的暂堵转向。转向酸+可降解暂堵球暂堵转向酸化通过物理与化学复合转向工艺的结合,实现了层间与层内的均匀布酸。一旦施工结束,井筒中的压力下降,球将脱离射孔孔眼,堵塞球可在地层温度下溶解。

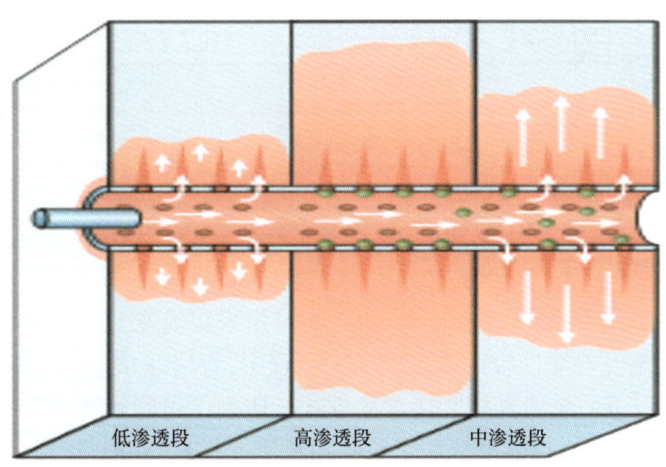

图8-48 可降解暂堵球分层转向示意图

2. 暂堵位置及暂堵级数设计

可溶性暂堵球转向酸化工艺采用转向酸+可溶性堵塞球多级交替注入的形式,逐段暂堵高渗透储层段形成段间在暂堵转向,所以暂堵位置的选择(或暂堵级数设计)是工艺关键。暂堵位置选择主要依据几点:

(1)根据施工段储层的物性情况确定:由于磨溪区块龙王庙组储层缝洞发育,微细裂缝对渗透率具有较大贡献(表8-31),因此优先暂堵裂缝发育层段,促进基质孔隙发育段的吸液;同时随着基质孔隙度的增大,储层渗透率也逐渐增大(图8-49),因此二级暂堵Ⅰ类储层发育段,促进Ⅱ类和Ⅲ类储层段的吸液。

(2)根据钻井过程中钻井液漏失位置来确定,漏浆位置裂缝和溶洞较为发育,酸液会加速倒灌,需对其进行暂堵作业。

表 8-31　磨溪区块龙王庙组储层典型样品物性与裂缝统计表

序号	孔隙度(%)	渗透率(mD)	备注
1	3.89	0.00252	微细裂缝不发育
2	2.62	7.92	微细裂缝发育
3	11.28	4.91	溶蚀孔洞、微细裂缝发育
4	5.15	11	微细裂缝发育

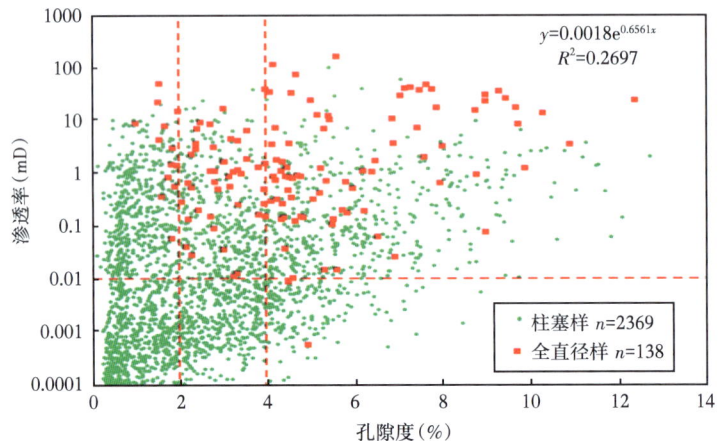

图 8-49　龙王庙组孔隙度为渗透率关系

3. 暂堵球注入方式及用量设计

1) 注入方式

考虑现场地面投球的施工风险,需要降低施工排量来实现施工压力降低,从而保证现场作业人员安全,同时为避免在泵注投可降解暂堵球过程中,暂堵球从射孔孔眼脱落,采用降排量控制压力在 40MPa 以下的泵注投放暂堵球的方式。研制了可降解暂堵球投放的专用地面投球器设备(图 8-50),每个投球器能够满足 600 颗暂堵球投放,采用投球器组合形式能够满足更多颗数的可降解暂堵球投放需求。

2) 用量设计

根据暂堵球暂堵室内实验,由于重力作用 1 号位置(图 8-51)对于排量要求最低,最先封堵,因此在水平段上暂堵球会优先坐放在靠近下部井壁的孔眼,随着酸液的运移,下部井壁孔眼被全部封堵后,孔眼流量上涨才能使上部井壁的孔眼封堵,但封堵下部井壁的过程中部分暂堵球会随着酸液的运移到暂堵段底部,而不能回到暂堵段上部,未能起到暂堵高渗透层的目的,因此附加一个系数确保高渗段能够完全被暂堵球封堵,根据现场实践优化,大斜度井/水平井附加系数为 1.1~1.2。

各次暂堵球大小及用量根据下式确定:

$$n_b = (1.1 \sim 1.2) n_p \tag{8-1}$$

式中　n_p——射孔孔眼数量,个;

　　　n_b——暂堵球用量,颗。

第八章 高产大斜度井和水平井钻完井工程

图 8-50 可降解暂堵球投放的专用地面投球器设备

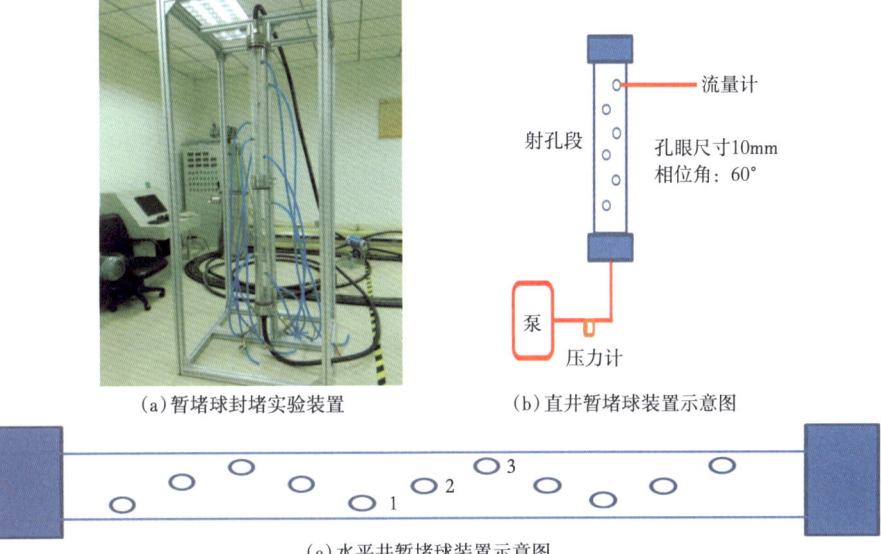

(a)暂堵球封堵实验装置 (b)直井暂堵球装置示意图

(c)水平井暂堵球装置示意图

图 8-51 暂堵球封堵室内实验装置

4. 送球排量优化

堵塞球对射孔孔眼的封堵效果受两方面的影响：

（1）堵塞球能否坐在射孔孔眼上，这取决于液体流向射孔孔眼的流速对球产生的拖拽力与球的惯性力的相对大小；

（2）已坐在孔眼上的堵塞球能否继续封堵，这取决于球在孔眼上的附着力与井筒内流体流动产生的脱落力的相对大小。

由于所用暂堵球密度比送球液（酸液）密度更大，暂堵球在压裂管柱中垂直向下的流速 u_b

— 269 —

是送球液在管柱内的流速 u_f 与暂堵球在送球液中的沉降速度 u_s 之和,即:

$$u_b = u_f + u_s \tag{8-2}$$

在直径为 D 的管柱内,液体的平均流速 u_f 为:

$$u_f = 2.122 \times 10^{-2} \times \frac{Q}{D^2} \tag{8-3}$$

式中　Q——送球液排量,m^3/min;

　　　D——压裂管柱内径,m。

在紊流状态下,暂堵球在管柱中的沉降速度为:

$$u_s = \frac{3.615}{1 + \dfrac{d_b}{D - d_b}} \sqrt{\frac{(\rho_b - \rho_f) d_b}{\rho_f f_d}} \tag{8-4}$$

式中　ρ_b——暂堵球密度,kg/m^3;

　　　ρ_f——送球液密度,kg/m^3;

　　　f_d——阻力系数。

大斜度井/水平井中暂堵球到达孔眼处,受到的力主要有:使球靠近孔眼的拖拽力 F_D 和维持球继续往水平方向流动的惯性力 F_I 作用。

考虑到送球液在射孔段流动时,每经过一个射孔孔眼,必然会产生流体外流,从而使得各个孔眼处的堵塞球惯性力由跟端向趾端方向逐渐下降,对送球液流速(暂堵球速度)进行修正,暂堵球在压裂管柱中所受的最大惯性力为:

$$F_I = 0.2168 \frac{\rho_b d_b^3}{D} \left(2.12 \times 10^{-2} \times \frac{QZ}{nD^2} + u_s \right) \tag{8-5}$$

送球液对暂堵球的拖拽力为:

$$F_D = 4.4210 \times 10^{-5} \times \frac{f_d \rho_f d_b^2 Q^2}{n^2 d_p^4 C_D^2} \tag{8-6}$$

式中　Z——暂堵孔眼计数,从下到上为 $1, 2, \cdots, n$;

　　　n——射孔孔眼数;

　　　d_p——射孔孔眼直径,m;

　　　C_D——流量系数,一般取 0.82。

暂堵球坐封在射孔孔眼后,同时受到使暂堵球脱离孔眼的力 F_u 以及将球维持在孔眼上的持球力 F_h 的作用。考虑到暂堵球的部分面积隐藏在射孔孔眼外,流体流动使球脱落的力 F_u 由式(8-7)计算:

$$F_u = 0.3927 f'_d \rho_f v_f^2 \left(d_b - \frac{d_b^2 \theta}{\pi} + \frac{d_b}{\pi} \sqrt{d_b^2 - d_p^2} \right) \tag{8-7}$$

式中　f'_d——阻力系数,与 f_d 的计算方法相同。

持球力是由射孔孔眼内外压差作用在孔眼面积上而实现的,还与堵塞球与射孔孔眼几何尺寸的比值有关。

$$F_h = 1.765 \times 10^{-4} \times \rho_f d_p^2 Q \left(\frac{1.062}{n^2 d_p^2 C_D^2} - \frac{1}{D^4} \right) \times \frac{d_p}{\sqrt{d_b^2 - d_p^2}} \tag{8-8}$$

为了使暂堵球稳稳地座封在射孔孔眼上,并且不脱离,就必须满足的条件是:

$$\begin{cases} F_D \geqslant F_I \\ F_u \leqslant F_h \end{cases} \tag{8-9}$$

由以上公式可以得到控制排量方程,根据这个方程计算出在不同射孔长度上的送球排量。

5. 应用实例

磨溪009-X2井是磨溪构造西高点高部位的一口大斜度井,采用射孔完井(图8-52)。射孔井段为5035.0~5050.0m、5070.0~5325.0m和5360.0~5400.0m,射孔累计厚度310m,射孔跨度365m。采用86枪、先锋弹射孔,孔密16孔/m,60°相位角螺旋布孔。该井龙王庙组采用1.83~1.84g/cm³的钻井液钻进过程中见5次气测异常显示。测井解释6段储层,累计厚度413.5m,孔隙度2.0%~12.3%。其中差气层5段,累计厚度137.0m(表8-32);气层1段,累计厚度276.5m。成像测井显示天然裂缝、溶蚀孔洞,综合测井解释成果如图8-53所示。

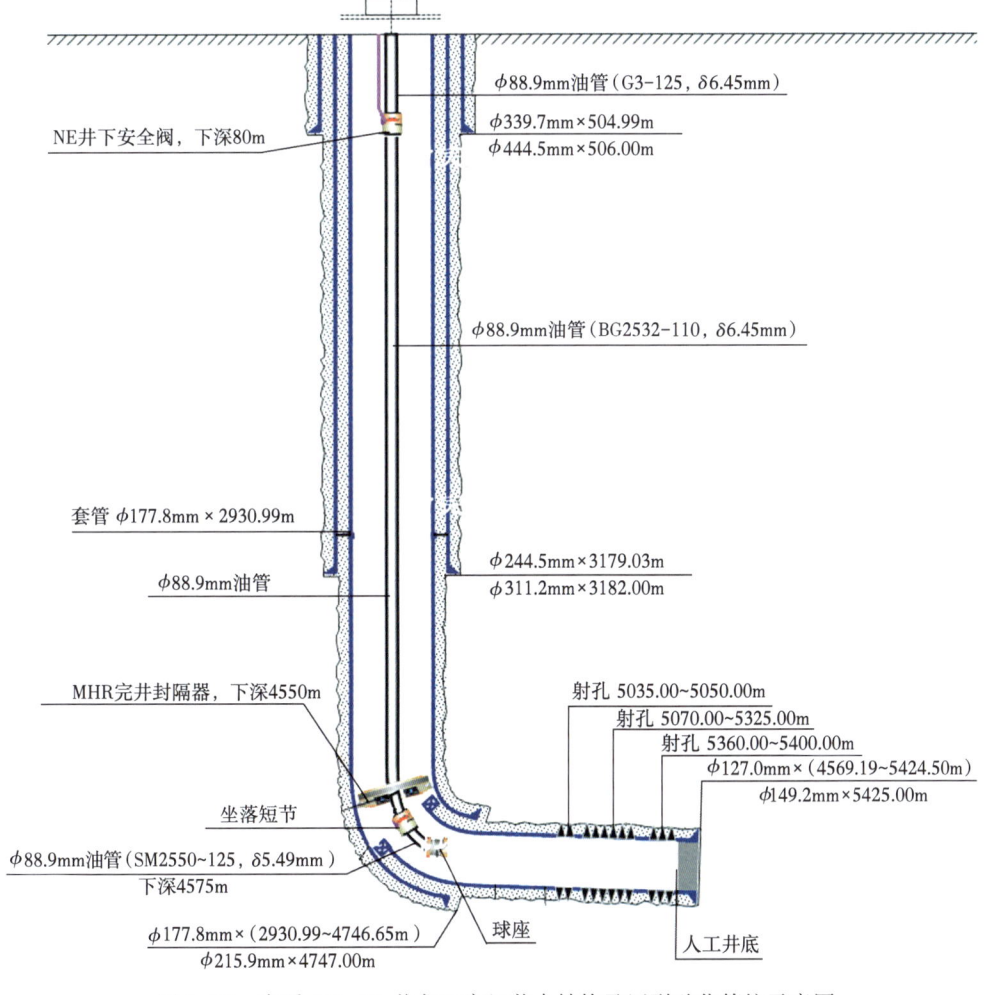

图8-52 磨溪009-X2井龙王庙组井身结构及压裂酸化管柱示意图

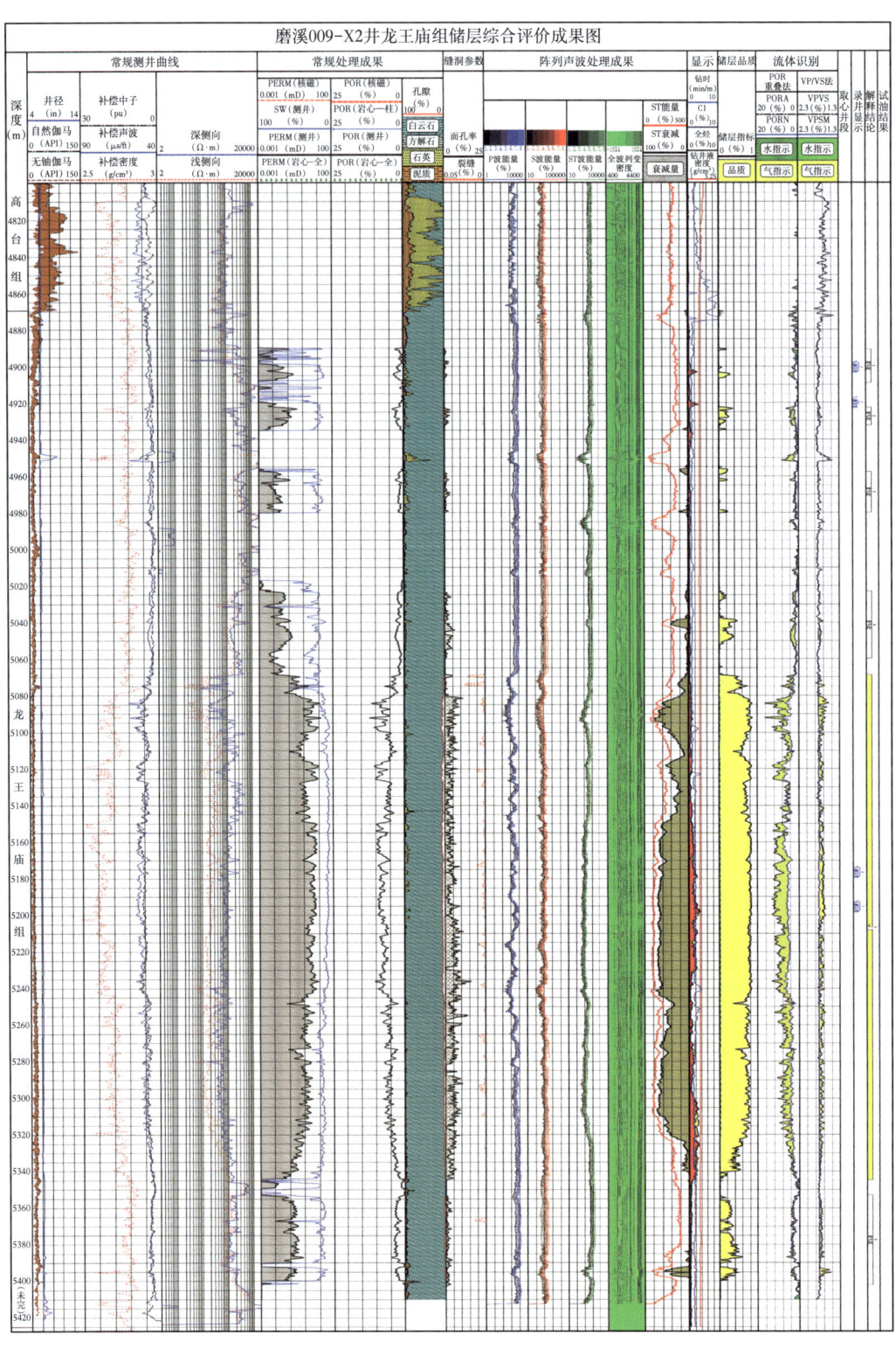

图 8-53 磨溪 009-X2 井综合测井解释成果图

表 8-32 磨溪 009-X2 井测井解释成果表

井段 (m)	厚度 (m)	自然伽马 (API)	补偿声波 (μs/ft)	补偿中子 (PU)	补偿密度 (g/cm³)	深侧向 (Ω·m)	浅侧向 (Ω·m)	孔隙度 (%)	含水饱和度 (%)	解释结论
4890.5~4909.0	18.5	14.1~28.2	45.5~47.9	2.4~4.1	2.75~2.84	112~5274	73~3838	2.0~3.5	10.8~100	差气层
4922.5~4932.5	10	11.3~17.4	46.0~48.6	2.1~3.4	2.64~2.83	808~3032	769~3093	2.0~4.2	12.2~24.2	差气层
4957.5~4980.0	22.5	12.3~14.7	45.5~47.2	2.2~2.9	2.74~2.80	2458~5308	1576~3744	2.0~2.9	13.0~17.8	差气层
5023.0~5060.0	37	9.9~16.1	45.3~48.1	2.0~3.1	2.70~2.84	1232~7886	862~5385	2.0~3.2	9.3~28.1	差气层
5068.5~5345.0	276.5	7.4~33.5	45.0~60.6	2.6~9.6	2.48~2.87	82~5156	19~1176	2.0~12.3	4.5~37.2	气层
5353.0~5402.0	49	11.5~24.1	44.6~49.1	2.8~5.2	2.58~2.83	753~3036	530~2320	2.0~5.0	11~31	差气层

磨溪 009-X2 井改造立足于解除钻完井过程中钻井液及压井液对储层段造成的伤害,力争实现大斜度水平段上均匀布酸,设计采用可溶性暂堵球转向酸化工艺。施工采用 KQ78-70MPa 井口,ϕ88.9mm 油管注入,施工规模为 480m³ 转向酸;13.5mm 可降解暂堵球 1100 颗分两次投入,第一次投 600 个球暂堵 I 类储层和溶蚀孔洞发育段,第二次投 500 个球暂堵溶蚀孔洞相对发育段,施工排量为 4.0~4.5m³/min(图 8-54)。酸液进入地层后,施工压力下降 40.0MPa,解除近井地带堵塞,转向酸进入地层后暂堵压力上升 6.49MPa,暂堵球暂堵上升 22.8MPa,二次投球暂堵球暂堵上升 20.3MPa,实现了均匀布酸的施工目的。酸化前测试产量 113.0×10⁴m³/d,酸化后测试产量 203.79×10⁴m³/d,增产倍比 1.803。

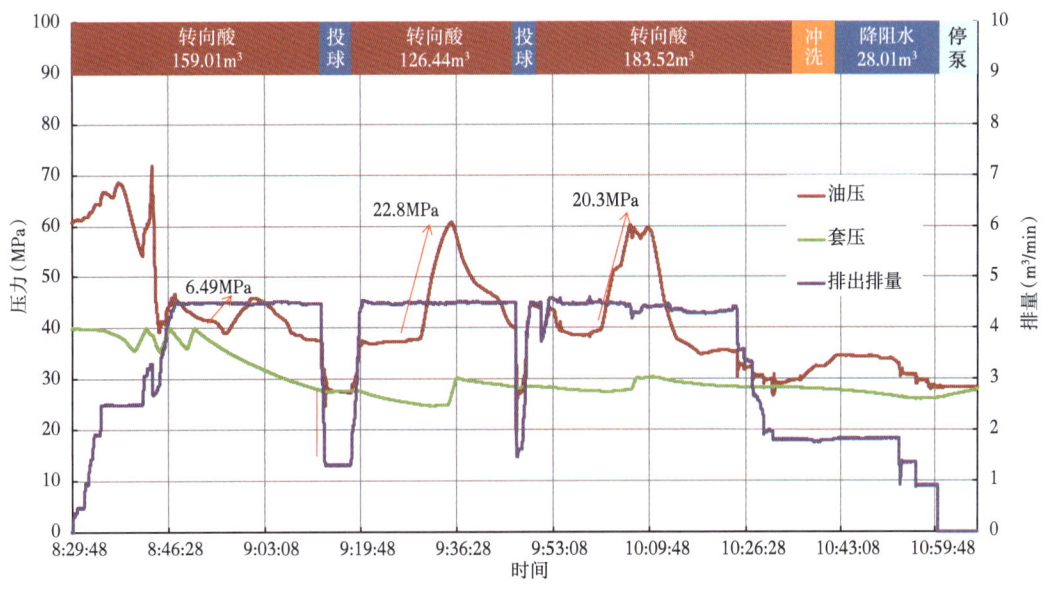

图 8-54 磨溪 009-X2 井可降解暂堵球转向酸化施工曲线

三、安全环保测试技术

(一)井下测试技术

1. APR 全通径井下测试工具

不同种类的 APR 工具通过沟通与切断油管与套管及地层的不同组合完成诸如替液、射孔、酸化、气举、测试、关井等多个工序,最终实现高温高压高酸性气藏测试(表 8-33)。

表 8-33　APR 全通径工具分类

种类	功能	工具名称
循环阀	多次沟通、切断油套	OMNI 阀
	一次性沟通油套(破裂盘式)	(HTHP RD)RD 循环阀
关断阀	一次性切断地层与油管通道	RD 安全循环阀
	多次沟通、切断地层与油管通道	LPR-N 阀
安全装置	井下管柱遇卡倒开起出上部管柱	RTTS 安全接头
	尾管或射孔枪遇卡倒开起出上部管柱	尾管安全接头
	管柱解卡过程中提供瞬时冲力,振动解卡	震击器
封隔器	隔断油套环空,建立测试通道	RTTS 封隔器
功能性附件	提供自由行程,补偿管柱轴向形变产生的附加应力,改善管柱轴向受力恶劣	伸缩接头
	携带存储式电子压力计,记录井下温度压力数据	压力计托筒
	测试结束后,保存地层流体,随起出管柱带出地面	RD 取样器
	下钻时延时关闭循环孔,避免激动效应;解封时平衡胶筒上下压差,避免活塞效应,帮助解封封隔器	液压旁通
	记录井下施工期间压力温度数据,为试井解释提供基础参数	电子压力计

1)全通径多次循环开关阀

全通径多次循环开关阀(简称 OMNI 阀)是 APR 系列测试工具中功能最多也是现场应用最广泛的测试阀,靠环空加压、泄压进行操作,具有多次开关的能力,可以实现沟通油套、切断地层;切断油套、连通地层以及同时切断油套、地层三个不同的工作状态(图 8-55)。在 OMNI 阀的不同工作状态下,可以实现不同的测试工艺,大大降低勘探成本。OMNI 阀技术参数见表 8-34。

表 8-34　OMNI 阀技术参数

外径(mm)	99	127
通径(mm)	45	57
工作压力(MPa)	70	70
过流面积(mm^2)	1526	1719
使用环境	全 175°F 以上防硫,符合 NACE MR 0175—2002 标准	

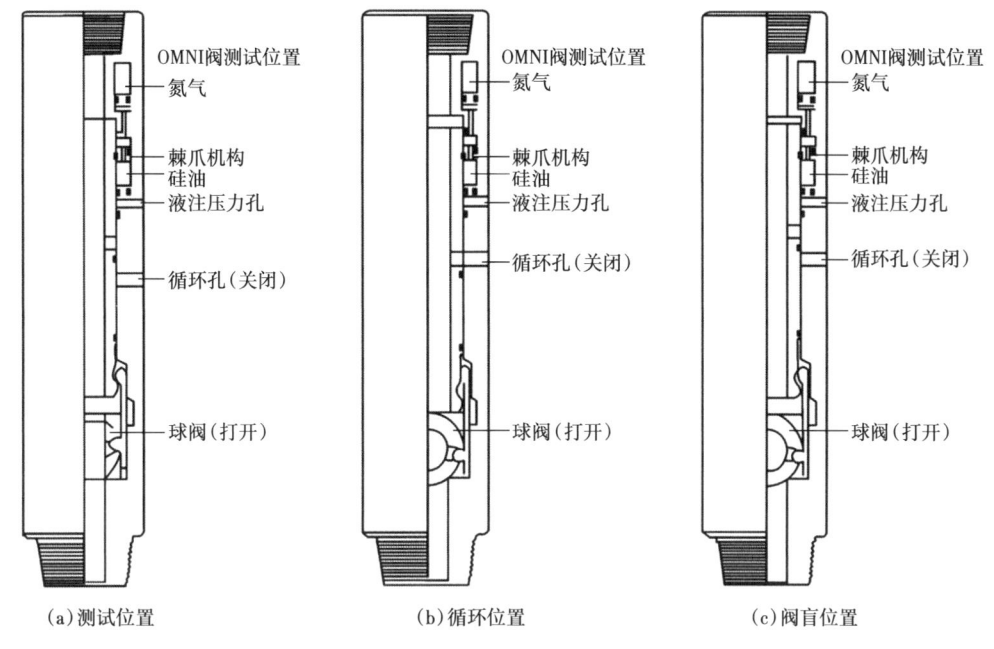

图 8-55 OMNI 阀工作状态

2)破裂盘式循环阀

破裂盘式循环阀(RD 循环阀)是一种用于套管井内靠环空压力操作的全通径循环阀。它主要用在油气井测试结束时封隔气层和将气层流体循环、排出管柱,是一种常用于压井的循环阀,常用 RD 循环阀的技术参数见表 8-35。RD 循环阀只能操作一次,环空加压达到预先设定的破裂盘破裂值,打破破裂盘沟通油套之后无法关闭。

表 8-35 RD 循环阀技术参数表

外径(mm)	99	99	127
通径(mm)	38	45	57
工作压力(MPa)	105	70	70
空气室耐压强度(MPa)	160	140	150
过流面积(mm²)	1661	1661	2642
使用环境	全 175℉以上防硫,符合 NACE MR 0175—2002 标准		

3)破裂盘式安全循环阀

破裂盘式(RDS)安全循环阀带球阀,在沟通油套的同时可以关闭下部球阀,切断油管与地层间的通道,实现井下关断的目的,RDS 阀与 RD 阀结构上基本相同,仅在剪切心轴下增加了动力臂及球阀总成,通过环空加压达到预先设定的破裂盘破裂值,只能操作一次,不能多次开关(表 8-36)。RDS 阀多作为压井循环阀或井下紧急关断阀,可以在测试期间的任一时刻操作该工具,以封堵测试管柱和封隔地层,若测试管柱中安全阀以上有漏失时,对环空施加高压,一旦环空压力超过破裂压力,安全阀就起作用,切断地层流体通路,与封隔器一起提供第一道井控屏障,确保测试作业安全。

表 8-36 RDS 安全循环阀技术参数

外径(mm)	99	99	127
通径(mm)	38	45	57
工作压力(MPa)	105	70	70
空气室耐压强度(MPa)	160	140	150
过流面积(mm²)	1661	1661	2642
使用环境	全 175℉ 以上防硫,符合 NACE MR 0175—2002 标准		

4)高温高压型压启式井下安全循环阀——HPRDS 阀

RDS 循环阀有普通型和加强型两种,其普通型通径 45mm,抗内压压力仅 140MPa,不能满足高温高压高酸性气藏测试施工的需要;φ99mm 加强型抗挤毁压力达 160MPa,基本能满足酸化施工需要,但其通径仅为 38mm。对整个酸化测试管柱都形成了一定的影响:(1)由于流体通道小,在酸化施工过程中酸液在该处节流,对井下电子压力计冲蚀严重;(2)在放喷测试时地层出砂,在该处易造成管柱堵塞;(3)压井过程中若出现严重井漏的情况,大粒径的堵漏材料会在该处造成堵塞。

在 RDS 安全循环阀的基础上,采用特殊的材料及腔体优化设计,研发高温高压型压启式井下安全循环阀(HPRDS 阀),强化空气腔强度(图 8-56),实现了工具通径的最大化,同时抗内压强度大幅度提高,达到 200MPa(表 8-37),满足了"三高"气井测试的需要,在川渝地区气井测试中广泛应用,取得了良好的效果。HPRDS 阀是一种用于套管井内靠环空压力操作的一次性全通径安全循环阀,不仅可实现井下关井,同时满足循环压井作业的需要。

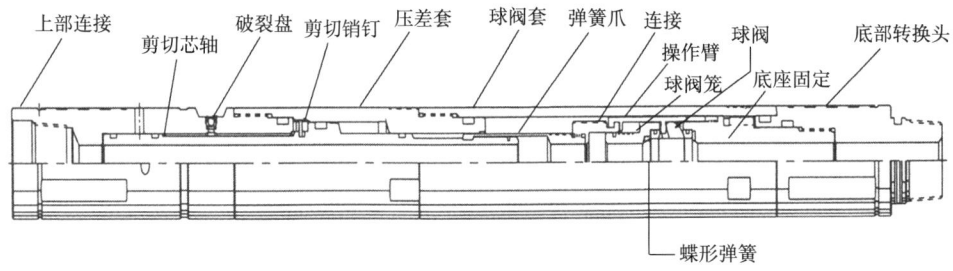

图 8-56 高温高压型压启式井下安全循环阀结构

表 8-37 高温高压型压启式井下安全循环阀技术参数

外径(mm)	99	132
通径(mm)	45	57
工作压力(MPa)	105	105
空气室抗内压强度(MPa)	200	200
过流面积(mm²)	2025.8	2642
使用环境	全 175℉ 以上防硫,符合 NACE MR 0175—2002 标准	

2. 测试管柱及工艺技术

近年来,国内外相关领域的专家及工程技术人员针对高温高压高酸性气藏测试工艺进行了大量探索和实践,逐步形成了以射孔—酸化—测试联作系列技术及试油完井一体化技术,配合耐高温高压的大通径 APR 测试工具、高精度大量程存储式电子压力计等工具。随着这些新技术的推广应用,使油气井试油测试效率、成功率稳步提升,成本得到大幅降低,安全风险得到有效控制。

1) 射孔—酸化—测试联作工艺

为了尽量避免多次起下钻作业所带来的储层伤害及井控风险,要求一趟管柱完成尽可能多的工艺措施。经实践总结,形成了一套使用 APR 工具带电子压力的射孔—酸化—测试联作工艺。

(1) 管柱结构:油管挂+油管+伸缩接头+油管+OMNI 阀+LPR-N 阀+RD 取样器+RDS 阀+压力计托筒+震击器+RD 阀+液压旁通+RTTS 安全接头+RTTS 封隔器+尾管安全接头+筛管+油管+筛管+射孔枪。

(2) 管柱特点。

①该结构的管柱是射孔—酸化—测试系列基本管柱。根据井身结构,套管尺寸灵活选择坐封位置及合适的封隔器尺寸,封隔器可以坐封于上部套管对下部套管或裸眼进行测试,也可以坐封于尾管段中进行小井眼测试。管柱中 OMNI 阀为替液阀和第一循环阀,RDS 为备用循环阀,RD 阀作为后期压井堵漏使用。采用双筛管设计,即在封隔器以下管柱中设置了双筛管。一根筛管连接在起爆器上,另一根筛管在封隔器以下一根油管下面。当测试遇到高产气流后,往往在封隔器以下油管和套管环空之间会形成一段高压气柱。在进行直推法压井时,一部分压井钻井液从上筛管出来,有利于把封隔器以下的管柱外的环空天然气推回地层;另一部分压井钻井液从下筛管出来,将整个油管内充满钻井液,降低循环压井和起钻过程中的不安全因素。

②使用全通径的测试工具,可以防止酸化时酸液在工具处节流,减小冲蚀作用,降低摩阻。也可以防止放喷测试时地层出砂和后期压井过程中堵漏材料导致管柱堵塞。同时也为连油气举及绳索作业提供了条件。

③考虑到部分深井受固井质量及回接筒的影响,套管清水条件下最高控制套压为 65MPa,若管柱中同时使用 RD 及 RDS 循环阀则操作压力窗口狭窄,破裂盘设置困难。若后期不涉及地层流体 PVT 分析,则可去掉 RD 取样器及 RDS 阀,使用 RD 阀作为备用循环阀。或者使用 OMNI 阀带球阀,去掉 RDS 阀将 RD 取样器放置于 OMNI 阀与 LPR-N 阀之间进行取样。

2) 试油完井一体化工艺技术

该技术将试油的工序和完井的工序通过一趟管柱结合在一起,管柱在实现测试的基础上又加上了完井的功能。直接利用测试管柱实现完井生产,或利用测试管柱中的井下工具实现对产层的封堵,为二次完井提供安全的井筒环境和管柱回插通道,从而避免压井堵漏带来的一系列难题和风险,同时取消后续坐桥塞或打水泥塞等工序,将大大提高试油完井效率,节约试油完井时间和成本。该试油完井一体化工艺具有以下优点:(1)永久式封隔器承压等级更高,能够有效提高酸化改造泵注压力限制,改善酸化效果,同时,封隔器上的双向卡瓦机构可承受更大的交变载荷,保证不同工况下封隔器坐封效果及密封性;(2)RDS阀作为井下关断阀,结构简单,操作方便,强度满足超深小井眼测试要求,井下性能可靠,同时符合井筒完整性要求,环空加压可关闭油管生产通道,提供井控屏障,保证试油作业安全;(3)偏心式压力计托筒能够携带2~4支井下储存式电子压力计,同时能保持中心流道与上下通径一致,避免缩径节流,减少冲蚀,降低酸化摩阻,改善酸化效果;(4)该工艺可以一趟管柱同时实现射孔、酸化、测试、封堵等不同工艺,后期可通过正转倒开锚定密封的方式丢手起出上部管柱,再投入暂堵球临时封堵地层,确保起、下钻井控安全,有效地解决测试后堵漏压井困难且压井成本高,节约了压井堵漏时间,避免储层伤害,缩短单层试油完井作业周期,提高了油气勘探效率。

3)测试—封堵—生产完井一体化工艺

(1)管柱结构:RDS阀是一种操作不可逆的井下关断阀,一旦关闭就无法再次打开,只能用于永久封堵地层,因此,射孔—酸化—测试联作一体化管柱不能实现后期完井开采的需求。为此,将RDS替换成可重复开关的脱节式封堵阀,可实现测试—封堵—生产完井一体化。

(2)工艺流程:下测试—封堵—生产完井一体化管柱,如管柱带有射孔枪,则需进行电测校深,调整射孔枪对准产层。上提管柱,正转管柱,使封隔器右旋1/4圈,下放管柱,撑开封隔器下卡瓦,继续施加坐封重量在封隔器上,挤压胶筒;施加一定的管柱重量到封隔器上后,上提管柱,拉紧封隔器使得上卡瓦撑开胶筒完全膨胀,完成封隔器座封。环空加压进行验封,若验封不合格,则重复座封过程。拆封井器,换装采气井口,对采气井口副密封试压合格。连接采气井口至地面测试流程管线,试压合格。若带射孔枪管柱,则进行加压射孔。酸化施工或放喷排液,开关井测试测试。通过RDS循环阀或常闭阀进行循环压井,敞井观察。拆采气井口,换装封井器,试压合格。循环井内压井液,全井试压,确定一个基准压力;接方钻杆上提管柱,保持左旋扭矩上提管柱,密封脱节器处左旋(反转)1/4圈即可实现上部管柱的丢手,同时旋转开关阀球阀关闭,隔断下部地层;丢手后再进行全井在丢手后以该基准值为参照,再进行一次全井试压,确认球阀是否关闭可靠,如果未能完全关闭,则重新插入密封脱节器重复丢手,如果依然未能关闭,可直接进行堵漏压井。起出密封脱节器以上管柱。如需回插生产,则更换密封脱节器密封件后,重新回插入旋转开关阀内,通过棘爪推动旋转开关阀,开启球阀,沟通下部地层。

4)测试—暂堵—生产完井一体化管柱

(1)管柱结构:酸化—测试—封堵管柱与测试—封堵—生产完井一体化管柱,基本满足了大部分高压气井的需求。但考虑到某些井特殊的地质和工程要求:①套管固井质量差,清水条件下套管承压能力受限,不能使用压控式工具;②最后一层试油,不用回收封隔器。则可将一体化封隔器换成常规完井封隔器,形成测试—暂堵—生产完井一体化工艺技术。

(2)工艺流程:下测试—暂堵—生产完井一体化管柱,如管柱带有射孔枪,则需进行电测校深,调整射孔枪对准产层。拆封井器,换装采气井口,对采气井口副密封试压合格。连接采气井口至地面测试流程管线,试压合格。若带射孔枪管柱,则进行加压射孔;若不带射孔枪管柱,产层已打开,则用环空保护液控反替出井内压井液。油管内投入坐封球,候球入座,记录坐封基准油压及套压。油管内逐级加压坐封封隔器。泄油压至坐封基准油压,环空加压进行验封。若验封合格,则油管内加压憋掉球座;若验封不合格,则重复坐封过程。酸化施工或放喷排液,开关井测试测试。油管内直推压井液,投入暂堵球,通过液柱压力与地层压力的压差,使暂堵球落在暂堵球座上,实现暂堵下部地层。环空加压击破RDS循环阀破裂盘,开启循环孔,循环压井液压井,敞井观察。拆采气井口,换装封井器,试压合格。上提管柱,正转倒开锚定密封,实现丢手。起出锚定密封以上管柱。更换锚定密封密封件,回插锚定密封,油管内加压憋掉暂堵球及球座,重新沟通地层,进行生产。

3. 应用实例

磨溪8井采用ARP射孔—初测—酸化—测试联作工艺对龙王庙组上段进行测试,测试井段为4646.5~4675.5m,厚度29m。2012年9月27日至10月9日下测试管柱进行试油,从工具入井至起出井口,共历时291h。测试期间,管柱及封隔器密封良好,电子压力计工作正常,测试取得成功,酸化后测试产量83.5×10⁴m³/d,标志着磨溪区块龙王庙组气藏的发现。

该井管柱结构为:油管挂+3½in油管+伸缩接头+3½in油管+OMNI阀+压力计托筒+RD阀+震击器+HTHP封隔器+压力计托筒+割缝筛管+减振器+割缝筛管+起爆器+空枪接头+射孔枪+空枪接头+高压起爆器+传压枪尾,主要工具规格及下深见表8-38。

表8-38 磨溪8井龙王庙上段关键井下工具规格及下深表

序号	名称	规格(in)	外径(mm)	内径(mm)	段长(m)	下深(m)
1	OMNI阀	5	127.00	54.00	5.79	4545.09
2	压力计托筒	5	127.00	57.00	1.40	4546.49
3	RD循环阀	3⅞	99.00	45.00	1.24	4548.78
4	HTHP封隔器	7	146.00	57.00	2.09	4554.15
5	压力计托筒	5	127.00	57.00	1.18	4556.06
6	射孔枪				29.00	4675.50

管柱下入后,对封隔器验封15.8MPa,稳压30min,压力降至15.52MPa。此次入井的4支存储式电子压力计,其中3只取得了完整的压力温度数据,取得的压力资料压力曲线形态正常,反映了整个酸化及测试的开关井过程及起、下钻过程。酸化期间最高井底压力120.712MPa,酸化后排液测试流动压力为75.230~74.298MPa,关井最大关井压力为75.564MPa;酸化期间最低井底温度为86.364℃,井深4556.06m实测静止温度为136.2℃,推算产层中部4661.00m处温度为138.90℃;改造后用ϕ50.8mm临界速度流量计测试,稳定油压53.35~53.67MPa,测试气产量为83.50×10⁴m³/d,产量测试井底流动压力为74.270~74.298MPa,H_2S含量为9.64g/m³。

(二)地面测试技术

1. 地面流程组成

根据超高压油气井地面测试特点,满足工艺、安全要求的典型超高压油气井地面测试工艺流程,主要包括放喷排液流程、测试计量流程两部分(图8-57)。

(1)放喷排液系统:采油(气)树→除砂设备(除砂器等)→排污管汇→放喷池。放喷排液流程主要用于油气井测试计量前的放喷排液及液体回收。流程保证含砂流体经过的设备尽可

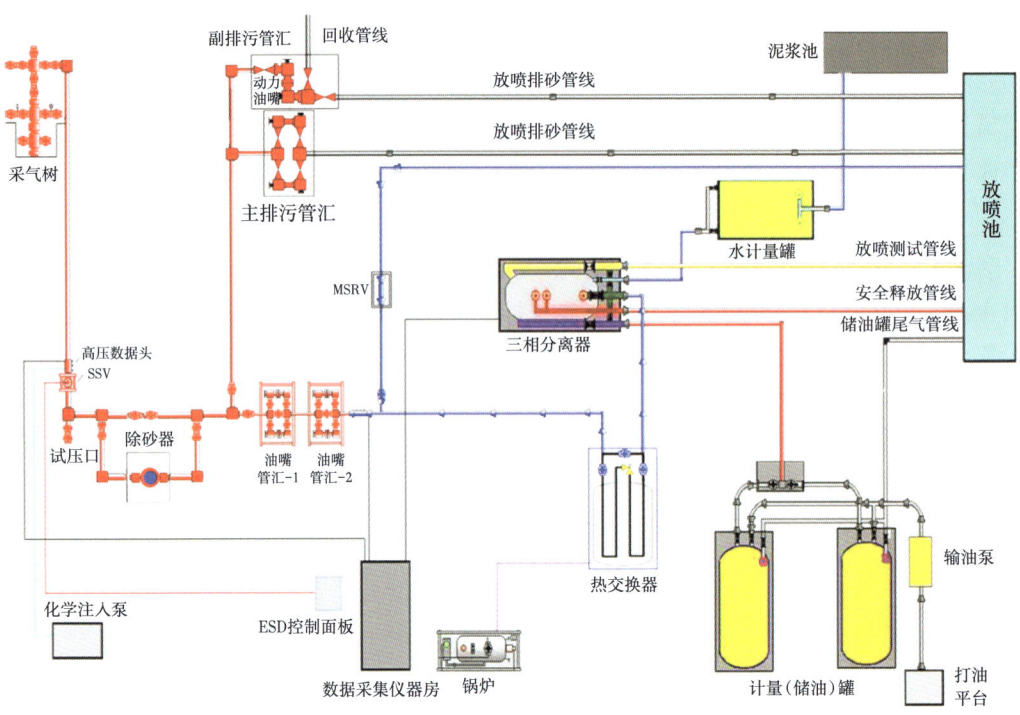

图 8-57　典型超高压油气井地面测试工艺流程图

能少,并配备了除砂器和动力油嘴等,能够最大程度保护其他测试设备不受冲蚀。此外,两条排液管线分别独立安装和使用,且均配备有固定油嘴和可调油嘴,可相互倒换使用。其主要设备有地面安全阀(SSV)及 ESD 控制系统、旋流除砂器、主/副排污管汇、远程控制动力油嘴等。

（2）测试计量系统:采油(气)树→除砂设备(除砂器等)→油嘴管汇→热交换器→三相分离器→(气路出口→燃烧池)/(水路出口→常压水计量罐)/(油路出口→计量区各种储油罐)。

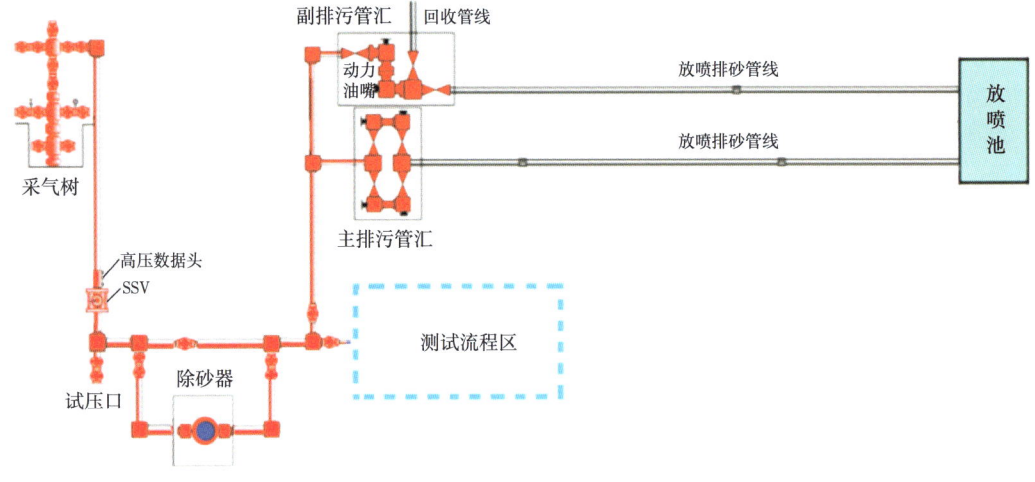

图 8-58　放喷排液工艺流程图

— 280 —

测试计量流程主要用于油气井的测试计量。流程配备了完善的在线除砂设备、精确计量设备、主动安全设备以防冻保温设备,大大提高了测试精度及作业安全。其主要设备有地面安全阀及ESD控制系统、旋流除砂器、双油嘴管汇、MSRV多点感应压力释放阀、热交换器、三相分离器、丹尼尔流量计、计量罐、化学注入泵、电伴热带、远程点火装置(图8-59)。

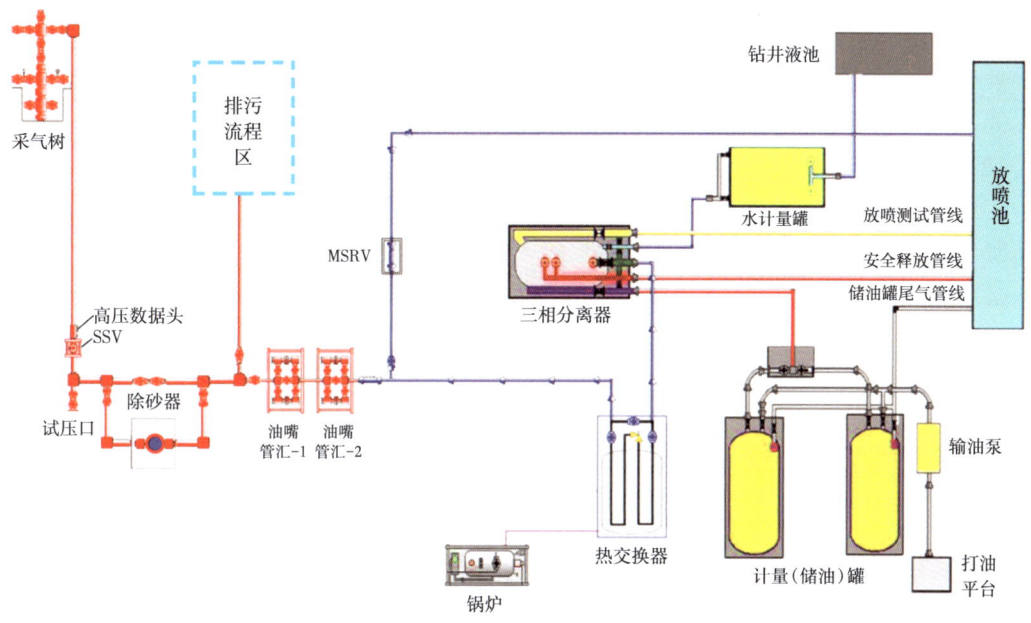

图8-59 测试计量工艺流程图

(3)安全控制系统:地面安全阀(SSV)+ESD控制柜、MSRV、高/低压导向阀、各设备自带的安全阀泄压阀。

(4)防冻保温系统:锅炉+间接式热交换、化学注入泵+乙二醇、自控温型电伴热带。

(5)数据采集系统:由上游数据头、下游数据头、压力表、温度表、温度传感器、压力传感器、压差传感器、数据自动采集系统等组成。

(6)精确分离、计量系统:由三相分离器、丹尼尔流量计、fisher压力控制系统、fisher液位控制系统、巴顿记录仪、各种液体计量罐等组成。

2. 工艺特点

超高压油气井地面测试除具备常规地面测试流程的测试功能(放喷排液、计量、测试、数据采集、取样、返排液回收等)和安全功能(紧急关井、紧急泄压等)外,还有如下特点:

(1)超高压流体的有效控制。

①流程高压部分(从井口至油嘴管汇/放喷排液管汇)的连接管线、弯头、三通全部采用整体锻造加工,地面安全阀、手动平板阀、固定油嘴、节流阀和动力油嘴等压力等级可根据具体井况选择150MPa或140MPa,能够满足超高压油气井地面测试压力要求。

②流程配置两套油嘴管汇,并采用串联方式连接,增加一级节流;另外,配置两套放喷排液管汇,管汇上配备耐冲蚀的楔形节流阀和动力油嘴,能够实现超高压流体的有效节流降压。

③利用相对独立的放喷排液流程和测试流程进行不同的作业,能够有效减少超高压区域的范围,最大限度控制超高压带来的风险。

(2)可选配除砂、耐冲蚀设备,使流程具备连续除砂和排液能力。

①可在流程前端靠近井口的地方安装除砂设备(旋流除砂器等),保证及时去除井筒返出流体内的固相颗粒,有效降低固相颗粒对下游设备的冲蚀。

②也可选装耐冲蚀性的动力油嘴代替普通针阀用于节流降压,从而更好地满足放喷排液及冲砂作业期间的节流控压要求。

③安装镶嵌硬质合金油嘴的固定节流阀,提高了耐冲蚀能力。

(3)油、气、水的精细分离和产量精确计量。

①通过油嘴管汇等节流降压设备的作用,井口的超高压流体能够逐级降低到满足精细分离所要求的压力,从而实现精细分离。

②专门设计了计量区,并配备各种标准规格的液体计量罐,通过安装在罐体上的标准刻度就可以直接读取液量,改变了通过丈量残酸池长、宽、高尺寸来计算液量的计量方式,实现了返排液体的精确计量。

③配置自动化程度高的三相分离器,通过气路和液路上的fisher阀自动控制压力和液位,进而实现油、气、水的精细分离和精确控压操作。

④高精度的压力、温度传感器保障了产量计量的准确性。

(4)安全控制技术完善,智能化程度高,超高压区域大量采用远程控制技术,减少操作人员的安全风险。

①在流程高压区安装地面安全阀系统,紧急情况下能够直接从高压端截断流体流动通道,从而保证测试安全。

②在油嘴管汇和热交换器之间的中压区安装MSRV多点感应压力释放阀,当该区域超压时,MSRV多点感应压力释放阀自动打开通往燃烧池的管线泄压,从而保护下游设备的安全。

③油嘴管汇采用远程控制系统控制阀门的开关,降低了操作人员长期暴露在高压区域的风险。

(5)测试流程满足多种工序施工要求。

①替液/压井期间的液体回收:放喷排液管汇有两个出口,一个到放喷池,另一个到压井液回收罐。因此,不论是作业前的替液作业,还是后续的压井作业,测试流程都能满足回收压井液的要求。

②放喷排液/冲砂作业:除砂—放喷排液流程,由除砂器和放喷排液管汇等组成,不用经过测试流程上的油嘴管汇及其下游关键设备。井筒返出的携砂流体先经过除砂器除掉大部分砂粒后再进入放喷排液流程,通过放喷排液管汇有控制地进行放喷排液。减少了含砂流体流经地面设备的数量,最大限度减少了含砂流体对设备的冲蚀损害。

③测试求产:通过油嘴管汇—三相分离器等测试流程进行降压、分离和计量。

④特殊需求:流程采用模块化设计,除砂设备、放喷排液流程和测试流程可独立使用和拆除。当流程上的某些设备出现问题时,可在不关井的情况下一边继续放喷排液或测试计量,一边关闭故障设备所在模块进行检修或更换。

(6)防冻、保温性能优良。

①采用"蒸汽锅炉+热交换器"的组合进行加热保温,蒸汽最高温度可达200℃,通过热交

换提高经过油嘴管汇节流降压后的流体温度。

②采用"蒸汽锅炉+高温橡胶软管"的方式对中压端(油嘴管汇至热交换器)管线进行加热保温,减少油嘴管汇下游管线的结冰程度。

③采用"电伴热带+毛毡+塑料薄膜"的方式进行保温,最高温度可以达到60℃,主要用于对井口高压管线、油路、水路管线等需要进行长时间保温的地方。

④在采油(气)树出口端、油嘴管汇入口端、数据头等处,通过化学剂注入泵注入甲醇/乙二醇,降低地面测试设备由于地层流体产生水合物而堵塞的概率。

3. 应用实例

磨溪008-11-X1井是部署在磨溪8井区的一口开发井,最大井斜角为90.92°,井眼方位角为117.58°,完钻井深5650m,采用射孔完井,射孔段厚456m。该井采用2套78~105MPa测试流程进行测试作业(图8-60)。

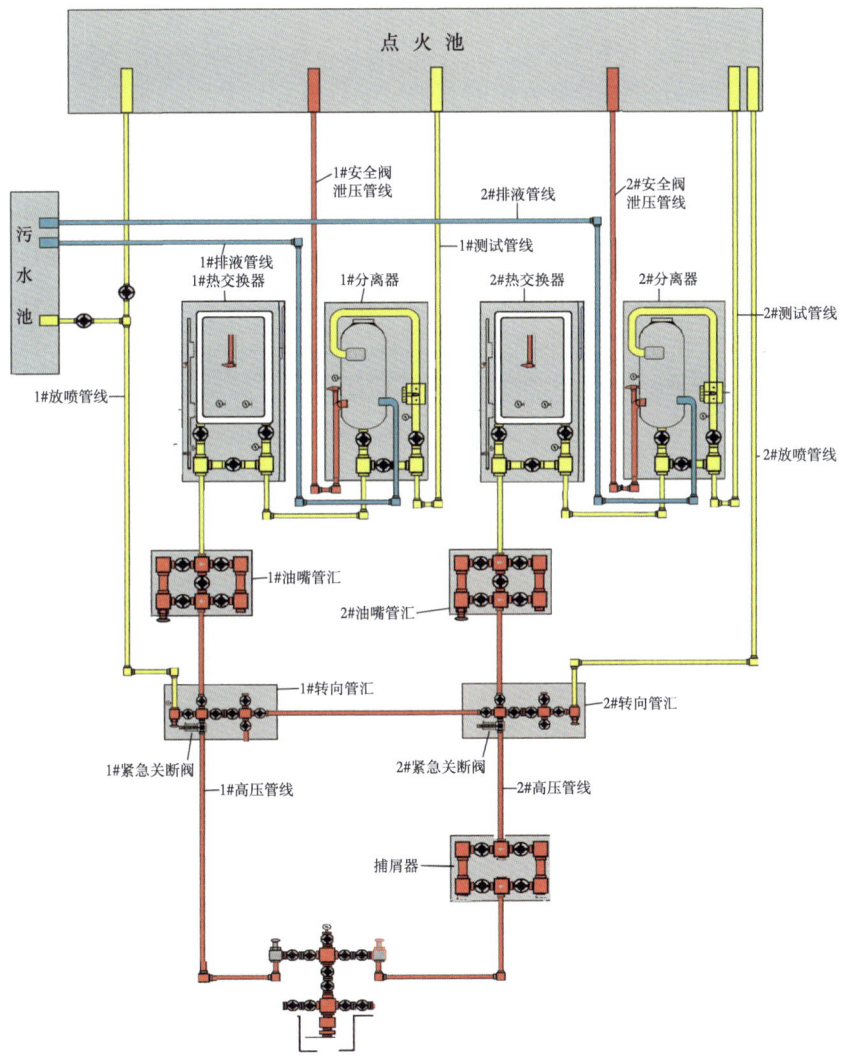

图8-60 磨溪008-11-X1井地面测试流程示意图

酸化前采用1#测试流程,开油针阀开度1/4~1/3圈,经φ50.8mm临界流量计装35.00mm孔板,过分离器初测试,测得稳定油压41.6MPa、套压28.2MPa,初测试气产量26.42×10⁴m³/d;在转向酸679.16m³酸化后,采用1#和2#测试流程,开油针阀1/8圈(φ8mm油嘴),经液气分离器用φ50.8mm临界速度流量计装35mm孔板经测试,稳定油压40.60MPa、稳定套压36.54MPa,测得产气量100.25×10⁴m³/d。测试作业期间数据采集系统工作稳定,自动采集流程上各测点压力、温度,录取资料准确、齐全、合格;地面测试流程安全控制措施、安全监测措施以及制订的安全预案切实、有效地保证了测试过程的安全。本井使用除硫装置,效果明显,泵入中和剂能将污水池环境硫化氢含量控制在5mg/m³以下;泵入中和剂能将pH值控制在6左右;泵入消泡剂能明显的看到消泡效果。

第三节　高产气井井筒完整性评价与管理

油气井完整性管理是一种新的管理理念。油气井完整性管理指对所有影响油气井完整性的因素进行综合的、一体化全过程全方位的管理。油气井完整性管理贯穿在整个油气井生命周期。实施完整性管理的目标是有效防止地层流体无控制流动,其基本理念是防患于未然,以保证油气井、人员和环境安全。目前,油气井完整性管理是国际油公司普遍采用的管理方式,通过测试和监控等方式获取与井完整性相关的信息并进行集成和整合,对可能导致井失效的危害因素进行风险评估,有针对性地实施井完整性评价,制订合理的管理制度与防治技术措施,从而达到减少和预防油气井事故发生、经济合理地保障油气井安全运行的目的,最终实现油气井安全生产的程序化、标准化和科学化的目标。可以将井筒完整性管理定义为"应用技术、操作和组织的综合措施,有效减少地层流体在井眼整个寿命期间无控制排放的风险,从而将油气井建设与运营的安全风险水平控制在合理、可接受的范围内,达到减少油气井事故发生、经济合理地保证油气井安全运行的目的"。

一、井筒完整性评价技术

(一)井屏障划分

有效的井屏障是保证油气井完整性的关键。井屏障指的是一个或几个相互依附的屏障组件的集合,它能够阻止地下流体无控制地从一个地层流入另一个地层或流向地表。井屏障可以分为初次(一级)屏障和二次(二级)屏障。

图8-61为西南油气田高温高压高酸性气藏生产井典型井屏障示意图,在井身结构图上显示针对防止地层流体外泄的第一井屏障、第二井屏障及其包含的井屏障部件完整性状态和测试要求。第一井屏障是指直接阻止地层流体无控制向外层空间流动的屏障,第二井屏障是指第一井屏障失效后,阻止地层流体无控制向外层空间流动的屏障。

(二)井屏障潜在泄漏分析

随着高温高压高酸性天然气井数量的增加,管柱与油层套管环空和技术套管环空异常带压现象逐渐增多,已成为影响气井安全生产的重要问题。已有现场经验和文献资料表明,高温高压酸性气井井筒失效形式主要有井口失效、油套管腐蚀、套管磨损、环空带压等几大类。通

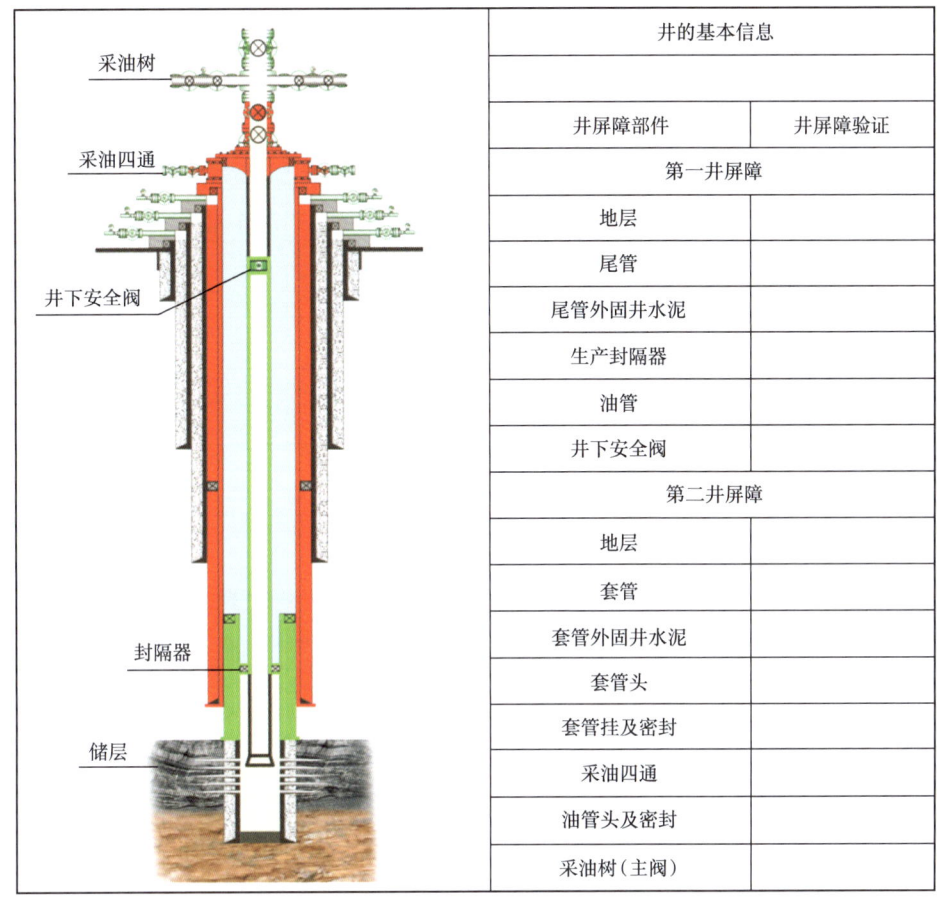

图 8-61 生产井典型井屏障示意图

过分析高温高压高酸性气井井屏障潜在泄漏途径,以指导现场井完整性测试、维护和生产管理。图 8-62 为高温高压高酸性气藏生产井井屏障部件潜在泄漏途径分析示意图。

(三) 完整性评价技术

将完整性屏障划分为两级,对每个屏障单元进行评价,以整个屏障系统完整性作为评价结论。井筒完整性评价主要包括以下内容,如基础资料收集、井口装置和井筒完整性评估、气井完整性屏障建立、井口装置完整性管理、泄压管线完整性管理、环空压力控制、油管腐蚀监测/检测、井下安全阀管理、井下封隔器管理等。通过对井屏障各组成部件的评价,对井筒完整性和风险等级进行划分,制订相应的整改和预防措施。

1. 环空压力测试与诊断技术

1) 环空带压原因分析

(1) 井筒"物理效应"引起的环空带压。

①环空流体热膨胀引起的环空带压。对于带有永久式封隔器的油套环空,环空带压可能是环空保护液或油套环空内完井液受热膨胀引起的,可通过环空压力测试判断环空带压是否

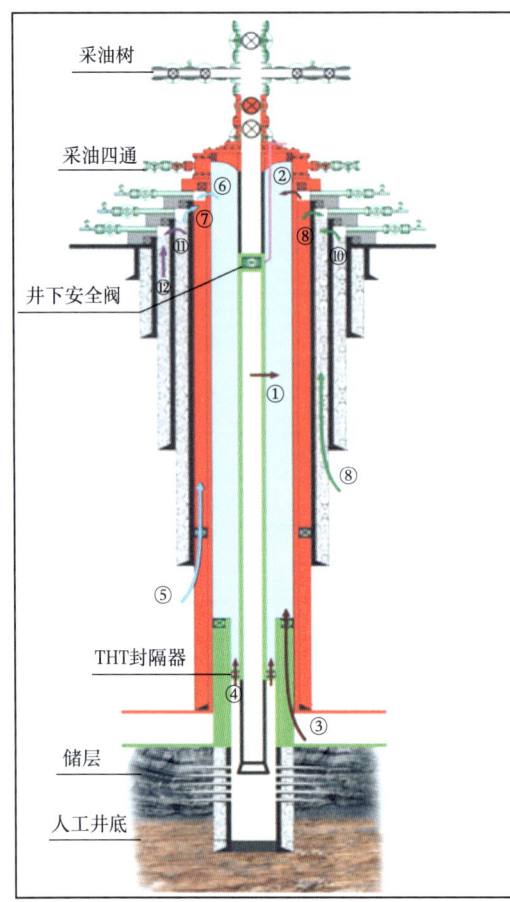

图 8-62 井屏障及潜在泄漏途径分析示意图

为温度所致。

②鼓胀效应引起的环空带压。对于带有封隔器的油套环空，油管内压力使油管发生膨胀的现象称为鼓胀效应。鼓胀效应可导致环空稍有带压，其压力值小于环空流体膨胀引起的环空带压。

（2）完井管柱或井口泄漏引起油套环空带压。

①油管挂密封失效。油管挂密封失效将导致油管头内油压窜漏到生产套管内油套环空，导致油套环空带压。

②完井管柱泄漏或渗漏引起的油套环空带压。包括以下几种泄漏途径：封隔器胶筒或密封圈泄漏或渗漏；油管螺纹泄漏或渗漏；完井管柱腐蚀穿孔；井下安全阀、滑套、伸缩节等密封失效；油管挂螺纹或油管挂双公短节螺纹密封失效；井下安全阀泄漏或渗漏。

（3）套管泄漏引起的环空带压。

①生产套管带注水泥分级箍密封失效，生产套管外非产层气体经分级箍与油套环空连通；

②生产套管螺纹密封失效，生产套管外非产层气体与油套环空连通；

③生产套管外水泥环密封失效，套管与水泥环间产生微环隙，同时生产套管螺纹丧失密封

或套管管体腐蚀穿孔导致产层气体与油套环空窜漏。

2）环空压力测试与诊断

（1）环空压力控制范围计算。

生产阶段应计算环空压力控制范围,指导环空压力管理。

（2）环空压力监控。

整个生产过程应进行环空压力监控并记录。若环空压力出现异常变化,应及时进行环空带压分析或诊断测试,环空压力出现但不限于以下几种情况时,应开展环空压力诊断、分析：

①环空压力超过最大许可工作压力；

②正常生产过程中产量、油压平稳,环空压力出现异常；

③长期关井环空压力异常上升；

④关井初期环空压力不降反升或下降后持续上升；

⑤开井后环空压力上升后缓慢上涨,不能稳定。

（3）环空压力测试与诊断。

通过测试环空压力变化情况、放出流体或补入流体的性质、数量等综合判断环空带压类型：

①人工干预（完井期间环空预留压力,改造环空补压等）导致的环空带压；

②温度效应导致的环空带压；

③持续环空带压。

环空放压,应通过针阀控制放压速度,缓慢地放压；若环空压力较高,应采用阶梯式放压；A环空放压的最低压力值不能低于目前工况下需保持的最小预留工作压力。

通过泄压、压力恢复来诊断泄漏或渗漏引起的油套环空带。测得油层套管、技术套管和表层套管环空压力随测试时间的变化情况。根据压力—时间曲线变化趋势判别各个环空压力来源。

如果在泄压后24h压力没有回升,应考虑为井筒"物理效应"引起的环空带压；如果在一周内压力有回升,且十分缓慢,并稳定在某一允许值,说明在完井管柱有微小渗漏；如果缓慢泄压,压力不降低或降低十分缓慢,说明井口或靠近井口处有微小渗漏。

同时开展环空流体取样分析,判断气体来源：如果环空返出的流体组分和油管中产出的流体组分一致,则表明气源来自产层。如果环空返出的流体组分既不同于油管产出的组分,也不同于井初始投产时井内流体的组分,则进一步分析,确定该气源层位。

2. 井口抬升高度评价技术

井口装置抬升现象多见于稠油热采井、注采井,生产气井井口装置抬升十分罕见,国内相关报道较少。由于高温、高产气井在生产过程中气井温度高,大温差使得井口附近自由段套管产生热应力变化,进而导致井口装置抬升,破坏气井完整性以及损坏地面流程。建立考虑环空流体膨胀、井口装置、油套管柱自重以及端部效应的多层级管柱力学模型,形成了井口抬升高度预测方法。

假设气井套管程序是由多层管柱相互连接在一起的多管柱系统组成,并在井口由井口装置将它们连接在一起。生产阶段各层套管柱主要受温度效应影响,各层套管柱在井口处连接,底部边界是水泥返高位置,井口装置受套管热应力和轴向位移的影响,每层套管柱中的温度变化导致每层套管柱轴向力的变化($i=0,1$ 或 2),进而产生非均匀力导致井口装置抬升。

假设井口增长从零开始,方程如下:

$$\Delta F_i = -E\alpha A_i \Delta T_i \qquad (8-10)$$

考虑每层套管伸长造成各层套管柱中轴向力的变化,方程如下:

$$\Delta F_i = EA_i \frac{\Delta z}{z_i} \qquad (8-11)$$

从公式(8-10)和(8-11)计算得出整体井口装置增长:

$$\Delta z = \alpha \frac{\sum_{i=0}^{2} A_i \Delta T_i}{\sum_{i=0}^{2} A_i / z_i} \qquad (8-12)$$

三层套管柱轴向力的总和:

$$\Delta F_i = EA_i \left(\frac{\Delta z}{z_i} - \alpha \Delta T_i \right) \qquad (8-13)$$

式中 ΔF_i——第 i 层管柱热膨胀产生的应力,MPa;

E——钢的弹性模量,MPa;

α——钢的热膨胀系数,℃$^{-1}$;

A_i——第 i 层管柱横截面积,m^2;

ΔT_i——第 i 层管柱温度变化量,K;

z_i——第 i 层管柱伸长量,m;

Δz——井口抬升量,m。

图 8-63 是气井产量与井口温度和抬升高度的关系,可以看出,随着产量的增加,井口温

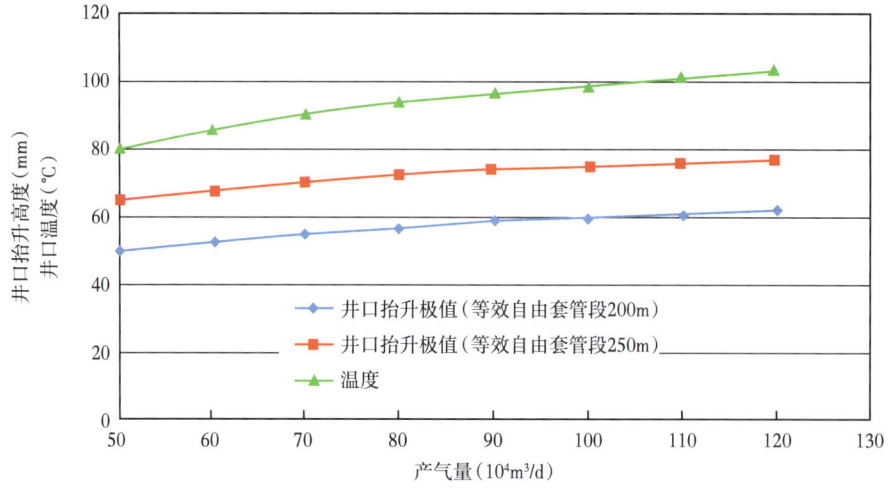

图 8-63 气井产量对井口温度和最大抬升高度的影响规律

度逐步上升,而抬升高度同样随着配产的增加而增加,并且井口抬升高度与温度具有较好的相关性。图8-64是自由段套管(或者说是井口段固井质量差井段长度)对井口最大抬升高度的影响规律。可以看出,随着自由段套管长度的增加,井口最大抬升高度迅速增加。

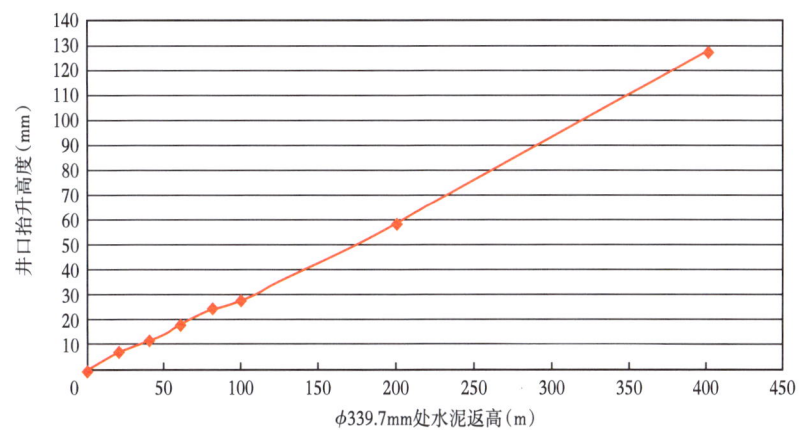

图8-64　自由段套管长度对井口最大抬升高度的影响

通过井口装置抬升高度预测(表8-39),可为气井井口抬升现场监测及预警提供依据,有效支撑气井安全生产。

表8-39　龙王庙组气井井口抬升高度预测

井号	最大预测井口抬升高度(mm)	实测最大井口抬升高度(mm)
磨溪8	51	30
磨溪9	6.2	1
磨溪10	31	15
磨溪11	5.6	1
磨溪12	10	7
磨溪13	16	10
磨溪16C1	5.8	4
磨溪18	5.5	1
磨溪101	10	5
磨溪201	8.6	8

3. 井口冲蚀、腐蚀检测技术

相控阵探伤仪主要是为了对油气井井口采气树及附属管线本体腐蚀及冲蚀等造成的缺陷进行检测,检测方式采用手动超声波探头扫描,实施数据采集成像(图8-65至图8-67)。井口装置相控阵探伤检测设备主要由集测厚、探伤检测、数据采集功能于一体的采气树现场检测系统及检测数据解释系统几部分组成。

采用相控阵探伤仪,对龙王庙组和高石梯灯影组气藏等生产井的井口装置进行了120余井次的检测工作,包括1号阀门—9号阀门脖颈和特殊四通上法兰脖颈等易冲蚀、腐蚀部位的

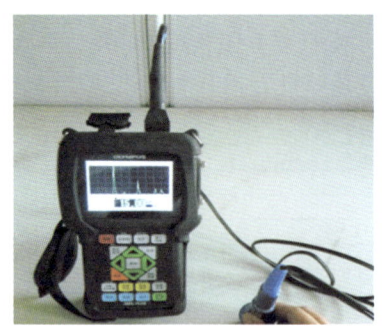
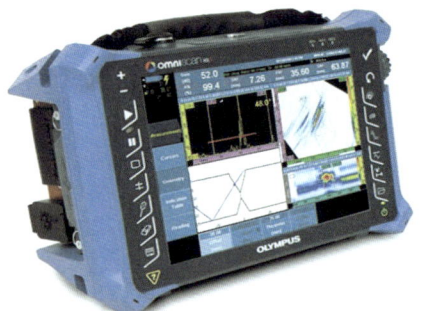

图 8-65　相控阵探伤设备

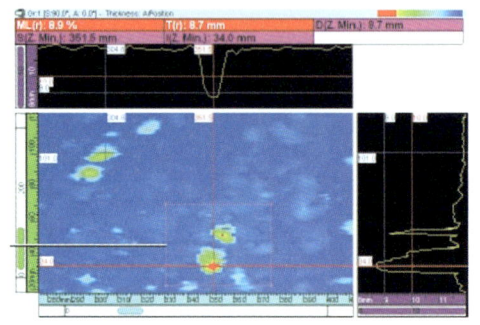

图 8-66　相控阵探伤井口装置检测图

图 8-67　井口装置检测位置

相控阵扫查和定点检测。通过两轮检测并没有发现井口有腐蚀和冲蚀现象,同时建立了龙王庙组等气藏生产井井口装置腐蚀冲蚀数据库,保障气井的长期安全生产。

4. 井下管柱腐蚀检测技术

1)多臂井径仪和磁测厚腐蚀检测技术

包括一套数字式井下设备、两套扶正器,一套地面操作模块、一套软件,见表 8-40 和表 8-41。

表 8-40　检测工具系列

类别	外径(mm)	测量范围(in)	精度(mm)
24 臂井径仪	43	1¾~4½	0.76
32 臂井径仪	43	2.2~7	0.76
40 臂井径仪	43	2.9~9⅝	0.76
磁测厚仪	43	2.9~9⅝	0.5

表 8-41　检测工具参数

项目	参数
工作温度(℃)	175
工作压力(MPa)	100
抗硫化氢浓度(%)	10(150g/cm³)

续表

项目	参数
主要材料	GH4169,蒙乃尔 K500,MP35N
O 形密封圈	杜邦公司的 0090 抗硫化氢 O 形圈
工作模式	存储式

从提高精度和分辨率出发,推荐的检测方案:φ73mm 油管优选 24 臂,φ88.9mm 油管优选 32 臂,φ114.3mm 油管优选 40 臂。

2) 井下电感探针腐蚀监测技术

该技术采用钢丝作业,下入井下电感探针腐蚀监测工具,在井内悬挂 240h 以内,测量出井筒实际工况条件下的油套管腐蚀速率(图 8-68 和图 8-69)。适用于压力 100MPa、温度 125℃ 的高含硫气井腐蚀评价。

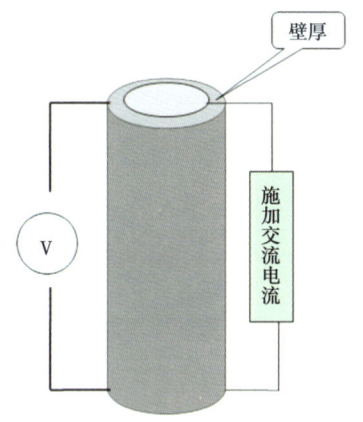

图 8-68 腐蚀监测原理示意图

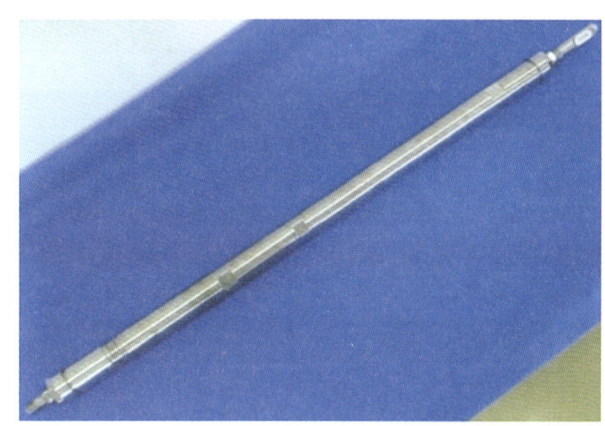

图 8-69 井下电感探针系统

井下电感腐蚀探针在磨溪 27 井井深 4546m 处连续进行了 48h 的腐蚀监测。进行数据处理后计算得到该井条件下 4546m 处的年腐蚀速率为 0.1333mm/a。参照碳钢材质室内评价结果(液相条件 0.24mm/a)及磨溪 8 井取出油管室内检测结果(0.1~0.25mm/a),表明电感探针腐蚀监测技术可以满足龙王庙等气藏气井腐蚀监测技术需求。

图 8-70 井下腐蚀监测现场和起出工具情况示例

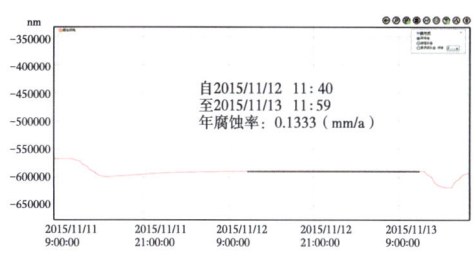

图 8-71 磨溪 27 井井下腐蚀检测结果

5. 井下漏点检测技术

漏点检测方法主要有井温测井和超声波测井。若仅是油管螺纹渗漏且渗漏速度较大,可用温度测井;若是油管以外的渗漏或渗漏速度较小,可采用超声波测井。表 8-42 为井下漏点检测工具及工艺适应性。

表 8-42　井下漏点检测工具及工艺适应性

工具及工艺类型	0.1L/min<轻微泄漏<10L/min		10L/min<中等泄漏<100L/min		严重泄漏>100L/min	
	测油管泄漏	过油管测套管泄漏	测油管泄漏	过油管测套管泄漏	测油管泄漏	过油管测套管泄漏
噪声测井			(√)		(√)	
主动声波测井					√	
高频超声波测井	√	√	√	√	√	√
多臂井径仪测井					√	
温度测井			√		(√)	

注:√表示能够检测出;(√)表示可能能够检测出。

二、井筒完整性管理

(一)井筒完整性全过程管理要求

目前国际上广泛接受的井筒完整性概念是综合运用技术、操作和组织管理的解决方案来降低井在全生命周期内地层流体不可控泄漏的风险。井筒完整性贯穿于油气井方案设计、钻井、试油、完井、生产、修井、弃置的全生命周期,核心是在各阶段都必须建立两道有效的井屏障。井喷或严重泄漏都是由于井屏障失效导致的重大井筒完整性破坏事件。

井筒完整性和油气井钻井、试油、完井、生产、修井、弃置等各阶段的设计、施工、运行、维护、检修和管理等过程密切相关(图 8-72)。

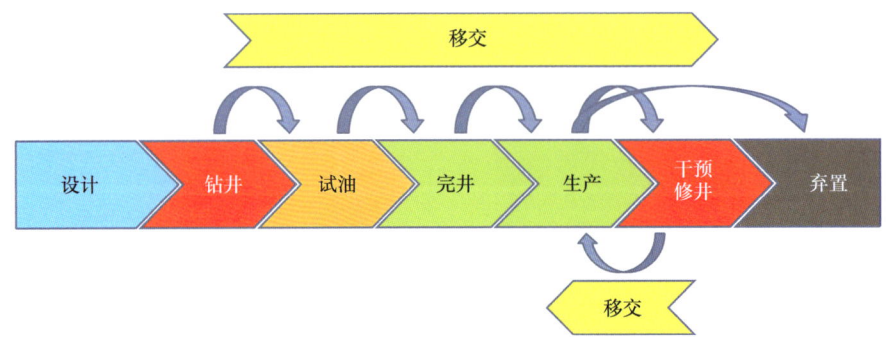

图 8-72　井筒完整性与井筒完整性管理涉及的各阶段示意图

1. 建井阶段的井筒完整性管理

1) 井屏障管理

每个作业阶段都应建立至少两道独立的经测试验证合格的屏障,若屏障不足两道时,应建立屏障失效的相关应对措施;按井筒完整性设计要求对井屏障部件进行测试、监控和验证,并做好记录,井屏障示意图应根据实际情况及时更新。

2) 环空压力管理

钻井期间应保持井筒液柱压力或井筒液柱压力与井口控制压力之和大于或等于地层孔隙压力;井口安装套管头后应安装校验合格的压力表监控环空压力变化,做好记录;环空异常带压时,应安装环空泄压管线。

3) 建井质量控制

依据《高温高压及高含硫井完整性指南》和《高温高压及高含硫井完整性设计准则》编制井完整性设计内容,并进行施工及验证[12,13]。

4) 建井资料管理

建井资料包括钻井资料、试油和完井投产资料和不同作业阶段的井屏障示意图,复杂情况的处理情况资料。

2. 生产阶段的井筒完整性管理

1) 基础资料收集

建立完整的气井基础资料数据库,主要包括气井基础资料、钻井资料、试油资料及生产资料。

2) 气井完整性屏障建立

气井通常包括两级完整性屏障,一级完整性屏障包括油管、封隔器、井下安全阀等,二级完整性屏障包括地层、水泥环、套管、井口装置等。建立气井完整性屏障划分示意图,对两级完整性屏障单元参数及工作状态进行详细说明。

3) 井口装置完整性管理

在气井生产过程中,应对气井井口装置进行测温记录、采气树内腐蚀/冲蚀检测、阀门内漏/外漏检测、标高测量、阀门维护等作业,在作业过程中要进行详细记录,检测到异常情况要报告相关主管部门,并对异常情况开展二次评估,制订相应处理方案。

4) 环空压力控制

正常生产期间按照气矿相关规定对气井环空压力进行监测,当发现非生产条件变化引起的环空压力异常和流体性质异常变化时应上报主管部门,并组织专家开展分析,制订下步处理方案。

5) 油管腐蚀监测/检测

针对碳钢油管完井,结合室内油管腐蚀评价试验结果和气井生产状况适时开展井下油管腐蚀监测工作和腐蚀检测工作。

6) 气井完整性档案和完整性报告建立

建立并保存完整的记录档案,以便管理者可以快速、准确地掌握气井完整性现状。所建立的气井完整性档案应包括气井基础信息、气井完整性屏障数据、气井维护、环空压力诊断测试、环空流体分析、环空液面测试资料、气井腐蚀监测、检测资料、气井完整性评价资料等。

3. 暂闭井/弃置井的完整性管理

对于暂闭井要求井内留有一定深度的管柱,采油(气)井口装置组合完好便于监控和应急处理以及使井筒流体与地表有效隔离。暂闭井应对井的第一井屏障和第二井屏障进行定期的跟踪监控。

至少每月一次跟踪记录井口油压和各个环空压力情况,若遇到井口起压时应加密观察记录,必要时进行测试,为后期作业方案提供资料。

(二) 井筒完整性分级管理

通过井屏障完整性分析对井进行分级,根据不同级别制订相应的响应措施,井分级原则及响应措施见表8-43。

表8-43 井筒完整性分级及响应措施

类别	分级原则	措施	管理原则
红色	第一屏障失效,第二屏障受损(或失效),风险评估确认为高风险;或已经发生泄漏至地面	红色井确定后,必须立即治理,业务管理部门应立即组织治理方案编制,生产单位立即采取应急预案,实施风险削减措施,防控风险;组织实施治理方案	油田公司领导批准治理方案,业务管理部门组织协调,生产部门组织实施
橙色	第一屏障受损(或失效),第二屏障完好;或第一屏障受损(或失效),第二屏障虽然受损,但经过风险评估后,确认为中风险或低风险	首先制订应急预案,根据情况进行监控生产或采取风险削减措施,少调产,尽量减少对环空实施泄压或补压,严密跟踪生产动态,发现问题及时分析评估并采取相应措施	业务管理部门组织技术支撑单位和生产部门共同制订监控措施;生产单位负责监控生产,发生重大变化,上报业务管理部门,并组织技术支撑单位分析变化原因及影响,提出处置意见
黄色	第一屏障完好,第二屏障受损,经过风险评估后,确认为低风险	采取维护或风险削减措施,保持稳定生产,严密监控各环空压力的变化情况;尽量减少对环空采取泄压或补压措施	由生产单位自行监控生产,若发生重大变化,上报业务管理部门,并组织技术支撑单位分析变化原因及影响,提出处置意见
绿色	第一屏障和第二屏障均处于完好状态	正常监控和维护	由生产单位自行监控生产,若发生重大变化,上报业务管理部门,并组织技术支撑单位分析变化原因及影响,提出处置意见

(三)井筒完整性管理系统

为全面提升西南油气田公司井筒完整性管理水平,实现井筒完整性实时在线管理,西南油气田公司在不断吸收国内外先进的管理技术和理念的基础上,研发了井筒完整性管理系统。该系统是国内首款集井筒完整性管理数据采集、检测、评价、预警、决策、业务流程管理、维护一体化的井筒完整性管理在线平台,囊括了完整性概况、完整性评价管理、预警管理、维护措施跟踪及系统管理5大模块12个应用功能,如图8-73所示。通过专业处室、研究院、生产单位对井筒完整性的协同管理,现已初步实现油气田各级生产单位对油气井井筒完整性全面管控。

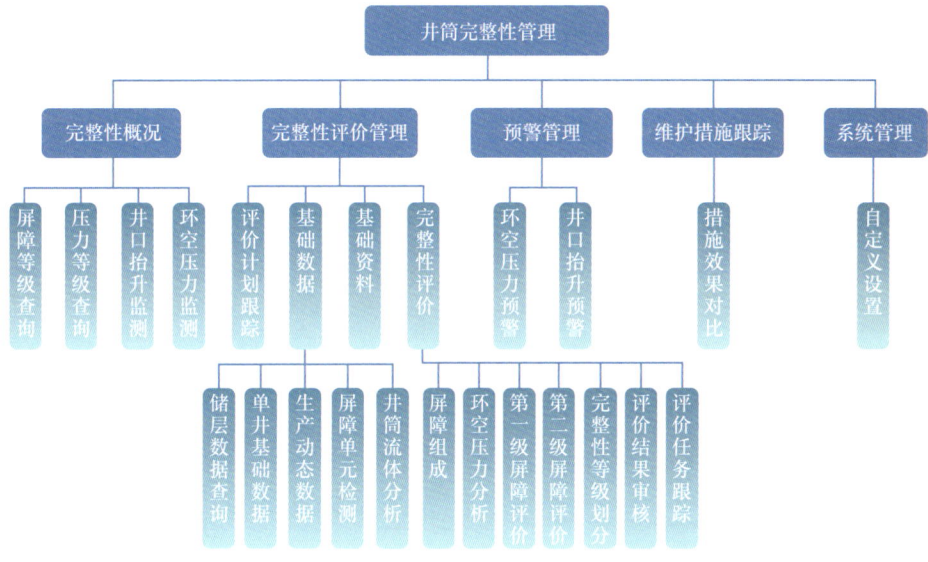

图8-73 井筒完整性管理系统功能模块

1. 完整性概况模块

完整性概况模块主要包括屏障等级查询、压力等级查询、井口抬升监测和环空压力监测4个功能模块,可实现对所有井的完整性等级和环空压力等级的全面掌控,实现对井口抬升和环空压力实施监控跟踪管理,如图8-74所示。

2. 完整性评价管理

完整性评价管理主要包括评价计划跟踪、基础数据、基础资料及完整性评价4个功能模块,可实现对井筒完整性评价任务的跟踪,基础数据和资料的完整性管理,结合基础资料、检测资料、实验评价资料对单井环空压力分析及控制、完整性等级评价及措施建议的在线实时评价。图8-75所示为井筒完整性概况模块。

3. 预警管理模块

预警管理模块主要包括井口抬升预警和环空压力预警两个功能模块,可实现对单井井口抬升状态和各环空压力变化的实时监测预警,提前采取相应措施,有效降油气井安全风险(图8-76)。

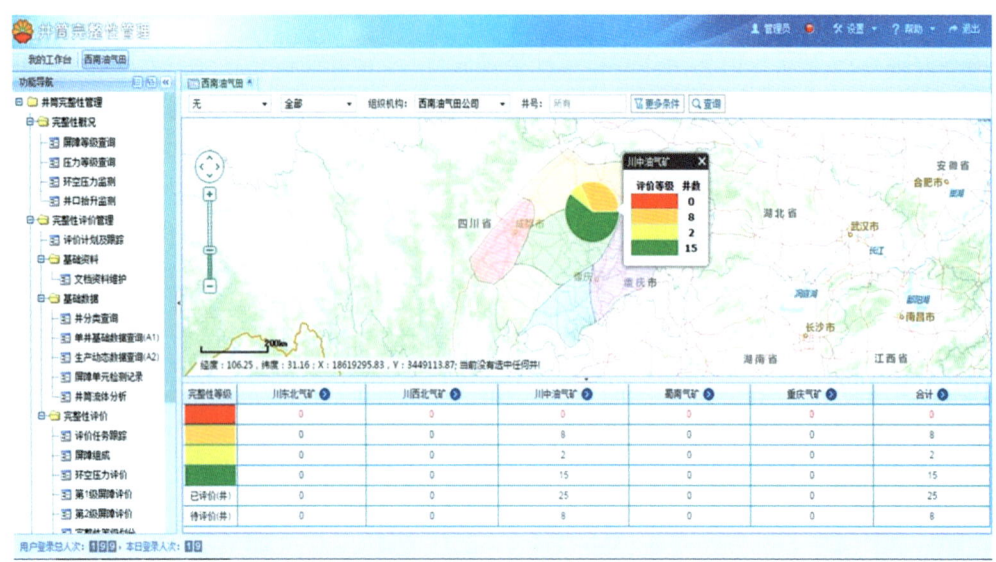

图 8-74　井筒完整性概况模块界面

图 8-75　井筒完整性概况模块

4. 维护措施跟踪模块

维护措施跟踪模块主要包括措施效果对比一个模块,实现对不同等级的油气井的相应现场管理措施的跟踪评价管理,实现对气井整个生命周期的一个闭环管理,如图 8-77 所示。

5. 系统管理模块

系统管理模块主要包括自定义设置功能模块,主要功能是针对系统管理员对系统功能进行完善设置。

第八章 高产大斜度井和水平井钻完井工程

图 8-76 预警管理模块界面

图 8-77 维护措施跟踪模块界面

参 考 文 献

[1] 马新华. 创新驱动助推磨溪区块龙王庙组大型含硫气藏高效开发[J]. 天然气工业,2016,36(2):1-8.
[2] 邹才能,杜金虎,徐春春,等. 四川盆地震旦系—寒武系特大型气田形成分布、资源潜力及勘探发现[J]. 石油勘探与开发,2014,41(3):278-293.
[3] Jones A T, Davies D R. Quantifying Acid Placement:The key to understanding damage removal in horizontal wells[J]. SPE Production & Facilities,1996,13(3):163-169.
[4] Kalfayan L J, Martin A N. The art and practice of acid placement and diversion:history, present state and future [C]. SPE Annual Technical Conference and Exhibition, Louisiana, 2009, SPE-124141-MS.

[5] Taylor D, Kumar P S, Fu D, et al. Viscoelastic surfactant based self-diverting acid for enhanced stimulation in carbonate reservoirs[R]. SPE-82263-MS, 2003.

[6] Al-Ghamdi A H, Mahmoud M A, Wang G, et al. Acid diversion by use of viscoelastic surfactants: the effects of flow rate and initial permeability contrast[J]. SPE Journal, 2014, 19(6): 1203-1216.

[7] 曲占庆, 曲冠政, 齐宁, 等. 黏弹性表面活性剂转向酸液体系研究进展[J]. 油气地质与采收率, 2011, 18(5): 89-96.

[8] 曲占庆, 曲冠政, 齐宁, 等. 中低温VES-BAT转向酸性能评价[J]. 大庆石油地质与开发, 2013, 32(2): 130-135.

[9] Liu P L, Xue H, Zhao L Q, et al. Analysis and simulation of rheological behavior and diverting mechanism of In Situ Self-Diverting acid[J]. Journal of Petroleum Science and Engineering, 2015, 132(1): 39-52.

[10] 牟建业, 李双明, 赵鑫, 等. 基于真实孔隙空间分布的酸蚀蚓孔扩展规律数值模拟研究[J]. 科学技术与工程, 2014, 14(35): 40-46.

[11] 薛衡, 赵立强, 刘平礼, 等. 碳酸盐岩多尺度三维酸蚀蚓孔立体延伸动态模拟[J]. 石油与天然气地质, 2016, 37(5): 792-797.

第九章 特大型含硫气田地面系统优质高效建设

通过推行"标准化设计、工厂化预制、模块化成橇、橇装化安装、一体化装置、数字化建设"的"六化"地面工程建设模式,龙王庙组气藏2012年12月第一口井投入试采,2013年10月、2014年9月和2015年11月先后建设完成年产天然气$10×10^8m^3$、$40×10^8m^3$和$60×10^8m^3$净化及配套地面工程,创造了中国石油大型整装气藏从发现到全面投产的最快速度[1]。

第一节 地面系统快速建产

一、全面推行三维设计

设计团队采用PDMS等国际先进软件,多角度、全方位进行模块化协同设计,使得结构、设备和管道更直观、贴切、逼真,且能如实反映出空间之间的相互关系。该软件具有极强的碰撞检查功能,可以对三维模型进行实时碰撞检查。同时,采用集成化协调设计,实现了多专业、多人员、多地点的集成化设计,大大地缩短了设计工期。利用该软件进行材料统计,其统计结果准确,材料报表生成时间短,可靠性强,避免了传统的二维设计中材料统计通过人工简单累加,统计过程慢,且容易出现错、漏的现象。将设计成果审查由传统的二维纸板审查转变为3D模型审查,使得设计审查更直观、科学、高效[2],如图9-1所示。

图9-1 三维设计视图

如设计技术团队充分利用三维模型设计软件,尾气处理装置在总图布置非常紧凑的情况下,创造性地将急冷塔、吸收塔、再生塔和酸水汽提塔进行"四塔"集中布置,"四塔"平台采用联合平台结构,塔与塔之间的平台互不相连,同时平台之间留有一定间隙。

此外"四塔"平台与相邻橇块之间设有巡检通道,充分考虑操作与巡检的方便。

此外,设计技术团队与项目部一道,通过三维模型设计软件,将 $40 \times 10^8 m^3$ 尾气处理初步设计从原 $1200 \times 10^4 m^3/d$ 硫黄回收装置引入酸气预硫化管线流程,改为通过尾气处理再生塔的酸气管线将硫黄回收装置的酸气倒回引入,优化了管线设计近520m,并避免了系统管廊加宽改造;将酸水汽提装置低位罐尺寸调整为与脱硫、脱水、尾气装置低位罐尺寸一致,使整个低位罐区更美观,也方便了日常的生产管理;调整吸收塔顶出口至塔顶分离器管线的位置,避免了该管线出现袋形。

由于全面推行三维模块化设计,采用标准化成果300余项,在提高设计质量的同时,有效缩短了设计周期约30%。

二、工厂化预制与模块化组装

(一)精心设置组橇厂

根据建设项目部策划,天然气净化厂主装置区采用橇装化设计[3],其中主装置由脱水、过滤、脱硫、硫黄回收、尾气处理及酸水汽提装置6个单元构成,共计222个橇块。川庆钻探工程有限公司四川油建公司提前规划场地,设立两个组橇厂,分别位于西南油气田物资分公司川中物流港库与安东石油基地,组橇厂之间相距700m,组橇厂距净化厂现场约35km(图9-2和图9-3)。

图9-2 组橇厂照片(一)

川中物流港库预制基地总面积 $3.3 \times 10^4 m^2$,主要承担净化厂工艺橇的预制组装、阀门试压工作。配备桁车(16T/10T)8台、全自动切割站4台、全自动焊机站12台、悬臂吊3台、龙门吊3套、阀门试压机8台(图9-4)。

安东石油预制基地总面积 $2.3 \times 10^4 m^2$,主要承担橇块钢结构的预制组装、钢结构防腐工作。主要设备从新疆乌鲁木齐四川油建钢结构预制厂调运,包括便携式数控切割机1台、液压摆式剪板机1台、数控火焰切割机1台、龙门移动式数控平面钻床1台、三维数控钻床1台、三维数控转角带锯机1台、全自动抛丸除锈机1套等。

图 9-3　组橇厂照片(二)

图 9-4　川中物流港库预制基地内景

(二) 创新实现数字化预制

油建公司开发了"SKID 生产管理软件"(图 9-5),以施工三维设计模型为载体,通过软件

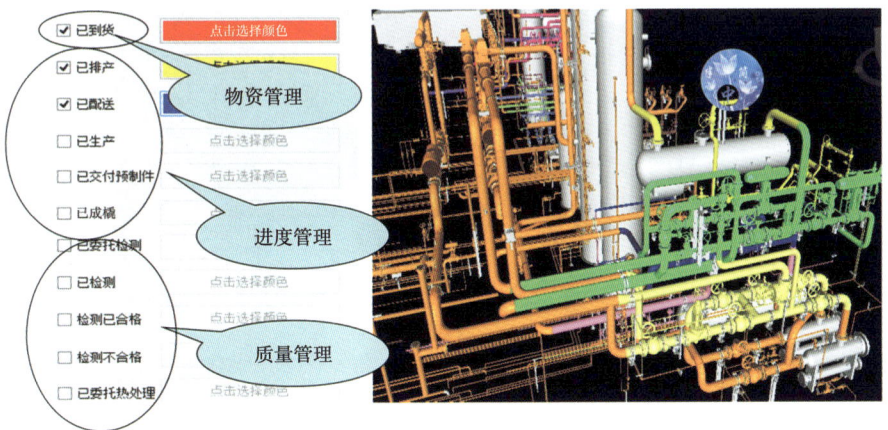

图 9-5　SKID 生产管理软件界面

数据库与三维设计基础数据互通,实现数字化建厂管理。该软件能根据物资到货信息,实现自动配料、自动排产、自动生成焊接调度指令,将施工组织模式由传统"人工台账式"转变为"全自动数据库管理"模式。

对于钢结构预制,传统施工图设计采用布置图+节点详图,无设计料表,难以快速准确统计出材料需求计划、零件下料尺寸与数量,在龙王庙组 $60×10^8m^3$ 项目,油建公司开发应用了 Tekla 软件,对三维设计更进一步深化,自动创建材料清单、零构件图纸指导生产,该软件的应用为实现工厂化流水化预制提供了必要条件(图 9-6)。

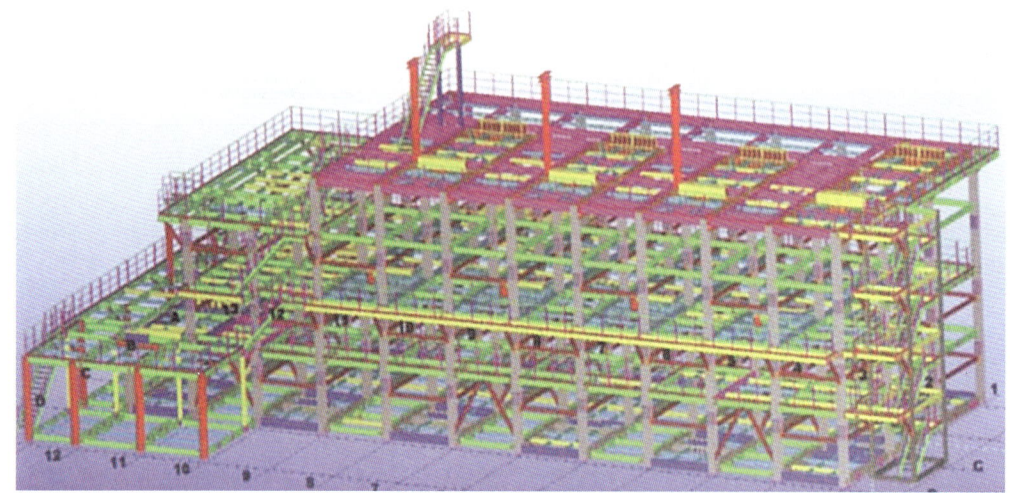

图 9-6　Tekla 软件界面

同时,在施工现场首次引入数字化三维设计模型,各作业班组都配置了电脑,技术人员、路工、焊工都可以在施工作业点现场通过电脑查询三维模型、料表、单管图、施工技术要求等,设计文件实现了全过程数字化,施工图直观性得到最大化体现,作业台班读图效率快,准确性高(图 9-7)。

图 9-7　数字化施工现场

(三)采气站场应用一体化集成装置

采气单井分离计量、缓蚀剂加注等工艺装置实行一体化成橇,整个采气橇在成都预制工厂进行焊接组装,工厂化预制率100%,然后整体运至工程现场。在现场采气橇与井口、出站管线、放空管线采用焊接连接,工艺焊接量小于100道,在10d内可以完成橇装现场连接施工。对于采气站场供水、供电、RTU/PLC控制,全部采用厢式一体化装置完成安装,3d内完成接线,图9-8为磨溪009-X5井分离计量橇。

图9-8 磨溪009-X5井分离计量橇

在试采井站采用干法脱硫一体化集成装置替代原有的干法脱硫装置管线阀组,可以缩短设计周期、加快建设进度、降低建设投资,实现站场工艺流程、平面布局、模块划分、关键设备定型和安装尺寸上的"五统一"。

西南油气田公司通过技术攻关,完成了处理规模为$10×10^4m^3/d$和$1000m^3/d$两个系列的标准化设计,实现了天然气干法脱硫一体化集成装置研究开发,为龙王庙组气藏的高效开发起到了积极的推动作用。

干法脱硫塔组一体化集成装置将原料气加注、净化气输送、排污、放空、充氮、在线取样等功能集成,通过灵活的串联形式连接可实现多种生产工艺流程,工艺适应性强;减少安装管线及配套,降低了现场操作与维护工作量,降低了建设和运行成本;无需单独征地建站,与井场合建,占地面积也大大减少。图9-9至图9-11显示了一体化集成装置的主要组成橇块。

图9-12显示了设置于磨47井的干法脱硫塔组一体化集成装置,处理规模为$10×10^4m^3/d$,建设工程施工周期79d,为安岳气田磨溪区块龙王庙组气藏试采工程的快建快投起到了重要作用。

(四)净化厂工程深入推进工厂化预制

通过组织设计、采购、施工、监理、检测人员驻组橇厂现场办公,建立了从材料进场到工程现场模块组装的"日反馈、日解决、日分析、日汇总、日共享"的协调机制,动态掌控工厂化预制进展,及时协调解决了材料、机具、焊工、无损检测等各环节存在的问题。针对工厂化预制初期

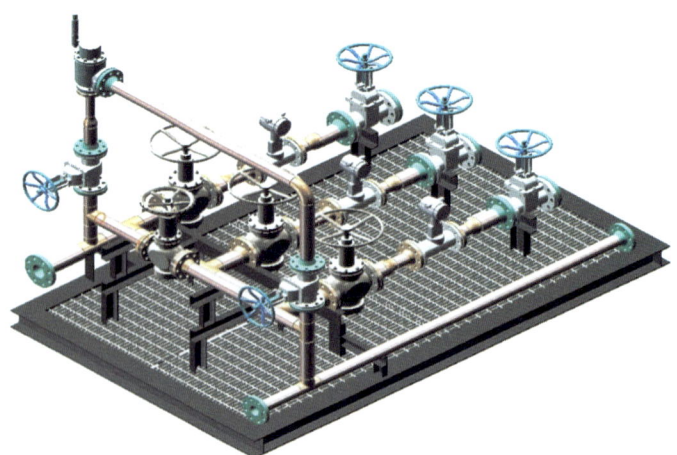

图 9-9　原料气放空及计量橇

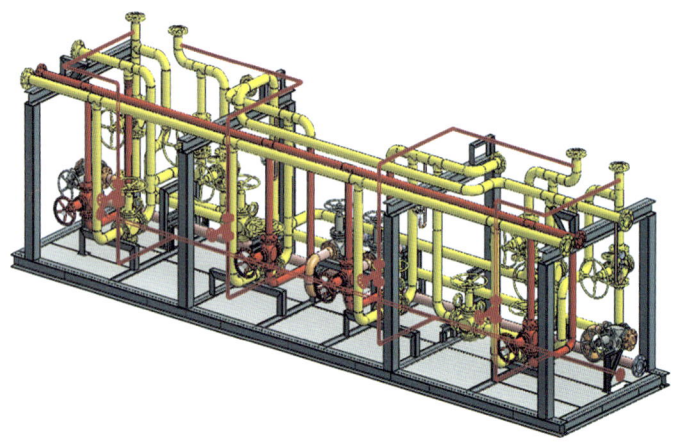

图 9-10　脱硫塔组橇

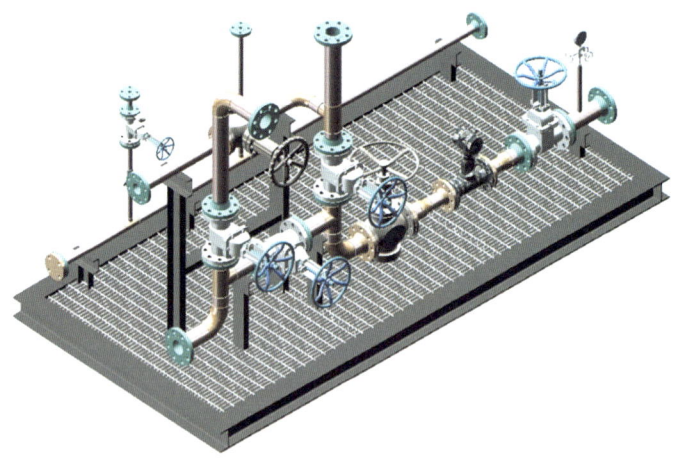

图 9-11　分离计量橇

图 9-12 磨 47 井干法脱硫塔组一体化集成装置

无损检测进度滞后的问题,项目部组织召开协调会,就焊缝标识、焊缝检测申报、无损检测指令下达、检测过程施工配合等环节进行梳理,确保了组焊完成的焊缝 3d 内完成检测,上橇预组装的工艺管道 100% 无损检测合格。

按照"便于组焊、便于运输、便于回装"的原则,采用了"单层橇内的设备与工艺管道等应随橇整体运输,橇外或跨橇连接的管道、钢结构立柱、梯子、栏杆、电缆桥架分别包装运输"的橇块拆分原则。

通过深入推进工厂化预制,龙王庙 $60 \times 10^8 m^3$ 净化厂脱硫、脱水、硫黄回收、尾气处理、酸水汽提等主体装置,橇内焊缝工厂化预制率为 94%,橇外连接管道工厂化预制率为 70%,总体预制率达到 80%[4],累计缩短建设工期 20%,焊缝质量射线探伤一次性合格率提高 2%,橇块现场组对精度达 99% 以上,实现了流水化、标准化、橇装化建厂(图 9-13 和图 9-14)。

图 9-13 龙王庙净化厂过滤单元橇

图 9-14 龙王庙净化厂脱硫单元橇

三、现场高效施工

(一) 管理标准化与工序流程化

管理标准化主要包括:(1) 大数据。建立统一数据库,各工序数据共享,实现"一本账"。(2) 可视化。通过三维模型,将各生产状态用不同的颜色直观展现出来,为生产安排提供直接信息。(3) 指令式。各工序根据下发的"指令表"进行作业。(4) 配送制。工程材料、工序半成品交接都采用配送制度,杜绝乱拿、乱要。(5) 销项制。预先在单管上进行焊口编号,随后的焊接、检测、热处理工序实行对焊口"销项制",统一管理,避免了"错口、漏口"。图 9-15 所示为标准化管理示意图。

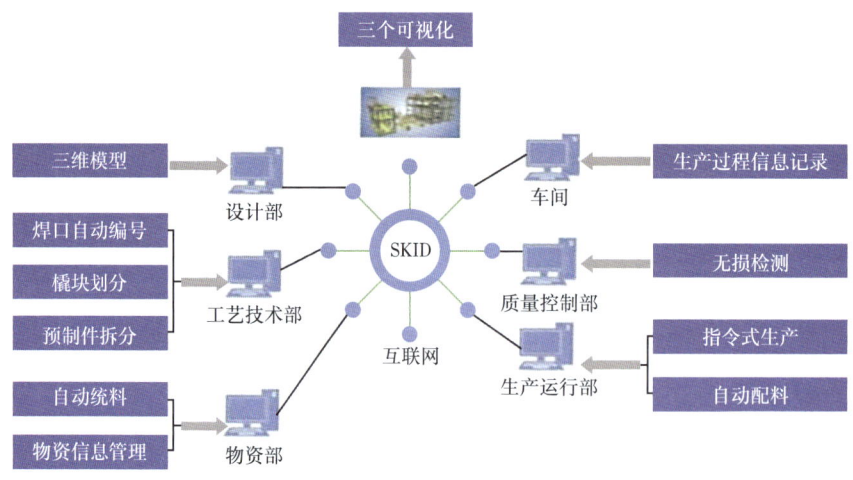

图 9-15 标准化管理示意图

工序流程化主要包括:(1)根据设计文件,开展施工深度建模与材料预提;(2)下达工作任务,移交深化版设计文件,开展技术交底;(3)综合调配工程材料与施工资源,调度人、机、料;(4)动态进度日上报与偏差统计分析;(5)工序间交接验收。

(二)先进施工技术提升效率

先进的数控生产设备为钢结构组焊及现场拼装提供了精度保证,通过数控锯床下料以及数控钻床钻孔(图9-16),尺寸误差均不大于1mm,结合先进的全自动抛丸除锈生产线以及半自动二氧化碳保护焊,在预制工厂实现工厂化流水线作业,解决了现场制作精度差、施工效率低等问题。龙王庙$60×10^8m^3$净化厂工程钢结构共计约5200t,钻孔量达27万个,现场钢结构组对及螺栓穿过率达99.3%。

图9-16 数控锯床工作现场

使用管道切割站、坡切工作站和全自动焊接工作站提高了施工效率合质量。对于厚壁6~17mm的管道都采用机械冷切割,减少人工割口的偏差以及割口处残留的氧化物,工艺管道切割损耗率降低到1%以内;使用全自动坡口机,提高坡口加工质量,降低焊接组对难度与组对间隙控制难度;对于$DN400mm$以上的大口径厚壁工艺管道,全部采用全自动焊接工作站,实现管道全自动流水化焊接作业,综合效率提高4倍以上,管道焊接质量合格率提高了1~2个百分点,射线检测一次合格率达到96%(图9-17)。

设备基础预埋螺栓新型精准定位技术:龙王庙净化厂工程主要设备基础、管廊架基础的定位放线采用RTK测量仪与全站仪配合进行精确定位,采用定位螺栓及双层定位环板,提前开展预埋件施工,保证基础预埋螺栓与设备鞍座契合,全厂预埋地脚螺栓基础定位一次合格率达100%(图9-18)。

动设备安装采用激光对中技术(图9-19):机泵设备采用激光对中技术后,对中找正速度快,安装精度达0.01mm,误差≤±0.05mm,安装一次合格率100%。脱硫循环泵投运后,设备振动值仅为1.8mm/s,达到国家机泵A级优良标准。

图 9-17　全自动焊接工作站工作现场

图 9-18　地脚螺栓精准定位

图 9-19　设备安装激光对中

悬挂式脚手架搭设技术：创新悬挑式、吊挂式施工技术，安全实现多层次立体交叉作业（图9-20）。

图9-20　悬挂式脚手架搭设

大截面电缆机械化敷设技术：电缆由电动机驱动牵引，滑轮支撑传送，累计敷设线缆电缆461km，施工效率提高1.5倍（图9-21）。

图9-21　大截面电缆机械化敷设

三维模型指导试压：创新性地利用三维模型，结合试压技术要求，详细规划吹扫试压包，仅用30d时间完成了净化厂吹扫试压工作，效率提高30%以上。

第二节 大型净化装置尾气二氧化硫减排

天然气净化厂和炼厂含硫气在脱硫处理后产生的含有硫化氢的酸气主要是通过克劳斯（claus）工艺使硫化氢转化为元素硫，进而达到回收利用的目的。但由于受化学平衡的限制，在设备及操作条件良好的情况下，硫黄回收装置尾气中仍有一定量的硫化物，如不进一步处理，排入大气中会造成环境污染[5,6]。本节在介绍我国 SO_2 排放标准的基础上，阐述了龙王庙大型净化装置针对尾气 SO_2 减排所采用的新工艺新技术，并对该技术的应用效果进行了介绍。图 9-22 所示为龙王庙净化厂全景图。

图 9-22 龙王庙净化厂全景图

一、净化厂尾气 SO_2 排放标准

1996 年 4 月 12 日我国发布了 GB 16297—1996《大气污染物综合排放标准》，并于 1997 年 1 月 1 日起实施[7]。该标准的颁布实施为促进我国大气污染控制和防治起到了积极、重要的作用。GB 16297—1996 标准中对硫、二氧化硫、硫酸和其他含硫化合物生产，规定了 SO_2 排放浓度限值为：新源 960mg/m³、现源 1200mg/m³，同时还按不同排气筒高度限定了最高允许排放速率。由于没有针对天然气净化行业的专项标准，按照国家规定，天然气净化厂应执行 GB 16297—1996《大气污染物综合排放标准》。国家环境保护总局环函〔1999〕48 号要求：天然气净化厂 SO_2 污染物排放应作为特殊污染源，应制订相应的行业污染物排放标准进行控制；在行

业污染物排放标准未出台前,同意天然气净化厂脱硫尾气排放 SO_2 暂按 GB 16297—1996《大气污染物综合排放标准》中的最高允许排放速率指标进行控制,并尽可能考虑 SO_2 的综合利用。之后,我国的天然气净化厂统一执行 GB 16297—1996 规定的排放速率指标。

2002 年以来,在国家生态环保部的统筹指导下,西南油气田公司持续推进天然气净化厂 SO_2 排放标准的研究与制修订工作,分析研究天然气净化厂尾气 SO_2 排放的特点,进而制订天然气净化厂 SO_2 排放标准。经过 8 轮攻关,由西南油气田公司参与制定的天然气行业重要标准 GB 39728—2020《陆上石油天然气开采工业大气污染物排放标准》于 2020 年 12 月 8 日由生态环境部与国家市场监督总局发布。

GB 39728—2020 明确规定了天然气净化厂硫黄回收及尾气处理装置烟气二氧化硫的排放限值,以净化厂硫黄回收规模进行划分。硫黄回收量大于 200t/d,外排烟气二氧化硫排放浓度小于 400mg/m^3;硫黄回收量小于 200t/d,其浓度小于 800mg/m^3。上述排放控制指标明显严于全球绝大多数国家,达到了国际先进水平。该标准规定了陆上石油天然气开采企业大气污染物排放限值、监测和监督管理要求,对深入贯彻国家环保法律法规,促进陆上石油天然气开采工业的技术进步有着重要的意义。

西南油气田公司作为主要参与编制单位,主要牵头制定标准中关于天然气净化厂 SO_2 排放控制的相关内容,在前期征求意见的基础上,对国内外净化厂尾气 SO_2 排放及标准要求开展了广泛调研,对不同尾气减排技术进行了多方论证。同时,标准制定过程中充分考虑了达标技术的先进性与经济上的合理性,形成了排放限值。该标准也是在充分考虑国家对污染物排放标准体系的建设及污染物排放要求的前提下形成的。

随着国内相关领域 SO_2 排放要求的日渐严苛[8],天然气净化厂 SO_2 的进一步减排势在必行,这也是我国天然气净化技术发展的迫切需求。正是从这一角度出发,秉承环保优先的宗旨,龙王庙净化厂采用具有自主知识产权的 CPS+还原吸收类尾气处理技术和三级常规克劳斯+还原吸收类尾气处理技术,并配以高效脱硫溶剂和硫黄回收催化剂提升净化效果,实现了龙王庙净化厂大型净化装置尾气二氧化硫减排和节能降耗。

二、净化装置尾气二氧化硫减排技术

龙王庙净化厂净化装置由 4 列相同的 $300×10^4m^3/d$ 净化装置(即Ⅰ列、Ⅱ列、Ⅲ列、Ⅳ列装置,下称 1200 万装置)及 3 列相同的 $600×10^4m^3/d$ 净化装置(即Ⅴ列、Ⅵ列、Ⅶ列,下称 1800 万装置)组成,包括原料气过滤分离装置、脱硫装置、脱水装置、硫黄回收装置、尾气处理装置、酸水汽提装置及对应的公用工程和辅助装置。1200 万装置和 1800 万装置之间灵活组合,降低占地面积的同时,更有利于整体净化装置尾气的 SO_2 减排。

(一)具有自主知识产权的 CPS+还原吸收尾气处理工艺

龙王庙净化厂 $1200×10^4m^3/d$ 装置由 4 列相同的 $300×10^4m^3/d$ 净化装置构成,包括:原料气预处理装置、脱硫装置、脱水装置和硫黄回收装置,4 列净化装置共用一套公用工程、辅助装置,对来自集气站的原料天然气进行处理,产品气全部进入北内环,硫化氢等含硫介质通过硫黄回收装置和成型装置生产为产品硫黄。

单列硫黄回收装置生产规模与处理量为 $300×10^4m^3/d$ 的脱硫装置相匹配,采用具有国内自主知识产权的CPS[9]工艺,设计总硫回收率≥99.25%,SO_2排放量为≤28kg/h,设计最大硫黄产量42t/d,装置年开工时间按8000h计,总共4列。为了进一步减少硫黄回收装置尾气中SO_2的含量,在CPS工艺的基础上,增设了还原吸收工艺尾气处理装置,以处理4套CPS硫黄回收装置产生的含硫尾气。通过该项技术革新,将装置的总硫回收率由99.25%提高到99.8%以上。

1. 工艺流程

1) CPS工艺部分

酸气与空气在主燃烧炉内按一定配比进行克劳斯反应,约68%的H_2S转化为元素硫。自主燃烧炉出来的高温气流经废热锅炉后降至330℃,然后进入一级过程气再热器的管程,将来自热段硫黄冷凝冷却器的过程气从170℃加热至280℃。从一级过程气再热器管程出来的过程气进入热段硫黄冷凝器冷却至170℃进入一级过程气再热器的壳程,过程气中绝大部分硫蒸气在此冷凝分离;从一级过程气再热器壳程出来280℃的过程气进入克劳斯反应器,气流中的H_2S和SO_2在催化剂床层上继续反应生成元素硫,克劳斯反应器的过程气经过克劳斯硫黄冷凝器冷却至126.8℃,分离出元素硫。出克劳斯硫黄冷凝器的过程气经使用尾气烟气作为热源的二级过程气再热器后,温度升至344℃左右。再生初期,自克劳斯硫黄冷凝器出来的过程气通过两通调节阀进入二级过程气再热器,温度达到344℃后,进入一级CPS反应器,催化剂床层上吸附的液硫逐步汽化。当达到规定的再生温度进行催化剂的再生后,则进入一级CPS硫黄冷凝器,冷却至126.8℃,然分出其中冷凝的液硫,然后直接进入二级CPS反应器,过程气在其中进行低温克劳斯反应。出二级CPS反应器的过程气进入二级CPS硫黄冷凝冷却器至126.8℃后进入三级CPS反应器,在其中进行低温克劳斯反应。出三级CPS反应器的过程气进入三级CPS硫黄冷凝器冷却,分离出其中冷凝的液硫,经液硫捕集器后进入尾气灼烧炉。

在一个切换周期内,均有两个反应器处于低温吸附态,而每个反应器经历逐步升温再生、稳定再生、逐步预冷、稳定冷却几个阶段。CPS工艺流程图如图9-23所示。

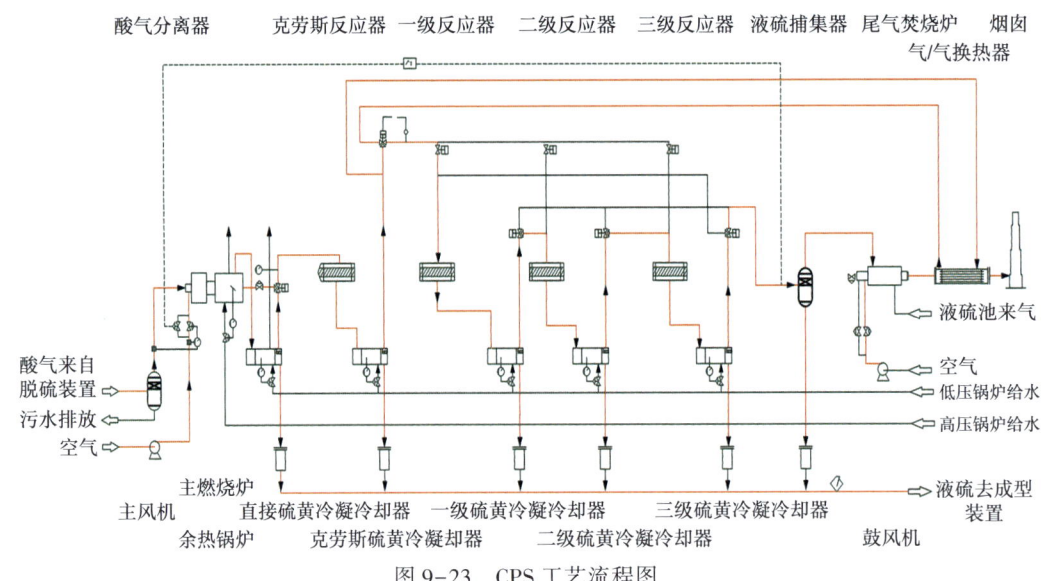

图9-23 CPS工艺流程图

2)还原吸收尾气处理部分

从4套硫黄回收单元来的尾气进入在线燃烧炉与在空气在在线燃烧炉燃烧器按次化学当量燃烧燃料气产生含有还原性气体(H_2+CO)的高温烟气进行混合并被加热至280℃,混合后的过程气进入装有还原催化剂的反应器反应,过程气中绝大部分的硫化物还原为H_2S,然后进入余热锅炉。在余热锅炉中,过程气被冷却到170℃和来自酸水汽提装置的酸气(106℃)一起进入急冷塔,在塔内与冷却水逆流接触,被进一步冷却到40℃。冷却后的含酸性气体的过程气进入低压脱硫部分。

从急冷塔出来的塔顶气进入吸收塔,与CT8-5选择性脱硫溶液贫液逆流接触。气体中几乎所有的H_2S被溶液吸收,仅有部分CO_2被吸收。从吸收塔顶出来的排出气经吸收塔顶分离器分液后进入灼烧炉灼烧后排放。脱硫溶液采用浓度为40%(质量分数)CT8-5选择性脱硫溶液,设计溶液循环量为160m^3/h。

2. 工艺特点

(1)将CPS工艺与还原吸收尾气处理工艺相结合,实现了大型净化装置尾气二氧化硫减排。

(2)先对催化剂再生后的反应器进行预冷,待再生态的反应器完全过渡到低温吸附态时,下一个反应器才切换至再生,全过程中均有两个反应器处于低温吸附,有效避免了切换期间的总硫回收率波动,提高了总硫回收率[10]。

(3)一级反应器出口过程气经二级硫黄冷凝冷却器冷却至126.8℃,由于该气体分离掉绝大部分硫蒸气,则进入高温再生反应器中的硫蒸气含量低,有利于化学反应向生成元素硫方向推进。在高温再生反应器中已将大量的硫化物转化为单质硫,出口过程气中的H_2S和SO_2等未转化的硫化物含量低。进入低温吸附态反应器的过程气中的H_2S和SO_2等未转化的硫化物含量低,低温吸附态反应器内元素硫少,总硫回收率高,催化剂吸附饱和的时间长。

(4)该装置为了清洁溶液,设置了溶液预过滤器、活性炭过滤器和溶液后过滤器,以除去溶液中固体杂质及降解产物。初步设计时间较短,保证工期较短,有利于业主的建设。

(5)该装置的溶液配制罐和储罐用氮气保护,以防止溶液接触空气氧化变质,从而降低了溶液起泡及损失。

(6)分别设置有过程气余热锅炉、灼烧炉余热锅炉发生低压蒸汽以回收热量。

(7)自主专利技术,国内可独立完成基础设计和详细设计。设备、材料采购立足国内,只有关键设备和在线分析仪需引进。

3. 配套溶剂和催化剂

硫黄回收装置采用自主研发的CT系列硫黄回收催化剂,实现了低温克劳斯催化剂的国产化。催化剂用量见表9-1。

表9-1 催化剂用量表

序号	使用地点	型号及规格	一次投入量(t)
1	R-1401(Ⅰ)	CT6-4B	3.9
		CT6-2B	6.3
2	R-1402(Ⅰ)	CT6-4B	5.7
		CT6-2B	4.74

续表

序号	使用地点	型号及规格	一次投入量(t)
3	R-1403(Ⅰ)	CT6-4B	5.7
		CT6-2B	4.74
4	R-1404(Ⅰ)	CT6-4B	5.7
		CT6-2B	4.74
合计			41.62

尾气处理装置采用选择性强的CT8-5选择性脱硫滤液(浓度为40%)作为脱硫的吸收溶剂。

(二)三级常规克劳斯+还原吸收尾气处理工艺

龙王庙净化厂$1800 \times 10^4 m^3/d$净化装置设有2套相同的硫黄回收装置,与规模为$600 \times 10^4 m^3/d$的3套脱硫装置匹配。硫黄回收装置采用三级常规克劳斯工艺,设计硫收率为95%,从装置出来的尾气进入匹配的加氢还原尾气处理装置进行再处理,工厂总硫回收率达到99.8%以上,该装置的单套硫黄产量约126t/d,年开工8000h。

1. 工艺流程

1)三级常规克劳斯部分

从脱硫单元送来的压力为90kPa(表)的酸气和从尾气处理单元送来的压力为90kPa(表)的酸气经酸气分离器分离酸水后,送入主燃烧炉燃烧,与从主风机来的压力为90kPa(表)的空气,按一定配比在炉内进行克劳斯反应,其反应温度为1109℃,在此条件下约60%的H_2S转化为元素硫。自主燃烧炉出来的高温气流经余热锅炉后降温至316℃,进入一级硫黄冷凝冷却器冷却至170℃,过程气中绝大部分硫蒸气在此冷凝分离。自一级硫黄冷凝冷却器出来的过程气进入一级再热炉,采用燃料气进行再热升温至260℃后进入一级反应器,气流中的H_2S和SO_2在催化剂床层上继续反应生成元素硫,绝大部分有机硫在此进行水解反应,出一级反应器的过程气温度将升至340℃左右,进入二级硫黄冷凝冷却器冷却至170℃,分出其中冷凝的液硫,自二级硫黄冷凝冷却器出来的过程气进入二级再热炉,采用燃料气进行加热升温至220℃进入二级反应器,气流中的H_2S和SO_2在催化剂床层上继续反应生成元素硫,出二级反应器的过程气温度将升至245℃进入三级硫黄冷凝冷却器冷却至170℃,分出其中冷凝的液硫后,自三级硫黄冷凝冷却器的过程气进入三级再热炉,采用燃料气进行加热升温至200℃后进入三级反应器,气流中的H_2S和SO_2在催化剂床层上继续反应生成元素硫,出三级反应器的过程气温度将升至207℃进入四级硫黄冷凝冷却器冷却至127℃,分出其中冷凝的液硫后,尾气至尾气处理单元。具体的工艺流程图如图9-24所示。

2)加氢还原尾气处理部分

该装置尾气处理部分流程与$1200 \times 10^4 m^3/d$净化装置尾气处理部分流程基本一致,在此不再重复描述。

2. 工艺特点

(1)该单元设计采用分流法常规三级转化克劳斯工艺,由于进单元的酸气浓度较低,酸气

第九章 特大型含硫气田地面系统优质高效建设

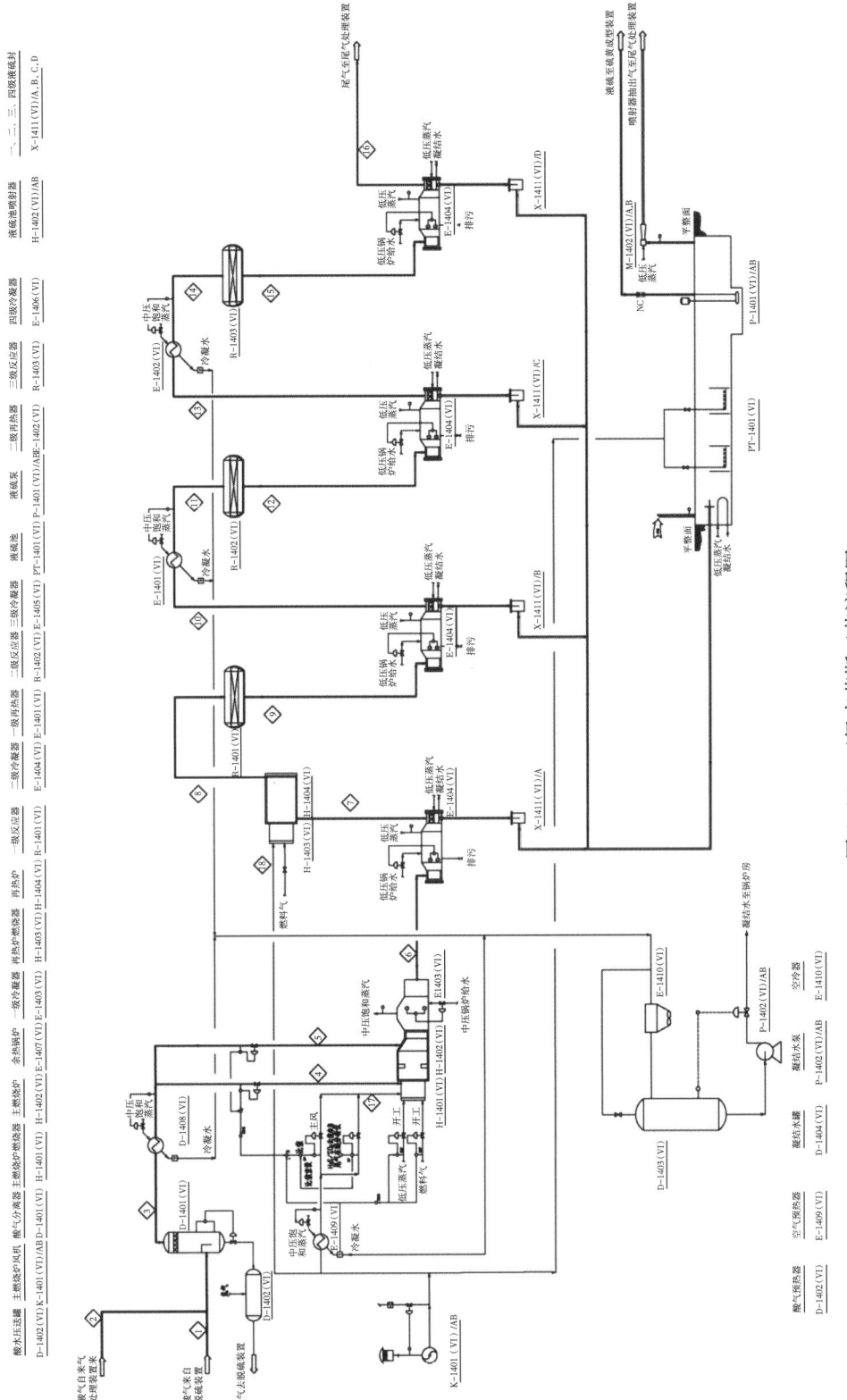

图 9-24 三级克劳斯工艺流程图

部分进入主燃烧炉,50%的酸气分流进入主燃烧炉混合室,主燃烧炉的温度达1100℃,可确保稳定燃烧,操作弹性大。

(2)设置三级再热炉作为三级反应器的入口物料的调温手段,一级、二级和三级再热炉以燃料气作为热源,调温灵活可靠,易于控制。

(3)为充分利用热源,该单元产生的低压饱和蒸汽可为装置的设备、管线进行伴热,还有部分剩余蒸汽进入全厂低压蒸汽管网;末级冷凝冷却器加热锅炉给水作为废热锅炉和前几级冷凝冷却器的上水。

(4)装置采用活性高、有机硫水解率高、床层阻力低的催化剂,总硫转化率和总硫回收率均较高。

(5)充分考虑装置运行的安全性,在主燃烧炉以及一级、二级和三级再热炉上设置氮气吹扫管线,在主燃烧炉、一级再热炉上设置调温蒸汽管线,以及在各级反应器上设置降温氮气/蒸汽管线。

(6)为使设备和管线紧凑,以减少占地面积,节约投资,设备采用阶梯式布置。

3. 配套溶剂和催化剂

$1800×10^4 m^3/d$ 净化装置配套的硫黄回收装置采用自主研发的CT系列硫黄回收催化剂,具体催化剂用量见表9-2。

表9-2 催化剂用量表

序号	使用地点	型号及规格	一次投入量(m^3)(单套)
1	R-1401	CT6-8	6.3
		CT6-2B	16.7
2	R-1402	CT6-2B	26
3	R-1403	CT6-2B	26
合计			75

尾气处理装置采用选择性强的CT8-5选择性脱硫溶液(浓度为40%)作为脱硫的吸收溶剂。

三、二氧化硫减排技术应用效果

(一)CPS+还原吸收尾气处理工艺应用效果

1. CPS考核效果

2016年3月,石油工业天然气质量监督检验中心和西南油气田分公司环保节能监测评价中心对龙王庙净化厂 $1200×10^4 m^3/d$ 净化装置进行了性能考核。考核期间,主燃烧炉显示的温度为1009℃(Ⅰ列)、991℃(Ⅱ列)、1097℃(Ⅲ列)及1050℃(Ⅳ列),能够满足反应要求。因1200万装置Ⅰ列与Ⅱ列完全相同,Ⅲ列与Ⅳ列完全相同,装置考核过程中总硫回收率均达到了设计要求,本书中以Ⅰ列和Ⅲ列装置为例进行具体阐述。

硫黄回收单元主要考核内容为硫黄回收装置的总硫回收率,根据回收尾气组成分析数据可以计算得到硫黄回收装置总硫回收率数据。考核结果见表9-3和表9-4。

表 9-3　CPS 考核期间硫黄回收装置（Ⅰ列）的总硫回收率

时间		第一日	第二日	第三日
总酸气量（m³/h）		2042	2043	2089
总风量（kg/h）		1707	1794	1816
总氮气量（m³/h）		52	52	48
酸气分析（%）	H_2S	46.86	46.88	46.99
	CO_2	52.59	52.56	52.41
	C_{1+}	0.55	0.56	0.55
尾气分析（%）	N_2	62.2	62.0	62.2
	H_2S	0.233	0.245	0.191
	SO_2	0.025	0.004	0.066
	C'_S	0.007	0.006	0.008
总硫回收率（%）	考核值	99.34	99.33	99.34
	平均值	99.34		
	设计值	99.25		

表 9-4　CPS 考核期间硫黄回收装置（Ⅲ列）的总硫回收率

时间		第一日	第二日	第三日
总酸气量（m³/h）		1585	1587	1613
总风量（kg/h）		1626	1635	1613
总氮气量（m³/h）		34	34	34
酸气分析（%）	H_2S	52.97	51.79	53.55
	CO_2	46.42	47.59	45.85
	C_{1+}	0.61	0.62	0.60
尾气分析（%）	N_2	67.5	66.9	67.8
	H_2S	0.204	0.128	0.164
	SO_2	0.093	0.059	0.161
	C'_S	0.004	0.004	0.004
总硫回收率（%）	考核值	99.26	99.55	99.29
	平均值	99.37		
	设计值	99.25		

可以看出，硫黄回收装置运行状况良好，总硫回收率均大于设计值 99.25%。

2. 尾气处理装置考核效果

装置考核期间总硫回收率表、尾气 SO_2 排放速率测定表见表 9-5。

根据硫黄回收装置酸气数据和烟囱尾气组成分析数据可以计算得到总硫回收率数据。

表 9-5　尾气处理装置考核期间硫黄回收装置的总硫回收率（Ⅴ列）

时间		第一日	第二日	第三日
总烟囱尾气流量（m³/h）		19625	19702	20013
H_2S 量（kg/h）		0	0	0
SO_2 量（kg/h）		2.9	3.5	3.9
总硫回收率(%)	考核值	99.97	99.96	99.97
	平均值	99.97		
	设计值	99.8		

表 9-5 中的数据表明,采用自主知识产权的 CPS+加氢还原尾气处理工艺,并采用 CT 系列催化剂和溶剂后,龙王庙净化厂 1200×10⁴m³/d 净化装置配套的硫黄回收装置尾气排放的 SO_2 浓度为 2.9~3.9kg/h,能够满足 GB 16297—1996 中规定的排放速率要求,装置的总硫回收率达到 99.97%,达到了目前国内净化装置最高水平,为我国类似硫黄回收装置尾气 SO_2 减排提供了引领示范作用。

(二)三级常规克劳斯+还原吸收尾气处理工艺应用效果

1. 硫黄回收装置

2016 年 3 月,石油工业天然气质量监督检验中心和西南油气田公司环保节能监测评价中心对龙王庙净化厂 1800×10⁴m³/d 净化装置进行了性能考核。装置在性能考核期间,主燃烧炉显示的温度为 1078.7℃（Ⅵ列）及 1043.7℃（Ⅶ列）,能够满足反应要求。

硫黄回收单元主要考核内容为硫黄回收装置的总硫回收率,根据回收尾气组成分析数据可以计算得到硫黄回收装置总硫回收率数据。考核期间硫黄回收装置的硫收率见表 9-6 和表 9-7。

表 9-6　考核期间硫黄回收装置的硫收率（Ⅵ列）

时间		第一日	第二日	第三日
总酸气量（m³/h）		4723	4815	4703
总风量（kg/h）		7050	7169	7003
总氮气量 m³/h		113	114	114
酸气分析(%)	H_2S	51.7	52.4	49.6
	CO_2	47.7	47.1	49.8
	C_{1+}	0.66	0.55	0.57
尾气分析(%)	N_2	66.93	66.72	66.32
	H_2S	0.46	0.49	0.45
	SO_2	0.26	0.21	0.26
	C'_S	0.005	0.005	0.006
硫收率(%)	考核值	97.28	97.39	97.11
	平均值	97.26		
	设计值	95		

表 9-7 考核期间硫黄回收装置的硫收率(Ⅶ列)

时间		第一日	第二日	第三日
总酸气量(m^3/h)		4810	4706	4770
总风量(kg/h)		6548	6724	6797
总氮气量(m^3/h)		102	103	103
酸气分析(%)	H_2S	47.09	47.78	45.72
	CO_2	52.56	51.66	52.56
	C_{1+}(%)	0.46	0.60	0.50
尾气分析(%)	N_2	64.2	64.0	65.1
	H_2S	0.28	0.27	0.50
	SO_2	0.21	0.21	0.17
	C'_S	0.007	0.007	0.008
硫收率(%)	考核值	97.93	97.98	97.04
	平均值		97.65	
	设计值		95	

从表 9-7 中可以看出,Ⅵ列和Ⅶ列硫黄回收装置运行状况都比较良好,硫收率均大于设计值95%。

2. 尾气处理装置

装置考核期间总硫回收率表、尾气 SO_2 排放速率测定表见表 9-8 和表 9-9。

根据硫黄回收装置酸气数据和烟囱尾气组成分析数据可以计算得到总硫回收率数据。

表 9-8 考核期间装置的总硫回收率(Ⅵ列)

时间		第一日	第二日	第三日
总烟囱尾气流量(m^3/h)		13564	14361	14568
H_2S 量(kg/h)		0	0	0
SO_2 量(kg/h)		3.08	3.48	3.00
总硫回收率(%)	考核值	99.95	99.94	99.95
	平均值		99.95	
	设计值		99.8	

表 9-9 考核期间装置的总硫回收率(Ⅶ列)

时间		第一日	第二日	第三日
总烟囱尾气流量(m^3/h)		14985	13123	13198
H_2S 量(kg/h)		0	0	0
SO_2 量(kg/h)		2.75	3.10	3.00
总硫回收率(%)	考核值	99.95	99.94	99.94
	平均值		99.94	
	设计值		99.8	

表9-8和表9-9中的数据表明,采用三级克劳斯+加氢还原尾气处理工艺,并采用CT系列催化剂和溶剂后,龙王庙净化厂1800×10⁴m³/d净化装置配套的硫黄回收装置尾气排放的SO_2速率为2.75~3.10kg/h,能够满足GB 16297—1996中规定的排放速率要求,装置的总硫回收率达到99.95%,实现了大型净化装置尾气超低排放。

第三节 地面集输系统腐蚀控制

龙王庙组气藏所产天然气中含硫化氢和二氧化碳,同时天然气采出过程中有凝析水或地层水产出,腐蚀环境较为恶劣。设备和管线的腐蚀与气田安全、平稳生产息息相关,因此做好腐蚀防护工作显得尤为重要。龙王庙组气藏地面集输系统腐蚀与防护工作贯穿于气田开发生产运行全过程,在具体实施过程中通过室内分析评价腐蚀环境和程度,以此为基础制订了抗硫碳钢+缓蚀剂的腐蚀控制方案,结合腐蚀监测/检测、腐蚀评价与现场优化等措施,实现气田整体腐蚀控制。经过5年的运行,目前气田地面集输系统整体腐蚀低于0.1mm/a的控制指标,管线减薄处于轻度减薄区间。

一、地面集输系统腐蚀评价

根据龙王庙组气藏天然气从井底采出后,通过采气管线气液混输进入东区、西区、西北区集气站。在集气站进行气液分离后,气相通过集气干线输往集气总站;液相通过气田水管线输往集气总站。东区、西区、西北区集气站与周边单井来原料气在集气总站进行分离、计量。气相计量后进入磨溪第二净化厂进行处理,液相通过通过气田水管线进入回注井进行回注。内部集输规模3300×10⁴m³/d,原料气分为两个流向进行输送:其中300×10⁴m³/d通过DN400mm试采干线输送至白鹤桥联合站扩建再进入试采净化厂,剩余3000×10⁴m³/d原料气输送至磨溪第二净化厂处理。天然气虽然在集气站经过气液分离,但在进入净化厂进行处理以前本质仍为湿气输送。地面集输系统材质以L360QS为主。

(一)气田腐蚀环境

磨溪区块龙王庙组气藏投产气井见局部封存水,生产过程中产出凝析水和地层水。根据龙王庙组气藏共计30个水样品分析结果,其中29个样品水型为$CaCl_2$型,Cl^-含量为57~58693mg/L,密度平均1.04g/cm³,总矿化度平均57212mg/L,pH值4.6~6.5。生产气井气质分析结果显示,天然气中CH_4含量为95.24~97.24%,H_2S含量为4.58~11.19g/m³,CO_2含量为31.40~59.10 g/m³。气井产量为30×10⁴~100×10⁴m³/d,集输管线温度为30~70℃。

龙王庙组气藏天然气中二氧化碳和硫化氢比值(CO_2/H_2S)为2.8~4.8,根据标准规定,腐蚀类型以硫化氢腐蚀为主。图9-25所示为腐蚀类型制定标准。

(二)腐蚀影响因素

1. 硫化氢

含硫油气田中的产出水往往含有硫化氢。干燥的硫化氢与二氧化碳一样都不具有腐蚀性,溶解于水中的硫化氢具有较强的腐蚀性。

碳钢在含有硫化氢的水溶液中会引起氢的去极化腐蚀,碳钢的阳极产物铁离子与水中的

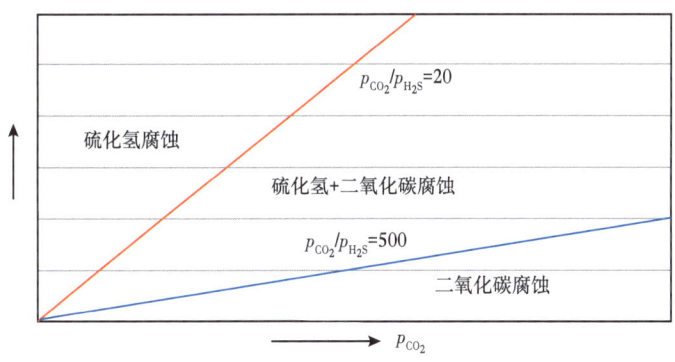

图 9-25 腐蚀类型判定标准

硫离子相结合生成硫化铁。水中的硫化氢能使金属材料开裂,通常称之为硫化物应力开裂。硫化物应力开裂具有以下特点:硫化物应力开裂是一种低应力破坏,甚至在很低的拉应力下都可能发生开裂。根据标准规定,气体中的硫化氢分压大于或等于 0.0003MPa(0.05psi),应选择抗 SSC 钢材。根据 GB/T 20972.2—2008《石油天然气工业 油气开采中用于含硫化氢环境的材料 第 2 部分:抗开裂碳钢、低合金钢和铸铁》和 ISO 15156-2《石油天然气工业 油气开采中用于含硫化氢环境的材料 第 2 部分:抗开裂碳钢、低合金钢和铸铁》有关规定,如果气体中的硫化氢分压大于或等于 0.0003MPa(0.05psi),应选择抗 SSC 钢材。

2. 二氧化碳

密闭输送流体的腐蚀性按二氧化碳分压划分为三个等级,(表 9-10)。此外二氧化碳腐蚀还与温度有关,最严重的腐蚀发生温度为 60~80℃。因此天然气管线的运行温度应尽量控制在 60℃ 以内,以减缓二氧化碳腐蚀。龙王庙地面集输系统的温度小于 60℃,避开了二氧化碳严重腐蚀温度区间。

表 9-10 二氧化碳腐蚀作用划分表

序号	二氧化碳分压(MPa)	腐蚀情况
1	>0.21	中度至高度腐蚀
2	0.05~0.21	轻度腐蚀
3	≤0.05	无腐蚀

3. 温度

在硫化氢和二氧化碳共存条件下,在 20~60℃ 的温度范围内,随着温度的升高,材质的腐蚀速率逐渐上升;而对 SSC 和 HIC 来说,常温为其敏感区。

4. 氯离子

氯离子是影响腐蚀的一个重要因素,当氯离子浓度在 0~3% 时,随着水中氯离子浓度的升高,气相材质和液相材质的腐蚀速率上升较快,当氯离子浓度为 3%~6% 时,随着水中氯离子浓度的升高,气相材质和液相材质的腐蚀速率上升缓慢。

5. pH 值

不同的 pH 值条件下,溶解在水中的硫化氢离解成 HS^- 和 S^{2-}。这些离解的产物影响了腐蚀过程动力学、腐蚀产物的组成及溶解度,因而改变了腐蚀的反应速度。pH<4.5 的区间为酸腐蚀区,腐蚀速率随着溶液 pH 值升高而降低;当 4.5<pH<8 时,主要为硫化物腐蚀区间,此时若硫化氢浓度保持不变,腐蚀速率随着 pH 值的升高而增大;当 pH>8 时,为非腐蚀区。龙王庙产出水 pH 值普遍为 4.5~6.5,处于弱酸性环境,金属管材在此环境下腐蚀相对敏感。

(三) 腐蚀评价

1. SSC 和 HIC

目前龙王庙组气藏地面集输系统管线均使用的 L360QS 碳钢。对于在含硫化氢的湿气环境下的输送钢管,在钢级选择上,采用强度低、韧性好的管线钢可更有效的保证管线抗 SSC 和 HIC 的能力。根据 NACE MR 0175/ISO 15156《石油天然气工业 油气开采中用于含硫化氢环境的材料》和工程经验,L360 钢级可适用于该酸性天然气环境下的管道输送,但是耐酸性天然气电化学腐蚀性能一般。

2. 电化学腐蚀

表 9-11 是龙王庙组气藏某井现场水分析结果,以此为依据配制了腐蚀液,并开展了电化学腐蚀评价。

表 9-11 龙王庙组气藏某井现场水分析结果

井号	阳离子(mg/L)				阴离子(mg/L)				水型
	K^+	Na^+	Ca^{2+}	Mg^{2+}	Ba^{2+}	Cl^-	SO_4^{2-}	HCO_3^-	
磨溪 9	20	372	684	458	30	2543	24	117	$CaCl_2$

实验条件:配制水,硫化氢含量 1500mg/L、二氧化碳含量 200mg/L,L360QS,40℃,72h;实验结果见表 9-12。

表 9-12 缓蚀剂优选评价(一)

腐蚀速率(mm/a)	试片表面状况
0.2550	局部腐蚀

表 9-13 是高压评价结果。

实验条件:配制水,$p_{H_2S}=0.06MPa$,$p_{CO_2}=0.16MPa$,$p_{总}=7.4MPa$,L360QS,40℃,72h。

表 9-13 缓蚀剂优选评价(二)

腐蚀速率(mm/a)	试片表面状况
0.3188	局部腐蚀

可以看出,不采取防腐措施的情况下,电化学腐蚀速率高于 0.25mm/a,属于严重腐蚀。

二、地面技术系统腐蚀控制设计与现场实施

在龙王庙组气藏地面集输系统开发方案中,主要设计了碳钢+缓蚀剂的防腐方案,其中碳

钢使用 L360QS 级钢材。在现场实际运行过程中,缓蚀剂加注工艺主要采取了油溶性缓蚀剂预膜+水溶性缓蚀剂连续加注的工艺。结合超声波测厚、在线腐蚀挂片、在线腐蚀探针、氢通量测试、化学分析等手段对气田地面集输系统实现了腐蚀防护与腐蚀检测/监测的全覆盖。结果显示,目前龙王庙组气藏地面集输系统整体腐蚀低于控制指标 0.1mm/a,腐蚀控制工作有效地保障了龙王庙组气藏安全、高效、经济开发。

(一)腐蚀控制设计

1. 缓蚀剂选择

根据 NACE MR 0175/ISO 15156《石油天然气工业油气开采中用于含硫化氢环境的材料》,和工程经验,L360QS 钢级可适用于酸性天然气环境下的管道输送,但需要考虑材质的电化学腐蚀,因此重点对缓蚀剂的抑制电化学腐蚀能力进行了选择。

缓蚀剂优选需要基于现场实际工况条件,除了关注缓蚀剂防腐性能之外,对缓蚀剂的配伍性、使用过程中对环境条件的适应性等都需要纳入考量。缓蚀剂筛选评价程序如图 9-26 所示。

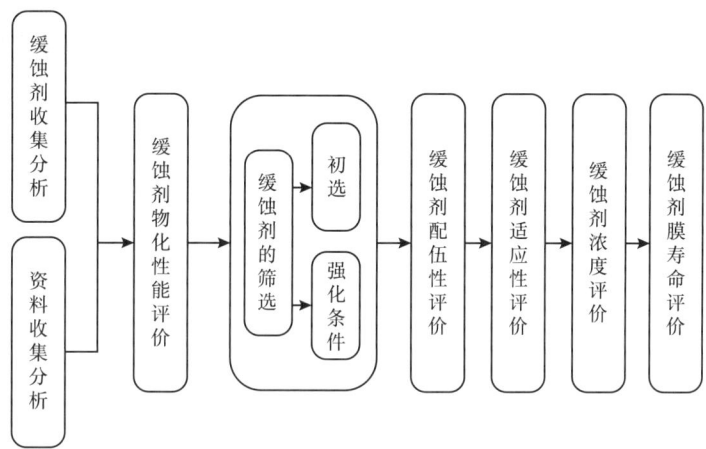

图 9-26 缓蚀剂筛选评价程序

根据缓蚀剂优选评价流程,对川渝地区常用缓蚀剂进行了评价,优选出 CT2-19 作为预膜用缓蚀剂,CT2-19C 作为连续加注用缓蚀剂。CT2-19 系列缓蚀剂作为中国石油具有自主知识产权的油气田化学品,具有成膜后持续时间长、防腐效果佳、适应范围广等优点,已经广泛应用于国内外含硫气田开发之中,并取得了良好的效果。

2. 缓蚀剂加注工艺

根据国内外气田开发缓蚀剂防腐相关报道,结合前期川渝地区气田开发实践经验,主要设计了 CT2-19 缓蚀剂预膜+CT2-19C 连续加注的防腐工艺。其中,CT2-19 缓蚀剂为油溶水分散型缓蚀剂,在管道表面吸附形成缓蚀剂膜后的膜持续能力达到国际先进水平;CT2-19C 为水溶性缓蚀剂,具备配伍性好、运输、存储、使用安全方便、防腐效果优异等特点。该两种缓蚀剂前期均已经在川渝其他气田获得了良好的应用。

1) 缓蚀剂预膜

推荐使用双球预膜工艺。流程简图见下。根据在川渝气田的实践经验,推荐采用双球定量注入缓蚀剂+喷射式清管器优化缓蚀剂效果的成套工艺程序,管线清管器预膜示意图如图 9-27 所示,连续加注的缓蚀剂为 CT2-19,缓蚀剂用量推荐根据膜厚度结合管道内表面积进行计算,膜厚度取值 3mil。

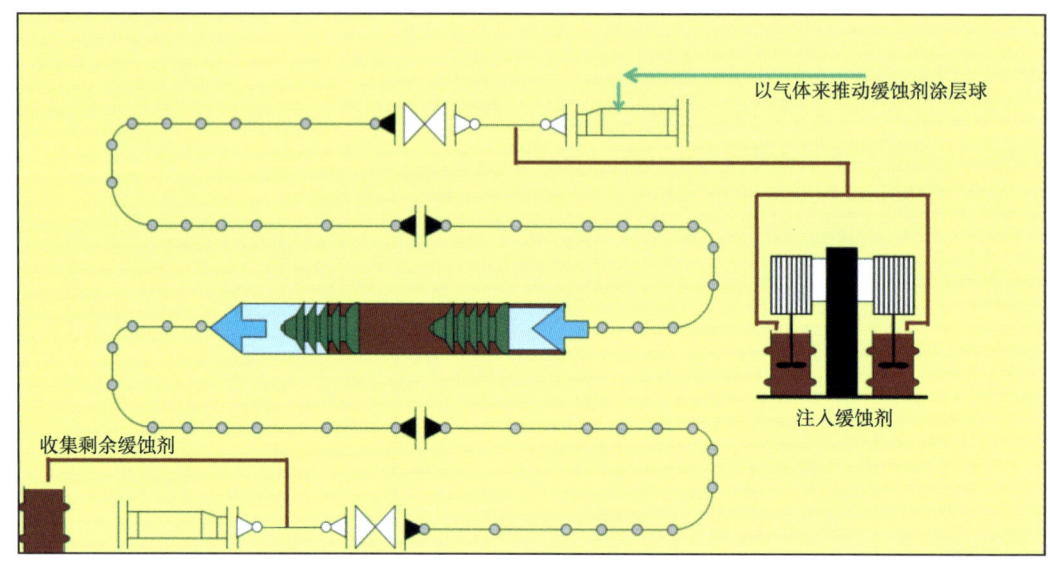

图 9-27 管线清管器预膜示意图

2) 缓蚀剂连续加注

在管线运行过程中为了对金属表面的缓蚀剂膜进行修补,有效抑制缓蚀剂膜部分破裂后金属管材的腐蚀,需要完成缓蚀剂预膜作业后在管道起点开展缓蚀剂连续泵注,缓蚀剂根据前期室内评价结果和现场实践结果推荐使用 CT2-19C,泵注周期为 24h/d,泵注量根据产气量进行计算,推荐泵注比例为 $0.5L/10^4m^3$ 天然气。

(二) 腐蚀检测/监测设计

1. 检测/监测方法

龙王庙组气藏地面腐蚀监测/检测主要涵盖了电化学、化学、物理等手段,在现场建设和运行中包括电化学探针、腐蚀挂片、现场铁离子浓度分析、缓蚀剂残余浓度分析、氢探针、超声波测厚、目视检测等方法,并以此集成建立了腐蚀监测/检测体系。利用形成的检测/监测体系对管线及设备的腐蚀情况开展综合监测/检测,并对缓蚀剂防腐效果进行评价。

2. 检测/监测点设置

龙王庙组气藏腐蚀监/检测点的布置主要基于腐蚀回路的划分,实现腐蚀研究的区域化覆盖,为腐蚀完整性提供数据。腐蚀回路指的是腐蚀环境类似、腐蚀机理相同的所有管线和设备的总称。腐蚀回路是设置腐蚀监测点的重要依据,通过腐蚀回路的划分及现场生产工艺的具体情况进行腐蚀监测点的设置和腐蚀监测方法的选择。腐蚀监/检测点的布置遵循的原则要具有"系统性""区域性""代表性"。

统计建设情况和腐蚀环境,设计的腐蚀监测/检测点和方法见表 9-14 和表 9-15。

表 9-14 单井站内腐蚀监测/检测点的位置及方法

序号	监测/检测点位置	腐蚀环境特征	监测方法
1	井口测温测压套	高温、高压、多相	超声波
2	井口一级和二级节流阀气流直冲面	高温、高压、多相、气流直冲	超声波
3	井口缓蚀剂加注短节上加注点前	高温、高压、多相	超声波
4	井口缓蚀剂加注短节上加注点后	高温、高压、多相	超声波
5	井口一级和二级节流间管线	气液混输	超声波
6	分离器后气液混合三通处	气液混输及冲刷界面	超声波
7	分离器后至出站管线	酸气、酸水	超声波
8	水套炉二级节流后至分离器直管段(竖管)	气液混输	超声波
9	出站管线直管段、弯头、三通	酸气、酸水及界面冲刷	超声波
10	清管发球装置进气管线(弯头和直管段)	酸气、酸水及冲刷界面	超声波
11	气田水储罐靠近封头焊缝位置	酸气、酸水及界面冲刷	超声波
12	井口二级节流后至分离器管线	气液混输	超声波/腐蚀挂片
13	分离器大筒体靠近封头焊缝位置	酸气、酸水及界面冲刷	超声波、模拟评价
14	分离器排污管	酸水	探针、腐蚀挂片
15	井口和出站管线缓蚀剂加注前	酸气	超声波、氢通量
16	井口和出站管线缓蚀剂加注后	有缓蚀剂保护	超声波、氢通量
17	放空管线	潮湿酸气	超声波
18	站内管道和设备内壁		目视检测
19	本井分离器排污口	酸水	水质分析、缓蚀剂残余浓度分析
20	腐蚀检测较严重部位		取样分析

表 9-15 集气站腐蚀监测/检测点的布置和方法

序号	名称	监测/检测方法
1	来气管线	探针/腐蚀挂片/氢通量
2	分离器设备	超声波
3	分离器排污管	探针/腐蚀挂片
4	汇管	超声波/氢探针
6	放空管线	超声波
7	集气站出站管线	超声波
8	站内管道和设备内壁	目视检测
9	分离器排污口	铁离子分析、缓蚀剂残余浓度分析

(三)现场实施

1. 地面集输系统缓蚀剂防腐

根据龙王庙组气藏地面集输工艺和缓蚀剂加注条件,缓蚀剂防腐包括缓蚀剂的预膜和连续加注,缓蚀剂预膜采用成膜性能较好的油溶水分散型缓蚀剂 CT2-19,预膜量按预膜厚度为 3mil 进行计算。连续加注缓蚀剂推荐使用水溶性缓蚀剂 CT2-19C,连续加注比例为 $0.5L/10^4m^3$(气)。

1) 采气管线缓蚀剂防腐

(1) 井下定期加注油溶水分散型缓蚀剂防腐时,采气管线不再考虑加注缓蚀剂防腐;

(2) 井下未定期加注缓蚀剂的情况下,在井口加注点连续加注缓蚀剂,具体见表 9-16。

表 9-16 采气管线缓蚀剂加注类型和周期

类别	缓蚀剂类型	加注周期	保护位置
气液分输,能预膜的单井	水溶性缓蚀剂 CT2-19C	每天	采气管线
气液分输,不能预膜的单井	油溶水分散型缓蚀剂 CT2-19	每天	采气管线
气液混输,不能预膜的单井	油溶水分散型缓蚀剂 CT2-19	每天	采气管线和集气管线
气液混输,能预膜的单井	水溶性缓蚀剂 CT2-19C	每天	采气管线和集气管线

2) 集气管线缓蚀剂防腐

(1) 缓蚀剂预膜。

无缓蚀剂预膜装置的管线,采用泵注车进行缓蚀剂 CT2-19 批量处理加注工艺见表 9-17。

表 9-17 集气管线缓蚀剂批处理加注方案

加注位置	缓蚀剂种类	加注周期	批量处理加注量
清管发球装置	油溶水分散型 CT2-19	2 个月	集气管线预膜计算量+集气管线连续加注量×加注周期

对于集气管线的预膜工艺,根据预膜缓蚀剂存储管段的容积(V)不同,缓蚀剂计算预膜量(Q),腐蚀控制方案分以下几种:

方案 A,$Q<V$,预膜工艺见表 9-18。

表 9-18 集气管线预膜方案 A

预膜方式	缓蚀剂种类	周期	预膜量
清管后 1 遍预膜作业	油溶水分散型 CT2-19	2 个月	预膜计算量

方案 B,$V<Q<2V$,预膜工艺见表 9-19。

表 9-19 集气管线预膜方案 B

预膜方式	缓蚀剂种类	周期	预膜量
2 遍预膜,清管与第一遍预膜合并开展	油溶水分散型 CT2-19	2 个月	每遍预膜为计算量的 1/2

方案 C,$2V<Q<4V$,预膜工艺见表 9-20。

表 9-20 集气管线预膜方案 C

预膜方式	缓蚀剂种类	周期	预膜量
2 遍预膜,清管与第一遍预膜合并开展	油溶水分散型 CT2-19	1 个月	每遍预膜为计算量的 1/4

(2) 缓蚀剂连续加注。

①气液混输且能开展缓蚀剂预膜作业条件下,集气管线加注点不再加注缓蚀剂,仅在井口

加注点加注,加注量为采气管线加注量和集气管线加注量的和,加注周期为每天加注,加注缓蚀剂类型为水溶性缓蚀剂 CT2-19C。集气管线连续加注工艺见表 9-21。

表 9-21 集气管线缓蚀剂连续加注(1)

加注位置	缓蚀剂类型	加注周期	加注量
井口加注点加注	水溶性缓蚀剂 CT2-19C	每天	采气管线加注量+集气管线连续加注计算量

②气液混输且不能开展缓蚀剂预膜作业条件下,集气管线加注点不再加注缓蚀剂,仅在井口加注点加注,加注量采气管线加注量+集气管线加注量+预膜量/时间间隔,加注周期为每天加注,加注缓蚀剂类型为油溶水分散型缓蚀剂 CT2-19。集气管线连续加注工艺见表 9-22。

表 9-22 集气管线缓蚀剂连续加注(2)

加注位置	缓蚀剂类型	加注周期	加注量
井口加注点	水溶性缓蚀剂 CT2-19	每天	采气管线加注量+集气管线加注量+预膜量/时间间隔

③气液分输且能开展缓蚀剂预膜作业条件下,从集气管线缓蚀剂加注点加注缓蚀剂,加注量为集气管线连续加注计算量,加注缓蚀剂类型为水溶性缓蚀剂 CT2-19C。集气管线连续加注工艺见表 9-23。

表 9-23 集气管线缓蚀剂连续加注(3)

加注位置	缓蚀剂类型	加注周期	加注量
分离器后集气管线加注点	水溶性缓蚀剂 CT2-19C	每天	集气管线连续加注计算量

④气液分输且不能开展集气管线缓蚀剂预膜,但集气管线具备连续加注条件,通过在集气管线加注油溶水分散型缓蚀剂取代预膜工艺,集气管线连续加注工艺见表 9-24。

表 9-24 集气管线缓蚀剂连续加注(4)

加注位置	缓蚀剂类型	加注周期	加注量
分离器后集气管线加注点	油溶水分散型 CT2-19	每天	集气管线加注量+预膜量/时间间隔

2. 腐蚀检测/监测

截至 2017 年 5 月,龙王庙地面集输系统共在 38 处建设了在线监测点,包括腐蚀挂片装置 38 套,电阻探针 37 套。龙王庙组气藏在线监测点见表 9-25,其分布如图 9-28 所示。

表 9-25 龙王庙组和高石梯组在线腐蚀监测点

序号	井站	监测点位置	管线规格	材质	监测方式 探针	监测方式 挂片
一、原料气管线在监测点							
1	东站	磨溪 205 井来气管线	φ219.1mm×7.1mm	L360QS	√	√
2	东站	磨溪 204 井来气管线	φ219.1mm×7.1mm	L360QS		√
3	东站	磨溪 202 井来气管线	φ219.1mm×7.1mm	L360QS		√

续表

序号	井站	监测点位置	管线规格	材质	监测方式 探针	监测方式 挂片
4	西站	磨溪201井来气管线	ϕ219.1mm×7.1mm	L360QS	√	√
5	西站	磨溪9井来气管线	ϕ219.1mm×10mm	L360QS	√	√
6	西站	磨溪13井来气管线	ϕ273mm×8mm	L360QS	√	√
7	西站	磨溪009-4井来气管线	ϕ406.4mm×10mm	L360QS	√	√
8	西北站	磨溪009-H19井来气管线	ϕ273mm×8mm	L360QS	√	√
9	西北站	磨溪009-3-X1井来气管线	ϕ273mm×8mm	L360QS	√	√
10	西北站	磨溪13井来气管线	ϕ323.9mm×8.8mm	L360QS	√	√
11	西眉清管站	磨溪009-20井组来气管线	ϕ273mm×8mm	L360QS	√	√
12	西眉清管站	磨溪10井来气管线	ϕ323.9mm×8.8mm	L360QS	√	√
13	西眉清管站	磨溪009-11井来气管线	ϕ273mm×8mm	L360QS	√	√
14	西眉清管站	磨溪22井区来气	ϕ219.1mm×8.8mm	L360QS	√	√
15	总站	磨溪18井来气管线	ϕ168mm×6.3mm	L360QS	√	√
16	总站	磨溪009-6井组来气管线	ϕ323.9mm×8.8mm	L360QS	√	√
17	总站	磨溪8井来气管线	ϕ219.1mm×7.1mm	L360QS	√	√
18	总站	磨溪009-H8井组来气管线	ϕ406.4mm×10mm	L360QS	√	√
19	总站	009-7-H1井来气管线	ϕ273mm×8mm	L360QS	√	√
20	总站	东干线来气管线	ϕ508mm×12.5mm	L360QS	√	√
21	总站	西干线来气管线	ϕ508mm×12.5mm	L360QS	√	√
22	总站	西北干线来气管线	ϕ406.4mm×12.5mm	L360QS	√	√
23	联合站	试采干线来气管线	ϕ406.4mm×10mm	L360QS	√	√
24	西区复线末站	复线首站进站管线	ϕ508mm×12.5mm	L360QS	√	√
25	磨溪22井区试采集气站				√	√
二、分离器排污在线监测点						
26	磨溪9井	分离器排污管线	ϕ60.5mm×6.5mm	20G	√	√
27	磨溪10井	分离器排污管线	ϕ60.5mm×6.5mm	20G	√	√
28	磨溪12井	分离器排污管线	ϕ60.5mm×6.5mm	20G	√	√
29	磨溪13井	分离器排污管线	ϕ60.5mm×6.5mm	20G	√	√
30	磨溪204井	分离器排污管线	ϕ60.5mm×6.5mm	20G	√	√
31	磨溪105井	分离器排污管线	ϕ60.5mm×6.5mm	20G	√	√
32	磨溪108井	分离器排污管线	ϕ60.5mm×6.5mm	20G	√	√
33	磨溪009-X1井	分离器排污管线	ϕ60.5mm×6.5mm	20G	√	√
34	磨溪009-X6井	分离器排污管线	ϕ60.5mm×6.5mm	20G	√	√
35	磨溪009-4-X2井	分离器排污管线	ϕ60.5mm×6.5mm	20G	√	√
36	磨溪009-9-X1井	分离器排污管线	ϕ60.5mm×6.5mm	20G	√	√
37	3号站	分离器1排污管线	ϕ60.5mm×6.5mm	20G	√	√
38	集气总站	分离器2排污管线	ϕ60.5mm×6.5mm	20G	√	√
39	联合站	分离器排污管线	ϕ60.5mm×6.5mm	20G	√	√

第九章 特大型含硫气田地面系统优质高效建设

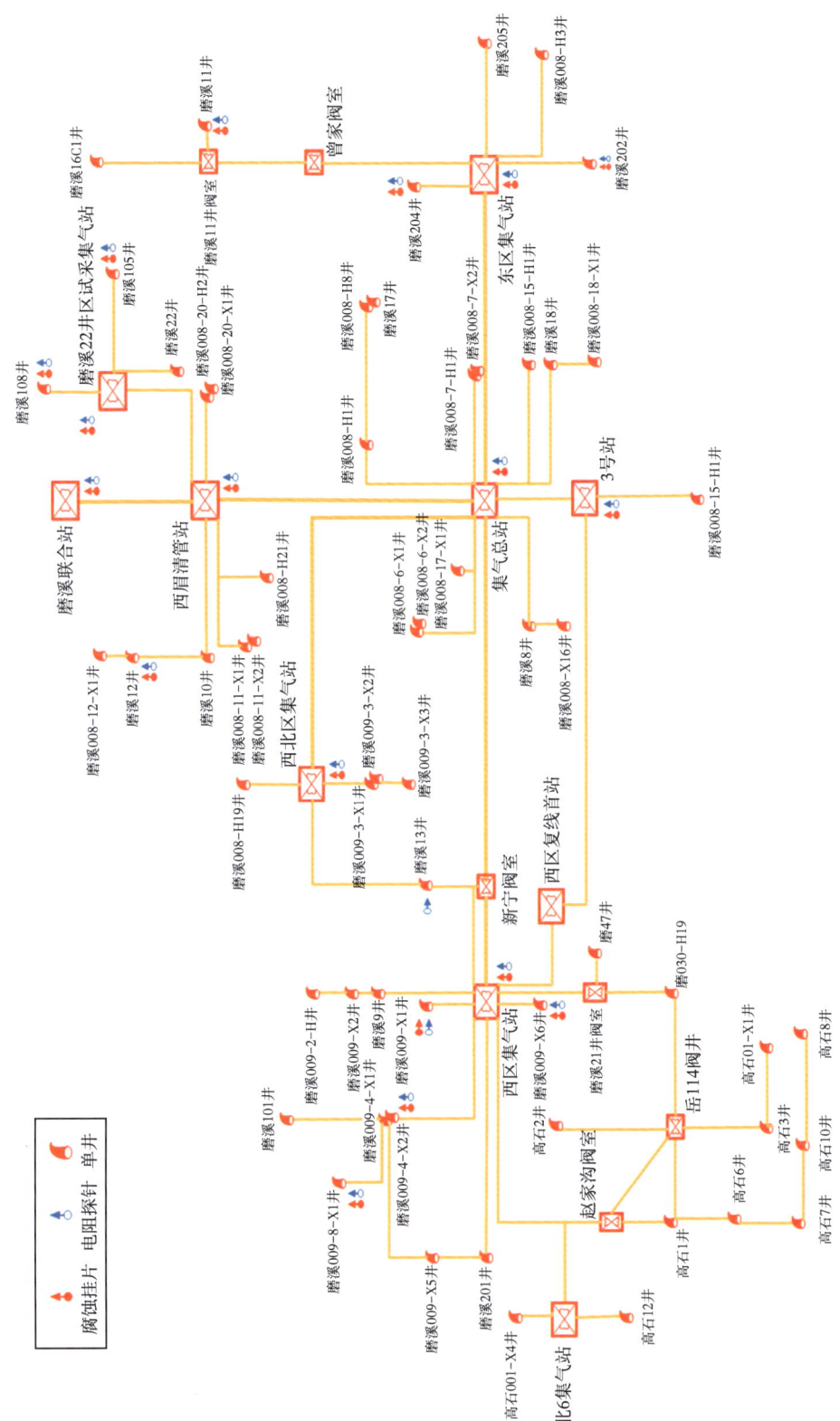

图9-28 2017年龙王庙在线腐蚀监测点分布示意图

— 329 —

三、地面技术系统腐蚀控制评价与优化

(一)腐蚀防护效果评价

1. 评价方法

1)水分析

分析气田水中的缓蚀剂残余浓度和铁离子浓度,以此判断管线是否受到缓蚀剂保护、缓蚀剂用量是否足够,从而对缓蚀剂防腐效果进行初步分析。

2)腐蚀监测/检测

腐蚀监测/检测包壁厚测试、腐蚀探针、腐蚀挂片等。为了保证得到的结果可靠,通常需要多种方法联合使用;得到的数据可以直接用于分析现场腐蚀状况或腐蚀速率。其与气田水中的缓蚀剂残余浓度分析结果相结合,可以用于评价缓蚀剂现场防腐效果。

2. 评价结果

使用多种手段对缓蚀剂膜持续时间和防腐防护效果进行了评价,结果显示目前气田地面集输系统缓蚀剂预膜后膜持续时间在 50d 左右,管线设备总体腐蚀速率低于 0.1mm/a,腐蚀减薄处于轻度减薄区间。

1)铁离子浓度

表 9-26 是两口生产井现场水中铁离子浓度分析结果,其中磨溪 205 井在取样期间由于加注设备维修暂未加注缓蚀剂。

表 9-26 铁离子浓度分析

缓蚀剂加注情况	取样点	Fe^{3+}浓度(mg/L)
加注缓蚀剂	磨溪 204 井	37.7
未加注缓蚀剂	磨溪 205 井	163.2

通过表可以看出,没有加注缓蚀剂的水样中铁离子浓度远高于加注了缓蚀剂的水样,说明缓蚀剂有明显防腐效果。

2)缓蚀剂残余浓度

对磨溪 204 井水样中缓蚀剂残余浓度进行了连续监测。该井缓蚀剂加注点设置于井口,加注方式为连续加注。结果显示,该井缓蚀剂残余浓度为 0~2500mg/L,其中没有监测到残余浓度的时间段是因为现场工艺调整气井暂时停产,所以没有加注缓蚀剂所致。

3)膜持续时间

在使用氢探针对缓蚀剂预膜后膜持续时间进行了评价,如图 9-30 所示。

4)在线腐蚀挂片

在线腐蚀挂片可以直接表征管线设备内腐蚀情况,因此是评价防腐效果最直接的手段之一。图 9-31 是集气总站内在线腐蚀挂片数据及历来变化趋势。

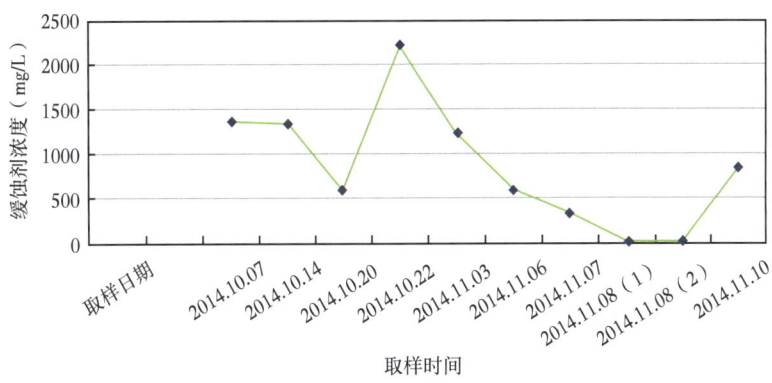

图 9-29 磨溪 204 井缓蚀剂 CT2-19C 残余浓度分析

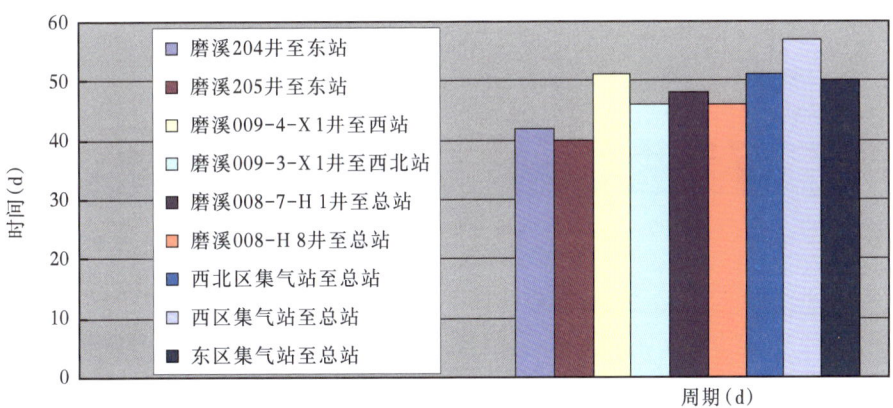

图 9-30 龙王庙集输干支线清管预膜后膜持续时间—氢通量检测

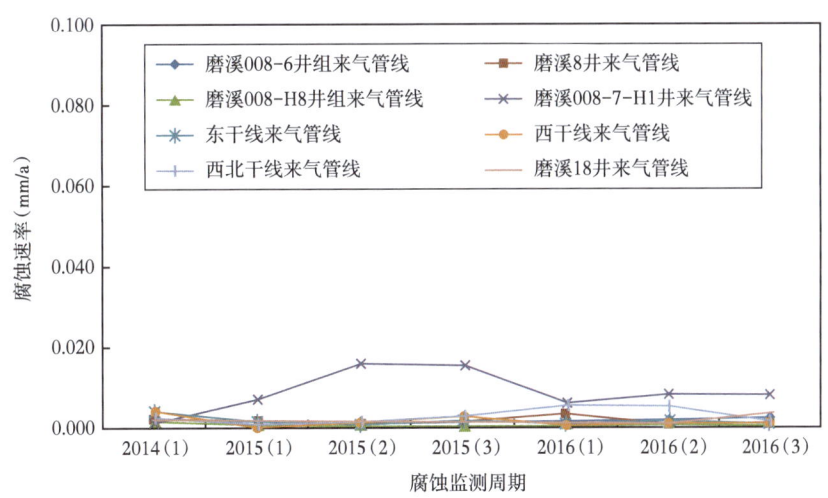

图 9-31 集气总站内在线腐蚀挂片数据及历来变化趋势

可以看出,各在线挂片点腐蚀速率均低于0.025mm/a,腐蚀较为轻微。

5) 超声波测厚

超声波可以直接表征管线设备壁厚减薄情况,可以为管线设备腐蚀情况提供基础资料,是评价腐蚀情况最基本的手段之一。图9-32是气田内各个测厚点腐蚀轻薄情况统计。

图9-32 气田内各个测厚点腐蚀轻薄情况统计

可以看出,运行3年以后,在上千余处检测点中仅3处壁厚减薄范围为5%~7%,且该3处点在2015年2季度后均无明显减薄趋势,说明可能是投产初期工况不稳定导致的。

根据SY/T 0087.2—2012《钢质管道及储罐腐蚀评价标准——埋地钢质管道内腐蚀直接评价》,气藏管线与设备壁厚减薄量总体小于原始壁厚10%,整体处于轻度减薄。腐蚀防护效果优良。

(二) 现场防腐优化及效果

自龙王庙组气藏试采井投产以来,各生产气井地面系统先后实施了缓蚀剂防腐,现场各监测点监测得到的平均腐蚀数据显示龙王庙组气藏地面集输系统整体处于轻微腐蚀程度,表明加注缓蚀剂后,腐蚀得到了明显的控制。

1. 加注方案优化

前期腐蚀监测/检测结果显示气田整体腐蚀控制效果较好,腐蚀速率远远低于0.1mm/a的控制指标。因此基于提高经济效益的考虑,对缓蚀剂加注量进行了优化(表9-2)。考虑到现场实际加注中可能存在一些不确定因素,因此推荐缓蚀剂加注比例减少30%,由$0.5L/10^4m^3$天然气降为按$0.35L/10^4m^3$天然气。

表9-27 缓蚀剂加注比例优化

方案	原方案	优化方案
加注比例	$0.5L/10^4m^3$	$0.35L/10^4m^3$

缓蚀剂连续加注量与输气、输水量相关,因此缓蚀剂的连续加注量应基于现场天然气管线输量进行计算。

2. 优化效果评价

设置的优化方案于2015年6月在现场开展应用。重点在东干线、西干线和西北干线原料气管线开展了实验。在这几条干线降低了缓蚀剂加注比例,并且根据最新生产情况优化了缓蚀剂加注量。优化后的防腐效果主要通过腐蚀挂片、电阻探针和超声波测厚进行判断。现场结果显示,优化后的防腐方案对现场工况适应性仍然较好,现场整体处于轻微腐蚀区间。

1) 超声波测厚

超声波测厚分析结果可以看出优化后龙王庙组气藏地面集输系统管线及设备整体处于轻度减薄(壁厚减薄<10%)。

2) 腐蚀挂片

图9-33是优化前后东干线、西干线和西北干线原料气管线在线腐蚀挂片失重趋势图。对比优化前(2015年第二期)和优化后(2015年第三期)挂片结果可以看出,由于降低了缓蚀剂加注比例,失重腐蚀挂片腐蚀速率有所上升,但总体仍然能够控制原料气管线挂片平均腐蚀速率均低于0.025mm/a,处于轻度腐蚀。

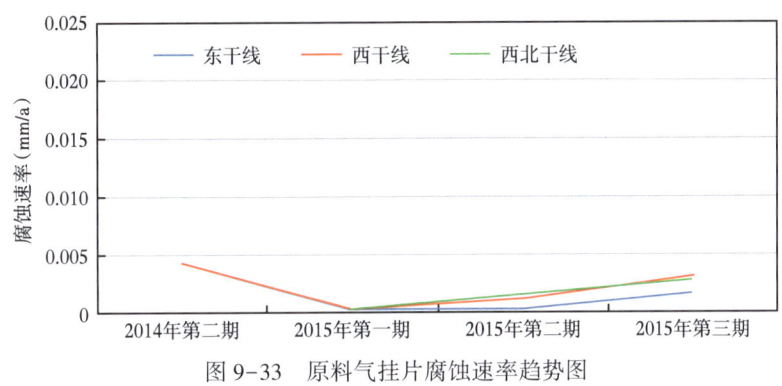

图9-33 原料气挂片腐蚀速率趋势图

3) 电阻探针

表9-28是电阻探针结果。可以看出电阻探针结果显示原料气管线平均腐蚀速率均低于0.025mm/a,处于轻度腐蚀。

表9-28 原料气管线在线探针结果

探针测试管线	腐蚀速率(mm/a)
东干线	0.0018
西干线	0.0028
西北干线	0.0031

第四节 生产污水全程零排放处理

通过"多井集气、气液混输工艺"将气田水密闭输送至回注井以及采用"污水常规处理工艺+电渗析+蒸发结晶"技术，龙王庙组气藏开发实现了特大型气藏从采输气站到净化厂污水零排放。

一、气田产出水零排放

(一) 气田水水量水质

气田水通常是指在采气过程中随天然气带出地面的地下水，气田水大部分于气井井口经分离器而分离出，少部分在天然气集输管线中凝结后分离出。含硫气田生产过程中产生的气田水即为含硫气田水，包括含硫气田开采过程中所产生的地层水、凝析水、集输管线清管通球等生产作业废水等。气井生产采出的气田水矿化度较高，并含有氯化物、硫化物、CO_2、悬浮物和有机物等污染物，含硫气田的气田水中还包括硫化氢和有机物等有毒有害物质[11]。龙王庙组气藏气田水水质见表9-29。

表9-29 龙王庙组气藏气田水水质

分析项目		数据	分析项目		数据
阳离子 (mg/L)	K^+	50	阴离子 (mg/L)	Cl^-	10873
	Na^+	551		SO_4^{2-}	75
	Ca^{2+}	3015		CO_3^{2-}	0
	Mg^{2+}	1991		HCO_3^-	276
	Ba^{2+}	16		OH^-	0
	Li^+	1		F^-	26
	NH_4^+	0		NO_3^-	2
	Sr^{2+}	28		Br^-	16
总矿化度(g/L)		16.904	pH值		5.705

气田在开发初期基本无水或只有少量凝析水产生，当进入中、后期开采后，随着气井产水(气田水)率的升高，天然气的开发难度加大，使气田的天然气产量和采收率递减加快，更有甚者淹没气田，迫使气田生产井停产。就川渝气田来说，作为全国最大天然气生产基地，经过几十年的发展，已有相当数量的气藏和气井进入了开发的中、后期，并不同程度地产水。

龙王庙组气藏累计投产气井44口，生产水气比为$0.2m^3/10^4m^3$，日产气田水$539m^3$。预测结果显示，2017—2022年为产水量快速上升期，日产水将逐渐上升至$1600m^3$。

(二)气田水处理工艺

西南油气田公司气田水处理方式先后经历了自然蒸发、综合利用、处理后达标排放和气田水回注4个阶段。20世纪60年代至70年代早期,由于气田生产规模小,气田产出水量少,因此气田产出水一般是通过临时储存到污水池后,靠太阳辐射热量自然蒸发。此后,采取过利用气田水氯离子含量较高的特点进行制盐、用浓缩卤水提取溴、碘、锂等微量元素,以及综合治理后达标排放等,但这些方法因能耗大、成本高等原因而停用。到了20世纪70年代后期,随着气田生产规模的增大和部分矿化度高及含某些金属、砷、硫化物超标的气田水量的增加,难以达到排放标准要求,特别是进入21世纪以来,国家对环保要求越来越严格,气田水主要改用回注地下的方式进行处理。为了满足回注水质的主要控制指标要求,一般采用沉降、加药、气浮和过滤等综合流程进行处理。其工艺流程如图9-34所示。

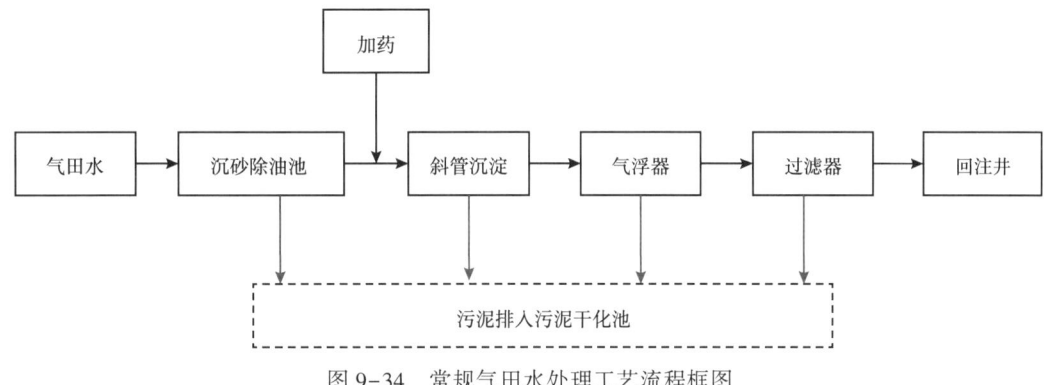

图9-34 常规气田水处理工艺流程框图

其主要工艺过程是:在沉砂除油池与过滤器之间设置加药处理设备,加入烧碱、助凝剂、絮凝剂,经斜管沉淀分离器、气浮器处理后,再进行回注。若要达到回注指标辅助控制指标要求还需增加气提等其他工艺过程。为了满足气田水回注的水质要求,川渝地区曾经建有一批气田水处理装置。

根据实际经验,2010年后对处理流程进行了优化,简化了工艺流程,如图9-35所示。

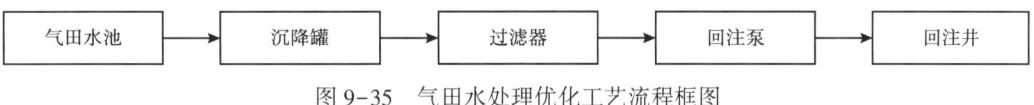

图9-35 气田水处理优化工艺流程框图

龙王庙组气藏所产气田水除少量利用罐车拉运外,大部分均管输至集气总站,然后转输至各回注站回注,实现了气田水零排放。

(三)气田水回注形势及措施

气田水回注是目前气田水处理经济有效、最成熟和最常用的方法。目前,我国并没有针对深井灌注专门立法,现阶段我国对深井灌注的法律控制主要体现在两个方面:第一,我国环境保护法所确立的一些基本法律原则和制度;第二,水污染防治法、石油天然气开采业污染防治技术政策等法律法规中所包含的一些与深井灌注相关的法律规定。

近年来,随着国家对生态文明与环境保护的日益重视,国家、地方相关部门对石油天然气开采及气田水处理提出了更高要求,如重庆市环保局要求气田水必须处理达标后再回注或异地排放,部分地方环保部门已经开始停止气田水回注项目审批;同时对回注处理的废水,部分地方环保部门要求将其中的化学需氧量(COD)、氨氮纳入污染物排放总量考核。

回注井和回注管线等设备设施作为气田水回注的必要载体,由于多种原因,还存在气田水恶臭扰民、设备设施漏失污染水体等风险。

针对气田水回注面临的形势的和风险,在气田水处理回注工程新建、改建、扩建的设计、施工、验收和运行全过程实行严格管理,在气田水回注规划与方案论证、回注井设计与建造、废水处理与输送、回注监控、回注井封堵及废弃等全方面采取措施防控风险。

采取的主要措施包括:

在开发方案或试采方案中进行同步规划和部署气田水回注井,统筹部署、分步实施回注井的建设工作;根据气田开发现状,及时部署补充回注井,以满足气田开发生产和废水回注需要。

加强气田水回注前预处理管理,严格执行 SY/T 6596—2016《气田水注入集输需求》相关要求。气田水输送优先采用管道密闭输送;气田水运输车辆、装卸工具达到安全环保要求。气田水输送管道线路、罐车转运路线避开人口稠密区、饮用水源保护区;气田水输送管道设置防水击破坏措施,设置事故截断及线路检修阀门,并设置储存、处理排出物设施,高含硫气田水输送管道材质选择采用非金属管道。

重视回注井运行监控,加强回注井日常运行管理,按时检测回注水质,加强环空压力监测、腐蚀监测、井温测井,确保井筒完整性。

通过推行回注生产装置、回注站等标准化设计,缩短设计工期30%,缩短建设工期10%,地面工程投资降低3%,实现了工艺流程、平面布局、模块划分、关键设备定型和安装尺寸的"五统一"。

二、净化厂污水零排放

(一)污水情况简述

天然气净化厂生产污水特点是:来源点多、污染物浓度波动大,既有有机物的污染,又有无机物的污染,污染物的毒性大,生物降解慢,未经处理不能排入天然水体中。龙王庙净化厂内污水包括正常生产污水、生产废水、检修污水、生活污水和事故污水。

正常生产污水包括脱硫、脱水、硫黄回收、火炬及放空等工艺装置排出的生产污水,以及分析化验室排污和部分设备、场地冲洗水等。污染物主要是少量烃类有机物、化学药剂杂质等。

生产废水主要来自循环冷却水排污、锅炉房排污和酸水气提塔排水,污染物主要是含少量的盐类、固体杂质,酸水气提塔排水还含少量重金属、H_2S 和硫代硫酸根离子等。

检修污水主要来自脱硫、脱水装置等检修时排出的含 MDEA、TEG、FeS 和固体杂质等污染物的污水;

生活污水主要是办公及抢维修基地及厂区内公厕等处排出的污水。

事故污水为发生火灾、泄漏等事故时产生的消防废水、系统废液、雨水等,污染物成分较为复杂。

(二)污水处理工艺

为了达到节能减排的目的,厂区排水采用清污分流体制进行分类收集、分质处置、分层回用,最终实现污水零排放。根据处理对象不同,污水处理可分为生化污水处理、电渗析处理和蒸发结晶处理3个部分。

厂内正常生产污水(各生产装置、辅助生产装置所产生的污水)和生活污水(生产及检修基地及厂区内公厕等处排出的污水)经排水系统收集后进入生化污水处理装置进行处理。为保证污水处理装置的在比较良好的状态下运行,根据实际的水质情况适当引入少部分检修污水或事故废液以保证生化污水处理装置的进水水质满足要求。达标中水用于厂区、生产及检修基地绿化、冲洗场地。

循环冷却水系统、锅炉房和酸水汽提塔排放的生产废水,以及少量蒸发结晶装置的回收水进入电渗析处理装置进行处理。

电渗析装置出口淡水用于循环水系统补水,浓水及经生化处理达标未回用完的污水进入蒸发结晶单元深度处理。经蒸发结晶冷凝的凝结水送至循环冷却水装置或锅炉房回用,析出的污染物经离心分离后,用叉车送至堆场,氯化钠作化工用盐,污泥进行无害化处理,实现污水零排放。

净化厂污水处理总工艺流程如图9-36所示。

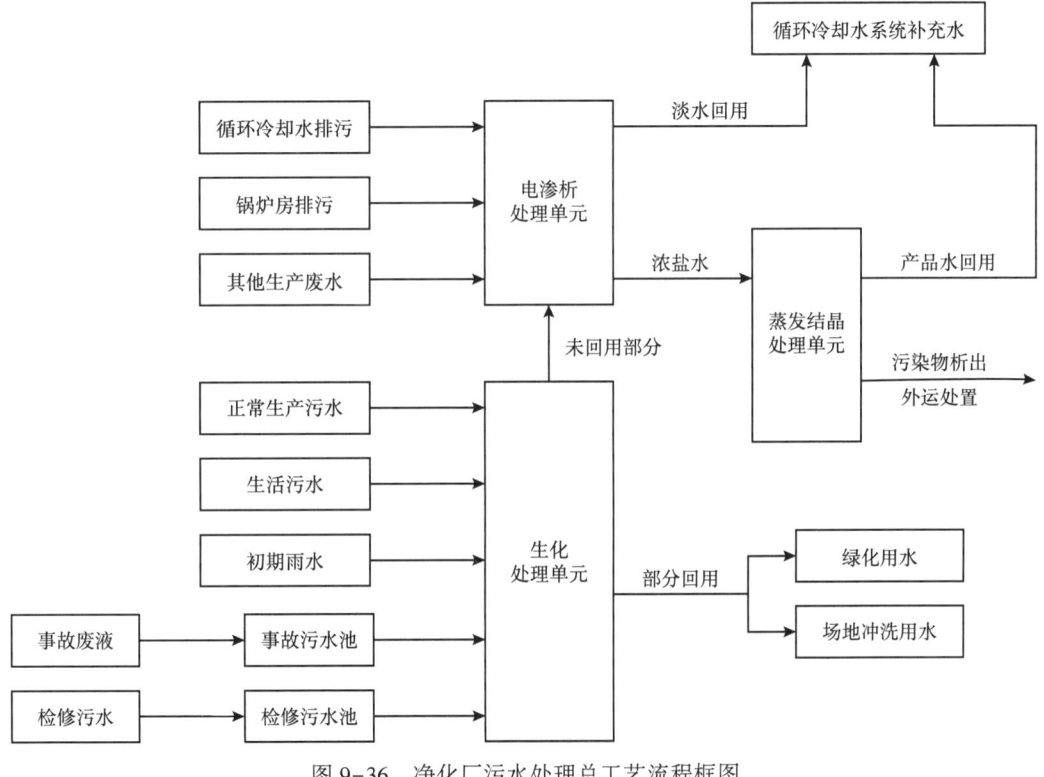

图9-36 净化厂污水处理总工艺流程框图

1. 生化污水处理

生化污水处理工艺包括污水清污分流、污水预处理、污水生物处理和污泥处理4个部分。生化污水处理采用"预曝气—气浮—水解酸化—缺氧—好氧—沉淀"生物处理工艺处理后,再进行过滤、除臭、杀菌消毒,水质达到《城市污水再生利用 城市杂用水水质》(GB/T18920)标准后部分用于绿化和场地冲洗(设计水质标准见表9-30),剩余部分进入蒸发结晶处理装置。

表9-30 进出水水质及排放标准值

项目	pH值	SS(mg/L)	COD_{Cr}(mg/L)	硫化物(mg/L)	NH_3-N(mg/L)	石油类(mg/L)
设计进水水质	6~9	≤200	≤800	—	≤50.0[①]	≤10.0
设计出水水质	6~9	≤70	≤100	≤1.0	≤15.0	≤5.0
一级排放标准	6~9	70	100	1.0	15.0	5.0

① 为总氮浓度。

正常生产污水、生活污水由厂区相应排水管系汇集后,自流进入污水处理装置的曝气调节池,再加压送入气浮设备,气浮设备出水依次自流进入生物预处理池(进行水解酸化)、生化池(缺氧段、好氧段)、沉淀池,最后进入清水池,经消毒杀菌检验合格后回用。生化池中的好氧段采用推流式接触氧化池的鼓风微孔曝气方式,生物载体采用球型填料。

污水处理工艺过程中产生的少量污泥经浓缩、脱水后,外运进行集中处置。脱水方式采用离心机脱水,产生的污水回流进入调节池,循环处理。

生化污水处理工艺流程图如图9-37所示。

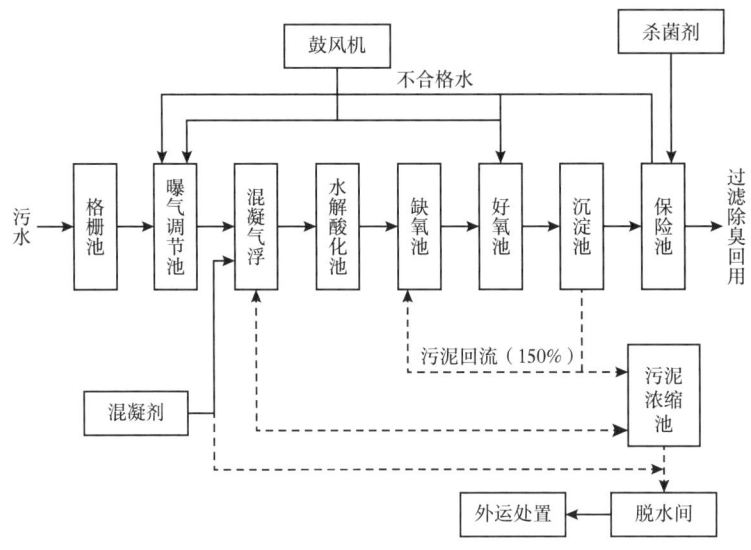

图9-37 生化污水处理工艺流程图

入场污水在各处理阶段的处理效果列于表9-31中。

由于污泥量较少,生化处理各阶段的污泥排至污泥浓缩池进行浓缩脱水后,委托专业处理公司定期从污泥浓缩池抽吸、清掏污泥,并外运集中无害化处置。

表 9-31 各处理阶段对主要污染物处理效果

项　目		进水	曝气	混凝气	水解酸	缺氧池	好氧池	沉淀池
COD$_{Cr}$	设计去除率(%)		5.0	20.0	5.0	5.0	85.4	5.0
	浓度值(mg/L)	800	760	608	577.6	548.72	80.0	76
BOD$_5$	设计去除率(%)		4.0	20.0	4.0	4.5	92.7	5.0
	浓度值(mg/L)	350	336	268.8	258	246.4	18.0	17.1
pH 值			7~9	8.0	7.5	6.8	7.4	6.5~7.2	6.5~7.2
SS	设计去除率(%)		15.0	57.1	16.6	—	—	-60
	浓度值(mg/L)	30~200	70.0	30.0	25.0	—	—	40.0
硫化物	设计去除率(%)		90.0	70.0	-433	75	75	40
	浓度值(mg/L)	≤50	≤5	1.5	8.0	2.0	0.5	0.3
石油类	设计去除率(%)		20	75.0	—	25.0	33	
	浓度值(mg/L)	≤10	8.0	2.0	2.0	1.5	1.0	1.0
NH$_3$-N	设计去除率(%)		—	20.0	-25		80.0	—
	浓度值(mg/L)	50.0	50.0	40.0	50	50.0	10	10.0

注:浓度值为各处理构筑物的出水指标。

2. 电渗析处理装置

进入电渗析处理装置的污水为生化污水处理装置处理回用后剩余水、循环水及锅炉排水。循环水场和锅炉系统等的排水水质较好,只是盐分含量高。由于该部分水量大,且新鲜补充水的成本高(来自约 26km 外的渠河),为实现节水减排的目的,将循环冷却水系统和锅炉房排污废水进行专门收集,并通过电渗析除盐处理后,回用于循环冷却补充水池。

电渗析处理工艺为"预处理+脱盐"。其中预处理工艺需要降低水中浊度、悬浮物、总硬度、总铁、胶体等,使出水水质满足脱盐设备的进水要求。处理出水作为循环水系统的补水,其对于水质的含盐量要求并不高,而且随着回用设备的投运,处理后回用水水质要优于现有循环水系统补水水质,循环水系统的含盐量会逐渐降低,水质逐渐改善,所以选择适度脱盐设备进行脱盐处理,即电渗析脱盐设备。同时,电渗析脱盐设备具有膜抗污染性较强的特点,适宜应用于污水回用处理。

预处理分为电絮凝反应池、斜板沉淀池和多介质过滤池三个部分。在电絮凝反应池内设置电化学装置,通过对电极板加电,在电场作用下,金属极板产生高活性吸附基团,吸附水中的胶体颗粒、悬浮物、非溶解性有机物(COD)、重金属离子、SiO$_2$ 等杂质,形成较大的絮凝体结构从水中析出。同时,在反应池内加液碱调节 pH 值,使水中的钙镁离子以不溶性化合态析出,再利用电解产生的吸附基团将其吸附,形成絮体从水中析出。

经反应池处理后水进入一体化装置的沉淀池中,沉淀池利用浅层过滤原理设计采用高效斜板沉淀池的形式,反应形成的絮凝体经沉淀池的沉淀,大部分沉淀下来,剩余的少量细小絮体进入高效过滤池中。高效滤池中经双介质滤料过滤(石英砂、无烟煤)滤除水中剩余细小絮体、悬浮物、泥沙、铁锈、大颗粒物等机械杂质,以保证出水的浊度。过滤池运行一段时间即需要反冲洗,反冲洗用水为过滤后的滤后水池水,反冲洗排放水直接排入厂内污水管线。通过预处理不仅能去除水中的浊度、悬浮物,而且能去除大部分胶体、重金属离子、油及部分 COD 等,从而为后续的电渗析脱盐设备提供较好的进水条件。

在预处理设备正下方设一污泥池,反应池和沉淀池下设排泥斗,定时排放泥斗内污水至污泥池,在污泥池内沉降后上清液排入厂内污水管线,下部污泥干化后定期人工清理(约三个月一次)外运填埋。

经预处理后的出水进入滤后水池,经杀菌消毒后,增压进入精密过滤器过滤,以进一步保证后续电渗析脱盐设备进水的水质对于浊度和悬浮物的要求。精密过滤器出水即进入 JR-EDR 电渗析脱盐设备进行脱盐,脱盐设备设计为两级,其中一级脱盐设备的淡水进入成品水池,浓水进入二级脱盐设备;二级脱盐设备产生的淡水进入成品水池,浓水进入厂内污水排放系统。成品水池水经增压回用于厂内循环水系统补充水。

电渗析总处理工艺流程框图如图 9-38 所示。

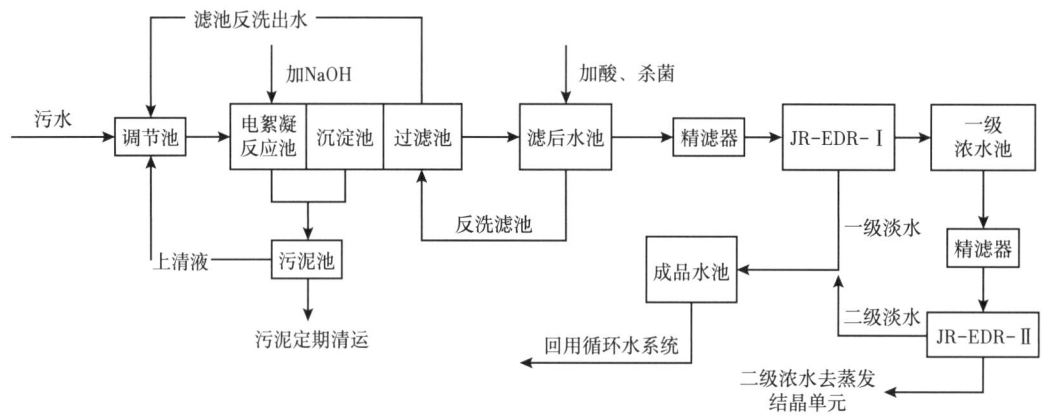

图 9-38　电渗析总处理工艺流程图

入场污水在各处理阶段的处理效果列于表 9-32 中。

表 9-32　各处理阶段对主要污染物处理效果

项目	单位	一体化预处理装置进水水质	一体化预处理装置出水水质	电渗析出水水质
pH 值	—	8.6	6.5~7.5	6.5~7.5
电导率	μS/cm	1560	1560	<450
总硬度(以钙、镁离子含量计)	mg/L	1049	<400	<120
总碱度(以 $CaCO_3$ 含量计)	mg/L	675	<200	≤50
氯离子	mg/L	500~1000	—	≤150
悬浮物	mg/L	30~50	<20	
油类	mg/L	5	<1	

3. 蒸发结晶单元

进入蒸发结晶单元的污水为电渗析装置产生的浓盐水和未回用完的经生化处理的达标污水。根据原水的水质特点及处理规模,处理工艺采用四效真空蒸发结晶除盐生产工艺,回收冷凝水(产品水)质量符合《城市污水再生利用——工业用水水质》(GB/T 19923-2005)的水质标准，全部回用做厂内循环冷却水补充水和其他生产用水，污染物结晶析出，最终实现污水零排放。

本单元采用四效、混合冷凝水预热、平流进料、分效排盐、顺流转盐真空除盐工艺[12]，工艺流程如图9-39所示。预处理后的含盐废水经过进料泵，进入板式换热器与蒸发结晶出来的混合冷凝水换热，升温后的含盐废水平流进入Ⅰ效、Ⅱ效、Ⅲ效和Ⅳ效蒸发器，各效经蒸发结晶浓缩生成的盐浆顺转，Ⅳ效排出的盐浆经过盐浆泵进入增稠器，再进入离心机分离，固体盐外运。离心母液返回蒸发结晶系统的Ⅳ效蒸发器。四效蒸发除盐装置示意图如图9-40所示。

图9-39 蒸发结晶处理工艺流程图

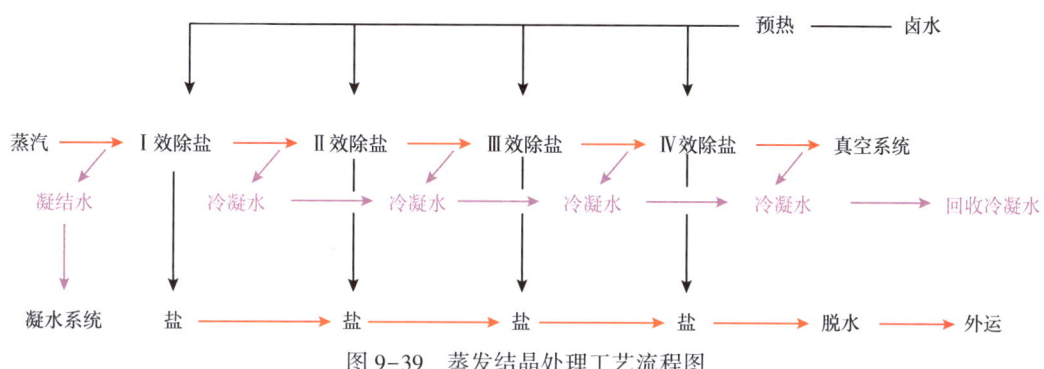

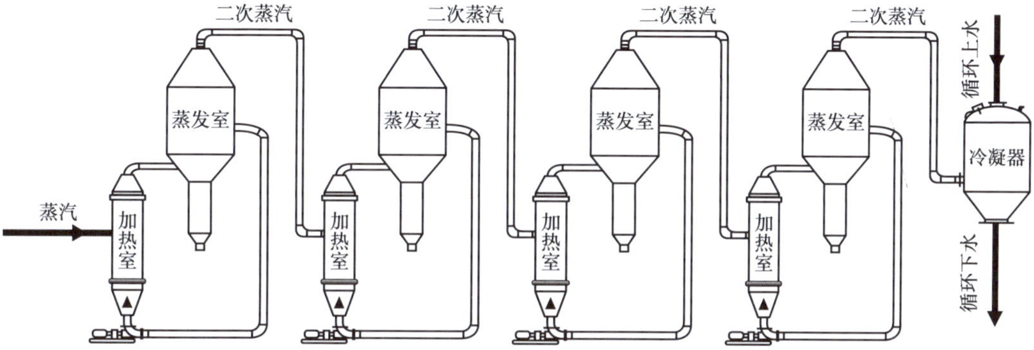

图9-40 四效蒸发除盐装置示意图

该工艺具有以下特点:采用四效平流进料的蒸发结晶工艺，增加了蒸汽的利用次数，热效率提高，提高蒸发结晶热经济，节约了生产成本。冷凝水经多次闪发充分利用热能，Ⅰ效冷凝水闪发、混合冷凝水预热含盐废水，冷凝水热利用率高。整个生产过程连续、稳定、高效、节能，自动化程度高，工人劳动强度低，技术上先进成熟、实用可靠，经济上节能合理。

4. 装置运行情况

蒸发结晶污水处理装置建于龙王庙净化厂内(图9-41)，处理规模:300m³/d，成品盐产量0.25t/d。经实际运行，电渗析装置处理所产淡水与四效蒸发所产冷凝水均能满足循环冷却水的回用水质要求，见表9-33。

图 9-41 龙王庙净化厂蒸发结晶污水处理装置

表 9-33 蒸发结晶污水处理装置水质

项目	水质指标				
	氯化物(mg/L)	COD(mg/L)	石油类(mg/L)	碱类(mg/L)	pH 值
原水	546	<10	未检出	240	8.4
"三法净水"出水	513	<10	未检出	212	10.3
电渗析浓水	702	<10	未检出	353	6.9
电渗析淡水	212	<10	未检出	33	7.8
四效蒸发凝水	121	<10	未检出	50	6.9
污水综合排放标准(一级)	—	100	10	15	6~9
间开式循环水水质标准	250	60	5	350	6.6~8.5

经蒸发结晶析出的污染物经离心分离后,用叉车送至堆场,氯化钠作小工业盐、化工用盐。

(三)污水回用

由于净化厂污水水量较大,对处理后的水尽可能地分类回用,实现了节水减排。

1. 中水回用

经生化污水处理装置处理达到中水回用标准的中水,利用在全厂各绿化、场地冲洗用水点敷设的完善的中水环网,用于厂区绿化、冲洗场地等,水量约3.0L/d)。生化污水处理装置处理达标的水实现了零排放。

2. 电渗析淡水回用

由于净化厂循环冷却水系统排污水、锅炉房的锅炉蒸汽及水处理排污废水量较大,且排污废水仅浓缩、盐分超出工业循环冷却补充用水标准,为减少循环冷却水系统新鲜水耗量,将上述排污废水采用电渗析装置进行多级淡化处理、回收利用,以代替部分新鲜水补充水。采用两级电渗透工艺对其进行淡化处理,生成淡水 1185m³/d 用于装置区循环冷却水系统的补充用水。

3. 锅炉排污水降温回用

锅炉蒸汽系统处理年产 $40×10^8m^3$ 天然气部分连续排污废水为 40m³/d,其排出水温度为100℃,需掺入低温水,以降低其水温(按1:1掺入新鲜水降温),为节约用水消耗,同时减少污水量,采用装置区循环水池的连续排污水自流进入降温池进行降温,经降温的废水再自流汇入污水处理场进行淡化处理。仅此措施便节约新鲜水 40m³/d。而处理年产 $60×10^8m^3$ 天然气部分同样采用循环水池连续排污水自流进入降温池进行降温,可节约新鲜水 60m³/d,全厂新鲜水供水系统可约水量共计 100m³/d。

4. 蒸发结晶单元产品水回用

电渗析处理单元两套装置产生浓盐水水量为 308m³/d,全厂经生化污水处理装置处理达到中水回用标准的中水,部分作为绿化、冲洗场地用水,尚剩余 287m³/d。为实现厂区污水零排放,以上污水进入蒸发结晶装置进行深度处理,最终产生 608m³/d 产品水回用作为装置区循环冷却水系统的补充用水。固体废渣从污水中析出,外运处置。

第五节 集输管道完整性管理

中国石油上游板块从2009年推行气田集输管道完整性管理,逐步走向精细化和专业化发展方向,按照集输管道分类分级的完整性管理模式,借鉴长输管道完整性管理整套标准体系,吸收转换形成适用于集输管道的完整性管理技术。上游板块通过开展含硫气田内部集输管道完整性管理,削减管道系统运行中第三方损坏、腐蚀、地质灾害、施工缺陷等风险因素,对保障气田天然气可靠、经济、安全输送意义重大。

一、含硫气田集输管道运行风险及完整性管理

(一)含硫气田集输管道运行风险

集输管道分类包括单井采气管道和场站间集气管道。首先集输管网输送原料天然气通常含液态水、矿化物、残酸等介质,极易在集输管道内部形成电化学腐蚀环境,继而发生局部腐蚀或点蚀,且较高介质流速会破坏腐蚀产物膜,最终造成穿孔和断裂失效;外部环境恶劣,易受到第三方破坏、地质灾害等影响;由于井站分散,集输管网分布也较长输管道更为复杂,主要类型有线型、放射型、成组型、环型[13],管网内部管道纵横交错,管理难度大。其次,气田集输管道功能性质决定了其面临较大失效风险,发生第三方破坏、腐蚀、施工损伤、地灾可能性较大,导

致集输管道失效率居高不下,造成生产停产和环境污染,甚至人员伤亡事故,经济损失巨大,亟待扭转事故后抢险维修被动局面,转变事前的诊断检测和预防性维护。管道完整性管理技术正好为油气田内部集输管道安全管理提供了有效工具。

(二)气田集输管道完整性管理

在管道完整性管理应用方面,美国、加拿大和欧盟的起步时间早,大型油气输送管道公司建立了适合自身管道特点的完整性管理体系,并设置了完整性管理专门机构,管道管理已进入专业化管理方式[14]。而我国管道企业开展完整性管理较晚,很多企业没有专门成立管道完整性管理部门,管道管理基础较为薄弱。

油气田集输管道的完整性管理是在长输管道管理体系和技术方法基础上发展而来,中国石油天然气股份有限公司所属西南油气田公司从2007年开始系统应用和推广长输管道完整性管理,是国内上游油气田公司首家试点实施企业,2009年推广到集输管道,2010年完成第一轮管道完整性管理"六步循环"全覆盖。通过吸收国内外先进做法建立了管道完整性管理组织机构、管理文件体系和考核机制,建成管道完整性管理体系,管道管理由"事后被动维修"转变为"基于检测评价的主动维护",逐步向"基于风险的完整性管理"发展,大幅降低了管道运行中潜在的安全环保风险,确保了管道失效事件持续降低(图9-42),避免了因资产损坏和停产造成的大量经济损失,为公司取得了可观的经济效益和社会效益。

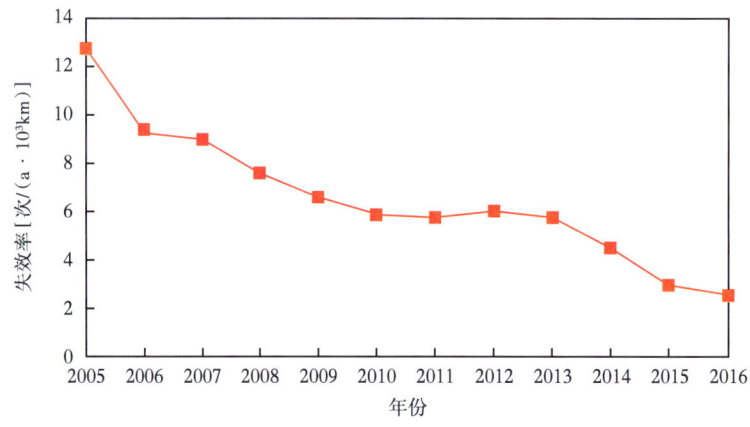

图9-42 西南油气田集输管道历年失效概率统计

1. 管道分类原则

气田集输管道可按照"分类分级"原则开展完整性工作,更利于在有限人员和资金条件下到达完整性评价最佳效果。中国石油天然气股份有限公司所属油气田公司以管道输送介质、压力等级和管径等划分为三类管道,见表9-34和表9-35。

表9-34 输气管道分类

公称直径(mm)	$p \geq 6.3$MPa	$p \geq 4.0$MPa	2.5MPa$\leq p < 4.0$MPa	$p < 2.5$MPa
$DN \geq 400$	Ⅰ类管道	Ⅰ类管道	Ⅰ类管道	Ⅱ类管道
$200 \leq DN < 400$	Ⅰ类管道	Ⅱ类管道	Ⅱ类管道	Ⅱ类管道
$DN < 200$	Ⅰ类管道	Ⅱ类管道	Ⅱ类管道	Ⅲ类管道

表 9-35 采气和集气管道分类

公称直径(mm)	$p \geqslant 16\text{MPa}$	$9.9\text{MPa} \leqslant p < 16\text{MPa}$	$6.3\text{MPa} \leqslant p < 9.9\text{MPa}$	$p < 6.3\text{MPa}$
$DN \geqslant 200$	Ⅰ类管道	Ⅰ类管道	Ⅰ类管道	Ⅱ类管道
$100 \leqslant DN < 200$	Ⅰ类管道	Ⅱ类管道	Ⅱ类管道	Ⅱ类管道
$DN < 100$	Ⅰ类管道	Ⅱ类管道	Ⅱ类管道	Ⅲ类管道

注:(1)p—最近3年的最高运行压力;DN—公称直径。
(2)硫化氢含量大于等于5%的原料气管道,直接划分为Ⅰ类管道。
(3)Ⅰ类和Ⅱ类管道长度小于3km的,类别下降一级;Ⅱ类和Ⅲ类管道长度大于等于20km的,类别上升一级;Ⅲ类管道中的高后果区管道,类别上升一级。

2. 不同类别完整性策略

Ⅰ类、Ⅱ类和Ⅲ类管道开展高后果区识别和风险评价后,对高风险因素实施完整性评价,及时采取维修维护措施使风险处于可控状态。Ⅰ类和Ⅱ类管道风险评价推荐采用半定量风险评价方法,Ⅲ类管道采用定性评价法。必要时可对Ⅰ类管道高风险、高后果区管道开展定量风险评价。Ⅰ类和Ⅱ类管道满足内检测条件时优先推荐内检测,不满足时也可采用直接评价或压力试验。Ⅲ类管道只开展内腐蚀直接评价。Ⅰ类、Ⅱ类和Ⅲ类管道均应开展外腐蚀直接评价。三类管道在投产交接3年内完成基线评价。

2015年中国石油天然气股份有限公司勘探板块对所属16家油田推行完整性试点,全面启动了油气田集输管道完整性管理,特别在四川和重庆地区开展了含硫管道分级分类的完整性管理模式,取得了显著成效。由于集输管道完整性管理技术以借鉴长输管道标准为主,应用过程中存在部分内容和方法不适用的情形,因此亟待出台集输管道完整性管理相关标准,以科学指导油气田开展集输管道完整性管理。

二、气田集输管道完整性管理技术

(一)数据收集与整合

完整性数据收集包含管径、输量、压力、防腐、输送介质和中心线等基础信息。其次,包含标志桩、测试桩、警示牌、套管、第三方交叉管道、水工保护、穿跨越、阀室和阴极保护系统等管道设施数据,以及线路经过的行政区域、沿线地区等级、地灾敏感点、地面构筑物、高后果区、穿跨越和浮露管等管道空间属性信息。另外,管道运行数据也有部分需要采集,包含缓蚀剂加注、管线清管作业、阴极保护运行和管线失效抢修等运行数据。

完整性数据种类繁多,分属于不同的部门和管理系统,应考虑它们的相互关系,制订完整性管理数据表,才能对同时发生的事件及位置进行判断和定位。以线路里程、里程桩、标志位置和站场位置坐标等数据建立起统一的参考体系,进行数据的整合及管理。

(二)高后果区识别

高后果区指如果管道发生泄漏会严重危及公众安全和(或)造成环境较大破坏的区域。随着管道周边人口和环境的变化,高后果区的位置和范围也会随着改变。气田集输管道高后果区识别基本沿用了长输管道的识别方法,针对含硫气集输管道可参考 ASME B31.9—2012 第9章 B805.1 的公式,计算空气中硫化氢浓度为 0.1‰和 0.5‰时的潜在影响半径。

高后果区识别需收集以下资料:管道名称,管道规格,管道设计压力(MPa),管道最大允许操作压力(MAOP)(表压力)(MPa),能反映管道走向的资料,如:管道测绘图,管道带状图等。

通过影像资料或现场踏勘获确定沿线人口密度,并按居民户数和(或)建筑物的密集程度等划分等级,划分要求按照 GB 50251 执行。同时识别沿线特定场所,如人口聚集的广场、学校、医院、车站等。在潜在影响半径内,管道途径的三级、四级地区和特定场所区域即为高后果区,具体要求如下:

(1)管道经过的四级地区。

(2)管道经过的三级地区。

(3)如果管径大于或等于762mm,并且最大允许操作压力大于6.9MPa,其天然气管道影响区域内有特定场所的区域。

(4)如果管径小于273mm,并且最大允许操作压力小于1.6MPa,其天然气管道影响区域内有特定场所的区域。

(5)其他管道两侧各200m内有特定场所的区域。

(6)除三级、四级地区外,管道两侧各200m内有加油站、储气库等易燃易爆场所。

对于燃烧爆炸的潜在影响半径,按公式计算[15]:

$$r = 0.99\sqrt{d^2 p}$$

式中　d——管道外径,mm;

　　　p——管段最大允许操作压力,MPa;

　　　r——受影响区域的半径,m。

(三)风险评价

通过识别导致管道发生事故的重要危害因素,采用定性、半定量或定量风险评价技术,计算出管道失效的可能性和后果,并对管段风险进行风险排序,制订合理的风险削减计划,优化维修决策,降低管道的管理运行成本。风险评价技术的选用可根据管道的重要程度和所需投入的资金和时间决定,常用的定性评价技术有检查法、安全复查表法、预先危害分析法;半定量评价技术有故障树分析、危险性及其可操作性研究(HAZOP)、指数法;定量风险评价即概率风险评价,运用严密的数理分析及统计方法量化确定绝对事故概率。国内集输管道常用的风险评价技术有定性检查表法和半定量肯特法。

1. 风险评价方法

根据气田公司集输管道特点,可选择一种或以上的风险评价方法。在常用的肯特法的基础上,国内优化完善了部分评价指标,使指标项更符合国内管道运行现状。西南油气田公司根据集输管道特征,研究形成了一套集输管道风险评价指标体系,对Ⅰ类管道采用肯特法、Ⅱ类管道采用简化的肯特法、Ⅲ类管道采用风险矩阵法。

简化肯特法是在原肯特法指标体系下,优选符合集输管道评价指标,减少了资料量和评价所需时间,能够满足Ⅱ类管道风险管理要求。风险矩阵法即检查表法,通过专家系统给出管道风险评价指标,技术人员按照给出的表单进行评分,最终获取Ⅲ类管道初步风险等级,极大简化了风险评价的复杂性,同时满足Ⅲ类管道的管理要求。

以肯特法为例,介绍风险评价技术在集输管道的应用。其评价模型如图9-43所示。

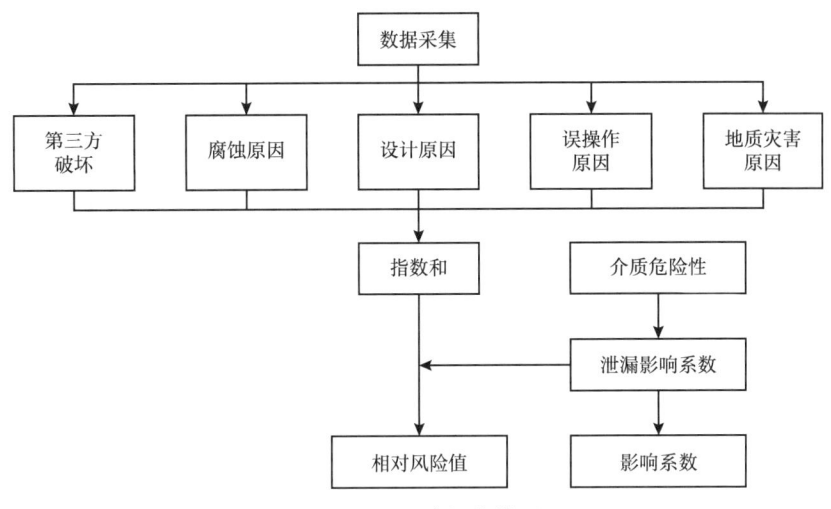

图9-43 风险评价模型

2. 数据收集

各类风险评价方法都需要获取大量的评价数据,包含管道设计资料,如管径、壁厚、管材型号及执行标准、输送介质、设计压力、防腐层类型、管道里程、管道穿跨越、阀室等;管道施工资料,如敷设方式、补口形式、施工及检验记录、竣工验收记录等;管道运行资料,如运行年限、里程桩及其他地面标识、安全防护措施、历史失效和事故情况、当前及历史运行情况、腐蚀与防护情况、检验和维护情况(包括各类管道检测评价报告)等;管道沿线环境资料,如地形地貌特征描述、建(构)筑物分布、人口密度及地区等级、进出气支线及气源与用户情况、土壤性质与气候条件、沿线社会治安情况等;其他相关信息。

3. 管道分段

考虑高后果区、管材、管径、压力、壁厚、防腐层类型、地形地貌、站场位置等管道的关键属性数据,比较一致时划分为一个管段。在出现变化的地方插入分段点。分段时须考虑到成本开支和期望的数据精度。图9-44所示为管道分段示意图。

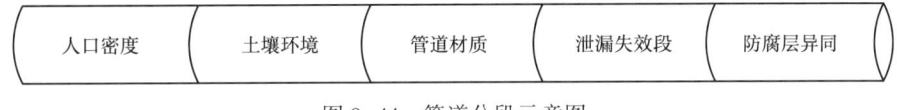

图9-44 管道分段示意图

4. 风险计算

失效可能性得分 p = 第三方损坏得分+腐蚀得分+设计与施工缺陷得分
+运行与维护误操作得分+地质灾害得分

泄漏影响系数:

泄漏影响系数 = 管输介质危害性÷扩散系数
管输介质危害性 = 当时性危害+长期性危害

$$当时性危害=物质燃烧性(N_f)+物质化学活性(N_r)+物质对人的危害情况(N_h)$$
$$扩散系数=管输介质泄漏率÷人口密度$$

按照管道风险评价国际通用指标体系评分法的计算法则,相对风险分值可按如下公式计算：

$$相对风险分值=指标总和÷泄漏影响系数$$

完成各管段分级或评分及风险值或分级计算后进行计算结果汇总。同时可绘制一些直观的图表来展示风险值。常用的风险图表有风险折线图,也可以参照绘制管道失效可能性折线图、泄漏影响系数折线图等。

(四) 完整性评价

1. 内检测

内检测方法是一种多用途的完整性评价方法,它可以使用各种不同的内检测工具开展相应检测,检测工具可以分为以下几类:几何变形检测器、金属损失检测器(包括)、裂纹检测器、测绘及应变评估检测器。气田集输管道内检测推荐Ⅰ类管道实施。检测流程和技术要求以及内检测作业应按照 SY/T 6597《钢制管道内检测技术规范》。

2. 内腐蚀直接评价

含硫气田管道内腐蚀趋势强,由于 H_2S 的高毒性,失效后果相比非含硫气管道更严重。因此,对含硫管道的腐蚀管理始终是油气田管道管理的重点。含硫管道介质中存在 H_2S 和 CO_2 等酸性气体,腐蚀的不确定性和复杂性使得含硫管道内腐蚀管理难度非常大。由于采集气管道管径小、曲率大、大部分出入端无收发球装置,限制了内检测技术在该类管道上应用。气田集输管道输送介质气液体积比大都超过 5000,实际应用中大都采用了湿气管道内腐蚀直接评价方法。评价流程和技术要求可参考 NACE SP0110《湿气管道内腐蚀直接评价方法》和 SY/T 0087.2—2012《钢质管道及储罐腐蚀评价标准 埋地钢质管道内腐蚀直接评价》。表 9-36 为 2013—2015 年含硫气管道内腐蚀直接评价结果统计。

表 9-36　2013—2015 年西南油气田部分含硫集气管道内腐蚀直接评价结果统计

时间	里程(km)	点蚀速率为中度以上数量(个)		腐蚀深度为中度及以上数量(个)	
		中度以上	中度	中度以上	中度
2013 年	503	51	39	10	180
2014 年	240	14	13	5	92
2015 年	249	13	27	8	79
合计	992	78	79	23	351

3. 外腐蚀直接评价

含硫气田集输管道的外腐蚀受土壤电阻率、水、离子含量和 pH 值等影响,且相互间阴极保护系统可能带来杂散电流干扰。由于输送介质含水,易造成绝缘接头内部导通,使阴极保护系统异常或故障。因此,在进行外检测时应着重检测防腐层性能、阴极保护有效性、外部环境腐蚀性。

在方法应用上与长输管道无过多区别,检测评价方法可参考 NACE RP 0502《管道外腐蚀直接评估方法》、SY/T 0087.1—2018《钢制管道及储罐腐蚀评价标准 第1部分:埋地钢质管道内腐蚀直接评价》、GB/T 21246《埋地钢质管道阴极保护参数测量方法》等标准。

(五)维修维护

1. 管体缺陷修复原则

对于油气管道管体缺陷,若为体积型缺陷,应进行评价后确定是否需要修复,一般采用修复系数确定。当评估预测失效压力小于等于1.1倍设计压力时,应立即修复;当评估预测失效压力大于1.1倍设计压力且小于等于1.2倍设计压力时,应在1年内修复完成。一般情况下,大面积损伤壁厚达到20%~25%以上,立即进行修复,焊缝异常立即进行修复,凹坑深度大于6%管径立即进行修复。

2. 管体修复技术

适用于管道缺陷补强修复的方式较多,如打磨、堆焊、补板、A型套筒、B型套筒、环氧钢套筒、复合材料、机械夹具及换管修复技术等。SY/T 6621—2016《输气管道系统完整性管理规范》、Q/SY 1592《油气管道管体修复技术规范》等标准中均给出了不同缺陷宜选用的修复技术。

3. 防腐层修复技术

防腐层破损过多或绝缘性能下降,导致阴极保护电流增大,部分区段可能欠保护,缺陷或破损处易发生电化学腐蚀。根据外腐蚀直接评估确定的防腐层缺陷等级进行计划修复,防腐层修复主要采用聚乙烯冷缠带、补伤片,近年来性能优异、施工便捷的黏弹体也开始应用广泛。SY/T 5918—2017《埋地钢质管道外防腐层保温层修复技术规范》对此作了详细规定。

(六)效能评估

通过对管道完整性管理系统进行效能评价,分析管道完整性管理现状,发现管道完整性管理过程中的不足,明确改进方向,不断提高管道完整性系统的有效性和时效性。效能评价方法主要包括完整性审核、调查问卷、检查列表、人员访谈、对比法、打分法等。

三、龙王庙组气藏集输管道完整性管理实践

(一)龙王庙组气藏集输管道现状

龙王庙组气藏地面集输管道介质为含硫湿气,输送压力6.4MPa左右,内腐蚀防护措施有腐蚀探针监测、加注缓蚀剂、定期清管,外腐蚀防护采用3PE防腐层和外加电流阴极保护。管道敷设环境为典型川中丘陵地带,水田、山坡和旱地交错,沿线人口密度小,通常为一类和二类地区,建设开发较少,部分敷设地带易发生小型地质灾害,如水毁、滑坡等。集输管道系统投用1~3年内,需开展基线检测,以评估管道系统的完整性状况和基础风险,建立集输管道完整性管理基础数据。

(二)完整性管理实践

1. 基础数据收集

收集设计和建设期管道基础数据,建立管道信息台账,包括管道名称、管径、长度和输送介质等数据。管道中心线是数据整合的重要基础,其精度直接决定管道数字化水平。龙王庙地面集输管道建设期回填前以相邻管节之间的焊缝作为特征点,测量了焊缝的平面坐标和高程,焊缝坐标总数达44000余个。

2. 路由调查

沿线调查管道设施数据,包括标志桩、测试桩、警示牌、套管、第三方交叉管道、水工保护、穿跨越和阴极保护设施等描述和测量。除对管道设施调查外,还应调查管道外部环境,包括地区等级、特定场所、地灾敏感点等。共采集埋深、三桩一牌、浮露管、穿跨越坐标13000余个,部分数据见表9-37和表9-38。图9-45至图9-47为部分调查情况。

表9-37 管道沿线敷设环境调查结果表

浅埋段(段)	测试桩(个)	标示桩		露管(处)	穿越(处)
		里程桩(个)	偏桩或倒桩(个)		
92	306	3085	545	21	558

表9-38 地灾敏感点识别例子

线路	数量	备注
试采干线	1	位于K×+×处,敷设于陡坡,土壤植被未恢复,且无水工保护措施
西集气干线	2	1处堡坎损坏位于K×+×处;1处易滑坡点位于K×+×处

图9-45 管道山坡段露管

图 9-46 管道标识桩倒塌

图 9-47 易滑坡地段

3. 高后果区识别

按照高后果区识别标准,确定识别半径为管道两侧各 200m 范围内的三级和四级地区或特定场所。沿线共识别出 6 条管道存在高后果区,且存于中等风险区段,部分结果列于表 9-39 中。

表 9-39 高后果区识别例子

序号	管道名称	起止位置	风险等级	评价时间	高后果区长度(km)	高后果区特征
1	试采干线		中等	2015-06	0.597	四级地区(常住人口大于100户)/特征场所 Ⅰ(幼儿园)
2	试采干线		中等	2015-06	0.986	四级地区(常住人口大于100户)/特征场所 Ⅰ、Ⅱ(小学、中学)

4. 风险评价

对 40 条管线开展了风险评价(图 9-48),评价结果为:无高风险和较高风险管段;中风险管段占 12.3%;低风险管段占 87.7%。面临的主要风险因素为第三方破坏、腐蚀、地质灾害。对处于高后果区域的 I 类集气管道进行了定量风险评价,确定了试采干线两段个人风险和 1 段社会风险偏高区域。

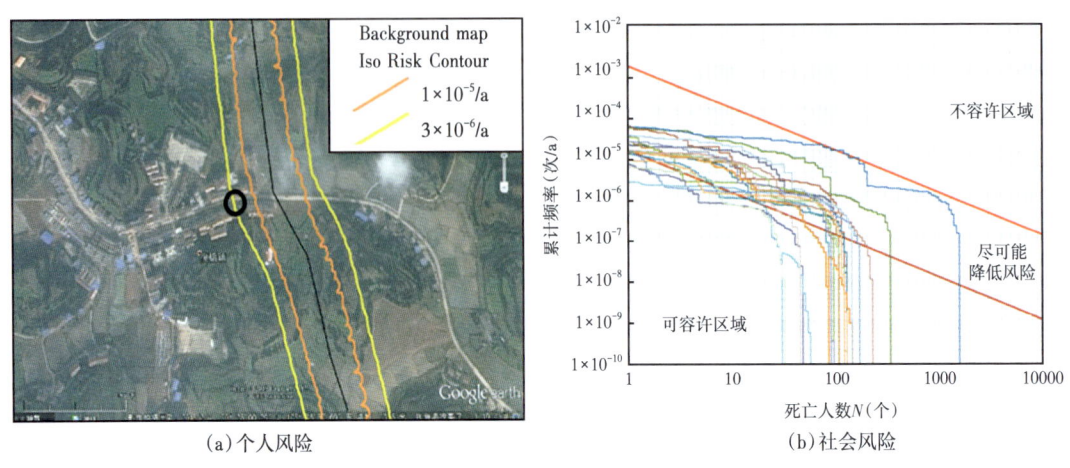

(a)个人风险   (b)社会风险

图 9-48 试采干线定量风险评价结果

死亡概率黄色线为 3×10^{-6}/a,橙色线为 1×10^{-5}/a

5. 内检测

I 类集气管道——试采干线实施内检测。该管道设计压力 7.5MPa,管道规格 ϕ406mm×10(11)mm,长度为 23.6km,输送含硫湿气,材质为 L360NS 抗硫无缝钢管。目前运行压力 6.2MPa 左右,输送量 260×10^4m^3/d。

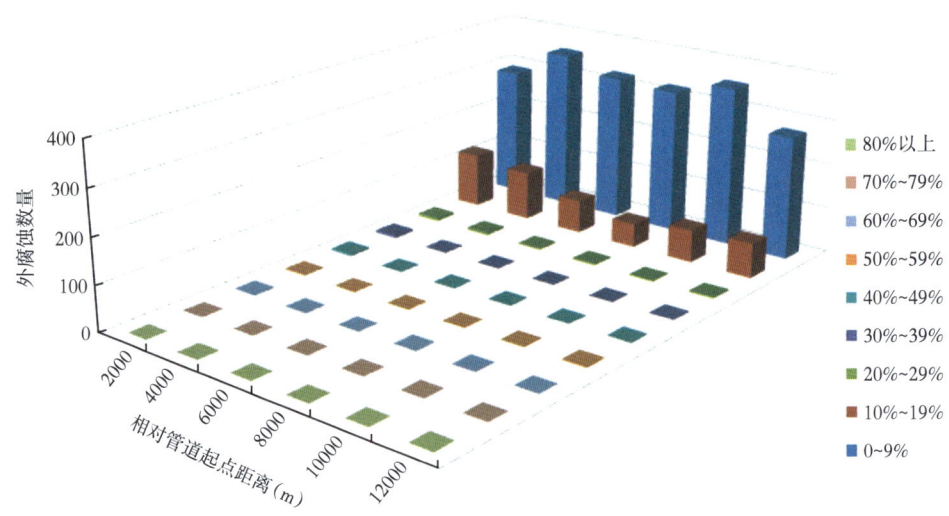

图 9-49 外部金属损失深度分布统计

通过内检测实施,共检出本体缺陷5918个,在此基础上开展智能检测后评估,开展内外部金属损失、凹陷分布、腐蚀增长速率、缺陷评估等技术分析,如图9-49和图9-50所示,确定了2~5a后腐蚀增长量和缺陷剩余强度评价,据此制订缺陷修复周期和方案。

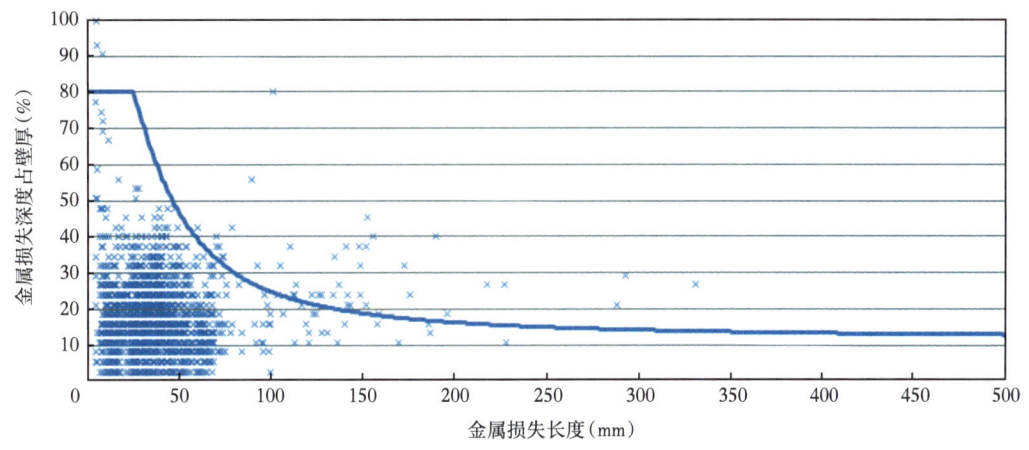

图9-50 5年外部金属损失严重性分析

6. 外腐蚀检测

龙王庙集输管道外腐蚀防护措施主要采用3PE防腐层和外加电流阴极保护。通过对40条集输管道(265km)防腐层检测,共发现319个破损点,防腐层整体评价为Ⅰ级,绝缘性能良好;开挖直接检测,防腐层破损处金属未发生明显腐蚀,得益于运行良好的阴极保护系统,检测结果如图9-51和图9-52所示,该地区土壤腐蚀性属中等(表9-40)。

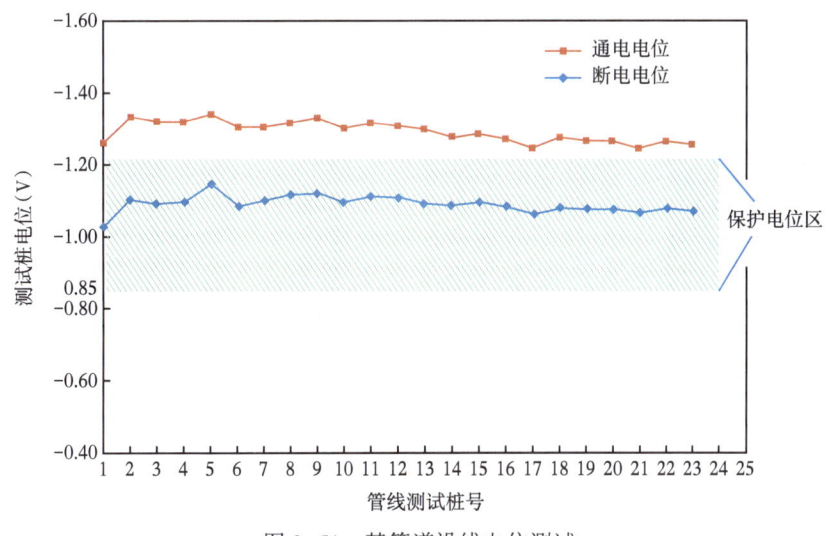

图9-51 某管道沿线电位测试

经开挖检测防腐层漏损点,检查出焊缝补口处防腐失效,并使用黏弹体和聚乙烯外护带进行了修复,如图9-53所示。

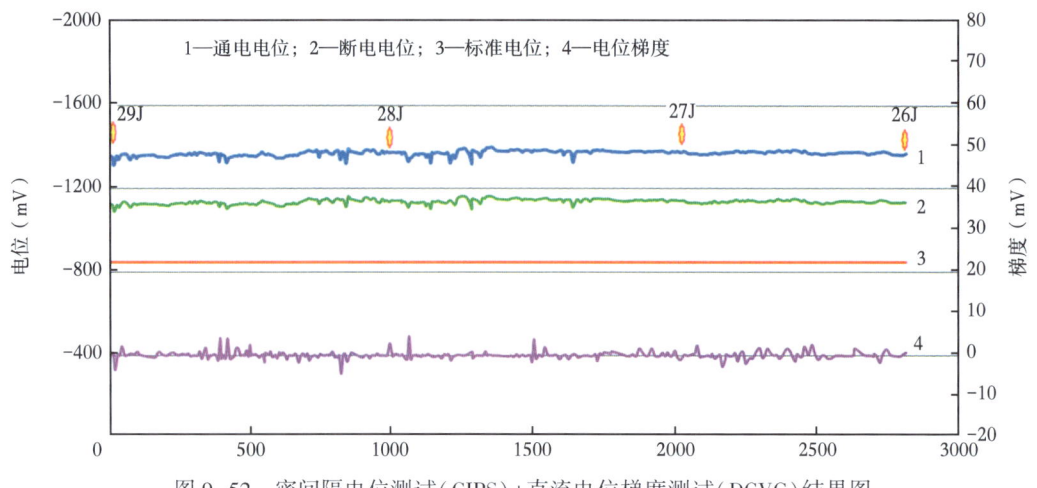

图 9-52 密间隔电位测试(CIPS)+直流电位梯度测试(DCVG)结果图

表 9-40 土壤理化性能测试和评价

指标项	土壤电阻率 （Ω·m）	自然电位 （mV）	氧化还原电位 （mV）	pH 值	土壤质地	土壤含水量 （%）	土壤含盐量 （%）	Cl⁻ （%）
测试值	53	−650	240	7.85	壤土	18.9	0.3	0.0012
评分	0	5	1	1	1.5	5.5	2	0

注：土壤腐蚀性指标评分：$N=0+5+1+1+1.5+5.5+2=16$，$11<N\leqslant19$ 属于第 3 等级，土壤腐蚀性为中。参见 GB/T 19285《埋地钢质管道腐蚀防护工程检验》。

图 9-53 防腐层破损点开挖检测及修复

通过防腐层、阴极保护、环境腐蚀系统检测，获得了防腐层绝缘性能、管道极化水平、外部杂散电流和土壤腐蚀性数据，综合评估龙王庙集输管道外腐蚀程度为轻，属于可控范围。

7. 内腐蚀敏感区预测

龙王庙集输管道内腐蚀防护措施主要采用抗硫材质、缓蚀剂、定期清管措施，并进行了腐蚀挂片和探针监测，腐蚀速率控制在 0.1mm/a 以下。受限于现有监测和检测技术应用范围，线路上依然存在管道内壁发生点蚀或局部腐蚀的风险,针对Ⅱ类和Ⅲ类管道应开展内腐蚀敏感区识别,再对预测结果进行优选分析,确定在线监测和检测的重点部位。

内腐蚀敏感区预测基于NACE的内腐蚀直接评价技术,结合西南油气田多年积累的腐蚀数据库,开展临界积液分析、管道多相流模拟、腐蚀概率分析等综合技术分析。在对龙王庙36条集输管道进行上述评价后,识别出772个内腐蚀敏感区段。对上述敏感区段进行技术优选,确定出后期内腐蚀监测位置80处,有效提高了内腐蚀控制水平。

8. 维修维护

维修维护主要根据运行管理、内检测、直接评价、地质灾害分析出问题开展应对措施。

内腐蚀控制:立即维修或更换内检测发现的超标缺陷,根据腐蚀速率分批维修内检测识别的其他缺陷。采气井口定期加注缓蚀剂,评估缓蚀效果;Ⅰ类管道宜实施内腐蚀监测系统,长期评估介质对金属的腐蚀程度。Ⅰ类和Ⅱ类管道制订清管计划,包括清管流程、周期、清管污物分析。定期监测Ⅱ类和Ⅲ类管道的内腐蚀敏感点。

外腐蚀控制:立即修复大面积破损的防腐层,使防腐层绝缘电阻值达到标准要求,当阴极保护有效时,可暂缓修复Ⅱ、Ⅲ防腐层缺陷。立即整改阴极保护故障,使阴极保护设施达到设计条件,管道极化水平达到$-0.85V_{CSE}$的标准要求。若管道受到杂散电流干扰,应根据杂散电流的类型制订下一步排流措施。

运行管理:维护管道沿线的"三桩一牌",使管道路由清晰可辨,防止第三方破坏。制订管道巡线计划,高后果区一日一巡,非高后果区一周一巡,与村镇代表组成联合保护小组与管道沿途土地所有人进行沟通,增强公众管道保护意识。结合完整性管理六部循环技术要求,制订员工培训计划。

9. 效能评估

每年定期开展内部审核,评估完整性管理实施效果。内部审核一般由上级主管部门和技术支撑单位组成审核小组,通过审核组查阅相关文件和记录和访谈相关人员方式,从完整性管理6个方面考察基层单位上一年度执行完整性管理方案的完成度和实施效果。审核依据为《西南油气田公司完整性管理评分细则》,按照审核体系中各程序的平均得分率,将完整性管理水平划分为10级,具体见表9-41。

表9-41 完整性管理分级列表

评分等级	1	2	3	4	5	6	7	8	9	10
单一程序最低分(%)	10	15	20	25	30	35	40	50	60	70
平均得分率(%)	20	30	40	50	60	70	70	80	80	90
等级	初级				中等		良好		先进	

龙王庙气田集输管道效能评估于2015年启动实施,已经陆续开展了2年内部审核。每年按计划对基层单位完整性管理方案、大修完成情况、地面适应性分析进行审核。通过不断完善管道管理流程,精细检测评价计划,细化考核细则,促进了龙王庙运营单位完整性管理的持续提升,审核评分逐步升高,由2014年的56分上升到2015年的77分,顺利保障了龙王庙气田安全高效开发。

参 考 文 献

[1] 马新华. 创新驱动助推磨溪区块龙王庙组大型含硫气藏高效开发[J]. 天然气工业,2016,36(2):1-8.
[2] 陈朝明,马艳琳,李巧,等. 安岳气田 60×10^8 m^3/a 地面工程建设模块化技术[J]. 天然气工业,2016,36(9):115-122.
[3] 李勇."工厂化模式"建设天然气净化厂的管控要点[J]. 天然气与石油,2016,34(5):109-114.
[4] 代华明,王波,刘莉,等. 龙王庙组气藏安全优质高效勘探开发经验与启示[J]. 天然气技术与经济,2014,8(5):63-66.
[5] 陈赓良,肖学兰,杨仲熙,等. 克劳斯法硫黄回收工艺技术[M]. 北京:石油工业出版社,2007.
[6] Al Keller, P. E. Fundamentals of sulfur recovery[C]. 65th annual laurance reid gas conditioning conference,2015:1-87.
[7] GB 16297—1996 大气污染物综合排放标准[S].
[8] GB 31570—2015 石油炼制工业污染物排放标准[S].
[9] 刘家洪,肖秋涛,陈运强,等. 改良低温克劳斯硫磺回收工艺:中国,CN100588608C[P]. 2008-02-06.
[10] 肖秋涛,刘家洪. CPS硫黄回收工艺的工程实践[J]. 天然气与石油,2011,29(6):24-27.
[11] 赵剑波,唐华,谢嘉. 龙王庙气田水处理工艺优化研究[J]. 工业技术创新,2016(1):74-76.
[12] 黄雪锋,刘文祝,余宗财,等. 我国首套净化厂污水处理蒸发结晶装置析盐试运行[J]. 天然气工业,2016,36(3):93-98.
[13] 曾自强,张育芳. 天然气集输工程[M]. 北京:石油工业出版社,2014:64.
[14] 董绍华. 管道完整性管理体系与实践[M]. 北京:石油工业出版社,2009.
[15] Mark J. Stephens. A model for sizing high consequence areas associated with natural gas pipelines[R]. Gas Research Institute,Ⅲ,2000.

第十章 特大型高产含硫气田安全清洁生产

安岳气田龙王庙气藏为我国迄今发现并成功开发的单体规模最大的特大型海相碳酸盐岩整装气藏,具有高温、高压、中含硫、单井产量大,安全开发风险高、清洁开发难度大等特点。气田位于四川盆地中部,气田区域人口密度大、自然环境敏感,大气、地表水环境容量有限,环境保护压力大。如何在快速、高效开发的同时,有效保护区域环境,保证人员和设备的安全,实现气田清洁生产和节能减排,是龙王庙气田开发面临的严峻挑战。

本章主要从气田环境保护、节能降耗和应急管理体系三个方面对龙王庙气田安全清洁生产技术和措施进行介绍。

第一节 气田环境保护

龙王庙气田位于四川盆地中部,横跨四川省遂宁市、资阳市和重庆市潼南县,区域交通发达,人口稠密,自然环境敏感。拥有成(都)—南(充)高速公路和遂(宁)—渝(重庆)高速公路,成(都)—达(州)铁路和遂(宁)—渝(重庆)铁路,区域内人口密度在 500 人/km² 以上。当地居民以农业生产活动为主,耕地占 60%以上,其农业在当地经济中所占比例达到 60%以上,农业人口占总人口的 85%以上。当地人均耕地面积紧张,据第二次全国土地调查数据,四川省和重庆市人居耕地面积均为 1.12 亩,低于全国人均耕地面积。

该气田天然气属于中含硫(硫化氢含量 5~10g/m³)、不含凝析油、开发初期不产或少产气田水的气藏,对环境的潜在影响较小。但是气田开发必然有废水、废气及固体废物产生,随之建设的高产工业采气井站和集气站在运行时亦会产生气流噪声;另外,气田建设对土地的占用量较大而且土地扰动不可避免造成水土流失。因此,为有效保护区域生态环境,节约宝贵的土地资源,气田开发者在气田开发与环境保护平衡发展方面进行了积极探索,研发并应用了一系列安全环保技术和措施,实现了气田安全、绿色开发。

一、气田开发建设生产过程的环境影响

(一)施工期的环境影响

施工期各工艺过程产生的环境影响见表 10-1。

1. 钻井

钻井工程主要包括井场及井场道路建设、设备搬迁、钻井、完井和拆卸设备。井场及井场道路建设的主要环境影响是施工人员产生的生活垃圾、生活废水、施工噪声、施工扬尘,占用了农田、林地并造成对地表土壤和植被的破坏,引起水土流失。钻井期间主要的环境影响因素是:柴油机运行时产生废气;机械设备运转时产生的噪声、检修废油;钻井、固井作业等产生的

废液以及钻井岩屑、废弃泥浆等固体废弃物。

表 10-1　施工期各工艺过程产生的环境影响

类别	内容	环境影响
钻井	钻前准备	井场及井场道路占地造成地表土壤和植被破坏,施工人员生活垃圾、生活废水
	钻井	钻井废气、设备噪声;钻井废水、钻井岩屑、废泥浆
	完井测试	测试放喷废气、燃烧热辐射、高压气流噪声
管线敷设	管沟开挖、布管、焊接、试压清管、覆土回填	临时改变作业带的土地利用性质;施工作业带内的土壤、植被将受到影响或破坏;施工弃土石方存放不当易发生水土流失;管道穿越沟渠、试压废水排放对河流水质造成短时影响;管道穿越公路、铁路需要临时占用两旁土地,造成短时影响
道路工程	在已有乡村公路上改建、新建道路	土地占用、水土流失、施工机械噪声与废气、扬尘
井场与天然气净化厂建设	土地平整、设备安装	土地占用、水土流失、施工机械噪声与废气、扬尘、生活垃圾、生活废水等

2. 管线敷设

管线敷设一般为埋地敷设,包括管沟开挖、布管、组对、焊接、覆土回填、试压清管以及穿越河流、道路等作业。管线敷设的主要环境影响包括管道施工作业带临时占用土地,施工作业带内的土壤、植被将受到影响或破坏;施工弃土石方存放不当易造成水土流失;管道开挖穿越河流、水塘,会使河水中泥沙含量增加,对水质会产生短期影响;管道穿越公路、铁路需要临时占用两旁土地,造成短时影响。

3. 道路工程

道路工程主要包括改建原有乡村公路、新建井场道路、新建施工便道。道路工程对环境的影响集中体现在:由于路面平整、边坡开挖和深洼填方破坏地表植被,并形成裸露,遇降雨形成新的水土流失;开挖面防护处理不及时,造成明显裸露,形成不良景观。

4. 天然气净化厂建设

天然气净化厂建设期间主要的环境影响是占地面积大、集中,并造成对地表土壤和植被的破坏,建设过程中开挖易形成不稳边坡,可能造成水土流失。另外,施工建设过程长,施工废气、扬尘和施工机械噪声影响时间长。

(二)运营期的环境影响

运营期各工艺过程产生的环境影响见表 10-2。

1. 集输场站

(1)单井站和丛式井站。

各井站正常生产时不产生废水、废气和废渣,主要环境影响为井口节流阀产生的噪声;井站巡检、作业人员产生的少量生活污水和生活垃圾;井站在事故或检修工况下主要的环境影响为放空废气(主要污染物为 SO_2)和放空噪声,放空分液罐产生的少量废水。

表 10-2 运营期各工艺过程产生的环境影响

类别	环 境 影 响
井站	(1)各井站正常生产时井口节流阀产生噪声; (2)事故时,产生放空废气、废水和噪声; (3)井站值班人员产生的生活污水和生活垃圾
集气站和清管站	(1)正常生产时碱液吸收装置产生的废气; (2)正常生产时气液分离器分离出的气田水; (3)正常生产时压缩机、汇管、分离器、气田水转输泵等产生的噪声; (4)正常生产时碱液吸收装置产生的废液和噪声; (5)清管时清管接收装置产生的清管废渣和清管废水; (6)检修时产生的放空废气、放空噪声、检修废渣和检修废水; (7)事故时产生的放空废气和废水; (8)站场值班人员产生的生活污水和生活垃圾
集气总站	(1)正常生产时气田水罐产生的废气; (2)正常生产时气液分离器分离出的气田水; (3)正常生产时压缩机、汇管、分离器、气田水转输泵等产生的噪声; (4)清管时清管接收装置产生的清管废渣和清管废水; (5)检修时产生的放空废气、放空噪声、检修废渣和检修废水; (6)事故时产生的放空废气和废水; (7)站场值班人员产生的生活污水和生活垃圾
气田水回注站	正常生产时回注机泵产生噪声
天然气净化厂	(1)外排 SO_2、NO_x; (2)工艺装置区的噪声; (3)事故放空产生放空废气,主要污染物为 SO_2; (4)生产废水、生活污水以及检修废水; (5)废催化剂、废活性炭、污水处理装置产生污泥和结晶工业盐以及检修废渣

(2)清管站和集气站。

清管站和集气站正常生产时产生的废水为气田水和碱液吸收装置产生的废液;产生的噪声为压缩机、汇管、分离器、泵等产生的机械噪声;产生的废气为碱液吸收装置处理气田水闪蒸气后产生的废气,主要污染物为少量 H_2S,通过高 15m 的放空立管排放。

在事故或检修工况下的放空将产生放空废气(主要污染物为 SO_2)和放空噪声,放空分液罐将产生少量废水。此外,检修时还会产生少量检修废水、检修废渣;清管时清管接收装置将产生清管废水和清管废渣。

(3)集气总站。

集气总站正常生产时产生的废水为气田水;产生的噪声为汇管、分离器、气田水转输泵等产生的噪声;产生的废气为气田水闪蒸气,主要污染物为 H_2S,通过天然气净化厂的低压放空系统点燃排放。

在事故或检修工况下的放空将产生放空废气(主要污染物为SO_2)和放空噪声,放空分液罐将产生少量废水。此外,检修时还会产生少量检修废水、检修废渣;清管时清管接收装置将产生清管废水和清管废渣。

2. 气田水回注站

气田水回注站正常运行时主要的环境影响为回注泵产生的噪声以及污泥干化池产生的污泥。

3. 天然气净化厂

天然气净化厂正常生产时,废气主要来自天然气净化厂尾气烟囱、锅炉烟囱和放空火炬排放的SO_2;废水主要来自于天然气净化厂各生产单元产生的生产废水及工作人员生活污水;固体废弃物主要来自于生产过程中产生的废催化剂、脱硫脱水装置更换的活性炭、污水处理装置产生的污泥、结晶工业盐、检修废渣及生活垃圾;噪声主要来自于设备风机噪声、工业泵噪声、排气放空噪声等。

二、废气污染防治

(一)施工期

气田开发施工期对大气环境的影响主要来自钻井动力柴油机和发电机运转时产生的烟气、气田基础建设和场站建设过程中产生的扬尘,以及气井产能测试产生的废气。

1. 烟气及扬尘

气田施工过程产生的烟气及扬尘主要通过管理措施来减少污染,包括:(1)在施工现场进行合理化管理,统一堆放材料,设置专门库房堆放水泥,减少搬运环节,搬运时轻举轻放,防止包装袋破裂。(2)施工现场设置围栏,缩小施工扬尘的扩散范围。(3)当风速过大时,停止施工作业,并对堆存的沙粉等建筑材料采取遮盖措施。(4)保持运输车辆完好,不超载,采取遮盖、密闭措施,减少沿程抛洒,及时清扫散落在路面上的泥土和建筑材料,冲洗轮胎,定时洒水压尘,减少运输过程中的扬尘。通过强化现场施工管理,扬尘量降低50%~70%,减少对环境的影响。

2. 气井产能测试废气

气井产能测试中的原料气采用放空点火燃烧的方式,使原料气中的H_2S转化为SO_2,烃类转化为CO_2和H_2O,经过燃烧热扩散,减少对环境的影响。

(二)运营期

气田开发运营期对大气环境的影响主要来自于气田水闪蒸气、天然气净化厂尾气、锅炉燃烧烟气、放空原料气和酸气、无组织排放气体。

1. 闪蒸气

龙王庙气田各集气站和清管站的气田水经低压闪蒸产生闪蒸气,闪蒸气经碱液吸收去除H_2S后通过15m以上高放空立管排放,H_2S去除率达到90%以上;集气总站气田水经低压闪蒸产生的闪蒸气通过天然气净化厂的低压放空系统点燃排放。

2. 天然气净化厂尾气

龙王庙气田天然气净化厂脱硫装置脱除的 H_2S 经硫黄回收装置和标准还原吸收尾气处理装置处理后绝大部分转化为液硫,总硫黄回收率高达 99.8% 以上,这是目前国际上工业应用中最高级别的硫回收率,每年可减少 SO_2 排放 320t/a;净化厂尾气焚烧后经 100m 以上高烟囱引高排放。

3. 锅炉燃烧烟气

龙王庙气田燃气锅炉采用天然气净化厂生产的净化气作燃料气,燃烧烟气经 20m 以上烟囱排放。

4. 原料气和酸气放空

龙王庙气田天然气净化厂在检修或事故放空时,原料天然气和酸气分别进入高、低压放空系统进行点燃排放,放空火炬高大于 100m。

5. 无组织排放气体

龙王庙气田天然气净化厂各工艺装置设施采用先进、可靠的工艺方案,生产过程为密闭运行,减小了 H_2S 的散失;天然气净化厂内污水处理设施的隔油、浮选、曝气等单元采取加盖密闭方式,无组织排放的尾气经过收集除臭处理之后通过 15m 以上的放散管排放。气田水回注井隔油池也采取加盖密闭的方式减小无组织污染物的逸散。

三、废水污染防治

(一) 施工期

气田开发施工期产生的废水主要来自于钻井废水、管道试压废水和施工人员的生活污水。

1. 钻井废水

钻井作业废水主要包括钻井作业产生的废水和洗井作业产生的废水。钻井过程中产生的钻井废水经过井场清洁化生产平台中的污水处理装置进行预处理,处理后水质指标达到 COD≤800mg/L,石油类≤10mg/L,SS≤200mg/L,满足天然气净化厂污水处理装置的进水水质,最后通过罐车转运至天然气净化厂污水处理装置进行处理,不外排(图 10-1)。

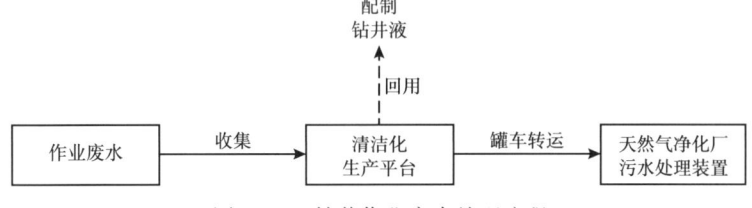

图 10-1 钻井作业废水处理流程

2. 管道试压废水

龙王庙气田采用清水试压,试压废水处置方式是选择合适的地点排放。试压废水排放时在排放口安装过滤器,过滤和拦截试压废水中的悬浮物,降低试压废水对受纳水体的影响。

3. 生活污水

钻井井场作业人员产生的生活污水暂存于旱厕中,作农家肥使用。

管道施工队伍食宿依托乡镇旅馆和饭店,生活污水依托乡镇生活污水处理系统,不直接排放。

龙王庙气田天然气净化厂为分期建设,前期施工人员产生的生活污水进入地埋式一体化处理装置,处理后用于洒水降尘、绿化等;后期施工人员产生的生活污水进入厂内污水处理系统处理达标后回用,不外排。

(二) 运营期

龙王庙气田开发运营期产生的废水主要来自气田水、天然气净化厂的生产废水和检修废水以及工作人员的生活污水,污水处理流程如图10-2所示。

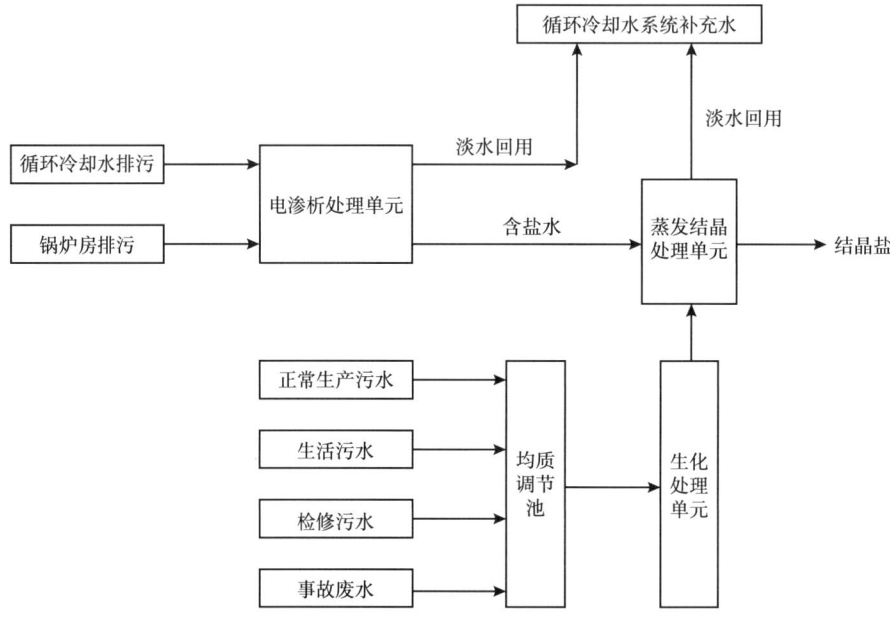

图 10-2 天然气净化厂污水处理流程

1. 气田水

龙王庙气田内部集输站场产生的气田水通过气田水回注站处理后回注地层。其回注井和回注层的选择、回注工艺是根据《气田水注入技术要求》(SY/T 6596—2016),同时参考美国国家环保署(EPA)制定的《地下灌注控制计划》(UIC),以及结合龙王庙气田地面建设工程分布特点来确定。龙王庙气田回注井的选择及设计、回注工艺均满足美国《地下灌注控制计划》对Ⅰ类灌注井的相关要求。

2. 天然气净化厂废水

龙王庙气田天然气净化厂的生产废水、生活污水和检修废水进行分类收集处理,所有废水均经过厂内水处理系统处理达标后回用,不能回用部分进入蒸发结晶单元进行处理,不外排,实现了废水资源化利用,其单位产品新水用量及工业用水重复利用率在同类天然气净化厂中处于领先地位,年减排污水 $40×10^4 m^3$(表10-3)。

表 10-3　天然气净化厂新水用量对比

单项指标名称	单位	龙岗净化厂	万源天然气净化厂	龙王庙天然气净化厂
单位产品新水用量	t/万元产值	0.88	1.51	0.29
工业用水重复利用	%	94.75	96.67	98.66

3. 生活污水

龙王庙气田大部分站场按照无人值守设计,减少了生活污水的排放,有工作人员值守场站的生活污水收集至化粪池后用作农灌;天然气净化厂的生活废水经厂内污水处理系统处理达标后回用。

四、固体废物处置

(一) 施工期

气田开发施工期的固体废物主要来自于钻井废泥浆、钻井岩屑、工程施工废料和生活垃圾以及管道施工过程中产生的施工废料。

1. 钻井废钻井液及钻井岩屑

龙王庙气田钻井期间采用钻井现场清洁化生产方案,对钻井过程中产生的废水基钻井液及岩屑进行随钻处理(图 10-3)。废水基钻井液及岩屑经过收集后,进入岩屑收集罐中,通过对收集的废钻井液进行均匀取样分析,根据分析结果在固化处理装置中按比例加入固化剂、激活剂等药剂,使固化体满足烧结制砖的原料要求,后拉运至砖厂进行烧砖,达到无害化处理并资源化利用的目的。固化处理装置位于采取了防渗措施的清洁化生产平台内,固废转运池采用了"防渗混凝土+高密度聚乙烯膜"的防渗措施,可有效防止污染物入渗。

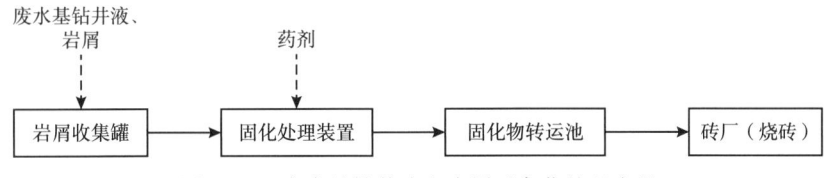

图 10-3　废水基钻井液和岩屑无害化处理流程

2. 管道工程施工废料和生活垃圾

施工废料主要为管道焊接后废弃的焊接材料,由施工单位清运回收;生活垃圾主要来源于施工作业人员的日常生活,暂存于井场外设置的生活垃圾防渗池内,并依托当地环卫部门进行定期清运。

(二) 运营期

龙王庙气田开发运营期的固体废物主要来自于集输工程产生的清管废渣、碱液吸收装置废液、检修废渣和生活垃圾;气田水回注站产生的干化污泥;天然气净化厂运营期产生的废催化剂、废活性炭、废滤芯、废油、污水处理装置产生的污泥、蒸发结晶单元产生的结晶盐、检修废渣以及生活垃圾。

1. 集输场站

(1)清管废渣。

清管废渣主要是清管作业时产生,运至工业固体废物贮存处置场处理。

(2)碱液吸收装置废液。

各集气站、清管站碱液吸收装置产生的废液属于危险废物,委托有相关危险废物处理资质的单位进行转运并进行最终处置。

(3)检修废渣。

各集输站场检修废渣,运至工业固体废物贮存处置场处理。

(4)生活垃圾。

各站场值班人员生活垃圾送当地生活垃圾中转站,由当地环卫部门统一处理。

2. 气田水回注站

气田水回注站预处理装置干化池产生的干化污泥,属于危险废物,干化污泥暂存于有防渗层的污泥干化池中,委托有相关危险废物处理资质的单位进行转运并进行最终处置。

3. 天然气净化厂

(1)检修废渣。

净化厂运营期产生的检修废渣,运至工业固体废物贮存处置场处理。

(2)污水处理装置污泥。

生化污水处理装置、电渗析装置产生的污泥属于危险废物,生产过程中的污泥暂存于净化厂内危险废物暂存间里,并委托有相关危险废物处理资质的单位进行收集、转运并进行最终处置。

(3)蒸发结晶处理装置结晶盐。

蒸发结晶单元产生的结晶盐主要成分为 $NaCl$、$CaCO_3$、$MgCO_3$ 和 Na_2CO_3,交由具有综合利用能力的单位进行资源化利用。

(4)废催化剂、废滤芯、废活性炭、废油。

硫黄回收单元产生的废催化剂、脱硫脱水装置更换的废活性炭、制软水装置产生的废滤芯和空氮站产生的废油在生产过程中暂存于净化厂内危险废物暂存间里,并委托有相关危险废物处理资质的单位进行收集、转运并进行最终处置。

(5)生活垃圾。

净化厂内生活垃圾送当地生活垃圾中转站,由当地环卫部门统一处理。

五、高产气井场站噪声控制

(一)噪声源现状

1. 噪声产生源

1)采气生产工艺

(1)单井采气场站工艺。

龙王庙组气藏采气单井站采用"模块化设计、工厂化预制、橇装化安装"的方式建站。采用两级节流工艺,具备分离、计量、清管发球、抑制剂加注、缓蚀剂加注及预膜功能;因井口天然气温度高,能够满足节流降温后温度高于水合物生成温度,井场取消了常规单井站水套加热炉。

原料气在井口经过两级节流,进入分离计量橇,进行单井分离计量,气相管线上设置配套的计量仪表实现精确计量,液相管线通过计次排放的方式来计量产液量;分离出来的液相再次进入原料气管线,通过采气管线气液混输进入下游集气站进行分离。

（2）丛式井采气场站工艺。

丛式井站(2~3口井)工艺流程与单井站相同,采用轮换计量方式,井场设立2套一体化橇装计量装置,一套橇装计量装置对井站其中一口井进行单井计量,另一套计量装置对剩余采气井(1~2口)产量进行总计量,通过轮换阀组可对丛式井组中的每一口井进行单井计量。

2) 噪声源

（1）节流阀阀芯节流噪声。

龙王庙气井气量大、温度高、节流压差大、流速高,造成节流时产生高频啸叫声。通常节流阀噪声高达82~102dB(A),现场实测数据与节流阀厂家计算数据吻合。

（2）管线噪声。

根据龙王庙采气井设计,井口二级节流阀后管汇包括:缓蚀剂加注短节、测温测压套及连接管线。三部分总长约3.9m。

管汇管道内部的流体存在紊流、气切、涡流等,而轴线方向速度分布不均匀、断面的流速变化大等因素均会产生噪声,并与节流阀噪声产生叠加。

同时,二级节流阀后大小头、注入短节、测温测压套组件的壁厚为7.1mm,经测试振动为0.2μm,产生了振动噪声。

（3）弯头噪声。

井口有$R=1.5D$弯头3~4个,气流在弯头处冲击管壁,造成工艺管道产生强烈振动,从而产生高强度的高频振动噪声。

经现场监测,每增加一个弯头,总声压级可增加1~3dB(A)。

（4）振动噪声。

露空安装管道更容易在管道内气流的带动下发生振动,并在空气中产生振动,直接由空气向四周传播。露空管道壁厚越薄,固有振动频率越低,越容易振动。

（5）分离器噪声。

由于分离器安装在井场内部,距离井口间距在20m以内,节流阀噪声传至分离器,且在分离器腔体进行了放大、共鸣。

气流进入分离器时,流速突然减低,会在入口产生喷气噪声。随着分离器内温度逐渐升高,其钢构件弹性逐渐升高,固有频率逐渐降低,当来自井口的残余噪声和分离器入口的喷气噪声共同作用在分离器的钢构件的振动达到共振时,噪声会急剧加大。投产初2h,气流温度低,没有达到分离器钢构件的固有频率,分离器区域噪声就很低,约50dB(A)。当分离器内温度达到10℃左右时,在十几分钟内噪声从50dB(A)左右急剧加大到80dB(A)以上,最后稳定在90dB(A)左右。而分离器腔体体积大,噪声频率较低,距离衰减慢,传播距离远。

2. 噪声源声压级现状

1) 场站厂界噪声

表10-4为典型采气单井站厂界噪声监测结果。

表 10-4 典型采气单井站厂界噪声监测结果

序号	井号	瞬产 ($10^4 m^3/d$)	噪声[dB(A)] 监测值	超标值(昼间)	超标值(夜间)
1	磨溪 009-X6	100	73	13	23
2	磨溪 009-3-X1	100	73	13	23
3	磨溪 008-H1	100	75	19	25
4	磨溪 201 井	100	75	15	25
5	磨溪 10	90	72	12	22
6	磨溪 009-X5	90	72	12	22
7	磨溪 008-H8	60	68	8	18
8	磨溪 101	60	66	6	16
9	磨溪 205	30	73	13	23

可以看出,典型采气单井站厂界噪声有不同程度的超标现象,其中昼间超标 6~15dB(A),夜间超标 16~25dB(A)。

2)场站噪声频谱分析

采气站噪声主要是高压气流在压力、流速和流向发生变化时产生的气流噪声。以磨溪 009-X6 井为例,典型采气站倍频带噪声分布见表 10-5。

表 10-5 典型采气站倍频带噪声分布

倍频带中心频率(Hz)	噪声分布[dB(A)] 分离器	三级节流后测温测压套短节处
31.5	32.8	41.3
63	35.3	45.8
125	50.3	51.6
250	63.6	58.4
500	75.2	77.2
1000	84.6	77.9
2000	84.2	87.2
4000	80.9	85.7
8000	74.8	84.4
全频段	88.9	91.0

由表 10-5 可见,龙王庙组气藏典型采气站噪声主要为中高频噪声,特别是 500Hz 以上频段噪声较大。

(二)降噪措施及效果

针对龙王庙高产气井噪声源的分布及特性情况,通过工艺优化降噪及噪声治理降噪等降噪措施,如消除地面弯头、场站露空管线包裹、管道埋地以及设置声屏障等,将井站厂界噪声控制在国家 2 类声功能区昼间执行标准之内。

1. 放大连接管道管径

在二级节流阀后采气管线管径突变处采用内径逐渐加大的大小头平缓光滑过渡,可减小节流孔的最大流速,同时减小二级节流出口的平均速度,降低啸叫。

2. 优化管汇结构

将井口大小头、缓蚀剂加注短节、测温测压套短节三合一,减小井口区二级节流阀后管汇总长;二级节流阀后大小头、注入短节、测温测压套组件的壁厚随之增加,减小了振动噪声。

3. 取代井口地面弯头

井口节流阀倾斜安装,通过斜度降低二级节流阀后管线高度,用井口节流阀在节流时同步替代采气管线弯头,井口装置区消除地面弯头(图 10-4)。

(a)未消除地面弯头　　　　　　　　　　(b)已消除地面弯头

图 10-4　消除地面弯头措施

通过上述 1~3 个措施对磨溪 009-X5 井进行降噪处理,可将井口区域的噪声在同样工况下降低 10~20dB(A)。

4. 露空管线隔声措施

通过测试,将磨溪 008-17-X1 井测温测压头后路孔管线加吸声棉进行包裹,使声源在包裹后有 3~5dB(A)的衰减(图 10-5)。

5. 管道埋地敷设消振吸声

二级节流阀后至分离计量橇管线采用埋地(深度 1~1.2m)方式敷设,土壤降低了管线震动、阻止管线表面噪声向四周传播。

噪声在金属管道中向下游传播时,会不断衰减,衰减量计算[1]为:

$$L_\mathrm{p}(x,y)=L_\mathrm{p}(1,r)-\beta x/D \tag{10-1}$$

式中　$L_\mathrm{p}(x,y)$——距管道中心线轴线距离为 r,沿管道走向距噪声源的距离为 x 处的声压位准,dB;

(a) 未包裹的露空管线　　　　　　　　　　　(b) 已包裹的露空管线

图 10-5　露空管线包裹措施

$L_p(1,r)$——距管道中心线轴线距离为 r，沿管道走向距噪声源的距离为 1m 处的声压位准，dB；

D——管子外径，m；

β——衰减系数，dB（输送气体的管道取 0.06，输送液体的管道取 0.017）。

通过试验，在磨溪 008-17-X1 井井口二级节流后将管线埋地 300m 后再进入分离器，最终测得分离器区域噪声降低了 14~18dB(A)。

6. 安装声屏障

除上述降噪措施外，将分离器和井口区域作为整体在其外围安装声屏障，阻断噪声的传播，降低整体声压级。磨溪 008-H1 井采取降噪措施后，厂界噪声降低了约 17dB(A)（图 10-6）。

图 10-6　磨溪 008-H1 井设置声屏障后整体外观

六、土地资源保护及植被恢复

(一) 节约集约用地

节约集约利用土地,是指通过规模引导、布局优化、标准控制、市场配置、盘活利用等手段,达到节约土地、减量用地、提升用地强度、促进低效废弃地再利用、优化土地利用结构和布局、提高土地利用效率的各项行为与活动。为贯彻十分珍惜、合理利用土地和切实保护耕地的基本国策,落实最严格的耕地保护制度和最严格的节约集约用地制度,提升土地资源对经济社会发展的承载能力,促进生态文明建设,龙王庙气田在建设过程中严格遵守国家规定,积极采取多项措施,通过合理选址、综合利用、采用先进工艺等方法减少气田开发对土地的占用,真正意义上实现了节约集约用地。

1. 减少永久用地面积

龙王庙气田在开发建设过程中尤其重视规划阶段的规划选址及设计工作,从优化设计入手合理利用每一寸土地,减少站场、阀室、净化厂、穿越点等永久性占用土地的面积,实现了土地资源的有效节约。如钻井工程采用"丛式井""水平井"等先进工艺技术,多口井共用一个井场,最大限度提高土地利用率,据初步统计,龙王庙气田现有丛式井场 15 座,每座井场包含 2~3 口井,单井井场用地面积平均在 15000m^2 左右,采用丛式井的工艺技术后,永久征地面积可减少 7 万余平方米,有效节约了土地资源。

2. 优化利用土地资源

土地管理法中规定国家实行基本农田保护制度。基本农田保护制度包括基本农田保护责任制度、基本农田保护区用途管制制度、占用基本农田严格审批与占补平衡制度、基本农田质量保护制度、基本农田环境保护制度、基本农田保护监督检查制度等。龙王庙气田在开发建设过程中严格遵守国家土地管理法的要求,尽量避免占用基本农田,优质耕地、高标准农田、园地等高质量用地,充分利用闲置空地、荒地等未利用土地,将对耕地质量的影响降到了最低,对不同土壤类型的土地利用进行合理优化,实现了对土地资源综合利用。

(二) 临时用地保护与利用

土地管理法中明确国家实行占用耕地补偿制度,非农业建设经批准占用耕地的,按照"占多少,垦多少"的原则。土地复垦条例规定土地复垦义务人在规定的期限内将生产建设活动损毁的耕地、林地、牧草地等农用地复垦恢复原状;按照"谁损毁,谁复垦"的原则,由生产建设单位或者个人负责对其在生产建设活动中损毁的土地采取整治措施,使其达到可供利用状态。龙王庙气田开发过程中严格遵守相关规定,以减少临时用地占用面积为基础,优化规划选址、合理布局管道走向,绕避复杂地形及生态敏感区,严格保护及综合利用表土资源,积极做好土地复垦工作,建立土地复垦质量控制制度,有效保护了土壤质量,实现了对临时用地的保护和利用。同时为了响应国家先临时后征地的号召,油气田建设工程中的大部分用地均为临时用地,用地比例远远超过永久征地,而临时用地经过后期复垦完全可以达到耕种状态,为国家节约了大量的土地资源,具有重要意义。

1. 减少临时用地面积

龙王庙气田的开发建设完全采用先临时、后征地的办法,并对临时用地进行优化设计,严格施工组织,尽量减少临时用地的占用。龙王庙气田建设中涉及临时用地的主要区域包括井场临时施工区、管道施工作业带、穿越施工场地、临时堆土场、临时堆管场、临时生活区等区域。

龙王庙气田在工程建设中对施工组织进行进一步优化,井场区域对钻井工程的施工组织方式及场站布局进行进一步优化,减少场站的临时占地面积;管道敷设区域对管线施工作业带宽度严格控制,对开挖堆土的堆放方式和地点、管道组装工艺和吊车施工组织的优化,最终可以将水田地段施工作业带控制在 10m 以内,旱地地段控制在 8m 以内,林地地段控制在 6m 以内,与不分地类统一采用 10m 作业带宽度的做法相比大大减少了临时用地的占用;道路工程区域充分利用原有地方道路,减少新建伴行道路和施工便道;穿越点区域采取最合理穿越方式,对施工方式进行优化,有效减少管道穿越对临时用地的占用;临时堆放场区域对堆放材料的用量进行严格计算,并对堆放方式进行优化,减少对临时用地的占用,避免无组织胡乱堆放的行为;临时生活区采用一体式橇装临时住房,集装箱住房的地基采用点式混凝土地桩,集装箱直接放在混凝土桩上有效减少了对临时用地的压占。

2. 表土资源保护与利用

土壤的形成过程是十分缓慢的,每一厘米的积累需要 8000~12000a 的时间,表土是泥土的最高层,通常在顶部 15~20cm,表土层土质松软、稳定性差、变化大,含水量比较丰富,是泥土中含有最多有机质和微生物的地方,植物根系大部分也长在表土层里,是植物吸收养分的重要土层。表土资源十分珍贵,一旦破坏难以短时间内重新生成,表土资源的保护和充分利用对工程结束后进行土地复垦恢复土地生产力具有重要意义。

龙王庙气田所在地区主要为丘陵地貌,土壤资源较为丰富,在开发过程中对表土资源的保护和利用十分重视,在工程施工前,施工方对所在区域进行表土剥离,并做到分层剥离、分层堆放,表土资源的剥离量均先通过后期复垦时表土回填的需求量计算得到,既能够满足工程复垦需要,又避免了表土资源的浪费,有效地保护了该地区的表土资源。结合龙王庙气田开发区域土壤特性,表土厚度一般大于 0.5m,龙王庙所有建设工程对表土的剥离厚度为耕地、园地 0.5m,林地、草地 0.3m。

根据先拦后弃的要求,在表土堆存之前先修建挡土墙,管道敷设工程为分段敷设,敷设完即开始回填,工期较短,且堆土高度均控制在 2m 以下,管道敷设均采取袋装土挡土墙进行临时堆土的拦挡,在挡土墙周围修建临时排水沟对雨水进行引流,在堆土表面采取袋装土压实或条形布覆盖的临时措施,避免雨水对堆存土体的冲刷,特别地碰到堆土时间较长的情况,增加堆土表面撒播草籽措施。

工程施工结束后,立即对复垦区域进行表土回填工作,按照回填顺序先回填心层土,再回填表层土,保障复垦后土壤的耕种性能和肥力。根据复垦方向的不同表土回填厚度也有所不同,耕地覆土厚度不低于 0.4m,林地、草地不低于 0.3m,表土回填结束后继续实施土地平整、修建田埂、植被恢复等土地复垦措施。

3. 及时进行土地复垦

龙王庙气田所有单项工程均在工程结束后及时对临时用地进行了土地复垦,主要复垦措施包括:拆除工程、拦挡工程、土地整理工程、植被恢复工程和土壤改良工程。

拆除工程主要是对非永久利用的设施进行拆除,包括砖砌体拆除、条石基础拆除、混凝土拆除、砂砾垫层拆运、垃圾清运、围堰拆除等一系列工作,拆除的石料优先满足当地农户需求,无法利用的再拉运到垃圾处理站,进行回收再利用。

油气田工程建设土地复垦中的拦挡工程一般用于表土回填的拦挡和坡耕地田埂的修建,表土的拦挡主要为砖砌或石砌挡土墙,用于维持土体稳定性,墙体每隔2m设一个泄水孔,每隔10~20m设置伸缩缝;田埂主要用于坡耕地田块的分割和稳定,便于田间管理和施工,利于灌溉、排水,高度在100cm以内修建土埂,高于100cm修建干砌石田埂,高于150cm以上的田埂增加混凝土框格护坡,土表面夯实削平,并于框格内撒播草籽。

土地整理工程主要包括土地平整和土壤翻松,土地整理有利于增加土壤的透气性和渗透性,加快土壤恢复地力,一般采取机械平整和翻松,机械无法到达的地方采取人工平整和翻松,翻松厚度为30cm。

植被恢复工程主要针对于恢复方向为林地和草地,根据区域的植被生长情况,龙王庙区域植被恢复选用的灌木有黄荆、马桑、冬青树和小叶女贞,草本选择狗牙根和三叶草,场站周边和道路两侧的临时用地恢复为行道树,种植乔木。

土壤改良工程是针对工程施工结束后的土壤养分缺乏和土壤保水保肥性差等问题而采取的改良措施,改良土壤可以使复垦后的土地尽快恢复生产力,达到作物生长需求,通常采取的土壤改良方法有增施有机肥料,增施无机肥复合肥和微肥,秸秆堆沤还田,种植绿肥等,一般情况下经过连续3年的土壤施肥改良即可满足作物生长,达到稳产高产。龙王庙气田建设时经与土地权属人协商同意,按照每年450元/亩对土地权属人进行经济补助,连续培肥3年,土壤改良由土地权属人自行实施。

(三)水土流失防治

龙王庙气田在开发过程中严格按照国家法律法规的要求,积极做好水土流失预防和治理工作,勘察设计阶段提前介入,积极预防控制,重视施工组织和工程结束后植被恢复工作,保证水土保持设施与主体工程同时设计、同时施工、同时投产使用,在投产运营阶段对耕地质量和植被恢复情况进行持续监测和动态管护,最大限度地减少水土流失,有效地保护了建设区域的水土资源。

1. 积极预防合理优化

在水土保持措施布局之前,采取有效的预防控制措施对保护水土资源有着非常重要的意义,在工程允许的前提下,尽量减少工程扰动土地的面积,缩短施工时间,加强建设管理等方面的预防保护,设立水土保持专管职务,在施工前期介入项目工程,以合同形式将水土保持工作及投资落实到工程中,对施工方进行约束,加强水土保持意识,防止暴力施工,严格要求施工单位在规定作业带范围内施工,尽量减少影响区范围,在工程施工之前优先做好水土保持工作。

在工程勘察设计阶段,合理优化各项设计,在选址过程中尽可能避开复杂地形和生态敏感区,尽量利用未利用土地进行工程建设,减少对耕地和林地的破坏;严格规化施工地点,尽可能地减少施工过程所造成的土壤及植被破坏,保护野生动物赖以生存的植被环境;管线占地尽量绕避成片林地,对于坡度在25°以上的林地,管线优先选择绕避。

在主体工程的初步设计及施工图设计阶段,对主体工程进行优化设计,减少工艺装置区占地面积,严格规范施工行为,优化施工组织,尽可能减少工程建设对土地的扰动和破坏。

2. 严格施工组织

施工过程中严格施工组织，文明施工，有序作业，减少临时占地面积，减少对植被的损坏，对损毁的植被予以经济补偿或易地种植、移栽；尽量缩短施工期，缩短土壤暴露时间，并快速回填。

严格控制施工作业带的宽度，优化管沟开挖方式，严格限制施工便道的长度，以减少对临时用地的破坏和扰动，合理安排施工季节和时段，尽可能缩短在雨季施工的时间，禁止夜间施工，优化管道铺装方式，在有条件的管线施工地段采取先组焊试压后挖沟回填的施工形式，尽可能地减少管沟晾沟以及临时土方堆放时间。山区内施工采用人工开槽开挖方式。尽量利用管道沿线既有公路作为施工便道，缩短新修施工便道的长度，临时堆放场应选择较平整的场地，严格限定施工作业的范围，严禁在施工作业范围外行使车辆和开展施工作业活动。规范施工人员的行为，严禁随意踩踏施工区以外的土地，严禁随意破坏施工场地、施工作业带和施工便道以外的植被。

3. 水土保持措施综合防治

龙王庙工程建设过程中设计并建立了完备的水土保持综合防治体系，使防治责任范围内原有的水土流失得到治理，使工程建设造成的人为新增水土流失得到了有效控制，气田水土资源得到最大限度的保护，美化了建设区域的生态环境，取得了良好的效果。龙王庙气田采取的水土保持综合防治体系主要包括工程措施、临时措施和植物措施，以工程措施为重点，发挥速效性和保障作用；以临时措施为先导，确保施工过程中的水土流失得到有效控制；以植物措施为辅助，起到长期稳定的水土保持作用，同时绿化和美化气田周围环境。

1) 工程措施

水土保持工程措施是水土保持综合治理措施的重要组成部分，是指通过改变一定范围内小地形，拦蓄地表径流，增加土壤降雨入渗，改善农业生产条件，充分利用光、温、水土资源，建立良性生态环境，减少或防止土壤侵蚀，合理开发、利用水土资源而采取的措施。龙王庙气田采取的水土保持工程措施主要有：挡土墙、护坡、截排水沟、沉砂池、坡脚防护、表土剥离与回填、土地整治、碎石铺覆等工程。

(1) 挡土墙：挡土墙主要应用于站场和管道工程中，挡土墙其上的边坡采取混凝土框格植草护坡，站场建设中一般用于基础边坡的拦挡，既稳定边坡也可拦挡水土流失，管道工程中主要用于坡度较大的平行等高线管道的敷设，海拔相对较低一侧需要修建挡土墙来拦挡，管道穿越过程中也需要修建挡土墙，用于稳管、拦挡挖填方和防止水土流失。

(2) 护坡：护坡工程主要有工程护坡、植物护坡、工程与植物相结合护坡等方式，常见的有干砌块石护坡，浆砌块石护坡，浆砌块石框格植草护坡等。工程护坡主要用于管道工程中坡度较大区域的管道敷设、站场工程和道路工程的边坡防护，主要采取浆砌块石混凝土框格植草护坡的形式。

(3) 截水沟和排水沟：截水沟和排水沟一般采用浆砌片石、块石砌筑，在渗透性较强的土层中还应设置水泥沙浆隔离层。截水沟和排水沟包括临时截水沟和排水沟及永久性截水沟和排水沟，主要布设在挡土墙、护坡脚址、坡面等需进行排水的位置。坡面上的截水沟和排水沟比降较大，比降由设计边坡或地形坡度而定，并在坡脚布设小型消能跌水坎，作为防冲措施。

(4)沉砂池:沉砂池一般使用于坡面及道路截水沟和排水沟后,水流夹带大量泥沙直接进入下游排水道前存在工程安全隐患的地方修筑沉砂池,沉沙池一般为正方形和矩形,设计标准为10年一遇24h最大暴雨强度,沉沙池进水口和出水口采用矩形断面。

(5)坡脚整治:坡脚整治工程一般沿管线垂直于地形等高线上下坡段布设。在坡地的基脚处,根据实地情况,采用干砌块石或浆砌块石进行砌筑挡土墙,此类挡土墙通常称为堡坎,将开挖产生的不可回填土石方,收集装填于堡坎内,工程结束后在挡土与坡脚之间形成一块台面,坡脚整治主要用于管道敷设的上下坡转角处。

(6)表土剥离与回填:为了保护和利用表层土壤资源,施工前对表土进行剥离,分层剥离,分层堆放,在施工过程中对表土资源进行拦挡和覆盖,施工结束后及时进行表土回填并进行土地平整和土壤翻松,切实做好表土资源的保护和利用工作。

(7)土地整治:油气田建设工程的土地整治主要指土地复垦后对回填表土的机械翻松和土地平整,机械翻松和土地平整厚度不低于20cm。

(8)碎石铺覆:在油气田工程建设中涉及管道工艺的区域不适宜于进行混凝土硬化或直接进行绿化,采用独特的碎石铺覆的方式进行管道工艺区域的建设和水土流失的防治,具有良好的水土流失防治效果,碎石覆盖厚度为20cm。

2)临时措施

临时措施对减少水土流失有着重要作用,根据生产特点和不同地形、地貌条件,因地制宜配置不同水土保持临时防护措施能收到良好的防护效果,进一步提高水土保持防护体系的防护功能。龙王庙气田采用的水土保持临时措施主要包括:临时拦挡、临时覆盖、临时排水沟、临时沉砂池等工程。

(1)临时拦挡措施:对于堆存的表土要采用临时拦挡和编织布覆盖措施,如果处于雨季还必须对施工裸露面采用防护网进行苫盖,在坡脚采用填土编织袋进行临时围护,填土编织袋堆砌宽度为1m,堆砌高不大于1m,在表土堆放场周边开挖布设土质临时截、排水沟,同时增加临时沉砂池措施,对雨水冲刷携带的泥沙进行沉积,冲刷水流至新增沉砂池后溢流至站外溪沟。

(2)临时覆盖措施:气田开发过程中的临时堆土及裸露土壤区域极易受到雨水的冲刷,这部分土壤大多较为松散极易受到侵蚀,如果不采取任何措施将会造成较为严重的水土流失,龙王庙气田在施工过程中对临时堆土和裸露土壤进行严格的压实和覆盖措施,做到裸露土壤全覆盖,有效降低了施工期的水土流失量。

(3)临时排水沟沉砂池措施:在管线爬坡地段,为防止作业带地表冲刷,分段设置土质临时截水沟和排水沟对雨水进行拦截,在土质临时截水沟和排水沟适当位置设置临时沉沙池,收集汇水,沉降泥沙后再外排,避免雨水冲刷临时堆土,造成大量水土流失。临时截水沟和排水沟采用人工开挖简易沟槽后,平整压实表面即可满足要求,不需要衬砌。为了沉淀土质临时截水沟和排水沟所拦截的地表径流中的泥沙,在每个站场土质临时截水沟和排水沟下游适当地点增设临时沉砂池,临时沉砂池平整压实表面即可满足要求,不需要衬砌。

3)植物措施

植物措施,主要是指采用林草植被措施进行绿化,减少地表土壤侵蚀的一种防护措施。植被恢复可以有效地防治水土流失,保护与合理利用水土资源,改良土壤,增加植被覆盖率,维护和提高土地生产力。施工结束后立即采取植被恢复措施,如人工绿化、植物护坡等对区域进行生态恢复工作,气田开发涉及多种施工区域,不同施工区域所采取的植物措施也有所不同,主要措施如下:

(1)场站、阀室、净化厂、办公区、生活区等永久占地的区域,为防止水土流失一般采取园林绿化的方式进行植被恢复,常以乔木、绿篱和草坪为主要建植方式对场站空地及周边实施绿化。在场站的内空地主要以低矮的草坪草为主;在场站的周围营建绿篱和栽植乔木,乔绿篱以高度低于50cm的常绿灌木组成,乔木也选择较为矮小的适生树种为主。草种可采用植株矮小、根系发达的狗牙根、三叶草等。站场及阀室工程区草坪种草:按园林绿化要求进行,多为规则式草坪,有的要结合花灌点缀、花台建设,其他区域采用散播方式种草即可。净化厂周边区域恢复的林木可选用对二氧化硫既有抗性又有耐性的树种。

(2)管道施工作业带区域一般荒地、草地等采用灌草结合的方式尽快恢复植被,对灌木林地,采用乔、灌、草混交的方式恢复原植被,灌草可用于管道中心线两侧5m范围内栽植,乔木仅能栽植于管道中心线两侧5m外区域。

(3)进场道路和共用道路区域一般在道路两侧恢复种植乔木,种植方式采用植苗法种植,穴状整地,规格为0.6m×0.6m×0.6m,株行距为3m×3m。

(4)临时堆放场区域按照占用土地类型进行植被的恢复,荒地、草地恢复为灌木林或草地,林地恢复为乔灌草结合的林地。

(5)在植被的选择上,应在当地选择具有耐旱性、耐瘠性、再生能力强、生长迅速、青绿期长、抗病虫害能力强、抗外界干扰能力强、价格低廉、易护养的植被。恢复树种应考虑生态多样性,常绿与落叶树种相结合,阔叶与针叶树种混交,乔灌草立体搭配,形成稳固而又有生态景观效应的防护结构体系,通过生态系统的自我支撑、自我组织与自我修复等功能来实现边坡的抗冲刷、抗滑动,达到减少水土流失、维持生态平衡的目的。

4. 防治效果监控及管护

在投产运营之前对水土流失的防治效果及植被恢复情况进行调查和监测,未满足要求的进行整改和补充,以实现对水土流失防治效果的动态控制,在投入运营之后,仍需对防治效果和植被恢复情况进行定期监测,对水土保持设施和植被进行管护。

1)定期监测

在区域内设置长期定位观测站和监测小区,持续对气田主要工程、附属设施进行观测,及时掌握工程运行情况,保证主体工程正常运营;对土地恢复情况进行监测,确保复垦的土地达到各类型的质量标准;对恢复的植被进行定点监测,确保植被生长率和成活率达到相关标准的要求。定期对区域水土流失和植被生态环境状况进行跟踪监测,根据监测数据对区域植被生态环境恢复情况进行评估,确保植被生态环境恢复良好,随时掌握区域内水土流失和植被生态环境的变化,有利于进一步采取积极有效的措施,实现对生态环境影响的有效控制。

根据实际监测结果,在没有水土保持措施的情况下,场站和阀室类工程区平均侵蚀模数为4768.5t/(km^2·a);管道穿越工程区土壤侵蚀模数平均值为13222t/(km^2·a);管道敷设工程区平均侵蚀模数为17895.43t/(km^2·a);道路工程区土壤侵蚀模数平均值为8283t/(km^2·a);弃渣场区土壤侵蚀模数平均值为14729t/(km^2·a)。实施了水土保持综合防治措施体系后,在工程运营 1 年后测得的数据为:场站和阀室类工程区平均侵蚀模数为 600t/(km²·a);管道穿越工程区土壤侵蚀模数平均值为 890t/(km²·a);管道敷设工程区平均侵蚀模数为 970t/(km²·a);道路工程区土壤侵蚀模数平均值为 680t/(km²·a);弃渣场区土壤侵蚀模数平均值为 2350t/(km²·a)。

从监测数据可知,实施水土保持工程措施后,各区域土壤侵蚀模数基本可以达到或接近水土流失背景值,水土保持措施防治水土流失的效果明显。

2) 动态管护

在工程运营阶段应做好植被的管理和维护工作,及时发现未成活或成活率低的区域并进行树种的补栽,定期巡检,根据天气情况和植物病虫害情况做好植被抗寒抗冻抗病虫害工作,促进植被尽快郁闭,确保植被恢复率达标。苗木栽植后,定期安排管护人员及时松土、正苗。一年后调查苗木成活率和保存率,成活率低于 85% 的应及时补植,成活率低于 40% 的应重新栽植。苗木成活后,应定期修枝,加强抚育管理。对撒播的草籽应定期浇水养护,保持土壤湿润,适时施肥和防治病虫害,施肥坚持"多次少量"原则,肥料以氮肥、磷肥和钾肥为主。施肥后应及时浇水灌溉,使肥料充分溶解渗入土壤,供草籽根系吸收利用,提高肥料利用率。

第二节　气田节能降耗和温室气体减排

节约能源,降低消耗,气体减排,保护环境,是实现国民经济可持续发展的重要措施,是企业提高经济效益的重要途径。龙王庙气田的开发建设是在企业积累了长期节能减排技术发展的基础上,采用了国内外天然气气田建设中成熟、稳定的工艺技术,实现了气田节能减排的效益最大化。

一、节能减排的背景

近些年来,国家先后修订了节约能源和环保相关法律法规,从法律上对能耗进行约束,对节能工作进行推动。"十三五"期间,国家对企业节能的约束更强。国家节能管理部门陆续出台了《固定资产投资项目节能评估和审查办法》(2016 年第 44 号令)、《"十三五"节能减排综合性工作方案》(国发〔2016〕74 号)、《能源发展"十三五"规划》(发改能源〔2016〕2744 号)、《关于加强工业节能监察工作的意见》(工信部节〔2014〕30 号),并强制淘汰了一批落后和过剩产能工业企业以及高耗低效机电设备,并实施加热炉提效,出台了 28 项单位产品能耗限额强制性国家标准,推广能源管理体系、能效对标等。

这些都表现出国家对节能的要求越来越严格,管理越来越精细。而且国家将综合运用价格、税收等经济手段,促进节约使用和合理利用资源,这些因素也给企业节能工作带来严峻的挑战。迫使龙王庙气田开发建设过程中加强节能管理、落实固定资产投资项目节能评估和能源管理体系建设,做到本质节能。同时淘汰高耗低效工艺和设备、落实节能措施、实施先进技术和工艺等,以满足国家对企业节能目标的考核,提升企业自身效益。

二、特大型气田典型用能环节及节能潜力分析

龙王庙气田采用"多井集气、采气管线气液混输、集气干线气液分输"集输工艺,天然气净

化脱硫、脱水及硫黄回收装置,采用"MDEA 法脱硫、TEG 脱水、CPS 硫黄回收+尾气处理"和"克劳斯硫黄收回+尾气处理"工艺。其典型节能降耗及用能设备如下。

(一)井站

1. 工艺流程

丛式井站中每个单个井口天然气经井口 2 级节流后(一级节流采用手动,二级节流采用电动),进入分离计量橇,进行分离计量,分离出来的液相再次进入原料气管线,通过采气管线气液混输分别进入东区、西区、西北区集气站及集气总站。

2. 主要用能设备

单井采气站和丛式井站目前主要用能设备为缓蚀剂加注泵、空压机自动控制系统等。主要用能设备情况见表 10-6。

表 10-6 采气站主要用能设备表

序号	设备名称	能耗种类
1	缓蚀剂加注泵	电力
2	空压机	电力

3. 节能潜力分析

井场的节能潜力主要在于在事故工况下减少放空排放,合理增设水套炉工艺及对缓蚀剂加注泵、空压机等用电设备合理选型。

(二)集气站

1. 工艺流程

集气站设有分离器。集气站所属各井场天然气经汇管汇合后进入分离器进行分离,分离后的气、液分别计量,计量后的气体汇合进入集气干线输至集气总站,计量后的液体汇合去污水罐装车外运或密闭管输至回注站回注地层。

集气站内设有放空点火系统,作为采气管线、集气干线事故状态下及站内天然气放空使用。站内设置放空分液罐,可除去放空天然气中携带的液体。放空分液罐内的污水定期用污水罐车拉运至污水处理站。在集气站内设有能适应智能清管器的收发装置,不仅可对集气干线定期进行清管,同时还能适应智能清管器检测的需要。

站内设置置换口,检修时可对管段和设备进行置换。

井场设置安全阀,进出站管线上设有紧急截断阀,可在紧急、事故工况下实现安全截断和安全泄放。

2. 主要用能设备

集输站主要用能为场站的照明和生活用能。生产过程中主要用电设施有阴极保护设施、变压器、自控系统、电动阀、加注泵、空压机等(表 10-7)。

3. 节能潜力分析

集气站的节能潜力主要在于放空火炬的合理设置、放空量的控制、电动设备的合理选型以及增强自动化控制的程度。

表 10-7　集气站主要用能设备表

序号	设备名称	能耗种类
1	污水转运泵	电力
2	空压机	电力
3	电动阀门	电力

(三) 净化厂

主要范围包括脱硫、脱水、硫黄回收及尾气处理等主体装置、硫黄成型装置、火炬及放空系统、全厂工艺及热力系统管道系统、锅炉房及附属设施、装置区变电站、污水处理装置区、生产消防给水站等公用工程和辅助设施等。

1. 脱硫装置

自集气站来的含硫原料气进入过滤分离装置,经重力分离和机械过滤的方式脱除游离水和大部分机械杂质后,进入脱硫装置。脱硫装置采用45%(质量分数)MDEA 水溶液吸收脱除天然气中几乎全部的 H_2S 和大部分 CO_2,溶液循环量约为 190m^3/h,其中至闪蒸塔贫液量约 9m^3/h。脱除了酸性气体的湿净化气送至下游脱水装置进一步处理。吸收了酸性气体的 MDEA 富胺液经闪蒸再生后送至该装置吸收塔循环使用。富胺液再生所得酸气送至硫黄回收装置。

主要用能设备有:脱硫装置再生塔重沸器、MDEA 贫液循环泵、MDEA 贫液空冷器、酸气空冷器等。

2. TEG 脱水

脱水装置采用纯度99.5%(质量分数)三甘醇(TEG)作脱水剂,脱除湿净化天然气中的绝大部分饱和水,经 TEG 吸收塔脱水后的干净化天然气(在出厂压力条件下水露点<-5℃)作为商品气外输。吸水后的 TEG 采用常压火管加热再生法再生,热贫液经换热、冷却、加压后返回 TEG 吸收塔,循环使用。富液再生产生的废气去尾气处理装置处理后排入大气。闪蒸气送至燃料气系统作燃料气用。

主要用能设备有:TEG 重沸器、TEG 循环泵等。

3. 硫黄回收工艺

硫黄回收装置采用三级常规克劳斯工艺和 CPS 工艺,硫黄回收率为95%~99.8%。

来自脱硫装置和尾气处理装置的酸气经酸气分离器分离酸水后,与送入主燃烧炉燃烧器的空气按一定配比在炉内进行克劳斯反应。自主燃烧炉出来的高温气流经余热锅炉降温后,依次进入装置的三级反应器和硫黄冷凝器,气流中的 H_2S 和 SO_2 在催化剂床层上反应生成元素硫。出三级反应器的过程气通过冷凝分离出液流,尾气至尾气处理装置。硫黄冷凝器分离出来的液硫分别进入液硫封,处理后送至硫黄成型装置。

主要用能设备有:主燃烧炉、主风机、余热锅炉、液硫泵等。

4. 标准还原吸收尾气处理工艺

尾气处理装置采用标准还原吸收工艺,总回收率达到99.8%。

来自硫黄回收装置的尾气与燃烧气混合后进入装有还原催化剂的反应器进行反应,过程气中绝大部分的硫化物还原为H_2S。出自急冷塔的塔顶气进入吸收塔与MDEA贫液逆流接触,气体中几乎所有的H_2S被溶液吸收,仅有部分CO_2被吸收。从吸收塔顶出来的排出气经吸收塔顶分离器后,进入焚烧炉焚烧后排放。从吸收塔底部出来的MDEA富液再生后完成整个溶液系统的循环。

出自吸收塔塔顶的排放气、硫黄回收装置液硫池的抽出气体、来自脱水装置的再生废气分别进入焚烧炉进行焚烧。

主要用能设备有:尾气处理装置再生塔重沸器、焚烧炉风机。

5. 酸水汽提装置

来自尾气处理装置的酸水被收集储存在进料中间罐中,经酸水汽提塔热交换器换热后,进入酸水汽提塔与来自酸水汽提塔重沸器的蒸汽逆流接触。酸水汽提塔顶气返回至尾气处理装置急冷塔进一步处理。

酸水汽提塔底出来的汽提水经酸水汽提塔热交换器后,进入酸水汽提塔底泵升压,然后经酸水汽提塔底冷却器冷却至40℃左右,进入检修污水系统,处理后用作循环水补充水。

主要用能设备:汽提塔重沸器、汽提塔底泵、循环水泵等。

6. 硫黄成型及装车设施

从硫黄回收装置脱气池来的液硫送到液硫储罐,罐内用蒸汽盘管加热以保持液硫温度在130℃左右。在造粒生产时,储罐内的液硫通过液硫泵送到滚筒造粒机,液硫通过造粒机形成颗粒硫黄后输到料斗,经称量、装袋、封口、码垛后用叉车将袋装硫黄送到硫黄库房贮存、外运销售。同时设置液硫装车设施,将液硫装汽车外运。

主要用能设备:液流泵、造粒机等。

7. 节能潜力分析

净化厂节能潜力首先在于脱硫装置工艺脱硫溶液的选择、脱水工艺的选择、硫黄回收工艺的选择以及尾气处理工艺的选择,选择先进的净化工艺将促进节能减排。其次是优化操作参数,减少能耗和物料消耗。

三、特大型气田开发节能措施及效果

在龙王庙气田项目设计与建设阶段,遵循"安全、环保、节能、高效、科学、适用"的原则,紧密结合上、下游工程,以保证地面工程的安全、平稳运行,充分考虑节能减排。合理利用流体的压力能,降低集输能耗。切实采用先进实用的技术和自控手段,实现工艺优化、技术成熟可靠、节省投资、方便生产。贯彻橇装化、模块化设计理念,工艺上实现单井及丛式井一体化、集气站橇装化、净化厂模块化的指导思想。切实采用了节能技术措施,全面贯彻技术节能的理念,选用达到国家1级能效标准和列入国家重点节能技术推广目录的型号设备,项目投产运行后,根据《节能与管理体系要求》(GB/T 23331),建立能源管理体系;并按照《用能单元能源计量器具配备和管理通则》(GB 17167—2006),配备能源计量器具设计,实现了节能减排目标。

(一) 技术措施

采气及集输环节的节能工作目标是充分利用地层能量(包括天然气的压力),减少能源消

耗、损失。天然气净化环节的节能措施,主要在于采用先进技术,提高各用能环节能效,同时注重结合具体装置,开展系统优化用能。

1. 采气及集输环节的节能技术措施

采气环节的主要节能工艺措施主要有:井场设置安全截断系统、取消水套加热炉优化简化地面工艺流程,另外,采取轮换计量、气液混输、数字化气田、生产系统防腐、防水合物生成等装置与技术,减少平常的天然气的泄漏及无组织排放。有利于在紧急情况下减少天然气放空。

(1)井场设置安全截断系统。

井场设置安全截断系统,在超压或失压情况下可自动快速截断气井,同时可在气田控制中心远程控制,以保护气井和地面设施,同时减少放空量。

(2)优化简化地面设施。

集输管网系统设计压力为 8.5MPa,井口温度范围:45.36~98.31℃;为了优化简化地面设施,同时节约能源,取消了井口水套加热炉设计,同时在冬季最冷月份运行时,采用加注抑制剂方式防止水合物形成。开井初期时由于井筒内有一段静止气,温度接近环境温度,冬季时如果直接开井,节流后温度较低,不能满足气液分离器的最低使用温度,因此在开井工况下,设计井口移动式燃油加热炉橇对开井时原料气进行加热,当原料气温度上升后,将原料气导入正常生产流程,移走开井加热炉橇。

(3)丛式井采用轮换计量和连续计量相结合的方式。

丛式井中的 1 口采气计量井经 2 级节流后通过轮换阀组进入一体化橇进行单井的分离计量,井组其他气井则通过轮换阀组统一进入另一套一体化橇进行总计量,通过轮换阀组可对井组中任意井口进行单井分离计量。最后两套一体化橇中分离出来的气相和液相再次进入原料气管线通过采气管线气液混输进入集气站。连续计量的流程为:丛式井中的每 1 口采气井经过 2 级节流后均进入对应的 1 台一体化工艺橇进行单井的连续分离计量。最后各一体化橇中分离出来的气相和液相再次进入原料气管线通过采气管线气液混输进入集气站。

该种计量方式既可以满足单井计量的方式,达到连续计量的目的,同时减少了计量装置的数量,减少了漏点,节约了能源。

(4)先进的自控技术实现井场与集气站无人值守。

龙王庙组气藏在建和已建内输站场(井站、集气站和阀室等)均按无人值守站进行设计,现场所有生产数据和报警信息均利用通信系统自动上传至气田控制中心。每座井口采气装置均设置井口地面安全系统,可自动(超压或火灾时)关闭井口采气装置,也可接受来自气田控制中心的远程关井命令,井下安全阀纳入地面控制在火灾等紧急工况下可实现远程切断。从而有效地减少了人的操作成本,同时减少事故状态下的放空量,节约了能源。

(5)高低压放空火炬新型点火系统。

龙王庙气田内部集输各井场、集气站均采用新型高低压放空点火技术,替代了放空火炬长明火设计,采用高空电点火的方式,点火燃料气采用放空气。减少了火炬长明火 CO_2 的排放,同时节约净化燃料气的消耗。

为了保证放空火炬放空点火的可靠性,龙王庙气田采用了新型高低压放空点火技术。该技术采用放空气作为点火用燃料气,并采用高空点火的方式。该放空点火技术主要原理是从放空管道加设引气管线作为点火的燃料气,采用双电磁阀组控制,当放空气来气压力高于

0.3MPa(现场可调)是通过电磁阀 A 路(B 路关闭)经限流孔板到高空电点火装置进行点火。当放空气来气压力低于 0.3MPa(现场可调)是通过电磁阀 B 路(A 路关闭)到高空电点火装置进行点火。该新型火炬点火系统根据放空气来气压力的大小开启不同的点火取气管线,保证了高空电点火燃烧器的燃料气流速始终在容易着火的范围内,保证了高空点火的可靠性。

以龙王庙气田 $60×10^8 m^3/a$ 项目为例,内部集输取消长明火设计并采用放空气作为点火燃料气,按 4 套长明火计算,每年可节省净化燃料气 $69.12×10^4 m^3$。

2. 天然气净化环节的节能技术措施

为降低工厂能耗,采取了如下主要节能措施:

(1)脱硫装置采用节能显著的 MDEA 脱硫工艺。与其他胺法工艺相比,MDEA 溶剂在脱除 H_2S 的同时仅部分脱除 CO_2,加之单位体积 MDEA 溶剂的酸气负荷量较高,需要的溶液循环量较少,因而贫胺液增压的电力消耗、冷却贫胺液耗用的循环冷却水量及再生胺液的蒸气消耗量均较低。

以龙王庙气田 $60×10^8 m^3/a$ 项目为例,单套装置正常运行时原料天然气的处理量为 $600×10^4 m^3/d$,装置的操作弹性为 50%~100%。装置年运行时间为 8000h。采用 MDEA 脱硫工艺溶液循环量约 $203m^3/h$。若采用二乙醇胺(DEA)等其他溶液其富液再生能耗高,溶液循环量大。

(2)脱硫装置的贫液/富液换热器采用板式换热器,贫液温度可从 126℃降至 76℃,富液温度可从 54℃升至 104℃,大大提高了热量回收率,减少了循环冷却水用量和富液再生蒸汽耗量,降低了工厂能耗。

(3)将脱硫装置和脱水装置的闪蒸气回收用作燃料气,每年约可回收 $4.84×10^6 m^3$ 闪蒸气,节约燃料气消耗约 $4.84×10^6 m^3/a$。

(4)脱水装置在贫液循环泵前设置贫液/富液换热器,将富液温度提高到约 150℃,有效地回收了部分热量,减少了贫液冷却的循环冷却水用量和富液再生的燃料气耗量,降低了工厂能耗。

(5)尽可能回收蒸汽凝结水,并采用凝结水回收器进行回收,提高凝结水回收压力,减少凝结水二次蒸发损失,提高了回收率。同时,提高了锅炉给水温度,减少了锅炉的燃料气消耗,增加了硫黄回收装置的蒸汽产量。由于凝结水压力较高,锅炉给水泵的电耗相应有所减少。

(6)回收脱硫装置大修时设备首次清洗水用作 MDEA 溶液循环系统的补充水,有效减少了凝结水的消耗,节省了水的消耗。以龙王庙气田 $60×10^8 m^3$ 项目为例,首次节约凝结水为 $2190m^3$。

(7)$60×10^8 m^3$ 工程天然气净化厂硫黄回收工艺采用三级克劳斯工艺和 SCOT 尾气处理装置,可提高硫回收率至 99.8%,减少了 SO_2 的外排量。

(二)气田节能减排量的核算及效果

在龙王庙气田项目设计与建设阶段,切实采用了节能减排技术措施,全面贯彻技术节能的理念,通过采取上述节能措施后,该工程能耗显著降低。从计算结果来看,每处理 $1×10^4 m^3$ 原料天然气耗能 8299MJ(相当于天然气 $248m^3$),与同类含硫天然气净化厂相比较(国内同类含硫天然气净化厂每处理 $1×10^4 m^3$ 原料天然气耗能 9424MJ),该工程耗能明显较低,达到国内领先水平(表10-8)。

表10-8 天然气净化厂能耗类比调查

类别	名称	单位	龙岗净化厂	万源天然气净化厂	磨溪天然气净化二厂
处理规模	原料气量	$10^8 m^3/a$	39.6	19.8	60
	H_2S含量	%	2.31	17.15	1.065
硫黄回收装置	硫黄回收工艺	—	Clause工艺	Clause工艺	Clause工艺
	硫黄回收率	%	99.80	99.80	99.80
产品	天然气产量	$10^8 m^3/a$	37.09	14.67	58.42
	H_2S含量	mg/m^3	20	20	20
	硫黄	t/a	70830	457600	83160
原材料消耗	MEDA/Sulfinol-M	t/a	153.4	196.6	229
	TEG	t/a	100	13.35	86.7
	催化剂	t/a	64.4	174.4	31.2
能源消耗	水	$10^4 t/a$	67.6	46.16	34.94
	电	$10^4 kW \cdot h/a$	3283	5953	3883
	燃料气	$10^4 m^3/a$	6984	2152	9679

通过折算,龙王庙气田年节约能源消费10135t标准煤,降低二氧化碳排放26351t,能效达到国内先领先平。

第三节 气田快速应急管理体系

安岳气田龙王庙开发区域范围内人居稠密,安全环保敏感区域较多,建设及生产过程中紧急情况出现后,若不能及时采取适当的应急保障措施,可能会危害人民群众的生命财产安全并产生较大的社会影响。

龙王庙组气藏开发中高度重视气藏天然气开采的应急保障系统的建设。严格按照国内外相关法律法规和标准的规定,借鉴国内外气田开发应急保障体系的先进经验,结合龙王庙组气藏开发的特点,依托数字化气田建设,建设和不断优化完善适应于龙王庙组气藏开发的应急保障系统,对可能发生的紧急情况做到全面监控,及时处置,最大限度地降低事故发生的可能性和严重性。

一、安全应急保障体系

(一)国家对气田开发安全应急保障体系建设的相关法律与法规

我国政府高度重视企业安全生产应急保障体系建设,通过法律、法规和标准指导以及规范企业进行安全生产应急保障体系建设工作。

事故预防是应急保障体系建设的重要组成部分。我国《"十二五"规划纲要》明确提出了"坚持预防和应急并重,常态和非常态结合"的应急管理方针。《2015年安全生产应急管理工作要点》将"提高安全生产监测预警、预防防护、处置救援、应急服务能力"作为应急管理工作"三同时"建设的重要内容。《企业安全生产应急管理九条规定》(国家安监总局〔2015〕74号)提出了要加强基层企业应急能力建设,并对建立区域联动安全应急平台提出建议和要求。应急保障体系已不仅限于事故发生时的应急救援,更注重采用相应的安全技术手段,做到安全隐患的早发现、早治理,做到"关口前移",防患于未然。

2002年发布《中华人民共和国安全生产法》和2007年发布的《中华人民共和国突发事件应对法》,均对生产企业应根据生产实际编制本单位应急预案,组织救援队伍做出了明确规定。2006年,国务院发布了《国家安全生产事故灾难应急预案》《陆上石油天然气储运事故灾难应急预案》和《陆上石油天然气开采事故灾难应急预案》。2006年发布的《生产经营单位事故应急预案编制导则》(AQ/T 9002—2006),明确提出石油企业应根据本单位实际编制总体预案、专项预案和现场处置方案,并成立相应的各级应急组织机构,标准中还较为详细地提出了预案中应包含的风险分析、预警、应急响应、物资准备、人员保障等要素的编制要求。2010发布的《生产安全事故应急演练指南》(AQ/T 9006—2010),对企业生产事故应急预案的演练进行规范。

(二)气田开发安全应急保障技术国内外现状

1. 俄罗斯阿斯特拉罕气田

俄罗斯、美国、加拿大和法国等国家的高压气藏开采有较长的历史,积累了较为丰富的经验。

以俄罗斯阿斯特拉罕气田为例,该气田位于俄罗斯南部,气藏压力系数为1.5,天然气中硫化氢含量为16%~32%,是高含硫高压气藏。该气藏有生产井128口,年产天然气$120\times10^8 m^3$。为保障气田安全生产,该气田在开发过程中建立了系统的、有针对性的监控措施。以气井安全为例,阿斯特拉罕气田对所有生产井的状况一年研究一次,对具有(技术)套压的井进行工程技术研究,在此基础上进行危险级别分类,按不同的危险级别采取相应的措施,如井口释放、气井大修、报废等措施来控制套压。俄罗斯对气田实行准军事化管理。气田主体区的住户迁出8km外。对高压气田实施气田及临近区域生态和工业安全综合保护措施[1]。

2. 萨曼杰佩气田

萨曼杰佩气田位于阿姆河右岸合同区块西北部,为阿姆河右岸最大的整装生物礁型高含硫凝析气田。

萨曼杰佩气田根据生产流程可分为四大系统,即井口控制系统、集输系统、净化处理系统和天然气外输系统。这四大系统有各自独立的安全控制体系:气井采用井口控制单元,集输系统采用SCADA+ESD紧急停车系统,净化厂采用DCS+ESD紧急停车系统,外输增压站采用SCS+ESD紧急停车系统。四大系统中任意一个系统出现重大泄漏或应急事故,都将直接威胁到上下游的安全,因此四大系统实现联锁关断,而且响应及时,关断可靠。为此,萨曼杰佩气田采用调控中心(DCC)气田紧急关断、集输气站场控制参数自动联锁紧急关断控制、气井井口安全截断系统联锁控制等三级命令方式,从调控中心总体控制和各站点逐级分区控制两方面,形成了气田上下游的整体综合联锁控制系统,大大提高了气田的安全性。

在气井、集气站场设置可燃气体探测器、硫化氢气体探测器、火焰探测器和视频监控系统。

气井的采气树位置和采气管线位置设置有可燃气体探测器、硫化氢气体探测器,采气树顶部设置有易熔塞,集气站内设置视频摄像头,监控气井地面生产工艺设施。集气站场易燃、易爆生产工艺区域设有可燃气体浓度报警和硫化氢浓度报警,以及火灾自动报警和视频监视系统,并在站内人行通道处设有多个火灾声光报警按钮,一旦发现灾情,能尽快发出报警;在站内仪表控制室设有烟感检测器、温感检测器、气体自动灭火设施,一旦发生火灾,自动报警。

萨曼杰佩气田公司级应急救援指挥中心建在公司的调度控制中心,以下各厂级调度控制中心为各厂级应急指挥中心。公司级及各厂级应急指挥中心均配置了工业视频监控、气体监测、应急预警、视频传输、有线无线通信等,特别是建成了覆盖全气田、远距离无线对讲通信系统,能够全过程全方位支撑突发事件处置。萨曼杰佩气田配备了大量的应急救援专用装备或设备。配置的专用应急救援装备有:水罐消防车、干粉消防车、泡沫消防车、高喷消防车、供气消防车、抢险救援车、医疗急救车以及各类大型专业应急机具92台(辆)。配置的个人安全防护设备有:防爆对讲机、便携式防毒面具、便携式硫化氢或可燃气体检测仪、空气呼吸器等。

公司聘请土库曼斯坦专业消防、气防队伍进驻萨曼杰佩气田值班,同时组建了医疗急救人员常驻气田。其中,气防人员为土库曼斯坦国内一个专门从事于石油天然气应急救援的专业化队伍[2]。

3. 塔里木油田

我国塔里木盆地具有丰富的天然气资源,截至2011年底,塔里木油田先后建成投产了克拉2、迪那2、英买7、羊塔克、玉东2、牙哈、桑南东、吉拉克、塔中6和柯克亚等10个气田,已建成集气站21座,气田集输能力达到$277 \times 10^8 m^3/a$;天然气处理厂12座,处理能力达到$297 \times 10^8 m^3/a$。在塔里木油田已开发的气田中,高压气田的比例较高,高压气田的地质储量占气田总储量的97.3%。

新疆塔里木油田迪那2井井口压力为65~82MPa,井口温度高达62~110℃。为保证天然气生产的安全与平稳运行,迪那2气田自动化系统采用SCADA、分散控制系统(DCS)及独立的紧急停车系统(ESD)相结合的综合管理系统。其中,SCADA系统用于完成以气田开发、生产操作及调度控制为中心的数据采集与监控(图10-7);DCS系统用于完成油气处理厂的过程控制;ESD系统用于完成气田重要检测点及操作点的紧急关断和安全联锁控制。迪那2气田ESD系统安全等级达到了国际电工协会IEC 61508中的SIL3级和德国TUV认证的AK6级的要求。系统对井口到处理厂的全过程自动监控,调控中心设置在处理厂中央控制室,实现了井口、集气站的无人值守[3]。

4. 罗家寨气田

罗家寨气田在设计阶段就通过开展HAZOP分析等技术手段,确认对装置和设备可能出现的超压和泄漏能够进行有效关断。

建立远程监控系统,对生产过程实施24h不间断监控,对井站、集气站、净化厂和管道均设置远程监控、事故状态联锁关断和远程关断。

成立专门的应急组织机构,在各站场配备正压式空气呼吸器、消防设施,可燃气体和硫化氢气体检测报警仪。在净化厂配备消防车、消防水炮等消防设施。在区域内设置停机场,并配备逃生直升飞机。

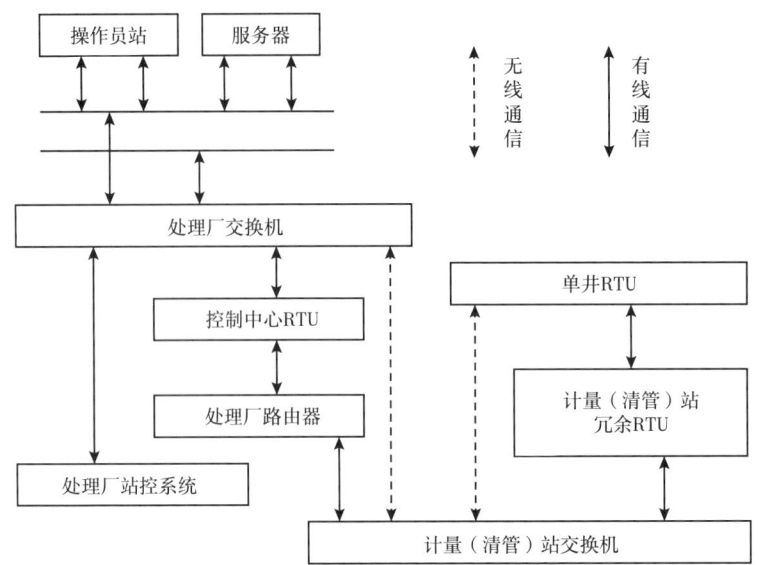

图 10-7 迪那 2 气田 SCADA 系统示意图[3]

经计算确认危险区域和应急计划区,在气田边界建立缓冲带,无人居住。在应急区域内的道路设置明显引导标识,通过大量细致的应急范围内的危险源、人居和环境调查,在此基础上根据安全、快捷、交通方便等因素确定整个气田范围内的应急疏散集中点。

5. 气田应急保障体系特点和面临的挑战

以上各气田在气藏条件、气质条件、工艺条件、区域位置和周边环境存在较大差别,但在应急保障体系建设技术方面具有以下共同点:

(1)变被动应急为主动风险管理,项目设计时就已充分考虑工程应急保障体系建设需求。优化工艺流程,采用先进的自控联锁装置,实现紧急情况时自动或远程手动切断或放空。

(2)采用监控技术和气体泄漏检测技术及火灾自动报警等技术,对重要生产场所和管线、设备和装置进行连续监控,对可能出现的事故实现早发现、早控制,从而将事故影响降到最低。

(3)根据生产实际编制应急预案,并根据应急保障体系建设需求设立应急组织机构,配备应急物资,确定应急范围,保证事故状态下应急预案的有效实施。

(4)安全信息平台技术广泛应用于高压气田开发,如罗家寨气田、塔里木气田和萨曼杰佩气田均分别建立安全信息平台,具备生产过程监控、紧急状态监控与报警、应急救援指挥等功能,实现站场和管线的远程管理。

(5)充分考虑区域应急和企地联动机制的建立。

安全信息平台技术广泛应用于高压气田开发,如俄罗斯阿斯特拉罕气田和萨曼杰佩气田以及我国罗家寨气田和塔里木气田均分别建立安全信息平台,具备生产过程监控、紧急状态监控与报警、应急救援指挥等功能,实现站场和管线的远程管理。

应急支撑技术方面,普遍注重现场数据和视频监测以及应急通信系统的建设,但是缺乏针对应急所需决策信息进行全面有效采集与高效分析的数据支撑体系,含硫气田发生火灾、爆炸、原料气泄漏等类型灾害,难以及时判断事故的发展趋势并确定有效的应对措施;如何能够在突发事故灾害后第一时间做出科学的判断和有效的决策，是企业安全管理人员和应急指挥员面临的一大挑战。

（三）龙王庙气田开发工程危险有害因素分析

如何防止对站场、管道和净化厂在建设、生产运营和检维修全过程中可能发生的造成严重人员伤亡、有较大社会影响和重大财产损失的事故发生，以及上述事故发生后如何采取有效的应急措施，是磨溪区块龙王庙组气藏开发工程应急保障体系建设重点。对重大事故的辨识，可用于评估应急预案中对工程风险识别是否充分；对重大事故原因的分析，可以为采取有效的控制措施提供依据。

1. 天然气站场

施工过程中，分离器等大型设备吊装，动土作业中土、岩滑动，以及触电等均可能导致严重的人员伤害。在天然气站场生产过程中，井口装置失控、站内设备管道损坏导致大量天然气泄漏，可能引发火灾、爆炸和人员中毒。在天然气站场检维修过程中，设备检修打开、隔离失效操作失误，可能因天然气泄漏引发火灾、爆炸和人员中毒；FeS自燃、空气置换不完全，可能导致火灾、爆炸事故。

对无人值守站场，监控不到位，远程操作失效及在事故发生时人员不能及时赶到站场，均可能导致较为严重的事故发生。

2. 采气、集气、气田水输送管线

管线施工动土作业中土、岩滑动，管沟塌方，布管过程中吊装及抬管下沟操作失误，以及触电可能导致严重的人员伤害。在管道试运行过程中，空气置换不彻底，可能引发火灾、爆炸和中毒事故。清管发球过程中，卡球可能导致超压损坏管道，造成天然气泄漏。在管道运营过程中，由于腐蚀、第三方破坏及自然灾害导致的管线损坏，天然气泄漏引发火灾、爆炸和中毒事故。检修作业时，在进行管段动火检修时，可能会因空气吸入管段内（FeS自燃）、管道隔离失效等原因，造成火灾、爆炸。检修结束后，空气置换不彻底，可能引发火灾、爆炸和中毒事故。管道巡检不到位，远程监控失效及站场通讯不畅及交通不便，可能导致事故发生后不能得到及时处理，事故后果更为严重。

3. 天然气净化厂

施工过程中脱硫塔、脱水塔等大型设备吊装操作失误可能导致严重的人员伤害。碰管时若隔离措施不当，可能发生火灾爆炸事故。施工与生产的交叉作业管理和沟通不畅，人员误操作，可能造成人员伤害、火灾、爆炸、人员中毒、装置停产等。净化厂生产过程中，高压气体窜入低压系统，设备超压损坏导致天然气泄漏，可能出现火灾、爆炸和中毒事故。锅炉超压可能导致爆炸和人员烫伤。管线、设备因腐蚀或质量问题导致天然气泄漏，可能出现火灾、爆炸和中毒事故。硫黄成形装置和仓库因人员违规可能导致火灾、爆炸事故。检修过程中，设备打开FeS自燃，动火施工设备管线隔离失效，进入有限空间作业防护不到位，管线和设备空气置换不完全，均可能导致巡检不到位、火灾、爆炸、人员中毒等事故。现场监控失效、仪表控制信号失真、自动控制系统报警功能失效，及远程控制系统失效，可能使事故扩大。

4. 自然灾害

根据龙王庙组气藏所处地理位置，气藏开发主要考虑滑坡、泥石流、雷击、山火等自然灾害

(四) 龙王庙气田开发安全应急需求分析及应急保障体系特点概述

磨溪区块龙王庙组气藏开发工程具有以下特点：天然气快速上产，建设节奏快，产能规模大，气藏为中含 H_2S，低—中含 CO_2 的高温高压高产能气藏，数字化气田建设与气藏开发同时进行。工程天然气站场、管线、净化厂在同一区域内相对集中，且工程设计与建设按气田整体开发模式统一布局，站场、管线、净化厂之间相互关联、相互影响。

此外，该工程开发区域内井站周边及管道沿线，人居稠密，部分场站和管线距场镇、医院、学校及其他公共设施较近，社会环境较为复杂。与国内外其他高压气藏相比，龙王庙组气藏开发工程区域内井站周边及管道沿线，交通发达，人居稠密。根据2015年统计数据，气田开发区域所在的磨溪镇人口密度为553人，而同处于四川盆地的普光气田所在的普光镇人口密度为335人，元坝气田所在元坝镇人口密度为472人。开发区域内部分场站和管线距场镇、医院、学校及其他公共设施较近，社会环境较为复杂。

根据上述龙王庙组气藏开发危险有害因素分析结果及工程开发自然及社会区域特点，应急救援体系建设中突出了以下特点：

(1) 工程应急救援体系建设，将龙王庙组气藏开发区域作为一个整体，既能满足各站场、管线、净化厂等危险源局部事故应急需求，同时也具备重大事故发生时区域应急能力。

在同一开发区域内，龙王庙组气藏开发工程的建设和生产必然与已建工程存在相互影响。在制订应急预案时，建设方和生产经营单位充分认识到事故发生时，危险源之间的相互影响，事故对周边环境的影响。

(2) 工程应急救援体系建设，与工程开发同步进行。

龙王庙组气藏开发工程为整体区域开发工程，应急救援体系的建设、运行和完善，贯穿工程的整个生命周期。工程建设分期进行，工程设计与建设按气田整体开发模式统一布局。工程应急救援体系建设，与工程整体开发模式相匹配，在工程设计阶段就充分考虑应急救援体系建设，根据气藏开发的整体布局，全面考虑工程应急保障体系建设要求。

(3) 在对工程进行全过程、全方位危险有害因素分析的基础上，有针对性地制订应急处置措施。

(4) 龙王庙组气藏开发工程应急救援体系建设，充分结合龙王庙组气藏开发数字化气田的特点。

龙王庙组气藏数字化气田建设与气藏开发同时进行。信息技术与开发业务的紧密结合，搭建了对龙王庙组气藏建设、生产进行统一安全管理的平台。应急救援体系建设在数字化预案，预警、报警和快速预警和应急指挥等方面充分发挥了数字化平台的优势。

(五) 龙王庙气田开发安全应急保障措施

1. 工程措施

龙王庙组气藏开发工程建设分期进行，工程设计与建设按气田整体开发模式统一布局。工程应急救援体系建设，与工程整体开发模式相匹配，在工程设计阶段就充分考虑应急救援体系建设。龙王庙组气藏开发工程建立一体化生产管理平台，气田实现"四级截断、三级放空"的远程操控，无需人员现场操作，提高反应速度的同时大大降低了人员伤亡的风险。

系统植入了采气、集输、净化的工艺流程数据并实现过程建模,通过事故点上下游工艺查询分析,快速分析确定应急控制方案,并由关联的 SCADA 系统实现远程控制,按气源和生产流程设置分级联锁关断系统,能实现重要设备或单个井口关断、单列装置或单个井站关断、管线上下游区域关断,最高级别关断为整个气田关断停产。在气田设计、建设和运行过程中,对控制逻辑和工艺流程进行了不断优化和完善,当任何联锁关断触发时,都充分考虑关断对上下游的影响,根据工艺流程和可能的影响范围,设置上下游联锁动作。在中央控制室分级设置一键紧急关断开关。

2. 应急体系建设及资源配置

龙王庙气田开发过程中,认真贯彻落实国务院和四川省政府关于保障工程建设安全、气田安全生产、HSE 管理和应急预案体系建设的指示精神,结合龙王庙气田开发工程,在充分进行危险源辨识和周边环境调查的基础上,编制了气田总体应急预案、单项活动应急预案,专项应急预案、气田各建设、生产单位突发事件应急处置程序及单项活动应急预案,以及岗位(班组)应急处置卡。预案中,对井喷、管线泄漏、天然气净化厂和生产场站装置泄漏等可能造成区域性影响的事故,进行重点辨识,并针对性地提出应急措施。

按相关法律、法规和标准应急救援体系编制要求,针对龙王庙组气藏已投产工程编制了《安岳气田磨溪区块龙王庙组气藏已投产 300 万试采系统突发事件应急处置程序》以及《集气总站岗位应急处置卡》、《西区集气站岗位应急处置卡》和《磨溪 8 井岗位应急处置卡》等 29 个井站的岗位应急处置卡,根据各井站生产现状,分别对各井站可能出现的事故和风险进行辨识,并根据辨识结果,制订站场应急控制措施并配备救援物资。

磨溪区块龙王庙天然气净化厂编制了《磨溪龙王庙天然气净化厂突发事件应急预案》,包括 13 个现场处预案、1 个现场处置方案、4 张事故处理卡、14 张异常处理卡,对可能出现的事故和风险进行辨识,并根据辨识结果,制订龙王庙天然气净化厂应急控制措施并配备救援物资。在应急资源配置方面,磨溪龙王庙天然气净化厂建设了气消防中心、二级消防站;消防站编制 29 人,其中指挥员 2 名、战斗员 18 名、驾驶员 7 名、电话员 2 名;共配备消防车 5 台(RY5272XFPM120G 型泡沫消防车 1 台、SX5300JXFJP16 型多功能泡沫消防车 1 台、SL5140XZHQ 通信指挥消防车 1 台、SJD5140TXFQ75W1 型抢险救援消防车 1 台、SJD5140TXFGQ78W 型供气消防车 1 台)。生产及检维修基地位于龙王庙净化厂北侧。此外,各采气站和集气站均按要求配置便携式及固定式可燃气体和硫化氢气检测报警仪、灭火器、正压式空气呼吸器、应急照明灯、风向标、警示带等应急设施;龙王庙净化厂在装置区设置消防水炮、喷淋系统、便携式及固定式可燃气体和硫化氢气检测报警仪、灭火器、正压式空气呼吸器、应急照明灯、风向标、警示带等应急设施。净化厂 10kV 装置变电所旁,还设有防毒抢险庇护所。气田建设覆盖整个开发区域的通讯网络。气田配备救护车,并与周边医疗机构签订相关协议,保障应急需求。

3. 三维地理应急处置系统

龙王庙组气藏建设基于三维地理信息的含硫高产气田应急管理平台,系统集成了行业权威的火灾、爆炸与气体泄漏快速计算模型,特别针对四川地区复杂地形和气象特征进行数据匹配,支持实时气象监测数据采集,可在事故发生时第一时间推演有毒气体(相对密度大的气体)的扩散范围,把以往通过大型服务器运算数十个小时的工作时长,极大地缩短到数十秒给出结果并贴合地形进行疏散人员分析,为应急指挥和尽快疏散提供技术支撑。

二、重大事故实时应急处置系统

(一)气田开发重大事故分析及事故后果模拟技术

通过对磨溪区块龙王庙组气藏开发工程站场、净化厂、管线建设期、运营期、检修期全过程危险有害因素辨识,对工程所处区域自然与社会环境危险有害因素辨识,对人员和生产管理危险有害因素辨识,可以清楚、全面地认识到工程开发的全过程中存在的危险有害因素及可能发生的事故及后果。

在此基础上,分析龙王庙组气藏开发工程危险有害因素特点,有利于工程采取有效的工艺措施和监控手段控制危险有害因素,避免事故发生;同时可以为应急预案的编制提供依据。

1. 工程危险有害因素特点

通过对磨溪区块龙王庙组气藏开发工程危险有害因素辨识可知,系统中存在的大多数危险有害因素不会直接导致重大事故的发生。除自然灾害类重大事故外,生产类重大事故均由初始事件(或事故)在一定条件下发展成重大事故,这一特点符合海因里希法则。1931年美国的海因里西统计了55万件机械事故,从而得出一个重要结论,即在机械事故中,死亡、重伤、轻伤和无伤害事故的比例为 $1:29:300$。对于不同的生产过程,不同类型的事故,上述比例关系不一定完全相同,但这个统计规律说明了在进行同一项活动中,无数次意外事件,必然导致重大伤亡事故的发生。要防止重大事故的发生必须减少和消除无伤害事故,要重视未遂事件和事故隐患的控制。

由上述分析可知,为防止重大事故的发生,本工程应急保障系统应满足以下条件:采取针对性措施控制系统中危险有害因素;能有效管理系统中存在的隐患(对危险有害因素的控制措施失效),防止初始事件的发生;当紧急情况发生时,能采取有效监控手段及时发现初始事件(紧急事件),并制订和采取有效的应急处置措施,防止重大事故的发生。因此,以预防事故发生为目的采取的工艺和监控措施,是本工程应急保障体系的重要组成部分。

2. 可能造成严重人员伤亡与较大社会影响和重大财产损失的事故

如何防止对站场、管道和净化厂建设、生产运营和检维修全过程中可能发生的造成严重人员伤亡、较大社会影响和重大财产损失的事故发生,以及上述事故发生后如何采取有效的应急措施,是磨溪区块龙王庙组气藏开发工程应急保障体系建设重点。对重大事故的辨识,可用于评估应急预案中对工程风险识别是否充分;对重大事故原因的分析,可以为采取有效的控制措施提供依据。

(1)天然气站场。

在天然气站场生产过程中,井口装置失控、站内设备管道损坏导致大量天然气泄漏,可能引发火灾、爆炸和人员中毒。在天然气站场检维修过程中,设备检修打开,隔离失效操作失误,可能因天然气泄漏引发火灾、爆炸和人员中毒;FeS 自燃、空气置换不完全,可能导致火灾、爆炸事故。

对无人值守站场,监控不到位,远程操作失效及在事故发生时人员不能及时赶到站场,均可能导致较为严重的事故发生。

(2)采气、集气、气田水输送管线。

在管道运营过程中,由于腐蚀、第三方破坏及自然灾害导致的管线损坏,天然气泄漏引发火灾、爆炸和中毒事故。检修作业时,在进行管段动火检修时,可能会因空气吸入管段内(FeS自燃),管道隔离失效等原因,造成火灾、爆炸。检修结束后,空气置换不彻底,可能引发火灾、爆炸和中毒事故。管道巡检不到位,远程监控失效及站场通信不畅及交通不便,可能导致事故发生后不能得到及时处理,事故后果更为严重。

(3)天然气净化厂。

净化厂生产过程中,高压气体窜入低压系统,设备超压损坏导致天然气泄漏,可能出现火灾、爆炸和中毒事故。锅炉超压可能导致爆炸和人员烫伤。管线、设备因腐蚀或质量问题导致天然气泄漏,可能出现火灾、爆炸和中毒事故。硫黄成形装置和仓库因人员违规导致火灾、爆炸事故。检修过程中,设备打开FeS自燃,动火施工设备管线隔离失效,进入有限空间作业防护不到位,管线和设备空气置换不完全,均可能导致巡检不到位、火灾、爆炸、人员中毒等事故。现场监控失效,仪表控制信号失真、自动控制系统报警功能失效,及远程控制系统失效,可能使事故扩大。

龙王庙净化厂模拟以单套最大处理的主体装置工艺参数来确定软件所需的基础数据。由于工程设计上已考虑重大事故发生后,自动联锁系统将在较短时间内截断气源,并打开放空泄压阀降压,对厂内天然气实行紧急放空,控制事故扩大。事故模拟时以重大泄漏事故后120s能够有效截断进行模拟计算,在确定工程数据、气象条件、泄漏孔径并建立失效模型、确定事故频率后,分别计算得到喷射燃烧、可燃气体云团爆炸和有毒气体(H_2S)泄漏最大可能影响范围。

(4)井喷失控。

以气藏无阻流量计算泄漏量,采用的气象参数与净化厂泄漏事故相同。根据《安岳气田磨溪区块龙王庙组气藏开发方案(地质与气藏工程)》中龙王庙的气井无阻流量数据,井喷发生15min后到达平衡状态时的影响范围作为事故最大可能影响范围。

(5)管线失效事故。

以磨溪某单井—东区集气站采气管线为例,以管线阀室高低压自动切断阀关断时间为30s计算泄漏量,采用的气象参数与净化厂泄漏事故相同,分别计算管线泄漏事故不同浓度H_2S扩散距离及对应时间,喷射火的热辐射距离和可爆云团爆炸影响半径。

3. 重大事故后果模拟

1)湍流喷射扩散

天然气管道泄漏,从裂口处释放天然气,在裂口处若没即刻遇火源,将以湍流喷射的形式扩散,其喷射采用以下模型模拟。

在喷射轴线上距孔口x处的气体浓度$c(x)$为:

$$c(x) = \frac{\frac{b_1 + b_2}{2}}{0.32 \frac{x}{D} \frac{p}{\sqrt{p_0}} + 1 - p} \qquad (10-2)$$

$$b_1 = 50.5+48.2p-9.95p_2$$
$$b_2 = 23+41p$$

式中 D——等价喷射孔径,m;

b_1, b_2——分布函数。

在喷射轴线上距孔口 x 且垂直于喷射轴线的平面内任何一点 (x,y) 处的气体浓度 $c(xy)$ 为:

$$\frac{c(xy)}{c(x)} = e^{-b2(\frac{y}{x})^2} \tag{10-3}$$

式中 $c(xy)$——距裂口距离 x 且垂直于喷射轴线的平面内 y 点的气体浓度,kg/m^3;

$c(x)$——喷射轴线上距裂口 x 处的气体浓度,kg/m^3;

y——目标点到喷射轴线的距离,m。

2) 喷射燃烧

天然气管道泄漏,从裂口处释放天然气,并即刻遇火时,将形成喷射火。喷射火形状近似为柱形(高为 L_f,即为喷射火长度),直径为 d_f(喷射火宽度)。喷射火热幅射强度随距喷射点距离增加而衰减,同时,受空气中水蒸汽的吸收而衰减。

喷射火长度和宽度

喷射火长度(L_f)和宽度(d_f)由下式确定:

$$\left. \begin{array}{l} L_f = \dfrac{d_u}{K_1} \\ d_f = \dfrac{d_u}{2K_1 b_2^{\frac{1}{2}}} \end{array} \right\} \tag{10-4}$$

其中

$$K_1 = \frac{0.32\rho_{g,a}}{\sqrt{\rho_u}} \frac{b_1}{b_1 + b_2} j_{st}$$
$$b_2 = 23 + 41\rho_{g,a}$$
$$b_1 = 50.5 + 48.2\rho_{g,a} - 9.95(\rho_{g,a})^2$$

式中 $\rho_{g,a}$——大气压条件下气团相对密度;

d_u——喷射口直径,mm。

目标接受到的热幅射强度

喷射火模式给出距离喷射口 $x(m)$ 处的热幅射强度(q)由以下确定:

$$q_{(r)} = q_0 F_{max}(1 - 0.058\ln x) \tag{10-5}$$

式中 $q_{(r)}$——目标接受到的热幅射通量,W/m^2;

q_0——喷射火表面的热幅射通量,W/m^2;

x——目标到火球中心水平距离,m。

F_{max}——最大视觉因子。

其中最大视觉因子由式确定：

$$F_{max} = \sqrt{F_h^2 + F_v^2}$$

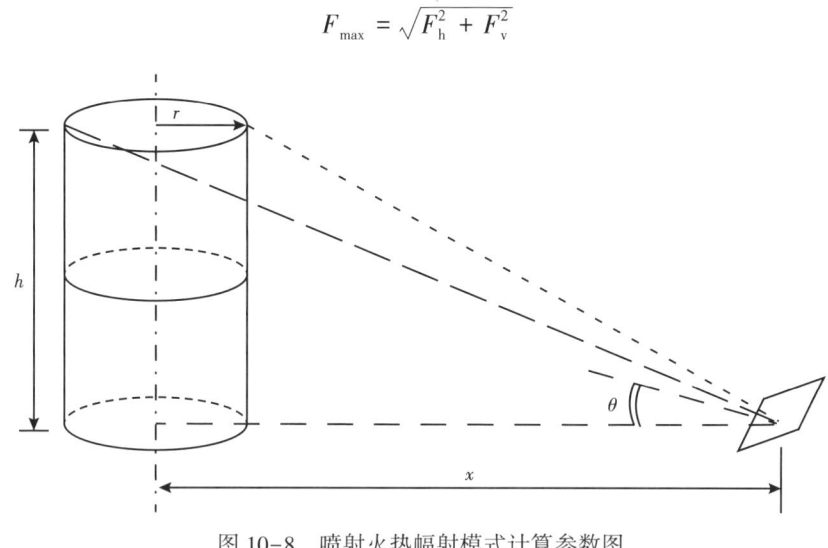

图 10-8 喷射火热辐射模式计算参数图

求得目标接受到的热辐射通量后,结合热辐射的伤害和破坏作用关系(表 10-8),即可求得喷射火产生的热辐射的伤害和破坏作用。

表 10-9 热辐射伤害与破坏作用关系

辐射强度 (kW/m²)	危害性	
	对设备或建筑物的影响	对人的影响
37.5	破坏加工设备	1min 内 100%的人死亡,10s 内 1%的人死亡
25.0	木头在无明火下长时间(时间不定)暴露引起着火所需的最少能量	1min 内 100%的人死亡,10s 内严重烧伤
12.5	木头在有明火下燃烧所需的最少能量,塑料管熔化	1min 内 1%的死亡,10s 内 1 度烧伤
4.0		超过 20s 引起疼痛,但不会起水泡

根据模拟评价方法要求,热辐射最大危害距离以目标接受到的幅射强度 4kW/m² 为标准计算(在此辐射强度下,加工设备受到破坏;1min 内 100%的人死亡,10s 内 1%的人死亡)。

3) 云团爆炸

扩散后的天然气,在爆炸极限范围内遇火源即发生爆炸。爆炸产生的强大冲击波达到一定值时,将对周围人员造成伤害、对周围设备造成破坏。

为估算爆炸造成的人员伤亡情况,一种简单但较为合理的预测程序是将危险源周围划分为死亡区、重伤区、轻伤区和安全区。根据人员因爆炸而伤亡概率的不同,将爆炸危险源周围由里向外依次划分,见表 10-10。

表 10-10　爆炸伤害分区及分区标准

伤害分区	分 区 标 准
死亡区	区域边缘处人员因冲击波作用导致肺出血而死亡的概率为 0.5
重伤区	区域边缘处人员因冲击波作用耳膜破裂的概率为 0.5,它要求的冲击波峰值超压为 44kPa
轻伤区	区域边缘处耳膜因冲击波作用破裂的概率为 0.01,它要求冲击波峰值超压为 17kPa
安全区	安全区人员即使无防护,绝大多数人也不会受伤,死亡的概率几乎为零

死亡区:死亡区内的人员如缺少防护,则被认为将无例外地蒙受严重伤害或死亡,其内径为零,外径记为 $R_{0.5}$,表示外圆周处人员因冲击波作用导致肺出血而死亡的概率为 0.5,它与爆炸量间的关系由下式确定:

$$R_{0.5} = 13.6 \left(\frac{W_{\text{TNT}}}{1000} \right)^{0.37} \quad (10-6)$$

重伤区:重伤区内的人员如缺少防护,则绝大多数将遭受严重伤害,极少数人可能死亡或受轻伤。其内径为死亡半径 $R_{0.5}$,外径记为 $R_{d0.5}$,表示该处人员因冲击波作用耳膜破裂的概率为 0.5,它要求的冲击波峰值超压为 44kPa。冲击波超压 Δp 可按式(10-7)计算:

$$E = W_{\text{INT}} Q_{\text{INT}} \quad (10-7)$$

轻伤区:轻伤区内的人员如缺少防护,则绝大多数人员将遭受轻微伤害,少数人将受重伤或平安无事,死亡的可能性极小。轻伤区内径为重伤区的外径 $R_{d0.5}$,外径为 $R_{d0.01}$,表示外边界处耳膜因冲击波作用破裂的概率为 0.01,它要求冲击波峰值超压为 17kPa。其计算公式同于重伤区半径,只是冲击波峰值超压不同。

安全区:安全区人员即使无防护,绝大多数人不会受伤。安全区内径为轻伤区外径 $R_{d0.01}$,外径为无穷大。

(二)龙王庙气田重大事故实时应急处置系统

1. 龙王庙气田重大事故实时应急处置系统建设

(1)龙王庙组气藏开发同步进行数字化气田规划、设计和建设。

在工程设计阶段就充分考虑应急保障体系建设要求。对工程设计开展 HAZOP 分析和 SIL 分析,优化工艺流程与自控系统,根据工艺控制要求对不同的参数设置报警,在系统中设置自控联锁回路,从工程整体开发的角度设置不同别的关断,保证事故状态下快速自动关断气源。

(2)建设重大事故实时应急处置所需数据库。

①通过开展工程安全评价等方法,辨识工程危险有害因素、危险源和敏感点,并将相关数据录入数据库。

②工程重大危险源相关资料。

③工程建设、试运行和生产预案全部电子化。

④龙王庙气田内部应急资源及周边消防、医疗等应急资源相关信息。

(3)对龙王庙开发工程站场的、管线、净化厂及周边环境敏感点进行三维建模。

应用三维地理信息系统技术,对工程建设项目及所在区域进行调研,采集坐标、实景照片等信息,基于企业真实场景和周边环境进行三维建模。

（4）优选并集成了行业权威的火灾、爆炸与气体泄漏快速计算模型。

将模拟软件与三维地理信息系统综合应用，将气象条件和地形条件纳入模拟计算过程，计算结果可直观地表现在三维地理信息系统中。

（5）龙王庙气田重大事故实时应急处置系统建设，基础数据管理、自控联锁、电子化预案、重大事故后果模拟等各个模块具有良好的独立性和兼容性。

2. 龙王庙气田重大事故实时应急处置系统特点

龙王庙数字化平台集成了龙王庙气田区域三维地理信息、模拟计算结果、实时气象监测数据、应急资源数据库，能够在很短的时间内，确定事故应急范围，应急范围内的保护目标，应急疏散线路及集合点，帮助应急指挥中心实现重大事故实时、快速应急处置。

重大事故实时应急处置系统的主要功能包括对气田周边环境进行快速部署和实时监测，实时获取有害气体浓度信息。能够根据现场气体浓度和实时气象数据进行自动修正的快速扩散模型，对事故的气体扩散范围进行预测，为应急指挥提供辅助决策支持。

（1）该平台区别于国内其他平台的三维地景建模，具有以下特点：

①系统首先通过卫星遥感或航拍技术建立包括场站、集输管线、净化厂、外输管线等区域的三维地景，然后对厂区、场站和管线等主要目标进行实体建模。建立了覆盖全气田工区范围的高精度三维地形地貌，在此基础将井站、站场与原料气管线周边1km范围内的单户居民与周边2km范围内的敏感目标定位入库。

②采气设施周边5km范围内的应急救援力量及应急抢维修道路进行矢量化入库，实现了对系统计算确定疏散人员的短信群发快速通知功能。

③对应急疏散区及周边关注区域内的应急资源、救援机构、医疗机构等主要信息整理后录入系统以备查询。

④为应急救援指挥提供了一体化的信息平台，当出现突发事故灾难时，应急指挥人员登录该系统，并通过该系统快速掌握事故信息和应急救援资源情况，在该系统的辅助下制订应急策略并与其他应急指挥部门进行协调指挥。

（2）系统集成了行业权威的火灾、爆炸与气体泄漏快速计算模型，特别针对四川地区复杂地形和气象特征进行数据匹配，支持实时气象监测数据采集，可在真正事故发生时第一时间推演有毒气体（重气体）的扩散范围。

（3）将生产工艺流程、设备操作规程、应急流程等文件植入系统，并结合三维场景生成可视化操作过程，以对各作业单位操作人员和管理人员等进行应急处置流程培训，并开展设置情景的应急模拟演练。

（4）系统植入了采气、集输、净化的工艺流程数据并实现过程建模，通过事故点上下游工艺查询分析，快速分析确定应急控制方案，并由关联的SCADA系统实现远程控制，全气田范围内可在事故发生后第一时间实现"四级截断、三级放空"的远程操控。

3. 龙王庙气田重大事故实时应急处置系统应用

龙王庙气田重大事故实时应急处置系统通过三维地理信息系统技术基于企业真实场景和周边环境建模，用于危险源管理、隐患管理、预案演练，重大事故发生时可用于辅助决策、多级会商、远程指挥。

(1)重大危险源管理。

系统对井站、集气站和净化厂等单位危险源基本信息进行汇总并集中管理,支持对重大危险源监控和空间定位查询等功能,用户可在三维场景中查询企业各类危险源的静态与动态属性信息(集成 DCS 信息)。

平台对关键设备和生产环节设定超限临界值,当某运行参数超过超限临界值或符合预警条件时,系统自动报警,并在三维场景中迅速锁定目标。对于重大危险源评价结果,可基于真实的企业场景进行展示,使重大危险源的影响范围、危害程度等得到直观传达。

(2)隐患管理。

系统提供隐患管理功能,将日常排查所发现的隐患能直接在三维场景中标绘,按隐患发现时间、区域、级别,多维度分类管理,便于分公司、矿机关和作业区各级领导快速掌握隐患分布和状况,监控整改进程。

(3)应急资源管理。

系统支持对应急人员和机构、应急装备物资、救援专家、应急救援力量等应急资源的信息管理,并能够在三维场景中可视化查询及显示上述信息。

(4)应急预案管理。

系统提供专门的数字化预案制作工具,基于真实的场景、真实的周边情况和真实的数据,通过设定灾情,策划救援及抢修的行动方案,将文本预案制作成可视化预案,进行展示、存储,使预案具有可操作性、直观性。

应急预案演练是基于真实场景和真实生产数据进行应急培训和模拟演练,平台提供演习数据库,用户可触发演习数据库中的应急事件,启动应急演习。可以第一人称的模式,营造一种身临其境、个人参与的氛围,打破实战演习场地、人员、成本的限制,一方面可视化展示整个预案发生、发展和抢险善后的全过程,另一方面能够模拟典型事故,让各部门参演人员分岗位分角色处置事故,从而有效提高井站和厂站员工分析判断和处理突发事故的能力。

(5)应急响应管理。

系统建立应急状况的识别和响应机制,制订响应的应急预案,在应急突发事做出有效的响应。在出现事故险情,进行应急救援时,通过该系统可实现事故现场与各级调度中心同步通信,可在三维场景中将现场态势、分析得到的事故影响范围及后果、目前应急资源调配情况和现场部署等借助三维可视化平台展示给各级指挥中心和领导,达到信息直观传递与快速了解的目的,利于各级救援指挥部门联合制订救援措施、采取统一的救援行动、实时反馈救援信息。

系统充分整合了地形环境、生产工况、实时气象、周边人居、救援力量的应急会商平台。利用数学模型能够快速地动态模拟任一事故点的影响范围,从而辅助进行抢险部署、资源调配,合理下达疏散命令并及时预测事故发展态势,为应急救援的快速响应和科学决策提供支持。

参 考 文 献

[1] 胡文瑞,马新华,李景明,等.俄罗斯气田开发经验对我们的启示[J].天然气工业,2008,28(2):1-6.

[2] 左应祥,冉丰华,王明泉朱,等.萨曼杰佩气田集输系统安全控制与应急管理浅析[J].石油与天然气化工,2013,42(3):316-319.

[3] 齐友,邹应勇,张春生,等.迪那2气田自动化系统及应用效果评价[J].石油规划设计,2011,22(1):44-50.

第十一章　特大型气田数字化建设与应用

近几年,中国石油西南油气田在国家工业化与信息化融合战略部署指导下,紧密围绕公司业务发展目标,不断完善"业务主导、部门协调、技术支撑、上下联动"的信息化工作机制,全力推进数字油气田建设,在"云、网、端"基础设施配套、数据资源共享服务、专业系统集成应用、业务管理转型升级等方面取得了长足进展。以"互联网+油气开采"新思想为指导,整合集成SCADA和DCS系统、建成油气生产物联网系统,形成了"电子巡井+定期巡检+周期维护"的生产运行组织和"单井无人值守+中心井站集中控制+远程支持协作"的生产管理新模式,实现了企业生产管理方式的转型升级。通过数字化气田建设,西南油气田信息化业务实现了从集中建设向集成应用、从重点示范向全面实施、从单项应用到协同共享的跨越,为公司在信息化条件下生产组织优化、安全生产受控和提质增效、稳健发展奠定了坚实的基础。

龙王庙组气藏的数字化建设和应用,是西南油气田数字化气田总体规划的建设示范工程,它实现了气藏的开发生产"同步设计、同步建设、同步投运",形成了以"数字气藏、数字井筒、数字地面"为核心的各类数据信息整合和相关业务集成应用,有力支撑了龙王庙组特大型碳酸盐岩气藏的高效开发。

第一节　数字油气田发展与应用

一、数字油气田的定义

1998年初,美国副总统戈尔在加利福尼亚科学中心举行的开放地理信息协会(OGC)年会上第一次提出"数字地球"的概念,并描绘了其蓝图。随后在一些国家、地区或行业内出现了数字城市、数字海洋、数字油田、数字生活等概念或设想。在1999年大庆油田明确提出"数字油气田"概念的同时,许多国际油公司、能源服务公司和国内各油田,也都纷纷投入数字油气田的研究和实践中。数字油气田迅速成为21世纪石油行业和相关业界的热门话题。

随着数字油气田理论研究的持续深入,不同的国际学术团体、油公司对数字油气田概念的理解和提法形成不同的流派或分支,但就其实质而言,数字油气田的内涵,仍然可以从引申于"数字地球"的定义中很清晰地理解和把握,数字油气田应当被视为一个数字性、空间性和集成性三者融合的系统,它汇集了油气田基础地理信息和各类专业数据信息,并按照这些信息的空间属性进行组织与管理,最后通过高度集成的信息管理技术和应用软件技术进行有机的融合与形象展示,最终服务于油田相关业务工作。在国内外油气田信息化建设实践中,数字油气田逐渐成为一种主流的信息化发展模式和建设方向。

数字油气田是实体油气田业务与数据的有机结合体,强调数据整合、应用集成和跨专业部门应用共享。数字油气田,以信息技术(IT)为手段、以油气田实体为对象、以空间和时间为线索,通过海量数据共享和异构数据融合技术(DT),实现油气田整体、多维、全面、一致的数字化表征和展现。数字油气田是一个集空间化、数字化、网络化、可视化和智能化特征于一体的多学科综合性系统。数字油气田是油气田企业由传统经营管理,向科学、智能、智慧转型发展的时代产物,是油气田企业转变生产组织方式,不断提效率、降成本、增效益,保持可持续竞争优势的必然选择。

二、数字油气田的发展

理论上数字油气田发展阶段划分有多种方法,但大同小异地都在试图梳理数字油气田发展的脉络和未来趋势。通常说来,数字油气田大致经历了前数字化(模拟计算)阶段、数字化初级阶段、数字化成熟阶段、智能化阶段、智慧化阶段5个阶段[2],如图11-1所示。目前的数字化建设,处于数字化成熟阶段和智能化阶段的过渡时期。

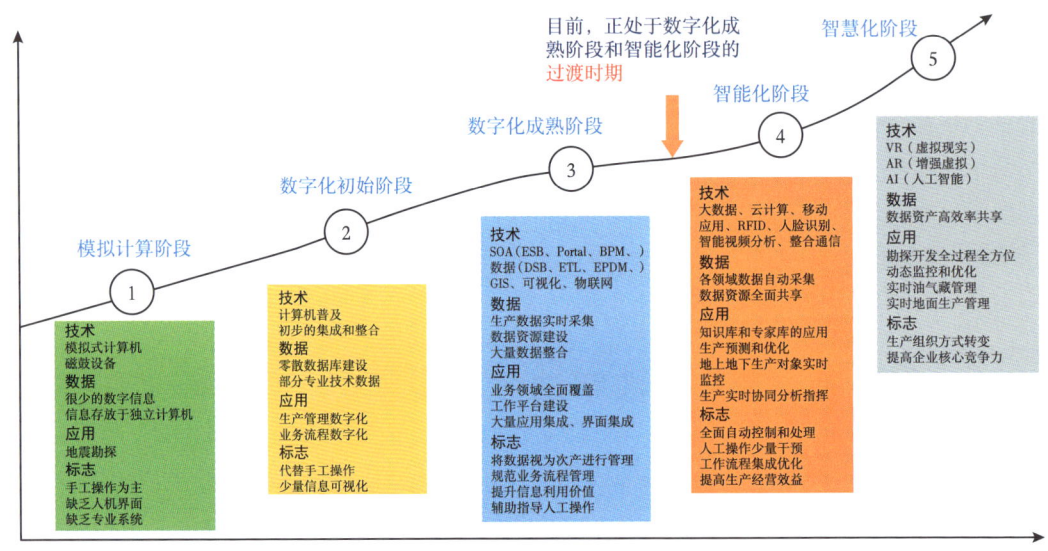

图 11-1 石油企业信息化发展阶段

在当前这个发展时期,数字化成熟阶段的标志性建设成果,如油气行业各专业领域内的信息管理系统及相关业务应用系统,已经成为油气公司在油气勘探、油气开采、钻完井、测井、试油、油气生产、采油气工艺、地面工程、油气储运、炼化销售、资产管理、财务管理等领域不可或缺的业务支撑手段,随着更深入的多专业数据整合与应用集成的成功实践,成为推动众多油气公司业务协同、效率提升的信息化利器。

与此同时,随着物联网、大数据、移动互联网、人工智能等技术及应用的快速发展,油气公司越来越多地把信息化的视角和探索转向了"两化融合"国家战略和"互联网 + X"时代背景下的智能油气田。以实时感知、自动控制、智能分析、协同研究、精准决策等为代表的智能油气田蓝图,正在逐步地从理论走向现实。

三、数字油气田的应用

从数字油气田概念出现开始,国内外许多油公司和能源服务公司就在不断地结合各自油田勘探开发生产建设项目开展着卓有成效的尝试。在国外,数字油气田建设侧重于采用传感器遥测、无线传输、实时数据采集、远程控制等信息与自动化技术,让油田管理者更直观地了解地下生产或作业动态,更准确预测油气藏未来动态变化或工程作业工艺状况,从而更有效地管理其油气生产或工程作业业务。近年来逐步成熟起来的应用主要有:雪佛龙公司(iField)的集中决策、维修计划可视化、油藏管理、单井监控、井网异常监控等;埃克森美孚公司(Digital oilfield)的钻井数据中心、可视化协作中心、油藏模型仿真、智能传感器、移动应用等;英国石油公司(e-field)的远程监控和诊断、油藏监控、仿真系统、实时油藏管理;壳牌石油公司(Smart Field)的智能井技术、油藏优化分析技术等;挪威石油公司(Integrated Operations)的地下油田实时监控、智能开关井决策、钻井及生产平台、全球支持中心和运营中心等;沙特阿美公司(i-field)的智能完井、自动化、建模和分析、一体化运营集成环境等[3]。这些案例都堪称数字油气田技术应用的典范,在提高油气田业务工作效率、增加油气储量与产量、降低油气生产成本等方面起着不可低估的作用。

在国内,数字油田的研究与探索,更多地是专注于采用先进成熟的信息技术,规范油田数据采集与管理、有效支持业务数据查询与专业应用。中国石油在"十一五""十二五"期间,编制了信息技术总体规划,启动了中国石油勘探与生产技术数据管理系统(A1)、油气水井生产数据管理系统(A2)、企业资源计划管理系统(ERP)等一大批系统的统一建设和统一推广应用;在"十三五"信息技术总体规划中,明确提出要在勘探开发领域形成一批数字化、智能化油气田,物联网系统平台进一步拓展实施,云计算平台全面应用,共享服务、大数据分析、人工智能、机器学习和数据仓库应用逐步深入,着力打造"共享中国石油"蓝图[4]。同时,大庆油田提出了建设数字油田、智能油田、智慧油田"三步走"的信息化战略;长庆油田开展了"三端五系统"的数字化油气田建设;新疆油田在基本建成数字油田基础上启动了智能油田建设;塔里木油田建立了集数据采集、管理、资源、应用"四位一体"的专业数据库与油田综合主库数据管理应用体系,正在推动"共享塔里木"的建设;西南油气田编制完成了数字化气田总体规划,启动龙王庙数字气田示范工程、物联网优化提升等一大批重点项目建设,着力全面打造数字化气田并开展智能化气田探索实践。

第二节 特大型气田数字化建设需求

信息技术日新月异的发展和不断创新的应用,极大地改变着人们的工作和生活,也显著推动了油气田勘探开发生产业务的工作效率,甚至改变着油气行业的业务工作模式和生产组织方式。油气田开发工程是一门认识油气藏、运用现代综合性科学技术开发油气藏的学科。其基本内容是通过油气藏描述,在建立地质模型和油气藏工程模型的基础上,研究有效的油气驱动机制及驱动方式,预测未来动态,提出改善开发效果的方法和技术,以达到提高采收率的目的。在油气田的开发建设中,包括数字化技术在内的各种专业技术的综合运用以及科研、工程、管理、决策等多领域的高效协同,起着至关重要的作用。

如何通过数字化技术支撑龙王庙组特大型碳酸盐岩气藏的高效开发,以及如何针对特大型气藏开展数字化建设,精细、准确、完整的业务特点分析和对数字化建设的需求分析,就成为了最为关键的前提保障。

一、气藏特点和开发模式

特大型气藏的开发过程与常规油气藏类似,也是要经历勘探、评价、开发和生产等几个阶段,但明显与普通规模油气藏开发不同的是,特大型碳酸盐岩气藏的开发建设为快速上产、加速投资回报,会采取滚动勘探开发业务发展模式和勘探开发一体化工作模式。作为特大型气藏的龙王庙组碳酸盐岩气藏,就具有建产周期短、开发节奏快、采气速度低、单井控制面积大、井网稀疏、开发规模大、环境影响大、投资规模大等特点,也采取了滚动勘探开发业务发展模式和勘探开发一体化工作模式。

(1)特大型气田开采规模大,开发规律通常较为复杂,开采出现问题后难以快速寻找接替者。因此对开发监测的完整性、决策的科学性、开发优化的及时性等要求更高。

(2)特大型深层碳酸盐岩气藏高温、高压、高产,天然气含硫化氢,潜在的风险较高,出现事故后危害较大,对安全环保保障技术的要求更高。

(3)特大型气田开采在占地、噪声、排放等方面对周边环境影响较大,人居稠密、工农业发达、环境保护重点区域等敏感地区尤其显得突出,在尽可能降低气田开发对环境的影响方面要求很高。

(4)特大型气田开发投资规模大,提高经济效益涉及多方面工作,属系统工程,提高管理水平尤为重要。

另外,龙王庙组碳酸盐岩气藏还是一个高含硫气藏,开发生产具有特殊的安全要求。所以,龙王庙组碳酸盐岩气藏的生产安全是贯穿于气藏开发、钻井工程、地面生产始终的头等大事,必须高度重视。须高标准、严要求,从设计、技术、施工、运行、预防措施到应急处置等方面均应保障到位。

二、特大型气田数字化的建设思路

数字化气田建设的核心任务,是有效支撑油气田的快速开发上产、安全平稳生产和高效管理决策,通过信息化手段和业务工作的深度融合,提高气田现场操作和生产管理以及业务决策的效率和质量。数字化气田建设,无论从其涵盖业务和管理数据的范围以及技术的构成和系统的组成看,还是从其建设过程的长期性和多项目间的互动支撑看,都是一个巨大的系统工程,必须坚持准确性的定位、科学性的理念、系统化的方法、整体化的设计、协同化的实施和持续化的完善,才能在满足特殊的个性化需求基础上保证数字化气田的整体性和与顶层设计的一致性,从而确保数字化气田建设的预期成效。数字化气田建设思路,是整个数字化气田建设中须贯彻始终的思想主线和指路明灯。

在西南油气田龙王庙组特大型气藏开发建设的准备阶段,西南油气田数字化气田建设者们就在不断思考和讨论碰撞,首先对特大型气田数字化建设进行准确的定位,并逐步形成了特大型气田开发建设"高质量、高效率、高效益"要求下的"气藏、井筒、地面和项目4个全生命周期管理数字化"和"勘探开发一体化、地质工程一体化、地下地上一体化"的龙王庙数字化气田建设需求;同时,结合龙王庙组特大型气田开发的快节奏,也形成了"同步设计、同步建设、同步投运"的数字化气田建设策略。

(一)"三高"的数字化气田建设要求

随着近年来我国工业发展和城镇化步伐的加快,天然气需求迅猛增长,对外依存度不断攀升,急需国内优质整装大气藏的发现、开发与补充。同时,气田开发也面临开发难度大、工程复杂度高、安全风险攀升等特点,需要更高质量的研究、工程、管理、决策工作,也需要更有效率的各种技术手段来支撑。基于此,龙王庙组气藏提出了"高质量、高效率、高效益"数字化气田建设的总体要求。即:通过数字化建设,有效提升油气田开发工作质量和工程施工效率,加速油气上产、节约开发成本,提升油气开发生产效益,从而推进我国天然气工业快速发展、满足社会日益增长的天然气需求,最终保障国家能源安全。

(二)"三个数字化"的数字气田定位

气藏、井筒、地面是天然气开发工程的三大业务对象,其中井及井筒是联系气藏与地面的重要桥梁,气田开发生产主要沿着这三个核心对象展开。三个核心对象之间,既具有各自的特殊性,又具有以天然气开发生产为共同目标的一致性。基于数字油气田的定义,参照国内外数字油气田的成功实践经营,以气藏与气藏生产、井筒工程与井生产、地面设备设施及地面生产运行等三大业务单元为核心,可将数字化气田进一步归结为"三个数字化",即:数字化气藏、数字化井筒和数字化地面[6]。

其中,数字化气藏涵盖了气藏勘探、地下地质、气藏模型与描述、气藏评价与开发、气藏生产和气藏废弃等主要活动的过程及结果。数字化井筒涵盖了钻井地质设计、井筒工程设计、钻井施工作业、地质录井、随钻分析、固井与完井、测井、试油、生产测试、采气工程、增产措施等活动的过程及结果。数字化地面涵盖了天然气采、集、输、配、增压、脱水、脱硫、转水等流程以及净化厂、处理厂、储气库、集输管线等生产对象的建设、生产管理、运行管理、安全管理。

(三)"三个一体化"的数字化建设需求

特大型气藏高效开发,首先从业务模式上需要采用滚动勘探开发,需要贯通天然气勘探与开发生产两大业务过程,使勘探和开发从上下衔接变为相互交叠、相互促进,也就是我们通常说的"勘探开发一体化";再从工作模式上看,地质研究和工程设计的一体化无缝对接,是加快气井部署实施、加速气田开发的创新工作模式,也就是我们通常说的"地质工程一体化";最后从业务模型支撑上看,以井及井筒为桥梁形成地下地上一体化共享地质和气藏工程模型,综合考虑了地面设备处理能力—地下气藏潜力—井筒生产能力之间的制约关系,也就是我们通常所说的"地面地下一体化"。明确了"勘探开发一体化、地质工程一体化、地面地下一体化"的建设需求,就明确了特大型气田数字化建设的方向。

(四)"三个同步"的数字化建设策略

"三个同步",即指数字化气田建设与气藏产能建设同步开展设计、同步开展建设、同步投入运行。"同步设计"是在展开特大型气藏开发方案设计时,就根据其开发建设要求同步开展数字化气田的设计工作,使数字化气田建设的内容和方案与特大型气藏开发的方案和要求紧密吻合一致,也充分体现了国家战略要求的工业化与信息化深度融合;"同步建设"就是在展开气藏产能建设时,同步进行数字化气田建设,尤其是在油气生产物联网方面,数字化建设紧密结合了同步开展的地面工程建设内容,实现了一次建设、整合集成运行;"同步投运"就是在气藏投产的同时,实现数字化气田的上线运行,一致完整的气藏地质与工程模型以及气井和地面工程相关的数据信息无缝快速过渡到生产管理单位,大幅度提升了气藏开发的效率和效益。

三、特大型气田数字化建设需求

近年来,物联网、云计算、大数据和移动应用等技术的迅猛发展,使数字油气田建设快速地成长、脱变和创新。国内外油气公司的众多数字油气田建设实践,不断地更新着油气田建设者们的认识,也更进一步刺激着业务新需求的产生。

从特大型气藏"高质量、高效率、高效益"开发建设的总体要求出发,应对特大型气田快速开发上产要求、适应特大型气藏生产组织模式不断优化、提升特大型气藏勘探开发生产管理决策水平等三个方面的需求,就构成了特大型气藏数字化建设的核心业务需求。按照"数字化气藏、数字化井筒、数字化地面"的特大型气藏数字化建设定位,以及贯穿其间的气藏开发项目评价,以全生命周期管理的理念,来进一步表述数字化气田建设的主要业务需求。

(一)数字气藏全生命周期管理

常规的天然气气藏开发过程包括开发前准备、开发设计和投产、方案调整完善等三个阶段,而龙王庙组特大型气藏的开发,采用了滚动勘探开发的业务发展模式和勘探开发一体化的工作模式,打破了勘探和开发的界限,把开发向前延伸到了勘探评价阶段,如图11-2所示。以经济效益为中心,气藏的开发与勘探在工作部署、分析研究、动态跟踪、效益评价等方面相互结合,对已发现的资源进行开发可行性评价,及时进行开发前期准备、编制开发方案、进行产能建设,大大缩短气藏开发建设周期,提高储量动用程度、推动气藏勘探开发整体效益的提升。

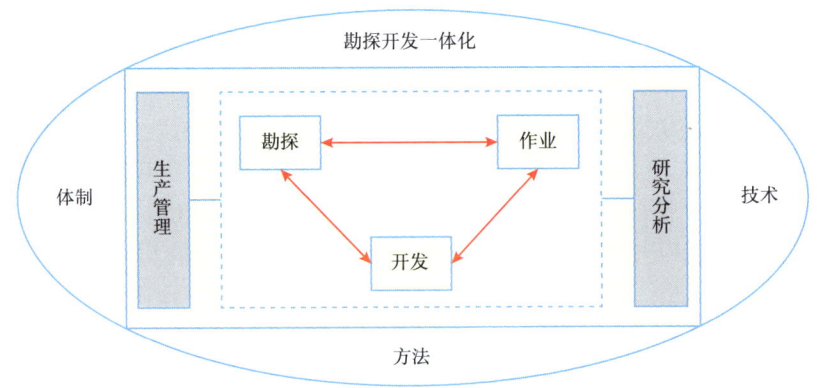

图11-2 勘探开发一体化建设思路

"数字化气藏"建设必须与气藏勘探开发一体化的工作模式形成紧密耦合。按照勘探管理、气藏发现、井位部署、产能建设、气藏动态管理和气藏工艺措施管理的全生命周期业务链条,构建气藏一体化地质与工程共享模型以及一体化应用整合平台,集成相关系统的业务数据和专业软件的应用功能,建立气藏协同研究和管理决策的工作环境,实现气藏研究成果多维呈现、气藏勘探开发动态管控、气藏生产动态真实反映、气藏开采指标多维分析、气藏措施调整准确到位,有效应对特大型气田快速、高效上产要求,适应特大型气藏生产组织模式不断优化,提升特大型气藏勘探开发生产管理与决策水平。

(二) 数字井筒全生命周期管理

井筒是地下的油气藏和地面集输处理系统的桥梁,也是加速开发上产、优化油气生产的关键业务对象。不论是钻井或井下作业,还是气井高效生产,或是工艺动态监控和井筒完整性管理,对井筒工程数据组织与技术应用的依赖度越来越高。

"数字化井筒"建设,要借助于全生命周期管理理念,以工程技术数据建立的多专业链条化的井筒模型为核心,通过对工程技术数据的综合运用,并利用GIS地图、井筒可视化、井筒完整性评价模型等技术,全过程支撑井位部署与设计、钻井与试油、采气工艺与作业措施管理等工作,提高井筒工程相关业务的工作效率。"数字化井筒"在横向上,要以井筒工程各类专业施工的先后顺序为主线,贯穿井位部署、井位设计、钻井管理、测录井管理、完井试油管理、试采管理、采气工艺管理、作业措施管理、井筒完整性管理等业务阶段来组织整合数据和应用,如图11-3所示;在纵向上,要以井筒工程的组织开展过程为线索,覆盖招投标管理、服务方管理、合同签订、工程(工艺)设计、工程项目实施、工程指标分析、经济评价等业务活动来组织整合数据和应用。

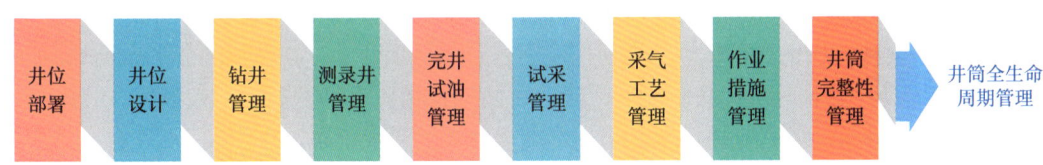

图11-3 井筒全生命周期管理

(三) 数字地面全生命周期管理

地面工程是气藏开发中的气藏、井筒、地面三大工程之一,其作用包括实现产能建设目标、录取开发生产数据、保障安全高效生产、保护气田环境等。地面工程相关的业务包括了井口工艺装置、天然气集输管网设施、天然气处理装置、物联网及自动控制系统、水源电力及通信系统等的建设,以及气井、集输管网、天然气处理场站的现场工艺动态实时监控,水、电、通信、自控等辅助生产要素的运行动态与调度组织,安全、环保、应急等方面的管理与指挥等。在数字化的支撑下,地面工程建设逐步实现了标准化设计、信息化管理、模块化建设,地面生产运行逐步实现了自动化数据采集、智能化监控、预警以及一体化管理。

"数字化地面"建设,需要以地面建设阶段的"标准化设计、信息化管理、模块化建设"思想为指导,基于GIS和三(四)维可视化技术,实现工程可视化设计、施工形象化监管、竣工数字化移交。在地面生产运行阶段,需要以"自动化数据采集、智能化监控、预警以及一体化管理"为目标,实现物联网实时监控、地面生产动态管理、生产调度与安全应急、现场辅助作业管理、管道与站场完整性管理、现场操作培训等业务应用,并形成一体化信息支撑,如图11-4所示。

同时,"数字化地面"建设,需要从生产高效组织的角度出发,借助现场工艺流程组态图和三(四)维可视化技术,实现集输净化动态、工艺运行动态、装置设施动态的监控与管理;需要从生产优化的角度出发,借助流程管理工具和大数据分析技术,实现生产异常及时预警、生产指令快速下达、任务执行高效运行、现场操作实时指导等;需要从安全生产受控的角度出发,基于物联网和工业视频技术的创新应用,实现井口、工艺区、集输管线等生产对象实时监控与和完整性管理,确保气田生产安全受控。

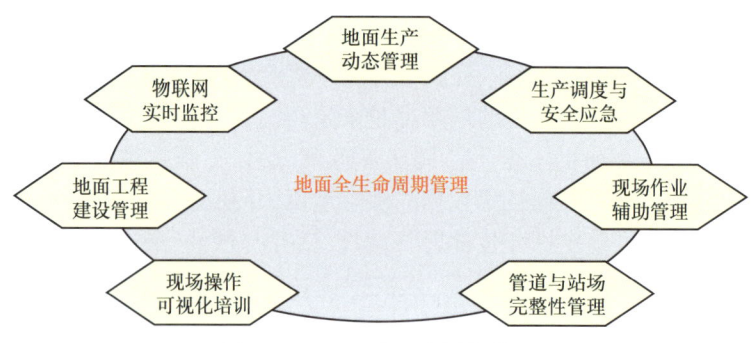

图 11-4　地面全生命周期管理

(四)气藏开发项目全生命周期评价管理

气田开发项目的经济效益评价,是按照适用评价标准和项目各阶段的实际效益,采取前后对比的方法进行经济效益评价。近年来国际油价持续走低,油气田开发项目的投资收益受到了前所未有的重视。因此,在特大型气藏开发项目评价管理上,需参照项目全生命周期管理方式,按照方案设计、项目建设、运营管理三个阶段有效整合相关项目投资和收入数据,实现成本精准归集、收入准确核算,更准确和量化地实现对项目的全过程评价跟踪与管控,如图 11-5 所示。

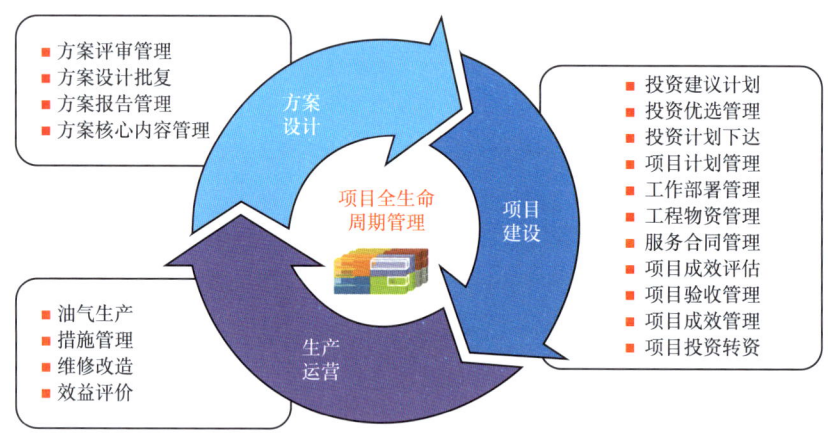

图 11-5　项目全生命周期管理

第三节　数字化气田的顶层设计

顶层设计,是一个工程学术界常用的术语。在工程学中,顶层设计是统筹考虑项目各层次和各要素、追根溯源和统揽全局、从最高层次上寻求解决问题的方法。特大型气田数字化建设的顶层设计,旨在根据特大型气藏开发的业务要求、模式特点和相关信息化建设的现状,从数字油气田的建设理念和业务需求出发,结合行业最佳实践和技术发展趋势,形成数字化气田建设的顶层设计,用于规范和指导整个数字化气田建设过程。

数字化气田的顶层设计,需要运用系统论的方法,从全局的角度综合考虑来自业务、组织、流程、数据、信息技术等多方面因素,综合行业当前主流的数字油气田理论和典型的数字油气田建设实践,对数字化气田建设的各方面、各层次、各要素进行统筹规划,以达到集中有效资源、高效快捷地实现数字化气田的建设目标。

数字化气田的顶层设计,需要以架构的方式来体现。架构是一个比较抽象的词汇,来源于建筑学,相当于大楼的总体框架和效果图。建筑架构被充分论证和确认后,才能开始建筑的施工图设计。龙王庙数字化气田的顶层设计,包括了总体架构设计以及数字化气藏、数字化井筒、数字化地面架构设计,同时还要考虑贯穿其间的以项目评价为核心的数字化经营架构设计。

一、数字化气田总体架构

数字化气田总体架构设计,需要以结构化和直观化的表达方式,从基础设施、数据管理、业务应用、用户等多个层次对数字化气田的效果进行设计和描述。有了数字化气田总体架构,才能保证未来建成的数字化气田具有适用性、完整性、一致性、可扩展和可继承。西南油气田特大型气藏数字化建设的总体架构,以"自动化生产、数字化办公、智能化管理"为目标,以"数字化气藏、数字化井筒、数字化地面"以及气藏开发项目全生命周期评价管理为核心需求,业务应用上要覆盖气藏、井筒、地面、经营等领域,应用模式上要支持B/S、GIS、三(四)维可视化、移动应用等多种交互方式,数据管理上要包括勘探、开发、生产、经营等各环节的动静态数据和实时数据,信息技术上要采用应用集成、数据整合、可视化展示等多种主流和先进的技术手段。

如图11-6所示,特大型数字化气田的总体架构,自底向上分为数据源、数据集成、业务应用和用户4个层次。第一层的数据源层是基础。它由各专业领域的数据采集与管理系统构成,借助于数据服务总线(DSB)技术和数据服务,向上推送各专业数据。第二层的数据集成层是关键。它需要借助中国石油勘探开发数据模型(EPDM),分类接收和组织各类专业数据,形成逻辑上完整一致的数字化气田综合数据库,并为业务应用层提供数据服务。第三层的业务应用层是核心。它以"数字化气藏、数字化井筒、数字化地面"为载体,承载了油气田勘探开发生产全业务过程的应用功能,向下借助企业服务总线(ESB)获取所需数据,向上采用统一门户技术为用户推送应用。第四层的用户层是门面。按照气藏、井筒、地面、项目各领域业务高管理和分析研究人员的需要,利用B/S、GIS、三(四)维可视化、移动应用等不同交互模式,为用户提供使用环境,支撑其日常工作。

二、数字化气藏业务应用架构

数字化气藏业务应用架构,是以一体化的数字化气藏数据库为基础,向上支撑起以共享气藏模型为核心的气藏管理全业务过程的各主要业务环节的应用。

如图11-7所示,在数字化气藏应用架构底部,参照气藏工程业务和数据管理的相关标准,从业务阶段、专业领域、数据属性等几个维度对数据进行归类设计,形成涵盖从矿权、储量、沉积、构造、储层、物性、开发方案、钻井地质设计、气藏气水界面、气藏产量、储层改造措施等整个气藏开发过程的数字化气藏数据库;向上,以共享的油藏模型为核心,支撑起矿权与储量管理、勘探井位论证与部署、开发方案与部署管理、开发井实施跟踪、开发井试采管理、天然气生产管理、气藏动态监测、产能标定管理、开发项目跟踪评价等气藏管理全过程的各类业务应用。

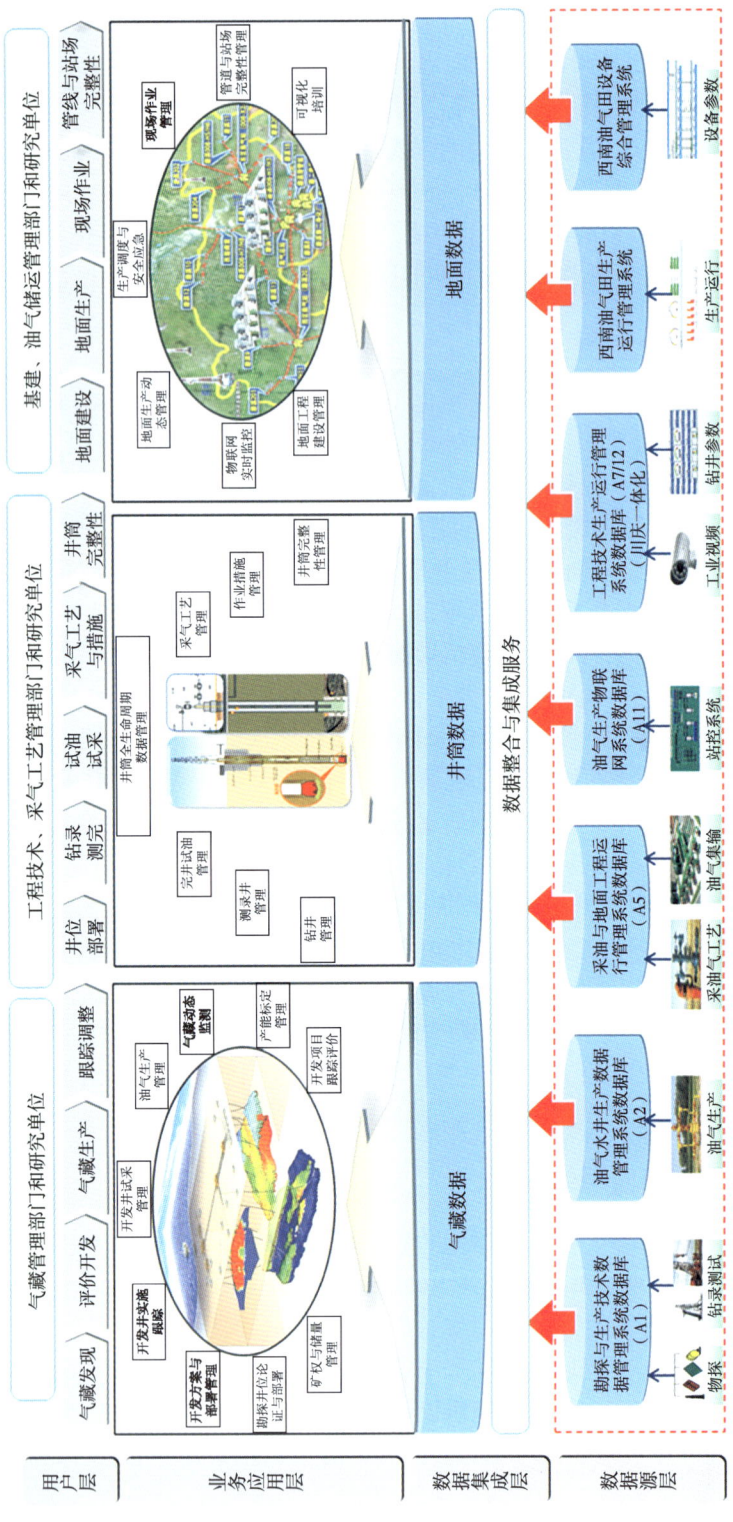

图 11-6 数字化气田总体架构设计图

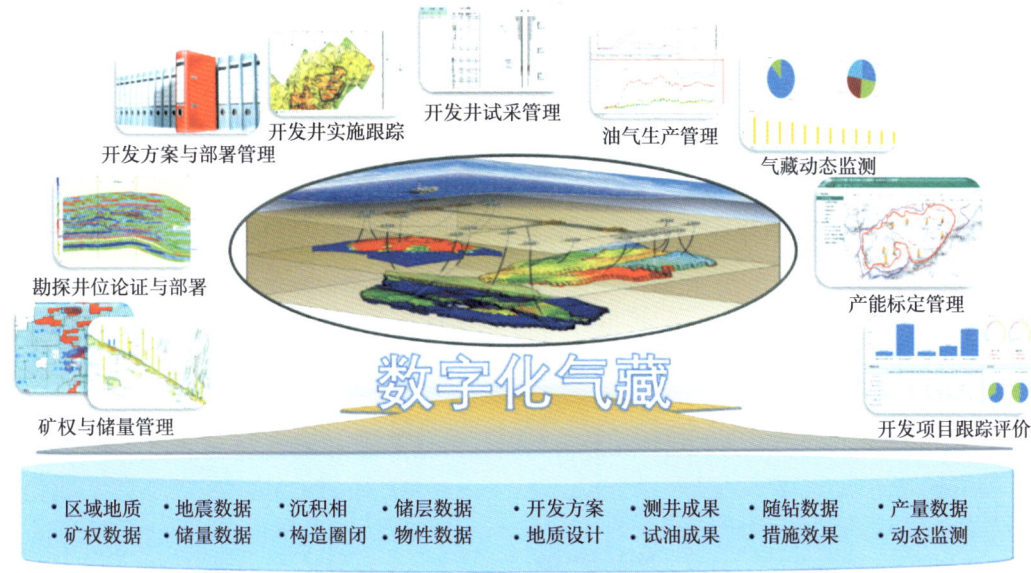

图 11-7　数字化气藏业务应用架构图

三、数字化井筒业务应用架构

数字化井筒业务应用架构，以数字化井筒数据库为基础，支撑从井位部署与设计、钻井与测录井管理、完井试油与试采管理、采气工艺与作业措施管理、井筒完整性管理等井的全生命周期业务管理。

如图 11-8 所示，底部的数字化井筒数据库，参照井筒工程业务和相关数据标准规范，采

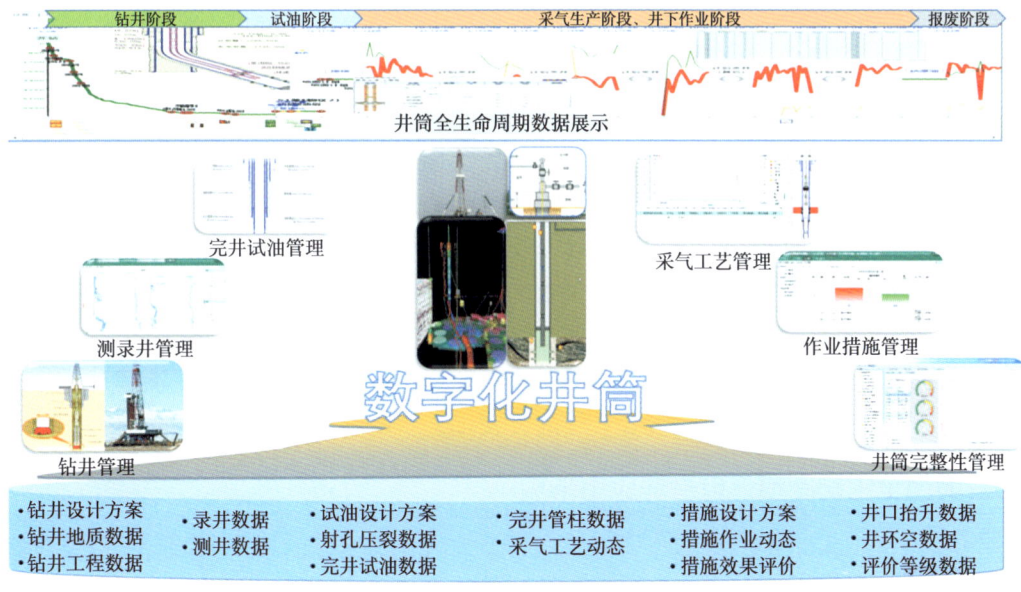

图 11-8　数字化井筒业务应用架构图

用 EPDM 数据模型标准,管理了钻井、录井、测井、试油气、完井、射孔、压裂、井下作业、措施效果以及井口抬升、井筒环空参数等各类井筒工程技术数据;由数字化井筒数据库推送各类数据形成可视化的井筒模型,并有效支撑井位部署、井位设计、钻井地质/工程设计、钻井施工管理、测录井管理、完井试油管理、试采管理、采气工艺管理、作业措施管理、井筒完整性管理等业务应用。

四、数字化地面业务应用架构

数字化地面业务应用架构,以空间地理、三维模型、矢量图形和结构化数据等几种数据格式为载体,由气田业务实体信息、工程设计与施工数据、工艺实时动态、地面设备设施运行动态、安全与应急信息、现场作业管理信息、站场完整性评价数据等构成了数字化地面数据库;在这样一个逻辑数据库之上,支撑了地面工程建设管理、物联网实时监控、地面生产动态管理、生产调度与安全应急、现场作业辅助管理、管道与站场完整性管理、现场操作可视化培训等业务应用。如图 11-9 所示。

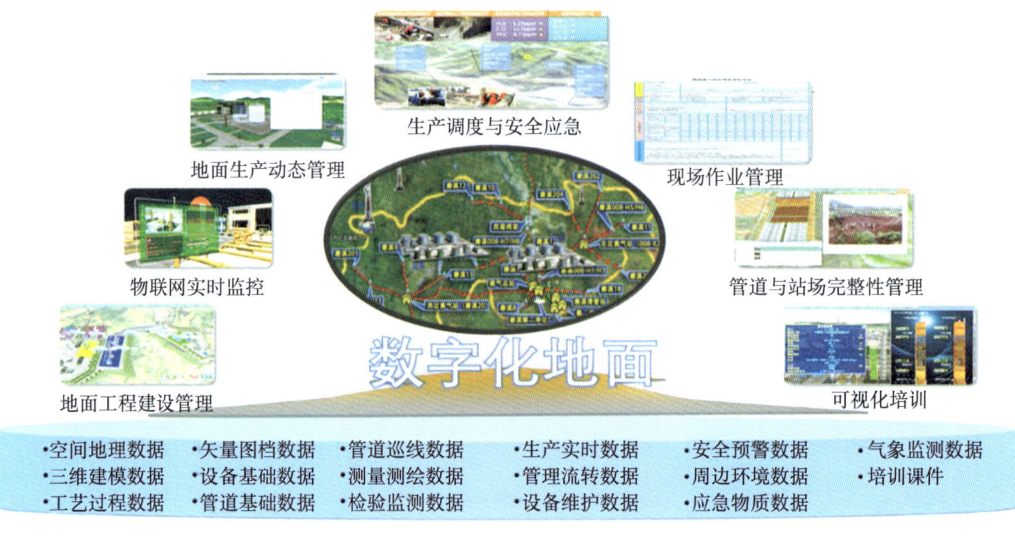

图 11-9　数字化地面业务应用架构图

数字化地面业务应用架构,以 GIS 平台空间数据库为基础,首先加载站场、装置、设备属性及完整性管理等基础信息,按照过程时序采集并管理了从地面建设设计、施工、竣工到地面生产运行动态、工艺流程和实时工艺动态等信息,同时要及时录入现场操作、检维修等作业数据;最后,利用 GIS 平台 2D/3D 呈现技术和仿真技术,实现对地面设施设备、工艺流程、施工过程、运行状态等地面建设、生产运行全过程管理的可视化支撑。

五、项目全生命周期评价管理应用架构

数字化运营业务应用架构,以企业资源计划管理(ERP)系统的项目、方案、投资等数据为主,集成了钻井、生产成本、油气产能和产量等相关数据,采用大数据分析技术和企业智能数据展现技术,形成气藏开发项目全生命周期评价管理业务应用,包括方案设计、项目建设、生产运

行各阶段的产能建设跟踪分析、工作量完成情况分析、生产成本分析和效益评价分析等,实现气藏开发项目的实时运营评价、跟踪与指标呈现(图11-10)。

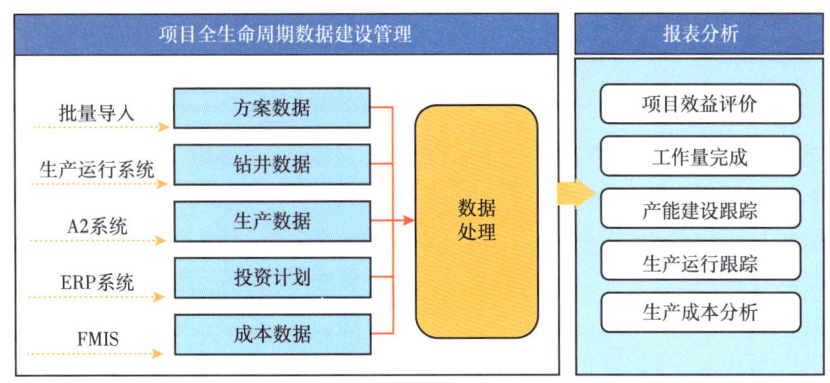

图 11-10　项目全生命周期管理应用架构图

第四节　数字化气田技术体系

随着数字油气田概念的出现,关于数字油气田的理论研究和实践探索就迅速成为油气田信息化建设领域的热点。十多年来,通过大量的理论研究和众多的建设实践,逐步形成了由不同流派、不同技术构成的多种数字油气田理论和技术体系。

西南油气田在特大型气田数字化建设过程中,借鉴和吸收了国内外数字油气田建设的成功经验,构建了一个适用和开放的数字化气田基础技术平台,搭建了三个数字化应用系统和一个开发项目全生命周期评价管理应用系统,形成了一套适用于特大型气田数字化建设和应用的技术体系。西南油气田的这一数字化气田技术体系,全面吸收了前人研究的成果和经过实践检验的各项成熟技术,在保证这个体系的技术先进性和开放性基础上,更加突出了这个体系对于特大型气田建设和应用的适用性。这套技术体系,对西南油气田后续的数字化气田建设乃至其他油气田类似的数字化建设,将起到积极的引领和借鉴作用。

西南油气田数字化气田技术体系,由基础技术平台的关键技术、面向数字化气田业务应用的数字化气藏、数字化井筒、数字化地面以及气藏开发项目全生命周期评价管理5个部分组成。

一、数字化气田关键技术组成

近年来,信息技术的飞速发展和其应用的不断深化,为人们的日常工作和社会生活带来了翻天覆地的变化,同样也给数字油气田建设带来了更多的技术选择。面向服务架构(SOA)软件集成开发平台技术、业务流程管理(BPM)技术、应用门户(Portal)技术、地理信息系统(GIS)技术、物联网(IOT)技术等众多主流、先进的技术,在国内外数字油气田建设中发挥了重要的作用,并逐步形成了体系化的数字油气田关键技术组成。

西南油气田特大型气田数字化建设,是在公司数字化气田总体规划的指导下,从建设方案论证阶段对国内外数字油气田建设实践的技术分析,到技术方案设计阶段对方案各构成技术的细致论证,再到建设实施阶段对选定技术的验证应用,逐步形成了一套技术先进、适用性强、扩展性好的数字化气田关键技术,包括应用集成技术、数据整合技术、GIS 数据可视化技术、工业物联网技术等。

(一)应用集成技术

应用集成,就是把不同建设阶段、不同建设团队、不同技术环境下建成的信息系统,有机地统一到一个整体的用户应用平台上,实现数据信息的有效共享和应用功能的便捷使用。经过多年的技术探索和应用检验,以面向服务的体系结构(Service Oriented Architecture SOA)技术为核心的一套软件技术,已经成为应用集成领域公认的高效适用的应用集成技术。SOA 技术,是基于面向服务的软件架构,将软件系统的不同功能单元规范化为服务组件,并通过标准的接口契约进行组织和关联,使得构建在各种各样的系统中的服务可以以一种统一和通用的方式进行交互,从而使不同软件团队、不同历史时期开发的软件功能能够更有效复用和继承,从而大大提高软件开发效率和已有软件资产的利用率[9]。

西南油气田以 SOA 技术为核心建立了一套实用、高效的应用集成技术。这套应用集成技术,包括企业服务总线(ESB)、流程管理工具(BPM)和门户(Portal)三大核心组件,如图 11-11 所示。

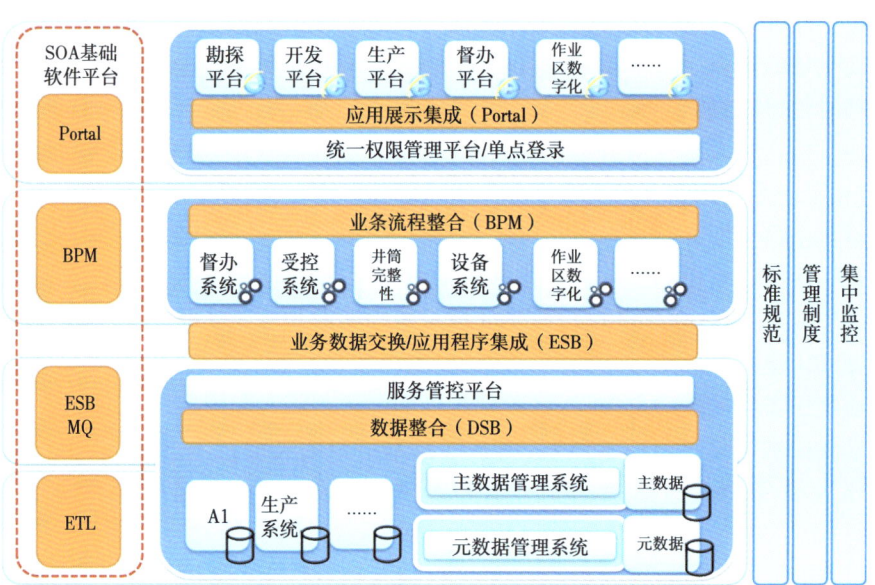

图 11-11　SOA 应用集成技术

1. 以企业服务总线(ESB)为核心的服务发布与应用集成机制

企业服务总线(Enterprise Service Bus),是整个 SOA 应用集成技术的核心,是服务的请求者与提供者之间的桥梁,以松耦合的方式实现系统与系统之间的集成,实现服务的地址透明化和协议透明化[10]。通过统一的标准规范,对业务数据服务、应用程序服务等各类服务进行标准化服务封装、发布和路由中转。通过服务注册、服务管理、服务监控实现对服务全生命周期的集中管控,降低后续系统的开发和维护成本。企业服务总线,由基础软件和服务管控平台组成。

企业服务总线的基础软件主要包含服务监控注册、服务网关、数据传输通道、服务日志等功能。

(1)服务监控注册,包括了系统注册、服务注册、服务授权等功能。企业服务总线提供了包括 WebService、REST、WebSource 和 URL 在内的多种服务的注册、发布、授权和监控等功能。

(2)服务网关,包括安全认证、服务路由、日志记录等功能,是服务接入的核心功能区域。

(3)数据传输通道,主要使用消息中间件配合集成总线进行实现,主要保证数据的封包、数据的协议与格式转换并进行正确的转发,是服务接出的核心功能区域。

(4)服务日志,是服务监控和服务性能分析的主要功能区域,也是服务管控、调配、错误分析的基础。

企业服务总线的服务管控平台,包括前端展现功能和后端交互功能两个部分。其中,前端展现功能实现服务管理和服务监控;后端功能主要结合企业服务总线基础软件,通过开发接口和产品功能调用,实现与产品功能交互,如图 11-12 所示。

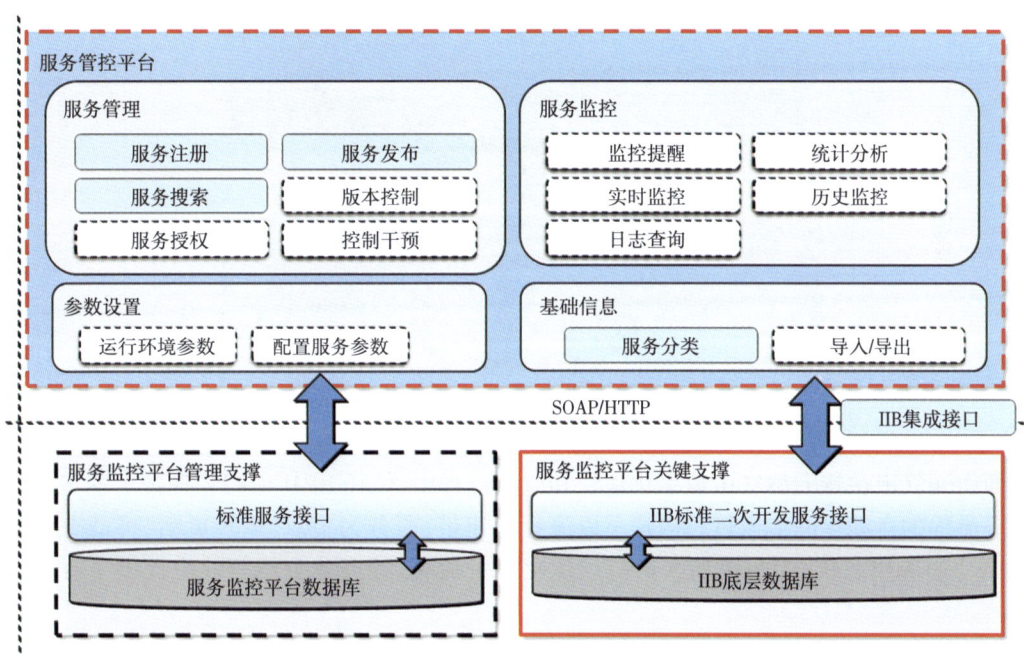

图 11-12　服务管控平台功能示意图

通过该企业服务总线技术的应用,西南油气田在其特大型气田数字化建设中,清晰定义了软件开发和集成工作的模式和技术标准,高效组织了不同建设阶段、不同建设团队的软件设计与开发工作,保证了整个数字化气田建设的技术一致性、标准化和开放性,显著提升了软件开发的效率。

2. 基于业务流程管理(BPM)的流程自动化机制

业务流程管理(Business Process Management,BPM),就是将信息、技术、人员要素,通过多个角色、多项活动的有序排列与组合,最终转为预期产品、服务或者某种结果的过程。业务流程管理技术,是基于 SOA 技术、按照既定的业务过程串联起各不同信息系统中的有关应用组件,并向用户提供流程化使用模式的技术。BPM 技术更加注重与系统之间的业务流程流转和业务数据的流转,为不同信息系统间共享数据和应用提供更有效的技术手段。

业务流程管理,包含业务流程流转和业务待办集成两部分内容。业务流程流转可根据业务规则、权限规则等各种预设,触发不同的流程或输出相关的协同作业信息,具有服务组合、服务编排及并发处理的能力。业务流程流转强调面向服务的企业级端到端业务流程管理,能够实现跨部门跨系统的业务流转,如图 11-13 所示;业务待办集成则是通过单点认证,多系统任务汇集等功能实现各个系统的待办业务统一展示、统一管理、统一推送,实现业务人员方便快捷地处理分布在各个系统中的待办任务。业务流程管理技术还包括了流程监控管理功能,能够实现对各在用流程的实时监控、动态管理、和运行效率评估等。

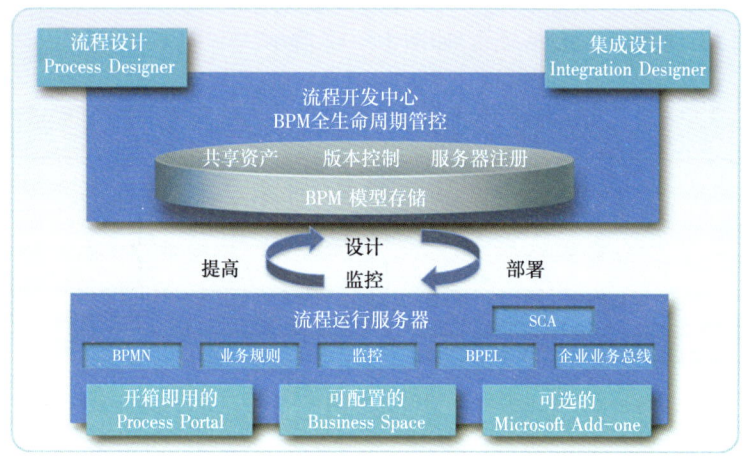

图 11-13　BPM 业务流程管理技术示意图

西南油气田在特大型气田数字化建设和应用过程中,依托 BPM 流程管理技术逐步实现各类业务流程的自动化网上运行。构建了以流程为纽带、服务为节点,运转灵活、可动态配置的流程驱动型应用系统,为西南油气田持续优化业务流程、提升业务运行效率提供了有力技术支撑。

3. 基于门户(Portal)的应用集成展示机制

门户(Portal)是一种 Web 应用技术,通常作为信息系统表现层的宿主,用来提供个性化、单点登录、统一权限管理、信息源内容聚集等功能[12]。

1) 单点登录功能

单点登录是应用集成的基础。通过单点登录管理,多个业务系统应用页面,可以实现"一次认证、多处登录",打通各个业务系统的应用页面的壁垒,实现统一用户应用平台下多业务系统应用页面的互相关联嵌入。

单点登录功能是基于令牌(Token)技术实现的。用户在统一登录界面输入用户名、密码后,统一认证中心将用户名、密码发送到 AD 域上进行验证;如果验证通过,则生成一个令牌

(Token)并以 URL 的方式发送给相应信息系统的应用页面;应用页面接收 URL 后解析令牌(Token),发回单点登录服务器进行验证,完成验证后应用页面才能继续其功能的使用和数据的访问,如图 11-14 所示。

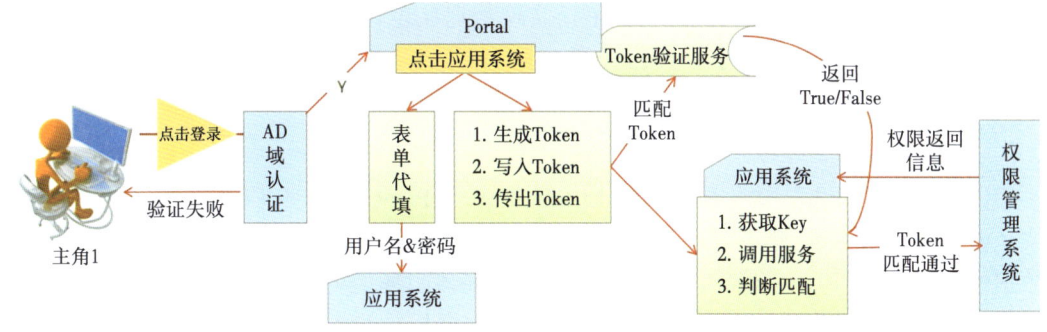

图 11-14 单点登录示意图

在特大型气田数字化建设中,需要集成的信息系统均采用 AD 域的认证方式,通过单点登录的应用,使多套应用系统不再直接向 AD 域服务器进行单独认证,而是通过统一的单点登录管理机制进行集中的认证管理,这样既有利于信息安全管控,又能提高软件开发的效率。

2)统一权限管理

统一权限管理,对于企业内部各应用系统而言,其最大用途在于将各应用系统的资源与权限进行统一管理,从而减少系统间的使用壁垒,降低应用系统运行维护的成本。通过对各应用系统的用户角色及被授权的应用模块进行全面梳理和匹配分析,建立企业内一套唯一、全面、一致的用户权限体系,有效整合和高效共享企业内各应用系统的应用模块资源,如图 11-15 所示。

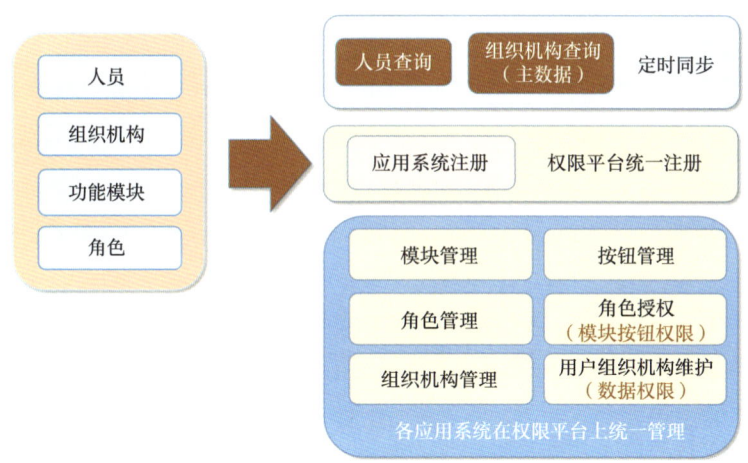

图 11-15 统一权限管理技术示意图

西南油气田在特大型气田数字化建设过程中,基于门户(Portal)技术的单点登录管理和统一权限管理,实现了用户在使用信息系统业务应用时的"一套账号、一次登录、统一认证、多系统应用"。

(二)数据整合技术

数据整合是指根据业务应用的数据需要,从不同的数据库中提取多类业务数据,形成一个综合的业务数据集合。数据整合技术,主要是以中国石油勘探开发一体化数据模型 EPDM 为标准,借助 ETL 工具或数据服务总线(DSB),实现数据在逻辑上或物理上的集中统一管理,为企业提供统一、标准的数据共享服务,支撑"一次采集、统一管理、多业务应用"的数据管理与应用模式。[13]

1. EPDM 数据模型标准

中国石油勘探开发一体化数据模型 EPDM,是基于 POSC、PPDM、EDM 和 PCDM 等国际组织或企业数据模型标准,建立并逐步优化完善形成的中国石油范围内勘探开发生产领域的统一数据模型标准。EPDM 数据模型,包括 9 个核心实体附属类的数据模型,并向外衍生 16 个专业实体附属类的数据模型,同时还包括了各实体数据相关的属性规范值,如图 11-16 所示。

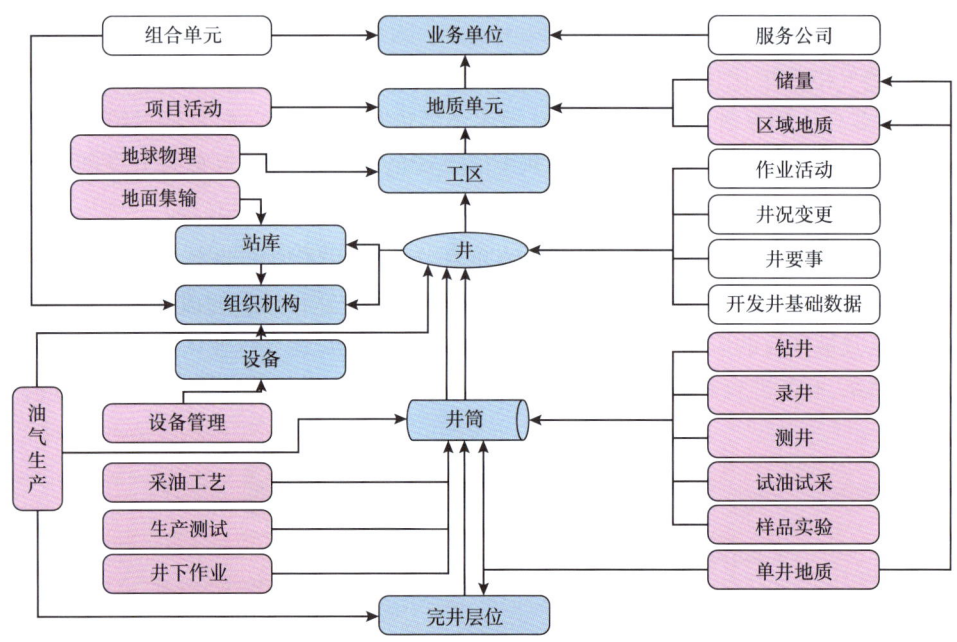

图 11-16 中国石油 EPDM 数据模型主要实体及相互间关系

中国石油 EPDM 数据模型,按照面向对象的思想,通过强化核心实体间的关联关系,打通了勘探与开发两大业务领域间的数据关联通道,也把业务过程中的主要动态信息和业务活动产生的技术成果数据紧密关联起来,有效保证了勘探开发生产领域各类数据的一致性,更大范围上提高了数据的共享程度和综合运用能力。

在西南油气田特大型气田数字化建设中,以中国石油 EPDM 数据模型为标准,实现了对基本实体、钻井、录井、测井、试油、井下作业、生产测试、油气生产 8 个专业的业务数据采集与管理。同时还对物探、钻井、地质油藏、测井、试油试采及井下作业、样品实验共 6 个专业还编制了相应的《勘探与生产数据规格标准》,推动了气田各类业务数据的标准化管理,为数据集成共享和综合应用奠定了坚实的基础。

2. 主数据/元数据管理技术

主数据(Master Data)是用于标识和关联各类业务数据的核心业务实体数据,是需要被各个应用系统共享、相对静态、核心、高价值的数据,它须在整个企业范围内保持唯一性、一致性、完整性、准确性和权威性。元数据(Metadata),是描述数据的属性信息,如数据来源、数据隶属关系、数据版本、数据更新信息等。通过元数据管理,可在数据模型间建立数据间的关联关系,并基于此实现多个业务系统数据库的逻辑整合应用。

以中国石油 EPDM 数据模型标准中的基本实体数据模型为参照,西南油气田建立了统一的勘探开发主数据管理系统,构建了涵盖组织机构、地质单元、工区、井、井筒、地质分层、站库、管线、项目、设备等核心业务实体的主数据统一管理技术基础,形成了"谁产生、谁负责"的工作机制,实现了勘探开发主数据采集、提交、审核、发布、变更全生命周期管理,并基于 SOA 技术,以服务方式为各应用系统提供主数据及其属性规范值的调用服务。同时,西南油气田还建立了元数据管理系统,用于应用系统间业务数据逻辑关联管理,形成并保存了各业务系统主数据间的一致性匹配关系,保证了油气田范围内勘探开发数据的一致性和逻辑关联的准确性。

3. 数据逻辑整合技术

数据整合技术是从不同的数据库中按照需要提取多类业务数据,形成一个面向某一应用的综合业务数据集合的技术,通常包括物理整合、逻辑整合两类[14]。物理整合技术是通过数据抽取转换加载工具(ETL)将现有的各数据库数据抽取转换加载,形成一个完整的、物理上集中的数据库;逻辑整合技术则是通过建立主数据管理和元数据索引机制,形成一个物理上数据仍分布于多个库但逻辑上完整统一的数据库,如图 11-17 所示。

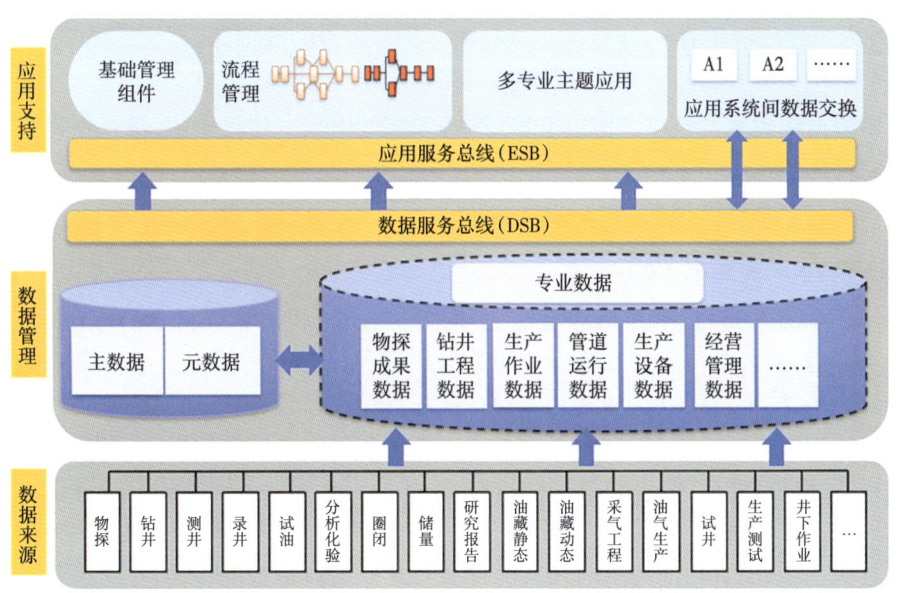

图 11-17 数据逻辑整合技术示意图

在数据综合应用的软件开发过程中,使用数据逻辑整合技术可借助于主数据/元数据管理,快速获取不同数据库中的业务数据,以满足综合应用模块的数据需求。下面以整合发布井名、井口温度、井日产量为例,来说明数据逻辑整合应用的技术过程,如图 11-18 所示。

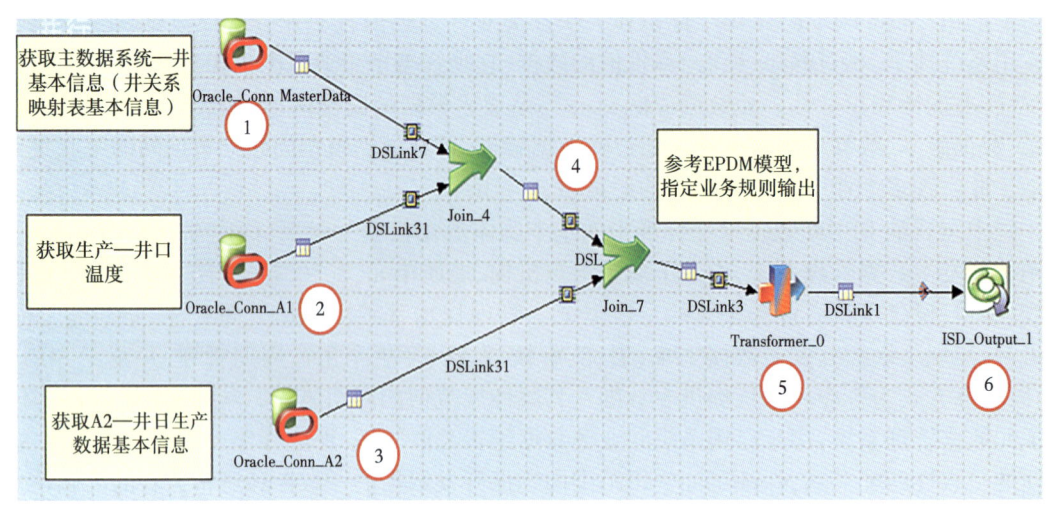

图 11-18 数据逻辑整合技术过程示意图

(1)通过主数据管理系统获取到主数据井号、井 ID 以及井 ID 在生产数据平台和油气水井生产数据管理系统(A2)中的映射关系;

(2)通过生产数据平台井 ID 映射关系,从中获取井口温度信息;

(3)通过油井、气井、水井生产数据管理系统(A2)井 ID 映射关系,从中获取井日生产数据;

(4)以中国石油 EPDM 模型标准为参照,对步骤(2)获取的井口温度信息进行标准化转换;

(5)组装形成包括井 ID—井号—井口温度—井日产量的数据体;

(6)最后通过 WebService 方式进行数据发布。

借助于数据逻辑整合技术,在西南油气田特大型气田数字化建设中,逻辑整合了来自多个信息系统的勘探开发成果数据、勘探开发作业数据、地面建设现场数据、站库管网生产数据、设备实施数据以及经营管理数据等。

(三)GIS 数据可视化技术

地理信息系统(GIS)技术是结合地理学、地图学、遥感和计算机科学的综合技术,具备空间形象展示能力,又兼具传统信息管理学的数据展现和综合分析能力。油气田 GIS 数据可视化,就是借助 GIS 技术,将矿权、油气井、场站、管线、设备和储油罐等地面业务实体的地理坐标及其几何特征和周边环境要素,在电子地图或三维仿真环境中形象地展示出来,同时也可将地下的油气构造、层位、地质体、井轨迹、井身结构和井下工具等业务对象的空间展布和相互间的空间关系形象地表达和展示出来。利用 GIS 技术进行勘探开发生产数据的可视化展示,使用户能够更直观、形象地看到地理空间相关的各类专业数据信息,方便人们对相关业务信息的掌握,也能够基于 GIS 技术进行一些地理空间相关的分析和统计。

西南油气田基于中国石油地理信息系统(A4),开发搭建了西南油气田公共 GIS 服务平台,制定了空间数据标准、GIS 应用服务开发和管理标准,建立了公共地理信息图层和各类油气业务专题图层,并提供这些图层的对外服务。该平台以 ESRI ArcGIS 为基础,采用 ArcGIS

Server+Oracle 数据库管理数据,封装了地图基础服务、地图数据服务和地图控件接口等多种服务,发布到 SOA 技术平台上,为整个西南油气田提供统一的 GIS 应用服务。西南油气田公共 GIS 服务平台的系统架构如图 11-19 所示。

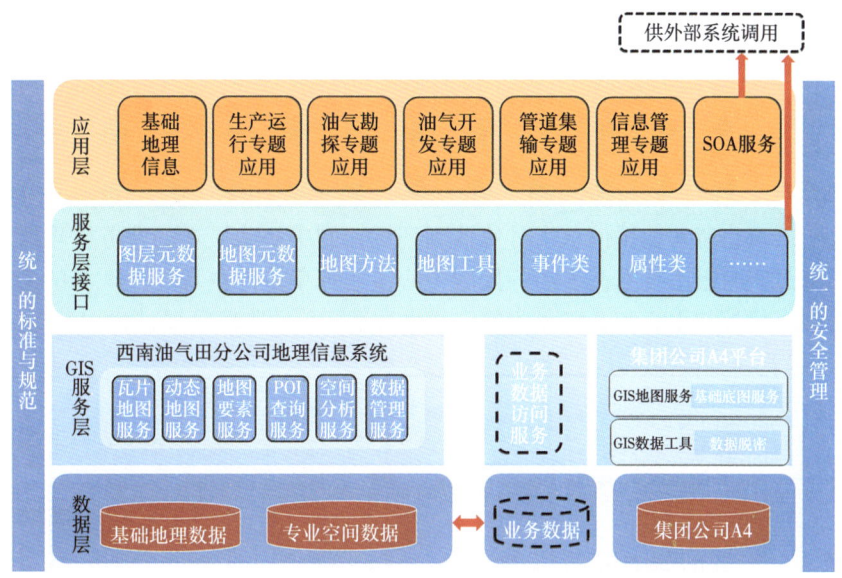

图 11-19 西南油气田公共 GIS 服务平台系统架构图

在特大型气田数字化建设中,通过西南油气田公共 GIS 服务平台,调用企业服务总线(ESB)上发布的 GIS 服务和 JavaScript API 接口,高效实现了数字化井筒、数字化气藏、数字化地面基于 GIS 的相关应用功能。如图 11-20 所示的基于 GIS 构造单元浏览查询的应用功能,就是借助西南油气田公共 GIS 服务平台来实现的。

图 11-20 数字化气藏构造单元 GIS 浏览查询功能界面

(四)工业物联网技术

工业物联网是将具有感知和监控能力的各类采集、控制传感或控制器,以及泛在技术(U网络技术)、移动通信、智能分析等技术不断融入工业生产过程各个环节中,从而大幅提高生产效率,改善产品质量,降低生产成本和资源消耗,最终实现将传统工业提升到智能化的新阶段。从应用形式上,工业物联网的应用具有实时性、自动化、嵌入式(软件)、安全性和信息互通互联性等特点。

油气生产物联网,是油气生产领域的工业物联网,是利用传感、射频识别、通信网络以及实时组态等物联网关键技术,对油气田井区、集输场站、处理(净化)厂等生产实体的生产和工艺动态进行全面感知,再将感知数据信息实时传输到现场控制中心或更远的业务管理所在地进行集中存储,然后通过实时组态技术在远端的控制中心或业务单位内重现生产现场的生产和工艺运行实时动态,以支撑控制中心和各级业务单位对生产运行单元监控管理,如图11-21所示。

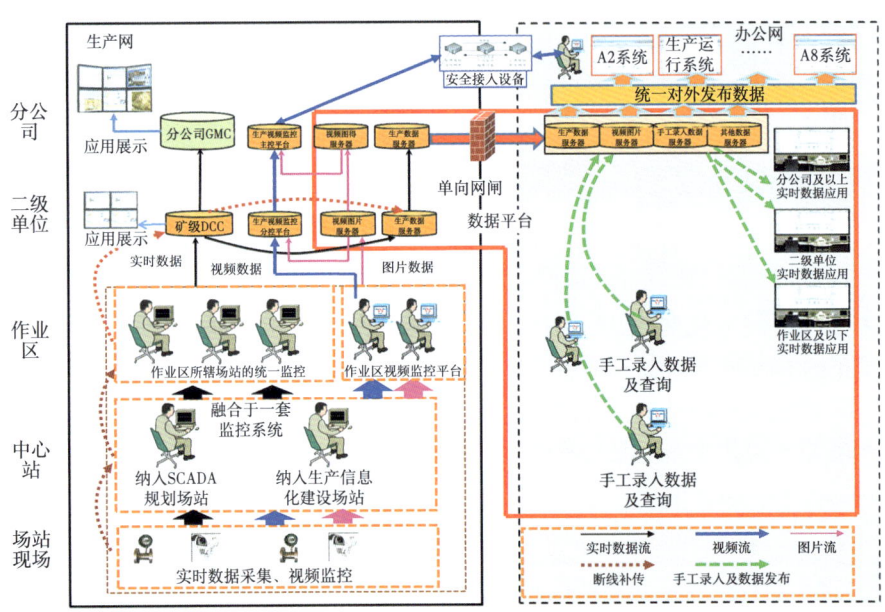

图11-21 油气生产物联网示意图

1. 传感器技术

传感器是指能感受到被测量对象的信息,并按照一定的规律转换成电信号的器件或装置,它利用物理效应、化学效应和生物效应,把被测的物理量、化学量和生物量等转换成符合需要的电量。传感器作为信息获取的重要手段,与通信技术和计算机技术共同构成信息技术的三大支柱。

在油气生产物联网中,传感器主要用于对油气生产现场各类生产设施的压力、温度、流量和液位等生产或工艺的参数进行感知。通过油气田地面工程施工中安装的各种传感器,实时感知油气井口、集输场站、处理(净化)厂等各主要油气生产、集输、处理单元的生产实时动态和工艺运行参数,为油气田生产的实时监控提供及时准确的信息。

2. 射频识别技术

射频识别技术(Radio Frequency Identification,RFID)又称无线射频识别技术,俗称电子标签技术。可通过无线电讯号，识别特定目标并读写相关数据，而无需识别系统与特定目标之间建立机械或光学接触。RFID 在油气生产物联网中，主要用于油气生产现场各个生产设施或特定位置的标识或识别。通过 RFID 对生产设施设备的标识，可实现对现场设备的统一标识、集中管理和现场快速识别；通过部署 RFID 标签，绑定现场操作、作业或巡检的特定地理空间位置，强制现场操作或作业人员以及现场巡检人员必须在指定位置才能进行其操作、作业或巡检登记工作。

3. 现场通信网络技术

通信网络是物联网的重要组成部分，是实时数据的传输通道。也是生产现场监控和实时指挥的通信基础。在油气生产物联网中，通信网络一般由光通信传输网或无线数据传输网构成。光通信传输网一般采用了波分+SDH 技术；无线数据传输网一般采用 VPDN（拨号虚拟专网）技术、Wi-Fi 接入技术等。

1）波分+SDH 技术

波分技术主要应用于干线组网，可提供大容量带宽，具备很强的组网灵活性及可操作性，扩容简单，不需要重新占用光缆资源；SDH 技术能更灵活组网，并支持环网、链形、星形、环相交、相切等各种网络，维护简单，可操作性较强。

西南油气田光通信传输网，采用了波分+SDH 架构，形成了具有自愈保护能力的"内、外"光通信双环网，主干网形成了多路由交叉环网保护，具备了抗击至少三次断纤的自愈能力。波分环网的共计 4 波，每波 10Gbit/s，单环网的最大传输带宽为 20G，SDH 网传输带宽为 2.5G，通信信息速率得到了成倍提升，为油气生产物联网建设及应用提供了有力的通信基础保障。

2）Wi-Fi 接入技术

Wi-Fi 接入技术，被广泛用于物联网建设，其最常见的应用是从网关到连接互联网路由器间的链路。在油气生产物联网建设中，在现场井站区域配置工业无线 Wi-Fi 安全网关，手持终端利用 Wi-Fi 接入技术即可实时读取电子标签信息、识别设备，并及时获取相关设备生产实时数据以及智能仪表诊断数据，使现场操作和巡检人员方便、实时了解现场生产设施、设备的基本信息、工艺动态等。

4. 实时组态技术

"组态（Configure）"的含义是"配置""设定""设置"等意思，是指用户通过类似"搭积木"的简单方式来完成自己所需要的软件功能，而不需要编写计算机程序，也就是所谓的"组态"。简单地说，组态软件能够实现对自动化过程和装备的监视和控制。它能从自动化过程和装备中采集各种信息，并将信息以图形化等更易于理解的方式进行显示，将重要的信息以各种手段传送到相关人员，对信息执行必要分析处理和存储，发出控制指令等等。

在油气生产物联网中，实时数据从生产现场的各种设备端，通过传输网络集中到各级业务管理机构，利用实时组态技术重现生产现场的生产及工艺运行实时动态，使得不在生产现场的业务管理人员，能够随时看到生产现场的生产及工艺运行实时动态，开展生产指挥调度。西南油气田在特大型气田数字化建设过程中，同步开展了气藏地面工程建设和油气生产物联网建设，既采用了最先进的油气生产自动化控制技术，又很好地实现了油气生产物联网的技术应用。

二、数字化气藏技术应用

数字化气藏,主要通过气藏相关数据的集成以及各种业务应用的集成,以三维可视化方式,实现了气藏新井部署、建井过程跟踪、生产动态分析、工艺措施辅助决策以及气藏研究与管理成果的综合展示与应用功能,从全生命周期管理的线索上,高效支撑了气藏地质研究、气藏动态分析和气藏生产管理的全业务管理过程。

(一)数字化气藏业务构成

数字化气藏,主要面向气藏全生命周期管理,实现地质研究成果、气藏动静态资料的数字化管理和展示,支撑气藏全生命周期的管理。根据气藏在不同阶段的业务特点及其管理流程,以气藏全生命周期为线索,数字化气藏支撑了矿权和储量管理、勘探井位论证与部署、开发方案与部署管理、开发井实施跟踪、开发井试采管理、油气生产管理、气藏动态监测、产能标定管理及开发项目跟踪评价等各业务环节的应用。

例如,通过产能管理模块,实现对整个气藏产能建设过程实时跟踪,包括建井进度、建井数等指标的跟踪分析;通过对方案(如开发方案)执行情况进行实时评价,保证方案按计划落实执行;通过气藏动态监测及分析模块实现气藏投产后产量、压力等生产动态指标的监控,辅助气田开发人员对气藏进行管理及分析。

(二)数字化气藏数据组织

根据数字化气藏建设目标,围绕数字化气藏全生命周期管理所涉及的各业务环节,以中国石油勘探开发数据模型(EPDM)为标准,按照《西南油气田勘探与生产数据管理办法》和《数字化气田油气生产数据接入规范》及《数字化气田勘探生产技术数据接入规范》,梳理并规范了数字化气藏的数据范围、数据类别及数据来源,通过 DSB、ETL 和 EPDM 等数据整合技术或工具对气藏各类业数据进行整合和统一发布。

数字化气藏数据的范围及来源见表 11-1。

表 11-1 数字化气藏数据类别及来源

数据类别	数据来源
矿权数据、储量数据	勘探生产管理系统
区域地质、地震数据、沉积相、构造圈闭、物性数据、开发方案、地质设计、测井成果、试油成果	中国石油勘探与生产技术数据管理系统(A1)
措施效果数据	采油与地面工程运行管理系统(A5)
产量数据、动态监测数据	油气水井生产数据管理系统(A2)
随钻数据	钻井服务公司

(三)数字化气藏功能介绍

1. 矿权和储量管理

矿权是指在依法取得的许可规定的范围内勘查、开采矿产资源的权利。储量管理,主要是测定和统计油气田储量动态及开采损失量,来指导与监督合理地开采油气藏资源的工作。为实现矿权和储量管理,数字化气藏包括了矿权管理、储量论证、储量现状和储量管理等功能模块。通过矿权及储量管理相关模块,可以查询到最新的矿权及储量相关数据(图 11-22)。

第十一章 特大型气田数字化建设与应用

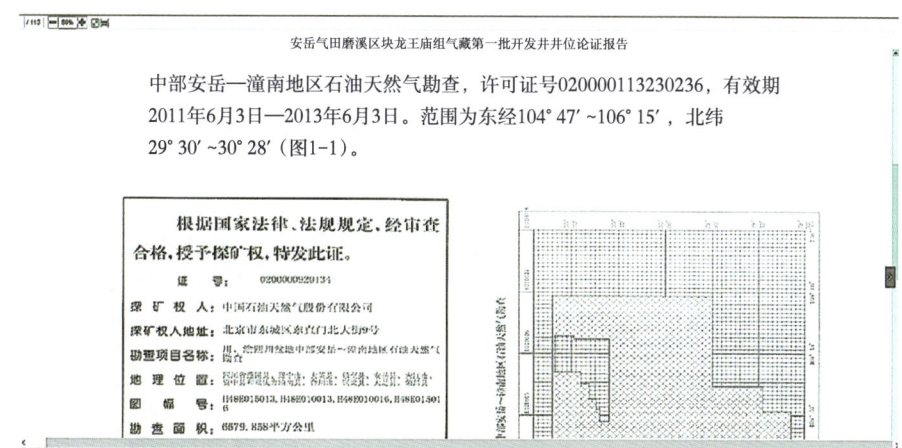

图 11-22 矿权管理模块应用界面

2. 勘探井位论证与部署

勘探井位论证与部署是勘探阶段的重要工作。为有效支撑勘探开发一体化工作模式,数字化气藏开发了勘探井位论证及部署模块。

勘探井位部署,通过调取勘探、地质研究等成果图件(构造图、储层厚度等值线图、储层物性等值线图等),采取多图联动的方式,从不同专业角度论证预定井位的可行性与合理性,并进行地质与工程风险的识别与对比分析。另外,通过已完钻井动态数据和静态成果联动查询、单井二维地震剖面与测井数据查询、生产数据综合展示、地震及地质建模数据体与井筒数据三维空间综合展示等技术手段,辅助业务人员进行勘探井位论证与部署后的跟踪评价工作。

1) 井位论证

通过对勘探历程、区域地质、构造、地层沉积相、储层特征、气藏特征及成藏研究成果等地质图件的综合展示与对比分析,辅助业务人员进行井位论证。

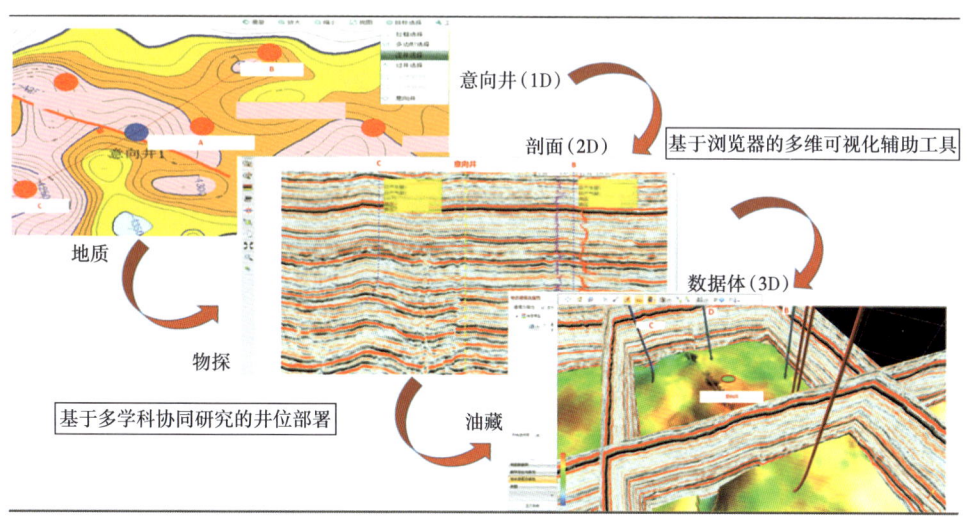

图 11-23 井位论证应用示意图

— 419 —

2) 意向井部署

通过构造、沉积相和储层等相关图件的综合展示和对比分析,辅助论证意向井位的坐标及钻探目的层,并进行意向井的井位部署。

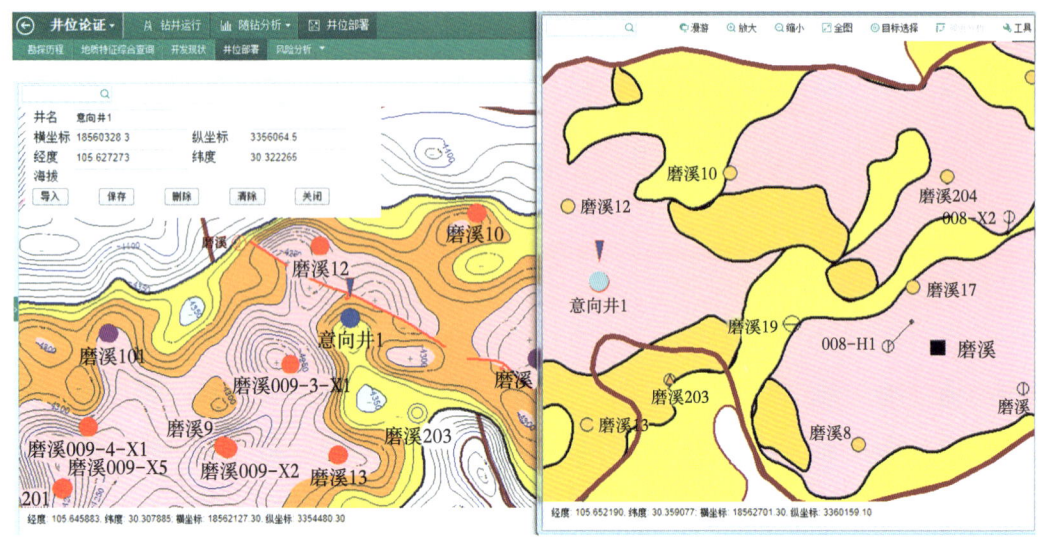

图 11-24　意向井部署应用示意图

3) 地质与工程风险分析

在意向井部署后,为了规避地质和工程风险,需要根据地质和工程的不确定因素来判断该意向井可能存在的风险。通过地质与工程风险分析模块,可对部署区域内的井号列表选择临近井,绘制其钻井深度柱状图、钻井深度绝对误差图、钻井深度相对误差图、距离—方位角曲线图,显示已钻邻井事故情况,来辅助业务人员进行风险分析(图 11-25)。

图 11-25　地质与工程风险分析应用示意图

3. 开发方案与部署管理

开发方案和部署管理，是为了方便快速查找查看开发方案的主要数据信息和相关文档资料而设计开发的应用模块，包括了气藏开发的综合技术规划与部署信息的查看，如规模、方式和政策等（图11-26至图11-28）。业务人员可以通过产能管理的开发方案模块及开发部署模块，在线查询、下载试采方案、概念设计、开发方案、调整方案、产能部署、开发井位部署等基础信息及相关文档资料。

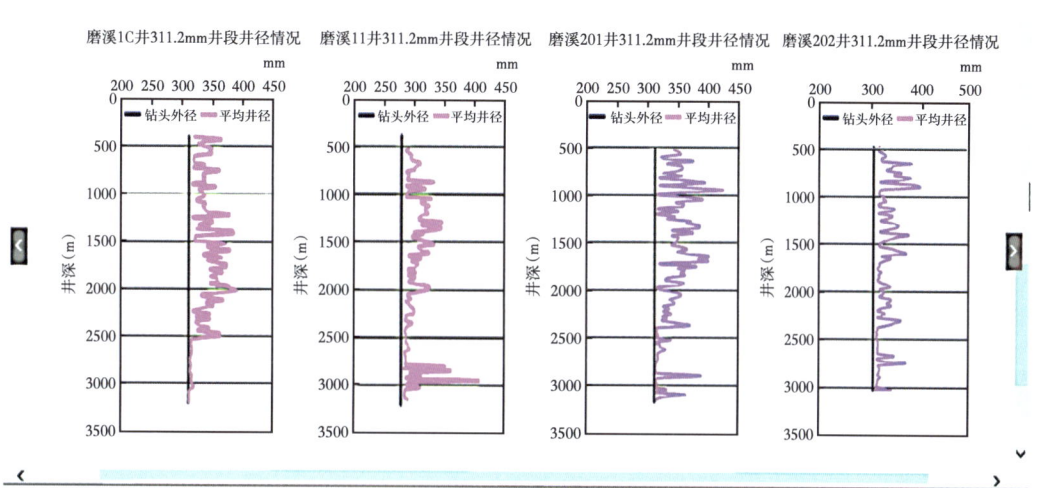

图 11-26 开发方案在线查看应用界面

图 11-27 试采方案查看应用界面

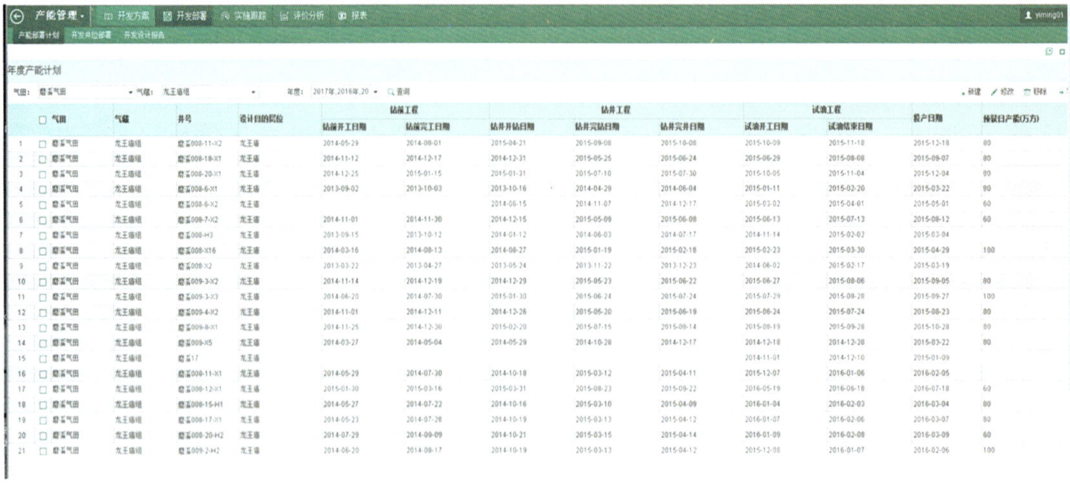

图 11-28　开发部署计划查看应用界面

4. 开发井实施跟踪

开发井实施跟踪,是基于 GIS 和报表两种方式、动态跟踪在建井从部署、开钻,到试油、投产的全过程,从而辅助业务人员对建井过程的全面、及时跟踪和分析。

图 11-29　开发井实施跟踪应用界面

5. 开发井试采管理

开发井试采管理,实现了开发井试采方案、概念设计和开发方案等方案指标的量化展示,以及试采方案指标、开发方案指标与实际生产指标的对比分析,为气藏管理和研究人员进行方案实时评价、工作安排优化提供方便快速的信息支持(图 11-30)。

— 422 —

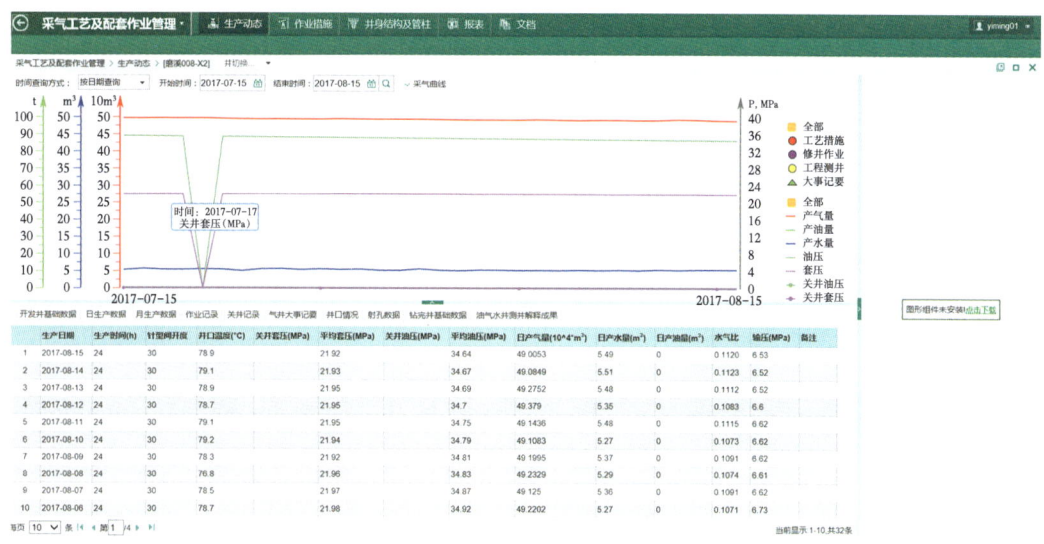

图 11-30　试采方案查询应用界面

6. 天然气生产管理

天然气生产管理是气藏管理最核心和最重要的工作。为有效支撑天然气生产高效管理，数字化气藏实现了曲线和报表两种形式的天然气生产数据在线查询和展示。包括了开发井日或月生产数据、大事纪要、关井记录、作业记录等综合信息。图 11-31 所示为综合生产曲线展示界面。

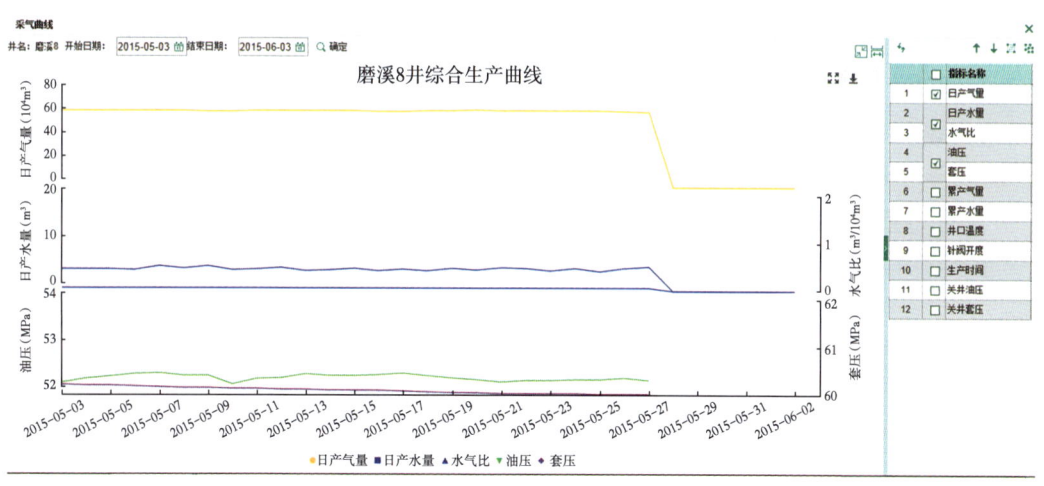

图 11-31　综合生产曲线展示界面

7. 气藏动态监测

气藏动态监测，是气藏工程管理过程中的一项基础工作。数字化气藏中包含了气藏动态监测的日常监测、常规监测、专项监测 3 个模块。

（1）日常监测模块：主要对井口压力、温度和产量监测等工作进行管理。包括单井监测、井组监测、气藏监测、递减分析4个子模块。

（2）常规监测模块：主要对井筒静温、静压、流温、流压梯度监测、流体组分分析等监测信息进行管理。包括流体监测、压力监测、温度监测、液面监测4个子模块。

（3）专项监测：主要对试井、生产测井、工程测井、井下流体取样等监测信息进行管理。包括产能试井、不稳定试井、工程测井、生产测井、井间监测、PVT分析6个子模块。

通过气藏动态监测模块的应用，气藏管理人员可以利用各种曲线、表格、分布图等方式进行气藏动态分析和开发现状分析，及时掌握气藏变化动态。图11-32所示为井组对比分析综合曲线应用界面。

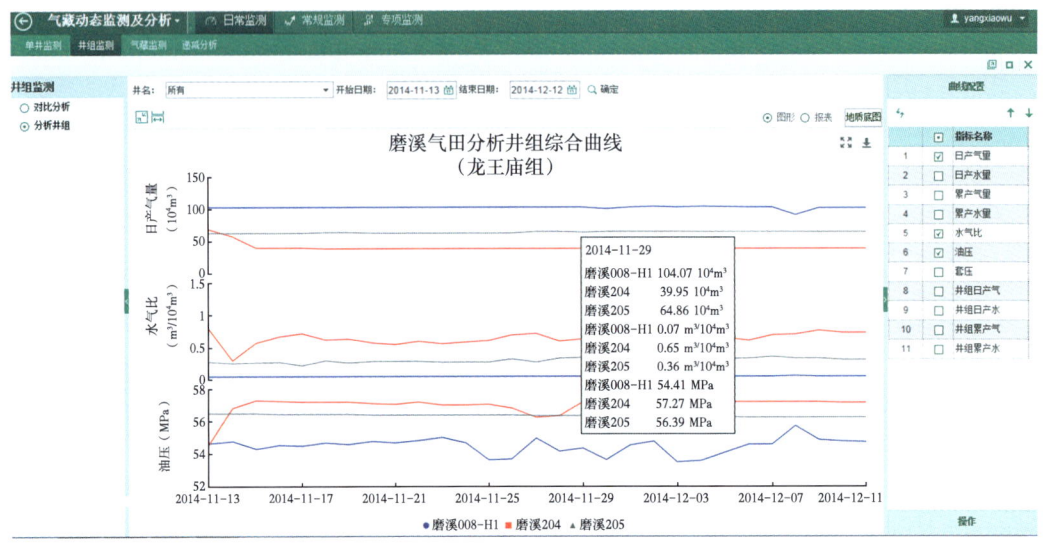

图11-32 井组对比分析综合曲线应用界面

8. 产能标定管理

产能标定管理是通过不同产能标定方法对比分析，确定适合该井产能标定方法和合理产能，来指导单井进行合理配产。产能标定管理模块包括产能标定成果和产能标定明细两个子功能。

产能标定成果功能，包含无阻流量法、动态预测物质平衡法、生产动态分析法、特殊因素综合约束法、经验类比法的产能标定以及标定成果汇总等几项功能。例如，以GIS专题图和图表方式，可对各井的标定结果进行综合展示，如图11-33和图11-34所示。

产能标定明细，包括定产气井生产能力汇总及明细表、定产气井产能核增核减明细表和未配套定产井明细表等功能，如图11-35所示。

9. 开发项目跟踪评价

开发项目跟踪评价是对开发项目实施现状进行动态跟踪及评价的一项工作。开发项目跟踪评价模块以曲线、图形、分布图等形式，展示了开发项目主要指标及其计划完成情况，并基于生产动态数据的计算与统计，综合展示气藏开发效果。开发项目现状跟踪评价模块，包括气藏

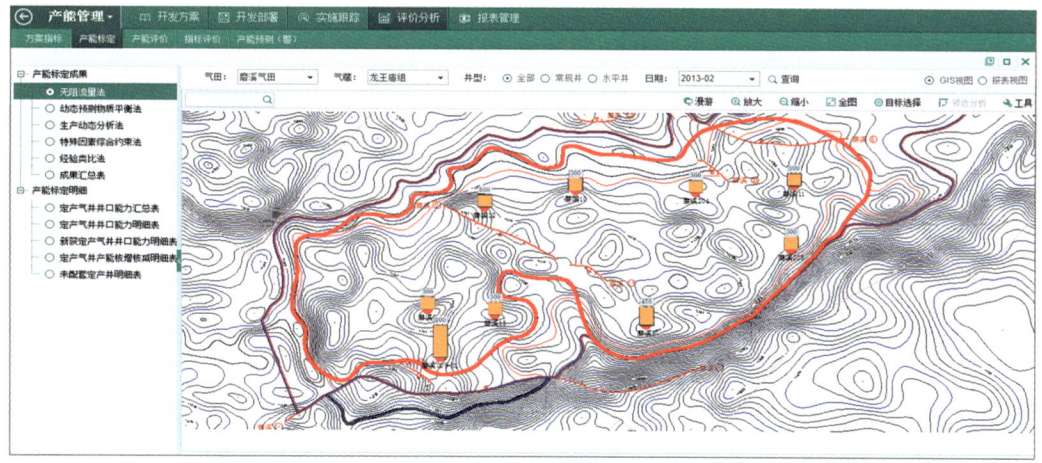

图 11-33　产能标定成果 GIS 专题图

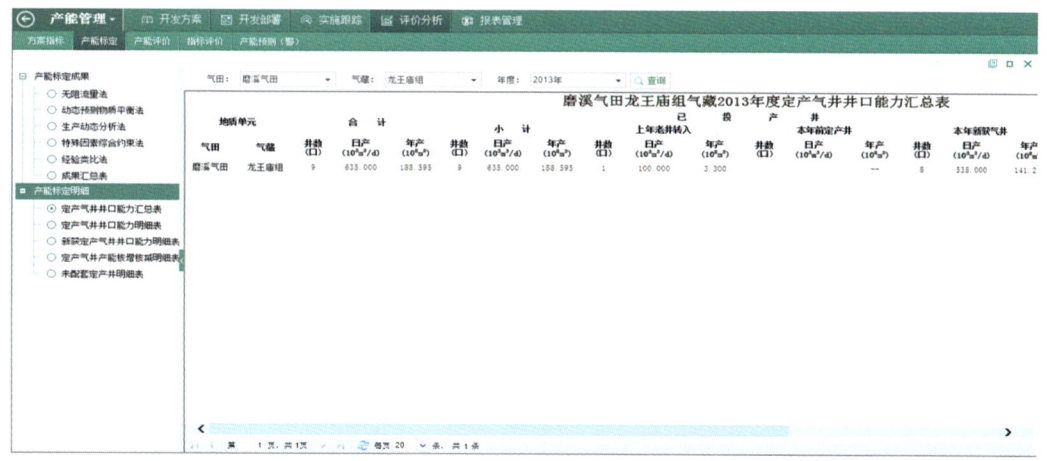

图 11-34　产能标定成果图表应用界面

图 11-35　产能标定结果应用界面

采气曲线、开发方案主要指标及完成情况、生产动态跟踪和无阻流量对比4个子模块。

(1)气藏采气曲线,包含了投产井数、开井数、日产气量、累计产气量、日产水量、累计产水量查询。

(2)开发方案主要指标及完成情况,包含设计方案和实际情况的日产气量、年产气量、采气速度对比。

(3)生产动态跟踪,包括了气藏产气与产水数据统计分析。

(4)无阻量对比,包括了气藏无阻流量分类统计和无阻流量对比图。无阻流量对比又分为无阻流量分类统计和无阻流量对比等。

三、数字化井筒技术应用

数字化井筒,通过井筒各专业数据的集成、各业务环节应用的集成及三维可视化综合展示应用,实现建井阶段的单井钻进、完井试油数据信息管理,生产阶段的设备与工艺、数据资产管理,并能够有效支撑井筒完整性评价管理,从而实现对井筒全生命周期业务过程的全面支撑。

(一)数字化井筒业务构成

数字化井筒,实现了从井位设计、钻完井,到试油、投产、生产直至报废的全生命周期管理。数字化井筒按照钻井阶段(含论证与设计)、完井试油阶段、投产生产阶段(含采气工艺措施、修井作业措施、试井、储层改造等)、关井报废阶段进行了井全生命周期阶段的划分,并针对各阶段的业务应用需求,实现了钻井作业管理、录测井管理、完井试油作业管理、采气工艺及配套作业管理、作业措施管理、井筒完整性管理以及一体化井史等多个功能模块,支撑了数字化井筒全生命周期管理。

(二)数字化井筒数据组织

根据数字化井筒建设目标,围绕数字化井筒全生命周期管理各业务阶段的应用,以中国石油勘探开发数据模型(EPDM)为标准,按照《西南油气田勘探与生产数据管理办法》《数字化气田工程技术数据接入规范》和《数字化气田勘探生产技术数据接入规范》,梳理和规范了数字化井筒的数据范围、数据类别及数据来源,并通过DSB、ETL和EPDM等数据整合技术和工具对井筒各类业数据进行整合和发布。

数字化井筒的数据范围及来源见表11-2。

表11-2 数字化井筒数据类别及来源

数据类别	数据来源
钻井设计方案、钻井地质数据、钻井工程数据、录井数据、测井数据、试油设计方案、射孔压裂数据、完井试油数据、完井管柱数据、井环空数据	勘探与生产技术数据管理系统(A1)
采气工艺动态	油气水井生产数据管理系统(A2)
措施设计方案、措施作业动态、措施效果评价	采油与地面工程运行管理系统(A5)
井口抬升数据、井环空数据、评价等级数据	井筒完整性管理系统

(三)数字化井筒功能介绍

1. 钻井管理

钻井管理是指勘探或开发石油、天然气等液态和气态矿产而钻凿井眼、固井、事故复杂处理的工程。为了实现对钻井过程进行实时跟踪,掌握现场施工进度与质量,数字化井筒开发了钻井管理模块。该模块包括作业动态、钻井管理、工程信息管理和多井对比等功能。

钻井管理模块,以时间为主线,展示了单井从开钻到完钻所经历的各种作业阶段,包括钻井、录井、固井和测井等,同时在各开次可以查看相对应的井眼轨迹、井身结构或钻具组合等,还可以进行钻井施工进度与设计进度的比较,能够支撑钻井全过程的管理,可实现钻井动态跟踪以及井设备资产和数据资产的全生命周期管理。

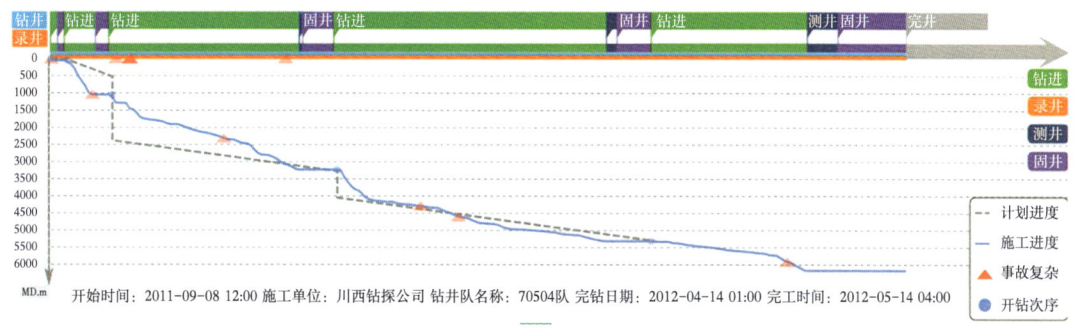

图 11-36　钻井进度综合对比应用界面

2. 测录井管理

测井是利用岩层的电化学特性、导电特性、声学特性和放射性等地球物理特性,测量地层物理参数的方法。录井是用岩矿分析、地球物理、地球化学等方法,观察、采集、收集、记录、分析随钻过程中的固体、液体、气体等井筒返出物信息,以此建立录井地质剖面、发现油气显示、评价油气层,并为石油工程(投资方、钻井工程、其他工程)提供帮助的方法。测录井管理,包括了对钻井作业过程中测井项目、测井数据体、测井解释成果、录井综合记录、岩屑描述、地层分层、油气显示、碳酸盐岩分析、录井解释等相关文件、图表和数据进行查询、下载等功能,还包括对录井、固井、中测过程中的动态信息进行实时跟踪分析。例如,其中的测井曲线展示功能,可配置不同模版或自定义其中的显示参数来灵活显示各类测井曲线和数据,如图 11-37 所示。

3. 完井试油管理

完井试油管理是指在完成钻井和固井后对天然气井进行射孔压裂和测试,以取得有关目的层天然气产能、压力和温度以及油、气、水物性资料的井下作业工艺过程的管理。完井试油模块,包括了气井作业动态、作业工序施工、完井井身结构及管柱、完井井口装置、酸化压裂、地面计量、试油成果等相关数据信息和成果文档、图件的管理,并以数据与图形相结合方式进行综合和直观的展示,支撑从试油准备到射孔压裂、再到测试、完井的全过程的业务管理。

通过该模块,可以实现试油过程中井身结构及管柱、完井井口装置图与相关数据在线展示,也可以查询酸化压裂施工记录、试油动态日报、油管记录数据以及生产测井数据,还可以对

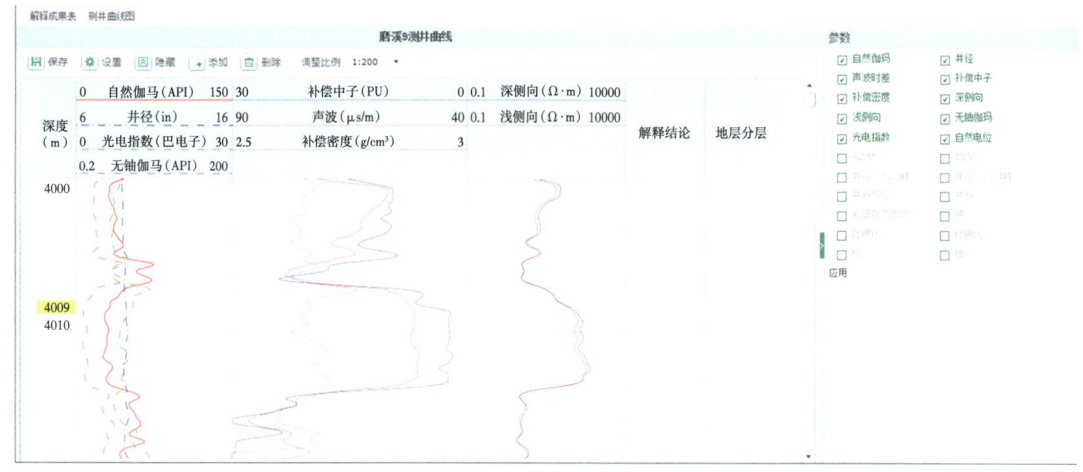

图 11-37 测井综合曲线展示应用界面

试油过程中的作业动态、工程信息、地质信息、成果文档进行管理和查询,如图 11-38 至图 11-39 所示。

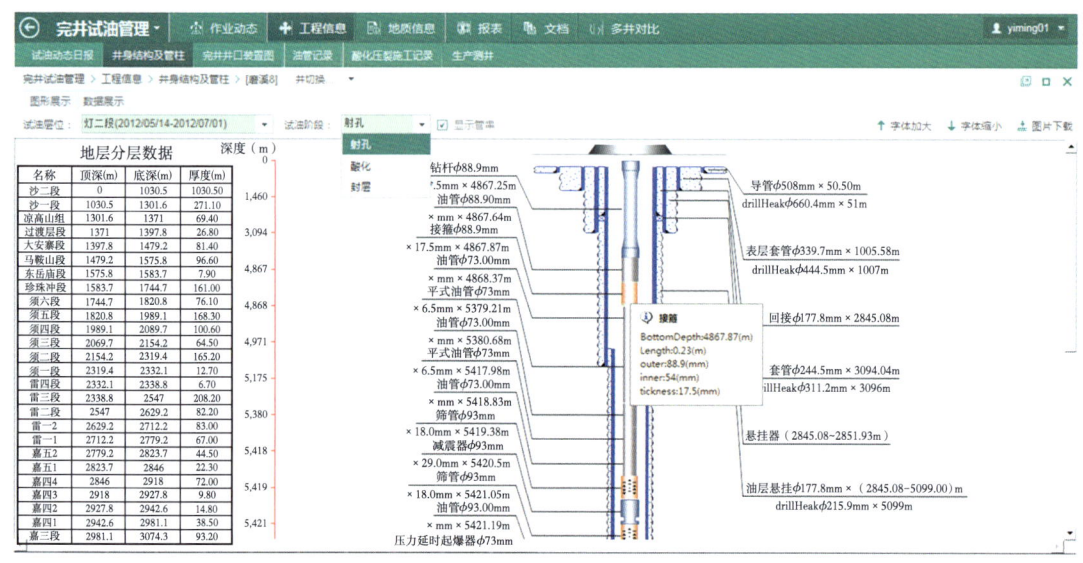

图 11-38 井身结构及管柱示意图展示应用界面

4. 采气工艺管理

采气工艺是指将地下含气层中的天然气采集到地面的工艺方法。采气工艺管理模块,管理了井从投产至报废过程中单井采气工艺的各类动静态数据,可以查询单井日生产数据、月生产数据、作业记录、关井记录、气井大事纪要、井口情况、采气曲线等数据信息(图 11-40)。

5. 作业措施管理

措施作业是指采用各种方法、扩大地层原有孔道或者建立新通道来提高采气效率而开展

第十一章 特大型气田数字化建设与应用

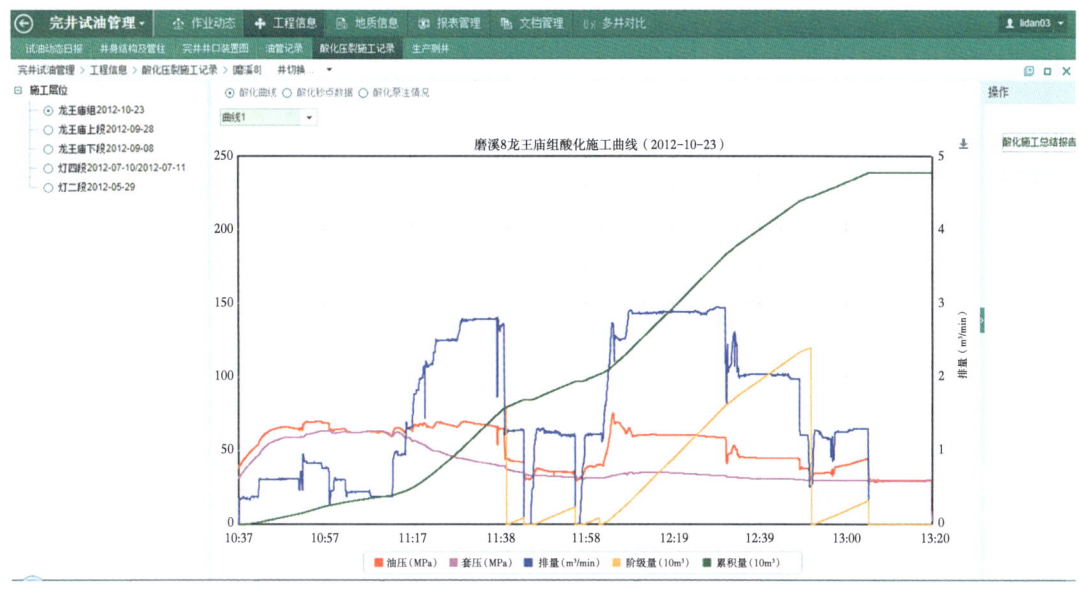

图 11-39　压裂施工曲线展示应用界面

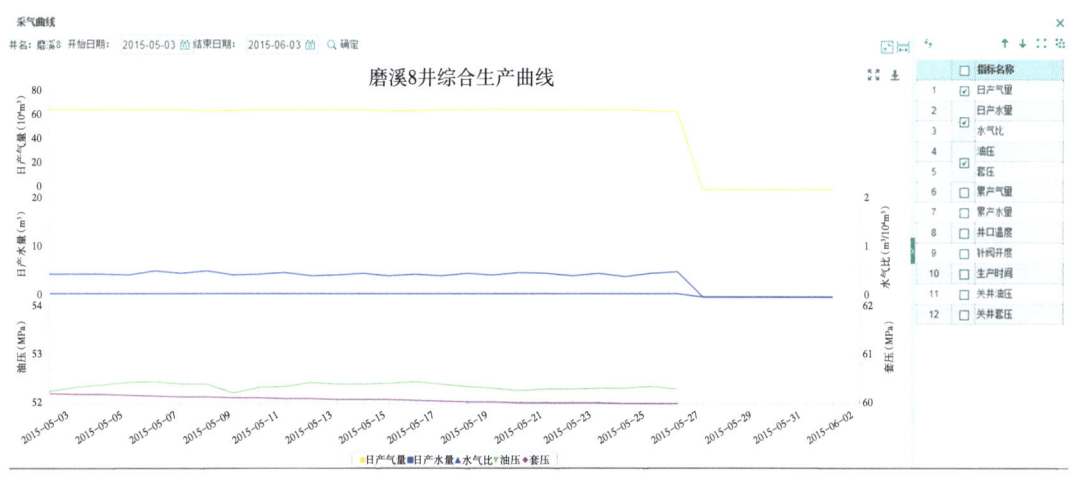

图 11-40　单井采气曲线展示应用界面

对采气井的作业。作业措施管理,通过单井作业措施、工艺实施概况、药剂管理和临界携液流量计算等功能,实现业务人员对采气井生产过程的作业措施进行论证分析并对作业后的效果进行评价。如图 11-41 所示,为作业措施和相关措施效果的查询分析应用。

6. 井筒完整性管理

井筒完整性管理是以单井为对象,以高温、高压和高含硫井为重点,以生产安全可控为目的,通过对气井井筒(含井口装置)的动静态资料的实时采集、收集整理、可视化查询及分析,实现对气井完整性状况全面掌控。通过井筒静态、动态信息的全面管理和应用,支撑工程技术

— 429 —

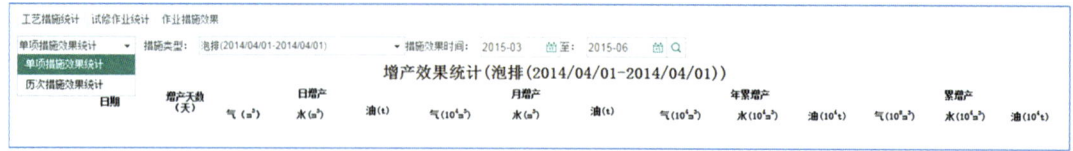

图 11-41 措施效果统计分析应用界面

研究人员开展井筒完整性评价。对存在缺陷的气井进行评价分级及报警提示,并根据标准的井筒完整性管理流程,提供防控措施建议、施工设计、施工审批、施工作业跟踪、作业结果反馈等业务过程管理支持,实现完整性防控措施实施工作的流程化闭环管理。

(1)在 GIS 图上按组织机构展示其下辖气井的完整性评价结果统计,包括完整性等级及其数量。图 11-42 所示为各单位井筒完整性评价结果分类统计应用界面。

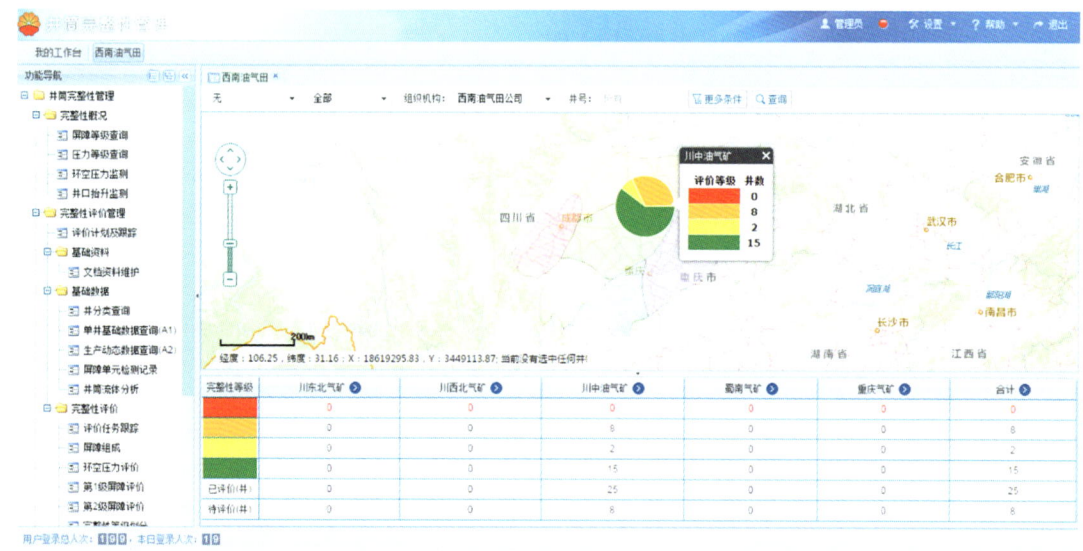

图 11-42 各单位井筒完整性评价结果分类统计应用界面

(2)单井评价卡片查询,可以看到井基础信息、井屏障安全评价、环空压力安全评价、井口抬升安全评价、井整体评价等各类井筒完整性评价信息。图 11-43 所示为井筒完整性单井卡片应用界面。

— 430 —

第十一章 特大型气田数字化建设与应用

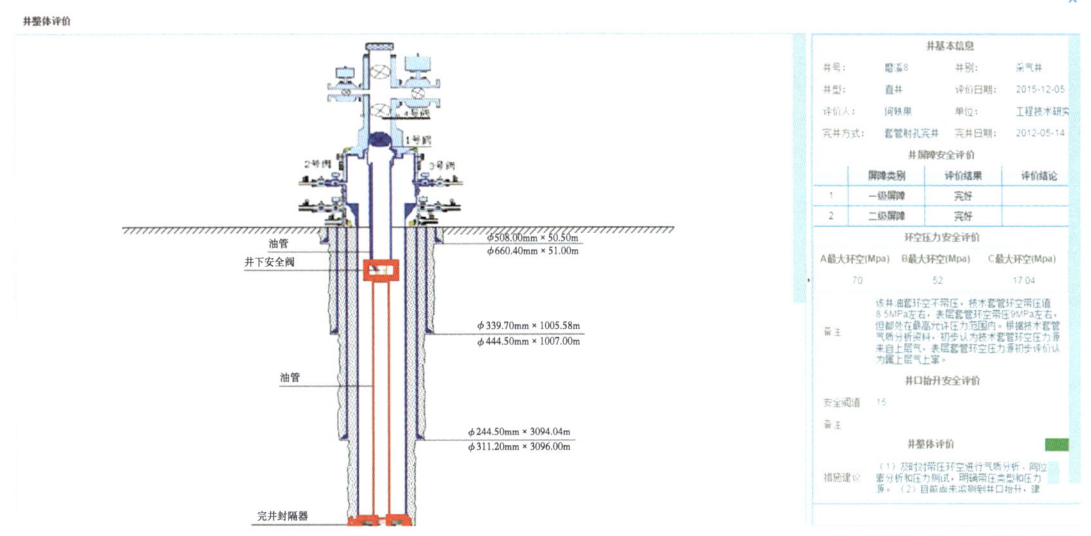

图 11-43 井筒完整性单井卡片应用界面

四、数字化地面技术应用

数字化地面,以特大型气田开发工程中地面工程的规划设计、建设施工管理、地面生产运行管理、物联网实时监控、生产调度与安全应急、现场作业管理、管道与站场完整性管理、地面操作可视化培训等建管一体化管理需求为核心,创新采用全生命周期管理理念,整合集团统建和公司自建系统地面相关基础设施基本信息和地面生产运行动态数据,实现了站场(厂)和管道完整性、地面生产运行、安全应急等领域的三四维数字化管理和展示。

数字化地面,以 GIS 技术平台为支撑,集数据采集入库、三维实体建模、全要素 GIS 数据管理与应用等为一体,为地面工程建设管理、地面工程竣工移交管理以及地面生产安全、高效、节能、环保运行管理提供高效和一体化的信息支撑。

(一)数字化地面业务构成

数字化地面,主要面向特大型气田地面工程建设、竣工移交和地面生产运行三大阶段的业务管理,实现站场(厂)和管道完整性、生产运行、安全应急等数字化管理和展示。数字化地面,包括了地面工程建设管理、物联网实时监控、地面生产动态管理、生产调度与安全应急、现场作业管理、管道与场站完整性管理和三维可视化培训七大功能模块[16]。

通过地面工程建设管理,可实现地面工程建设期的工程进度、工程质量的实时掌控;通过物联网实时监控,可实现生产现场生产和工艺动态的实时感知;通过地面生产动态管理,可随时掌握地面生产运行动态、进行生产运行分析;通过生产调度与应急管理,为公司生产运行监控和应急指挥提供可靠信息支撑;通过现场作业管理,实现作业标准化管理;通过管道与站场完整性管理,实现管道与站场设备、设施的全生命周期管理;通过三维可视化培训,提升员工工作技能及绩效。

— 431 —

(二)数字化地面数据组织

数字化地面,要管理地面工程勘查设计到施工建设再到投产运行的各类数据。这些数据的采集渠道各不相同,涉及的应用系统也很多。数字化地面,按照 Q/SY 1180—2009《管道完整性管理规范》《中国石油天然气股份有限公司油气田地面建设工程(项目)竣工验收手册》及《油气储运项目设计规定》等三个标准来进行设计、开发和实施。在专业数据模型方面,参照了 APDM、ISO 15926 和 ISO 19775-X3D 等数据模型标准以及 WITSML、PRODML 和 RESQML 等数据传输标准,来明确数据采集内容、规范数据整合方法,确保地面工程数据的完整性、时效性,最终以高质量的数据来支撑数字化地面建管一体化功能的实现。

数字化地面,按照前端数据采集与接入、中端数据处理与呈现、后端业务应用展现三个层次进行各类业务数据的组织,如图 11-44 所示。

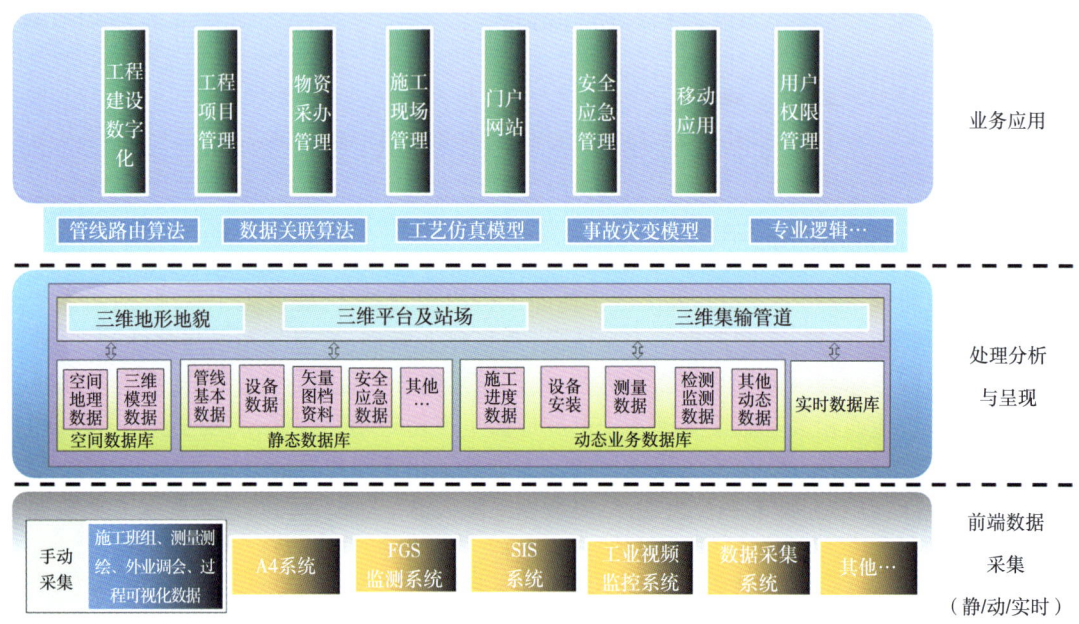

图 11-44 数字化地面数据组织图

数字化地面,按照地面工程建设、竣工移交、地面生产运行三大阶段的各业务管理环节的应用需求,梳理规范了数字化地面的数据类别和来源,见表 11-3。

表 11-3 数字化地面数据类别及来源

数据类别	数据来源
空间地理数据	中国石油地理信息系统(A4)
三维建模数据	人工建模
工艺过程数据、矢量图档数据、设备基础数据、管道基础数据	地面工程数据采集系统
管道巡线数据	管道巡线系统

— 432 —

续表

数据类别	数据来源
测量测绘数据、检验监测数据、周边环境数据、应急物质数据	实地数据采集
生产实时数据、管理流转数据、设备维护数据	西南油气田生产数据平台
安全预警数据	SCADA、物联网实时监控系统
气象监测数据	气象监测系统
培训课件	脚本编制

(三)数字化地面业务应用

数字化地面管理系统包括地面工程建设管理、物联网实时监控、地面生产动态管理、生产调度与安全应急、现场作业管理、管道与场站完整性管理和三维可视化培训7个模块。数字化地面管理系统主要面向龙王庙组气藏地面建设工程全生命周期管理,实现站场(厂)和管道完整性、生产运行、安全应急等数字化管理和展示。

1. 地面工程建设管理

地面工程建设管理模块包括施工数据管理和质量监控、施工进度管理和电子化移交三个子模块。

1)施工数据管理与质量监控

根据地面工程施工图纸进行地面工程设备及工艺流程建模,并开展伴随式施工数据采集和测量测绘,同步搭建三维场景,实现施工数据管理。同时,接入施工期间视频监控系统,提供施工现场的远程监控和施工问题在线会商功能。施工数据管理与质量监控子模块的功能,主要体现在以下几个方面:

(1)施工数据采集,将建设期勘察、设计、施工和竣工各个阶段生成的资料和数据进行整理、录入,为下一阶段提供数据信息支持。

(2)施工数据审核,根据地面生产运行的最终要求,依据严格的审核流程对施工数据进行细致检查和审核,确保运营期所需工程建设过程中的数据资料全面准确。

(3)数据资料可追溯管理,通过对各阶段数据的元数据信息进行有效管理,实现项目建设过程的全生命周期跟踪,并为风险评估和完整性评价提供数据基础。

2)施工进度管理

借助空间地理信息和三维可视化手段,让管理者从海量信息中迅速掌握项目实际进展和施工过程的各关键点,对项目计划和进度进行对比分析。以在建硫黄成型装置为例,依据施工日报、现场施工照片,采用三维仿真技术,对施工过程进行历史回溯,实现施工过程的全周期管理,如图11-45所示。

3)电子化移交

地面工程建设管理中,当地面工程建设完成,开展竣工验收准备转入投产运行时,通过电子化移交能够方便、快速地实现地面工程数据、图纸、文档等资料的交接。地面生产运行管理所需要的各种基础信息,能够快速迁移到相应的地面生产运行管理信息系统中,以便立即支撑

图 11-45 施工进度可视化应用界面

地面生产运行管理。电子化移交,包括图档资料电子化移交和施工成果矢量化移交两个子模块。

(1)图档资料电子化移交。

通过地面工程图档资料电子化移交,能够按照图档资料的管理标准体系进行可研、勘察、设计和施工等阶段的图纸资料、立项报告、可行性研究报告、地质勘察、施工记录等多专业的图件、表格、实体数据、文档报告进行多维度的关联检索和基于业务专题的定制查询,并能够把传统二维表格化管理的各种图件、表格、实体数据、文档报告关联到三维模型,实现各类图档资料的快速检索、电子移交和分类归档(图 11-46)。

(2)施工成果矢量化移交。

通过地面工程施工数据管理功能,管理了各种测量、测绘、三维扫描形成的数字化信息,并通过真实三维场景和地形地貌结合起来进行建模呈现后,工程施工成果矢量化移交时,管理者可直接通过三维模型查找到各类施工成果详细信息及周边的地形地貌(图 11-47)。

2. 物联网实时监控

油气生产物联网是随着互联网技术、网络通信技术及传感器技术的迅速发展,由油气生产自动化控制系统演进而来的。物联网实时监控模块,是基于油气生产物联网,通过电子巡井、实时跟踪、过程监控和智能预警等创新应用,来高效率开展油气生产现场的生产运行监控、电子巡井巡检等日常工作(图 11-48)。

1)自动化站控系统

一般来说,油气生产物联网是在地面工程自动化控制系统基础上进行建设,而对于特大型气田数字化建设而言,"同步设计、同步建设、同步投运"的建设策略,使得油气生产物联网与地面工程融合在一起开展建设工作。因此特大型气田的自动化站控系统就成为油气生产物联

◆ 第十一章 特大型气田数字化建设与应用

图 11-46 地面建设图档资料电子化移应用界面

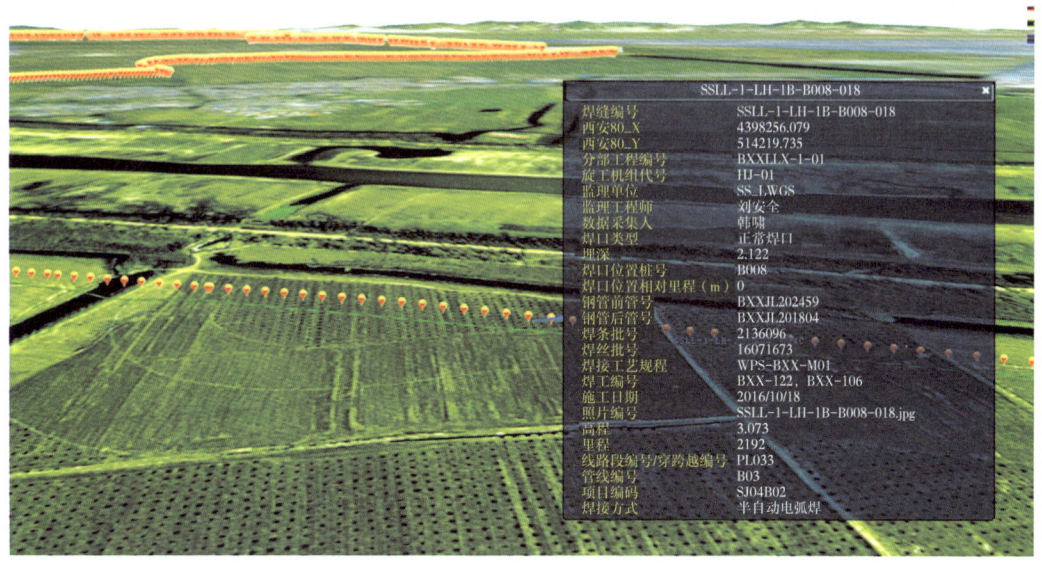

图 11-47 施工成果矢量化移交应用界面

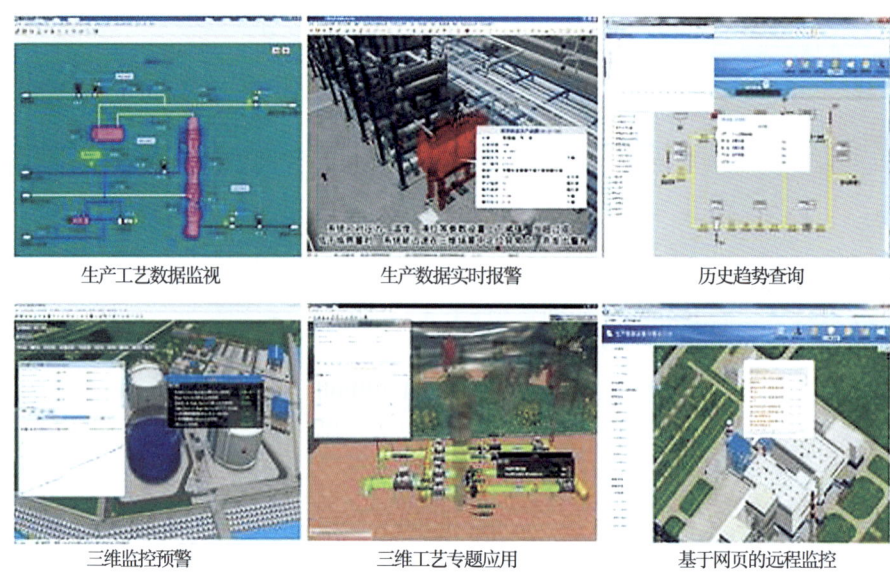

图 11-48 物联网实时数据监控示意图

网的重要组成部分。自动化站控系统,主要包括 RTU/PLC 系统、DCS 系统、SIS 系统和 FGS 系统等。

在特大型气田建设中,按照"一个气田,一个中心"的原则,设置了一套 DCS 控制系统,建设了"双环双回路"的通信系统,实现了对各阀室、井站、集气站、净化厂工艺装置集中管理、监视和控制,实现了"八级截断,三级放空"的全气藏联锁和应急状态下的"快速反应、远程关断、有限放空"功能,为气田安全生产和单井无人值守提供了有力保障。

(1) RTU/PLC 系统。

RTU/PLC 系统主要针对气田阀室、井站、站场的数据采集与生产工艺自动控制。通过在站内配置 RTU/PLC 主控制器,在井口、进/出站管线、工艺装置区,设置压力/温度/液位变送器、智能流量计、安全截断阀、电动执行机构等仪器仪表设备,实现站内生产数据的采集、上传和对关键工艺流程的自动控制。

RTU/PLC 系统数据上传至中心站监控室接受远程监视控制,实现生产现场无人值守,避免因生产现场泄漏风险带来的不安全因素。

(2) DCS 系统。

DCS(Distributed Control System)系统,即分布式控制系统,在特大型气田实现了以净化厂控制中心为核心的整个气田的实时数据采集和先进的工艺自动化控制,包括了脱水装置、脱硫装置、硫黄回收装置、尾气处理装置、硫黄成型装置、锅炉热力系统、火炬及放空系统、空气氮气站、燃料气系统、循环水系统、污水处理装置、生产消防给水站及其他辅助设施的所有工艺参数的实时采集和集中监控以及生产工艺自动化控制。

同时,DCS 系统能对油气生产现场 RTU/PLC 系统进行控制,并设置了冗余控制机制。当另一个净化厂 DCS 系统连续无法收到该净化厂 DCS 系统的确认信息后,气田无人值守站 RTU/PLC 系统可接受来自另一个净化厂的远控命令,来保证油气生产现场工艺连续安全受控。

(3) SIS 系统。

SIS（Safety instrumented System）系统，即安全仪表系统。特大型气田的安全仪表系统采用独立冗余、容错并具有 SIL3 安全完整性等级的控制系统来实现。安全仪表系统通过设置工程师站和操作员站，在净化厂上游或下游管道以及设备出现故障时，可部分或全部地切断相关装置。

安全仪表系统实现了特大型气田净化厂各工艺装置和设施的实时安全受控。同时，安全仪表系统向 DCS 系统提供联锁状态信号，在需要时可通过 DCS 系统对气田上游或下游的井站、集气站、阀室等进行安全联锁操作，保障人身安全并对生产井及集输系统进行保护性控制。

(4) FGS 系统。

FGS（Fire Alarm and Gas Detector System）系统，即火灾报警和气体检测系统。特大型气田 FGS 系统包括可燃/有毒气体检测与报警系统、火灾检测与报警系统及消防联动系统，实现有毒气体、可燃气体的实时监测。

特大型气田自动化控制系统的建立，实现了单/丛式井站、集气站、远控阀室等相关工艺设施的自动控制、无人值守；实现了气田控制中心对整个气田的生产运行监控和调度管理；实现了对站场/工艺设施的工艺变量、站场/工艺设施的阀门状态、旋转设备状态、管道远控阀室信息、井口温度、压力、流量信息/计量参数、管道防腐参数等数据的采集，实现了工艺参数超限报警、装置泄漏检测报警、远程紧急关井等功能。如图 11-49 所示。

图 11-49　特大型气田自动化站控系统应用示意图

2）工业电视监视及安防

工业电视监视及安防，是以视频监视为核心，集成双向语音对讲、入侵报警、门禁、仪控房动态环境监测系统为一体的综合性辅助管理手段。

特大型气田部署实施的高清工业电视监视系统，以计算机、服务器、磁盘存储阵列、高清摄像前端、软件为核心，实现视频图像网络监视和管理。特大型气田的高清工业电视监视系统在

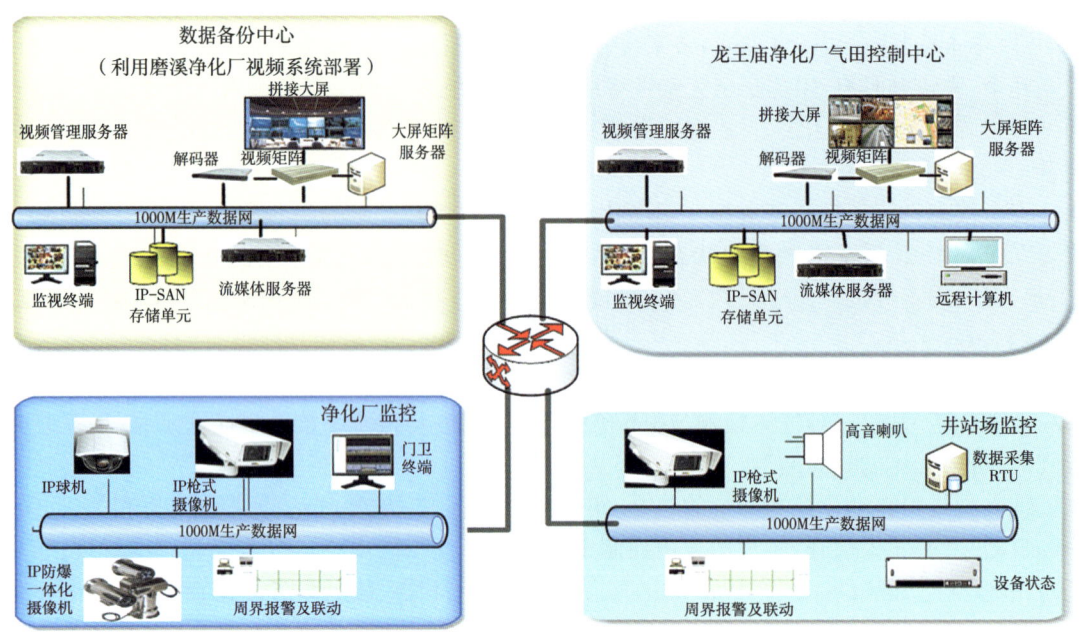

图 11-50　工业电视及安防系统架构图

各个井站设置固定式枪式摄像机或球式摄像机,对井站/站场井口区、工艺流程区进行监测。这些摄像机还具有移动侦测或区域入侵检测功能,与设置在井场的周界防护或站内区域入侵探测一起可实现闯入报警联动。工业视频监视系统,还为油气生产现场的施工作业、生产属地管理、环境监控等提供了有效的技术手段。

另外,特大型气田还利用物联网技术构建了周界视频安防报警系统,实现了各井站、场站、净化厂的周界防范。利用智能视频分析探测系统、红外入侵探测器等,借助高性能计算机对监控图像数据进行高速处理、过滤、识别,从中提取关键信息并按照规则进行实时检测分析,实现越线检测、进出区域检测、车流量计数、人员定位检测等。

3）油气生产物联网

特大型气田的油气生产物联网系统,以智能仪表、控制设备、物联网关等为基础,以站控自动化为核心,通过 ModbusTCP/IP、ModbusRTU、RS485 和 HART 等通信协议,实现生产数据和智能仪表状态信息的实时采集并远程逐级上传至中心站、气田控制中心、气矿调度中心和公司生产指挥中心等各业务管理层级,并在各层级通过实时组态重现油气生产现场实时工艺运行情况,便于各层业务管理人员对现场生产及工艺运行情况进行远程监视和随时掌握现场生产情况。

在气田现场和净化厂控制中心层面,油气生产物联网已全面覆盖了井站、集输气场站,实现了实时采集、远程控制、视频安防、电子巡检、设备管理、预警告警、统计分析等业务应用,完全能够支撑"中心站+无人值守井站"的管理模式。另外,油气生产物联网物联网建设,还有效支撑了作业区日常巡检、问题提报、检修维护、属地监督等日常工作任务的制定、下达、跟踪、评价、总结等闭环管理,如图 11-51 所示。

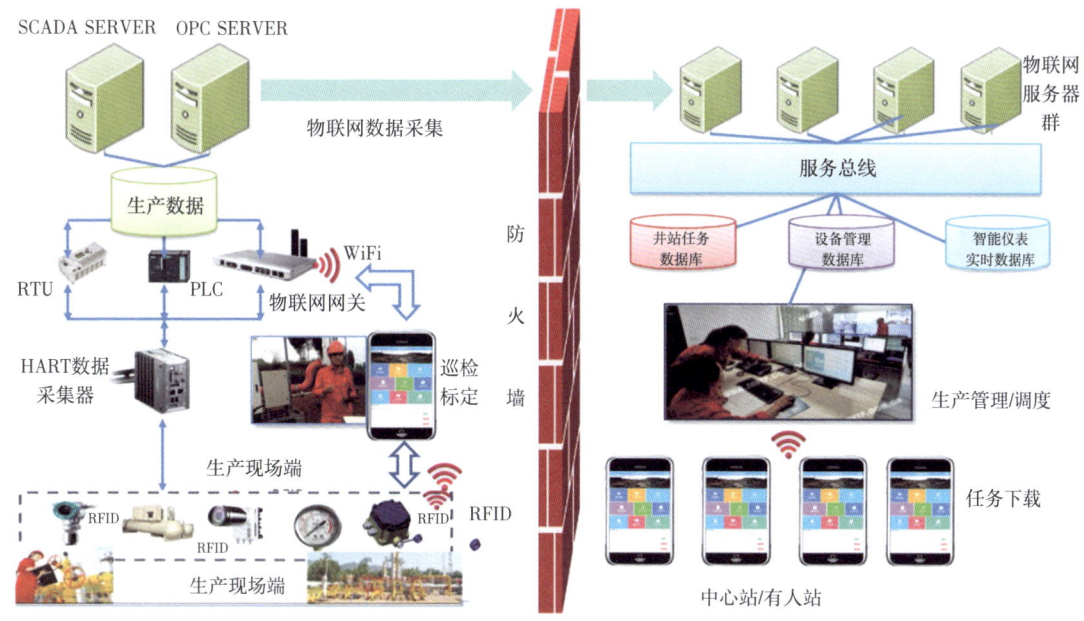

图 11-51　油气生产物联网现场应用构架图

油气生产物联网,根据各层级业务需求不同,将油气生产现场的数据按照阀室、井站、站场—中心站—气田控制中心—气矿调度中心—公司总调中心进行逐级上传。实时视频及图片通过现场前端摄像机、视频服务器或硬盘录像机进行采集,逐级上传到气田分控平台、二级单位分控平台和公司主控平台,这三级平台之间通过平台级联模块进行级联,实现对工业视频监控系统的统一管理和远程视频的点播调用等。

特大型气田的油气生产物联网,在公司总控中心和油气矿级调度中心,能够以二三维交互方式查看实时生产工艺数据和工艺流程、以专题图形式统计分析生产关键指标变化,从而实现生产数据及工艺流程的集中展示、站场流程监控、参数汇总、曲线查询、数据报表、报警记录、事件查询、系统管理以及视频图像的实时监视、关键工艺流程的远程控制等功能,如图 11-53 所示。

通过油气生产物联网的建设,实现了阀室、单/丛式井站、集配气站、净化厂等相关工艺参数超限报警、装置泄漏检测报警以及远程自动控制,使气田站场达到了无人值守的管理要求。同时,油气物联网为各级业务管理部门的生产运行监控、调度管理及协调、数据汇总及分析、问题判断及决策提供了重要技术手段和信息依据,有力地助推了公司生产现场管理方式"由静态到动态,由被动到主动"的转变。

3. 地面生产动态管理

地面生产动态管理,通过集成生产运行管理系统相应功能模块,实现气田地面生产运行管理相关业务报表生成与展示、各类生产运行指标的浏览与查询以及按照专题呈现生产运行情况。

1)生产运行综合报表管理

以生产运行管理系统的报表管理功能为基础,通过集成实现地面生产运行管理的信息支撑。如图 11-54 所示。

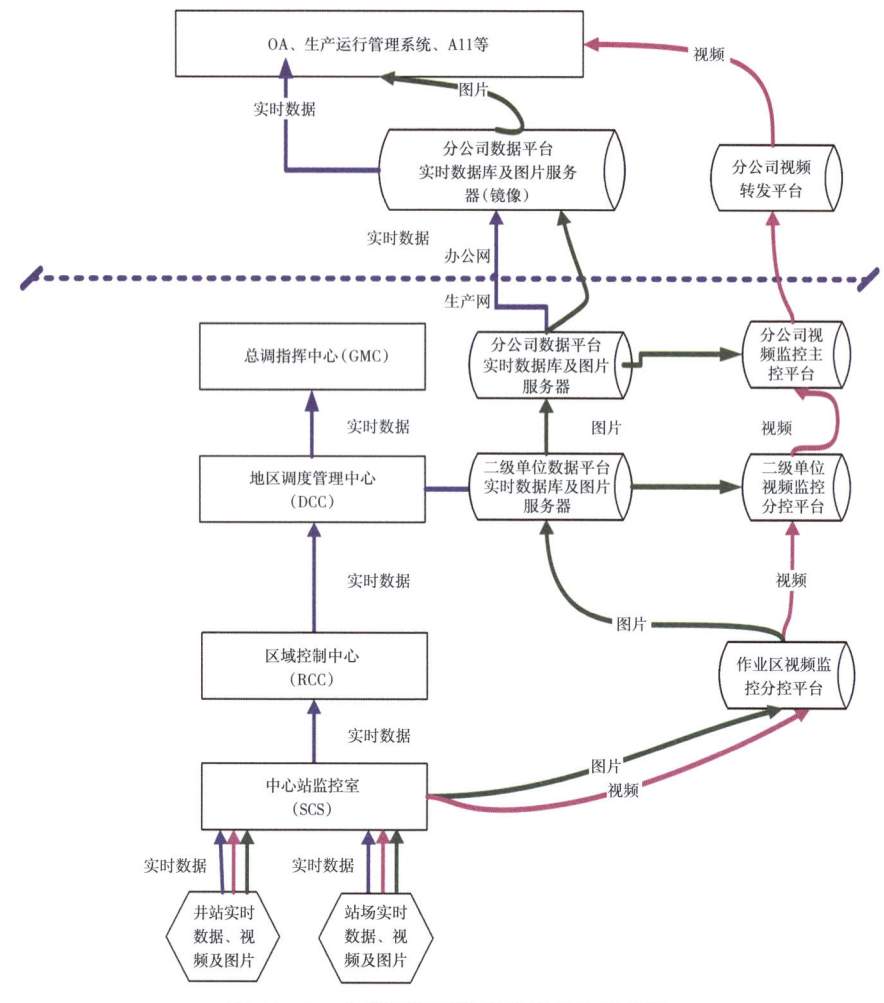

图 11-52 物联网实时数据传输架构示意图

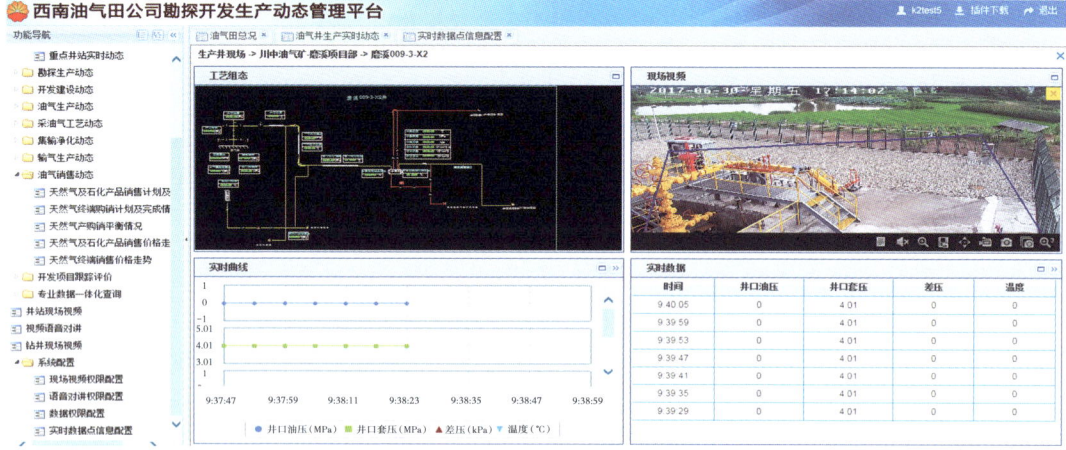

图 11-53 公司生产实时动态综合应用界面

◆ 第十一章 特大型气田数字化建设与应用

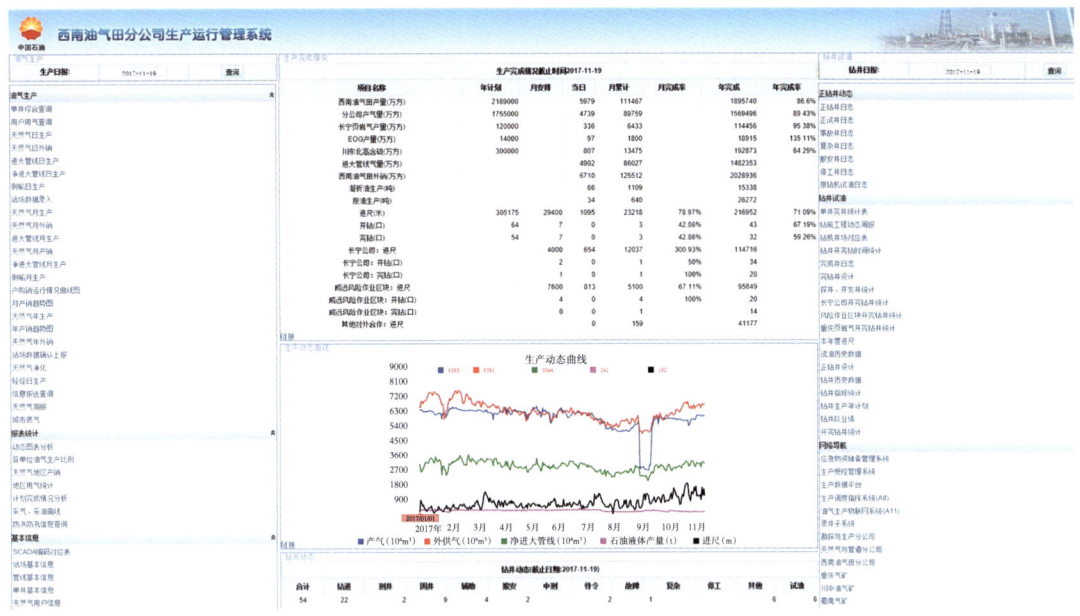

图 11-54 地面生产运行月报查看应用界面

2) 生产运行专题图

通过生产运行综合信息的统计分析,并通过专题图呈现生产运行情况、分析生产瓶颈,为下达调度指令提供可靠的信息支撑,如图 11-55 所示。

图 11-55 地面生产运行月报

4. 生产调度与安全应急

1）生产调度管理

生产调度管理子模块，支持生产计划、检修计划、用户检修安排报表的填写、审核、入库与查询；以地面生产动态数据为基础，可生成各类生产运行管理相关的统计图和生产综合报表；可对车辆运输、井场道路、水、电、信设施管网的分布情况进行统一查询和三维展示，辅助生产调度管理。包括：

（1）建立以"年安排、月计划、周平衡、日制订"为核心的生产计划的制订、发布与监控流程，并提供管线名称、计划年度/月份/日期、计划输量、气源、用户名称、配气量等计划数据的录入，有效管理计划数据信息。

（2）从生产运行流程整体优化的角度，采用数字化技术手段，提醒各职能部门按计划协同有序运行，使得各职能计划既达到分层精细化管理，又实现相互之间的紧密协调和约束。

2）安全应急管理

安全应急管理子模块，能够有效管理生产单位重大危险源和隐患风险等，也能够有效管理油气生产现场等高风险区域周边的居民区、学校等敏感因素以及政府、医疗、公安、消防等应急救援力量信息；可以实现应急预案体系化、模块化的管理并支持专项预案的三维可视化管理，能够组织安排和管理安全培训和应急培训；应急情况下可以通过部署移动单兵系统以及与油气生产现场生产动态和实时监测信息的集成，关联查看生产现场实时状况，进行在线灾情汇报、事故推演分析、异地会商和远程指挥；通过对事故影响范围计算，快速检索地方公安、消防、医疗救护等应急救援力量，通过群发短信与联络等方式通报事故灾情并争取配合，应对必要的警戒、疏散、救护等周边社会范围应急处置需要，实现企业与地方应急协同联动，从而有效提高公司对于突发事件的应急处置能力。

安全应急管理，以"平战结合"为指导思想，将现场生产动态和实时监测预警信息集成，并综合应急地图、三维模型、工业视频及视频会商等应用，形成平时与战时相结合的安全应急管理机制，如图11-56所示。

（1）基于气体泄漏模型的推演。

以中国安全生产科学研究院的火灾、爆炸与气体泄漏快速计算模型为基础，针对四川地区复杂地形和气象特征进行了数据匹配，能够支持实时气象监测数据的采集，可在演练或事故发生的第一时间推演有毒气体（重气体）的扩散方向和范围，为应急指挥和实施快速疏散提供有效支持，如图11-57所示。

（2）基于工艺流程的应急支持。

安全应急管理，植入采气、集输和净化的工艺流程并建立工艺过程模型，通过事故点上下游工艺关联分析，快速确定应急处置方案，并提示由关联的生产工艺自动化控制系统进行远程操控，提高突发事故反应速度、降低风险与损失，如图11-58所示。

（3）基于GIS的高效应急调配。

安全营应急管理，管理了870多类物资编码及15万条应急物资信息，并与中国石油E2系统进行了对接，还包括了消防力量、应急队伍、医疗救援等应急资源的有效管理与查询。借助于GIS技术对应急资源进行标绘和快速定位，结合应急区域路网信息进行物资、消防、队伍的

第十一章 特大型气田数字化建设与应用

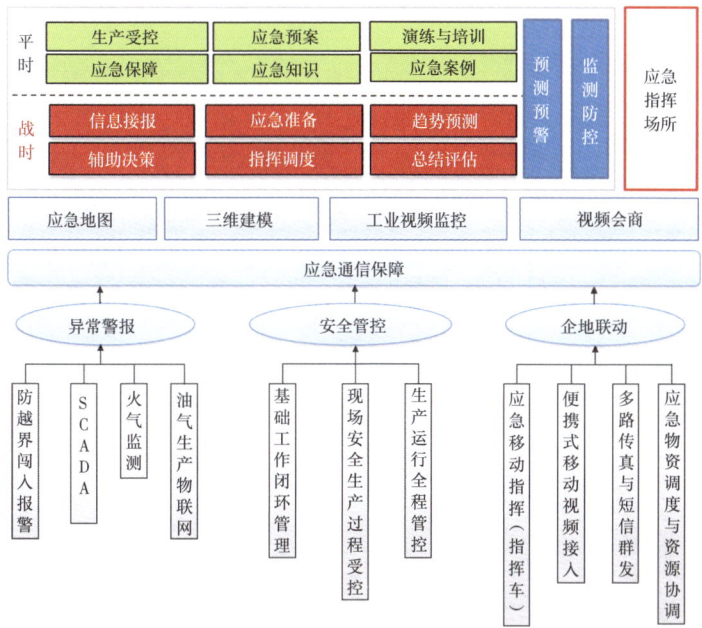

图 11-56 安全应急管理应用架构示意图

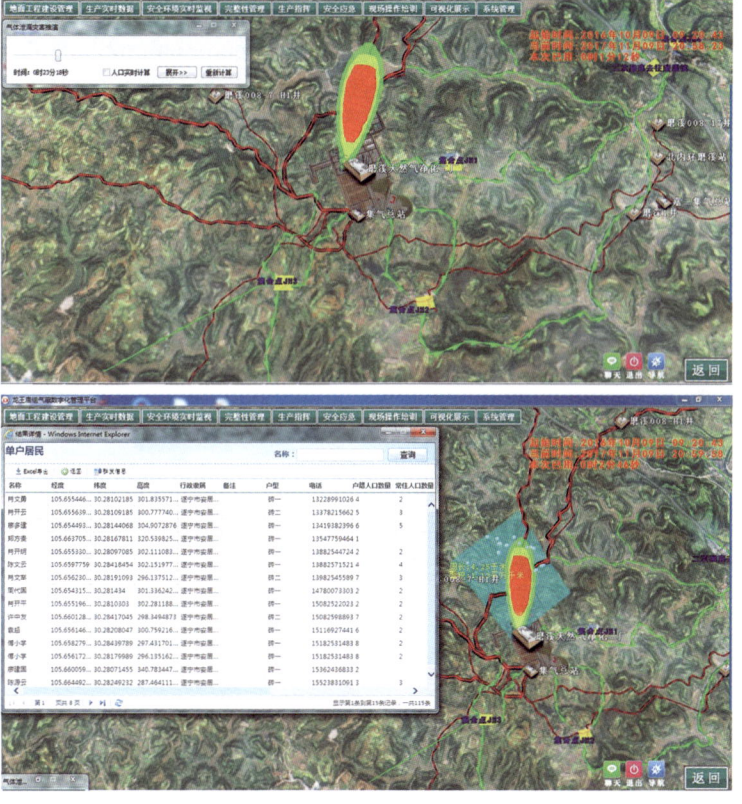

图 11-57 有毒气体扩散模拟应用界面

救援路径分析与优化调度指挥,如图11-59所示。

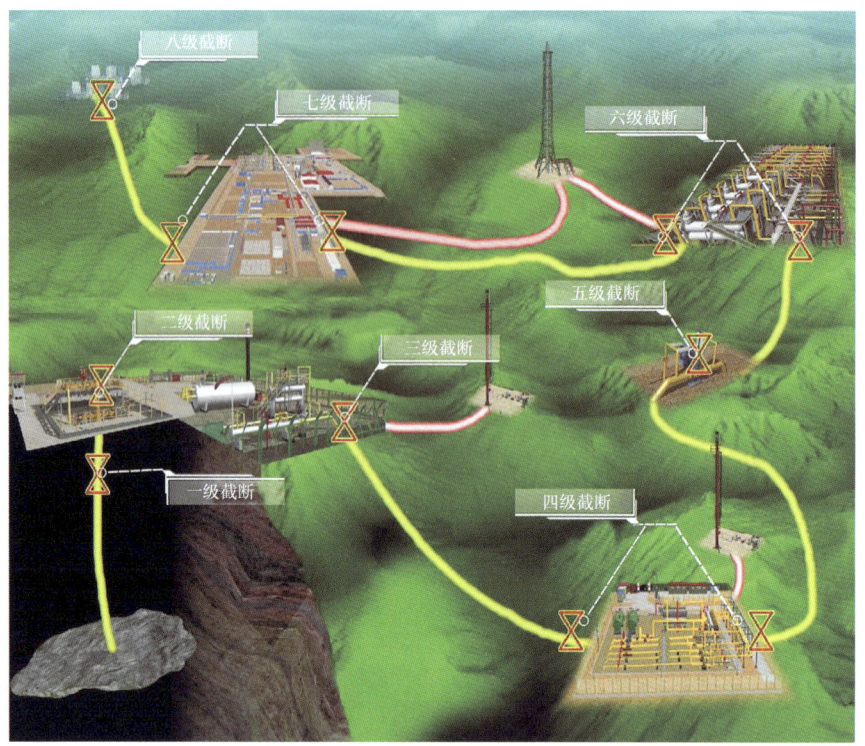

图11-58 安全应急管理与八级截断和三级放空远程控制示意图

图11-59 基于GIS的应急物资管理应用界面

5. 现场作业管理

现场作业管理是作业区作为油气田基层生产组织单元的核心工作内容之一,也是整个油气企业提升业务管理水平的基础和保证。通过建立岗位工作标准化管理、任务调度组织管理、现场操作过程管理、工作监督与考核管理等应用,并结合物联网的建设形成"电子巡井+定期巡检+周期维护"的生产组织模式,降低了基层员工劳动强度,也保障了气田生产现场的安全生产。

1) 现场作业管理的定位

现场作业管理,采用物联网、移动应用、大数据和云计算等技术,以"岗位标准化、属地规范化、管理数字化"为目标,在标准化拆分和结构化存储"巡回检查、常规操作、分析处理、维护保养、检查维修(施工作业)、属地监督、作业许可管理"等业务流程的规范以及工作质量标准基础上,实现作业区基础工作和业务管理"有标准、有指导、有记录、有监督、有考核",从而全面提升作业区数字化管理水平,推动生产组织优化、强化安全生产受控,进而提升油气田生产效率和效益。

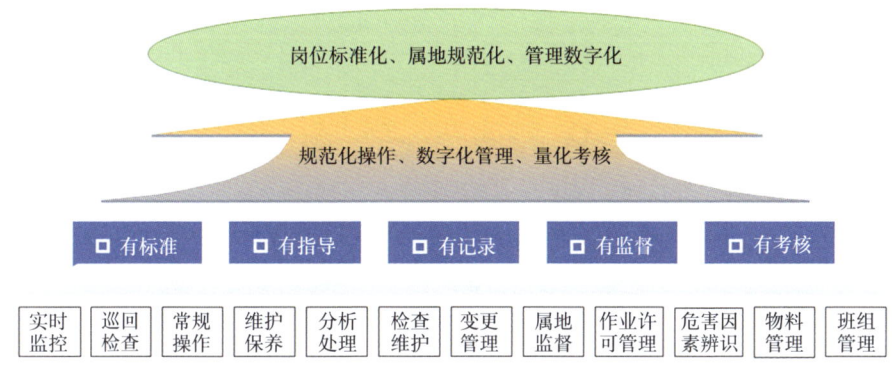

图 11-60　现场作业管理的定位

2) 现场作业管理的技术实现

现场作业管理的技术实现分为三个层次,底层通过开发软件工具实现对业务体系和生产体系的维护;中间层以生产实体和操作类型组合而成的操作单元为核心,实现流程规范、操作要点、安全风险、关联数据、操作表单的规范化管理;上层通过 BPM 业务流程管理技术实现对巡回检查、常规操作、分析处理、维护保养、检查维修(施工作业)、属地监督、作业许可管理等基础工作流程进行灵活配置,来满足作业区机关及一线井站的现场作业管理需求,如图 11-61 所示。

3) 现场作业管理的应用场景

现场作业管理,将所有基层任务来源纳入统一管理,任务执行更有针对性。按照标准的业务管理流程,建立现场作业管理的闭环模式,实现现场作业任务自动触发、调度分配、分解指派、审核监督,促使任务高效执行,从而有效推动作业区现场作业管理更规范、更高效。

以现场巡检作业为例,技术员在 PC 端制订巡检任务工单,并进行工单派发;井站人员利用移动终端接收巡检任务工单,并根据工单时间要求、路线要求以及内容确认巡检任务;巡检

◆ 特大型碳酸盐岩气藏高效开发概论

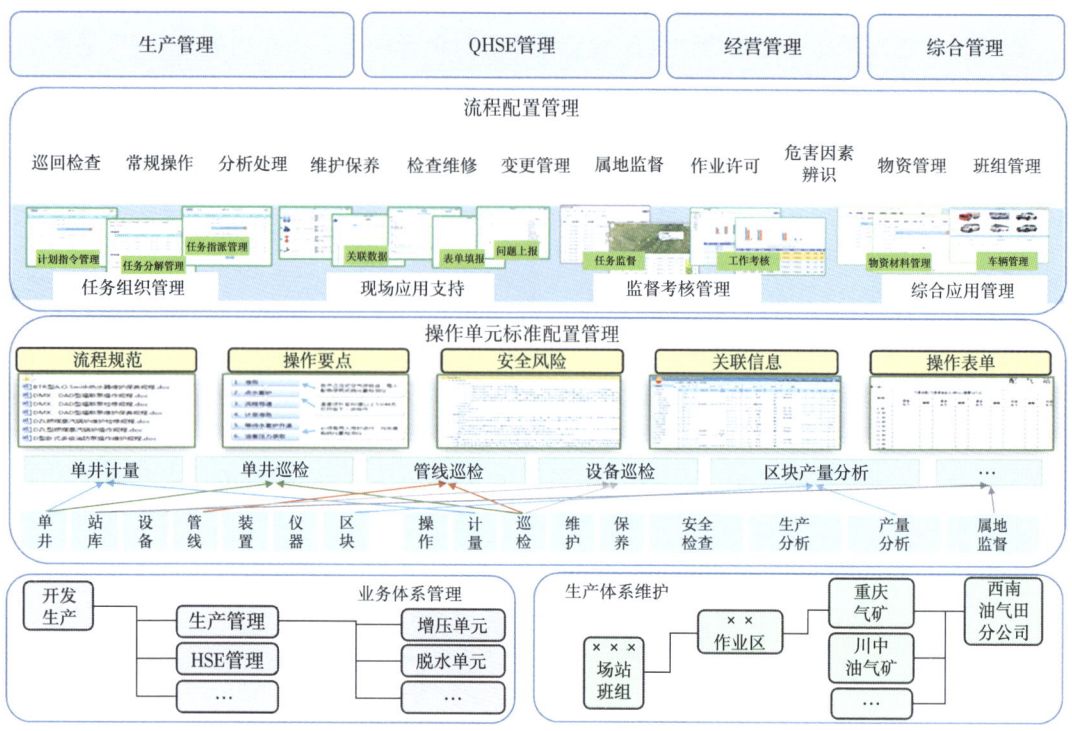

图 11-61　现场作业管理的技术实现架构示意图

图 11-62　现场作业管理的闭环模式示意图

开始后,井站人员根据工单路线要求到达巡检指定区域,通过移动终端扫描巡检区域的电子标签,然后利用移动终端查看流程规范、操作步骤、风险提示等内容,并进行巡检工作确认以及相关巡检记录的填报;完成巡检任务后,巡检人员在移动终端确认工单完成,工单信息将自动推送给相关管理人员,如图 11-63 所示。

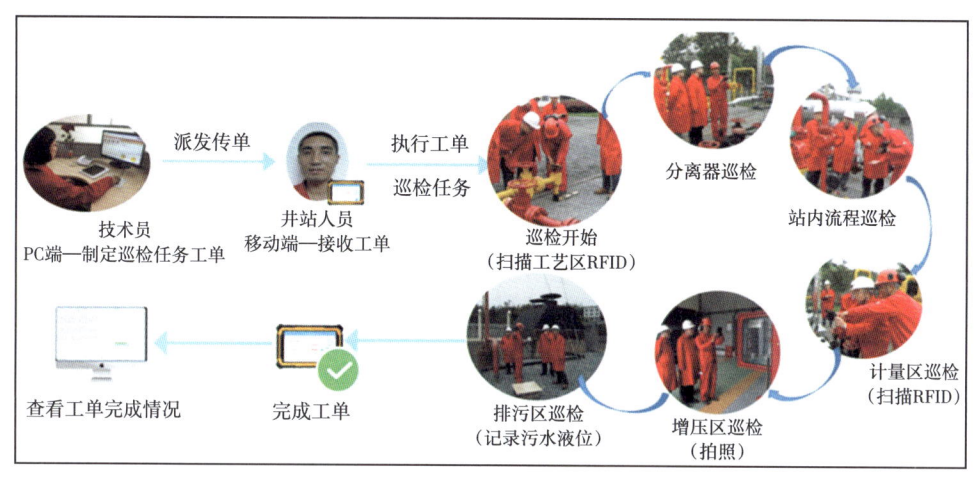

图 11-63　现场巡检作业管理应用场景示意图

6. 管道与场站完整性管理

管道与场站完整性管理,能够以二三维 GIS 交互方式查询和维护管道(包括管道本体、管道附属设施、大中型穿跨越等)和净化厂及站场(生产设施、站内管线、备品备件等)相关的完整性管理基础信息;能够对管道巡线、站场(厂)巡检、设备检修、改造大修、预防性维护等完整性管理相关的动态信息进行填报、审核、入库、查询和三维关联管理;能够加载和管理管道风险评估、设备风险评估、完整性评价等评估评价结果及相关报告文档和图件。通过管道与场站完整性管理,可实现下几个方面的效果:

(1)管道全生命周期完整性管理。通过关联和管理所有管道相关空间地理信息、工程设计、施工记录、竣工验收资料、运行检查维修大修等资料以及完整性检测评价资料等,为管道环境及地质灾害风险管理、管道第三方破坏风险管理、管道本体缺陷风险管理提供全面、完整、真实有效的数据信息和文档资料。

(2)设备全生命周期完整性管理。通过整合管理从设计、建造安装、运行维护、延期服役直至废弃的资产全生命周期的各类数据、资料、记录、评价等,为设备安全受控管理、设备资产全生命周期管理等提供有效信息支撑。

(3)净化厂、站场全生命周期完整性管理。对净化厂、采气井站、集输站场进行基于三维模型的设备台账管理、运检维管理、大修管理、风险与隐患管理、完整性评估管理等,从而提升厂站安全生产与降本增效。

如图 11-64 所示,通过管道全生命周期完整性管理,建立完整的管道相关的完整性管理基础数据和评价数据的数据库,基于管道三维场景可以随时方便直观地查询管道完整性评价管理相关的各种数据信息、评价结果信息及相关报告资料,大幅提升管道完整性管理水平。

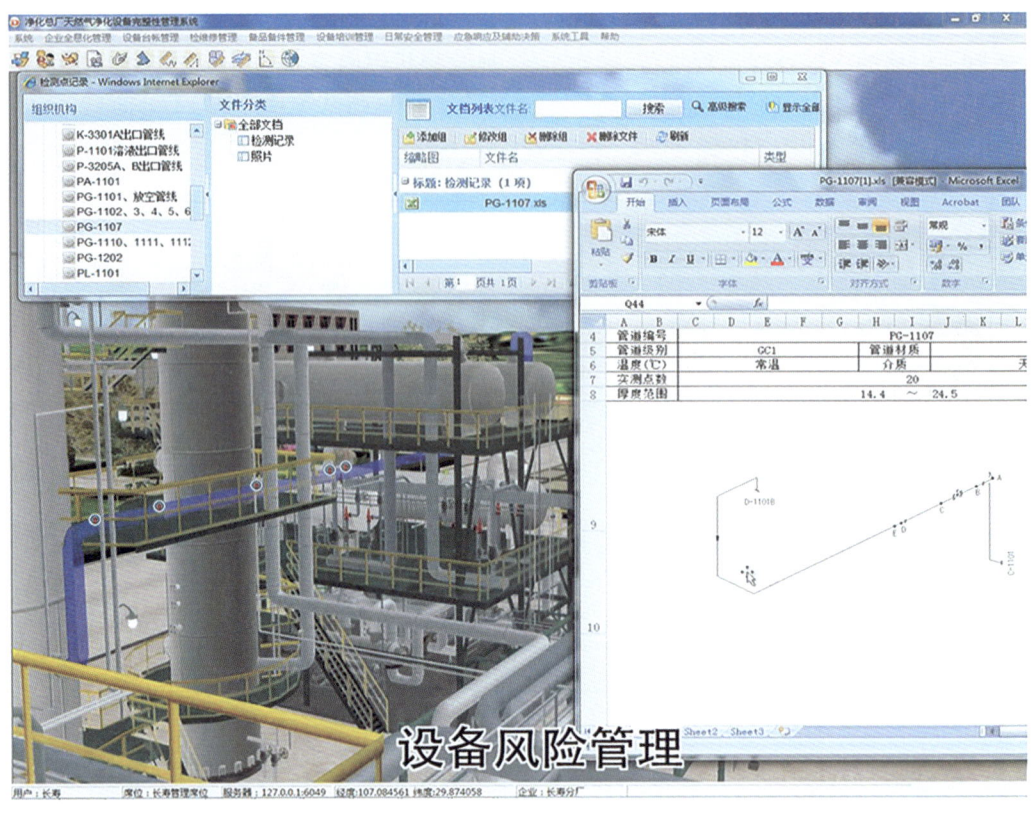
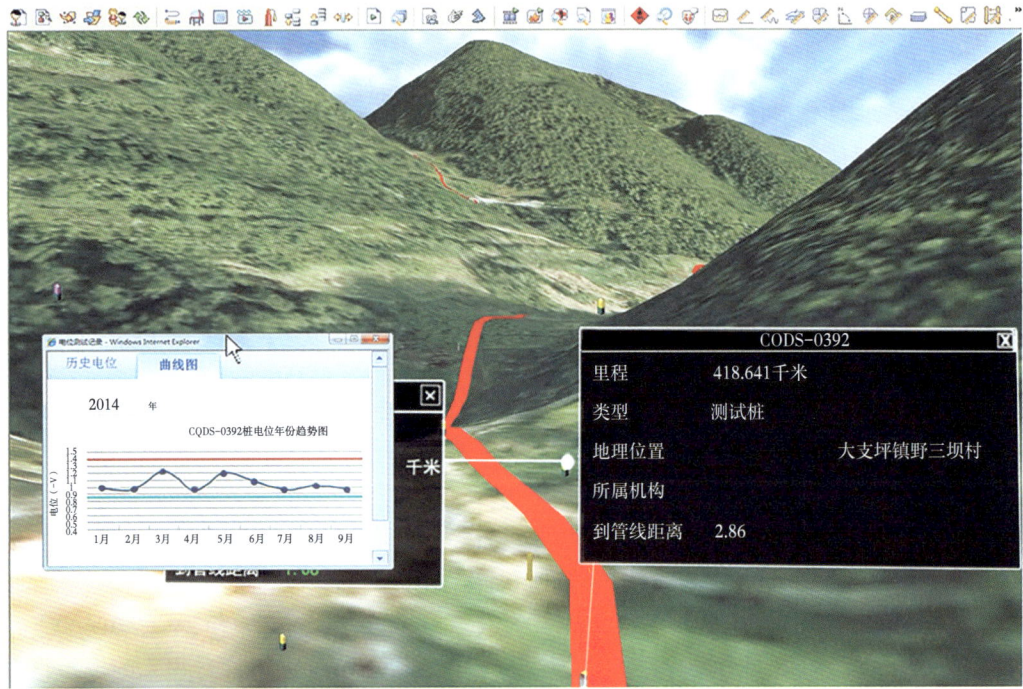

图 11-64 管道与站场完整性管理信息查询展示应用界面

7. 三维可视化培训

三维可视化培训,是基于生产现场三维仿真场景和真实工况,集成已有视频、动画、文字等多媒体培训资料,使抽象理论有形化、地下设施地面化、内部构成剖面化、工艺流程具象化、技能训练实战化、隐性部件可视化、培训管理数字化,是基于三维仿真技术的培训模式创新。这种三维可视化培训,不但适合与生产现场相关的基础理论、工艺流程、规范操作进行全方位培训,同时还能进行各种安全风险、事故故障处理、应急处置指挥等方面的演习培训。利用三维可视化培训,能够增强培训效果、缩短培训时间,也为今后"一岗多能"培训和新人快速培训提供更有效的培训手段。

1) 设备原理可视化培训

通过对装置区关键大型设备进行三维剖切,让培训员工直观了解内部构造以及各零部件间连接或联动关系,使培训员工很快就能够掌握设备工作原理,从而在最短时间内实现培训预期目标,如图 11-65 所示。

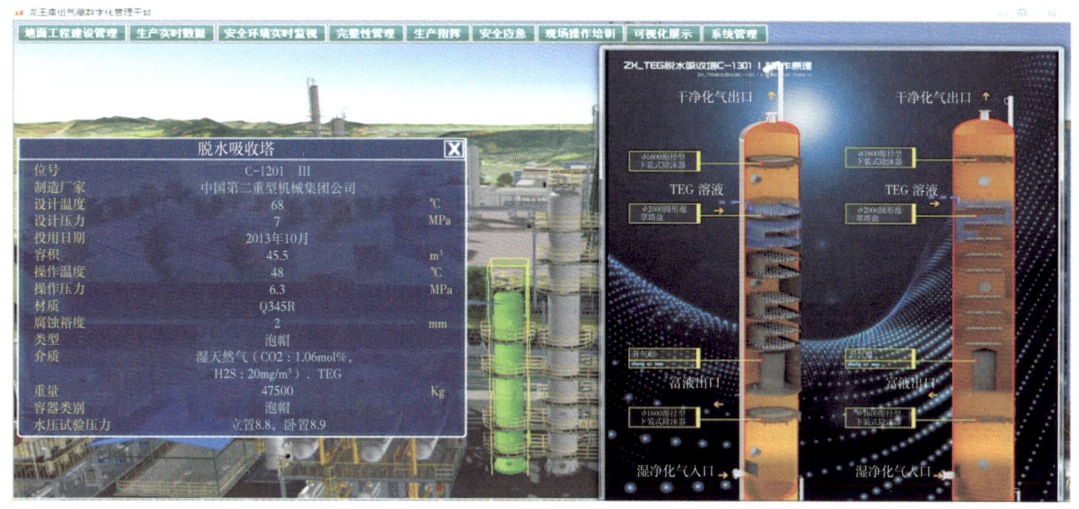

图 11-65 设备工艺原理可视化培训应用界面

2) 工艺流程动漫化培训

将油气田生产管理相关的、传统的工艺流程图纸,转换为动漫形式的可视化培训脚本,借助于三维模型来形象动态地展示工艺流程的线路、流经设备的名称及属性信息、上下游连通关系等,为培训人员提供一个仿真、形象、具体的模拟真实场景,提升培训的质量和效果。

3) 生产操作互动化培训

为不同岗位的操作工提供可视化的、交互式的外操培训、特殊设备操作培训等。该培训应用模块提供教学演示、单人互动演练和多人联网协同操作等三种培训模式。每个受训人员在培训电脑前会仿佛置身真实的岗位上,每个培训操作步骤和实际操作完全一样,每步操作的过程都会记录下来,最后通过系统自动比对标准给出培训成绩,如图 11-66 所示。

图 11-66　生产操作仿真培训应用界面

4) 安全风险仿真化培训

通过安全风险仿真化培训子模块,能够进行应急预案、安全风险教育、HAZOP 分析等可视化仿真培训。仿真培训具有动态响应、场景互动、形象标识、风险警示、分析引导等一般培训方式不具备的特点等,使培训更加具体、培训质量更高、培训效果更好。

五、项目全生命周期评价管理

项目全生命周期管理,以龙王庙天然气开发项目为示范,基于 ERP 系统扩展开发和定制天然气开发项目的指标统计分析展现功能,形成了开发项目全生命周期管理应用。项目全生命周期管理,采用同一口径、使用一套数据、基于同一个技术平台进行多维度数据分析,是技术与经营一体化对接管理的创新应用,实现了开发项目从设计、建设到投运各阶段持续一致的效益评估分析,有利于管理者全面监控项目建设情况和指导项目更优化地运营。

(一) 项目全生命周期评价管理业务构成

项目全生命周期管理,实现项目评估从方案设计、项目建设到投产运行的几大项目阶段的评价管理。从业务上包括项目管理评价和财务资产分析两大部分。其中,项目管理评价部分,包括项目基础数据管理、开发方案及指标管理、投资计划进度管理、产能建设进度管理、项目评价管理等;财务资产分析部分,包括项目基础数据管理、标准化投资核算、运营成本核算及分析、项目阶段经济评价、效益指标图表展示等。通过项目全生命周期管理,实现天然气开发项目的重大节点管控、实时效益评估以及全过程指标监控。

(二) 项目全生命周期评价管理数据组织

项目全生命周期管理,整合了来自集团统建企业资源计划管理系统(ERP)、油井、气井、水井生产数据管理系统(A2)和公司自建生产运行管理系统等相关的项目计划、投资、成本、进度、产量等方面的数据信息,借助统一、整合的数据管理规范,着重数据口径的统一、方案数据的准确以及业务数据的及时流转。项目全生命周期管理的数据来源见表 11-4。

第十一章 特大型气田数字化建设与应用

表 11-4 项目全生命周期管理数据类别及来源

数据类别	数据来源
油气藏工程、钻井工程、采油气工程、地面工程、投资计划、年度产能计划、投资转资、验收管理、成本费用预算	企业资源计划管理系统（ERP）
油气产量	油气水井生产数据管理系统（A2）
钻井、产能、产量	生产运行管理系统

(三)项目全生命周期管理功能介绍

1. 开发方案管理

开发方案管理包括开发方案基本信息及专业主数据的维护管理和以开发方案框架为参考的油气藏工程、钻采工程、地面工程和经济评价等各项数据的维护管理，为项目评价上的多维度分析和指标展示供数据保障。

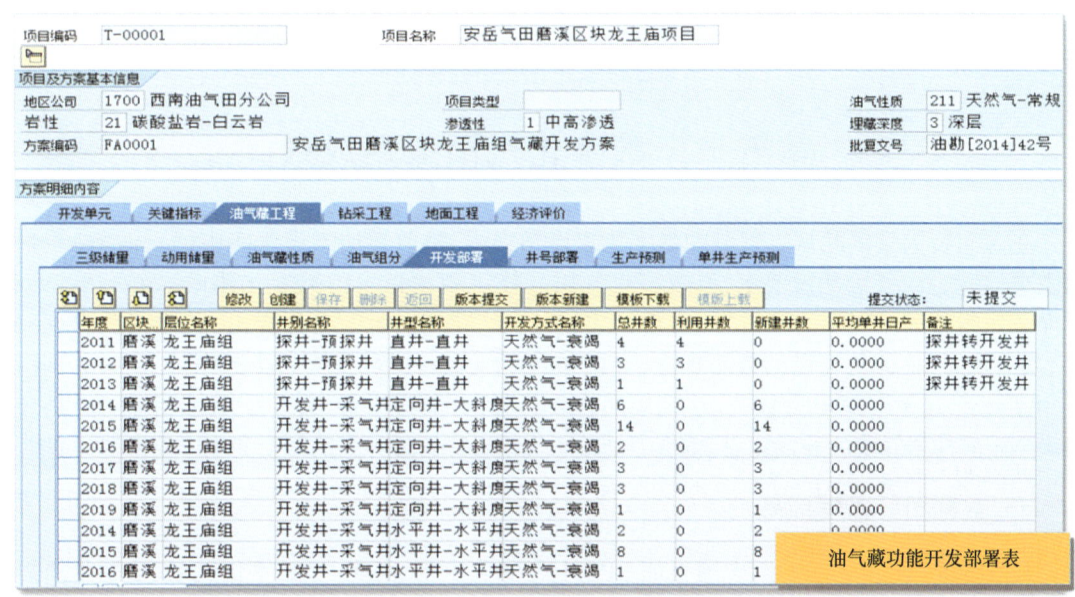

图 11-67 开发方案管理应用界面

2. 工作分解结构(WBS)与区块及井管理

通过工作分解结构体系化进行投资拆解并与开发项目的天然气区块和井进行匹配关联，建立投资成本及回报分析的一致性匹配关系。

3. 多维度分析及指标图表展现

通过 ERP 决策支持平台的多维度数据分析工具和指标图标展示工具，为管理者展现基于统一口径和真实数据的、以项目为单元的天然气开发项目设计、建设和投运三个阶段的投资、成本、收益等指标评估结果，为经营管理者的项目决策提供更准确的信息支撑，从而提升公司经营管理的质量和水平。

图 11-68　工作分解结构以及区块及井匹配关系维护应用界面

第五节　数字化气田应用成效

龙王庙特大型碳酸盐岩气藏的数字化建设和应用,是西南油气田落实中国石油"高质量、高效率、高效益"气藏建设要求,以数字化气田总体规划为指引的数字化建设示范工程,实现了龙王庙组特大型气藏的开发"同步设计、同步建设、同步投运",首次提出"数字气藏、数字井筒、数字地面"一体化建设的核心理念,全面整合了气藏、井筒、地面各类数据信息和相关业务应用,形成了基于勘探开发生产全生命周期的数字化气田管理平台,适应并有力支撑了龙王庙组特大型碳酸盐岩气藏的开发建设,也有力推动了气藏生产管理方式的转变和生产效率的提高。

一、数据资产管理成效

通过数字化气田建设,以中国石油 EPDM 模型为参照,实现了"数字化气藏、数字化井筒、数字化地面"为核心的油气藏勘探开发生产全过程各专业数据的全面有效管理,形成了一个"数据全覆盖、业务全支撑"的龙王庙组特大型气藏管理数据库,是龙王庙组特大型气藏的宝贵数据资产,在整个气藏勘探开发生产管理和分析、决策工作中发挥着巨大的业务价值。

（1）气藏数据资产。气藏数据资产见表 11-5。

表 11-5　气藏数据资产

资产项目	资产成果
数据类别	区域地质、矿权数据、地震数据、储量数据、沉积相、构造圈闭、储层数据、物性数据、开发方案、地质设计、测井成果、试油成果、随钻数据、措施效果、产量数据、动态监测
数据量	74 口井的结构化数据 74 万条,非结构化文档 3095 个
时间范围	2012 年 9 月至 2017 年 8 月

(2)井筒数据资产。井筒数据资产见表11-6。

表11-6　井筒数据资产

资产项目	资产成果
数据类别	钻井设计方案、钻井地质数据、钻井工程数据、录井数据、测井数据、试油设计方案、射孔压裂数据、完井试油数据、完井管柱数据、采气工艺动态、措施设计方案、措施作业动态、措施效果评价、井口抬升数据、井环空数据、评价等级数据
数据量	74口井的钻井、录井实时数据8000余万条,结构化数据152万条,非结构化文档7832个
时间范围	2012年9月至2017年8月

(3)地面数据资产。地面数据资产见表11-7。

表11-7　地面数据资产

资产项目	资产成果
数据类别	空间地理数据、三维建模数据、工艺工程数据、矢量图档数据、设备基础数据、管道基础数据、管道巡线数据、测量测绘数据、检验检测数据、生产实时数据、管理流转数据、设备维护数据、安全预警数据、周边环境数据、应急物质数据、气象监测数据、培训课件、实时生产工艺数据、实时生产计量数据、测量仪表数据、计量仪表数据、控制设备数据、环保节能设备数据、压缩机设备数据、通信设备数据、太阳能及后备电源设备数据、自控设备数据、物联网设备数据
数据量	45口井的2300个点生产实时数据,结构化数据24万条,非结构化数据57万个(其中图档资料2万个,现场照片55万张),物联网管理和远程控制单井45个,集输气场站10座
时间范围	2012年11月至2017年8月

二、业务管理提升成效

(一)油气生产过程一体化智能管控能力显著提高

通过数字化气田建设与应用,将数字化气田建设与劳动组织结构和生产管理流程优化相结合,按照"分级分层"的方式,将矿部、作业区、气藏调控中心、中心站和单井等分散在现场的工作动态、生产变化、决策集成到了同一个数字化平台上进行共享,打破单井独立管理模式,将生产管理融入到各个层级。数字化气田建设,赋予了一线井站"千里眼、顺风耳"的强大功能,实现了所有投产单井和集气站生产运行的全面感知、实时上传、集中监控、智能预警、自动联锁保护等,打造形成了"调控中心、巡井班(中心井站)、维修班"三位一体和"电子巡井+定期巡护+周期保养+检维修作业"的创新生产组织方式,减少管理层级、减少值守人员数量、提高人员工作效率,由现场管理向远程管理转变,劳动强度明显降低。

通过数字化气田建设与应用,提升场站数字化系统覆盖率和数字化场站远程可控率,降低生产井异常关井井次。截至2017年7月底共有68座井、站、阀室,目前数字化和自动化系统覆盖率和远程可控率已达到88.2%。2016年井站内联锁设备异常自动关断共导致生产井关井停产35次数,截至2017年8月共有10次,已出现大幅下降趋势预计年内控制在15次以下。提高了生产井的生产效率,有效减少产量损失。

通过数字化气田建设与应用,也变革了信息采集、传递、控制及反馈方式,使传统的经验管理、人工巡检的被动工作方式,转变为智能管理、电子巡检的主动工作方式;将前方分散、多级的管控方式,转变为后方生产指挥中心的集中管控方式,大大提高了生产效率与现场生产管理水平。通过数字化气田建设与应用,减少了信息传递环节,缩短了现场值守人员和管理人员发现问题、分析问题和处理问题的时间,每个问题的平均处置时间由6h缩短至3h,年运行成本降低2500多万元。

(二)作业区数字化管理效率得到明显提升

通过数字化气田的建设与应用,借助数字化管理、移动应用、大数据技术手段,推动了以"岗位标准化、属地规范化、管理数字化"为目标的作业区数字化、信息化建设,作业区生产巡回检查、常规操作、分析处理、维护保养、检查维修(施工作业)、变更管理、属地监督、作业许可、危害因素辨识、物资管理等10大关键业务流程得到简化、优化和信息化,作业区关键业务流程信息化率提升至81.8%,大幅提高了工作质量与效率。通过物联网等多轮场站信息化建设,完善了井站自动化、物联化设备的配置,提升了生产现场工艺设施信息化水平,实时生产数据可用率提升至99.5%,使员工能够及时、准确、连续地掌握生产动态,实现生产现场的自动连续监控,确保人员、设备的安全和生产平稳运行。自2014年至2017年以来,川中油气矿磨溪开发项目部龙王庙组气藏基层班组减少20个,有人值守站减少25个,有效推动生产组织改革,全面提升作业区生产管理效率。

(三)油气生产经营效益实时评价能力得到提高

基于全生命周期管理理念的天然气开发项目跟踪评价,实现了天然气开发项目从设计、建设到投运各阶段的持续一致的效益评估分析,能够使项目管理者全面、及时和精准地监控项目的运营情况,为业务管理部门的投资和经营决策提供量化和快捷的信息支撑。以龙王庙组天然气开发项目为例,实施经济评价的主体发生了改变,从传统的由研究部门按项目模式进行经济评价,前移到由财务部门利用系统集成数据进行项目结算、成本管理和效益评估等工作;进行经济评价的范围得到大幅拓展,从传统模式只对1000万以上的项目进行评价,转变为对所有项目全覆盖;进行经济评价的效率得到大幅提升,从传统模式对项目只进行三次评价,转变为利用系统可实时进行评价,使业务部门能够对龙王庙组开发井每月都进行效益评价。通过实施前后的对比分析,可直观看到表11-8所列的具体应用成效。

表11-8 项目全生命周期跟踪评价应用成效

项目阶段	实施前	实施后
方案设计	项目前期方案管理不规范,审批通过OA系统	通过系统统一规范项目开发方案管理,并进行版本控制
	方案设计的合理性的评判基本靠经验和专家意见	引入方案验证功能,对相同或类似情况的方案做对比分析,提供评判的一种依据

续表

项目阶段	实施前	实施后
项目建设	专业和经营管理部门使用各自系统,专业和经营数据无法结合分析	统一专业和经营的数据口径,各部门实时看到项目的整体建设进展和成本情况
项目建设	无统一的标准来衡量项目建设的阶段性成效,也没有信息系统来支撑	设定 KPI 指标,通过平台实时衡量项目的建设成效
生产运营	成本和费用无法切割到项目,无法按照项目为单元来评价项目运行的经济效益	按照完整项目管理,设定分摊标准和规则,切实实现按照项目进行经济效益评价,为辅助决策提供服务

三、生产优化成效

(一)实时动态分析,决策早期介入,不断优化气井生产

通过数字化气田建设,完善了数据采集与自动控制,能够实时推送生产数据给生产运行管理人员并自动生成业务报表,极大缩短了人工抄录、手工填报时间。同时,实时上传汇聚的生产数据,能够有效支持气藏实时动态分析,使气藏管理人员实时了解生产趋势,分析生产影响要素,及早进行生产决策,不断优化气藏生产(图 11-69)。

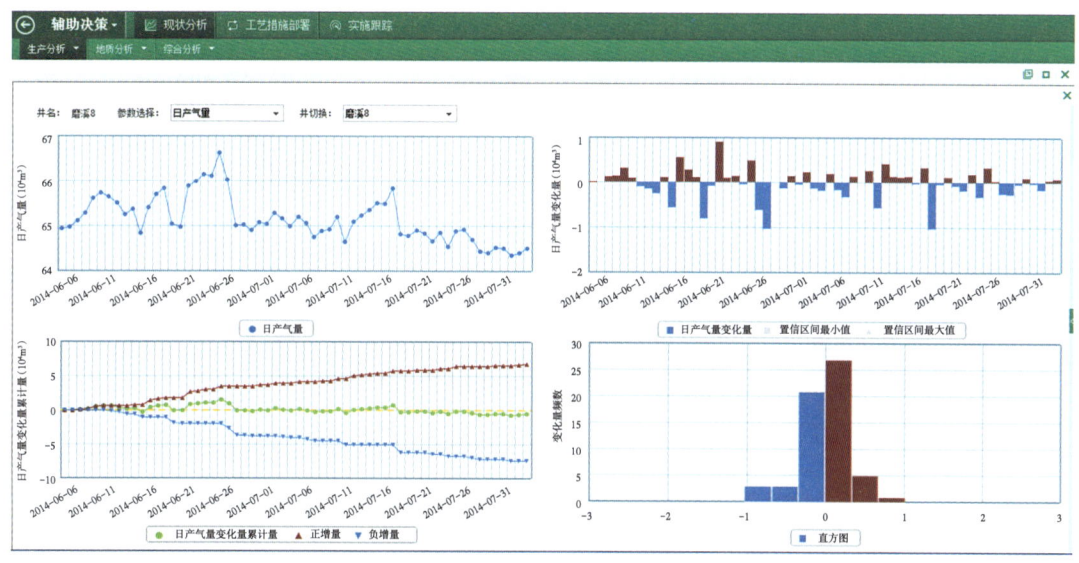

图 11-69 气藏实时动态分析辅助决策工具

(二)生产安全受控,减少高风险工作频次和时间,提升员工安全感与幸福指数

通过数字化气田和天然气开发项目的同步设计、同步建设和同步投运,依托"双环双回路"网络和物联网应用,集成了 SCADA 系统、DCS 系统等自动化控制和实时数据采集系统,实现了对各阀室、井站、集气站、净化厂工艺装置集中监控和管理,实现了"八级截断,三级放空"的全气藏联锁和应急状态下的"快速反应、远程关断、有限放空",对生产重点现场自动连续监

控,发生异常情况能够快速反应、及时处理,提高了应急响应能力,实现了天然气生产全过程的可视化在线监控和生产预警,为气藏安全生产和无人值守单井安全生产提供了有力保障,也为提高气田生产安全环保和保障能力方面起到了重要作用。

通过数字化气田建设与应用,采用"集中监控+无人值守"模式,将边远井站改造成无人值守井站,使员工从恶劣的边远环境转移到条件较好的中心站;同时,将现场定期巡检改为"远程电子巡检+问题驱动巡检",减少高风险现场工作频次和时间,既大幅降低现场员工的劳动强度,又使员工更多时间远离高风险,从而有效提高员工幸福指数。

(三)规范现场操作,强化模拟演练,有效降低现场生产风险

在数字化气田建设与应用中,在全面梳理生产现场业务基础上,建立以电子巡检岗为核心的生产管理流程。日常工作由电子巡检岗全天候监控各站计量、视频、生产数据等信息,随时把握生产各环节的异常情况,及时处理生产预警,快速安排解决现场问题。通过信息化手段彻底改变过去依靠守井员工现场发现问题再上报的传统模式,实现事后处置向事前预防转变,有效缩短各管理环节应急反应时间,提高问题处置和应急抢险能力。

通过数字化气田建设与应用,实现基于真实场景模拟和真实生产数据的应急预案演练,一方面可视化展示整个预案发生、发展和抢险善后的全过程,另一方面能够模拟典型事故,让各部门参演人员分岗位分角色处置事故,从而有效提高井站和厂站员工事故分析判断和应急处置能力,最大程度保障事故的应急处置及时、有力、科学、高效(图11-70)。

(a)应急处置流程引导

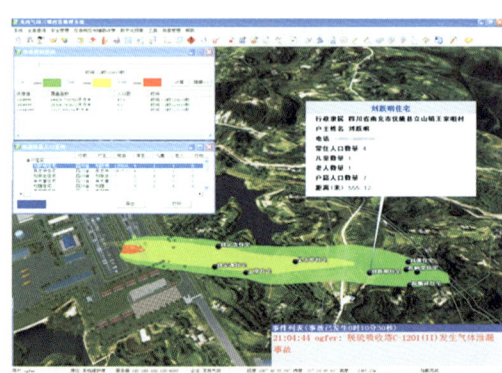
(b)灾害推演及范围内人居查看

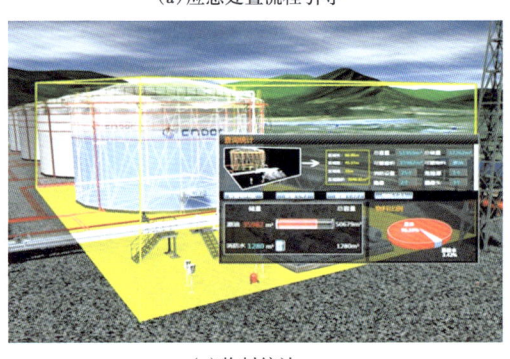
(c)物料统计

(d)消防、排污能力评估

图11-70 应急预案仿真演练效果示意图

四、技术创新成效

(一)勘探开发、地质工程、地下地上一体化,有效支撑多部门、跨地域协同分析决策

气藏、井筒、地面的数字化全生命周期管理,贯穿于天然气勘探、评价、开发和生产全过程,通过井及井筒作为联系气藏与地面的重要桥梁,实现勘探开发一体化、地质工程一体化、地下地上一体化管理,打通勘探开发、地质工程、地下地上的业务数据通道,更有效地支撑多部门、多专业、跨地域协同分析、管理与决策。如图11-71显示了从勘探开始、经过气藏发现到开发生产等主要业务环节气藏全生命周期管理的全面信息化支撑。

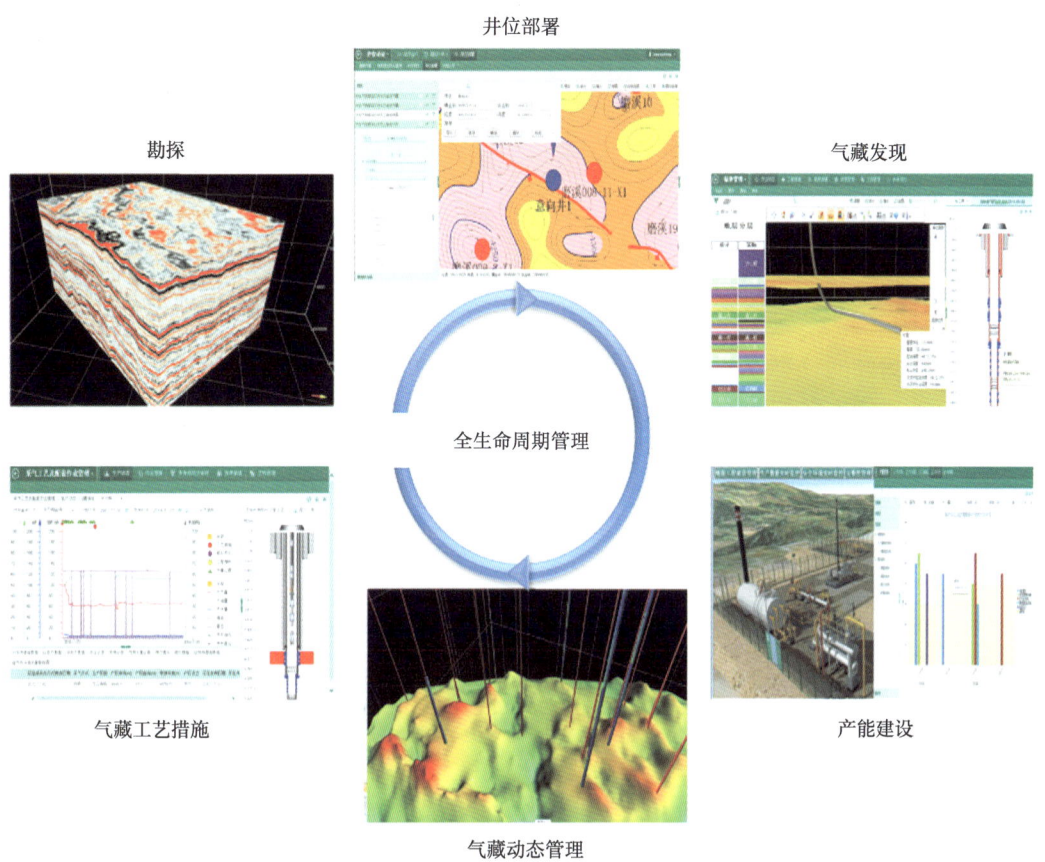

图11-71 气藏井筒地面一体化支撑全生命周期管理示意图

(二)地面工程建管一体化,气田产能建设与生产管理无缝对接、高效运行

通过数字化气田建设,地面工程管理和气田运行管理可以统一在一个数字化平台上。一方面,地面建设采集的数据及时地存入系统,通过二维和三维图形进行场景重建,直观反映实际的建设情况,并与计划和设计对比分析,来把握施工进度和质量;另一方面,工程投产后,地面工程中所有设施设备的基础数据信息无缝接入气田生产运行系统,结合井场采集的生产数据以及地质、气藏数据快速地支撑起气田的生产运行管理。

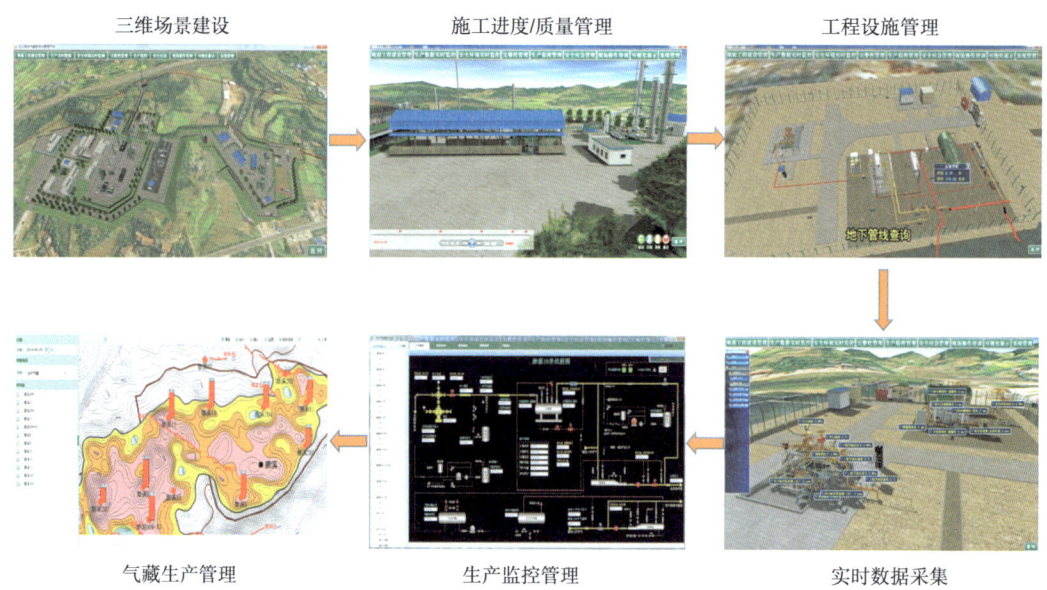

图 11-72 地面工程建管一体化快速支撑生产运行管理示意图

(三) 风险主动识别和管控,大幅度提升安全应急管理水平

充分利用物联网"感知+控制"能力,实现了快速感知、风险主动识别和可视化应急演练,提升了应急处置能力。例如,基于三维可视化场景,结合管道压力、温度和地形等因素,利用体积法智能分析预测管网泄漏,可对管道泄漏、压降异常进行预警提醒,预警信息包括泄漏管线位置、泄漏开始时间、泄漏结束时间,预测泄漏速度,累计泄漏量(图 11-73)。

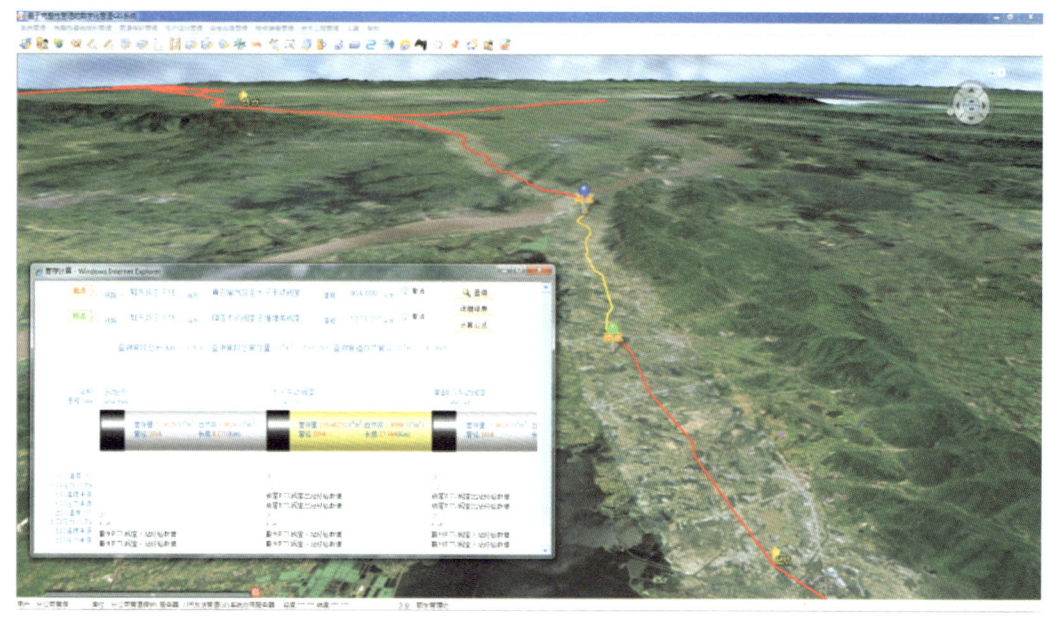

图 11-73 管道泄漏量计算及提前预警示意图

还有，可利用淹没分析工具，结合管道沿线地形地貌，集成气象预报中降雨量数据，模拟分析管道淹没情况下汇水面积；也可基于腐蚀监测或检测信息，在三维场景中按管线和检测点分析管线壁厚变化最快的位置，实现壁厚预警分析、趋势预判（图11-74）。

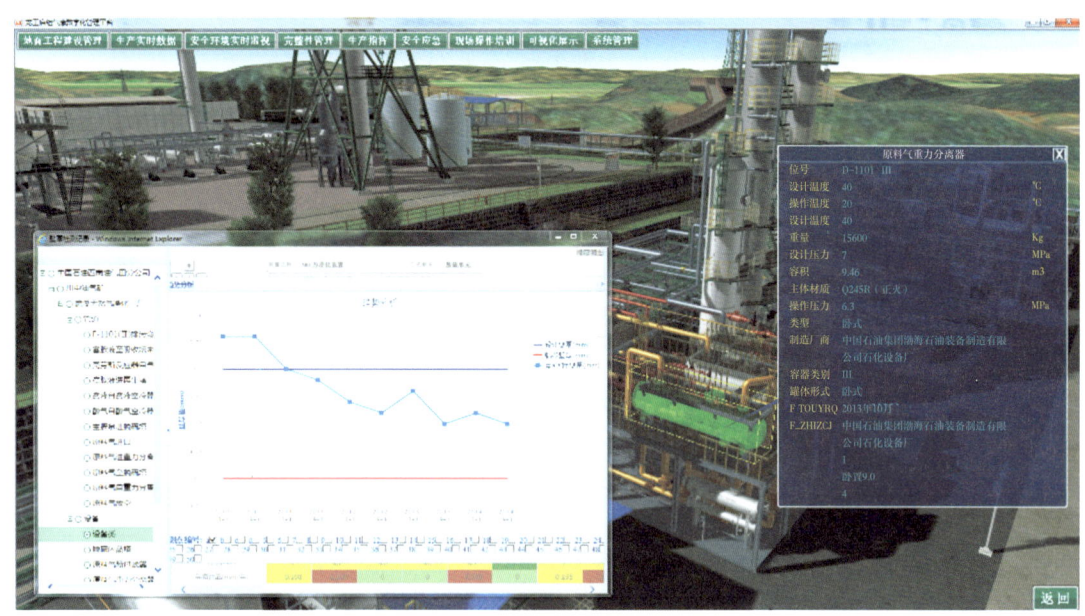

图11-74 站内管道壁厚预警信息展示应用界面

依托数字化气田建设与应用，西南油气田科学高效处置了"5·12"汶川特大地震、"4·20"芦山强烈地震、川渝地区洪水及强降雨灾害等突发事件。同时，西南油气田将应急管理信息化建设成果应用到应急演练工作中，持续提升西南油气田应急处置能力。2014年6月，与重庆市忠县人民政府开展地企联合应急演练。2016年6月，成功进行了"龙王庙组气藏开发多方联动应急演练"。2017年7月，与重庆市渝北区联合举办2017年天然气长输管道泄漏应急演练。在历次应急演练中，应急演练现场和各分会场的音视频信号传回西南油气田应急指挥大厅，并将应急指挥大厅的应急指令准确及时传达到演练现场，信息化支撑应急演练效果获得公司及协作单位认可。

以真实模拟场景再现和现场信息数据反馈的形式，将各种类型灾害影响范围推演出来，为模拟演练提供不同的背景设置，尤其在多灾害并发联合应急处置的演练中，有着无可替代的作用，成功的弥补了大型联合演练次数少、停工消耗大、难以全过程动态回溯分析的难题。每次单项应急预案演练需要物资消耗及停工减产损失大约20万元，每次综合应急预案演练需要医院、周边救援队伍参演费用、物资消耗费用、停工减产损失费用合计50万元，以每年进行两次单项应急处置模拟及一次综合多灾害联合应急处置模拟演练进行推算，相对于传统的停工演练模式可节约成本90多万元。

如图11-75所示，全息可视化应急预案中包含了二维与三维应急处置空间环境及场景信息，同时植入清晰的组织结构、岗位责任逻辑关系及时间事件演变关系，可对处置细节进行直观的可视化动态描述。

图 11-75 模拟演练的场景与现场演练同步示意图

(四)创新交互式数字化培训,实现全岗位精准精细培训,全员业务明显提升

随着交互式数字化培训在油气田开发与建设中的成功应用及推广,使西南油气田职业培训率先迈入"互联网+培训"的全员、全岗位在线互动培训新时代。交互式数字化培训,能够快速地将最前沿的行业科技成果和复杂的设备工艺流程知识相融合,为用户提供理论与模拟操作相结合、具体生动形象的互动式教学,还能够因人施教、给员工一个独立学习、探索、实践的全新学习手段。创新的培训形式和新颖的互动学习,既改变了员工对传统培训枯燥乏味的认识,又实质上提升了培训的质量和效果,对企业培训管理与组织的变革产生了积极的推动作用。利用交互式数字化培训每年培训员工600人/次,培养了一批"一专多能"的技术能人、业务能人和管理能人,使油气田生产管理人员的全员业务能力得到了明显提升。

参 考 文 献

[1] 王娟,杨倬,李良,魏红芳.数字油气藏数据中心建设的关键技术[J].软件工程,2016,19(2):23-25.
[2] 王娟,梁鸿军,李良,等. 油田数字化的异构数据源整合与集成技术[J].油气田地面工程,2014,11(33):10-11.
[3] 杨源源,王希宁,王建华,等.实时数据库PI在企业MES系统中的应用[J].自动化与仪表,2009,24(12):39-40.
[4] 杜威,邹先霞.数据流窗口语义及查询引擎的实现[J]. 北京工业大学学报,2014,40(7):1114-11120.
[5] 刘爱华.气藏生产一体化模拟技术在气田开发中的应用[J].中国石油石化,2017(6):78-79.
[6] 黄万书,倪杰.IPM气藏生产一体化软件数值模拟研究[J]. 石油工业计算机应用,2013,4(2):13-16.
[7] 郑伟,徐宝祥,徐波.面向服务架构研究总述[J].情报科学,2009,27(8):1272-1274.
[8] Leo de Best,Frans van den Berg, Shell E&P Smart Fields-Making the Most of our Assets[J].SPE-103575,2006.
[9] Sierra F, Monge A, Leon S, et al. Schlumberger. A Real Case Study:Field Development Plan Evaluations for Oso Field[J].SPE-177071-MS,2015.
[10] Frans G. van den Berg, SPE, Shell Intl. E&P B.V.Smart Fields-Optimizing Existing Fields[J].SPE-108206,2007.
[11] Badriya Abdulwahab Al-Enezi, Mishal Al-Mufarej,Elred Rowland Anthony, Kuwait Oil Company; Giuseppe Moricca, Jeff kain, and Luigi Saputelli, Halliburton. Value Generated Through Automated Workflow Using Digital Oilfield Concepts:Case Study[J].SPE-167327,2013.
[12] Hafes Hafez, Yousof AI Mansoori, Jamal Bahamaish, ADNOC. Large Scale Subsurface and Surface Integrated Asset Modeling-An Effective Outcome Driven Approach[J].SPE-193049-MS,2018.
[13] 李桂兰.基于PI System 的生产实时大数据中心的建设研究[J].山东化工,2019,48(4):98-102.
[14] 唐瑛,叶旭.基于云平台资产管理数据库系统建设的探讨[J].科技创新与应用,2015,25,111-113.
[15] Jordani Rebschini, Alejandro Garcia, Andre Lima, and SuryanshPurwar, Halliburton, and Leonardo Carbone, Marcelo Dinis, and Marco Antonio Herdeiro, Petrobras. Integrated Optimization System for Short-term Production Operations Analysis[J].SPE-138436,2010.
[16] 朱彦杰,戴宗,匡宗攀,等.油藏管网一体化在气田群联合开发中的应用[J].石化技术,2016(7):59-60.

后 记

安岳气田磨溪区块龙王庙组气藏是迄今国内最大的海相整装碳酸盐岩气藏,用三年时间建成地面配套产能达 110.55×10^{8}m^3/a,天然气生产规模 90×10^{8}m^3/a。气藏整体开发效果好,经济及社会效益突出。截至 2016 年底,累计生产天然气 176.86×10^{8}m^3,内部收益率为 46.71%,投资回收期为 3.72a,已给企业实现净利润 113 亿元,给国家创造各项税收 60 亿元,带动相关产业增加 GDP 500 亿元以上,综合减排 650×10^{4}t 以上。

按照全生命周期测算,磨溪区块龙王庙组气藏的开发将为企业实现销售收入(含税)1893 亿元,带来 735 亿元的净利润,给国家实现各项税收(增值税+税金及附加+所得税)498 亿元。随着气田的稳步高效开发,未来 20 年还将给企业带来 1665 亿元的销售收入,获得 622 亿元的净利润,给国家创造 438 亿元的税收。

磨溪区块龙王庙组气藏的快速发展率先激发了四川省政府的投资热情,未来 5 年内,四川省将把全省天然气利用产业的产值扩大 2 倍以上。在全国经济增速放缓的"新常态"下,川渝地区作为西部大开发的龙头,将逐渐成为经济增长新高地。未来,龙王庙组气藏开发的天然气量将带动相关产业对地区 GDP 的贡献达到 1.45 万亿元,成为这个地区绿色经济增长的新引擎,川渝地区经济发展"底气"将更足。磨溪区块龙王庙组气藏开发还将对优化区域能源消费结构起到重要作用。四川省是我国天然气利用较多的省份,龙王庙组气藏的开发将进一步夯实川渝地区天然气资源基础,提高清洁能源消费的战略地位。

磨溪区块龙王面组气藏已成为中国大型气田高效开发的新典范。聚焦高质量、高效率、高效益建设现代化大气田,在技术和管理模式方面大胆创新和实践,是实现该气藏高效开发的关键。成熟的技术和管理模式不但在磨溪区块龙王面组大型含硫气藏勘探、开发评价、产能建设和生产运行阶段发挥了至关重要的作用,而且还将继续对后续跟踪研究及优化调整产生良性影响,具有广泛的推广和应用价值,也必将为国内外其他大型气藏开发建设和生产运行提供经验与借鉴。古老碳酸盐岩油气成藏理论的提出对推动中国乃至世界新元古界—下寒武统成藏理论创新和勘探实践突破具有深远的历史意义,中国石油以古老碳酸盐岩"四古"成藏理论为指导思想相继在新疆、长庆开展深层古老碳酸盐岩的研究和勘探工作。"十三五"期间,中国石油西南油气田公司将继续扩展高石梯—磨溪地区下古生界—震旦系的勘探工作,甩开预探川东地区下古生界—震旦系,寻找储量接替区块,立足川中古隆起区,扩展勘探高石梯—磨溪地区,获取规模储量,通过下古生界—震旦系气藏的持续深化认识,优选开发主体技术、开发方式,开展上产产能建设。以探明储量为基础,以开发方案为依据,重点针对磨溪龙王庙组气藏、高石梯—磨溪区块震旦系气藏进行部署,抓好高石梯—磨溪地区的上产提效,努力实现高水平开发,"十三五"期末全面建成 150×10^{8}m^3/a 的产能规模,2020 年底实现 130×10^{8}m^3 产量规模。高水平实施气藏数字化建设,进一步加强"两化"融合认证,打造"智能气田"示范工程,努力实现高水平开发。